空间数据挖掘方法与实践

李宏伟　马雷雷　连世伟　等　编著

科学出版社

北　京

内 容 简 介

空间数据挖掘是数据科学研究的重要方向,旨在探测空间数据中隐含的知识和空间关系,发现有用的特征和模式。本书是作者团队在完成国家自然科学基金项目、郑州大学高层次人才项目基础上撰写而成,主要反映作者团队围绕空间聚类分析和变化检测、空间关联规则挖掘、互联网专题信息挖掘、轨迹数据挖掘以及气象数据流挖掘等方面所取得的一系列进展。书中详解空间数据挖掘方法创新和应用实践,为深化空间数据挖掘研究拓展新思路。

本书内容丰富,注重方法与实践相结合,是开展空间数据挖掘研究的第一手参考资料。本书可供从事地理学、测绘科学、数据科学等相关领域的科研教学人员使用,也可作为高等院校相关专业研究生、本科生的学习参考资料。

图书在版编目(CIP)数据

空间数据挖掘方法与实践 / 李宏伟等编著. —北京:科学出版社,2022.9

ISBN 978-7-03-073063-3

Ⅰ.①空… Ⅱ.①李… Ⅲ.①空间信息系统–数据处理 Ⅳ.①P208.2-39

中国版本图书馆 CIP 数据核字(2022)第 162736 号

责任编辑:彭胜潮 张力群 / 责任校对:郝甜甜
责任印制:吴兆东 / 封面设计:图阅社

科 学 出 版 社 出版
北京东黄城根北街 16 号
邮政编码:100717
http://www.sciencep.com

北京中科印刷有限公司 印刷
科学出版社发行 各地新华书店经销
*
2022 年 9 月第 一 版 开本:787×1092 1/16
2024 年 1 月第二次印刷 印张:31 1/2
字数:742 000
定价:298.00 元
(如有印装质量问题,我社负责调换)

本书编著者名单

（按章节贡献顺序）

李宏伟　李　丽　施方林　樊　超
许栋浩　杜泽欣　陈　虎　朱　燕
赵家瑶　张铁映　马雷雷　连世伟

序

　　《空间数据挖掘方法与实践》一书是李宏伟教授团队近十年来围绕空间数据挖掘方向取得的研究成果的总结，可谓十年磨一剑。该书洋洋洒洒 70 余万字，内容丰富，值得一读。

　　李宏伟教授团队的研究工作总体可以分为两个阶段。第一阶段是 2000 年到 2012 年，在此期间主要围绕地理本体及其应用开展研究，出版了《地理本体与地理信息服务》一书，该书于 2010 年获得河南省自然科学学术成果奖一等奖；主持完成的"基于 Ontology 的地理信息服务关键技术"项目于 2012 年获地理信息科技进步奖一等奖。第二阶段是从 2012 年至今，其间一直从事空间数据挖掘方法与应用研究，涵盖空间聚类、空间关联规则挖掘、Web 自然灾害专题信息挖掘、时空轨迹数据挖掘、空间数据流挖掘等内容。其中，Web 自然灾害专题信息挖掘方法应用于"应急测绘指挥调度关键技术"项目，该项目获得 2018 年测绘科技进步奖二等奖；时空轨迹数据挖掘方法应用于"智慧城区综合服务平台示范应用"项目，该项目获得 2020 年地理信息产业优秀工程银奖。

　　该书特色鲜明，突出方法创新和实际应用。一是注重方法与实践相结合，书中涉及空间聚类方法、空间关联规则挖掘方法、轨迹数据挖掘方法、气象数据流挖掘方法，既有对方法的改进、完善、创新，也有针对每种研究方法的应用实例，较好地体现出方法与实践的结合。二是注重系统性和科学性，该书内容基本涵盖了空间数据挖掘的主要研究领域，从空间聚类到空间聚类变化监测，从量化关联规则挖掘到模糊空间关联规则挖掘，到本体辅助的空间关联规则挖掘，到互联网专题信息挖掘，到空间数据流挖掘，从轨迹数据异常事件检测到城市空间行为分析，逐层递进，逻辑清晰，组织有序。三是数据源丰富多样，既有静态数据，也有动态数据，还有泛在数据；与丰富的数据源相适应，研究方法也具广泛适应性。

　　空间数据挖掘理论与方法的研究方兴未艾。在大数据时代，在智能化技术迅速发展的今天，空间数据挖掘方法的研究和对数据中隐含的科学规律的探索，依然是数据科学持续关注的热点。希望该书的出版，能够对空间数据挖掘研究起到有益的助推作用。

中国科学院院士

2021 年 1 月 2 日于郑州

作 者 序

依然清晰记得，1991年在中国科学院长春地理研究所（现为中国科学院东北地理与农业生态研究所）读硕士研究生时，做学位论文需要，第一次使用DOS版本的ARC/INFO 3.0软件，进行屏幕地图跟踪数字化获取空间数据的情景。那时的数据来源还比较单一，地图数字化是最重要的空间数据获取方法。在数字化条件下，要开展研究工作，没有数据等同于"巧妇难为无米之炊"。

1995全1996学年有机会到北京大学遥感与GIS研究所学习，聆听了马霭乃教授的《遥感信息模型》、徐希孺教授的《微波遥感》、秦其明教授的《GIS原理》等课程，那时没有高清投影，用的是胶片投影，大量的公式推导都是手写板书来完成的，老师们高水平的授课令人折服，受益匪浅。

回到工作岗位后，给地图制图专业本科生、硕士研究生讲授了几年《遥感制图》《遥感地学分析与制图》课程，也就一直这么碌碌无为着，副高也顺利解决了，似乎没有什么更多的追求。时至1998年，女儿也上小学了，突然觉得自己应该再做点什么。读个博士学位？但是似乎信心还不太足，磨磨蹭蹭又过一年。1999年鼓起勇气，找到了王家耀教授，谈了自己想读博士的想法，没成想先生就答应了，于是2000年又开始了读书的日子。

学自然地理学出身的人，读个地图制图与地理信息工程的博士还是挺难的，博士研究方向选题也几经周折。阅读文献过程中，偶尔看到Tim Berners-Lee在1998年提出了Semantic Web，当时对此几乎一无所知。出于好奇，就硬着头皮啃了起来。说真心话，直到今天对Semantic Web依然还是迷迷糊糊的。虽然一知半解，但是还是得写本子啊，没有项目没有经费怎么支持研究啊。一次不行两次，两次不行三次。当然也有令人愉快的事，因为是在职攻读博士学位，并没有影响评职称，结果博士学位还没有拿到，教授先给评上了。当时就想，别念博士了，多累啊。感谢导师、同事的鼓励和家人的支持，就坚持下来了。结果很有趣，博士论文答辩完了，申请的关于地理本体与地理信息服务项目也得到了政府重点科技计划的支持。所以，对于科研工作，坚持和扎实的积累是最重要的。清晰记得，博士学位论文答辩委员会主席——武汉大学杜清运教授对论文研究工作提出了很多中肯的意见和建议，至今依然受益。

从事GIS相关研究，注定是要与数据打交道的。一直在思考如何围绕空间数据做点文章，同时也关注到学术界在空间数据挖掘方面的研究成果。苦于自身数学能力的不足，在徘徊中浪费了一段时间。幸运的是，2010年招收到了两名硕士研究生——山东科技大学的李丽和武汉大学的陈虎，他们的研究生入学考试数学成绩都非常好。于是我毫不犹豫地决定将空间数据挖掘作为他们的学位论文研究大方向。安排李丽做空间聚类研究，陈虎做空间关联规则研究。因为当时课题组正在做"基于地名本体的空间数据组织与应用"国家自然科学基金项目,就跟陈虎讨论,有没有可能将本体理论方法用于空间关联规则研究?陈虎接受了这个想法,研究工作做得很辛苦,但是结果也很令人欣喜,他的学位论文《本体辅助的空间关联挖掘研究》被评为 2013 年全军优秀硕士学位论文。这也更加坚定了我们开展空间数据挖掘研究的信心。

后来围绕空间数据挖掘方法和应用进行研究,算是进入了一个比较正常的发展轨道,陆续得到了各类计划项目的支持以及一些企业用户的关注,有了一些实际应用。

时至今日成此书稿,算下来,开展空间数据挖掘研究已有十年时光,在课题组这个温暖的家庭里,大家共同努力,留下了许多回忆,度过了难忘的时光。

感谢团队每个成员的贡献!祝愿在不同工作岗位上奉献的你们,不忘初心,追求卓越,永不停步!

感谢在从事空间数据挖掘之路上曾给予支持和关怀的老师、朋友们,从你们那里,我体会到了做学术、做科研的快乐,每次与你们交流,都让我受益匪浅。

感谢妻子的支持。家是可以栖息的宁静港湾,我之所以能够生活得这么快乐简单,这么安心地做自己喜欢的科研,后面是你的付出和艰辛。感谢女儿的理解,很少有时间陪伴你成长,希望你能够有大海般宽阔的胸怀,保持一颗好奇心,养成好的学习生活工作习惯,依靠自己的努力,做一个勇于探索的人、热爱生活的人。

感谢国家自然科学基金项目(41571394)的支持。感谢郑州大学特聘教授科研启动基金项目(237/32310319)的出版资助。

李宏伟

2021 年 1 月 2 日于郑州

前　言

十年的研究积累，汇集成这本《空间数据挖掘方法与实践》，算是一个阶段的结束，同时也是一个新阶段的开始。

空间数据挖掘方法及应用研究是地理信息科学研究的重要方向，也是数据科学研究的重要阵地，是学术界、科技界以及各应用行业关注的焦点，涉及的研究领域十分广泛。通常理解，空间数据挖掘大致包括分类挖掘、聚类挖掘、关联规则挖掘、异常探测、预测建模等几个方向。分类用于提取描述重要数据类的数据类型，解决大量数据分类问题。聚类是将数据对象分组为多个类或簇，使同一个簇中的对象之间相似度最高，不同簇中的对象相似度最低，其思想缘起于"地理学第一定律"，即地理对象的内部相似性与外部差异性规律，目的是提取地理空间数据中的自相关结构，是地理空间数据挖掘中核心研究领域。空间关联规则以顾及时空关系为主要指导思想，旨在提取空间/时空变量之间的关联关系或变化关系。相对于聚类而言，空间异常探测是发现数据中的"小的模式"，即数据集中间显著不同于其他数据的对象，其基本出发点以度量局部差异性为主要目标，旨在提取地理空间数据中的突变结构。预测建模思想则缘起于地理数据间的时空相关性，旨在通过历史监测数据建立数学模型，对时空过程未来的发展变化规律进行预测，具有重要的决策价值。

《空间数据挖掘方法与实践》一书主要涵盖空间聚类、空间关联规则挖掘、自然灾害专题信息挖掘、轨迹数据挖掘、数据流挖掘等内容，与人们通常理解的空间数据挖掘分类基本吻合。本书立足研究方法创新，突出实际应用，章节内容组织总体遵循关键问题分析、挖掘方法改进和创新、实际应用案例的思路进行组织，逻辑层次清晰，便于读者理解和掌握。

本书由李宏伟、马雷雷、连世伟等编著。各章节编写具体贡献者如下：李丽、李宏伟编写第 1 章，施方林、李宏伟编写第 2 章，樊超、李宏伟编写第 3 章，许栋浩、李宏伟编写第 4 章，杜泽欣、李宏伟编写第 5 章，陈虎、李宏伟编写第 6 章，马雷雷编写第 7 章，朱燕、李宏伟编写第 8 章，赵家瑶、张铁映编写第 9 章，连世伟编写第 10 章。全书由李宏伟负责统稿。

本书具有以下特点：一是注重方法与实践相结合。书中涉及空间聚类方法、空间关联规则挖掘方法、轨迹数据挖掘方法、数据流挖掘方法，既有对方法的改进、完善与创新，也有针对每种研究方法的应用实例，较好地体现出方法与实践的结合。二是注重系统性和科学性。本书内容基本涵盖了空间数据挖掘的主要研究领域，从空间聚类到空间聚类变化监测，从量化关联规则挖掘到模糊空间关联规则挖掘，再到本体辅助的空间关联规则挖掘，到互联网专题信息挖掘，到空间数据流挖掘，从轨迹数据异常事件检测到城市空间行为分析，逐层递进，逻辑清晰，组织有序。三是数据源丰富多样。既有静态数据，也有动态数据；既有轨迹数据，也有网络数据，还有流式数据。与更加丰富的数据源相适应，研究方法也更具广泛适应性。

　　本书在编写过程中，参考了大量文献资料，借鉴了国内外众多专家、学者的研究成果，在此一并表示衷心感谢！

　　由于编著者水平有限，书中不足之处在所难免，敬请读者批评指正！

目　　录

第1章　顾及限定规则的空间聚类

从 20 世纪 70 年代起，聚类分析广受关注，并开展了大量研究。聚类分析方法可分为统计学方法和机器学习方法两类。在统计学领域，主要研究如何应用几何距离实现聚类。在机器学习领域，因聚类学习的数据对象不需要类别标记，聚类学习由计算机自动完成，一般被称为无监督学习(unsupervised learning)。随着数据挖掘的发展，聚类技术成为数据挖掘的主要技术之一，在知识发现领域发挥着重要作用。

1.1　空间聚类限定规则问题

空间聚类分析技术的发展为地理分析实际应用提供了有力工具。但在大多数情况下，由于空间中存在着许多的现实约束，聚类分析得到的结果往往与实际情形并不相符。为使空间聚类分析更好地解决现实问题，需对限定规则进行研究，将用户需求与聚类算法和限定规则综合起来考虑，使得到的聚类结果更贴近实际应用需求。

1.1.1　限定规则问题

1. 空间限定规则

从 GIS 空间分析角度考虑，研究附加限定规则的空间聚类，最先想到的可能是空间限定规则。在空间中，自然障碍物如河流、山川等能严重影响空间聚类结果。例如，为更好地服务顾客，银行管理人员规划在图 1.1(a)所示区域设置 4 台自动取款机。一种解决方案便是对空间中所有的人群活动点(图 1.1 中点所示位置)进行聚类，在活动点的聚类中心设置取款机。而实际上，在此空间区域中有河流存在，若不考虑河流，直接对居民活动点进行聚类将会得到图 1.1(b)所示的结果。可以注意到，在此聚类结果中，簇 C_{11} 分布于河流的两岸，河流两岸的点在空间上距离最近，而实际情况是从河流一边的点到达另一点，需通过桥梁绕行，这会使得两点之间的到达距离加大，甚至会大于河流一边点与其位于河流同侧其他簇中的点，这个聚类结果显然不符合实际。由此可见，空间聚类中考虑空间限定规则的必要性。

2. 非空间属性限定规则

空间聚类分析处理的对象是空间实体，但这些空间实体在大多数情况下都具有非空间属性，在某些情况下，这些非空间属性甚至会主导空间聚类分析结果。如图 1.2 所示，在不考虑任何非空间属性影响因素而仅考虑目标对象空间位置情况下，可得到河南省各市区位置的聚类结果[图 1.2(a)]。但这种聚类结果仅仅告诉用户哪几个市区在空间上距

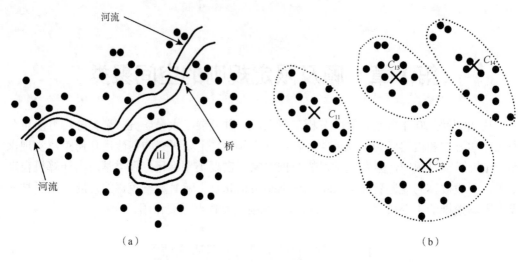

图 1.1 自动取款机位置规划

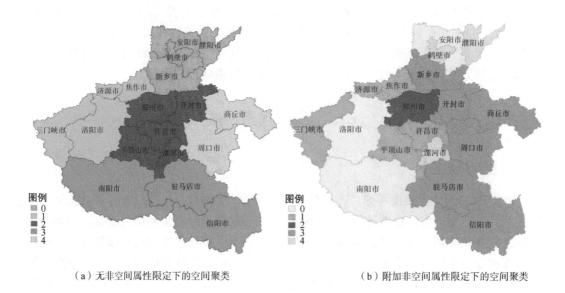

（a）无非空间属性限定下的空间聚类 　　　　　（b）附加非空间属性限定下的空间聚类

图 1.2 非空间属性限定规则影响聚类

离最近，而不具备任何其他的实际应用意义。这时，将非空间属性因素纳入参考范围，以市区的经济发展状况为例，用各个市区近五年的经济发展指标作为空间聚类参考条件，再次对河南省各市区进行聚类，得到图 1.2（b）所示的结果。该聚类结果直观地反映了河南省各市区在经济发展状况上的相似性，呈现出河南省地方区域经济发展水平。该实例说明了非空间属性在空间聚类分析应用中的重要价值。

3. 方位限定规则

对象的空间分布往往存在着地域差异，以中国为例，在经济发展水平上，东部沿海城市要明显高于中西部城市，但人文景观丰富度，中西部城市要明显高于东部沿海城市。

在进行职业地点选择时人们会倾向于选择东南部城市，因其经济水平较其他方位城市来说更为发达，发展机会更多。这种方位性特征对空间聚类结果产生影响。

1.1.2　限定规则问题定义及相关概念

在空间聚类中附加限定规则需要付出代价，而且规则的建模对最终获得一个有效的聚类结果来说也极其重要。为了对限定规则进行模拟，我们采用凸多边形来描述空间中实际存在的障碍物，如河流、湖泊等，并引入可见性以及可见空间的概念扩充对聚类簇的定义。

1. 障碍物（obstacles）

障碍物统一用多边形表示，记为 $O(V, E)$，其中 $V = \{v_1, v_2, \cdots, v_k\}$ 为障碍物的顶点，$E = \{e_1, e_2, \cdots, e_n\}$ 为障碍物的边，v_i 和 v_{i+1} 为 e_i 相应的顶点，$1 \leqslant i \leqslant n$；如果 $i+1 > n$，那么 $i+1=1$。我们规定障碍物皆为凸多边形。

2. 可视性（visibility）

给定点集 $D = \{d_1, d_2, \cdots, d_n\}$，$l$ 为连接 d_i 和 d_j 的线段，d_i，$d_j \in D$，$i \neq j, i, j \in [1, \cdots, n]$，且线段 $e_k \in E$，若 l 与障碍物边界 e_k 无交点，则 d_i，d_j 两点可视，反之，则两点间存在障碍物，不可视。

3. 可见空间（visibility space）

现有点集 D, S, S'，其中 $D = \{d_1, d_2, \cdots, d_n\}$，$S = \{s_1, s_2, \cdots, s_k\}$，$S' = \{s_1', s_2', \cdots, s_m'\}$，$S, S' \subseteq D, \forall s_i, s_j \in S$，若 s_i 和 s_j 间相互可见，则 S 为可见空间。若 $s_i' \in S'$，s_i' 与 s_i 不相互可见，则必有 $S \cap S' = \varPhi, i \neq j$，且 $i, j, l \in [1, \cdots, n]$。

4. 聚类簇（clusters）

现有数据集 $D = \{d_1, d_2, \cdots, d_n\}$、$C = \{c_1, c_2, \cdots, c_k\}$，其中，$C \subseteq D$，可用均值 ε 和均方差 Minpts 表达为高斯模型，若集合满足以下条件：①对于任意的 $d_i, d_j \in D$，若 $d_i \in C$ 并且 d_j 在 ε 和 Minpts 约束的高斯模型范围之内，则 $d_j \in C$；②对于任意的 c_i，$c_j \in C$，c_i 和 c_j 皆在 ε 和 Minpts 约束的高斯模型范围之内，且对于任意的 $c_i, c_j \in C$，c_i 和 c_j 是相互可见的，那么 C 是基于 ε 和 Minpts 的一个簇。

1.2　附加限定规则的空间聚类

一般情况下，聚类过程是根据一定规则将一组对象归为不同类，视应用目的不同，聚类结果会出现差异。最常见的聚类规则是对象间以及对象与所属聚类簇间欧氏距离最短原则。在实际应用中，欧氏距离存在明显不足。如隔河相望的两点 A、B，从 A 点到达 B 点的实际距离很可能远远大于两点间的直线距离，直接套用欧氏距离得到的聚类结果将与实际情况出现巨大偏差。这种影响空间聚类的空间障碍物称为空间限定规则。

除客观世界存在的障碍物外，对于特定应用还应在聚类过程中附加相应限定规则。如应用空间聚类进行选址，需根据应用方向制定相应的选址规则，用选址规则指导聚类，以得到更加符合客观事实的聚类结果。这种用户根据特定需求制定的限定规则称为非空间属性限定规则。

另外，实体的空间位置决定了实体间会存在着一定的方位关系，在某些情况下，人们会将方位因素考虑进去，如进行工作城市的选择时，人们会倾向于选择东部城市，因为东部地区气候温和，交通便利，生活舒适。所以在聚类时，会将方位影响因素考虑进去，这种限定规则被称为方位限定规则。

1.2.1　附加空间限定规则的空间聚类

1. 附加空间限定规则的空间聚类实现的数学基础

假设有 n 点集合 $P(p_1, p_2, \cdots, p_n)$ 及无相关性的障碍集 $O(o_1, o_2, \cdots, o_m)$。其中，障碍物 o_i 表示为一个多边形，其边为 $o_i \cdot e$，结点为 $o_i \cdot v_j$，$1 \leqslant j \leqslant o_i \cdot e$。定义点 p，q 间的障碍的距离 $d_f(p, q)$ 为在不经过任何障碍物的情况下，由 p 到 q 的最短欧氏距离。则将附加限定规则的空间聚类定义为将 P 依据障碍距离聚为 k 个簇 $Cl_1, \cdots, Cl_k$ 的过程。

在聚类过程中必须使聚类结果的均方误差限定在 $E \sum_{k=1}^{i} p \sum_{p \in Cl_i} d^2(p, c_i)$ 之内，其中，c_i 为簇 Cl_i 的中心。

1）可视路径计算

空间索引是按照空间分布特性来组织和存储数据的数据结构。建立空间索引机制的主要目的是提供数据的访问路径或指针，便于空间对象的查询以及各种空间数据的操作，提高空间数据的搜索速度。因加上空间障碍，空间划分会更加复杂，分割深度增大，经比较筛选，我们在研究工作中采用了 BSP 树建立空间索引。

BSP 树又称空间二叉分割树，是二叉树的一种，它可将空间逐级进行一分为二的划分，能很好地与空间数据库中空间对象的分布情况相适应。

假设 p、q 为空间中两点。如果 p、q 两点间连线与任一障碍物皆无交点，则可认为 p 到 q 通视。如果用 BSP 树表示从点 p 到障碍物各结点的可视性，从 p 点开始，对 BSP 树进行遍历，得到一系列通视的点，直至点 q，表示为 $\text{vis}(p)$，即为在障碍物存在的情况下，点 p 到点 q 的通视路径。

2)障碍距离计算

障碍距离的计算借助可视性分析图实施。假设空间中有 m 个障碍点，$O = \{o_1, \cdots, o_m\}$，可视性分析图 $VG = (V, E)$，其中 $V = \{v_1, \cdots, v_n\}$ 为障碍物结点的集合，当且仅当 V 中两结点间相互通视时，构成边 E。如图 1.3 所示，障碍物结点 v_1、v_5 构成可视化分析图的一条边。给定空间 R 内相应两点 p、q，$VG = (V, E)$ 为其相应的可视性分析图。由图 1.3 可知，点 p 到 q 可视路径，必然始于 v_1、v_2、v_3 之一，经过 VG 的中某一路径，最终通过结点 v_4 或者 v_5 结束。为方便计算，在 VG 基础上重新生成图 $VG' = (V', E')$，其中，V' 为 V 中相应结点，E' 为 V' 内相互通视的两结点相应边。VG' 用于存放点 p 到 q 所有可视路径。其中最优路径长度即为点 p 到 q 的障碍距离。

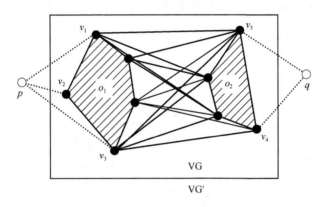

图 1.3　可视性分析

2. 附加空间限定规则的空间聚类的实现

在附加空间限定规则的聚类中，可以认为障碍物仅影响两点间距离的改变，因而附加空间限定规则的空间聚类的实现仅需改变距离函数，这种方法在 Clarans 算法基础上实现。但这种方法并不完善，最明显的是该方法忽略了障碍物本身对聚类结果的影响。为此，我们研究了另一种方法，记为 Raise-Clarans 法。

Clarans 方法采用 k-中心算法实现。首先随机选取 k 个对象作为聚类中心，然后将其余对象分配至距其最近的聚类中心的所属簇中，并计算均方误差 E。有学者对 Clarans 算法进行了改进，将其应用于具有空间障碍的空间聚类中，提出 COD-CLARANS 算法。该算法随机顺序选取聚类簇中心，记为 o'_l，再随机选择另一对象替代 o'_l，如果新得到的聚类方案优于现有聚类方案，则用新的聚类中心代替原有的聚类中心，直至所有聚类中心都经过验证最后得到最优的聚类方案。

除此之外，Raise-Clarans 方法的实现还有一些问题需要解决。首先，因 COD-CLARANS 是一种迭代寻优算法，每次循环都需计算均方误差 E，计算量巨大，计算过程将会占据大量内存。另外，此算法需要随机选择对象来替换聚类中心，很有可能出现选择的聚类中心不是最优的情况，造成计算资源浪费。在进行海量空间数据聚类时，以上两个问题将会更加明显。为此，采取以下两种策略。

第一种策略是参照 BIRCH 和 CHAMELEON 聚类方法，在聚类之前，先对聚类对象进行预聚类，将对象集合分割为大量小型的簇，小型簇中的对象有最大的相似度，最大可能的属于同一簇。然后再用小型簇中心点来代替此小型聚类簇，这将会大大减少 Raise-Clarans 计算过程中的数据量。为更好地实现聚类算法，小型簇中心点需同时存储小型簇的信息，如包含点个数、直径等。

第二种策略是计算随机选择对象所对应的聚类均方误差 E'，与现有 E 进行比对，如果 E' 大于 E，说明目前的聚类结果已处于较优地位，不必计算 E。计算 E' 时用随机选择簇中心 c_{ran} 到小型簇的直线距离 d 代替两者间的障碍距离 d_f，可以证明，d 是 d_f 的正确近似代替。同样可以推理出最优解的 E' 是 E 的最小值。

下面讨论 Raise-Clarans 方法的具体实现。

1）预聚类（pre-clustering）

（1）将空间区域 R 划分为 n 个子区域 $\{r_1, \cdots, r_n\}$，$\{r_1, \cdots, r_n\}$ 互不相交，且与障碍物无交点，并保证 $R = \{r_1, \cdots, r_n\} \cup O\{o_1, \cdots, o_n\}$，如图 1.4 所示。

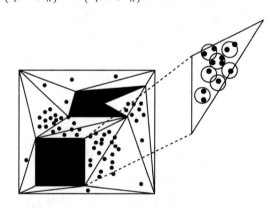

图 1.4　空间区域划分

（2）在每个子区域内进行子聚类，各个子簇中心皆在相应子区域内，彼此间可见，可以确保各个子簇不会与障碍物有交点。

（3）构建子簇中心与障碍物结点的 BSP 树。根结点与终结点皆为子簇中心，在研究过程中要求 BSP 树无向即可，因此，可将空间区域大致平均分为两部分：一部分作为根结点；另一部分作为终结点。

（4）构建可视性分析图。可视性分析图在 BSP 树的基础上构建生成，因此要求可视性分析图的起点与 BSP 树的根结点相同，终点与 BSP 树的终结点相同。

（5）构建空间连接索引。空间连接索引是为方便进行障碍距离计算构建的，分为三种类型。

VV 索引：可视性分析图中任意两个障碍物结点间所有可视连接的索引。障碍距离的计算离不开障碍物结点间可视性距离的计算，VV 索引将会大大减少这些距离的计算量。

MV 索引：任一子簇中心与某一障碍物结点间的所有可视连接的索引，可借助于 BSP 树与 VV 索引生成。

MM 索引：任意两个子簇中心间的所有可视连接的索引。MM 索引使得计算任意两个子簇中心点间的障碍距离变得简单，但是生成 MM 索引计算量过于巨大，数据量过大时其劣势远远高于其优势，因此，MM 索引的计算需按实际情况决定是否需要建立。

2）Raise-Clarans 算法（Raise-Clarans algorithm）

（1）随机选取 k 个子簇中心作为初始聚类中心，将其余了簇中心聚类到这 k 个聚类中心，并计算出均方误差 E。

（2）将 k 个聚类中心随机排序，排序后结果记为 $\{c_1, \cdots, c_k\}$。

（3）依次选择 k 个聚类中心，用另一随机选择的中心进行替代。当选择 c_j 作为将要被替代的中心时，首先计算出各子簇中心到剩余 $k-1$ 个聚类中心的障碍距离。障碍距离的计算有如下两个阶段：

第一阶段　计算障碍物各个结点到其最近的聚类中心的障碍距离，对于给定的障碍物结点 v，距其最近的聚类中心记为 $N(v)$。

第二阶段　对于任一子簇中心 p，将与 p 可通视的所有障碍物结点记为 $\mathrm{vis}(p)$。从 $\mathrm{vis}(p)$ 中选择结点 v，保证 $d'(v, N(v)) + d(p, v)$ 值最小。则子簇中心 p 到距其最近的聚类中心的障碍距离为 $d'(v, N(v)) + d(p, v)$，距离 p 最近的聚类中心为 $N(v)$。

（4）随机选择一点 c_{random} 代替子簇中心 c_j，并计算其预估均方差 E'；如果一子簇中心 p 到 c_{random} 的点小于其到其余各子簇中心的距离，则将点子簇 p 归到 c_{random} 中，并用两者之间距离计算 E'；关于 E' 有如下两条定理。

定理 1　E' 是均方差 E 的最小值。

定理 2　如果子簇 p 在计算 E' 时未被归到簇 c_{random} 中，则在计算 E 时子簇 p 也不可能被归到簇 c_{random} 中。

定理 1 大大提高了计算效率，仅当 E' 小于最优解时计算 E。因每一子簇 p 到其余各子簇中心距离已知，仅需计算出每一子簇 p 到 c_{random} 的距离，并应用定理 2 找出可能被分配到簇 c_{random} 的点。

（5）当 E' 小于最优解时计算 E 与现有最优解 CurrentE 进行比较，$E <$ CurrentE 时，用 E 替换 CurrentE。

（6）重复小循环（3）～（5）及大循环（2）～（5），不再有最优解出现时结束循环，并输出最终的 CurrentE。

现以河南省境内山峰作为聚类对象，表示为点状对象。将河南省境内国道作为障碍物，表示为线状对象。对山峰作聚类分析，在不考虑国道影响下，其聚类结果如图 1.5（a）所示。在国道影响下，对山峰作聚类分析，得到如图 1.5（b）所示结果。

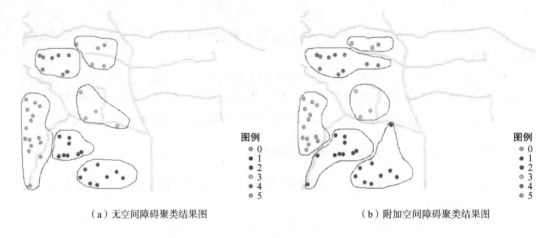

（a）无空间障碍聚类结果图　　　　　　　　　　（b）附加空间障碍聚类结果图

图 1.5　河南省境内山峰聚类示意

1.2.2　附加非空间属性限定规则的空间聚类

从应用角度看，空间聚类既要满足空间要求，又要考虑到非空间属性的影响。如进行河南省经济发展状况分析时，根据地学定律，空间距离越近的物体，其相似性越大，可以直接对河南省各市区进行空间聚类，但经济发展状况往往还受到许多非空间属性的影响，如一个城市的运输能力、水域面积等。这种情况下，通常会分步进行聚类：先进行空间位置聚类，再进行非空间属性聚类，最后将聚类结果按照空间位置和非空间属性所占权重进行整合形成最终的聚类结果。但这种方法容易造成聚类结果的重叠，需进行大量的人工处理，严重影响其应用效率。为此提出一种距离修正方法，用非空间属性修正空间距离，用修正后的距离进行聚类，得到两者共同影响下的聚类结果。

1. 附加属性限定规则的数学基础

在非空间属性度量空间里没有真正意义上的点，为找到非空间属性空间中两点之间的值序列差异，可以构建非空间属性的插值表面，然后在该表面上找到两点间的值差异距离作为非空间属性的差异序列，并用此差异序列来修正两点间的距离。在空间上，两点间距离越近，非空间属性相似性越高，另外，非空间属性差异表面的目的仅仅是应用两点间非空间属性的改变来修正空间距离，所以非空间属性差异表面的构建与空间距离量算并不矛盾。

我们拟利用格网长度 L 来衡量非空间属性差异表面的精度，为满足需要，L 应当满足 $\{P_l \mid d_l > L\} \backslash N = k_L$。其中，$N$ 是点的数目，k_L 为每个网格中所包含的平均点数占全部点数的比例，d_i 表示点 P_i 到其周围点的最短距离，当然也可以将其设置为点到其所有邻近点的平均距离。在插值过程中，格网内含有点的，用点的平均值作为该格网的值，未被分配到点的格网，假设其坐标为 (a, b)，其值由附近已赋值格网决定：

$S(a,b)=K_{(x,y)}(a-x)(b-y)$，其中 $K_{(x,y)}$ 通常为 RBF（radial basis function）核函数，我们的研究工作将采用高斯函数。插值过程后，可以对插值表面进行平滑处理来降低噪声。

假设插值表面为 $S(\cdot,\cdot)$，点 a 和 b 分别位于格网 $G_a(x_a, y_a)$ 和 $G_b(x_b, y_b)$ 内，在插值表面连接两点得到其直接路径 P_{ab}。P_{ab} 的值序列 $V_{ab}=\{S(g_i)\,|\,g_i \in P_{ab}\}$，如图 1.6（b）所示，黑色连线即为直接路径 P_{ab}，P_{ab} 所对应的格网值即值序列 V_{ab}。

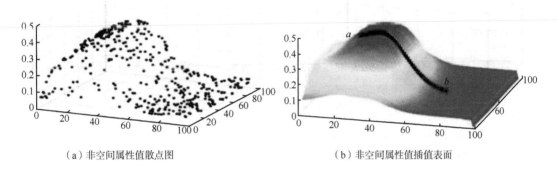

（a）非空间属性值散点图　　　　　　　　　　　（b）非空间属性值插值表面

图 1.6　非空间属性插值表面构建

令 $s_i = S(g_i)$，则值序列 $V_{ab}=\{S(g_0), S(g_1), S(g_2), \cdots, S(g_n)\}=\{s_0, s_1, s_2, \cdots, s_n\}$，$g_0$ 为始点，g_n 为终点。如果 V_{ab} 上第 $i+1$ 个值 s_{i+1} 与 s_0 的差值大于第 i 个值 s_i 与 s_0 的差值，则修正的 a、b 间的距离，可表示为如下方程式：

$$D_{\text{PSD}}(a,b) = \sum_{s_i \in V_{ab}} D_{\text{geo}}(g_{i+1}, g_i) \times p(s_{i+1}, s_i) \times k_d \tag{1.1}$$

式中，k_d 表示控制因子，描述非空间属性对两点间距离的影响程度。因 g_{i+1} 和 g_i 为相邻点，$D_{\text{geo}}(g_{i+1}, g_i)$ 表示 $1 \times L$ 或 $\sqrt{2}L$。$p(s_{i+1}, s_i)$ 由式（1.2）进行计算：

$$
\begin{aligned}
&p(s_{i+1}, s_i) \\
&= \begin{cases}
\varPhi\!\left(\dfrac{|S_{i+1}-S_0|-|S_i-S_0|}{T}\right), & \text{当}\,(S_{i+1}-S_0)(S_i-S_0) \geqslant 0 \\[3mm]
\dfrac{S_{i+1}-S_0}{S_{i+1}-S_i}\varPhi\!\left(\dfrac{|S_{i+1}-S_0|}{T}\right)+\dfrac{S_0-S_i}{S_{i+1}-S_i}\varPhi\!\left(-\dfrac{|S_i-S_0|}{T}\right), & \text{当}\,(S_{i+1}-S_0)(S_i-S_0)<0
\end{cases}
\end{aligned}
\tag{1.2}
$$

式中，T 表示任意两个相邻格网间值差异的最大值。函数 $\varPhi(x)$ 如式（1.3）。因 T 是差异的最大值，$\varPhi \in [-1, 1]$。

$$\varPhi(x) = \begin{cases} 0.5x+1 & -1 \leqslant x < 0 \\ x+1 & 0 \leqslant x < 1 \end{cases} \tag{1.3}$$

2. 基于障碍物扩散的附加限定规则的修正距离计算

前已述及，空间区域中经常存在空间障碍物影响着聚类结果。如图 1.7 所示，a、b 为空间中任意两点，该空间区域中存在两个障碍物 o_1、o_2。计算两点非空间属性值影响下的修正距离时，不能直接连接两点 a、b 得到其最短路径进行计算，而应找到 a、b 两点间的障碍距离，用障碍距离对应的值序列进行距离修正。为此，提出一种障碍物扩散法，根据格网图的特点用于寻找 a、b 间的最短障碍距离，即图 1.7 中红色连线，记为 P'_{ab}。

1）障碍物扩散

计算两点间障碍距离首先要确定两点 a、b 间最短可视路径。不同于普通平面，格网平面上的可视路径需沿格网方向，即相邻两点连线，必须为格网的边或对角线，障碍物的影响范围也将相应扩大，如图 1.8 所示阴影部分，即为障碍物 o_1、o_2 在格网平面中的实际影响范围。我们将这种平面格网障碍物影响范围扩展至其相应格网平面影响范围的过程称之为障碍物扩散。

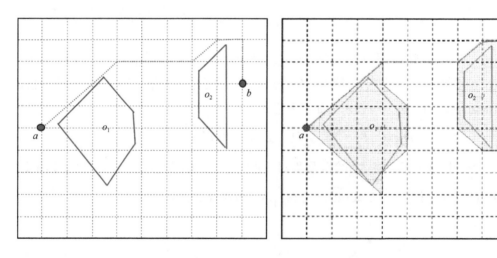

图 1.7　障碍结点序列　　　　　　　图 1.8　障碍物扩散（一）

障碍物扩散的目的是找到障碍物在格网中的最大影响范围，规定障碍物皆为凸多边形。在无障碍物情况下，格网的四个结点全部可视，对角线上点有三条路径可达，如图 1.9(a) 所示。格网在障碍物影响下，对格网结点间可视性会产生相应影响，出现三点可视、两点可视及所有结点不可视三种情况，如图 1.9(b)～(h) 所示。因障碍物皆为凸多边形，在 (f) 格网上方、(g) 格网下方必为无障碍物格网，把 (f)、(g) 扩展到 (h) 不会影响其在整个空间中的通视性。因而在进行障碍物扩散时，将两点通视情况舍去，用 (a)、(b)、(c)、(d)、(e)、(h) 作为障碍物填充格网的基本类型。

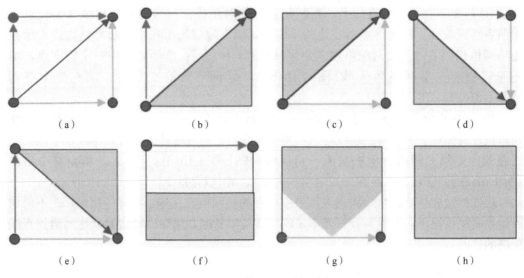

图 1.9　格网可视性分析

2) 算法基本思想

障碍物扩散其实质是发生在障碍物边界上的扩散。如图 1.10 所示,点代表障碍物与格网交点。交点间存在图中所示两种位置关系:①两交点位于两条不同直线上,如图 1.10(d)、(e)、(f)所示;②两交点位于同一直线上,如图 1.10(a)、(b)、(c)所示。规定两点按顺时针方向排序,并将之相应标记为起点、终点,两条对角线按照逆时针方向单调性区分为升对角线、降对角线。遍历格网,障碍物有以下两种扩散方法。

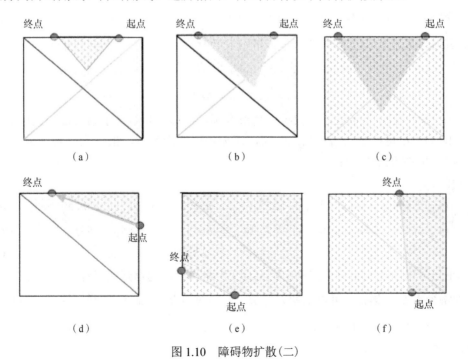

图 1.10　障碍物扩散(二)

（1）两交点位于同一直线上：判断起点与降对角线、终点与升对角线有无交点。①两者皆无交点，判断终点所在边的单调性，填充障碍物所在格网边界线与终点所在边单调性相同的对角线对应格网三角区域[图 1.10(a)]；②两者其中一个有交点，填充障碍物所在格网三角区域[图 1.10(b)]；③两者皆有交点时，填充整个格网[图 1.10(c)]。

（2）两交点位于两条不同直线上：确定沿顺时针方向两点连线的单调性，找出其相同单调性对角线。①若两点连线与该对角线无交点，沿顺时针方向若对角线位于两点连线左侧，则填充障碍物所在格网三角区域如图[图 1.10(d)]；反之，填充整个格网[图 1.10(e)]。②若两点连线与该对角线有交点，则填充整个格网[图 1.10(f)]。

边界扩散完毕后，将障碍物内部未被填充的格网填充完毕。实际应用中，在不考虑障碍物面积情况下，为提高计算效率，该步骤可以省略，用障碍物边界来达到阻碍直线距离的目的。

3）算法实现

在格网上聚类，算法总体思想、实现流程及大致工作与平面上的附加空间限定规则的空间聚类相同。所不同的是在格网上进行空间聚类，考虑到格网的固有特点，空间障碍距离的计算将会有所不同，此外，还需利用非空间属性对空间障碍距离进行修正，得到最终的聚类距离。所以仅需对 Raise-Clarans 中所提距离计算方法进行改变，即计算各子簇中心到各聚类中心的障碍距离，具体方法如下。

对于任一子簇中心 p_i，计算其到任一聚类中心 c_i 的障碍距离。根据格网的特点，提出一种基于格网坐标的路径追踪方法。

确定子簇中心 p_i 及聚类中心 c_i 在格网上的坐标 (x_{pi}, y_{pi})，(x_{ci}, y_{ci})。已知格网间距为 L，路径追踪起始于子簇中心 p_i，在格网上必有：

$$x_{oi} = x_{pi} \pm mL \tag{1.4}$$

$$y_{oi} = y_{pi} \pm nL \tag{1.5}$$

式中，m、n 表示任意常数。又根据三角形准则，两边之和必大于第三边，到达不在同一直线的点应尽可能多的沿对角线方向，在无障碍物影响下，根据式(1.4)、式(1.5)得到格网上的路径结点序列：

$$
\{L_i\} = \{(x_i, y_i)\}
$$
$$
= \begin{cases} (x_{pi} \pm 1, y_{pi} \pm 1), (x_{pi} \pm 2, y_{pi} \pm 2), (x_{pi} \pm m, y_{pi} \pm m), \cdots, (x_{pi} \pm m, y_{pi} \pm n) & (m < n) \\ (x_{pi} \pm 1, y_{pi} \pm 1), (x_{pi} \pm 2, y_{pi} \pm 2), (x_{pi} \pm n, y_{pi} \pm n), \cdots, (x_{pi} \pm m, y_{pi} \pm n) & (m < n) \end{cases}
$$
$$\tag{1.6}$$

式中，正负号由两点间相对位置确定，(x_i, y_i) 为路径上从起点开始追踪后第 i 点 L_i 坐标，$\{L_i\}$ 为路径上 L_i 点集合，可以证明 $P = (p_i, \{L_i\}, c_i)$ 为从 x_{pi} 到 x_{ci} 的最短路径，但并不是唯一的最短路径，以路径 P 为相邻边，作图 1.11 所示图形，从 p_i 出发，沿图中任意路径向 c_i 延伸，所得结果皆为最短路径。

在障碍物影响下，子簇中心到聚类中心路径发生改变，与 Raise-Clarans 方法不同，在格网上进行障碍距离计算有其特有方法。如图 1.12 所示，从 p_i 到 c_i 的最短路径图与障碍物皆有交点，说明每条最短路径皆受障碍物影响，不能直接到达，需绕行。则最短障碍距离 p' 表示为

$$p' = \min\left(P_{\text{shortest}} + P_{\text{obstacle}}\right) \tag{1.7}$$

式中，P_{shortest} 表示最短路径上不受障碍物影响部分，即图 1.12 中 1 段、2 段；P_{obstacle} 为受到障碍物阻碍，沿障碍物绕行最小距离，即图 1.12 中 3 段。

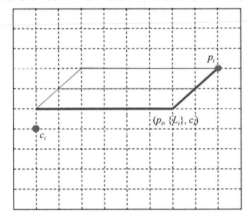

图 1.11　最短路径

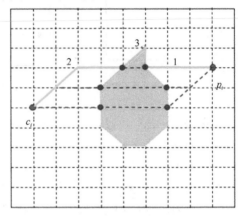

图 1.12　附加非空间属性障碍距离计算

路径 P 对应的值序列 $V = \{S(g_i) \mid g_i \in P\}$，令 $s_i = S(g_i)$，则值序列 $V = \{S(g_0), S(g_1), S(g_2), \cdots, S(g_n)\} = \{s_0, s_1, s_2, \cdots, s_n\}$，$g_0$ 为始点，g_n 为终点，将 V 带入式 (1.1)，由式 (1.2)、式 (1.3) 得到最终的修正距离 P_{PSD}。将 P_{PSD} 代入 Raise-Clarans 算法中，得到附加空间限定规则和属性限定规则的空间聚类。

1.2.3　附加方位因素的空间聚类

实际生活中人们做决定时，会经常考虑到方位因素。例如，就业时有些人会倾向于选择东部城市，因为东部城市相对交通便利、生活舒适、工作机会多。聚类也不例外，在某些情况如进行旅游城市聚类时，为了出行及游玩方便，人们希望将同一方位上的城市聚为一类，作为自己的目标城市。为解决此类问题，提出一种基于格网的附带方位限定规则的空间聚类算法。

1. 算法基本思想

现有点集 P，如图 1.13 所示，点 $p_i, c_1, c_2 \in P$，其中 p_1 为聚类点，c_1、c_2 为两聚类中心，在仅考虑空间位置情况下，p_i 到 c_1、c_2 的距离分别用 l_1、l_2 表示，根据聚类法则可知，p_i 属于 c_1 类的概率要远远大于其属于 c_2 的概率。现要考虑方位因素，借助于力学

概念进行分析。

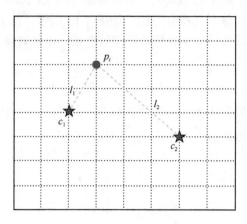

图 1.13　障碍距离计算

在格网上，我们可以将方位归结为四个方向：东（E）、西（W）、南（S）、北（N），以此四方位为基准建立方位空间。在经典力学中，如果几个力共同作用在物体上产生的效果与一个力单独作用在物体上产生的效果相同，则把这个力称为这几个力的合力，而那几个力称为这一个力的分力。合力与分力是一种等效代替关系。将此概念引入方位空间，将方位看作力，为方位赋以权值，作为力的大小，在方位空间中进行力的合成得到几个方位的共同作用效果，进行力的分解得到某一方位在基本方位上的作用效果，两者等效替代。不考虑方位因素情况下，各方位作用效果相同，皆设为 1，有

$$\vec{l_1} = \overrightarrow{1E} + \overrightarrow{0W} + \overrightarrow{0S} + \overrightarrow{2N} \tag{1.8}$$

$$\vec{l_2} = \overrightarrow{0E} + \overrightarrow{3W} + \overrightarrow{0S} + \overrightarrow{3N} \tag{1.9}$$

现有 $\left(w_E w_W w_S w_N\right)^{T} = \left(\overrightarrow{aE} + \overrightarrow{bW} + \overrightarrow{cS} + \overrightarrow{dN}\right)^{T}$，则

$$\vec{l_1} = \left(1\,0\,1\,2\right)\begin{pmatrix}\overrightarrow{aE}\\\overrightarrow{0W}\\\overrightarrow{0S}\\\overrightarrow{2dN}\end{pmatrix} = \overrightarrow{aE} + \overrightarrow{0W} + \overrightarrow{0S} + \overrightarrow{2dN} \tag{1.10}$$

$$\vec{l_2} = \left(0\,3\,0\,3\right)\begin{pmatrix}\overrightarrow{aE}\\\overrightarrow{bW}\\\overrightarrow{cS}\\\overrightarrow{dN}\end{pmatrix} = \overrightarrow{0E} + \overrightarrow{3bW} + \overrightarrow{0S} + \overrightarrow{3dN} \tag{1.11}$$

由上得出，路径 $\vec{l} = (m\,n\,p\,q)$，则在方位空间中，在不同方位上 "力" 的作用下，路径 $\vec{l}$ 在方位空间中表示为式 (1.12)，"力" 的作用效果表示为式 (1.13)：

$$\vec{l'} = mw_{\mathrm{E}}\,\vec{\mathrm{E}} + nw_{\mathrm{W}}\,\vec{\mathrm{W}} + pw_{\mathrm{S}}\,\vec{\mathrm{S}} + qw_{\mathrm{N}}\,\vec{\mathrm{N}} \tag{1.12}$$

$$\left|\vec{l'}\right| = \sqrt{\left(mw_{\mathrm{E}} - nw_{\mathrm{W}}\right)^2 + \left(pw_{\mathrm{S}} - qw_{\mathrm{N}}\right)^2} \tag{1.13}$$

用计算得出的 $\left|\vec{l'}\right|$ 进行聚类计算，以此附加上方位影响因素。

2. 格网上附加方位因素的空间聚类实现

障碍路径是格网上不规则的折线，其形状由障碍物决定，但在空间中，方位因素不同于非空间属性因素，两点之间的方位关系仅与两者之间位置相关，与两者之间路径复杂程度无关。如图 1.14 所示。

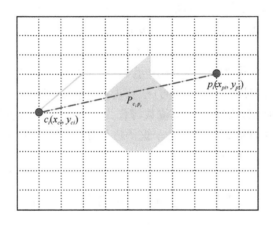

图 1.14　附加方位因素障碍距离计算

$$\overrightarrow{P_{c_i p_i}} = \left(x_{pi} - x_{ci},\ y_{pi} - y_{ci}\right),\ \ 令$$

$$\varepsilon_X = \frac{1}{L}\left|\vec{l_i}\right|_X,\ \ \varepsilon_Y = \frac{1}{L}\left|\vec{l_i}\right|_Y \tag{1.14}$$

式中，L 表示格网长度。根据式 (1.13)，则有

$$\begin{cases} m = \varepsilon_X,\ n = 0,\ p = 0,\ q = \varepsilon_Y & x_{pi} \geqslant x_{ci},\ y_{pi} \geqslant y_{ci} \\ n = 0,\ n = \varepsilon_X,\ p = \varepsilon_Y,\ q = 0 & x_{pi} < x_{ci},\ y_{pi} < y_{ci} \\ p = 0,\ n = \varepsilon_X,\ p = 0,\ q = \varepsilon_Y & x_{pi} < x_{ci},\ y_{pi} \geqslant y_{ci} \\ q = \varepsilon_X,\ n = 0,\ p = \varepsilon_Y,\ q = 0 & x_{pi} \geqslant x_{ci},\ y_{pi} < y_{ci} \end{cases} \tag{1.15}$$

将式 (1.15) 代入式 (1.13)，可得在方位因素影响下的路径长度 $\left|\vec{l'}\right|$。但在附加空间障碍的聚类中，聚类距离不仅仅只是两点间的直线距离，还需考虑空间障碍物的存在，用两点间障碍距离进行聚类，在此种情况下，受方位因素影响所得路径长度，无法直接应

用于空间聚类，需作适当改变。

借鉴附加非空间属性限定规则聚类的实现方法，应用式(1.16)将$|\vec{r}|$转换为影响因子，用转换后的影响因子对障碍距离进行计算修正，得到修正后的距离P''。

$$P'' = \frac{|\vec{l}'|}{|\vec{l}|} * P \qquad (1.16)$$

式中，$|\vec{r}|$表示正常两点之间的直线距离；P表示网格上两点之间的最短障碍距离，在进行了非空间属性距离修正后，P也可视为非空间属性距离修正后的障碍距离。

1.3　空间聚类结果分级处理

聚类完成之后各个对象聚为不同簇分布在空间区域内。由聚类原则可知，对象相似性越大，其聚为一簇的可能性越大，若将聚类对象进行分级处理，则同一簇的对象被归为同一等级的可能性最大，反过来亦是如此，同一等级的对象被聚为一簇的可能性越大。在这一理论指导下，可以对聚类簇进行分级分析，得出其等级划分，以更好地进行应用分析，得到更满足人们应用需要的结果。

聚类完成之后，空间聚类对象聚为不同簇。将每个聚类簇看作一个空间对象，进行分级分析。分级时，分级属性可用两种方法获得：一种是用簇中心属性代表簇属性；另一种是用簇属性的统计值，如均值、中位数等作为簇属性。我们选择后者进行分级分析，首先要对聚类后结果进行处理，得到各个聚类簇的统计值。但对于非空间属性和方位属性又有不同的统计方法，需分别进行。

1.3.1　非空间属性的分级处理

1. 非空间属性分级的数学基础

不同于常规聚类，在进行空间聚类时，用非空间属性和方位因素对障碍距离进行修正，用修正后的距离进行空间聚类，普通的统计方式并不能真正地反映出聚类簇的非空间属性的分布特征。为此，采用属性密度描述非空间属性的分布特征。

属性密度概念源于物理学中密度的概念。密度是物质的质量和其体积的比值，它是物质的一种特性，不随质量和体积的变化而变化，只随物态(温度、压强)变化而变化。将属性值看作物体质量，聚类簇所覆盖范围看作物体体积，两者所得比值即为聚类簇的属性密度。属性密度反映的不仅仅是非空间属性的分布状态，更考虑到了空间距离影响，根据其物理学意义，属性密度反映了聚类簇本身的固有特性，因而可以用于描述非空间属性的分布特征。

当然，简单的属性值与面积的比值还不足以表达聚类簇中相应属性的分布特征，因为在进行空间聚类时，除利用非空间属性对空间距离进行修正以外，还利用方位因素的影响性对空间距离进行了修正，因此在进行非空间信息统计时也应考虑到该影响才能使结果更加客观。据此，应用方位因素修正函数，对聚类簇所覆盖空间范围进行面积修正。修正时，以聚类簇中心所在格网为参考格网，计算出剩余格网与参考格网间的方位关系，然后应用方位函数对格网面积进行修正。格网面积已知为 L^2，则修正后聚类簇的覆盖面积如下：

$$S' = \sum_{i=1}^{n} p(g_i) \times L^2 \qquad (1.17)$$

式中，$p(g)$ 表示方位修正函数；n 表示聚类簇所覆盖的格网个数；g_i 表示第 i 个格网的方位因素。定义了 S'，便可计算聚类簇的属性密度 ρ：

$$\rho(j) = \sum_{i=1}^{n} A_i(j) \bigg/ S' \qquad (1.18)$$

式中，$A_i(j)$ 表示第 i 个格网的第 j 维属性值。

2. 非空间属性分级

进行非空间属性分级时，可以仅将属性值作为分级条件，简单地进行属性值分级，各个属性具有相同的权重，在分级过程中无影响度大小之分，这显然与实际情况不符。另有一种更为有效的分级方法，称之为迭代分级法，阐述如下。

给定两集合 O 和 A，其中 $O = \{o_1, o_2, \cdots, o_m\}$，代表分级对象；$A = \{a_1, a_2, \cdots, a_m\}$，代表空间属性。在 O 和 A 上构建二部图 $G = \langle V, E \rangle$，其中 $V(G) = O \cup A$，$E(G) = \{\langle q_i, q_j \rangle\}$，其中，$q_i, q_j \in O \cup A$。另定义邻接矩阵 $W_{(m+n) \times (m+n)} = \{w_{q_i q_j}\}$，其中 $w_{q_i q_j}$ 为连接 $\langle q_i, q_j \rangle$ 的权值。有了上述定义，可将二部图 G 重新表达为 $\boldsymbol{G} = \langle \{O, A\}, W \rangle$。为方便计算，可将邻接矩阵 $\boldsymbol{W}$ 分解成四块：$W_{OO}, W_{OA}, W_{AO}, W_{AA}$，则 $\boldsymbol{W}$ 可表示为

$$\boldsymbol{W} = \begin{bmatrix} W_{OO} & W_{OA} \\ W_{AO} & W_{AA} \end{bmatrix} \qquad (1.19)$$

给定二部图 $G = \langle \{O, A\}, W \rangle$ 后，须寻找等级函数 $f: G \to \left(\vec{r}_O, \vec{r}_A \right)$，计算出集合 O 和集合 A 中每一对象等级，并且满足：

$$\forall_o \in O, \ \vec{r}_O(O) \geqslant 0, \ \sum_{o \in O} \vec{r}_O(O) = 1 \qquad (1.20)$$

和

$$\forall_a \in A, \ \vec{r}_A(a) \geqslant 0, \ \sum_{o \in O} \vec{r}_A(a) = 1 \qquad (1.21)$$

进行等级划分时，主要考虑以下两条规则：

规则 1　高等级属性上的高效属性值可以使对象等级大幅提高。

规则 2　高等级的分级对象属性值具有高效性可提高属性等级。

根据规则 1 属性 j 自身的权重值越高，属性 j 的等级也就越高，另外，对象 i 的等级及其在属性 j 上的属性值也会对属性 j 的等级产生影响。则

$$\vec{r}_A(j) = \sum_{i=1}^{m} W_{AO}(j, i) \vec{r}_O(i) \qquad (1.22)$$

计算完成后，对 $\vec{r}_A(j)$ 进行归一化处理：

$$\vec{r}_A(j) \leftarrow \frac{\vec{r}_A(j)}{\sum_{j'=1}^{n} \vec{r}_A(j')} \tag{1.23}$$

根据规则 2，高等级的分级对象本身的权重值越高，其等级越高。另外，在属性上属性值的高效性也会提高分级对象等级。则

$$\vec{r}_O(i) = \sum_{j}^{n} W_{OA}(i,j)\vec{r}_Y(j) \tag{1.24}$$

计算完成后，对 $\vec{r}_O(i)$ 进行归一化处理：

$$\vec{r}_O(i) \leftarrow \frac{\vec{r}_O(i)}{\sum_{i'}^{m} \vec{r}_O(i')} \tag{1.25}$$

归一化过程不会改变分级对象的等级位置，只是给出了一个相对的等级得分。应用矩阵，可以将式 (1.22) 和式 (1.24) 改写为

$$\vec{r}_O = \frac{W_{OA}\,\vec{r}_A}{\left\| W_{OA}\,\vec{r}_A \right\|}, \quad \vec{r}_A = \frac{W_{AO}\,\vec{r}_O}{\left\| W_{AO}\,\vec{r}_O \right\|} \tag{1.26}$$

可以证明，$\vec{r}_O$ 和 $\vec{r}_A$ 分别表示 $W_{OA}W_{AO}$ 和 $W_{AO}W_{OA}$ 的初始特征向量。

根据地理学第一定律，空间上距离越相近的物体，其相似性越高，又可应用规则 3 对 $\vec{r}_O$ 进行优化。

规则 3　在空间上与高等级对象距离越近，其等级越高。

应用规则 3 对式 (1.24) 进行改写：

$$\vec{r}_O(i) = \alpha \sum_{j=1}^{n} W_{XY}(i,j)\vec{r}_A(j) + (1-\alpha)\sum_{j=1}^{m} W_{OO}(i,j)\vec{r}_O(j) \tag{1.27}$$

式中，$\alpha \in [0,1]$，它决定了每种因素的重要性，可根据实际需要对 α 进行赋值。同样可以证明 $\vec{r}_O$ 表示矩阵 $\alpha W_{OA}W_{AO} + (1-\alpha)W_{OO}$ 的初始特征向量；$\vec{r}_A$ 表示矩阵 $\alpha W_{AO}\left(I-(1-\alpha)W_{OO}\right)^{-1}W_{OA}$。在迭代过程中，等级得分会最终汇于一点。

1.3.2　空间方位因素的分级处理

1. 空间方位因素分级处理的数学基础

方向与方位是空间方位关系描述中经常使用的词汇，两者不同在于，方向是定量描

述方法，而方位为定性描述。方向常用象限角、方位角等概念来精确描述目标之间的方向关系，方位则是用若干主方位粗略描述空间方向。我们主要研究方位，方位决定空间主方位的划分，并用这种空间划分进行空间描述，例如：

(1)广州在中国南方，黑龙江、吉林在中国东北；

(2)长江以南，黄河以北；

(3)我的左前方是教学楼。

从上述例子中不难看出，方位是相对的，即方位的描述一般有两个对象：参考对象及目标对象，通过参考对象确定目标对象的位置。将此概念引入到空间方位等级划分中，方位等级的划分也可以是一个相对的概念，以某一对象为参考对象，赋予其初始等级，判断目标对象与参考对象间的方位关系，通过方位关系判定其等级。用数学语言描述如下：

$$\text{Rank}(A) = \text{ReLocation}(\text{Rank}(B)) \qquad (1.28)$$

式中，$\text{Rank}(B)$ 表示参考对象等级；$\text{ReLocation}(\cdot)$ 表示相对位置修正函数。

因参考对象与目标对象皆具有多样性，可以是区域、线或点。本节将参考对象与目标对象组成的模型分为四种类型：①简单模型，即参考对象与目标对象皆为点状对象；②参考复杂型，即参考对象为区域型或线型对象，目标对象为点状对象；③目标复杂型，即目标对象为区域型对象，参考对象为点状对象；④复合型模型，即参考对象与目标对象皆为区域型或线型模型。考虑到研究工作的所有操作均在格网上进行，所以约定考虑线型对象，将线型对象在格网上扩充为区域型进行处理。

简单模型方位等级划分，仅需根据式(1.28)进行计算，无须扩充。下面重点讨论其余三种模型的方位等级划分方法。

参考复杂型模型，如图 1.15 所示，障碍物 B 作为参考对象，从不同视点进行观察，目标对象 A 相对于参考对象 B 的方位有所不同，从 a 点观察，A 位于 B 东南方向，从 b 点观察，A 位于 B 正东方向，从 c 点观察，A 位于 B 东北方向。这种情况下，需进行视点选择，以点代替参考对象，然后确定目标对象 A 的相对方位。用数学语言描述如下：

$$\text{Rank}(A) = \text{ReLocation}(\text{Rank}(\text{Location}(B))) \qquad (1.29)$$

式中，$\text{Location}(\cdot)$ 表示视点确定函数；其他函数含义同式(1.27)。

目标复杂型模型如图 1.15 所示，将点状物 A 作为参考对象，障碍物 B 作为目标对象，则障碍物 B 上 a、b、c 三点相对于参考对象 A 的方位有所不同，a 点位于西北方向，b 点位于正西方向，c 点位于西南方向。这种情况下需进行视线落脚点的选择，落脚点的选择有精确与模糊两种。精确的选择，顾名思义，便是精确给定目标对象上的视线落脚点，如判断某个建筑物的方位，通常以建筑物大门为准，这需要根据实际情况确定。还有一种情况，仅需模糊知道实现落脚点的位置，如建筑物有多个大门，无特殊要求时，任意一门都可满足要求，则需模糊确定实现落脚点。

根据物理学原理，视点确定，视线在目标对象上的落脚点有且只有一个。所以，对于区域或线状目标地物，用参考对象与目标对象间的最短路径作为视线，其与目标对象的交点作为视线落脚点，用视线落脚点来确定目标对象方位。如图 1.16 所示，在格网上，路径 2 为参考对象 A 到达目标对象 B 的最短路径，与 B 交点为 b，则可确定，目标对象 B 位于参考对象 A 正西方向。

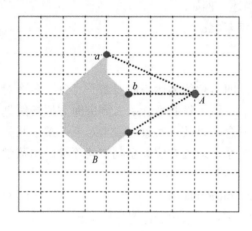

图 1.15　目标复杂型模型　　　　　　　图 1.16　视线落脚点确定示意

复合型模型，如图 1.17 所示，A 为参考对象，B 为目标对象，复合型模型间可以有三种方位确定方式：①图 1.17 中，a_1 为参考对象 A 上指定视点，根据最短路径原则找到视线在目标对象 B 上的视线落脚点 b_1，通过 b_1 确定目标对象的方位；②a_2 为参考对象 A 上指定视点，b_2 为目标对象 B 上指定视线落脚点，通过 b_2 确定目标对象 B 的方位；③统一规定，各区域的代表点，如区域最左下方的格网点，如图中目标对象 A 的代表点为 a_3，参考对象 B 的代表点为 b_3，通过 b_3 确定目标对象的方位。

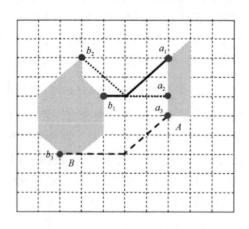

图 1.17　复合型模型方位确定示意

2. 空间方位因素分级

由前所述，进行方位等级划分，首先要找到参考对象，以参考对象为基准，确定其余目标对象的等级值。参考对象可以精确指定，也可进行计算机选择，但在精确指定情况下，可能会给分级造成负担，使得分级结果出现负值，所以，为了计算方便，方位因素分级一般情况下选择计算机自动判定方法，以使目标对象等级值全为正值。参考对象确定后，将对象集合内其余对象作为目标对象，对其进行遍历确定其等级值。

1）分级参考对象的获取

为保证目标对象的等级值皆为正值，参考对象应是所有对象中等级最低的。不同于非空间属性值，方位因素的等级划分会在空间上存在规律性，且这种规律性与方位权重值相关。等级值最低点便可据此进行寻找。

空间聚类在格网上进行，现有聚类对象集合 C，对于集合中任一对象 $c_i \in C$，在格网上的坐标为 (x_{ci}, y_{ci})，首先应寻找出聚类对象在空间分布中四个方向上的边界 l_E、l_W、l_S、l_N，根据坐标与空间分布的关系，应用式（1.30）进行计算：

$$l_E = \max(x_{ci}), \quad l_W = \min(x_{ci}), \quad l_S = \min(y_{ci}), \quad l_N = \max(y_{ci}) \tag{1.30}$$

所得结果如图 1.18 所示，因所有操作均在格网上进行，则可证明边界线上必有聚类对象存在，参考对象会在此边界对象上产生。

现有方位权重矩阵 $W = (w_E, w_W, w_S, w_N)$，经比较得出四个方位权重值的最小值，记为 $W_{\min}$。其余方位权重组成新的权重矩阵 W'。

根据格网性质，边界上必有点，根据点的数目，可分为边界上只有一个点和边界上有不止一个点，如图 1.18 所示。虽然在边界上判断方位等级的大小较全局范围内方便许多，但仍需大量计算。为此，在聚类对象中增加一个虚拟对象 μ，将其放置于空间中方位等级最低处，作为计算所有对象方位等级的参考，大大缩减计算量。另外，将 μ 设置为点对象，以简化模型类别，避免参考复杂型模型与复合型模型在操作中出现。μ 的位置确定过程描述如下：

如图 1.18 所示，四条边界线组成了空间对象分布的边界，根据参考对象方位等级最小原则，μ 应位于方位权重值最小的边界上，即 $W_{\min}$，假设图中 l_W 即 $W_{\min}$，找到与 l_W 相垂直的方位，即图中的 l_S 和 l_N，在 W' 中比较 l_S 和 l_N 的方位等级值，选取较小的一个作为 $W_{\min}'$，假设为 l_S，μ 即 $W_{\min}$ 和 $W_{\min}'$ 的交点，如图中五角星所示位置。可以证明，在 μ 处，空间对象向东移动，方位权重值增加，方位等级增加；向北移动，方位权重值增加，方位等级增加。以 μ 为参考对象，空间中所有对象都可看作 μ 为向东及向北移动的合成，其方位等级值增加，由此可以判断，μ 为空间中方位等级值最小点。

2）等级划分

确定了参考对象 μ 后便可进行各对象等级计算。目标对象与参考对象组成的模型，有简单模型和目标复杂型模型两种。这两种模型共同存在于空间中，因此在进行等级划分时应分情况进行。

以 μ 为原点，μ 所在两个方向为轴建立坐标系，记为 X、Y 轴，如图 1.19 所示。从 μ 出发，往 X 方向，Y 方向方位等级值都逐渐增加，因此可将目标对象等级转换为坐标系上目标对象距 μ 的距离，即用距离量化目标对象等级。

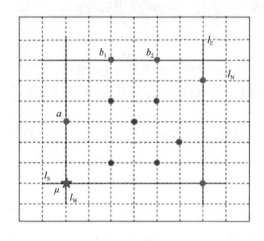
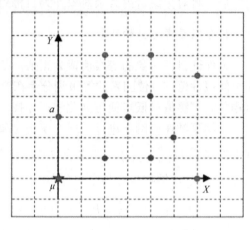

图 1.18　聚类簇边界示意　　　　　图 1.19　等级划分坐标系

对于简单模型，目标对象与参考对象之间距离即为两点之间距离，则在坐标系上，以 μ 为起点，目标对象集合为 C，将任一 $c_i \in C$ 为终点。在坐标系上，μ 坐标为 $(0,0)$，c_i 坐标为 (x_{ci}, y_{ci})，X、Y 方向权重值为其相应方向方位权重，分别记为 (w_X, w_Y)，应用式(1.31)计算坐标系上 c_i 与 μ 在方位权重影响下的路径长度 $R_{\text{Direc}}(i)$。

对于目标复杂型模型，目标对象与参考对象之间的距离量测方式有两种，精确指定以及计算机自动判别。如图 1.20 所示，假设图中多边形为一建筑物，现要计算其方位等级，规定以建筑物大门 D 为目标点，则应用式(1.31)计算建筑物大门 D 与 μ 在方位权重影响下的距离，以此来确定建筑物的方位等级。由此可见，精确指定可根据实际情况进行，为多边形赋予更能代表其意义的点作为计算其方位等级的目标点，这为满足复杂的应用需求提供便利。

$$R_{\text{Direc}}(i) = \sqrt{\left(w_x \times w_{ci}\right)^2 + \left(w_y \times y_{ci}\right)^2} \qquad (1.31)$$

另一种情况下需计算机自动识别，选择距离 μ 最近的格网距离的点，记为 M。寻找点 M 时，采用扫描-删除法。如图 1.21 所示，将多边形所有结点放入集合 J，然后从 X 轴开始扫描，每次扫描，扫描线上移一个网格长度，将扫描线与 J 集合中多边形结点交点按 X 值由小到大排列，仅保留最小 X 值点，扫描线上其余点从集合 J 中删除，扫描线逐步移动，直到扫描线到达与 X 轴平行方位界线为止；X 方向扫描完毕后，继续扫描 Y 方向，从 Y 轴开始扫描，每扫描一次右移一个单位，将扫描线与 J 中多边形结点交点按 Y 坐标值由小到大排列，保留 Y 最小值的结点，将其余结点从 J 中删除，扫描线逐步移动，直至与 Y 方位平行的方位界线为止。最终 J 中所余结点可能不只一个，计算所余结点与 μ 之间的格网距离，选取距离最小的一个结点，即最小值点，记为 M。

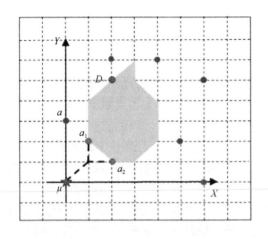

图 1.20 目标复杂型模型方位等级计算

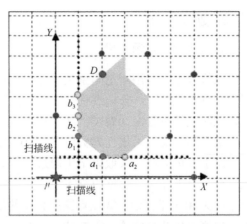

图 1.21 扫描-删除算法示意

点 M 确定后按照简单模型计算方法计算多边形对象与 μ 之间的方位距离，将其作为方位等级值。考虑到等级的实际意义，还应对最后所得值进行归一化处理[式(1.32)]。

$$\overrightarrow{R_{\text{Direc}}}(i) \leftarrow \frac{\overrightarrow{R_{\text{Direc}}}(i)}{\sum_{i'=1}^{m} \overrightarrow{R_{\text{Direc}}}(i')} \tag{1.32}$$

空间聚类对象的方位等级划分，可以分为两步，首先是聚类簇中心间的方位等级划分，然后是类内对象间的方位等级划分。通过这两步，理论上可以对全部的聚类对象进行方位等级划分，作全局比较。

非空间属性分级和方位因素分级处理完毕后，根据两种分级因素影响程度，为两种分级因素分别赋予不同的影响因子，根据式(1.33)实现两种分级方式的同时使用。

$$\overrightarrow{R} = \overrightarrow{R_O}(i) \times w_{\text{att}} + \overrightarrow{R_{\text{Direc}}}(i) \times w_{\text{orn}} \tag{1.33}$$

式中，w_{att} 表示非空间属性分级影响因子；w_{orn} 表示方位因素分级影响因子。

1.4 算法实现及应用

1.4.1 实验数据及预处理

1. 实验数据

济南市交通旅游图实验数据比例尺为 1∶100 000，从国家基础地理信息平台获得，数据内容包括点状要素图层、线状要素图层和面状要素图层。

点状数据包括多个图层，分别代表多种与人们日常生活联系紧密的地物类型。如休闲娱乐、企业、学校、医疗机构、政府机构、购物场所、银行、邮政电信、加油站等。线状要素主要为高速公路、城市主干道、铁路等。面状要素主要包括居民区、水域、绿地等。

2. 数据预处理

1）点状数据的预处理

点状数据主要用于空间聚类及分级分析，需按照空间聚类及分级的算法要求对点图层数据进行预处理。分析点状数据特征，发现存在如下问题：①各点图层数据无坐标信息，无法直接进行空间聚类；②各点图层属性多为 string 类型，而附加非空间属性限定规则的空间聚类要求属性为数值型；③点图层不同，属性不同，且属性字段值差异很大。

对于上述问题，采取以下手段进行预处理：①为每个点图层新建 double 属性字段 (X, Y)，用于存储点对象的空间坐标值。使用 ArcGIS Calculate Geometry 功能计算出点对象的 X 和 Y 坐标值。②以点图层公司的属性"职位"为例，"职位"中共有 31 个不同的属性值，包括会计师、印刷员、员工、部门经理、清洁工、建筑师、律师等，用互不相同的数值代替属性值，为方便后续计算，数值的大小由职位要求的高低决定，如部门经理，其要求人员素质较高，清洁工则要求较低。故用 31 表示部门经理，1 表示清洁工。以此类推，文化水平、类型、位置皆可表示为数值型。规定 Name 及英文名称不可参加附加非空间限定规则的空间聚类。③ $A_{休闲娱乐}, \cdots, A_{公司}$ 为各点图层相应属性集合，$A' \left(A_{休闲娱乐} \cup \cdots \cup A_{公司} \right)$ 为所有点图层属性的并集，用 A' 代替个点图层原有属性，无值属性用空值表示。

2）线状数据的预处理

线状数据主要用于路径分析。路径分析首先应构建路网，而构建路网要求：①道路层无拓扑错误；②道路间相互连通。为此采取如下策略对线状数据进行预处理：①将所有道路在其相交处打断，并保证在相交处道路间的连通性；②为道路网建立拓扑，需修改其中的拓扑错误，边缘上的拓扑错误可忽略；③构建道路网络，为道路设置流向，使每条道路区分上行及下行。

1.4.2　算 法 实 现

1. 算法实现流程

算法实现总体流程归纳为图 1.22 所示。图中灰色部分为算法实现的总体流程，其余部分为实现某一功能的具体流程。

由图 1.22 可以看出，实验首先进行空间格网划分，并将聚类点关联至网格，此过程需建立原始空间与格网空间中聚类点间的位置关系，以便进行结果的显示。障碍物扩散是将障碍物由原始空间重新定位到格网空间的过程，与聚类点不同，障碍物为多边形，其结果直接影响到后续点间路径的判定，必须满足实际要求。障碍物扩散完毕后进行附加限定规则的空间聚类，此时必要的步骤是对空间聚类的距离计算进行修正，用空间中的障碍物，聚类点的非空间属性以及方位因素对距离进行修正，用修正后的距离进行空间聚类。

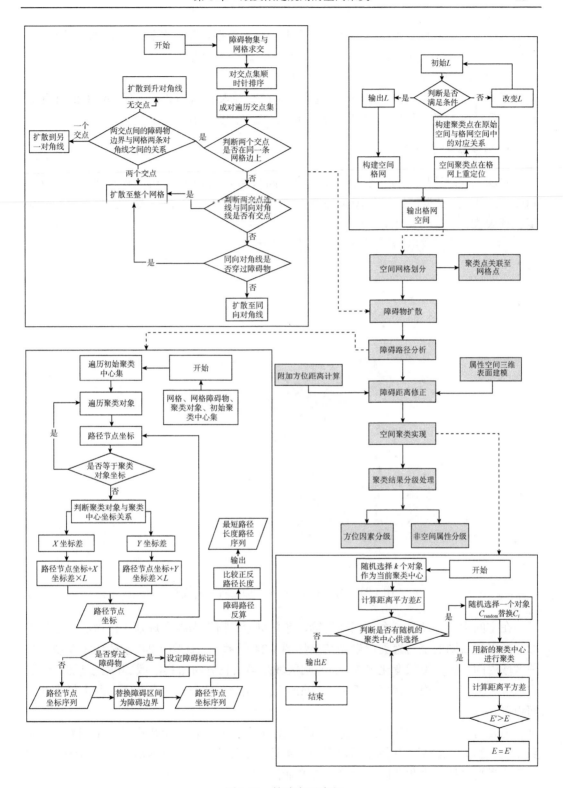

图 1.22　算法实现流程

空间聚类完成后，需对空间聚类结果进行再次挖掘，即将聚类结果分级。聚类结果分级分为两种，非空间属性分级以及方位分级，这两种分级方式计算方法略有不同，但其实现过程较为简单。

算法实现部分由 Matlab 完成，生成结果自动导入到 ArcGIS，并在 ArcGIS 中进行显示。算法中聚类点数据采用济南市交通旅游图中的公司层数据。

2. 算法实现结果显示

实验首先实现无限定规则约束下的空间聚类，将所有公司图层中的点（总计约4 000 点）聚为 10 类，结果如图 1.23 所示。图中每种颜色代表一类。实验采用网格距离进行聚类。

图 1.23　无限定规则约束下的空间聚类结果

在空间中设置任意三个空间障碍物，将空间障碍物作为限定规则在公司层上进行附加空间限定规则的空间聚类，聚类结果如图 1.24 所示。对比图 1.24 与图 1.23 发现，椭圆区域内的点聚类形状变化最大，而椭圆区域是障碍物分布密集区域。相对于椭圆区域，方形区域内点的聚类形状变化不大，因此区域内无障碍物影响，点之间的距离仍为其空间距离。

将公司点状图层的属性纳入考虑范围，作为非空间属性限定规则进行空间聚类，得到如图 1.25 所示结果，从图中可以看出，聚类簇密集分布在椭圆区域内，说明这一区域内公司类型多样，推测此区域为济南市商业区。

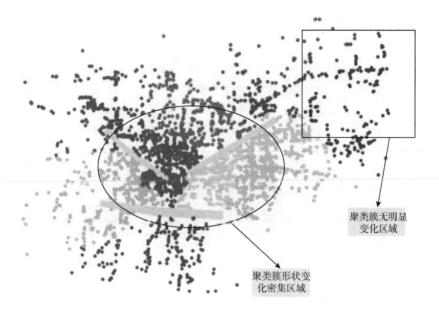

图 1.24　附加空间限定规则的空间聚类结果

图 1.25　附加非空间属性限定规则的空间聚类结果

设置方位权重矩阵 $(l_E, l_W, l_N, l_S) = (2, 0.5, 1.5, 1)$，将方位权重矩阵带入附加方位限定规则的空间聚类算法，得到如图 1.26 所示结果。从图中可看出，方位等级越高，聚类簇越密集，如图中方形区域。而在方位权重较低的方位上，聚类簇分布较少，如图中椭圆区域内。说明方位权重值使得空间距离发生变化，方位权重越高的位置，其距离被扩大，而方位权重较低的位置，距离被缩小。

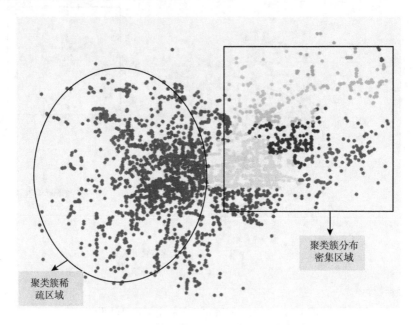

图 1.26　附加方位限定规则的空间聚类结果

将三种限定规则同时附加到空间聚类。规定方位权重 $(l_\mathrm{E}, l_\mathrm{W}, l_\mathrm{N}, l_\mathrm{S}) = (2, 0.5, 1.5, 1)$，方位因素影响因子为 0.4，非空间属性影响因子为 0.6。聚类结果如图 1.27 所示。较上述三种分别附加限定规则的空间聚类，同时附加三种限定规则使得聚类特征发生改变，实现三种限定规则在空间聚类中的融合。

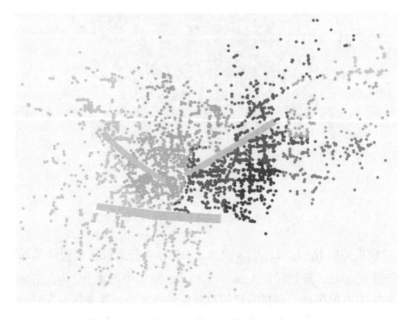

图 1.27　三种限定规则共同作用下的聚类结果

对同时附加三种限定规则的空间聚类结果进行方位分级处理。方位权重 $(l_E, l_W, l_N, l_S) = (2, 0.5, 1.5, 1)$，分级结果如图 1.28 所示。

图 1.28　方位分级结果

规定非空间属性权重 $(l_{职位}, l_{薪酬}, l_{招聘人数}, l_{所在位置}, l_{文化水平}) = (0.3, 0.2, 0.2, 0.1, 0.2)$，对同时附加三种限定规则的空间聚类结果进行非空间属性分级处理，结果如图 1.29 所示。图中圆形区域为公司等级较高区域，可发现此区域与图 1.25 所示聚类簇密集区域相吻合。

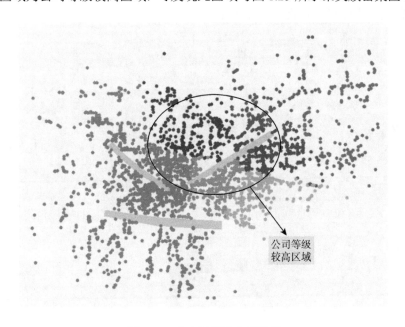

公司等级
较高区域

图 1.29　非空间属性分级结果

设置方位因素影响因子 $w_{orn}=0.3$ ，非空间属性影响因子 $w_{att}=0.7$ ，得到两种分级方法共同影响下的聚类分级结果图，如图 1.30 所示。

图 1.30 两种分级因素共同影响下的分级结果

1.4.3 算法应用实例

以用户超市查询、查询结果聚类、聚类结果分级处理、兴趣点选择、路径规划过程为例，说明本章算法的实际应用。

(1)用户希望去一家综合性超市，要求靠近自己所在位置，交通便利。首先输入查询条件，得到所需信息，查询结果如图 1.31 所示。

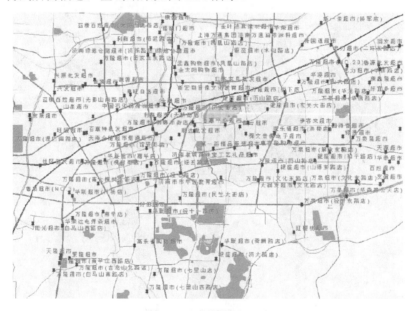

图 1.31 查询结果显示

(2)同时附加三种限定规则进行空间聚类。图 1.32 中圆形区域为交通拥堵区域,将此区域作为空间障碍。方位权重 $(l_E, l_W, l_N, l_S) = (2, 0.5, 1.5, 1)$,非空间属性为超市属性"类型"。方位权重影响因子为 0.4,非空间属性影响因子为 0.6,则超市查询结果聚类如图 1.32 所示。

交通拥堵区域

图 1.32　超市查询结果聚类

(3)将超市聚类结果进行分级处理。分级要求同时考虑非空间属性因素与方位因素,其中非空间因素影响因子为 0.6,方位因素影响因子为 0.4,分级结果如图 1.33 所示。分析图 1.33,综合考虑非空间属性因素与方位因素后,圆形区域与方形区域内的超市等级最高,但两者区域内超市具有高等级原因却不同,圆形区域方位等级较低,但超市等级较高,分析是因为此区域内超市具有较高的非空间属性因素。方形区域则相反,此区域内的方位等级较高,但超市等级仅略高于圆形区域,推测此区域内超市非空间属性等级较低,使得超市等级降低。

(4)根据分级结果图,选择出感兴趣区域,对兴趣区域内点进行再次聚类,并对聚类结果进行分级处理,结果如图 1.34 所示,图中高亮显示的两点为算法做出的最优选择。

(5)以用户位置作为起点如图 1.34 和图 1.35 所示。根据算法给出的最优结果,用户作进一步选择,确定目的地,进行路径规划。受交通拥堵影响,路径应为绕开交通拥堵区域的最短路径,如图 1.35 所示。

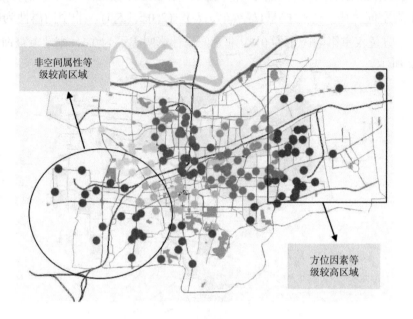

图 1.33　超市聚类结果分级处理

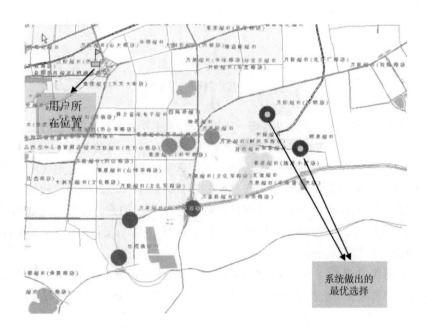

图 1.34　用户感兴趣区域的再处理结果

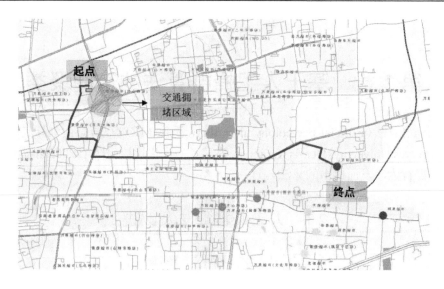

图 1.35　交通因素影响下的路径规划

聚类作为数据挖掘领域的经典技术,是数据分析与挖掘的必备工具。随着空间数据获取手段的日益丰富和多元化,各种类型的空间数据大量积累。如何从这些海量数据中获得有应用价值信息和知识的问题日益凸显。空间聚类作为经典的空间数据挖掘方法,已进行了深入研究,但距离人们日益复杂多样的应用需求尚有不少差距,仍有值得深入研究的地方。

(1)复合型障碍物研究。在进行附加空间限定规则的空间聚类中,障碍物类型较为单一,许多实际情况,比如山中有特定隧道可以通过等,并未进行考虑,在未来研究中应注重此方面研究,以使结果更加符合事实。

(2)智能化空间聚类研究。在同一系统中,聚类条件没有作系统分类,在实际生活中,在不同时间不同地点,所选择的聚类条件会有所不同,人们所期望的聚类结果表达方式也会有所不同。在未来研究中,应努力实现聚类条件智能化选择以及聚类结果的智能化表达,使空间聚类更好地为人们服务。

(3)分级多样性研究。在实际生活中,分级方式并不仅仅局限于非空间属性分类及方位分类,某些情形中,地段也是分级标准之一。在未来研究中,应进行分级标准多样性研究,建立分级体系,更好地为用户选择提供信息支持。

第 2 章　基于人工蜂群算法的空间聚类

人工蜂群算法(artificial bee colony algorithm，简称 ABC 算法)是由土耳其埃尔吉耶斯大学(Erciyes University) Dervis Karaboga 等学者为优化代数问题于 2005 年提出的，是一种受蜂群行为启发而提出的算法。

2.1　人工蜂群算法及改进

2.1.1　人工蜂群算法

1. 人工蜂群算法的基本模型

人工蜂群算法属于群智能优化算法。该算法将蜂群的采蜜过程作为模拟对象。一个蜜蜂种群包含的成员有成千上万只，如此庞大的群体中的每个个体必须要有明确的分工及合作，否则将陷入一片混乱。自然界中种群中的所有蜜蜂都有清晰的工作划分，各司其职，同时不同分工的蜜蜂之间也有简单的信息交流，除此之外不同分工的蜜蜂也会转换职能，蜂群通过相互协作找到最优蜜源。人工蜂群算法模拟了蜜蜂种群的分工、信息交流、职能转换等过程，算法中包含的三个最基本的元素为蜜源、雇佣蜂、未被雇佣蜂。

蜜源：蜜源与实际优化问题中的可行解对应，蜜源的质量受多方面因素的影响，如与蜂巢的距离远近、花蜜含量高低、开采的难度等。同样，在实际的优化问题中解的质量也受很多因素的影响，比如待优化函数包含多个未知参数。为了评价蜜源质量的优劣同时又不大幅增加算法的复杂度，实际应用时一般都只设置一个参数，在这里我们用"适应度"(fitness)来评价蜜源质量的好坏，适应度值越高的蜜源质量越好。

雇佣蜂：雇佣蜂也称引领蜂或工蜂，在描述过程中我们一般称为引领蜂，一个引领蜂对应一个蜜源的，两者的数量相等。采蜜时引领蜂携带着对应蜜源的描述信息，如蜜源的距离、所处的方位、蜜源的富集程度等，实际上这些描述信息对应着实际问题中每个参数的值。引领蜂将其开采的蜜源的描述信息带回蜂巢并与蜂巢里未被雇佣的蜜蜂分享，未被雇佣的蜜蜂采用轮盘赌的方式选择蜜源。

未被雇佣蜂：分为侦察蜂和跟随蜂。如果某个蜜源经过 limit 次迭代后蜜源质量仍未提高，那么与开采此蜜源的引领蜂将转变为侦察蜂并通过随机搜索的方式寻找新蜜源，找到新蜜源后再次转变为引领蜂。跟随蜂的角色是比较固定的，引领蜂完成采蜜后携带蜜源的相关信息返回蜂巢，跟随蜂根据轮盘赌的方式选择蜜源，然后开始采蜜。在算法的初始时刻，所有的蜜蜂都没有携带任何有关蜜源的信息，因此在算法初始时期所有的蜜蜂都是侦察蜂，在随机搜索蜜源后，部分蜜蜂转变为其他角色。

人工蜂群算法中的蜜蜂根据工种不同可以分为三种：引领蜂、侦察蜂和跟随蜂，其中蜜蜂的数量(NP)是蜜源的 2 倍，引领蜂和蜜源的数量相等，在算法执行过程中蜜蜂的角色可以相互转换。整个蜂群的搜索过程可以简单地描述为：算法开始时引领蜂通过随机搜索的方式发现蜜源并对蜜源进行初步的邻域搜索，跟随蜂从引领蜂那里获得所有蜜源的信息，并按轮盘赌的方式选择质量较优的蜜源进行邻域搜索。引领蜂转变为侦察蜂后在全局范围内搜索新的蜜源，然后再次转变为引领蜂。

在蜜蜂采蜜过程中，始终存在着信息交流和角色转换，蜜蜂通过相互之间的协作完成采蜜过程(图 2.1)。在算法的初始阶段，所有的蜜蜂都是侦察蜂且对蜂巢周围的蜜源信息没有任何了解。由于蜜蜂的内在和外在原因，蜜蜂将根据分工或角色划分为两种类型：①一半蜜蜂由侦察蜂转变为引领蜂，引领蜂随机搜索蜜源，如图中的路线 S；②另一半蜜蜂由侦察蜂转变为跟随蜂，在引领蜂招募蜜蜂时选择蜜源，然后对所选蜜源进行搜索，如图中的路线 R。

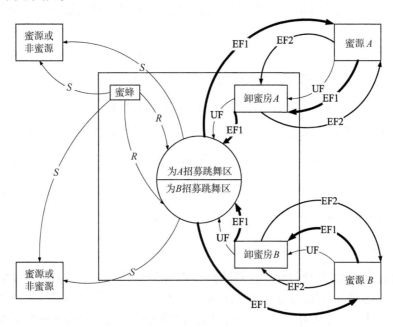

图 2.1　蜜蜂采蜜过程

假设现有两个蜜源 A 和 B，侦察蜂在发现蜜源后转变为引领蜂，引领蜂根据自身的属性记下了蜜源的位置和蜜源的质量并开始采蜜。采蜜完成后，引领蜂回到卸蜜房卸下花蜜，完成上述工作后引领蜂面临着三种选择：①放弃引领蜂自身发现的蜜源，回到招募跳舞区转变为跟随蜂，如图中路线 UF；②引领蜂不前往招募跳舞区招募跟随蜂，直接回到原来的蜜源处继续采蜜，如图 2.1 中路线 EF2；③引领蜂前往招募跳舞区招募跟随蜂，带领招募到的跟随蜂回到原来的蜜源处继续采蜜，如图 2.1 中路线 EF1。

2. 人工蜂群算法流程

标准的人工蜂群算法包括 4 个阶段：初始化阶段、引领蜂阶段、跟随蜂阶段和侦察蜂阶段。

1) 初始化阶段

初始化阶段包括参数初始化和生成初始蜜源。人工蜂群算法有 3 个重要的参数：蜜源的数量 SN、算法的最大循环次数 MaxCycle、蜜源的最大迭代次数 limit。人工蜂群算法在算法的初始阶段通过式(2.1)随机产生 SN 个初始蜜源。

$$x_{ij} = x_j^{\min} + \mathrm{rand}(0, 1)\left(x_j^{\max} - x_j^{\min}\right) \tag{2.1}$$

式中，$i \in \{1, 2, \cdots, \mathrm{SN}\}$，表示蜜源的数量；$j \in \{1, 2, \cdots, D\}$，表示蜜源的维度；$x_{ij}$ 表示解 x_i 的第 j 维的值；$\left\{x_j^{\min}, x_j^{\max}\right\}$ 表示第 j 维变量的取值范围。

2) 引领蜂阶段

引领蜂和蜜源的数量相等，引领蜂在初始蜜源的基础上寻找质量更高的蜜源，通过式(2.2)产生新蜜源。

$$v_{ij} = x_{ij} + r \times (x_{ij} - x_{kj}) \tag{2.2}$$

式中，v_{ij} 表示新蜜源，从式(2.2)中可以看出，新蜜源是在当前蜜源 x_{ij} 和相邻蜜源 x_{kj} 的基础上通过改变当前蜜源第 j 维的值得到；r 表示[–1, 1]之间的随机数，$k \in \{1, 2, \cdots, \mathrm{SN}\}$，$j \in \{1, 2, \cdots, D\}$ 两者都是随机选择，并且 $k \neq i$。j 代表被更新的维度，人工蜂群算法在引领蜂阶段通过随机选择某一维进行更新，获得蜜源。对于新蜜源 v_{ij}，若 $v_{ij} > x_j^{\max}$，则令 $v_{ij} = x_j^{\max}$；若 $v_{ij} > x_j^{\min}$，则令 $v_{ij} = x_j^{\min}$，若新蜜源的适应度值大于旧蜜源的适应度值，则用新蜜源代替旧蜜源，否则引领蜂仍然保存旧蜜源。

3) 跟随蜂阶段

引领蜂搜索到蜜源后回到蜂巢，算法根据式(2.3)计算每个蜜源的适应度值在所有蜜源的适应度值之和中所占的比例。跟随蜂根据系统产生的随机数确定是否选择某个引领蜂的蜜源进行搜索，若某蜜源的适应度值所占比例大于系统产生的随机数则跟随蜂将选择蜜源，我们将这种选择策略称之为轮盘赌选择策略。

$$p_i = \frac{\mathrm{fit}_i}{\displaystyle\sum_{i=1}^{\mathrm{SN}} \mathrm{fit}_i} \tag{2.3}$$

式中，fit_i 表示第 i 个蜜源对应的适应度值，跟随蜂在本阶段选择一个蜜源进行邻域搜索，与引领蜂一样通过式(2.2)产生蜜源，若新蜜源的适应度值更高则保留新蜜源，否则仍保留旧蜜源。

4) 侦察蜂阶段

若某个蜜源经过 limit 次邻域搜索之后适应度值仍然没有得到提高，那就表示当前蜜源已经是局部最优蜜源，与此蜜源对应的引领蜂将转变为侦察蜂，侦察蜂通过随机搜索的方式寻找新蜜源。

标准人工蜂群算法具体实现步骤如下。

步骤 1　初始化阶段。算法根据式(2.1)产生 SN 个初始蜜源，然后计算各个蜜源的适应度值，并记录下适应度值最高的蜜源。

步骤 2　令 Cycle=1。

步骤 3　引领蜂阶段。此阶段引领蜂根据式(2.2)在蜜源附近进行邻域搜索并产生新蜜源 v_i。若新蜜源的适应度值大于旧蜜源的适应度值则引领蜂保留新蜜源，否则舍弃新蜜源，引领蜂仍然保留旧蜜源。

步骤 4　算法根据式(2.3)计算每个蜜源的适应度值在所有蜜源的适应度值之和中所占的比例。

步骤 5　跟随蜂阶段。跟随蜂根据轮盘赌的选择方式选择蜜源，然后根据式(2.2)进行邻域搜索产生新蜜源。若新蜜源的适应度值大于旧蜜源的适应度值则跟随蜂保留新蜜源，否则舍弃新蜜源，跟随蜂仍然保留旧蜜源。

步骤 6　侦察蜂阶段。若某个蜜源经过 limit 次迭代后适应度值仍然没有提高，与此蜜源对应的引领蜂将放弃此蜜源并转变为侦察蜂，然后根据式(2.1)随机搜索一个新蜜源，侦察蜂开始对这个新蜜源进行搜索并再次转变为引领蜂。

步骤 7　一次循环完成后，记录最优蜜源。

步骤 8　Cycle=Cycle+1，若 Cycle＜MaxCycle，则转到步骤 3，否则算法结束，输出最优蜜源。

3. 人工蜂群算法的特点

通过对人工蜂群算法的研究和总结分析，我们发现人工蜂群算法有以下 4 个特点。

1) 系统性

人工蜂群算法由自然界中的蜜蜂采蜜行为抽象而来，具备系统学的一些典型特点。单个蜜蜂作为庞大蜂群中的一个微小个体可以独自工作，与此同时蜂群中的蜜蜂个体之间又相互影响、互相协作，蜂群的这种特点体现出了系统学中的关联性；单个的蜜蜂可以对若干个蜜源进行搜索，但是如果要在整个空间中搜索最佳蜜源单靠某个个体是很难完成的，但蜂群中数量庞大的个体相互合作却可以比较容易地完成，整体大于部分之和，这体现出了系统学中的整体性。

2) 分布式

蜂群进行某项工作时如觅食，蜂群中的个体都是单独工作的，单独的一个蜜蜂出现问题无法工作并不会影响整个蜂群的工作。同样，人工蜂群算法在求解最优解时每个个体都是独立运行的，单独一个个体求解质量不高也不会影响到最终的结果。

3) 自组织

在人工蜂群算法的初期，蜂群中的个体看上去都是独立的、无序的，可是到了算法的后期蜂群中的个体又都趋近于最优解，蜂群中的个体从无序到有序的过程充分体现了算法的自组织性。

　　4）反馈

　　引领蜂采蜜完成后会在蜂巢舞蹈区跳摇摆舞来招募跟随蜂，蜜源质量越高招募到跟随蜂的概率就越大，蜜源的质量得到提高的机会就更多，这样又会有更多机会招募到更多的跟随蜂，蜜源质量逐步提高并逐渐逼近最优解，这体现了算法的正反馈过程；人工蜂群算法中蜜源的更新比较随意，搜索过程中会得到质量不如当前蜜源的蜜源，此外，当蜜源经过多次搜索后质量仍然不能提高，就会放弃当前蜜源重新选择新蜜源，这些过程保证了搜索范围足够大和种群的多样性，这体现了算法的负反馈过程。

2.1.2　人工蜂群算法改进

1. 蜜源更新公式的改进

　　标准的人工蜂群算法在跟随蜂阶段根据式(2.2)对蜜源进行更新，更新公式采用一个值域为 [–1, 1] 的随机因子 r 控制蜜源更新步长，这种搜索方式的随意性太大，无法有效保证蜜源搜索范围随着算法的进行做出相应的改变。我们根据人工蜂群算法的特点尝试随着算法的进行根据迭代过程(cycle)非线性地改变蜜源更新步长，提出了一种新的变化因子 θ，公式如下：

$$\theta = a \times \left(m \times \left(1 - \sqrt{2 \times \left(\frac{\text{Cycle}}{\text{MaxCycle}}\right) - \left(\frac{\text{Cycle}}{\text{MaxCycle}}\right)^2}\right) + n\right) \quad (m, n\text{为系数}) \qquad (2.4)$$

$$a = \begin{cases} -1, & \text{rand} < 0.5 \\ 1, & \text{rand} \geqslant 0.5 \end{cases} \qquad (2.5)$$

$$v_{ij} = x_{ij} + \theta \times (x_{ij} - x_{kj}) \qquad (2.6)$$

　　在改进的人工蜂群算法中，跟随蜂阶段蜜源按照式(2.6)进行更新，随着算法的运行，比例因子 θ 会非线性的改变。在算法的初期 θ 值比较大，蜜源更新步长也比较大，蜜蜂搜索的范围也就比较大，种群的多样性也就比较好；在算法的后期，由于蜂群逐渐接近最优蜜源，此时需要进行较小范围的搜索，θ 值慢慢减小，蜜源更新步长慢慢减小，有利于在当前蜜源附近仔细的搜索更加优质的蜜源，提高了算法的寻优精度。根据实验经验，m 取[1, 1.5]，n 取[0, 0.2]之间的值时效果比较好。

2. 选择机制的改进

　　标准人工蜂群算法在跟随蜂阶段采用轮盘赌的方式选择蜜源，随机性比较大，效率也不高，对于质量较高的蜜源存在漏选的可能。人工蜂群算法之所以采用轮盘赌的选择方式，目的是为了使质量较高的蜜源得到更多优化的机会，标准人工蜂群算法通过计算每个蜜源的适应度值在所有蜜源的适应度值之和中所占的比例来确定蜜源被选中得到优化的概率。实际上，种群的数量越多，每个蜜源被选中的概率就越低，收敛速度越慢。此外，如果存在某个蜜源的质量远远高于其他蜜源，那么它得到优化的概率就会非常大，其他蜜源被优化的概率会很低，影响了种群的多样性。到了算法的后期蜜源的适应度值趋于一致，质量高的蜜源并不突出，得到优化的机会相对其他质量稍差的蜜源也不多，算法收敛速度变慢。为此，我们对标准人工蜂群算法的选择机制提出了改进，在跟随蜂阶段选择蜜源时，按照引领蜂的蜜源质量由低到高进行排序，并为每个蜜源赋予权值，每个蜜源的权值计算公式如下：

$$w(i) = \frac{i \times \left[\dfrac{100}{\mathrm{SN}}\right]}{100} \tag{2.7}$$

式中，SN 表示引领蜂的数量，从式(2.7)我们可以看到，$w(i)$ 的取值范围为[0, 1]。质量越高的蜜源 i 值越大，分配的权重就越高，蜜源被选中的概率也就越高。到了算法后期，虽然所有蜜源的适应度值趋于一致，但是质量好的蜜源的权重还是比质量差的蜜源权重高，质量好的蜜源仍然能够脱颖而出，得到更多的优化机会。

3. 改进的人工蜂群算法流程

改进的人工蜂群算法具体实现步骤如下。

步骤 1　初始化：按照式(2.1)随机生成 SN 个蜜源，计算各个蜜源的适应度值。

步骤 2　引领蜂根据式(2.2)对所有蜜源进行更新产生新蜜源。若新蜜源适应度值大于旧蜜源的适应度值则用新蜜源替换旧蜜源，反之则保留旧蜜源。

步骤 3　按照蜜源适应度值的高低对蜜源由低到高排序，然后根据式(2.7)为各蜜源赋予权值。

步骤 4　跟随蜂选择蜜源，根据式(2.6)更新蜜源。

步骤 5　引领蜂阶段和跟随蜂阶段结束后，检查是否有蜜源经过 limit 次迭代后适应度值仍然没有提高，若存在这样的蜜源则舍弃该蜜源，然后用式(2.1)生成新的蜜源。

步骤 6　判断算法的循环次数是否已达到 MaxCycle。若达到，终止程序；反之返回第 2 步。

2.1.3　算法改进测试

1. 测试函数及参数设置

1) Sphere 函数

函数表达式如式(2.8)所示：

$$f_1(x) = \sum_{i=1}^{n} x_i^2 \quad (-50 \leqslant x_i \leqslant 50) \tag{2.8}$$

Sphere 函数的最小值为

$$\min(f_1) = f_1(0, \cdots, 0) = 0 \qquad (2.9)$$

Sphere 函数在 $x_i = 0$ 时达到极小值 0，如图 2.2 所示。

2）Rosenbrock 函数

函数表达式如式（2.10）所示：

$$f_2(x) = \sum_{i=1}^{n-1}\left[100\left(x_{i+1} - x_i^2\right)^2 + \left(x_i - 1\right)^2\right] \qquad (-5.12 \leqslant x_i \leqslant 5.12) \qquad (2.10)$$

Rosenbrock 函数的最小值为

$$\min(f_2) = f_2(1, \cdots, 1) = 0 \qquad (2.11)$$

Rosenbrock 函数在 $x_i = 1$ 时达到极小值 0，如图 2.3 所示。

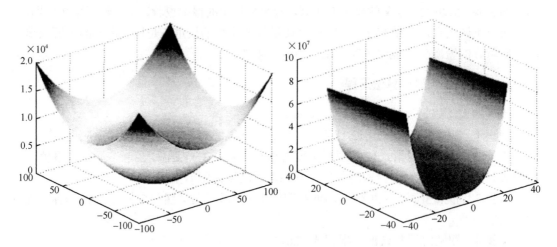

图 2.2　Sphere 函数的三维图像　　　　图 2.3　Rosenbrock 函数的三维图像

Rosenbrock 函数是由 K. A. De Jone 提出的单峰函数，在单峰函数里属于比较复杂的函数。从图像中可以看出，其全局最优点位于谷底的一条直线上，搜索过程中难以辨别方向，很难找到其全局最优点。

3）Ackley 函数

函数表达式如式（2.12）所示：

$$f_3(x) = -20\exp\left(-0.2\sqrt{\frac{1}{n}\sum_{i=1}^{n}x_i^2}\right) - \exp\left(\frac{1}{n}\sum_{i=1}^{n}\cos(2\pi x_i)\right) + 20 + e \quad (-32 \leqslant x_i \leqslant 32) \qquad (2.12)$$

Ackley 函数的最小值为

$$\min(f_3) = f_3(0, \cdots, 0) = 0 \qquad (2.13)$$

Ackley 函数在 $x_i = 0$ 时达到极小值，如图 2.4 所示。

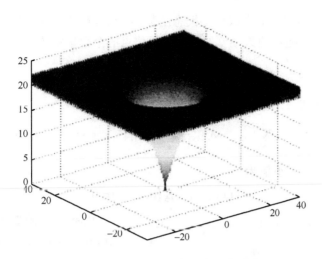

图 2.4 Ackley 函数三维图像

Ackley 函数的全局极小值点隐藏在一个狭小的锥形空间底部,其外围存在无数个局部极小值点。

4) Griewank 函数

函数表达式如式(2.14)所示:

$$f_4(x) = \frac{1}{4000}\sum_{i=1}^{2}x_i^2 - \prod_{i=1}^{n}\cos\left(\frac{x_i}{\sqrt{i}}\right) + 1 \qquad (-300 \leqslant x_i \leqslant 300) \qquad (2.14)$$

Griewank 函数的最小值为

$$\min(f_4) = f_4(0,\cdots,0) = 0 \qquad (2.15)$$

Griewank 函数在 $x_i = 0$ 时达到极小值 0,如图 2.5 所示。

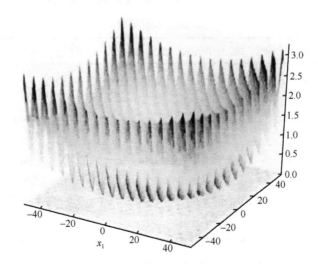

图 2.5 Griewank 函数三维图像

Griewank 函数是典型的非线性多模态函数，存在大量的局部极值点，极值点的数量与问题的维数有关，随着函数维度的增加，极值点的个数呈指数倍数增长。

5）Rastrigin 函数

函数表达式如式 (2.16) 所示：

$$f_5(x) = \sum_{i=1}^{n} \left[x_i^2 - 10\cos(2\pi x_i) + 10 \right] \quad (-5.12 \leqslant x_i \leqslant 5.12) \tag{2.16}$$

Rastrigin 函数的最小值为

$$\min(f_5) = f_5(0, \cdots, 0) = 0 \tag{2.17}$$

Rastrigin 函数在 $x_i = 0$ 时达到极小值 0，如图 2.6 所示。

Rastrigin 函数是多峰和具有代表性的非线性多模态函数，在定义域范围内存在着约 $10n$（n 为问题的维数）个局部极小值，从三维图像中可以看到波峰呈跳跃性的出现，一般的优化算法很难搜索到全局最优值。

上述 5 个函数在限定的范围内的最小值都是 0，其中 Sphere 和 Rosenbrock 是单峰函数，优化过程中不会陷入局部最优；Ackley、Griewank 和 Rastrigin 是多峰函数，限定范围内存在大量的局部最优点，优化过程中

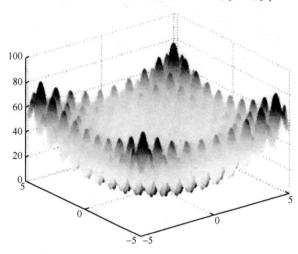

图 2.6　Rastrigin 函数三维图像

容易陷入局部最优。表 2.1 中列出了 5 个测试函数的表达式、最优值和常用的搜索范围。

表 2.1　测试函数

函数名称	最优值	搜索范围	公式
Sphere	0	$[-50, 50]^D$	$f_1(x) = \sum_{i=1}^{n} x_i^2$
Rosenbrock	0	$[-5.12, 5.12]^D$	$f_2(x) = \sum_{i=1}^{n-1} \left[100\left(x_{i+1} - x_i^2\right)^2 + \left(x_i - 1\right)^2 \right]$
Ackley	0	$[-32, 32]^D$	$f_3(x) = -20\exp\left(-0.2\sqrt{\frac{1}{n}\sum_{i=1}^{n} x_i^2}\right) - \exp\left(\frac{1}{n}\sum_{i=1}^{n}\cos(2\pi x_i)\right) + 20 + e$
Griewank	0	$[300, 300]^D$	$f_4(x) = \frac{1}{4000}\sum_{i=1}^{2} x_i^2 - \prod_{i=1}^{n}\cos\left(\frac{x_i}{\sqrt{i}}\right) + 1$
Rastrigin	0	$[-5.12, 5.12]^D$	$f_5(x) = \sum_{i=1}^{n} \left[x_i^2 - 10\cos(2\pi x_i) + 10 \right]$

实验环境为 64 位 Windows 7 系统，配置为 Intel®Core™i3、内存 4G 的笔记本，开发软件为 Matlab R2012b。参考有关文献，设置算法的最大循环次数为 2000 次，蜜源数目为 20，蜜蜂的数目为 40，可行解的维度 $D=20$，蜜源的最大迭代次数 $limit = 400$，每个函数运行 20 次，取平均值作为最终结果。

下面将从收敛速度、寻优精度、算法稳定性三方面进行对比，目标函数值越早趋于稳定表示收敛速度越快，目标函数值越小表示寻优精度越高，标准差越小表明测试函数多次运行的目标函数值偏差越小，即算法稳定性越高。

2. 蜜源更新公式对比实验

为了证明蜜源更新公式的有效性，将使用改进的蜜源更新公式的人工蜂群算法与标准人工蜂群算法作对比，实验结果如图 2.7 所示。

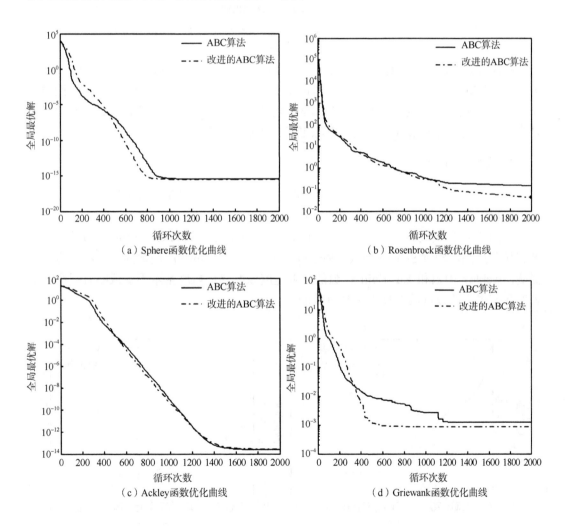

（a）Sphere 函数优化曲线　　　　　　　（b）Rosenbrock 函数优化曲线

（c）Ackley 函数优化曲线　　　　　　　（d）Griewank 函数优化曲线

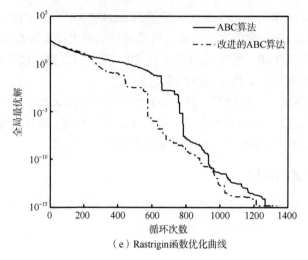

（e）Rastrigin函数优化曲线

图 2.7　蜜源更新公式改进前后测试函数运行对比

从图 2.7 中我们可以看到，采用改进的蜜源更新公式后，Sphere 函数、Griewank 函数、Rastrigin 函数的收敛速度均有明显的提高，同时 Sphere 函数、Rosenbrock 函数、Griewank 函数的寻优精度也更高，Rastrigin 函数的寻优精度保持不变，Ackley 函数寻优精度基本不变，总的来看，改进的蜜源更新公式是有效的。

3. 选择机制对比实验

为了证明改进的选择机制的有效性，将使用改进的选择机制的人工蜂群算法与标准人工蜂群算法作对比，实验结果如图 2.8 所示。

从图 2.8 可以看出，采用改进的选择机制后，Sphere 函数和 Griewank 函数的收敛速度有显著提高，同时 Sphere 函数、Rosenbrock 函数和 Griewank 函数的寻优精度也有所提高，Ackley 函数和 Rastrigin 函数的收敛速度以及寻优精度基本不变或略有提高，这表明我们提出的改进的选择机制是有效的。

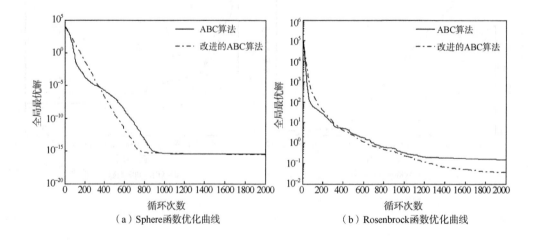

（a）Sphere函数优化曲线　　　　　（b）Rosenbrock函数优化曲线

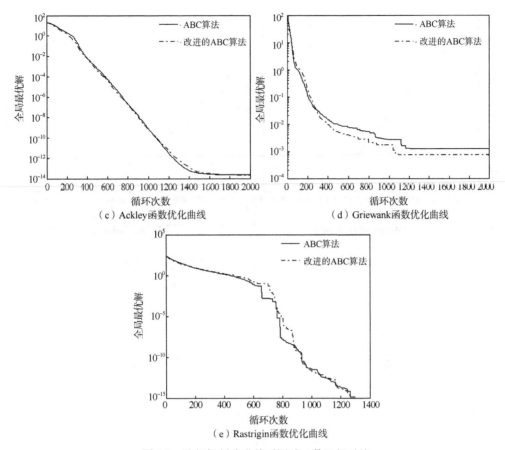

图 2.8　选择机制改进前后测试函数运行对比

4. 改进算法的对比实验

前面已经分别证明了改进的蜜源更新公式和改进的选择机制的有效性,现在将这两种改进方法都引入标准人工蜂群算法,改进的人工蜂群算法与标准人工蜂群算法的对比结果如图 2.9 和表 2.2 所示。

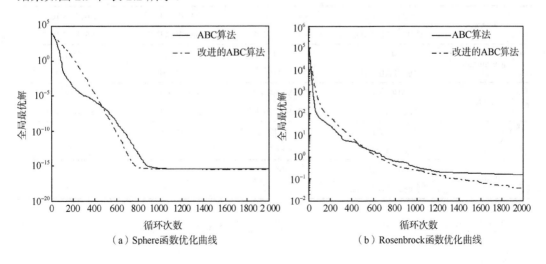

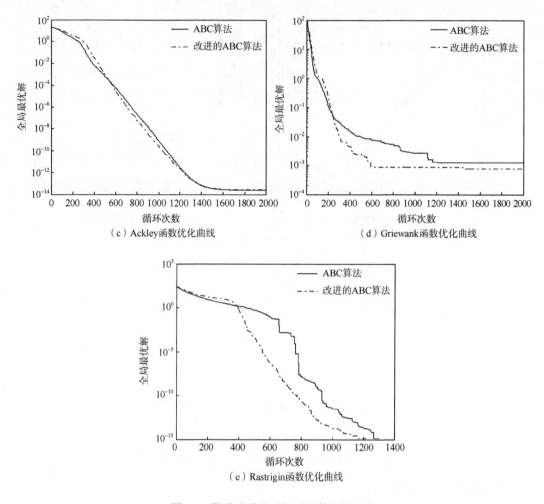

（c）Ackley函数优化曲线　　　　　　　　（d）Griewank函数优化曲线

（e）Rastrigin函数优化曲线

图 2.9　算法改进前后测试函数运行对比

表 2.2　测试函数的运算结果

函数名	算法	均值	标准偏差	最优值
Sphere	ABC 算法	3.4395×10^{-16}	7.9200×10^{-17}	2.6143×10^{-16}
	改进的 ABC 算法	3.3664×10^{-16}	6.9020×10^{-17}	2.5386×10^{-16}
Rosenbrock	ABC 算法	0.1480	0.3848	0.0020
	改进的 ABC 算法	0.0375	0.0304	0.0012
Ackley	ABC 算法	2.3981×10^{-14}	4.0752×10^{-15}	1.5099×10^{-14}
	改进的 ABC 算法	2.7356×10^{-14}	3.9046×10^{-15}	2.204×10^{-14}
Griewank	ABC 算法	0.0012	0.0039	0
	改进的 ABC 算法	0.0008	0.0034	0
Rastrigin	ABC 算法	0	0	0
	改进的 ABC 算法	0	0	0

从图 2.9 中可以看出，改进的人工蜂群算法在 Sphere、Rosenbrock、Griewank 和

Rastrigin 四个函数上的收敛速度快于标准的人工蜂群算法。从表 2.2 中可以看出，改进的人工蜂群算法在 Sphere、Rosenbrock、Griewank 三个函数上改进的人工蜂群算法的寻优精度更高，在 Sphere、Rosenbrock、Ackley、Griewank 四个函数上改进的人工蜂群算法的稳定性更高。综合来看，改进的人工蜂群算法性能优于标准人工蜂群算法。

2.2　人工蜂群聚类算法

2.2.1　FCM 算法和 HCM 算法

1. 硬 C-划分空间和模糊 C-划分空间

令 $X = \{x_1, x_2, \cdots, x_n\} \in R^p$ 表示一个有限数据集合，n 表示元素个数，令 c 表示样本分类个数，其中 $2 \leqslant c \leqslant n$，$R^{cn}$ 表示划分矩阵，$S_1, S_2, \cdots, S_c$ 表示划分后各类的数据集合，u_{ik} 表示第 k 个样本对第 i 类的隶属程度。

定义 2.1　假设 $U = [u_{ik}] \in R^{cn}$ 表示集合 X 的一个硬 C-划分矩阵，那么其元素将满足以下条件：

$$u_{ik} \in \{0, 1\} : 1 \leqslant i \leqslant c, 1 \leqslant k \leqslant n;$$

$$\sum_{i=1}^{c} u_{ik} = 1, 1 \leqslant i \leqslant c;$$

$$\sum_{k=1}^{n} u_{ik} > 0, 1 \leqslant k \leqslant n;$$

硬 C-划分将每个样本划分到有且仅有一个类中。

如果用特征函数来表示硬 C-划分，则可以用式(2.18)表示为

$$u_{ik} = u_i(x_k) = \begin{cases} 1, & x_k \in S_i \\ 0, & x_k \notin S_i \end{cases} \tag{2.18}$$

式中，$S_1 \cup S_2 \cup \cdots \cup S_c = X$，$\forall i \neq j$，$S_i \cap S_j = \varnothing$，所以集合 X 的硬 C-划分空间可以用式(2.19)表示为

$$M_{hcn} = \left\{ U \in R^{cn} \mid u_{ik} \in \{0, 1\}, \forall i, \forall k; \sum_{i=1}^{c} u_{ik} = 1, \forall k; n > \sum_{k=1}^{n} u_{ik} > 0, \forall i \right\} \tag{2.19}$$

以 Zadeh 创立的模糊集合理论为基础，Ruspini 将硬 C-划分扩展到模糊 C-划分。

定义 2.2　假设 $U = [u_{ik}] \in R^{cn}$ 表示集合 X 的一个模糊 C-划分矩阵，那么其元素将满足以下条件：

$$u_{ik} \in [0, 1]; 1 \leqslant i \leqslant c, 1 \leqslant k \leqslant n;$$

$$\sum_{i=1}^{c} u_{ik} = 1, 1 \leqslant i \leqslant c;$$

$$\sum_{k=1}^{n} u_{ik} > 0, 1 \leqslant k \leqslant n;$$

模糊 C-划分将样本以不同的隶属度划分到各类中，所以集合 X 的模糊 C-划分空间可以用式 (2.20) 表示为

$$M_{fcn} = \left\{ U \in \mathbf{R}^{cn} \mid u_{ik} \in [0, 1], \ \forall i, \ \forall k; \ \sum_{i=1}^{c} u_{ik} = 1, \forall k; \ n > \sum_{k=1}^{n} u_{ik} > 0, \ \forall i \right\} \quad (2.20)$$

对于给定的集合进行硬聚类或模糊聚类的实质就是寻找集合满足约束条件(如最小类内误差平方和或最小加权类内误差平方和)的硬 C-划分空间或模糊 C-划分空间。

2. 硬 C-均值聚类算法(HCM)

1967 年 MacQueen 提出硬 C-均值聚类算法(HCM)。硬 C-均值聚类算法采用硬划分的方式，其目标函数为所有对象到所属类的聚类中心的距离平方和，算法通过不断的迭代优化使距离平方和之值达到最小。

硬 C-均值聚类算法的目标函数定义如下：

$$F(X, U, C) = \sum_{i=1}^{c} \sum_{j=1}^{n} u_{ij} d_{ij}^{2} \quad (2.21)$$

其中，$C = \{C_1, C_2, \cdots, C_c\}$ 表示聚类集合；d_{ij} 表示对象 x_j 到第 i 个子类的聚类中心的距离；$d_{ij} = \|x_j - v_i\|$。U 是一个 $n \times c$ 的矩阵，称为划分矩阵，是 u_{ij} 的集合。u_{ij} 的值域为 0和 1，当 $u_{ij} = 1$ 时，表示对象 x_j 对第 i 个子类的隶属度为 1；当 $u_{ij} = 0$ 时，表示对象 x_j 对第 i 个子类的隶属度为 0。硬 C-均值算法强制性的把每一个对象分配到唯一的一个确定的类中，因此对于每一个对象的隶属度需要满足以下条件：

$$\sum_{i=1}^{c} u_{ij} = 1, \forall j \in \{1, 2, \cdots, n\} \quad (2.22)$$

硬 C-均值算法的具体步骤如下。

步骤 1　参数初始化。设定聚类数 c，一般情况下 $1 < c < \sqrt{n}$。聚类中心初始化，得到 $V^{(0)} = \{v_1, v_2, \cdots, v_c\}$，通常情况下，我们都是在集合中随机地选择 c 个对象作为算法的初始聚类中心。收敛精度 $\varepsilon(\varepsilon > 0)$，迭代次数 $k = 0$。

步骤 2　计算隶属度矩阵 U。根据聚类中心集合 $V^{(0)}$ 计算数据集中的所有对象到聚类中心的距离，然后将对象划分到距离最小的类中，即

$$u_{ij} = \begin{cases} 1, & i = \arg \min_{1 \leqslant i \leqslant c} d_{ij} \\ 0, & 其他 \end{cases} \quad (2.23)$$

步骤 3　更新聚类中心集合 $V^{(k)}$。令 $k = k + 1$，根据隶属度矩阵 U 分别计算所有类中全部对象的加权平均值，并将加权平均值作新的聚类中心，即

$$v_i = \frac{\sum_{j=1}^{n} u_{ij} X_j}{\sum_{j=1}^{n} u_{ij}} \tag{2.24}$$

步骤 4　重复步骤 2、步骤 3，直到最后两次迭代的聚类中心集合满足如下条件：

$$\left\| V^{(k+1)} - V^{(k)} \right\| < \varepsilon \tag{2.25}$$

3. 模糊 C-均值聚类算法（FCM）

1974 年 Dunn 在 Bezdek 的研究基础上提出模糊 C-均值（FCM）聚类算法，模糊 C-均值聚类算法有着巨大的实用价值，被广泛应用于地理空间信息、图像处理、数据挖掘等多个领域。模糊 C-均值算法和硬 C-均值算法的最大不同之处在于对象的隶属度问题，硬 C-均值要求对象的隶属度只能是 0，1 两个值，而模糊 C-均值允许对象的隶属度在[0, 1]之间，也可以取 0 或 1，模糊 C-均值的这种特点使得对象拥有更大的灵活性，一个对象既可以属于 C_1 也可以属于 C_2 类，只是隶属程度不同而已。

模糊 C-均值聚类算法的基本过程是：首先对数据集中对象的分布特点进行分析，根据对象的分布特点设定合适的聚类数目 c 和模糊指数 m；然后从数据集中随机选择 c 个对象作为初始聚类中心；接下来进行循环迭代，得到划分矩阵，划分矩阵包含着各个对象对所有类的隶属度信息，通过划分矩阵和数据集确定新一代聚类中心；最后，当目标函数收敛达到收敛精度或者对象的隶属度保持稳定时，停止迭代，得到最终聚类中心，数据集根据划分矩阵完成了模糊划分。

模糊 C-均值算法的目标函数定义如下：

$$F(X, U, C) = \sum_{i=1}^{c} \sum_{j=1}^{n} u_{ij}^{m} \left\| x_j - v_i \right\|^2 \tag{2.26}$$

$$d_{ij} = \left\| x_j - v_i \right\| \tag{2.27}$$

式中，$C = \{C_1, C_2, \cdots, C_c\}$ 表示集合；d_{ij} 表示对象 x_j 到第 i 个子类的聚类中心的距离；U 表示一个 $n \times c$ 的划分矩阵，是 u_{ij} 的集合；u_{ij} 表示第 j 个对象 x_j 对于第 i 类的隶属程度且 $u_{ij} \in [0,1]$。u_{ij} 满足如下约束条件：

$$\sum_{j=1}^{n} u_{ij} > 0, \ \forall i \in 1, 2, \cdots, c \tag{2.28}$$

同时，每一个对象对所有类的隶属度之和为 1，即

$$\sum_{j=1}^{n} u_{ij} = 1, \ \forall j \in 1, 2, \cdots, n \tag{2.29}$$

式中，m 表示模糊性参数，$m \in [1, +\infty)$ 控制着算法的模糊程度：

$m \to 1^+$ 时，$u_{ij} \to 1$ 或 0，此时 FCM 算法就退化成了 HCM 算法。

$m \to +\infty$ 时，$u_{ij} \to 1/c$，此时 FCM 算法的聚类结果的模糊度处于最大状态，即 m 值增大则算法的模糊性增大。通常情况下 m 的值为 2。

$F(X, U, C)$ 是类内误差加权平方和，FCM 算法通过不断的迭代使目标函数 $F(X, U, C)$ 最小化。

模糊 C-均值算法的具体步骤如下。

步骤 1　参数初始化。设定聚类数 $c\left(1 < c < \sqrt{n}\right)$ 和模糊指数 $m\left(1 < m < +\infty\right)$，通常情况下取值为 2。初始化聚类中心，得到 $V^{(0)} = \{v_1, v_2, \cdots, v_c\}$。收敛精度 $\varepsilon(\varepsilon > 0)$，迭代次数 $k = 0$。

步骤 2　计算隶属度矩阵 U。根据聚类中心集合 $V^{(0)}$，计算数据集中的所有对象到聚类中心的距离，然后根据式 (2.30) 对隶属度矩阵 U 进行更新，即

$$u_{ij} = \frac{1}{\sum\limits_{k=1}^{c}\left(\dfrac{\left\|x_i - v_j\right\|^2}{\left\|x_i - v_k\right\|^2}\right)^{2/(m-1)}} \tag{2.30}$$

步骤 3　更新聚类中心集合 $V^{(k)}$。令 $k = k+1$，根据隶属度矩阵 U 分别计算所有类中全部对象的加权平均值，并将其作为新的聚类中心，即

$$v_i = \frac{\sum\limits_{j=1}^{n} u_{ij}^m x_j}{\sum\limits_{j=1}^{n} u_{ij}^m} \tag{2.31}$$

步骤 4　重复步骤 2、步骤 3，直到最后两次迭代的聚类中心集合满足如下条件：

$$\left\|V^{(k+1)} - V^{(k)}\right\| < \varepsilon \tag{2.32}$$

4. 评价函数

数据聚类的目的是将同类型的样本划分在一起，将不同类型的样本分离开来。聚类完成后需要一个标准来判断聚类的结果如何，衡量聚类的质量，我们将这个标准称为评价函数，评价函数设计的是否恰当关乎聚类结果的好坏。

实际应用中，我们通常将误差平方和作为评价函数。现在假设数据集 X 含有 n 个样本 $x_1, x_2, \cdots, x_n$，这 n 个样本被分为 k 个子类，聚类中心分别为 $v_1, v_2, \cdots, v_k$，那么误差平方和可以定义为

$$J_c = \sum_{j=1}^{K} \sum_{i=1}^{n_j} \left\| x_i^j - v_j \right\|^2 \tag{2.33}$$

式中，x_i^j 表示第 j 个子类中的第 i 个样本；v_j 表示第 j 个子类的聚类中心；n_j 表示第 j 个子类中所含有的样本数量。通常情况下 v_j 等于第 j 个子类中的所有样本的均值，即

$$v_j = \frac{1}{n_j}\sum_{i=1}^{n_j} x_i^j \tag{2.34}$$

误差平方和函数表示了这样一种含义：将数据集 X 的 n 个样本 $x_1, x_2, \cdots, x_n$ 通过聚类划分为 K 个子类时，子类中的样本与对应子类的聚类中心的距离平方和，即类内距离平方和。J_c 的大小表示到聚类结果的好坏：J_c 越大，说明类内距离平方和越大，类内的紧致性越低，子类内部的相异性越大，那么聚类的质量就越低；相反，J_c 越小，说明类内距离平方和越小，类内紧致性越高，子类内部样本的相似度越高，那么聚类的质量就越高。

误差平方和(MSE)评价函数适用于硬划分，对于模糊划分由于样本没有明确划分到某一类而是以不同的程度隶属于所有类，采用误差平方和函数并不合适，所以本文采用类内误差加权平方和函数，即模糊 C-均值算法的目标函数作为评价函数：

$$F(X, U, C) = \sum_{i=1}^{c}\sum_{j=1}^{n} u_{ij}^m \left\| x_j - v_i \right\|^2 \tag{2.35}$$

2.2.2　群智能聚类算法

模糊 C-均值聚类算法具有运算速度快、易于实现且局部搜索能力强的优点，但对初始聚类中心敏感、容易陷入局部最优，如果给算法赋予不一样的初始聚类中心，模糊 C-均值算法会聚类出不一样的结果。为了解决这些问题，许多群智能优化算法被应用于解决聚类问题，2011 年 Karaboga 将人工蜂群算法推广到解决聚类问题。

1. 人工蜂群聚类算法

人工蜂群算法中的蜜蜂采蜜行为与聚类算法中寻找最优聚类中心是一一对应的关系，表 2.3 列出了这种对应关系。在人工蜂群算法中，蜜源与聚类过程中可能的聚类中心对应，蜜源的质量与评价函数的值对应，蜂群探索和采蜜的速度与寻找最优聚类中心的速度对应，质量最高的蜜源对应最优的聚类中心。

表 2.3　寻找最优聚类中心与蜜蜂采蜜行为的对应关系

蜂群采蜜行为	寻找最优聚类中心
蜜源位置	可能的聚类中心
蜜源质量	评价函数的值
寻找及采蜜速度	寻找聚类中心的速度
质量最优蜜源	最优聚类中心

设样本空间为 $X = \{x_1, x_2, \cdots, x_n\}$，其中 x_i 是一个 d 维向量。将人工蜂群算法中的每一个蜜源与一个聚类中心集合 $V = \{v_1, v_2, \cdots, v_c\}$ 对应，其中 v_j 是与 x_i 具有相同维的向量，蜜源质量越高表示聚类中心越优。为了评价人工蜂群算法中每个蜜源(每一组聚类中心集合)的质量，我们将人工蜂群算法的适应度函数定义为

$$\text{fit}_i = 1 \Big/ \big[1 + F(X,\ U,\ C) \big] \tag{2.36}$$

式中，$F(X,\ U,\ C)$ 为式 (2.26) 中定义的目标函数，也就是模糊 C-均值聚类算法的目标函数。蜜源质量越高表示聚类中心集合越优，$F(X,\ U,\ C)$ 的值就越小，聚类效果也就越好，fit_i 的值就越高。现在我们将人工蜂群算法扩展为人工蜂群聚类算法 (artificial bee colony clustering algorithm，CABC)。

人工蜂群聚类算法的具体步骤如下。

步骤 1　设定聚类数目 c，蜜源数量、引领蜂数量、跟随蜂数量均为 SN。若样本属性维度为 d，则将蜜源的维度设置为 $D=c\times d$，每个蜜源的最大迭代次数设为 limit= SN$\times D$，算法的最大循环次数设为 MaxCycle，将当前循环次数设为 Cycle=0。

步骤 2　根据式 (2.1) 随机产生 SN 个蜜源作为初始聚类中心，然后根据式 (2.30) 计算划分矩阵 U 并计算各蜜源的适应度值，将适应度值最高的蜜源记录下来。

步骤 3　令 Cycle=1。

步骤 4　引领蜂根据式 (2.2) 进行邻域搜索产生新蜜源 v_{ij}，然后算法根据式 (2.30) 更新隶属度矩阵 U 并计算新蜜源的适应度值，若新蜜源的适应度值大于旧蜜源的适应度值则用新蜜源替换旧蜜源，否则仍然保留旧蜜源。

步骤 5　计算每个蜜源的适应度值在所有蜜源的适应度值之和中所占比例。

步骤 6　跟随蜂根据轮盘赌的选择方式选择蜜源，然后根据式 (2.2) 进行邻域搜索产生新蜜源，接着算法根据式 (2.30) 更新隶属度矩阵 U 并计算蜜源的适应度值；若新蜜源的适应度值大于旧蜜源的适应度值，则用新蜜源代替旧蜜源，否则仍然保留旧蜜源。

步骤 7　若某蜜源经过 limit 次迭代后蜜源的适应度值仍然没有提高，则与蜜源对应的引领蜂转变为侦察蜂，算法根据式 (2.1) 产生一个新蜜源，侦察蜂再次转变为引领蜂。

步骤 8　令 Cycle=Cycle+1，判断 Cycle 是否大于 MaxCycle。若大于，表示算法已达到最大循环次数，停止迭代，算法结束，输出最优聚类中心、隶属度矩阵和最大适应度值；若小于，则转到步骤 4 继续循环。

2. 混合的聚类算法

针对模糊 C-均值聚类算法的特点，将第 2.1.2 节提出的两点改进引入基本的人工蜂群聚类算法中，然后将模糊 C-均值聚类算法和改进的人工蜂群聚类算法 (improved artificial bee colony clustering algorithm，ICABC) 重组为一种混合的聚类算法 (ICABC_ FCM)。混合的聚类算法在改进的人工蜂群聚类算法的跟随蜂阶段和侦察蜂阶段之间增加了一个过程，具体表现为：若算法是第一次循环，跟随蜂阶段结束后，将当前的最优解作为模糊 C-均值聚类算法的初始聚类中心进行优化，若优化后的解的质量高于当前最优解，则用优化后的解代替当前最优解，否则放弃，同时相应蜜源的迭代次数加 1；若算法不是第一次循环，此时分为两种情形：①若最优解在跟随蜂阶段后发生改变则将当前的最优解作为模糊 C-均值聚类算法的初始聚类中心进行优化，若优化后的解的质量高于当前最优解，则用优化后的解代替当前最优解，否则放弃，同时相应蜜源的迭代次数加 1；②若最优解在跟随蜂阶段后没有发生改变，则不执行模糊 C-均值聚类算法。混合的聚类算法的具体流程如图 2.10 所示。

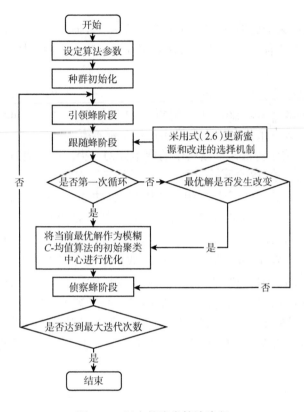

图 2.10　混合的聚类算法流程

2.2.3　算法比较分析

1. 实验结果

为了比较 CABC 算法、ICABC 算法和 ICABC_FCM 算法的性能，采用 UCI 数据库中 5 个常用的数据集：IRIS 数据集、BUPA 数据集、WDBC 数据集、Wine 数据集、Thyroid 数据集进行实验。实验样本组成如表 2.4 所示。

表 2.4　实验样本数据集的组成

数据集名称	样本个数	类别数	维数
IRIS	150	3	4
BUPA	345	2	6
WDBC	569	2	30
Wine	178	3	13
Thyroid	215	3	5

IRIS 数据集：由三种鸢尾植物样本的属性数据构成，数据集总共包括 150 个样本，每一类包括 50 个样本，样本属性包括萼片长度、萼片宽度、花瓣长度以及花瓣宽度总共四个属性。

BUPA 数据集：关于男性肝脏疾病患者的记录，数据集总共包含 345 个样本，每个样本有 6 个属性，其中前 5 个属性是血液测试结果，数据集中的样本分为两类：第一类有 114 个；第二类有 231 个。

WDBC 数据集：数据集包含 569 个样本，每个样本有 30 个属性，数据集中的样本分成两类：Malignant 和 Benign，其中 Malignant 类有 357 个，Benign 类有 212 个。

Wine 数据集：数据集包含 178 个样本，每个样本有 13 个属性，代表一个产地的葡萄酒所包含的 13 个化学特征，数据集中的样本分为三类：第一类有 59 个样本；第二类有 71 个样本；第三类有 48 个样本。

Thyroid 数据集：由 215 个样本组成的甲状腺数据集，每个样本有 5 个属性。数据集中的样本分为三类：第一类有 150 个样本；第二类有 35 个样本；第三类有 30 个样本。

分别用 CABC 算法、ICABC 算法和 ICABC_FCM 算法对 IRIS 数据集、BUPA 数据集、WDBC 数据集、Wine 数据集和 Thyroid 数据集进行聚类分析。各算法的模糊加权指数为 $m = 2$，其中 ICABC_FCM 算法中 FCM 算法阶段允许的最小误差 $\varepsilon = 10^{-3}$，蜜蜂数目为 20，最大循环次数 MaxCycle = 2 000，limit=维数×(SN/2)，蜜源的维度等于样本的属性维度乘以聚类数目，算法分别运行 20 次取平均值作为最终结果。

IRIS 数据集聚类的运行结果如图 2.11 所示。各数据集的聚类正确率如表 2.5 所示。

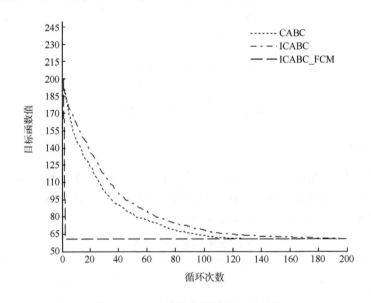

图 2.11　IRIS 数据集聚类的运行结果

表 2.5　各数据集聚类的平均正确率

数据集	算法		
	CABC	ICABC	ICABC_FCM
IRIS	0.893	0.900	0.906
BUPA	0.609	0.614	0.614
WDBC	0.729	0.733	0.735
Wine	0.744	0.750	0.750
Thyroid	0.698	0.707	0.716

各数据集的聚类目标函数值如表 2.6 所示。

表 2.6　各数据集聚类的目标函数值

算法	统计参数	数据集				
		IRIS	BUPA	WDBC	Wine	Thyroid
CABC	均值	61.0575	2.0445×10^5	1.7031×10^6	2.8730×10^5	315.371
	最优值	60.6109	2.0444×10^5	1.7209×10^6	2.8719×10^5	315.041
	标准偏差	0.8384	1.9571	278.7940	69.0084	0.1081
ICABC	均值	60.5870	2.0444×10^5	1.7025×10^6	2.8720×10^5	315.247
	最优值	60.5771	2.0444×10^5	1.7025×10^6	2.8717×10^5	315.203
	标准偏差	0.0039	0.8245	22.7410	19.1049	0.0243
ICABC_FCM	均值	60.5760	2.0053×10^5	1.7019×10^6	2.8716×10^5	315.203
	最优值	60.5760	1.9904×10^5	1.7019×10^6	28716×10^5	315.203
	标准偏差	1.8586×10^{-14}	9.3238×10^{-11}	1.3584×10^{-12}	1.1642×10^{-10}	4.5175×10^{-14}

2. 结果分析

图 2.11 是 IRIS 数据集聚类的运行结果。从图中可以看出,ICABC 算法在循环约 120 次之后目标函数值已经趋于稳定,而 CABC 算法在循环约 180 次之后目标函数值才开始趋于稳定,说明 ICABC 算法的收敛速度比 CABC 算法快。将 ICABC 算法与 FCM 算法重组后,混合算法在循环一次之后就有一个很好的解,算法在循环几次之后目标函数值就趋于稳定,算法的收敛速度很快。

从表 2.5 中可以看出,ICABC 算法对 5 个测试数据集的聚类准确率要高于 CABC 算法的聚类准确率,混合算法的聚类准确率则又高于或等于 ICABC 算法的聚类准确率,表明在聚类准确率上,ICABC 算法优于 CABC 算法,而 ICABC_FCM 算法又优于 ICABC 算法。

从表 2.6 中可以看出,ICABC_FCM 算法和 ICABC 算法在聚类的平均值和标准差上均小于 CABC 算法,表明 ICABC_FCM 算法和 ICABC 算法在整体寻优精度和稳定性上均优于 CABC 算法,而对比 ICABC_FCM 算法和 ICABC 算法的聚类结果,ICABC_FCM 算法在整体寻优精度和稳定性上又优于 ICABC 算法。

通过以上分析可知,ICABC 算法在聚类准确率、收敛速度、寻优精度和算法稳定性上均优于 CABC 算法。ICABC 算法与 FCM 算法重组后，混合算法 ICABC_FCM 在上述指标上又有了进一步的提高。

2.3　人工蜂群算法的空间聚类应用

对空间数据进行聚类分析时，既要考虑属性特征的相似性，也要将对象的空间邻近性纳入考虑的范围。单纯地考虑特征属性，则聚类结果不能反映地理对象的空间分布状况；反之，单纯地考虑空间位置特征，则聚类结果缺乏实际的地学内涵。人工蜂群算法原本是针对函数优化问题而设计的，近年来逐渐被应用于聚类分析，但是在空间聚类中的应用还很少。结合李新运提出的坐标-属性一体化空间聚类方法，我们将人工蜂群算法应用于空间聚类，算法的目标函数设计为

$$F(X, U, C) = \sum_{i=1}^{c} \sum_{j=1}^{n} u_{ij}^{m} \left\| d_{ij} \right\|^2 \tag{2.37}$$

式中　　　　　$d_{ij} = \left(w_x^2 \left(x_i - x_j \right)^2 + w_y^2 \left(y_i - y_j \right)^2 + \sum_{k=1}^{m} w_k^2 \left(a_{ik} - a_{jk} \right)^2 \right)^{1/2}$

表示两个空间实体间坐标与各属性分别加权的空间加权距离。

2.3.1　实　验　数　据

Meuse 数据集(表 2.7)是 GIS 地统计分析的经典数据集，该数据集包含荷兰 Meuse 河流洪泛区 155 个采样点的数据(图 2.12，图 2.13)。从原始数据中选择采样点洪水发生的频率作为决策属性，分为高发点和低发点。河水中含有重金属、腐烂有机物，洪水发生频率高的地方重金属浓度和有机质占比会比较高，而地势的高低、距河流的远近也会影响被水淹没的频率，因此将采样点坐标、重金属浓度、高程、有机质占比、与河流之间的距离作为条件属性。

表 2.7　Meuse 数据集表结构

编号	属性字段	单位	注释
1	x	米(m)	采样点在 RDH 坐标系中的东向坐标
2	y	米(m)	采样点在 RDH 坐标系中的北向坐标
3	cadmium	百万分比浓度(ppm)	镉浓度
4	copper	百万分比浓度(ppm)	铜浓度
5	lead	百万分比浓度(ppm)	铅浓度
6	zinc	百万分比浓度(ppm)	锌浓度
7	elev	米(m)	采样点高程
8	om	百分比(%)	有机质占比
9	ffreq		洪水发生频率
10	dist	米(m)	采样点与河流之间的距离

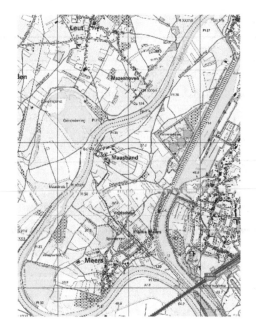

图 2.12　Meuse 河流域图　　　　　　　　　　图 2.13　采样点分布

　　以各采样点为中心，按照 $r = 300\,\text{m}$ 设置缓冲区，得到洪水发生频率的分布图；根据洪水发生的频率赋予不同的颜色，如图 2.14 所示。

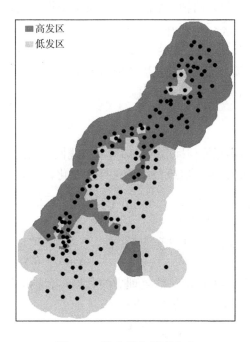

图 2.14　洪水发生频率分布

Meuse 数据集部分数据如表 2.8 所示。

表 2.8　Meuse 数据集部分数据

ID	cadmium	copper	lead	zinc	elev	dist	om	x	y
1	11.70	85.00	299.00	1022.00	7.91	50.00	13.60	181072.00	333611.00
2	8.60	81.00	277.00	1141.00	6.98	30.00	14.00	181025.00	333558.00
3	6.50	68.00	199.00	640.00	7.80	150.00	13.00	181165.00	333537.00
4	2.60	81.00	116.00	257.00	7.66	270.00	8.00	181298.00	333484.00
5	2.80	48.00	117.00	269.00	7.48	380.00	8.70	181307.00	333330.00
6	3.00	61.00	137.00	281.00	7.79	470.00	7.80	181390.00	333260.00
7	3.20	31.00	132.00	346.00	8.22	240.00	9.20	181165.00	333370.00
8	2.80	29.00	150.00	406.00	8.49	120.00	9.50	181027.00	333363.00
9	2.40	37.00	133.00	347.00	8.67	240.00	10.60	181060.00	333231.00
10	1.60	24.00	80.00	183.00	9.05	420.00	6.30	181232.00	333168.00

注：表中符号详见表 2.7。

2.3.2　数据预处理

1. 数据标准化

空间数据的属性可以分为两种：空间属性和特征属性。空间属性的属性值的单位与特征属性的属性值之间必然存在差异，即使是特征属性之间也会存在差异，例如 X、Y 坐标和温度之间的单位差异，温度和湿度之间的单位差异。由于不同属性数据之间的这种差异的存在，所以对数据进行聚类分析之前首先要对数据进行标准化处理，数据标准化处理的方法有很多，常用的有以下几类。

1）直线型标准化

直线型标准化方法将实际值与标准化后的数值按线性关系处理，主要方法有以下几种。

极值法：利用实际值的极大值或极小值进行标准化，主要计算公式如下：

$$\text{(a)}\ x_i' = \frac{x_i}{\max x_i} \qquad \text{(b)}\ x_i' = \frac{\max x_i - x_i}{\max x_i}$$

$$\text{(c)}\ x_i' = \frac{x_i - \min x_i}{x_i} \qquad \text{(d)}\ x_i' = \frac{x_i - \min x_i}{\max x_i - \max x_i} \tag{2.38}$$

标准差标准化法：标准差标准化法处理后的数据符合标准的正态分布，数据的平均值等于 0，标准差等于 1，其计算公式如下：

$$x_i' = \frac{x_i - \bar{x}}{s} \tag{2.39}$$

$$s = \sqrt{\frac{1}{n}\sum (x_i - \bar{x})^2} \tag{2.40}$$

2）折线型标准化

属性在不同的取值范围对综合分析结果影响的程度不同，如属性 x 小于某个阈值时，x 的变化对综合分析结果影响较大，当属性 x 大于某个阈值时，对结果影响变小，此时需要采用折线型标准化分段处理。

例如，三折线公式如下：

$$x_i' = \begin{cases} 0 & x_i < a \\ \dfrac{x_i - a}{b - a} & a \leqslant x_i < b \\ 1 & x_i \geqslant b \end{cases} \tag{2.41}$$

3）曲线型标准化

曲线型标准化将实际值与标准化后的值按非线性关系处理，曲线型标准化方法有很多种类型，如：

升半 Γ 型分布

$$x_i' = \begin{cases} 0 & 0 \leqslant x_i \leqslant a \\ 1 - \mathrm{e}^{-k(x_i - a)} & x_i > a \end{cases} \tag{2.42}$$

半正态型分布

$$x_i' = \begin{cases} 0 & 0 \leqslant x_i \leqslant a \\ 1 - \mathrm{e}^{k(x_i - a)^2} & x_i > a \end{cases} \tag{2.43}$$

实验所用数据属于常规的离散型数据，不需要采用折线型标准化或曲线型标准化方法，而极值法存在一个缺陷，就是当有新数据加入时，可能导致极大值和极小值发生变化，需要重新定义，因此采用常用的标准差标准化法对数据进行标准化处理。以 Meuse 数据集为例，部分数据标准化后结果如表 2.9 所示。

表 2.9 **Meuse 数据集部分数据标准化后的值**

ID	cadmium	copper	lead	zinc	elev	dist	om	x	y
1	2.40	1.89	1.31	1.50	−0.24	−1.06	1.77	1.43	1.89
2	1.52	1.72	1.11	1.82	−1.12	−1.15	1.88	1.37	1.84
3	0.92	1.17	0.41	0.46	−0.35	−0.62	1.60	1.56	1.81
4	−0.18	1.72	−0.34	−0.58	−0.48	−0.09	0.18	1.73	1.76
5	−0.13	0.32	−0.33	−0.55	−0.65	0.40	0.38	1.75	1.62
6	−0.07	0.87	−0.15	−0.51	−0.35	0.79	0.12	1.86	1.55
7	−0.01	−0.39	−0.19	−0.34	0.05	−0.22	0.52	1.56	1.66
8	−0.13	−0.48	−0.03	−0.17	0.31	−0.75	0.60	1.37	1.65
9	−0.24	−0.14	−0.18	−0.33	0.47	−0.22	0.92	1.41	1.52
10	−0.47	−0.69	−0.66	−0.78	0.83	0.57	-0.31	1.65	1.46

注：表中符号详见表 2.7。

2. 确定属性权重

在实际应用中，不同的属性对综合分析结果的影响大小有差异，有的属性对分析结果会产生很大的影响，而有的属性对分析结果的影响很小或者几乎没有影响。样本的不同属性在聚类过程中对聚类结果影响程度也不一样，需要对不同属性赋予不同的权重，权重表示属性在聚类过程中的重要性，大量实践表明，通过给属性赋权重可以提高聚类分析的效果。常用的用来计算属性权重的方法有经验性权数分析法、信息量权数分析法、层次分析权数法、因子分析权数法、秩和比权数法等，其中因子分析权数法因具有稳定、合理、符合客观实际和易于解释的优点而得到广泛的应用。本节将采用因子分析权数法来确定各个属性的权重。

因子分析法是一种常用的降维技术，其核心思想是用较少的公共因子(每一个公共因子可以用一个线性函数来表示)和特定因子之和表达变量，对变量的相关性进行合理的解释并筛选出相关性较强的变量。

假设有 n 个数据样本，每个样本有 p 个属性，那么这些样本的属性可以构成一个 $n \times p$ 阶的矩阵 $\boldsymbol{X}_{n \times p}$，利用因子分析法确定属性权重有以下步骤。

1) 求解初始公共因子及因子载荷矩阵

样本数据经过标准化处理和降维处理后，p 个属性可以由 $m\,(m < p)$ 个公共因子 F_1, F_2, $\cdots$, F_m 的线性组合表示为

$$\boldsymbol{Z} = \boldsymbol{AF} + \boldsymbol{\varepsilon} \tag{2.44}$$

其中，因子载荷矩阵：

$$\boldsymbol{A} = \begin{bmatrix} a_{11} & a_{12} & \cdots & a_{1m} \\ a_{21} & a_{22} & \cdots & a_{2m} \\ \vdots & \vdots & \ddots & \vdots \\ a_{p1} & a_{p2} & \cdots & a_{pm} \end{bmatrix} \tag{2.45}$$

公共因子矩阵：

$$\boldsymbol{F} = \left(F_1, F_2, \cdots, F_m \right)^{\mathrm{T}} \tag{2.46}$$

特殊因子：

$$\boldsymbol{\varepsilon} = \left(\varepsilon_1, \varepsilon_2, \cdots, \varepsilon_p \right)^{\mathrm{T}} \tag{2.47}$$

在解决实际问题时，一般用主成分分析法确定式(2.46)的公共因子而特殊因子则被忽略不考虑，采用这种方式有效地减少了参与分析的变量的数量，从而达到了降维的目的。

2）因子旋转

在因子分析时一般采用主成分分析法确定公共因子，但求出的公共因子可能出现各个变量的因子载荷系数相差不大，无法清晰表达公共因子代表的意义。为了使公共因子能更好地解释所代表的含义，需要进行因子旋转使公共因子中各个变量的因子载荷系数朝两个方向发展，有的趋近于 0，有的趋近于 1，因子旋转时通常采用方差最大正交化旋转法。

3）因子得分

建立因子模型后，可以通过式(2.48)计算因子得分：

$$F_J = \beta_{j1}X_1 + \beta_{j2}X_2 + \cdots + \beta_{jp}X_p \qquad j = 1, 2, \cdots, m \tag{2.48}$$

4）求解属性权重

因子得分系数是指公因子表达式中样本各属性的系数，能够反映属性在公因子中的重要程度，而方差贡献率表示公因子在所有样本方差中所占的比例，因此通过因子得分系数和相应的公因子的方差贡献率相乘就可以得到各属性的贡献，最后用各属性的贡献除以所有属性的贡献之和就得到了各属性在所有属性中的权重。用公式表示如下：

$$\omega_i = \frac{\sum_{j=1}^{m} \beta_{ji} e_j}{\sum_{i=1}^{p} \sum_{j=1}^{m} \beta_{ji} e_j} \qquad i = 1, 2, \cdots, p; \quad j = 1, 2, \cdots, m \tag{2.49}$$

仍以 Meuse 数据集为例，按照上述步骤，求解 Meuse 数据集各属性的权重，通过对属性的分析，选择 cadmium、copper、lead、zinc、elev、dist、om、x、y 等属性进行分析。

由步骤 1 可求得两个主因子，其方差累积贡献率接近 80%，可以代表原属性的绝大部分信息，具体结果如表 2.10 所示。因子得分系数如表 2.11 所示。

表 2.10　特征值及其贡献率

主因子	初始特征值			提取平方和载入			旋转平方和载入		
	特征值	贡献率/%	累积贡献率/%	特征值	贡献率/%	累积贡献率/%	特征值	贡献率/%	累积贡献率/%
1	5.180	57.558	57.558	5.180	57.558	57.558	5.179	57.548	57.548
2	1.967	21.859	79.417	1.967	21.859	79.417	1.968	21.869	79.417

表 2.11　因子得分系数

属性		cadmium	copper	lead	zinc	elev	dist	om	x	y
成分	1	0.180	0.181	0.174	0.187	−0.134	−0.146	0.149	−0.027	0.026
	2	0.066	0.064	−0.043	−0.014	0.161	0.010	0.035	0.489	0.481

由表 2.11 及式(2.49)可求得各属性的权重如表 2.12 所示。

表 2.12　Meuse 数据集各属性的权重

属性	cadmium	copper	lead	zinc	elev	dist	om	x	y
权重	0.140	0.141	0.108	0.124	0.050	0.074	0.111	0.109	0.143

2.3.3　实验结果及分析

1. 实验结果

CABC 算法、ICABC 算法和 ICABC_FCM 算法对 Meuse 数据集进行聚类的结果如图 2.15、图 2.16、图 2.17 和表 2.13 所示，样本的类别按最大隶属度划分，图 2.16、图 2.17 中分别圈出的部分表示采用 ICABC 算法和 ICABC_FCM 算法对数据集进行聚类后，类别属性发生改变的样本。Meuse 数据集聚类的运行结果如图 2.18 所示。

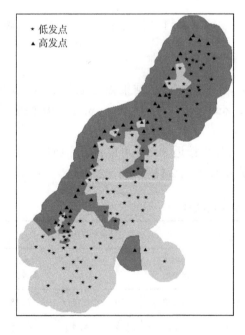

图 2.15　CABC 算法聚类结果

图 2.16　ICABC 算法聚类结果

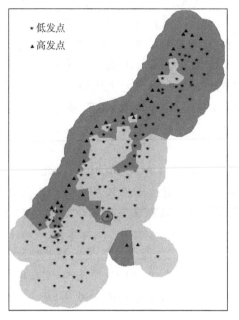

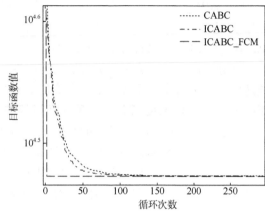

图 2.17 ICABC_FCM 算法聚类结果

图 2.18 Meuse 数据集聚类的运行结果

Meuse 数据集聚类的正确率如表 2.13 所示。

表 2.13 Meuse 数据集聚类的正确率

算法	CABC	ICABC	ICABC_FCM
正确率	0.684	0.690	0.690

Meuse 数据集聚类的目标函数值如表 2.14 所示。

表 2.14 Meuse 数据集聚类的目标函数值

算法	CABC	ICABC	ICABC_FCM
均值	7.7945	7.7866	7.7835
最优值	7.7873	7.7843	7.7835
标准偏差	0.0237	1.5761×10^{-3}	1.1705×10^{-15}

2. 结果分析

从图 2.14 与图 2.16、图 2.17 的对比中可以看出，数据集聚类的结果与实际情况基本吻合，证明了算法和聚类方法的适用性。

图 2.18 是 Meuse 数据集聚类的运行图，从图中可以看出，ICABC 算法在循环约 100 次之后目标函数值趋于稳定，而 CABC 算法在循环约 120 次之后目标函数值才开始趋于

稳定，说明 ICABC 算法的收敛速度比 CABC 算法快。ICABC 算法与 FCM 算法重组后，混合算法在算法开始就得到很好的解，算法经过几次循环之后目标函数值就趋于稳定。

从表 2.13 可以看出，ICABC 算法的聚类准确率高于 CABC 算法的聚类准确率，而 ICABC_FCM 算法的聚类准确率又高于或等于 ICABC 算法的聚类准确率。从表 2.14 可以看出，ICABC 算法和 ICABC_FCM 算法在聚类的平均值和标准差上均小于 CABC 算法，而 ICABC_FCM 算法在聚类的平均值和标准差上又小于 ICABC 算法，表明 ICABC_FCM 算法和 ICABC 算法在整体寻优精度和算法稳定性上均优于 CABC 算法，而 ICABC_FCM 算法又优于 ICABC 算法。

以上分析证明了算法和聚类方法的适用性，同时也表明 ICABC 算法在聚类准确率、收敛速度、寻优精度和算法稳定性上均优于 CABC 算法，混合算法 ICABC_FCM 在上述指标上又优于 ICABC 算法，证明了改进算法和混合算法的有效性。

研究表明，将 CABC 算法、ICABC 算法和 ICABC_FCM 算法结合坐标-属性一体化的空间聚类方法对 Meuse 数据集进行空间聚类分析，聚类的结果与实际情况基本吻合。通过对比三个算法的聚类准确率、运行图和目标函数值发现，ICABC 算法和 ICABC_FCM 算法的聚类结果都优于 CABC 算法，ICABC_FCM 算法又优于 ICABC 算法。

第3章　数据流的空间聚类变化检测

近年来，随着信息技术的迅速发展，许多新兴领域的数据模型发生了本质的变化，即由原来静止的关系型数据模型逐渐转变为连续动态的数据流模型。传统的数据挖掘方法难以适应于这种新的数据流挖掘需求，这对数据挖掘提出了新的挑战。空间聚类变化检测是空间数据流挖掘研究的方向之一，本章将对此加以讨论。

3.1　数据流相关概念及算法

3.1.1　数据流相关概念

1. 数据流

随着信息技术以及感知设备的快速发展，人们获取数据的能力得到巨大提高，与此同时数据的生成速度变得越来越快，从而产生了一种海量、高速和动态的数据——数据流。数据流的概念最初源于通信领域，用来标识信息的编码序列。而现在所提到的数据流概念并不与此相同。"数据流"的概念最早由 M. R. Henzinger 提出，他将数据流定义为只能以事先规定好的顺序被读取一次的数据序列。在数据流模型中，部分或全部需要处理的数据是以一个或者多个"连续数据流"的形式到达，而不像静态数据一样存储在硬盘或者内存里。通常我们可以把数据流表示成 $\{\cdots, x_{t-1}, x_t, x_{t+1}, \cdots\}$，其中 t 表示时间戳，x_t 表示在 t 时刻到达的数据。从数据流的定义与数据流模型中可以看出，数据流相比传统静态数据，具有许多独有的特性：①数据流是大量的连续的无限的数据集合，随着数据不断到来，数据的规模不断增大，其最终的数据规模难以衡量和判断；②随着数据不断到达，其数据到达的速率随时间不断变化；③数据的到达具有先后顺序，而且具有各自的时间戳属性；④数据被单次扫描过后，很难对数据进行再次处理。虽然数据流发展自数据库研究领域，但是源于静态数据处理的传统数据库技术已经不能满足实时数据处理的需求。数据流作为一种新兴的数据形态，其与传统数据挖掘的对象——静态数据在基础特性及处理方式上均存在许多不同，这也使原有的传统数据挖掘方法难以直接对数据流进行应用，也为数据挖掘带来了新的机遇和挑战。

2. 数据流挖掘

传统的数据挖掘针对的是静态数据，所以可以先将数据收集起来存储在数据库中，之后再应用数据挖掘技术进行挖掘。但是由于数据流快速不断到达并随时间动态变化，需要快速即时响应，所以其数据收集和挖掘过程是同时进行的。数据流的特点要求在进行数据流挖掘时需要面对以下一些主要问题：

(1) 在数据流环境下数据不断到达，使得数据流处理过程中内存空间相对有限，因此数据流挖掘算法应降低内存消耗，充分利用有限的内存。

（2）在数据流环境下数据快速到达，在挖掘过程中始终都更新存储着最新到达的数据，所以这就要求挖掘算法在新数据到来之前尽快地处理完现有数据。

（3）因为数据流是连续不断到达的，所以对于所有的数据只能够扫描一遍，不能对过去数据进行回溯，这就要求数据流挖掘算法快速增量的处理数据，保证只对数据进行单遍扫描。

目前已有许多对于数据流挖掘的研究，其主要集中在数据流聚类、数据流分类和数据流频繁模式挖掘上。数据流挖掘算法的思想基本与传统的静态数据挖掘算法保持一致，但是由于数据流的特性的限制，需要在原有算法的基础上进行适应增量挖掘的改进，并对数据表达进行简化。归纳起来说，数据流挖掘沿用了传统数据算法的思想，并结合数据流特点进行了改进和拓展，是数据挖掘中一个新兴又极具潜力的领域。

3. 时空数据挖掘

时空数据挖掘是从海量、高维、高噪声和非线性等特性的时空数据中提取隐含的、不为人所知的但又潜在有用的信息及知识的过程。时空数据同时包含时间、空间、属性（非空间）类型的信息，能够表达对象随时间变化的过程。所以与传统数据挖掘工作相比，时间维和空间维增加了额外的复杂性，同时也使时空数据挖掘研究更具挑战性。

时空数据挖掘方法可以大致归纳为三种：①采用分而治之的策略，即将时空数据挖掘分为时间序列挖掘与空间数据挖掘两部分，最后对两部分进行相加合并；②以对数据空间属性的挖掘为基础，之后在其基础上增加对于时间信息的处理；③以对数据时间序列信息的挖掘为基础，并在其基础上增加空间信息的处理。从另一个角度按照时空数据挖掘的任务可以将其分为时空模式发现、时空聚类、时空异常检测、时空预测和分类四个部分。我们着重对时空聚类的理论和方法加以讨论。

时空聚类是指依据时间和空间的相似度将时空对象划分为不同的分组，使组间对象的相似度尽量小，而组内对象的相似度尽量大。聚类算法不需要先验知识，可以在时空数据库中发现有意义的空间聚类结构。通过对数据的空间位置属性进行聚类，可以很好地反映数据对象的空间聚集模式（分布模式），而时空数据不仅含有空间位置数据，还具有时间序列，所以对时空数据进行聚类，可以反映时空对象随时间变化的聚类分布特征，从而揭示时空对象变化的规律以及背后蕴含的知识。

4. 变化挖掘

传统的数据挖掘通常聚焦于对静态环境下的数据进行收集、存储并通过相应模型进行分析。而随着许多领域数据的生成速度变得越来越快，传统的静态数据挖掘方法无法满足需求，越来越多关于数据流挖掘的研究不断开展。由于数据在不断动态变化，所以挑战不仅在于如何构建模型来适应不断流动变化的数据，而且还在于分析数据分布是何时、如何发生变化的。在这个背景下，2008 年 Mirko Böttcher 等提出一种适应不断演变环境的数据挖掘范式：变化挖掘（change mining），并将其定义为一种研究与时间相关数据的数据挖掘范式。其目的主要为发现、跟踪和解释用于描述进化群体的模型的变化。变化挖掘主要包括获取变化的过程、分析数据模型如何变化以及对于变化发生的预测。

在这里对变化挖掘进行一个形象的描述，假设有一个时间序列 $T=\langle t_0, \cdots, t_n \rangle$，在 $(t_{i-1}, t_i]$ 时间内对数据进行累积形成数据集 D_i，D_i 可以是与时间无关的静态数据也可以是一段流数据。另外选取一个控制数据权重的衰减函数 $f(\ )$，其可以表示一个滑动窗口或者是一个指数衰减函数。在每个时间点 t_i，根据数据集 $\widehat{D_i} = f\left(\bigcup_{j=1}^{i} D_j\right)$ 构建一个数据表达模型 $\varXi_i$。这样将变化挖掘定义为包括：①描述从 $\varXi_i$ 到 $\varXi_j$ $(j>i>0)$ 变化的方法；②构建序列 $\langle \varXi_1, \cdots \varXi_n \rangle$ 的预测模型方法的数据挖掘新范式。

变化挖掘主要包括基于聚类的变化挖掘、基于频繁模式的变化挖掘以及基于分类的变化挖掘三种。由于许多领域的数据中往往带有空间位置属性，所以这些数据的表达模型可以反映数据所代表的时空对象的空间分布，通过进行变化挖掘可以反映时空对象的空间分布变化，进而揭示出时空对象在空间分布上的异常和变化规律。

3.1.2 数据流聚类算法

1. 数据流聚类描述

聚类分析是数据挖掘研究领域的一个重要方向，目前对聚类分析已有广泛的研究，针对空间实体对象的空间聚类也受到越来越多专家学者的关注。但是这些研究大多是针对静态数据库的。由于数据流具有快速流动、不断到达的特性，所以只允许对数据流进行单次扫描并且要求算法具有较低的计算复杂度和时间复杂度。这样传统的聚类算法就无法直接应用到数据流聚类研究中。对于数据流聚类算法的探索也成为当前的研究热点。

对数据流进行聚类需要能够在有限的内存和时间限制下持续地对数据对象进行聚类。考虑到这些限制，数据流聚类算法需要满足以下几个要求：

(1)能够通过快速增量的数据处理提供实时的聚类结果。

(2)快速适应数据的动态变化。

(3)能够对持续到达的数据对象的数量进行缩放。

(4)可以通过紧凑而且不随数据持续到达而增长的模型进行表达。

(5)能够快速地检测异常的存在。

可见，数据流聚类算法与传统的聚类算法相比，需要更多地考虑数据流的特性，因而需要引入不同于传统聚类算法的时间模型、数据结构等。

1)时间模型

在数据流的环境下，数据不断到达，而最近到达的数据可能会改变原有的数据分布，这种情况下，如果赋予过时数据与当前数据相同的权重，则无法获取数据流进化的特征，于是以下几种可以较好适应数据流进化特性的窗口模型被提出。

A. 滑动窗口模型

滑动窗口模型使用大小固定或者大小变化的数据结构对数据流中最近的数据进行存储。这种数据结构通常为先进先出，即为保存距离当前时刻一定时间的数据。在数据结构中对于数据对象的组织和操作基于队列处理的原理，即先加入队列的数据对象也将会是率先被删除的。如图 3.1 所示，随着时间推移，滑动窗口不断吸收最近的数据，并将过时数据移出滑动窗口，从而保证滑动窗口模型始终保存最近的数据。

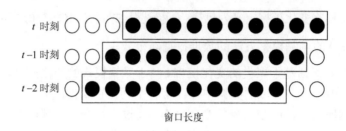

图 3.1　滑动窗口模型

B. 衰减窗口模型

衰减窗口模型同样是一种赋予当前时间数据较高权重的时间模型，但是与滑动窗口不同的是，衰减窗口模型不固定维护一定量的数据，而是随着时间推移不断削减历史数据的权重，这样当前数据就被赋予了较高的权重，从而很好地反映数据流的进化过程。如图 3.2 所示，随着时间轴增长，当前数据被赋予较高的权值，而过往数据随时间推移，其权值不断减小，最后甚至可以忽略不计。指数衰减函数是一种常用的衰减窗口模型，衰减函数可以表示为 $f(t) = 2^{-\lambda t}(\lambda > 0)$，其中 λ 为衰减指数，当 λ 的取值越大时，历史数据对当前的影响就越小。

图 3.2　衰减窗口模型

C. 界标窗口模型

基于界标窗口模型对带有时间序列数据进行处理时，需要通过界标将数据分为不同块。界标的选取可以根据时间或者数据的数量来确定，当选定合适的界标后，将所有在界标之后的数据在窗口中进行维护并将其作为最近期的数据。当到达一个新的界标时，将窗口中的过时数据删除，重新维护界标后到达的数据，直到到达一个新的界标。如图 3.3 所示，在图中选取了 $t-13$ 时刻作为界标，之后对界标后的数据进行收集维护，由于未遇到新的界标，窗口内的数据量随时间推移不断增加，直到遇到新的界标，则清除窗口并重新收集维护数据。

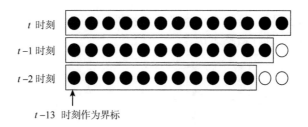

图 3.3   界标窗口模型

上述三个模型均可以很好地适应数据流的进化特性，但是相比较而言，滑动窗口模型更关注于对最近的数据进行分析，而衰减窗口模型则更多考虑了过去数据的影响，界标窗口模型则更倾向于完全截取最新时间段内的数据。三种窗口模型各有特色，相对于不同的问题，三种窗口模型的表现效果也各有优劣。

2）概要数据结构

由于数据流环境下数据不断流动持续到达，所以数据流聚类算法需要一直运行来处理不断到达的数据。这种情况下将数据全部存储在内存中是不现实的，这就需要一种可以增量更新的概要数据结构对数据进行概略并随时间推移进行更新。在数据流聚类算法中常用的概要数据结构有许多，在此主要介绍两种概要数据结构。

A. 核心微簇

在静态环境下，任意形状的聚类簇是通过一系列数据点进行表示的，如基于密度的 DBSCAN 聚类算法就是使用密集区域的数据点来表示聚类簇。但是在数据流环境下无法在内存中存储所有数据，所以一种基于密度的核心微簇结构被提出。核心微簇通过中心 (c)、半径 (r) 和权值 (w) 来概略表示核心对象以及在其范围内的数据点。

$$w = \sum_{j=1}^{n} f\left(t - T_{ij}\right), \quad w \geqslant \mu \tag{3.1}$$

$$c = \frac{\sum_{j=1}^{n} f\left(t - T_{ij}\right) p_{ij}}{w} \tag{3.2}$$

$$r = \frac{\sum_{j=1}^{n} f\left(t - T_{ij}\right) \text{dist}\left(p_{ij}, \, c\right)}{w}, \quad r \leqslant \epsilon \tag{3.3}$$

式中，ϵ 表示核心微簇对象邻域半径阀值；μ 表示核心微簇权值范围；T_{ij} 表示各数据元组的时标；p_{ij} 表示 T_{ij} 时刻核心微簇的数据点；c 表示核心微簇中心；$\text{dist}\left(p_{ij}, \, c\right)$ 表示点 p_{ij} 到中心 c 的欧氏距离；$f\left(t - T_{ij}\right)$ 表示时间衰减函数。

由于核心微簇对数据进行了概略，所以可以通过核心微簇对密集区域进行概略表示，从而得到核心微簇表示的聚类簇。如图 3.4 中与使用数据点表示的聚类簇相比，核心微簇表示的聚类簇可以较好地表达聚类簇的特性，由此可以确定核心微簇结构在聚类中可以很好地对数据点进行概略表达。

图 3.4　使用核心微簇表示聚类簇

在数据流的进化过程中，簇和离群点会相互转化，于是将核心微簇分为潜在核心微簇（pmc）与离群微簇（omc），同时为保证核心微簇结构可以进行增量更新，引入 $\overline{\text{CF}^1} = \sum_{j=1}^{n} f\left(t - T_{ij}\right) p_{ij}$（$\overline{\text{CF}^1}$ 为数据点的加权线性和）和 $\overline{\text{CF}^2} = \sum_{j=1}^{n} f\left(t - T_{ij}\right) p_{ij}^2$（$\overline{\text{CF}^2}$ 为数据点的加权平方和）来对潜在核心微簇（pmc : $\left\{\overline{\text{CF}^1}, \overline{\text{CF}^2}, w\right\}$）和离群微簇（omc : $\left\{\overline{\text{CF}^1}, \overline{\text{CF}^2}, w, t_0\right\}$）进行表示，其中离群微簇中的参数 t_0 为微簇创建的时间。则

潜在核心微簇中心
$$c = \frac{\overline{\text{CF}^1}}{w} \tag{3.4}$$

潜在核心微簇的半径
$$r = \sqrt{\left|\frac{\overline{\text{CF}^2}}{w}\right| - \left(\left|\frac{\overline{\text{CF}^1}}{w}\right|\right)^2}, \quad r \leqslant \epsilon \tag{3.5}$$

为使潜在核心微簇与离群微簇可以进行相互转化，为核心微簇的权值（w）设定阈值，当核心微簇的权值 $w \geqslant \beta\mu$ 时为潜在核心微簇，而权值 $w < \beta\mu$ 时为离群微簇。随着时间推移，数据不断更迭，潜在核心微簇与离群微簇的权值不断增量更新，微簇的权值也发生相应的动态变化，从而实现潜在核心微簇与离群微簇的相互转换。图 3.5 为潜在核心微簇与离群微簇示意图。

B. 聚类特征指数直方图

已知数据流可以看作为一个不断增长的数据元组集合 $\overrightarrow{X_1} \cdots \overrightarrow{X_1} \cdots$，对任意 $\overrightarrow{X_1} = \left(x_i^1 \cdots x_i^d\right)$，各元组的时标为 $T_1 \cdots T_i \cdots$。当使用滑动窗口模型时，只考虑最近到达的数据，这时就需要将过时的数据从内存中彻底删除，聚类特征指数直方图就是在数据流环境下可以适应滑动窗口模型的一种概要数据结构。

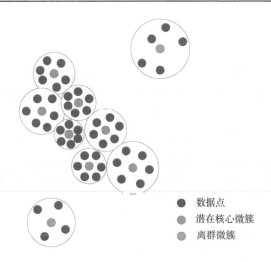

数据点
潜在核心微簇
离群微簇

图 3.5　潜在核心微簇与离群微簇示意

聚类特征指数直方图(EHCF)是由多个时间聚类特征(TCF)组成的,所以首先对时间聚类特征进行介绍,时间聚类特征类似于核心微簇结构,其通过向量 $\left(\overrightarrow{\text{CF2}^x},\ \overrightarrow{\text{CF1}^x},\ t,\ n\right)$ 对数据进行概略表达,其中 $\overrightarrow{\text{CF2}^x}=\sum_{i=1}^{n}\vec{X}_{ij}^2$;　$\overrightarrow{\text{CF1}^x}=\sum_{i=1}^{n}\vec{X}_i$; t 表示最近到达数据的时间标签,而 n 表示所有数据点的数量。设有一组数据集 C,其时间聚类特征可以表示为 $\overrightarrow{\text{TCF}}(C)$, C 中数据的数据量为 $V(C)$,如果 $V(C)=2^l$ 则称其为 l 级的时间聚类特征。任意两个数据集的时间聚类特征可以很容易地执行合并操作,只需要将 $\overrightarrow{\text{CF2}^x}$ 、 $\overrightarrow{\text{CF1}^x}$ 、 n 进行简单的线性叠加,然后取两个时间聚类特征中最临近的时间标签。

聚类特征指数直方图(EHCF)是时间聚类特征(TCF)的集合。在集合中各个时间聚类特征(TCF_i)分别基于如下各组数据集 C_i 所构建。①当 $i<j$ 时,组 C_i 中的所有数据均比 C_j 中的元素先到达。②第一组数据集 C_1 包含一个数据。其他任意一组数据集 $C_i(i>1)$ 包含前一组数据集相同数量或两倍数量的数据,即 $V(C_i)=V(C_{i-1})$ 或 $V(C_i)=2\times V(C_{i-1})$ 。③当 $V(C)=2^i$ 时,数据集 C_i 成为第 i 级数据集,相应的其所对应的时间聚类特征成为第 i 级时间聚类特征。这其中除了最高级别的组外,各级别均含有 $\left\lceil\dfrac{1}{\epsilon}\right\rceil$ 或 $\left\lceil\dfrac{1}{\epsilon}\right\rceil+1$ 个组,其中 ϵ 为用户指定的误差参数,且 $0<\epsilon<1$ 。

当时间标签为 t 的新数据集到达时,聚类特征指数直方图可按照如下步骤进行更新:

步骤 1　依据新数据集生成一个 0 级的时间聚类特征 $\overrightarrow{\text{TCF}}$ 。

步骤 2　将新生成的 $\overrightarrow{\text{TCF}}$ 加入到聚类特征指数直方图中,如果已经存在 $\left\lceil\dfrac{1}{\epsilon}\right\rceil+2$ 个 0 级 $\overrightarrow{\text{TCF}}$,那么将最古老的两个 0 级 $\overrightarrow{\text{TCF}}$ 进行合并生成一个 1 级的 $\overrightarrow{\text{TCF}}$,之后以此类推从级别 1 开始依次进行 $\overrightarrow{\text{TCF}}$ 个数检验并合并直至所有级别中 $\overrightarrow{\text{TCF}}$ 的个数均不超过 $\left\lceil\dfrac{1}{\epsilon}\right\rceil$ 或

$\left\lceil \dfrac{1}{\epsilon} \right\rceil$ +1 为止。

如图 3.6 为 EHCF 合并更新示意图，在 X_4 到来之前，EHCF 中只有三个 0 级 TCF，当以 X_4 构建新的 0 级 TCF 之后，0 级 TCF 的数量超过上限，所以对最早的两个进行合并生成一个新的 1 级 TCF。同样当 X_{10} 到来之前 EHCF 中存在三个 0 级 TCF 和三个 1 级 TCF，当以 X_{10} 构建新的 0 级 TCF 之后，0 级 TCF 的数量达到上限，于是将 X_7 和 X_8 所代表的 0 级 TCF 进行合并，但是这样 1 级 TCF 的数量也超过上限，所以将最早的两个合并生成一个 2 级 TCF。之后依此类推随数据不断到达对聚类特征指数直方图进行更新。

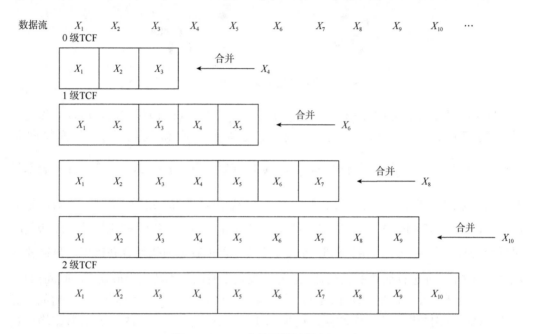

图 3.6　EHCF 合并更新过程（ϵ =0.5）

2. DenStream 算法

DenStream 算法是一种基于密度的数据流聚类算法，其使用了衰减滑动窗口和核心微簇结构，能够在不事先设定聚类个数的前提下获得任意形状的簇。如图 3.7 为 DenStream 算法流程。

DenStream 算法将数据流聚类过程分为在线阶段和离线阶段两个部分。在线阶段的微簇维护主要分为新数据点融合和定期微簇检查两个部分。当新数据点到达时，首先需要对新数据进行融入操作，具体分为以下步骤。

步骤 1　首先寻找距离新数据点 p 最近的潜在核心微簇 c_p，并尝试将其融入其中，如果融入后的半径 r_p 小于等于半径阈值 ϵ，则可以正式将 p 融入 c_p 中。

步骤 2　如果无法融入距离最近的潜在核心微簇 c_p，则尝试将其融入距离最近的离群微簇 c_o，之后计算融入后的新半径 r_o 与半径阈值 ϵ 的大小，从而确定是否可以融入。当成功融入离群微簇 c_o 之后，比较 c_o 的新权值 w 与 $\beta\mu$（μ 为在 ϵ 邻域内数据点的最少个数，β 为误差阈值）的大小，如果超过 $\beta\mu$，则表示该离群微簇已经成长为潜在核心微簇，所以将该微簇从离群微簇中删除，并创建一个新的潜在核心微簇。

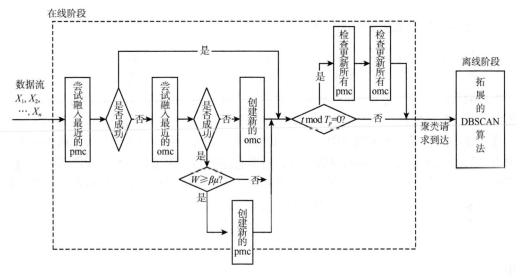

图 3.7　DenStream 算法流程

　　步骤 3　如果新到来的数据点无法被融进任意潜在核心微簇与离群微簇，则以此数据点构建一个新的离群微簇。

　　由于 DenStream 算法使用衰减窗口模型，所以如果一个潜在核心微簇长期没有新数据点融入，则其权值将会不断下降以至于成为离群微簇。同样如果一个离群微簇始终没有新数据点融入，则其将永远没有成长为潜在核心微簇的机会。DenStream 算法为解决上述情况，在在线阶段定期对潜在核心微簇与离群微簇的状态进行检查，从而维护数据流的进化状态。经计算推导定期检查的时间间隔为 $T_P = \left\lceil \dfrac{1}{\lambda}\log\left(\dfrac{\beta\mu}{\beta\mu-1}\right)\right\rceil$，而离群微簇彻底删除的阈值为 $\xi(t_c,t_o) = \dfrac{2^{-\lambda(t_c-t_o+T_P)}-1}{2^{-\lambda T_P}-1}$（$t_c$ 和 t_o 分别表示当前时间和生成时间）。该过程的主要流程如下。

　　步骤 1　对所有潜在核心微簇进行检查，将权值小于 $\beta\mu$ 的微簇删除，并将其加入离群微簇。

　　步骤 2　对所有离群微簇进行检查，将权值小于 ξ 的离群微簇彻底删除。

　　在线微簇维护阶段得到了数据流中的密集区域，而若想真正得到最后的聚类结果，还需要通过离线阶段对在线阶段维护的潜在核心微簇进行聚类操作。当收到用户发出的聚类请求时，离线阶段使用拓展的 DBSCAN 算法，将潜在核心微簇看作为一个落在 c_p 中心位置上权重为 w 的虚拟点。之后计算其与周围潜在核心微簇中心的距离，若距离小于 2ϵ，并且权值 w 大于 $\beta\mu$，则认为两者为直接密度可达。之后利用 DBSCAN 中密度可达和密度连通的概念，将所有微簇聚合得到最终的聚类簇。

3.1.3　基于动态图的聚类变化挖掘

1. 基于图的聚类与动态图挖掘

图是对实体及其关系建模的一种常见方法，其广泛应用于 Internet 结构、社会网络、通信网络等的结构描述。大多数的图都可以看作是由一些节点按照某种方式连接在一起而构成的系统，图中的节点可以代表真实世界中的实体，而连接节点的边则表示实体之间的关系。简单来说，基于图的聚类思想就是把图中相对联系紧密的节点及其相关的边形成可以用抽象节点表示的子图，使子图内的节点之间具有较高的连接度，而不同子图节点之间的连接度较低。通过这种方式，对所有这样的子图进行取代，最终获得相应的聚类结果。如果使用距离表示空间实体之间的关系，这样空间聚类就可以看作为以空间实体为节点，以实体间邻近关系为边的一种聚类图。

动态图从抽象的数学模型角度可以看作是一个有序的图序列，表示复杂系统在不同时刻的快照，分析动态图在不同时刻的进化状况，是动态图研究的重点。动态图挖掘的相关应用和问题都源于静态图，其在很多领域均有应用。

动态图可以表示为时间上的有序图集 $G = \langle G_1, G_2, \cdots, G_T \rangle$，其中，$G_T = (V_t, E_t)$ 为 t 时刻的网络拓扑图，V_t 为该时刻的顶点集，而 E_t 表示该时刻的边集。根据不同的应用动态网络可以转化为不同的图，所以动态网络模式挖掘也可以看作为一种进化图挖掘。动态图挖掘研究问题主要有四个：①动态图拓扑特征分析；②动态图社团结构挖掘；③动态图子图模式挖掘；④动态图模式预测。动态图社团结构挖掘的方法是基于聚类方法的，并且其中的社团结构演化分析本质上就是对于聚类变化的分析。

2. 动态图与聚类变化分析

动态图挖掘中的动态图社团结构挖掘与聚类方法密切相关，其可以看作为一种增量聚类和对聚类变化的分析。在图挖掘中，可以将数据点看作图中的顶点，而数据点之间的相似关系看作为边，这样聚类就可以看作为区域内的一个连通图。因此在动态环境下对聚类变化进行分析就可以转化为对动态网络的进化分析，动态图随着时间推移不断有新的顶点和边生成，动态图的结构也随之不断发生着变化，分析动态图的变化是进行聚类进化的一个有效的方法。目前已有许多针对动态图进行增量聚类与变化分析的方法，针对动态网络的进化分析大都基于两种方法：

(1)基于不同时刻快照的动态图变化分析。在动态环境下，动态图不断发生着变化，通过获得不同时刻的动态图快照并对其进行比较可以得到这段时间内动态图所发生的变化，这种方法可以看作为一种半动态的分析方法，其重点在于对于不同时刻网络图的挖掘和分析。

(2)基于进化过程的动态图分析。动态网络发生变化的原因是由于其边和顶点发生了相应的改变，在动态过程中通过对顶点和边的变化进行跟踪，进而对动态图结构的变化进行跟踪。

总体来说，两种方法都可以实现在动态环境下对于动态图进化的分析，所以可以很好地应用于聚类变化检测。但是两种方法所适应的环境有所不同并且各有利弊，所以在不同应用场合下也有着不同的选择。

3.2 基于实时聚类快照的空间聚类变化检测

数据流聚类算法是一种实时增量聚类算法，其能够随着新的数据不断到达生成实时聚类结果。为了提高数据流环境下的空间聚类变化检测效率，在数据流聚类算法的基础上引入网格索引，在不影响算法效率的基础上，获得不同时段内对聚类变化有影响的"活跃"潜在核心微簇。然后通过快照截取不同时刻的聚类快照，并在算法的离线阶段对不同时刻的快照进行比较分析，从而获得空间对象随时间推移的聚类变化。

3.2.1 基于网格索引的 DenStream 算法优化

1. 网格索引

空间索引技术是空间数据库和地理信息系统的关键技术，空间索引是一种依据空间对象的位置和形状，或空间对象之间的某种空间关系，按某种顺序排列的一种数据结构。使用空间索引能够大幅度提高空间数据管理和使用的效率，因此在空间数据库和地理信息系统等领域被广泛应用。常用的空间索引有基于网格的空间索引、基于树结构的空间索引和基于混合结构的空间索引等。

网格空间索引的基本思想是将研究区域划分为大小相等或不相等的网格，并记录每个网格所包含的地理对象。当进行空间查询时，可以首先确定对象所在网格，再通过网格快速对地理对象进行查询。由于空间索引技术通常应用于静态环境下的空间数据组织和管理，而数据流环境下数据快速流动，不断到达。所以许多复杂的空间索引结构在数据流环境下难以做到实时维护和更新，而基于网格的空间索引由于其索引结构相对简单，所以能够更好地适应数据流的动态环境。

由于基于密度的聚类算法往往需要计算指定半径邻域内对象的数目，而空间索引可以快速获取指定区域内的对象，所以使用空间索引可以大大地提高基于密度聚类算法的效率。在 DenStream 算法中，首先需要使用 DBSCAN 算法对最初的 InitN 个数据集进行聚类以初始化整个在线处理过程。而空间网格索引的引入可以快速确定邻域内对象的所属网格范围，从而减少了迭代次数，降低算法的计算复杂度，大大提升算法的计算效率。另外，在 DenStream 算法中，由于核心微簇的半径为 ϵ，所以通常以 2ϵ 来衡量核心微簇之间的邻近关系，当两个核心微簇中心的距离小于 2ϵ，则视两个核心微簇邻近。所以该方法以 2ϵ 作为网格大小对数据空间进行均匀划分，假设潜在核心微簇 pmc1 的中心为 (x, y)，数据空间初始参照点的位置为 (x_0, y_0)，那么 pmc1 所处网格的网格索引可以表示为 $((x - x_0)/2\epsilon, (y - y_0)/2\epsilon)$。如图 3.8 中，pmc1 的网格索引为 $(2, 2)$。对于分布在网格区域内的核心微簇，可以用网格编号作为索引并使用索引字典 gridDict 进行存储和维护。另外，由于网格索引的存在，通过对象所处网格及周围网格内潜在核心微簇进行考察，便可以得到其邻近对象。如图 3.8 中，若想获取 pmc1 邻近的潜在核心微簇，只需要考虑网格 (3, 1) 以及其周围网格中的潜在核心微簇，即仅对潜在核心微簇 pmc3、pmc11、pmc2、pmc12、pmc9、pmc10 的中心进行距离计算以确定邻近关系。

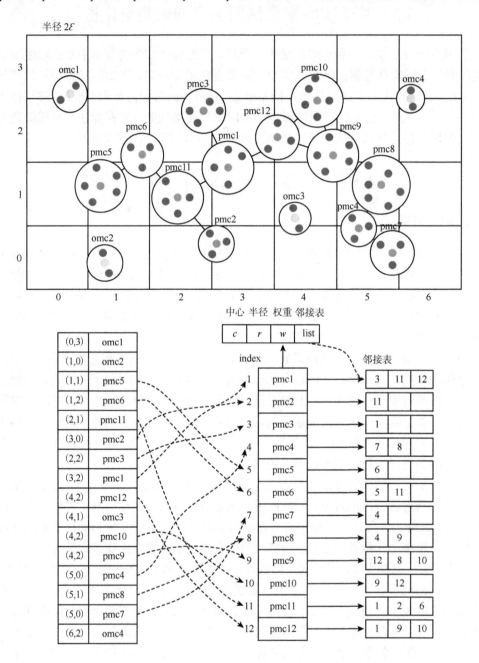

图 3.8　网格索引及邻接表

2. 在线阶段优化

网格索引的引入使优化后的算法，大大提高了寻找邻域内对象的效率，也为在线阶段维护每个核心微簇的邻接对象提供了可能。在原算法的在线阶段为每个潜在核心微簇维护一个邻接表，以存储与之距离小于 2ϵ 的潜在核心微簇。如图 3.8 所示，pmc1 的网格编号为 $(3, 1)$，由此得到满足条件的潜在核心微簇所处的候选区域为网格 $(3, 1)$ 以及周围网格。依次对候选区域中的潜在核心微簇进行计算，得到满足条件的潜在核心微簇 pmc3，pmc11，pmc2，并通过邻接表的方式存储在核心微簇结构中，如图 3.8 所示，算法为每个核心微簇增加一个邻接表的字段，并将其周围邻近潜在核心微簇的索引号加入列表中，从而对每个潜在核心微簇周围的邻近对象进行维护。

DenStream 算法在初始阶段使用 DBSCAN 算法处理最初的数据集，从而对整个在线过程进行初始化。由于在线阶段增加了对于潜在核心微簇邻接表的维护，所以需要在原算法初始化阶段，添加对于潜在核心微簇邻接表的初始化构建。

对原算法在线阶段微簇维护的优化主要在于利用数据的空间位置特性建立空间格网索引，增加了对于潜在核心微簇邻接表的维护。假设将潜在核心微簇看作为一系列离散的顶点 V，而潜在核心微簇之间的邻接关系看作为连接两个顶点的边 E。这样就可以近似地将在线阶段维护的核心微簇集看作为动态变化的图 $G(V, E)$。由于在后续的离线阶段需要对不同时刻的快照进行对比，而在这个时间段内对影响图结构的潜在核心微簇进行获取可以简化后续的对比分析过程。我们将某个时间段内：①消失和出现的潜在核心微簇；②消失和出现的边连接的潜在核心微簇；③权值增大超过阈值 μ 或者权值降低至阈值 μ 以下的潜在核心微簇看作为"活跃"的潜在核心微簇，并将其对应的编号通过列表 activeList 记录存储下来。优化后的新数据点融入过程的具体步骤如下。

(1) 首先尝试将点 P 融入距离其最近的潜在核心微簇中，融入操作可由潜在核心微簇的增量维护性质来实现。

(2) 若点 P 融入 c_p 后的半径 $r_p \leqslant \epsilon$，则确定将点 P 融入潜在核心微簇 c_p 中，否则跳转到 (5)。

(3) 检查点 P 融入后 c_p 中心所处网格是否发生变化，如果发生变化，对索引字典进行更新。

(4) 检查点 P 融入后 c_p 及其邻接表中的潜在核心微簇是否变化，如果发生变化，则将该潜在核心微簇与 c_p 同时加入 activeList 中，同时对与变化相关的核心微簇的邻接表进行更新。

(5) 若点 P 融入 c_p 的半径 $r_p > \epsilon$，则新数据点 P 无法融入最近的潜在核心微簇 c_p；遍历 E_o 得到距离点 P 最近的离群微簇 c_o，尝试将点 P 融入 c_o 中。

(6) 若点 P 融入 c_o 后的半径 $r_o \leqslant \epsilon$，那么确定将点 P 融入离群微簇 c_o 中，否则跳转到 (9)。

(7) 检查点 P 融入后 c_o 中心所处网格是否发生变化，如果发生变化，对索引字典进行更新。

(8) 检查点 P 融入后 c_o 的权值是否大于阈值 $\beta\mu$，如果条件满足，则将 c_o 从离群点缓存中删除，并根据 c_o 构建一个新的潜在核心微簇 c'_p。通过网格索引对 c'_p 的邻接表进行构建，并对 c'_p 邻接的潜在核心微簇的邻接表进行更新。

（9）若新数据点无法融入任何潜在核心微簇与离群微簇，则以该数据点创建一个新的离群微簇，并更新索引字典。

DenStream 的在线阶段为检查衰减的潜在核心微簇的退化状态和防止离群微簇的数量随数据流不断增长，每隔 T_p 对所有潜在核心微簇与离群微簇进行一次检查。优化后该过程的具体步骤如下。

（1）对所有潜在核心微簇进行检查，如果权值 $w<\beta\mu$，则表明其退化为离群微簇，将该潜在核心微簇删除，并将其加入离群微簇中。与此同时，将该潜在核心微簇与邻接的潜在核心微簇均加入 activeList，同时对邻接的潜在核心微簇的邻接表进行更新。

（2）对所有离群微簇进行检查，如果权值 $w<\xi$，则表示该离群微簇没有成长为潜在核心微簇的能力，将其彻底删除。

在线阶段对核心微簇邻接表的维护会一定程度上增加算法的计算复杂度，但是由于空间格网索引的存在，可以使其对算法复杂度的影响尽量减小。所以，本方法仍能够较好地适应数据流特性，并对数据流进行实时处理。

3. 离线阶段优化

在线维护的微簇捕获了数据流中的密集区域，但是为了生成直观意义上的聚类簇，还需要使用聚类算法得到最后的聚类结果。原算法当聚类请求到达时将每一个潜在核心微簇 c_p 看作一个落在 c_p 中心位置上权重为 w 的虚拟点，并应用拓展的 DBSCAN 算法进行聚类。拓展的 DBSCAN 算法为寻找密度可达的潜在核心微簇，需要遍历所有未处理的潜在核心微簇进行距离计算并与 2ϵ 进行比较。对在线阶段增加了对于潜在核心微簇邻接表的维护，那么在离线阶段可以不再进行距离计算而直接使用在线阶段维护的邻接表。优化后的具体流程如下。

输入：在线阶段维护的潜在核心微簇的集合 E_p，半径参数 ϵ，权值参数 μ。

输出：簇集合。

（1）标记 E_p 中的所有潜在核心微簇为未访问；

（2）do

（3）随机选择一个未访问的潜在核心微簇 c_p，并将其标记为已访问；

（4）if $c_p.w<\beta\mu$

（5）for $c_p.\text{list}$ 中的潜在核心微簇 c'_p

（6）if 存在 $c'_p.w\geq\beta\mu$

（7）将 c_p 标记为未访问；

（8）if $c_p.w\geq\beta\mu$

（9）创建一个新的簇 clu，并将 c_p 加入 clu 中，令 $N=c_p.\text{list}$；

(10) for N 中的每一个潜在核心微簇 c_p'

(11) if c_p' 未被访问

(12) 标记 c_p' 为已访问，添加 c_p' 到 clu；

(13) if $c_p'.w \geq \beta\mu$

(14) 将 $c_p'.$ list 中的对象添加到 N 中；

(15) until 没有未访问的潜在核心微簇。

3.2.2　在线阶段的实时聚类快照截取

1. 实时聚类快照存储

在数据流聚类算法中，在线阶段随着时间变化，不断对微簇进行更新和维护，在某一时间点截取和保存的在线微簇称之为快照(snapshot)，快照是对某一时刻数据聚集状态的表达，通过一系列带有时间序列的快照可以很好地反映数据流聚类的进化过程。另外在时态 GIS 中，序列快照模型是当前最广泛采用的时空数据模型之一，也是最简单的一种情况。序列快照模型通过时间切片对连续的地理现象进行采样，从而将连续的过程转化为一系列离散部分，而其中每一个切片分别对应了不同时刻的状态。这样一个完整的地理现象就可以通过一系列分离的时间间隔记录下来，并且能够很好地恢复某一时刻的信息。

在数据流挖掘与时空数据模型中，快照均有较好地应用，而且其在两个领域中均为对于特定时刻数据状态的反映和表达。由于快照模型可以很好地反映不同时刻数据的状态，所以仍选用快照对不同时刻的数据流状态进行表达，为后续的分析和挖掘打好基础。

在时态 GIS 的序列快照模型中，由于每个快照是对不同时刻状态的完全表达，所以很容易造成数据冗余和数据量过大的问题。为避免类似问题的发生，采用数据流挖掘中常用的金字塔时间框架(pyramidal time frame)。金字塔时间框架可以较好地适应数据流的时间特性，并能够很好地对快照进行存储和管理，在许多数据流挖掘算法中被广泛应用。金字塔时间框架：①每层最多能够存放 α^l+1 个快照；②第 i 层存储快照的时间间隔为 α^i，该层快照对应的时间戳可以被 α^i 整除；③第 i 层只保留不能被 α^{i+1} 整除的快照；④在时间 T 内最多只能维护 $\alpha^l\log_a T$ 个快照。在这里，金字塔最大层数为 $\log_a T$，T 表示从数据流开始到现在所经过的时间。$\alpha(\geq1)$ 决定金字塔时间框架的时间粒度，$l(\geq1)$ 决定金字塔时间框架的精度。由金字塔时间框架的特征可以看出，其可以在保证一定精度的前提下较好的对近期快照进行存储，能够很好地节省存储空间以适应数据流聚类的需求。

2. 快照时间点选取

前已述及，通过不同时刻的快照，可以了解不同时刻地理对象的聚类分布状态。而快照截取的时间点的选取，对于反映时空对象的演变有着非常重要的作用，如果时间点间隔选取过大，则无法详细表现演变的细节，而如果时间点间隔选取过小，则会造成计算冗余。下面介绍快照时间点的选取机制。

在 DenStream 算法中考虑到微簇衰减需要一个过程，于是定义了 $T_P = \left\lceil \dfrac{1}{\lambda} \log\left(\dfrac{\beta\mu}{\beta\mu-1}\right) \right\rceil$ 作为进行微簇检查的时间间隔。在进行微簇检查后，可能会出现潜在核心微簇衰减为离群微簇或者离群微簇被彻底删除的情况，所以有极大可能会导致聚类分布发生变化，所以为了详细地反映空间对象的聚类变化，快照截取的固定时间间隔 Δt 应大于 T_P，如图 3.9 中，快照截取的固定时间间隔大于 T_P，以保证在相应时间间隔内已对潜在核心微簇进行过定期检查。

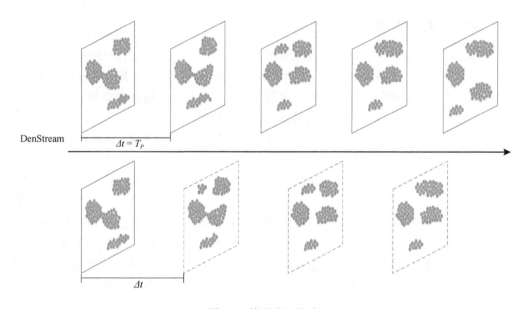

图 3.9　快照截取策略

同时，我们对原算法在线阶段进行了相关改进，使其可以获取两个快照时间段内处于活跃状态的潜在核心微簇列表 activeList；如果在设置的时间间隔内处于活跃状态的潜在核心微簇个数为零（即 $|\text{activeList}| = 0$），则不对这个时刻的快照进行截取，而是等待下一个快照截取时间点再进行操作。

3.2.3　基于快照的聚类变化分析

1. 聚类变化事件定义

为了对不同时刻的聚类进行对比和分析，首先对聚类变化事件进行定义。聚类变化事件的相关定义借鉴和拓展了 Samtaney R 和 Asur S 提出的相关定义。

（1）延续（survive）：如果两个不同时刻组成聚类的潜在核心微簇不发生变化，由于潜在核心微簇的中心和半径只会发生细微变化，而整体形状和位置变化不大，所以不考虑聚类内部具体潜在核心微簇结构上的变化，将聚类 Clu_{i+1}^j 看作为聚类簇 Clu_i^j 的延续。

$$\text{action}: \text{Clu}_i^k \xrightarrow{\text{Survive}} \text{Clu}_{i+1}^j$$

$$\text{condition}: E_i^k = E_{i+1}^j \ (E \text{ 为潜在核心微簇的集合})$$

(2) 融合 (merge)：假设有两个聚类 Clu_i^l 和 Clu_i^k，如果在下一时刻存在聚类 Clu_{i+1}^j 包含之前时刻两个聚类 Clu_i^l、Clu_i^k 中至少 $k\%$ 的潜在核心微簇，那么认为聚类 Clu_i^l 和 Clu_i^k 融合为 Clu_{i+1}^j。

$$\text{action}: \left(\text{Clu}_i^l, \text{Clu}_i^k\right) \xrightarrow{\text{Merge}} \text{Clu}_{i+1}^j$$

$$\text{condition}: \exists \text{Clu}_{i+1}^j \ \text{满足}$$

① $\left|\left(E_i^k \cup E_i^l\right) \cap E_{i+1}^j\right| / \text{Max}\left(\left|E_i^k \cup E_i^l\right|, \left|E_{i+1}^j\right|\right) > k\%$

② $\left|E_i^k \cap E_{i+1}^j\right| > \left|E_i^k\right| / 2 \text{ and } \left|E_i^l \cap E_{i+1}^j\right| > \left|E_i^l\right| / 2$

(3) 分裂 (split)：假设有一个聚类 Clu_i^j，如果下一时刻组成两个不同的聚类 Clu_{i+1}^l、Clu_{i+1}^k 的潜在核心微簇中至少包含组成聚类 Clu_i^j 的潜在核心微簇的 $k\%$，那么认为聚类 Clu_i^j 分裂为聚类 Clu_{i+1}^l、Clu_{i+1}^k。

$$\text{action}: \text{Clu}_i^j \xrightarrow{\text{Split}} \left(\text{Clu}_{i+1}^l, \text{Clu}_{i+1}^k\right)$$

$$\text{condition}: \exists \text{Clu}_{i+1}^j, \text{Clu}_{i+1}^k \ \text{满足}$$

① $\left|\left(E_{i+1}^k \cup E_{i+1}^l\right) \cap E_i^j\right| / \text{Max}\left(\left|E_{i+1}^k \cup E_{i+1}^l\right|, \left|E_i^j\right|\right) > k\%$

② $\left|E_{i+1}^k \cap E_i^j\right| > \left|E_{i+1}^k\right| / 2 \text{ and } \left|E_{i+1}^l \cap E_i^j\right| > \left|E_{i+1}^l\right| / 2$

(4) 加入 (join)：如果一个潜在核心微簇 c_p 在某个时间点出现在聚类 Clu_i^j 中，那么称潜在核心微簇 c_p 加入到聚类 Clu_i^j 中。

$$\text{action}: c_p \xrightarrow{\text{Join}} \text{Clu}_i^j$$

$$\text{condition}: \exists \ \text{Clu}_i^j, \text{Clu}_{i-1}^k \ \text{满足}$$

$$\text{Clu}_i^j \cap \text{Clu}_{i-1}^k > \left|\text{Clu}_{i-1}^k\right| / 2 \text{ and } c_p \notin E_{i-1}^k \text{ and } c_p \in E_i^j$$

(5) 离开 (leave)：如果一个潜在核心微簇 c_p 在某个时间点从聚类 Clu_{i-1}^k 消失，不再用来表示聚类 Clu_{i-1}^k，那么称潜在核心微簇 c_p 从聚类 Clu_{i-1}^k 中离开。

$$\text{action}: c_p \xleftarrow{\text{Leave}} \text{Clu}_{i-1}^k$$

condition : $\exists\, \mathrm{Clu}_i^j$, Clu_{i-1}^k 满足

$\mathrm{Clu}_i^j \cap \mathrm{Clu}_{i-1}^k > \left| \mathrm{Clu}_{i-1}^k \right| / 2$ and $c_p \in \mathrm{E}_{i-1}^k$ and $c_p \notin E_i^j$

(6) 消失 (disappear): 如果一个聚类 Clu_i^k 中没有任何潜在核心微簇在下一时刻出现在相同的聚类中, 那么称聚类 Clu_i^k 消失了。

action : Clu_i^k Disappear

condition : $\exists$ no Clu_{i+1}^j, $\left| \mathrm{E}_i^k \cap \mathrm{E}_{i+1}^j \right| > 1$

(7) 形成 (appear): 如果一个新的聚类 Clu_{i+1}^k 中没有任何潜在核心微簇之前出现在相同的聚类中, 那么称形成了一个新的聚类 Clu_{i+1}^k。

action : Clu_{i+1}^k Appear

condition : $\exists$ no Clu_i^j, $\left| \mathrm{E}_{i+1}^k \cap \mathrm{E}_i^j \right| > 1$

2. 聚类变化事件获取

借鉴 Asur S 计算不同快照之间聚类变化事件的方法, 为每个快照创建一个 $k_i \times n$ 的二进制矩阵 $\boldsymbol{T}_i$, 其中 k_i 表示在时间点 i 的聚类数量, 而 n 代表潜在核心微簇的个数。如图 3.10 所示, 矩阵的一行代表相应时间点的某个聚类, 而矩阵的一列代表一个潜在核心微簇, 例如 pmc1 属于矩阵 Clu3, 则将矩阵第三行第一列处标记为 1, 反之标记为 0。之后通过比较不同快照对应的矩阵来发现两个快照对应时间段内发生的变化事件。

	pmc1	pmc2	pmc3	pmc4	$\cdots$	pmc$n$
Clu1	0	1	0	0	$\cdots$	0
Clu2	0	0	0	1	$\cdots$	0
Clu3	1	0	0	0	$\cdots$	1
Clu4	0	0	1	0	$\cdots$	0
$\vdots$	$\vdots$	$\vdots$	$\vdots$	$\vdots$	$\vdots$	$\vdots$
Cluki	0	0	1	0	$\cdots$	0

图 3.10　快照对应二进制矩阵构建

为了对不同快照进行比较, 对相应的二进制矩阵进行与 (AND) 和或 (OR) 计算, 并使用以下线性计算公式来表示上一小节给出的聚类变化事件。其中 x 表示对应行或者列的向量。

$$|x|_1 = \sum_{i=1}^{|x|} x_i \tag{3.6}$$

下面给出相应聚类变化时间的计算公式,其中 $T_i(x,:)$ 表示矩阵的第 x 行对应的向量,而 $T_i(:,y)$ 表示第 y 列对应的向量。

$$\text{Survive}(T_i, T_{i+1}) = \{(x,y) | 1 \leqslant x \leqslant k_i, 1 \leqslant y \leqslant k_{i+1}, \text{OR}(T_i(x,:), T_{i+1}(y,:))$$
$$== \text{AND}(T_i(x,:), T_{i+1}(y,:))\} \tag{3.7}$$

$$\text{Merge}(T_{i+1}, T_i, \kappa) = \{(x,y,z) | 1 \leqslant x \leqslant k_i, 1 \leqslant y \leqslant k_i, x \neq y, 1 \leqslant z \leqslant k_{i+1},$$
$$\left| \text{AND}\left(\text{OR}(T_i(x,:), T_i(y,:)), T_{i+1}(z,:)\right) \right|_1 \geqslant \left(\kappa \times \text{Max}\left(\left| \text{OR}(T_i(x,:), T_i(y,:)) \right|_1, \left| T_{i+1}(z,:) \right|_1\right)\right),$$
$$\left| \text{AND}(T_i(x,:), T_{i+1}(z,:)) \right|_1 \geqslant \left| T_i(x,:) \right|_1 / 2, \left| \text{AND}(T_i(y,:), T_{i+1}(z,:)) \right|_1 \geqslant \left| T_i(y,:) \right|_1 / 2\}$$
$$\tag{3.8}$$

$$\text{Split}(T_i, T_{i+1}, \kappa) = \{(x,y,z) | 1 \leqslant x \leqslant k_{i+1}, 1 \leqslant y \leqslant k_{i+1}, x \neq y, 1 \leqslant z \leqslant k_i,$$
$$\left| \text{AND}\left(\text{OR}(T_{i+1}(x,:), T_{i+1}(y,:)), T_i(z,:)\right) \right|_1 \geqslant \left(\kappa \times \text{Max}\left(\left| \text{OR}(T_{i+1}(x,:), T_{i+1}(y,:)) \right|_1, \left| T_i(z,:) \right|_1\right)\right),$$
$$\left| \text{AND}(T_{i+1}(x,:), T_i(z,:)) \right|_1 \geqslant \left| T_{i+1}(x,:) \right|_1 / 2, \left| \text{AND}(T_{i+1}(y,:), T_i(z,:)) \right|_1 \geqslant \left| T_{i+1}(y,:) \right|_1 / 2\}$$
$$\tag{3.9}$$

$$\text{Join}(T_i, T_{i+1}) = \{(y,v) | 1 \leqslant y \leqslant k_{i+1}, 1 \leqslant v \leqslant |v|, T_{i+1}(y,v) == 1,$$
$$\exists x, 1 \leqslant x \leqslant k_i, \left| \text{AND}(T_i(x,:), T_{i+1}(y,:)) \right|_1 > \left| T_i(x,:) \right| / 2, T_i(x,v) == 1\} \tag{3.10}$$

$$\text{Leave}(T_{i+1}, T_i) = \{(y,v) | 1 \leqslant y \leqslant k_i, 1 \leqslant v \leqslant |v|, T_i(y,v) == 1,$$
$$\exists x, 1 \leqslant x \leqslant k_{i-1}, \left| \text{AND}(T_{i-1}(x,:), T_i(y,:)) \right|_1 > \left| T_{i-1}(x,:) \right| / 2, T_{i-1}(x,v) == 1\} \tag{3.11}$$

$$\text{Disappear}(T_i, T_{i+1}) = \{x | 1 \leqslant x \leqslant k_i, \text{argmax}_{1 \leqslant y \leqslant k_{i+1}}\left(\left| \text{AND}\left((T_i(x,:), T_i(:,y))\right) \right|_1 \leqslant 1\right)\} \tag{3.12}$$

$$\text{Appear}(T_{i+1}, T_i) = \{x | 1 \leqslant x \leqslant k_{i+1}, \text{argmax}_{1 \leqslant y \leqslant k_i}\left(\left| \text{AND}\left((T_i(x,:), T_i(:,y))\right) \right|_1 \leqslant 1\right)\} \tag{3.13}$$

以上对于聚类变化事件的获取可以通过多进程的方式进行计算,这样可以大大地提高计算效率,节约计算时间,从而更好地适应数据流快速更新的特点。由于数据流聚类算法可以实时地生成不同时刻的聚类结果,所以在离线阶段添加的聚类变化检测,也需要保持较高的计算效率,于是通过数据流聚类在线阶段中获取的处于"活跃"状态的潜在核心微簇对聚类变化事件的获取进行简化。在数据流聚类在线阶段获取的处于"活跃"状态的潜在核心微簇,可以代表在这个时间段内可能会对聚类结果产生影响的潜在核心微簇,所以在离线阶段的聚类变化事件获取过程中,可以仅考虑这些处于"活跃"状态的潜在核心微簇,而避免不必要的计算,从而提高算法的效率,减少计算的时间。

图 3.11 给出了对于聚类变化事件获取的流程,通过对不同时刻快照生成的二进制矩

阵进行简化，并且计算得到在两个快照表示的时间段内发生变化聚类对象的结合。为对聚类变化结果规范化表达和输出，使用格式为{type: objs}的字典形式对聚类变化进行归纳和表达，其中 type 表示聚类变化的事件类型，objs 表示计算得到的聚类变化的对象集，objs 中的对象使用 (x, y, r, ind) 的四元组表示，其中 x, y 表示核心微簇中心坐标，r 表示核心微簇半径，ind 表示聚类簇编号。

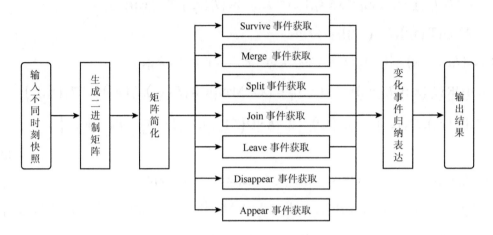

图 3.11　聚类变化事件获取流程

3.2.4　实验与结果分析

1. 实验环境

算法由 Python 2.7（32bit）实现，使用 numpy、pandas、multiprocessing、time、utm 等模块。数据库选用 MongoDB，数据可视化选用 QGIS。实验平台为 Intel（R）Core（TM）i7-6700HQ 处理器，主频 2.60 G，内存 8.0 GBype，Windows10 操作系统。

2. 数据准备与预处理

实验数据选用美国宾夕法尼亚州蒙哥马利县 2015 年 12 月 10 日至 2016 年 8 月 30 日的 911 实时报警数据。蒙哥马利县是美国宾夕法尼亚州东南部的一个县，面积 1 262 km²，根据美国 2000 年人口普查，约有人口 75 万。该数据集从 Kaggle 数据集获取，其包含 2015 年 12 月 10 日至今蒙哥马利县的 911 报警数据，该数据集仍在不断更新中。本实验仅截取一段时间的数据进行分析，截取时间段内包含 101 958 条数据。该数据包含 911 报警地点的经纬度信息、时间戳信息和报警电话描述等。

由于该数据为收集的历史数据，所以为了更好地对实验进行验证，需要按照数据的时间序列进行数据流模拟。同时由于算法中涉及距离计算，而该数据的空间位置信息均通过经纬度表示，所以还需要在数据流模拟过程中对数据进行投影转换，从而更好地对算法进行验证和分析。由于实验数据所在研究区位于美国宾夕法尼亚州，所以本试验选用 UTM 投影。

3. 实验过程与结果

实验过程包括在线阶段参数选取、加入邻接表维护后的 DenStream 算法与原算法运行时间比较分析，聚类变化事件抽取效果分析三个阶段。

1）在线阶段参数选取

利用数据的空间位置特性，对 DenStream 加入了邻接表维护的过程，但是并没有改变原算法的参数，下面首先结合使用的数据对参数选取进行分析。DenStream 采用的衰减时间窗口和核心微簇结构可以保证在在线阶段维护一定量的数据，在线维护的数据流的整体权值为一个常数 $W = v \left(\sum_{t=0}^{t=t_c} 2^{-\lambda t} \right) = \dfrac{v}{1 - 2^{-\lambda t}}$，其中 $t_c \to \infty$ 为当前时间，v 表示数据流的流速，即单位时间内到达的数据点个数。

所用的实验数据更新速度大约为 17 个/h。为了实时获取数据目标地域 911 报警密集分布区域以及其分布变化，本实验选择在线维护 2 700 条数据（约 1 周左右的数据量）。因此由公式 $W = \dfrac{v}{1 - 2^{-\lambda t}}$ 可以计算得出 λ 的取值应为 0.01。半径参数 ϵ 和权值参数 μ 是决定核心微簇密度的关键参数，其一般根据研究数据的分布范围、密集程度以及实际需求进行选取。通常来说，对于半径参数 ϵ，如果设置过大，将会导致不同的自然簇混为一团。而设置过小，则必然要求对应较小的 μ 值。然而较小的权值 μ 会导致较大的微簇数量。参数 β 为表示在核心微簇中离群点相对于核心微簇的阈值参数，β 的取值越大，表示在数据流中离群点占核心微簇的比重越大，相反 β 的取值越小，其表示占核心微簇的比重越小。最后综合本实验所用数据的分布范围和实验需求，将权值 μ 取值为 10，半径 ϵ 取值为 600 m，β 取值为 0.2。

试验首先运用 DBSCAN 算法对最初的 1000 条数据进行处理以初始化整个在线过程，之后对剩余实验数据进行处理。如图 3.12 为算法处理 5000 条数据后的实时聚类效果，其为在 2016 年 12 月 26 日 9:57 时刻对在线阶段的潜在核心微簇进行离线聚类得到的聚类结果，并通过 QGIS 对结果进行可视化，底图采用 QGIS 中 OpenLayers 插件添加的必应地图。图中不同颜色的微簇集合代表不同的聚类，而浅灰色的微簇表示孤立的单个核心微簇。由聚类结果可以看出方法在对数据进行单遍扫描的前提下，能够较好地反映蒙哥马利地区 911 报警的空间分布状况。从实时聚类结果中可以看出，911 报警主要集中在城区的人口密集区域，其中 Norristown、King of Prussia、Horsham、Willow Grove、Ablington 以及 Jenkintown 报警电话较为密集。另外由于本方法对于原算法在线阶段加入邻接表维护的优化没有改变原有算法的聚类思想，所以原算法的聚类结果与本方法一致，因此没有必要对两者聚类效果再进行比较。

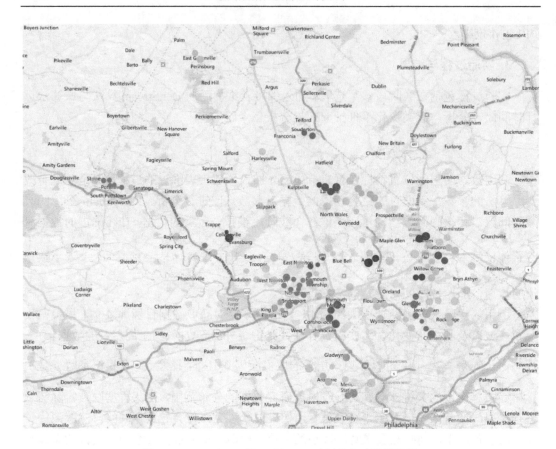

图 3.12　2016 年 12 月 26 日 9:57 时刻的实时聚类结果

2）加入邻接表维护后的 DenStream 算法与原算法运行时间对比

　　由于利用数据的空间位置特性对 DenStream 算法加入了邻接表维护的过程，所以在一定程度上增加了原算法在线阶段的计算复杂度。为度量该过程的增加对原算法运行时间的影响，实验使用该算法与原算法处理相同数量的数据，对两者的运行时间进行对比。图 3.13 为算法优化前后运行速度的对比，从图 3.13 中可以看出，虽然优化后的算法增加了对于邻接表维护以及活跃核心微簇检测的功能，但优化后算法的运行时间较原算法只有小幅度提高，所以对算法的实时性影响不大，依然能够满足对数据流进行实时聚类的需求。

3）聚类变化事件抽取效果

　　在 DenStream 在线阶段的基础上，增加了对于"活跃"潜在核心微簇的收集过程，从而对聚类快照对应的二进制矩阵进行化简，在不影响聚类变化事件抽取效果的基础上，进一步提高聚类变化事件抽取的效率。为了验证该方法对于聚类变化事件的抽取效果，本实验将变化事件进行输出，并与时间间隔前后的聚类快照进行比对。

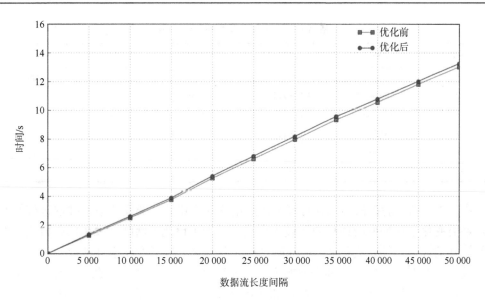

图 3.13　算法优化前后在线阶段运行速度对比

如图 3.14 为算法处理长度为 5 000 与 10 000 的数据流后得到的聚类结果，表 3.1 为对以上时间间隔内的聚类变化事件的抽取结果。通过对抽取结果与两时刻截取的聚类快照进行对比，证明我们提出的聚类变化事件抽取方法有效可行。另外，由于使用"活跃"潜在核心微簇简化运算复杂度的方法，与未使用该方法的原始方法得出的结果相同，同样验证了提出的通过收集在线阶段"活跃"潜在核心微簇来进行简化计算的方法的可行性。

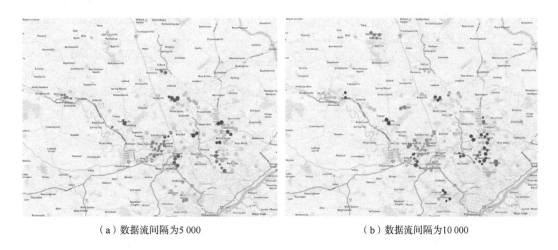

（a）数据流间隔为5 000　　　　　　　　　　　（b）数据流间隔为10 000

图 3.14　不同时刻的聚类对比

表 3.1   聚类变化事件抽取结果表

ID	中心经度	中心纬度	半径/m	聚类编号	事件类别
1	488 455.50	4 450 238.06	653.06	13	Appear
2	489 645.94	4 449 772.91	593.38	13	Appear
3	463 766.11	4 443 503.50	520.62	14	Appear
4	463 261.67	4 442 124.22	599.83	14	Appear
5	469 810.62	4 441 188.65	453.21	0	Join
...	...	...	...	...	...

由于"活跃"潜在核心微簇对聚类快照矩阵的简化和聚类变化事件抽取过程的并行化，聚类变化事件抽取的计算效率被大大提升。为了检测"活跃"潜在核心微簇对聚类快照矩阵的简化，和聚类变化事件抽取过程的并行化对聚类变化事件抽取效率的提升效果，设置三组对比实验，分别为原始方法、使用"活跃"潜在核心微簇简化后的方法、同时使用"活跃"潜在核心微簇简化和变化时间抽取并行化的方法(分别对应图 3.15 中的 l_1、l_2、l_3)。在不同数据流间隔的条件下，分别使用以上三种方法进行实验，得到三者不同的运行时间。

如图 3.15 为三者在截取不同数据流间隔情况下的聚类变化事件抽取的运行时间对比。其中 l_1、l_2、l_3 依次代表上述三种方法，从图中可以看出，原始方法由于没有使用两种方法进行优化，其运行时间远远高于另外两种方法，而且由于其处理效率与在线处理阶段相差太大，很显然无法适应这种近实时的聚类变化检测。加入"活跃"潜在核心微簇进行快照矩阵简化的方法相比原始方法，在运行速度上有着大幅度的提高。而在其基础上再进行并行化抽取，则可以更好地提升其运行效率。另外由图 3.15 中还可以看出，随着数据流截取间隔的增大，不同聚类快照之间的变化也逐渐增多，所以其运行时间也相应增长，但是其增长幅度并不十分明显。

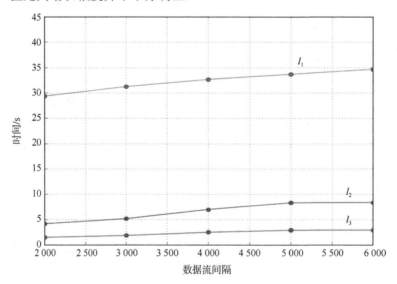

图 3.15   使用不同方法的聚类变化事件抽取运行时间对比

3.3　基于滑动窗口的空间聚类变化检测

在滑动窗口时间模型下近实时的维护聚类特征指数直方图,并设置固定的滑动时间间隔,在滑动时间间隔到达时触发聚类特征指数直方图的更新过程。在离线阶段通过对滑动窗口滑动时间间隔内发生变化的聚类特征指数直方图进行聚类,并基于图的思想增量的对聚类变化进行分析,最后得到滑动窗口滑动间隔内空间聚类的变化。

3.3.1　基于滑动窗口的在线聚类更新

1. 滑动窗口设置

滑动窗口模型是数据流处理的常用时间模型之一。滑动窗口模型采用类似队列的原理,使用大小固定或者大小变化的数据结构存储数据流中近期到达的数据。滑动窗口模型可以不断对新到达数据进行更新和对过时数据进行删除,从而保证始终维护距离当前时间最近的数据。

滑动窗口模型在许多数据流聚类算法中得到应用,如 SWClustering、SDStream 等。在这些数据流聚类算法中,通常定义一个存储固定数据容量的滑动窗口模型,但是为了对数据进行实时更新,所以选择时间作为单位来定义滑动窗口的大小。另外,为了对滑动窗口内过期的数据进行删除,需要设置固定滑动时间间隔 Δt,当滑动窗口滑动固定间隔时触发对于滑动窗口内聚类特征指数直方图的检查,对所有聚类特征指数直方图中时间标签处于滑动窗口范围之外的时间聚类特征进行删除,只保留符合滑动窗口时间跨度内的时间聚类特征,同时对聚类特征指数直方图的总体特征向量进行更新。如图 3.16 所示,选取时间跨度为 Len 的滑动窗口模型,随着滑动窗口不断滑动,当滑动窗口滑动 Δt 时,触发对与滑动窗口内聚类特征指数直方图的检查过程,从而保证滑动窗口内仅保存最近期的数据。

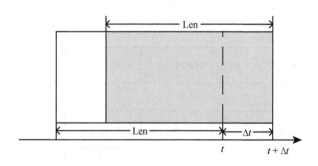

图 3.16　滑动窗口模型

2. 聚类特征指数直方图的在线维护

聚类特征指数直方图(EHCF)是在 SWClustering 算法中使用的一种概要数据结构,聚类特征指数直方图根据数据的时标信息,将数据划分到若干个桶(bucket)中,而每个桶存储该桶中数据的聚类特征和时标信息。由于聚类特征指数直方图可以很好地在数据流环境下保存数据的时间信息,所以其非常适合在滑动窗口时间模型下应用。现有的使用滑动窗口模型的数据流聚类算法,多采用固定数据容量的滑动窗口,并在达到窗口容量上限时对聚类特征指数直方图进行融合。我们采用的是时间滑动窗口模型,所以研究中不沿用上述的思路,而是在 SWClustering 算法提出的聚类特征指数直方图概要数据结构的基础上,引入 DenStream 算法中基于密度聚类的思想,实现在时间滑动窗口模型下的近实时聚类。下面首先对聚类特征指数直方图的相关应用优化进行介绍。

聚类特征指数直方图可以看作为一种将不同时段数据分配到不同桶中的一种数据结构,同时随着时间变化,聚类特征指数直方图还可以对存储过去数据的桶进行合并,以适应数据流的进化过程。由于组成聚类特征指数直方图的时间聚类特征也是通过数据点的加权线性和与数据点的加权平方和来表示。所以也可以按照如下公式得出类似于核心微簇结构的聚类特征指数直方图 H 的半径 r、中心 c 和权值 w,其中聚类特征指数直方图 H 中含有 m 个 TCF,分别为 $\text{TCF}_i = (\overrightarrow{\text{CF2}^x}_i, \overrightarrow{\text{CF1}^x}_i, t_i, n_i)$,$1 \le i \le m$。从公式中可以看出,当计算 EHCF 的中心、权值以及半径时,需要对 EHCF 中的所有 TCF 进行相加,为了减少算法的计算复杂度,我们为每一个 EHCF 维护一个额外的 TCF′,从而能够从整体上对 EHCF 的聚类特征进行更新。当 EHCF 中 TCF 发生变化需要对 EHCF 进行维护更新时,同样需要对 TCF′进行更新。图 3.17 为本算法的数据索引结构,每个 EHCF 在维护 TCF 的同时通过额外的 TCF′整体概略信息进行维护,其中包括整体的 $\overrightarrow{\text{CF2}^x}$, $\overrightarrow{\text{CF1}^x}$, t, n,以及 EHCF 的网格索引 index、维护的邻接表 list。

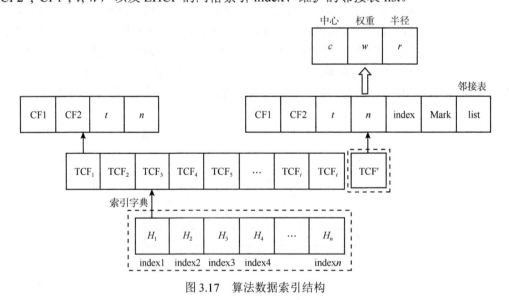

图 3.17　算法数据索引结构

$$c = \frac{\sum_{i=1}^{m} \overrightarrow{\text{CF1}_i^x}}{\sum_{i=1}^{m} n_i} \tag{3.14}$$

$$r = \sqrt{\frac{\overline{\sum\limits_{i=1}^{m} CF2_i^x}}{\sum\limits_{i=1}^{m} n_i} - \left(\frac{\overline{\left|\sum\limits_{i=1}^{m} CF1_i^x\right|}}{\sum\limits_{i=1}^{m} n_i}\right)^2} \qquad (3.15)$$

$$w = \sum_{i=1}^{m} n_i \qquad (3.16)$$

由于聚类特征指数直方图所保存的聚类特征可以轻易计算出其中心、半径和权值，所以可以将聚类特征指数直方图简单的看作在滑动窗口时间模型下的核心微簇结构。借鉴 DenStream 算法中潜在核心微簇与离群微簇的概念，将聚类特征指数直方图分为潜在聚类特征指数直方图 $H_p(w \geq \beta\mu)$ 和离群聚类特征指数直方图 $H_o(w < \beta\mu)$，其中 $0 < \beta \leq 1$，β 为用于决定离群点相对于聚类特征指数直方图的权值。另外，由于研究目的为对流数据环境下的空间聚类变化进行检测和分析，所以要对滑动时间间隔内对聚类变化有影响的聚类特征指数直方图进行收集。由于针对的是带有空间位置属性的数据流，所以通过引入空间格网索引，可以充分利用数据的空间位置属性，获得聚类特征指数直方图在空间内的网格索引 index，并对与聚类特征指数直方图保持特定距离阈值之内的邻近对象进行维护。但是，由于在对时间滑动窗口内的潜在聚类特征指数直方图进行聚类时仅考虑权值大于 $\mu(w \geq \mu)$ 的潜在聚类特征指数直方图，以及其周围邻近的潜在聚类特征指数直方图，而且本方法需要准确地对聚类特征指数直方图进行判断，并将其划分为对聚类变化有"正"影响和"负"影响两种。所以采用了不同的思想，将权值大于 μ 的 H_p 看作为实顶点，将权值大于 μ 的 H_p 之间的邻近关系看作为实边，同时将权值大于 μ 的 H_p 周围邻近的 $H_p'(\beta\mu \leq w < \mu)$ 看作为虚顶点，其之间的邻近关系看作为虚边。这样动态维护的聚类特征指数直方图就可以看作为动态变化的图，基于时间滑动窗口的数据流聚类的在线阶段也可以近似为对于动态图的维护。如图 3.18 为在线阶段滑动窗口内聚类特征指数直方图的示意图，图中实心圆点表示权值 $w \geq \mu$ 的聚类特征指数直方图，空心圆点则表示权值满足 $(\beta\mu \leq w < \mu)$ 的聚类特征指数直方图，实线用于表示实心圆点之间的邻近关系，而虚线表示实心原点与其周围空心原点之间的邻近关系。从图中可以看出，通过将聚类特征指数直方图及其之间的邻近关系进行抽象，可以近似地将在线阶段滑动窗口内维护的聚类特征指数直方图看作为动态变化的图。

另外，由于研究目的是对数据流环境下的空间聚类变化进行检测，而连通的图结构可以进一步转化为聚类，所以为了对聚类变化进行检测，需要对动态图的相应变化进行采集。于是对在线阶段 H_p 中的 TCF′再添加一个邻接表字段，用以存储其邻域内的 H_p，为了对表示实顶点和虚顶点的聚类特征指数直方图进行区分，如果 H_p 的权值大于 μ，其邻接表内维护其周围所有邻近的潜在聚类特征指数直方图；而如果 H_p 的权值大于 $\beta\mu$ 小于 μ，其邻接表内仅维护其周围权值大于 μ 的邻近聚类特征指数直方图。如图 3.18 所示，聚类特征指数直方图表示的实心圆点对其周围所有圆点进行维护,而当聚类特征指数直方图表示为空心圆点时,仅对其周围的实心圆点进行维护。

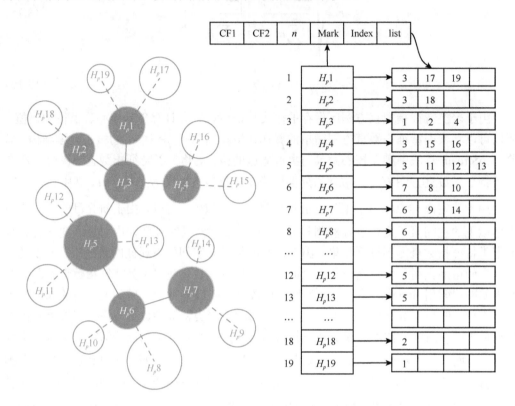

图 3.18　在线阶段 EHCF 示意图及数据组织结构

当在线阶段的密集区域发生变化时,通过对动态图中点和边的变化进行检测,可以得到对聚类变化产生影响的聚类特征指数直方图。首先对可能造成动态图增长的聚类特征指数直方图变化进行分析。从节点的角度考虑,如果动态图中有新的节点生成,那么有以下可能的原因:①权值小于 μ 的潜在聚类特征指数直方图 H_p 有新的数据点融入,导致权值大于 μ,成长为动态图中的实心圆点。②离群聚类特征指数直方图 H_o 有新数据点融入,成长为潜在聚类特征指数直方图,并且其邻近区域内有权值大于 μ 的潜在聚类特征指数直方图,即有新的空心圆点出现,并连接了周围邻近的实心圆点。从连接边的角度考虑,如果动态图中有新的边生成,那么有以下可能的原因:①权值大于 μ 的潜在聚类特征指数直方图 H_p 发生移动,与周围邻近的对象建立新的邻近关系,即动态图中的实心圆点发生移动,与周围的实心圆点与空心圆点之间出现新的连接边。②权值小于 μ 的潜在聚类特征指数直方图 H_p 发生移动,与周围邻近的权值大于 μ 的潜在聚类特征指数直方图建立新的邻近关系,即空心圆点发生移动,连接了新的实心圆点。③由新节点产生带来的附属效应,与节点生成的情况类似。

接下来对可能造成动态图缩减的聚类特征指数直方图变化进行分析。从节点的角度考虑，如果动态图中有节点消失，那么有以下可能的原因：①权值大于 μ 的潜在聚类特征指数直方图 H_p 随时间更新，使其权值小于 μ，从动态图中的实心圆点变为空心圆点。②潜在聚类特征指数直方图 H_p 随时间进行更新，衰退为离群聚类特征指数直方图 H_o，并且其邻近区域内有权值大于 μ 的潜在聚类特征指数直方图，即有空心圆点消失，并且该空心圆点原来连接了实心圆点。从连接边的角度考虑，如果动态图中有边消失，那么有以下可能的原因：①权值大于 μ 的潜在聚类特征指数直方图 H_p 发生移动，与周围邻近的对象原有的邻近关系破裂，即动态图中的实心圆点发生移动，与周围的实心圆点或者空心圆点之间原有的连接边消失。②权值小于 μ 的潜在聚类特征指数直方图 H_p 发生移动，与周围邻近的权值大于 μ 的潜在聚类特征指数直方图原有的邻近关系破裂，即空心圆点发生移动，与原有的实心圆点之间的边消失。③由节点消失带来的附属效应，与节点消失的情况类似。

在对可能造成聚类变化的情况进行分析后，本方法在对在线阶段滑动窗口内的聚类特征指数直方图进行维护的同时，对在该时间间隔内对聚类变化有影响的聚类特征指数直方图的编号进行获取，并在内存中构建两个列表 Alist 和 Dlist 分别对可能引起聚类"正"变化和"负"变化的聚类特征指数直方图进行维护。

核心微簇结构可以通过衰减函数不断进行更新，但是由于采用的是滑动窗口模型，所以需要在滑动窗口模型的基础上提出一种对于聚类特征指数直方图的更新策略。滑动窗口模型与衰减窗口模型的区别主要体现在滑动窗口模型更多的关注近期的数据，所以利用 EHCF 中每个 TCF 的时标，将位于滑动窗口时间跨度之外的 TCF 进行删除，从而对维护的 EHCF 进行更新。另外由于离群聚类特征指数直方图会随着数据流进行不断增多，所以对长时间（大于等于滑动窗口）没有新数据融入的离群聚类特征指数直方图进行删除。由于每次对 TCF 的时标进行检查需要对所有在线阶段维护的 EHCF 中的 TCF 进行遍历，所以没有必要频繁的对其进行检查，于是选择在滑动窗口滑动固定时间间隔 Δt 时进行检查。下面对在线阶段的 EHCF 维护进行详细描述。

EHCF 的在线维护可以分为新数据点的融入和对 EHCF 的定期检查，下面首先对新数据点融入的过程进行详细介绍。

（1）首先尝试将点 P 并入距离其最近的潜在聚类特征指数直方图 H_p 中，并入操作可由潜在聚类特征指数直方图加入以点 P 构建的 TCF 进行增量处理。

（2）若点 P 融入 H_p 后的半径 $r_p \leqslant \epsilon$，则确定将点 P 融入 H_p 中，并对 H_p 进行维护更新，否则跳转到（5）。

（3）检查点 P 融入后 H_p 中心所处网格是否发生变化，如果发生变化，对索引字典进行更新。

（4）检查点 P 融入后 H_p 邻接表以及自身权重的变化，将可能造成动态图增长和缩减的相关聚类特征指数直方图编号加入 Alist 和 Dlist。

(5)若点 P 融入 c_p 的半径 $r_p > \epsilon$，那么新数据点 P 无法融入最近的潜在聚类特征指数直方图 H_p；遍历 E_o 得到距离点 P 最近的离群聚类特征指数直方图 H_o，尝试将点 P 融入 H_o 中。

(6)若点 P 融入 H_o 后的半径 $r_o \leqslant \epsilon$，那么确定将点 P 融入离群微簇 H_o 中，并对 H_o 进行维护更新，否则跳转到(9)。

(7)检查点 P 融入后 H_o 中心所处网格是否发生变化，如果发生变化，对索引字典进行更新。

(8)检查点 P 融入后 H_o 的权值是否大于阈值 $\beta\mu$，如果条件满足，则将 H_o 从离群聚类特征指数直方图删除，并根据 H_o 创建一个新的潜在聚类特征指数直方图 H'_p；通过网格索引对 H'_p 的邻接表进行构建，并判断是否会造成动态图增长，如果造成动态图增长，则将其编号加入 Alist 中。

(9)若新数据点无法融入任何潜在聚类特征指数直方图与离群聚类特征指数直方图，则以该数据点创建一个新的离群聚类特征指数直方图，并更新索引字典。

当时间滑动窗口固定滑动间隔时，对所有聚类特征指数直方图进行检查。

(1)遍历所有的潜在聚类特征指数直方图 H_p，将 H_p 中时间标签不处于滑动窗口时间范围内的 TCF 进行删除，对 H_p 的聚类特征进行更新，如果权值 $w < \beta\mu$，那表示 H_p 衰减为离群聚类特征指数直方图，检查 H_p 邻接表以及权重的变化，将可能造成动态图增长和缩减的相关聚类特征指数直方图编号加入 Alist 和 Dlist。

(2)遍历所有的离群聚类特征指数直方图 H_o，将 H_o 中时间标签不处于滑动窗口时间范围内的 TCF 进行删除，对 H_o 的聚类特征进行更新。如果 H_o 的权值为 0，那么将 H_o 永久删除。

3. 离线阶段聚类结果生成

算法的在线阶段可以看作在滑动窗口模型下通过对聚类特征指数直方图的维护来捕获数据流中的密集区域。当收到用户的聚类请求时，离线阶段的处理过程被触发。在离线阶段聚类生成过程中，将在线维护的聚类特征指数直方图 H 看作为一个落在 H 中心且权重为 w 的虚拟点并使用拓展的 DBSCAN 算法进行聚类。拓展的 DBSCAN 算法为寻找密度可达的潜在聚类特征指数直方图，需要遍历所有未处理的潜在聚类特征指数直方图进行距离计算并与 2ϵ 进行比较。对在线阶段增加了对于潜在聚类特征指数直方图邻接表的维护，那么在离线阶段可以不再进行距离计算而直接使用在线阶段维护的邻接表。优化后的具体流程与第 3.2.1 节"离线阶段优化"流程类似，不再赘述。

聚类特征指数直方图的在线维护阶段，构建了两个列表 Alist 和 Dlist 来存储对于在线动态图增长和收缩有影响的聚类特征指数直方图。如果在之后的聚类变化分析过程中将聚类特征指数直方图看作顶点逐个分析其对于动态图变化的影响,那么可能会造成算法计算缓慢、效率偏低。所以对引起动态图变化的聚类特征指数直方图先进行聚类处理,对 Alist、Dlist 和中的聚类特征指数直方图使用拓展的 DBSCAN 算法进行聚类,得到对与动态图变化有影响的聚类子图,从而便于之后对于聚类变化进行跟踪和分析。

3.3.2　基于图的空间聚类变化分析

数据流的在线维护阶段可以近似的看作是对一个动态图的维护,其中将聚类特征指数直方图看作为动态图中的顶点,而聚类特征指数直方图之间的邻接关系看作为动态图的边。本方法在在线阶段获取了对于动态图变化有影响的聚类特征指数直方图。下面将通过分析这些聚类特征指数直方图对动态图变化的影响,讨论空间聚类变化问题。

1. 聚类变化事件定义

经过离线阶段对于在线维护的聚类特征指数直方图进行聚类,得到不同时刻的聚类结果。在时间滑动窗口滑动的这个时间间隔内,发生变化的聚类特征指数直方图可能会对在线聚类产生影响,研究过程中从发生变化的聚类特征指数直方图入手,对数据流环境下的空间聚类变化进行检测。由于逐个考虑聚类特征指数直方图对聚类变化的影响会降低算法的效率,所以借鉴 Lee P 批量处理聚类变化的思想,对发生变化的聚类特征指数直方图进行批量处理,得到该时段内变化的子聚类。下面首先对变化的子聚类可能引起的聚类变化进行定义。

(1) 增长(grow):如果一个潜在聚类特征指数直方图 H_p 或者一组潜在聚类特征指数直方图 S_H 在时间滑动窗口滑动间隔内出现在聚类 C 中或者由于聚类 C 中的 H_p 或者 H_H 内部的增量变化导致聚类 C 变化,那么称 H_p 或者 S_H 造成聚类 C 增长,并表示为 $\uparrow(C, H_p)$、$\uparrow(C, S_H)$。

(2) 收缩(reduce):如果一个潜在聚类特征指数直方图 H_p 或者一组潜在聚类特征指数直方图 S_H 在时间滑动窗口滑动间隔内从聚类 C 离开或者由于聚类 C 中 H_p 或者 S_H 内部的衰减变化导致聚类 C 变化,那么称 H_p 或者 S_H 造成聚类 C 减小,并表示为 $\downarrow(C, H_p)$、$\downarrow(C, S_H)$。

(3) 形成(appear):如果在时间滑动窗口滑动间隔内有一个之前不存在的新聚类 C 出现,那么称聚类 C 形成,并表示为+C。

(4) 消失(disappear):如果在时间滑动窗口滑动间隔内有一个之前存在的聚类 C 不再存在了,那么称聚类 C 消失了,并表示为–C。

(5) 融合(merge):假设有两个聚类 C_1 和 C_2,如果在时间滑动窗口的滑动间隔内有聚类特征指数直方图将其连接起来形成一个聚类 C,那么称聚类 C_1 和 C_2 融合为聚类 C,

并表示为$+C-C_1-C_2$。

(6)分裂(split)：假设有一个聚类C，如果在时间滑动窗口的滑动间隔内有聚类特征指数直方图消失或者发生移动，造成聚类C变为两个聚类C_1和C_2，那么称聚类C分裂为聚类C_1和C_2，并表示为$-C+C_1+C_2$。

2. 聚类变化事件获取

借鉴Lee P等提出的增量分析聚类变化的思路，将时间滑动窗口滑动间隔内变化的聚类特征指数直方图看作一系列聚类子集来分析其对于聚类变化的影响，首先从单个聚类特征指数直方图的角度分析对于聚类变化的影响，聚类特征指数直方图H_p的出现或者移动可能会使其与周围对象建立新的邻接关系，如果这些对象已隶属于现有的聚类，那么表明H_p引起了这些聚类的变化，其可能会引起聚类的增长，如果H_p的权值大于μ，那么还可能引起聚类的融合。而如果H_p的出现没有与周围对象建立新的邻接关系，那么H_p的出现可能会引起聚类的生成。相反，如果聚类特征指数直方图发生消失或者移动则可能会引起聚类的收缩、分裂或者消失。本方法在数据流聚类的离线阶段已将列表Alist和Dlist中的潜在聚类特征指数直方图进行聚类，得到对聚类变化影响的子聚类集合S_A和S_D。下面从S_A和S_D中的子聚类角度进行聚类变化的分析。为了便于分析，在这里引入函数$N_C()$、$N_C'()$。

1)子聚类集合S_A

对于S_A中的子聚类C_A，$N_C()$表示C_A加入之后，C_A中所有聚类特征指数直方图邻接对象隶属聚类的集合；$N_C'()$表示C_A加入之后，C_A中所有权值大于μ的聚类特征指数直方图邻接对象隶属聚类的集合。

(1) if $\left|N_C'\left(C_A\right)\right|=0:+C_A$；

(2) if $\left|N_C\left(C_A\right)\right|=1:\uparrow\left(C,C_A\right)$，$C$为$N_C\left(C_A^i\right)$中唯一的聚类；

(3) if $\left|N_C'\left(C_A\right)\right|\geqslant2:+C-\sum_{C'\in N_C\left(C_A\right)}C'$，$C$为融合后的聚类。

2)子聚类集合S_D

对于S_D中的子聚类C_D，$N_C()$表示C_D消失之前，C_D中所有聚类特征指数直方图邻接对象隶属聚类的集合；$N_C'()$表示C_D消失之前，C_D中所有权值大于μ的聚类特征指数直方图邻接对象隶属聚类的集合。下面对可能发生的聚类变化时间进行介绍。

(1) if $\left|N_C'\left(C_D\right)\right|=0:-C_D$；

(2) if $\left|N_C\left(C_D\right)\right|=1:\downarrow\left(C,C_D\right)$，$C$为$N_C\left(C_A^i\right)$中唯一的聚类；

(3) if $\left|N_C'\left(C_D\right)\right|\geqslant2:-C+\sum_{C'\in N_C\left(C_D\right)}C'$，$C$为融合后的聚类。

通过从变化的聚类特征指数直方图的角度进行分析，得到了在时间滑动窗口滑动间隔内的聚类变化事件。但是为了对聚类变化事件的表达进行规范和统一，选择使用格式为 $\{type:obj\}$ 形式的字典进行事件归纳和表达，其中 $type \in (Join, Leave, Appear, Disappear, Merge, Split)$，而 obj 则使用集合的形式进行存储，如 Join 和 Leave 事件 obj 表示为 (C, C')（C' 为变化的子聚类，而 C 表示加入和离开的聚类）。

3.3.3　实验与结果分析

实验数据与实验环境同 3.2.4 节，此处不再赘述。

由于方法分为在线阶段与离线阶段两个部分，所以首先对基于滑动窗口和 EHCF 结构的在线阶段进行参数分析、聚类效果分析，之后对离线阶段的聚类变化事件抽取过程的效果进行分析。最后对实验得到的最终结果进行分析。

1. 在线阶段的参数选取与聚类效果分析

该算法的在线阶段涉及滑动窗口大小、滑动时间间隔以及半径、权值等参数。其中滑动窗口的大小决定了所在线维护数据的规模，维护数据的规模也与实际需求密切相关，同时维护数据量过大也会占用较多的内存，实际意义不大。实验选用蒙哥马利县实时 911 报警数据，由于数据的更新速度不是很快，所以在实验中选择将时间滑动窗口的大小设置为 7 天。在设置好时间滑动窗口大小之后，为了体现出 911 报警分布随时间的变化，将滑动时间间隔设置为 2 天。半径参数 ϵ 和权值参数 μ 与聚类特征指数直方图的密度密切相关，其一般根据研究数据的分布范围、密集程度以及实际需求进行选取。根据该数据分布范围和密度，权值 μ 取值为 10，半径 ϵ 取值为 600m。参数 β 表示在核心微簇中离群点相对于核心微簇的阈值，β 的取值越大，表示在数据流中离群点占核心微簇的比重越大，相反 β 的取值越小，其表示占核心微簇的比重越小。于是在试验中将 β 取值为 0.2。另外在 EHCF 构建过程中存在误差参数 ε，ε 值表示 EHCF 结构随时间更新后依然存在的过时数据产生的误差，本试验将 ε 取值为 0.17。为了验证该方法的实时聚类效果，实验选用经典的 DBSCAN 算法对时间滑动窗口内截取的数据进行聚类，并与我们改进的方法进行对比分析。

从图 3.19 中可以看出，我们的研究方法作为一种单遍扫描的增量算法可以较好地反映 911 报警的分布状况，其聚类分布与离线聚类的 DBSCAN 算法大致相同。但是由于该方法采用的微簇融合思想会吸收周围更多的数据点，所以该方法在某些小规模聚类簇上与 DBSCAN 的聚类结果相比有一定差别，但是考虑到该方法只需要对数据进行单次扫描，其计算复杂度远远低于 DBSCAN 算法，其聚类效果与 DBSCAN 算法存在差距也是可以接受的。

（a）采用本章方法得到的实时聚类结果　　　　　　（b）采用DBSCAN得到的聚类结果

图 3.19　时间滑动窗口下不同方法聚类效果对比

2. 聚类变化事件抽取效果

采用动态图的思想对滑动窗口滑动过程中对聚类变化有影响的聚类特征指数直方图进行收集，并从这些变化的聚类特征指数直方图的角度分析其对于前后时刻聚类变化的影响。为验证我们提出的方法的有效性，实验中截取滑动窗口滑动固定时间间隔前后的实时聚类结果，并将聚类变化事件输出，通过将输出结果与前后聚类结果进行比对，来验证方法的有效性。为了直观的验证聚类变化的检测结果，将聚类变化事件输出，并使用 QGIS 进行可视化(底图采用 QGIS 中 OpenLayers 插件添加的必应地图)，从而便于与前后聚类结果进行对比。图 3.20 为时间滑动窗口从 2015 年 12 月 12 日 10:28 滑动至 2015 年 12 月 19 日 10:28 前后的实时聚类结果。

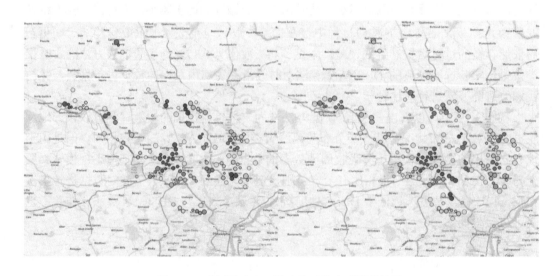

图 3.20　时间滑动窗口滑动前后的实时聚类结果

图 3.21 为聚类变化的可视化结果，通过对比前后聚类结果可以得出，该方法对于聚类变化的监测有效可行。从聚类变化的可视化结果中可以看出，在整个范围内，新的聚类簇出现比较频繁，说明在这个时间段内整个区域经常突然发生 911 报警密集出现的现象，而其中某些新出现的聚类簇在短暂存在后便消失了，表明这些区域 911 报警突增是一种偶然现象或者是由于某些事件而引发的。另外通过可视化结果还可以看出，在这个时间段内蒙哥马利县 911 报警的整体分布变化不大，没有大规模聚类簇的变化，但是聚类簇内部的收缩和扩张出现的比较频繁。

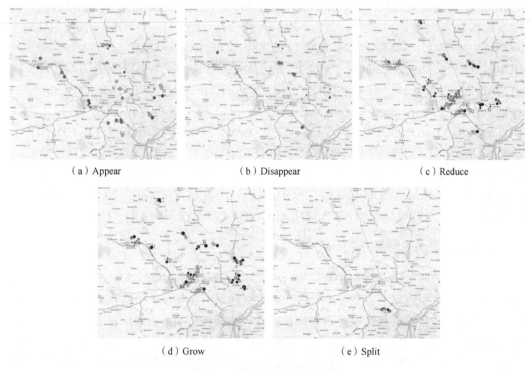

（a）Appear   （b）Disappear   （c）Reduce

（d）Grow   （e）Split

图 3.21 聚类变化可视化结果

该节在时间滑动窗口的基础上，对在线阶段的聚类特征指数直方图进行维护，并收集对聚类变化有影响的聚类特征指数直方图。使用动态图的思想，从对聚类变化有影响的聚类特征指数直方图入手，对聚类变化进行检测。通过真实数据对算法进行验证，证明该算法能够近实时的对聚类变化进行检测。

3.4 应 用 实 例
——城市犯罪数据流模拟及聚类演化分析

1. 数据准备

数据来自美国加利福尼亚州旧金山政府的公开数据（data.sfgov.org）。选用 2016 年旧金山的犯罪事件数据。该数据集共有 149 970 条数据，时间覆盖范围为 2016 年 1 月 1

日 00:00 至 2016 年 12 月 31 日 11:59，空间覆盖范围为美国加利福尼亚州旧金山地区，更新间隔为 24 小时。该数据具有完备的属性信息，其中包括时间、空间位置信息以及事件的类别、处理结果、描述信息等。为了从宏观的角度对 2016 年旧金山地区犯罪事件的时空分布进行研究和分析，本实验对该数据按照时间标签进行数据流模拟，并应用所提出的两种方法对旧金山地区 2016 年犯罪事件的空间分布演化进行追踪和模拟。

由于不同犯罪数据的类别不相同，如果仅根据事件发生的空间位置进行聚类，则只能得到整体犯罪事故的分布变化，而无法反映各种不同类别的犯罪事件的空间分布变化。所以本试验在进行增量聚类时，仅对相同犯罪类别的事件进行聚类。通过对数据进行统计得到该数据共包含 39 种类型，其分别为'LARCENY/THEFT'，'OTHER OFFENSES'，'NON-CRIMINAL'，'ASSAULT'，'VANDALISM'，'VEHICLE THEFT'，'WARRANTS'，'BURGLARY'，'SUSPICIOUS OCC'，'MISSING PERSON'，'DRUG/NARCOTIC'，'ROBBERY'，'FRAUD'，'SECONDARY CODES'，'TRESPASS'，'WEAPON LAWS'，'SEX OFFENSES，FORCIBLE'，'STOLEN PROPERTY'，'RECOVERED VEHICLE'，'DISORDERLY CONDUCT'，'PROSTITUTION'，'FORGERY/COUNTERFEITING'，'DRUNKENNESS'，'DRIVING UNDER THE INFLUENCE'，'ARSON'，'KIDNAPPING'，'EMBEZZLEMENT'，'LIQUOR LAWS'，'RUNAWAY'，'SUICIDE'，'BRIBERY'，'EXTORTION'，'FAMILY OFFENSES'，'LOITERING'，'SEX OFFENSES，NON FORCIBLE'，'BAD CHECKS'，'GAMBLING'，'PORNOGRAPHY/OBSCENE MAT'，'TREA'。

2. 近实时聚类与结果分析

使用提出的两种算法对实验数据进行近实时处理，首先对两个算法的在线阶段进行初始化。实验使用近似的 DBSCAN 算法对该数据集的前 1 000 条数据进行聚类，从而构成初始的核心微簇的集合以及聚类特征指数直方图的集合。由于两种方法在线阶段维护的数据量是相对稳定的(下面将 3.2 节提出基于实时聚类快照的空间聚类变化检测算法称为算法 1，将 3.3 节提出的基于滑动窗口的空间聚类变化检测称为算法 2)，为了表现旧金山地区犯罪数据的分布演化，在算法 1 中结合数据的更新速度，将衰减参数 λ 取值为 0.004，从而保证在线阶段维护大约两周的数据。同样在算法 2 中，为保证在现阶段维护大约两周的数据量，将时间滑动窗口的大小 Len 设置为 2 周。为保证算法在线阶段维护数据量趋于稳定，本实验在在线阶段初始化之后，使算法再处理一定量的数据。

根据实验数据的分布范围等特性，实验中算法 1 的参数依次选取为 $r = 200\,\text{m}$，$\mu = 10$，$\beta = 0.2$，$\lambda = 0.004$，实验 2 的参数依次选取为 $r = 200\,\text{m}$，$\mu = 10$，$\beta = 0.3$，$\text{Len} = 14 \times 24 \times 3600\,\text{s}$，$\text{sldLen} = 4 \times 24 \times 3600\,\text{s}$。

在两个算法处理 10 000 条数据之后(即处理至 2015 年 1 月 25 日的数据)，每隔时间间隔 sldLen，对算法在线阶段维护的数据进行实时聚类，得到两种算法的近实时聚类结果。上节提到，两种算法使用不同的时间模型，算法 1 使用的衰减时间模型可以尽量减小过去数据对当前状态的影响，从另一方面来说，可以看作为一种考虑过往数据影响的时间模型。而算法 2 使用的是时间滑动窗口模型，该时间模型仅考虑最近一段时间的数据，而不考虑过去数据的影响。所以两种算法得到的实时聚类结果可以进一步反映出在不同时间模型下的实时聚类所表达内容的不同。

为了便于对聚类结果进行可视化，实验直接在 QGIS 软件中使用分级符号对核心微簇和聚类特征指数直方图进行可视化表达，同时使用 OpenLayers 插件加载在线地图，本实验使用底图为必应地图。如图 3.22、图 3.23 所示，其分别为算法 1 与算法 2 在处理10 000 条数据之后，以 sldLen 为时间间隔依次获取的实时聚类结果，从两者实时聚类的大体分布上来看，具有一定的相似性，但是由于本试验针对的是不同犯罪事件的聚类分布状况，所以聚类簇出现相互重叠的现象，下面将聚类簇剥离开，从而更好地对聚类结果进行分析。如图 3.24 至图 3.27 分别为图 3.22 和图 3.23 的详细拆解图。图 3.24 中，(a)为'LARCENY/THEFT'(盗窃)案件的聚类分布，(b)为'OTHER OFFENSES'(其他罪行)案件的聚类分布，(c)表示'NON-CRIMINAL'(无犯罪)案件的聚类分布，(d)表示其他犯罪案件的聚类分布，其中标签标注着不同聚类的类型。图 3.25 中，(a)为'LARCENY/ THEFT'(盗窃)案件的聚类分布，(b)为'OTHER OFFENSES'(其他罪行)案件的聚类分布，(c)表示'NON-CRIMINAL'(无犯罪)案件的聚类分布，(d)表示'ASSAULT'(侵犯人身)犯罪案件的聚类分布，(e)表示其他犯罪案件的聚类分布，其中标签标注着不同聚类的类型。图 3.26 中，(a)为'LARCENY/THEFT'(盗窃)案件的聚类分布，(b)为'OTHER OFFENSES'(其他罪行)案件的聚类分布，(c)表示'ASSAULT'(侵犯人身)案件的聚类分布，(d)表示其他犯罪案件的聚类分布，其中标签标注着不同聚类的类型，(e)也表示其他犯罪案件的聚类分布，其

图 3.22　算法 1 在 2015 年 1 月 26 日 9:00 以及 2016 年 1 月 29 日 9:00 的实时聚类结果

图 3.23　算法 2 在 2015 年 1 月 26 日 9:00 以及 2016 年 1 月 29 日 9:00 的实时聚类结果

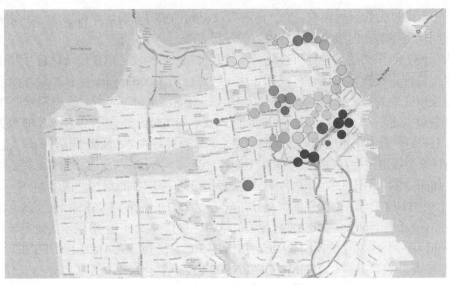

（a）'LARCENY/THEFT'（盗窃）案件

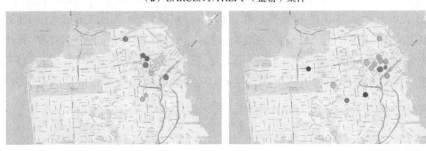

（b）'OTHER OFFENSES'（其他罪行）案件　　　　　（c）'NON-CRIMINAL'（无犯罪）案件

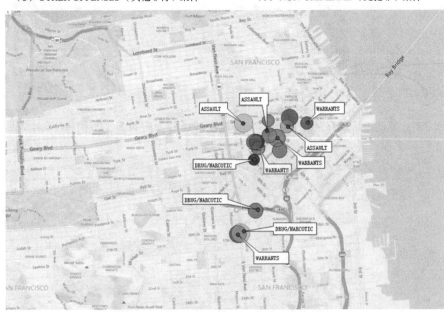

（d）其他犯罪案件（标签为'WARRANTS'等类型）

图 3.24　算法 1 在 2015 年 1 月 29 日 9:00 时刻近实时聚类结果

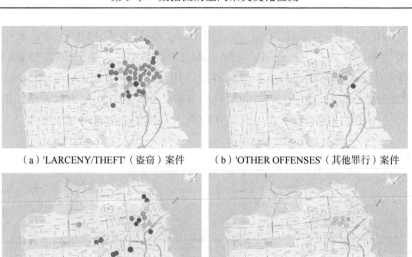

（a）'LARCENY/THEFT'（盗窃）案件　　　　　（b）'OTHER OFFENSES'（其他罪行）案件

（c）'NON-CRIMINAL'（无犯罪）案件　　　　　（d）'ASSAULT'（侵犯人身）犯罪案件

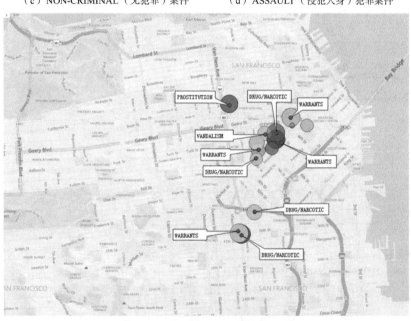

（e）其他犯罪案件（标签为 'WARRANTS'等类型）

图 3.25　算法 1 在 2016 年 2 月 2 日 9:00 时刻近实时聚类结果

中标签标注着不同聚类的类型。图 3.27 中，（a）为'LARCENY/THEFT'（盗窃）案件的聚类分布；（b）为'OTHER OFFENSES'（其他罪行）案件的聚类分布；（c）表示'ASSAULT'（侵犯人身）案件的聚类分布；（d）表示其他犯罪案件的聚类分布，其中标签标注着不同聚类的类型；（e）也表示其他犯罪案件的聚类分布，其中标签标注着不同聚类的类型。由算法 1 在两个时刻的实时聚类结果可以看出，'LARCENY/ THEFT'（盗窃）案件在旧金山地区发生的最为频繁，且分布范围最广。在连续两个时刻，盗窃案件的分布几乎没有特别大的变化。除去

'LARCENY/THEFT'（盗窃）案件之外，在这两个时刻的近实时聚类结果中，其余犯罪事件的分布范围较小，且分布较为松散，如'ASSAULT'、'WARRANTS'和'DRUG/NARCOTIC'事件也偶有发生，但是这类事件分布较为零散，其大多分布于 FINANCIAL DISTRICT 和MISSION DISTRICT，而且在这一时间间隔内分布变化不大。由此可以看出，旧金山地区治安情况在这段时间内相对稳定，并且几乎没有大规模恶性事件的聚集发生。

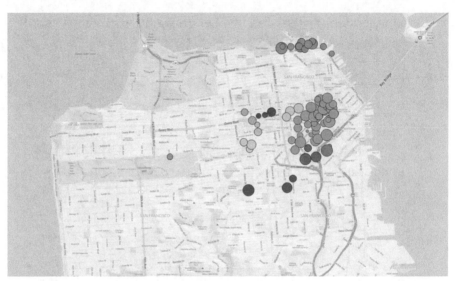

（a）'LARCENY/THEFT'（盗窃）案件

（b）'OTHER OFFENSES'（其他罪行）案件

（c）'ASSAULT'（侵犯人身）案件

（d）其他犯罪案件
（标签为'WARRANTS'等类型）

（e）其他犯罪案件
（标签为'DRUG/NARCOTIC'等类型）

图 3.26　算法 2 在 2016 年 1 月 29 日 9:00 时刻近实时聚类结果

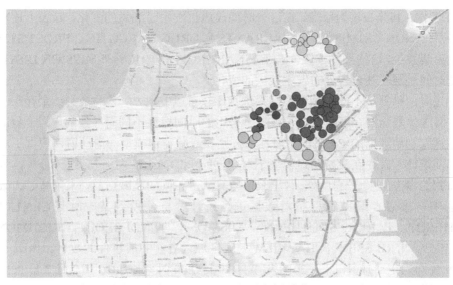

（a）'LARCENY/THEFT'（盗窃）案件

（b）'OTHER OFFENSES'（其他罪行）案件

（c）'ASSAULT'（侵犯人身）案件

（d）其他犯罪案件

（标签为'NON-CRIMINAL'等类型）

（e）其他犯罪案件

（标签为'WARRANTS'等类型）

图 3.27　算法 2 在 2016 年 2 月 2 日 9:00 时刻近实时聚类结果

　　由算法 2 在两个时刻的实时聚类结果可以看出，'LARCENY/THEFT'（盗窃）案件在旧金山地区发生的最为频繁，且分布范围最广。在连续两个时刻，盗窃案件的位置分布了一定的变化，但还是集中于 FINANCIAL DISTRICT。除'LARCENY/THEFT'（盗窃）案件之外，在这两个时刻的近实时聚类结果中，'OTHER OFFENSES'和'ASSAULT'的分布范围也较为广泛，主要分布在 FINANCIAL DISTRICT 区域，但是相对'LARCENY/

THEFT'案件，其分布较为松散，在这一时间段内也发生了细微的变化。除去上述案件之外，还存在' NON-CRIMINAL '、'WARRANTS'和'DRUG/NARCOTIC'、'PROSTITUTION'事件的密集发生，这些事件零散分布于 FINANCIAL DISTRICT 和 MISSION DISTRICT，并且随时间进展，其位置分布发生较大的变化。

通过对两种算法不同时刻聚类结果进行比较可以发现，两者的聚类结果存在一定的差异，而这种差异很有可能是由于算法所采用的时间模型不同而导致的。为了验证这种猜想，试验利用数据的 PdDistrict 属性，分别在衰减窗口模型与滑动窗口模型下对数据进行空间统计。首先在衰减窗口模型下对数据的 PdDistrict 属性进行统计分析，为了与之前得到的聚类结果进行比较，这里采用与算法 1 相同的衰减指数，来削减过去数据带来的影响。通过在衰减窗口下对数据进行统计分析，得到某一时刻'CENTRAL'，'NORTHERN'，'PARK'，'SOUTHERN'，'MISSION'，'TENDERLOIN'，'RICHMOND'，'TARAVAL'，'INGLESIDE'，'BAYVIEW'几个区域内各种犯罪事件的数目。如图 3.28、图 3.29 分别为在衰减窗口下，2016 年 1 月 29 日 9:00 时刻与 2016 年 2 月 2 日 9:00 时刻旧金山各区域犯罪事件的统计柱状图。而图 3.30、图 3.31 为在滑动窗口下对应时间间隔内旧金山各区域犯罪事件的统计柱状图。从以上图中可以看出，在衰减窗口下随着数据更迭，不同区域犯罪事件的发生变化幅度不大，其反映的是各个区域犯罪事件变化的趋势。而在滑动窗口下，不同区域犯罪事件的频数随时间变化较大，且有某一种类犯罪事件突然出现的现象，其反映的是最新统计时间段内的犯罪频数。在衰减窗口和滑动窗口下的空间统计分析的变化在一定程度上可以反映数据在两种时间模型下空间聚类变化的特性，所以可以看出，算法 1 可以较好地反映空间对象随时间分布的趋势变化，而算法 2 则更能反映最近时间内聚类分布的变化，两个算法各有各自的优势，也有着不同的应用方向。

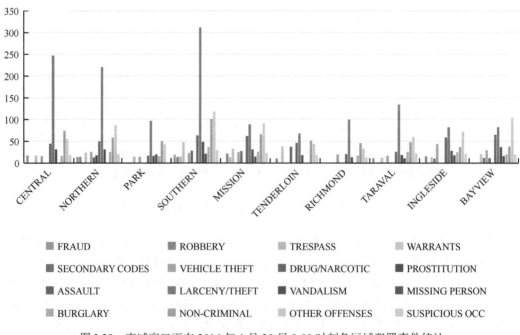

图 3.28　衰减窗口下在 2016 年 1 月 29 日 9:00 时刻各区域犯罪事件统计

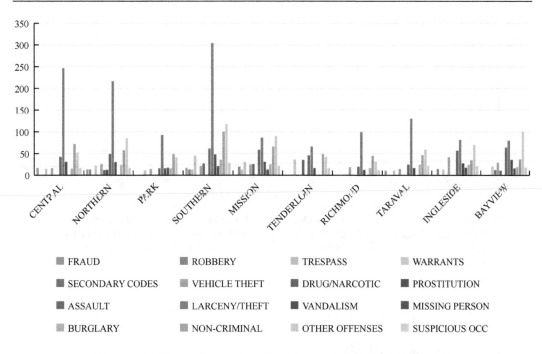

图 3.29　衰减窗口下在 2016 年 2 月 2 日 9:00 时刻各区域犯罪事件统计

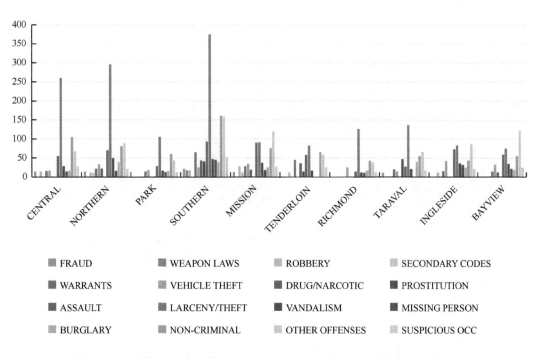

图 3.30　滑动窗口下 2016 年 1 月 25 日 9:00 至 29 日 9:00 各区域犯罪事件统计

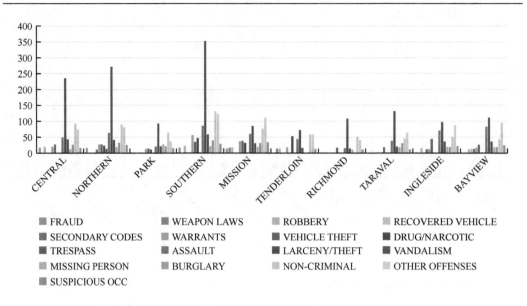

- FRAUD
- SECONDARY CODES
- TRESPASS
- MISSING PERSON
- SUSPICIOUS OCC

- WEAPON LAWS
- WARRANTS
- ASSAULT
- BURGLARY

- ROBBERY
- VEHICLE THEFT
- LARCENY/THEFT
- NON-CRIMINAL

- RECOVERED VEHICLE
- DRUG/NARCOTIC
- VANDALISM
- OTHER OFFENSES

图 3.31　滑动窗口下 2016 年 1 月 29 日 9:00 至 2 月 2 日 9:00 各区域犯罪事件统计

3. 聚类变化检测与过程模拟

为了更好地对犯罪数据的聚类分布变化进行研究，应用提出的两种算法，针对 2016 年 1 月 25 日 9:00 至 3 月 14 日 8:20 时间段内共 20 000 条数据进行处理，抽取期间聚类变化事件，得到旧金山地区犯罪聚类分布及其变化过程。由于聚类变化事件是由核心微簇或者聚类特征指数直方图的出现、消失以及移动引起的，所以通过对核心微簇以及聚类特征指数直方图的变化过程进行模拟，从而得到聚类分布的模拟过程。实验通过将聚类变化时间输出，并通过 QGIS 中的 TimeManager 进行模拟，从而从宏观的角度来体现旧金山地区在这一时间段内的犯罪事件聚类分布变化（图 3-32、图 3-33）。

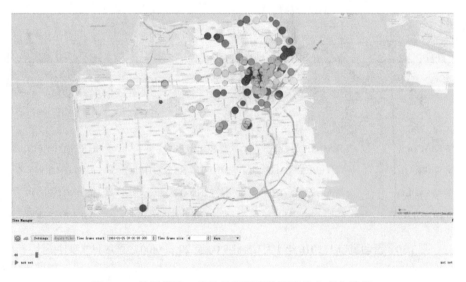

图 3.32　使用算法 1 获取的犯罪事件聚类分布变化模拟

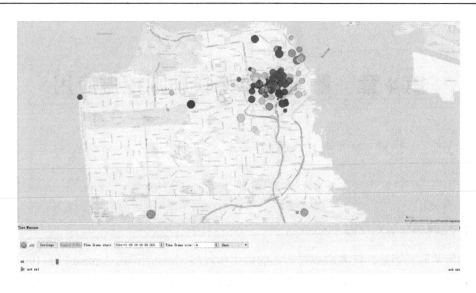

图 3.33 使用算法 2 获取的犯罪事件聚类分布变化模拟

由算法 1 与算法 2 获取的犯罪事件聚类分布变化的过程模拟可以看出，总体来说旧金山地区的犯罪事件在这一时间段内呈现减少的趋势，但是'LARCENY/THEFT'（盗窃）案件仍在犯罪事件中占据主要的地位，同时较为广泛地在 FINANCIAL DISTRICT 地区分布。除去 FINANCIAL DISTRICT 之外，其他犯罪事件的数量和密集程度呈现波动的趋势，其空间分布变化也比较频繁，说明在这一时间段内，旧金山地区的社会治安趋于稳定，并不断向好的方向发展。

第4章 量化空间关联规则挖掘应用

4.1 量化关联规则问题

4.1.1 关联规则挖掘相关概念

1. 空间关联规则挖掘

空间关联规则是传统关联规则研究的衍生和发展。关联规则由 Agrawal 等(1993)首先提出,并应用于零售行业,实现从顾客的购买记录中发现顾客的购买模式,如"90%的顾客在购买计算机的同时也购买了打印机"。这种购买模式即可以用 $X \Rightarrow Y[s\%, c\%]$ 形式的关联规则(association rule)表示。根据这条关联规则,商场的决策者可以将摆放计算机的货架与摆放打印机的货架放在一起,从而实现销量的增长。

与事务数据库的关联规则挖掘相似,从空间数据库中也可以得到 $X \Rightarrow Y[s\%, c\%]$ 形式的关联规则,此时 X, Y 为谓词集合,且 X, Y 的谓词集中至少包含一个空间谓词。空间谓词主要包括空间方向关系谓词(如位于北方、位于东南等)、空间距离关系谓词(如靠近、远离等)和空间拓扑关系谓词(如穿过、包含等)。

空间关联规则可以表达为

$$X_1 \wedge \cdots \wedge X_n \Rightarrow Y_1 \wedge \cdots \wedge Y_m[s\%, c\%] \tag{4.1}$$

式中,谓词集 $X_1, \cdots, X_n, Y_1, \cdots, Y_m$ 中至少包含一个空间谓词,令 $X = X_1 \wedge \cdots \wedge X_n$,$Y = Y_1 \wedge \cdots \wedge Y_m$,且 $X \cap Y = \phi$,通常将 X 称为规则的前件(antecedent),将 Y 称为规则的后件(consequent),$s\%$ 为规则的支持度(support),表示空间对象集 D 中包含 $X \cup Y$ 的百分比,使用概率 $P(X \cup Y)$ 计算,$c\%$ 为规则的置信度(confidence),表示空间对象集 D 中包含 X 的事务同时包含 Y 的事务的百分比,使用条件概率 $P(Y | X)$ 计算,即

$$\text{support}(X \Rightarrow Y) = P(X \cup Y) \tag{4.2}$$

$$\text{confidence}(X \Rightarrow Y) = P(Y | X) \tag{4.3}$$

支持度和置信度是两个最基本的评价关联规则的参数,利用这两个参数,可以在挖掘过程中过滤大量无趣关联规则,从而得到兴趣度更高的规则。但当进行低支持度挖掘或长模式挖掘等情况时,只使用这两个参数仍然容易产生一些无趣的关联规则。这已成为关联规则挖掘的瓶颈之一,学者们也针对各种特定情况提出了很多提高关联规则质量的方法,目前比较成熟的做法是引入另一个关联规则评价指标提升度(lift),提升度定义为

$$\text{lift}(X \Rightarrow Y) = \frac{P(X \cup Y)}{P(X)P(Y)} = \frac{\text{support}(X \Rightarrow Y)}{\text{support}(X)\text{support}(Y)} \tag{4.4}$$

提升度是一种相关性度量指标，它表示 X、Y 的联合概率分布与它们在独立假设下的期望概率的比率。当 X、Y 的出现相互独立时，$P(X \cup Y) = P(X)P(Y)$，此时 $\mathrm{lift}(X \Rightarrow Y) = 1$；否则 X、Y 的出现是相互依赖和相关的。$\mathrm{lift}(X \Rightarrow Y)$ 表示 X、Y 在同一数据集中出现的频率与预期值的比。小于 1 时表示 X 的出现与 Y 的出现是负相关的，即 X 的出现可能导致 Y 的不出现，数值越小代表负相关的程度越大；大于 1 时表示 X 的出现与 Y 的出现是正相关的，即 X 的出现很可能伴随着 Y 的出现，数值越大表明正相关程度越大。

关联规则挖掘过程中经常涉及谓词集、频繁谓词集等概念，简要说明如下。

当一个谓词集 X 包含 k 个谓词时，将 X 称为 k 谓词集，如果谓词集 X 的支持度大于等于最小支持度阈值，则 X 是频繁谓词集，也称频繁 k-谓词集。如果不存在真超谓词集 A，使得 A 与 X 在空间对象集 D 中具有相同的支持度时，则称谓词集 X 在空间对象集 D 中是闭的(closed)。如果谓词集 X 是闭的频繁的，则谓词集 X 为闭频繁谓词集。如果谓词集 X 是频繁的，并且不存在超谓词集 A 使得 $X \subset A$ 且 A 是频繁谓词集，则 X 是极大频繁谓词集。空间关联规则的产生一般经过两个步骤：①根据最小支持度阈值得到所有频繁谓词集；②根据最小置信度阈值，由频繁谓词集产生空间关联规则。

2. 关联规则挖掘算法

自从关联规则被提出并成功应用于商业活动后，学者们对关联规则挖掘进行了深入研究并提出了很多关联规则算法。其中最有代表性的经典算法是 Apriori 算法和 FP-Growth 算法。下面就详细介绍这两种算法。

1) Apriori 算法

Apriori 算法是 R.Agrawal 等于 1994 年提出的，是一种由频繁项集生成布尔关联规则的算法，也是最经典的关联规则算法之一。Apriori 使用频繁项集的先验性质(即频繁 k 项集的所有非空子集也必定是频繁的)，对数据库进行逐层搜索迭代，通过 k 项集来探索 $(k+1)$ 项集，最终生成频繁项集。设 D 为事务数据库，C_k 为候选 k 项集集合，L_k 为频繁 k 项集的集合，即 C_k 中满足最小支持度阈值的 k 项集的集合。Apriori 算法第一步先找到频繁 1 项集的集合 L_1，然后通过迭代得到 L_k，其中每得到一个 L_k 就需要对数据库完整扫描一遍，L_k 的产生主要包括以下两个步骤。

A. 连接(join)

为得到 L_k，先将 L_{k-1} 与自身连接产生 C_k。设 l_1、l_2 是 L_{k-1} 中的项集，$l_i[j]$ 表示 l_i 中第 j 项，为实现高效的连接，算法将项集中的项都按一定顺序排序(一般按 1 项集的出现次数由大到小排序)。则执行连接 L_{k-1} 操作时，当且仅当 L_{k-1} 中两个项集的前 $(k-2)$ 项相同时两项集才可执行连接操作。例如 l_1 和 l_2 是 L_{k-1} 中两元素，则当且仅当 $(l_1[1] = l_2[1]) \wedge (l_1[2] = l_2[2]) \wedge \cdots \wedge (l_1[k-2] = l_2[k-2]) \wedge (l_1[k-1] \neq l_2[k-1])$ 时，l_1 和 l_2 可连接产生候选 k 项集 $\{l_1[1], l_1[2], \cdots, l_1[k-2], l_1[k-1], l_2[k-1]\}$。

B. 剪枝（prune）

由连接操作得到的 C_k 是 L_k 的超集，即 C_k 中可能包含非频繁 k 项集，但频繁 k 项集集合 L_k 全部包含在 C_k 中，因此为了得到 L_k，需要删除 C_k 中的非频繁 k 项集。如果对 C_k 中每个元素都通过扫描一遍数据库来验证其是否是频繁的，当 C_k 很大时，该过程的计算量将很大。因此，在剪枝过程中使用先验性质，设 $C_k[i]$ 是 C_k 中的一个候选 k 项集，如果 $C_k[i]$ 的一个 $(k–1)$ 项子集不在 L_{k-1} 中，即该项子集是非频繁的，则 $C_k[i]$ 是非频繁项集，从而从 C_k 中删除，即剪枝。

通过剪枝后的项集，即为频繁项集，由频繁项集可以直接产生关联规则，设最小置信度是 min_conf，由置信度公式可得

$$\text{confidence}(X \Rightarrow Y) = P(Y \mid X) = \frac{\text{support}(X \cup Y)}{\text{support}(X)} \tag{4.5}$$

对每个频繁项集 l 和其对应的非空子集 s，如果满足：

$$\frac{\text{support}(l)}{\text{support}(s)} \geq \text{min\_conf}$$

则可输出规则 " $s \Rightarrow (l - s)$ "，由于规则是由频繁项集产生，因此得到的规则先天满足最小支持度。

2）FP-Growth 算法

Apriori 算法虽然能够得到完备的关联规则，但由于算法执行过程中要重复扫描整个数据库，而且会产生大量的候选项集。因此，随着数据库变大，Apriori 算法的时间开销将急速增长。为解决该问题，Han 等提出了一种不产生候选项集的频繁模式挖掘算法 FP-Growth（Frequent-Pattern Growth，频繁模式增长）。

该算法首先将事务数据库中的所有频繁项集压缩到一颗保留有频繁项集关联信息的 FP-tree（频繁模式树）。然后对 FP-tree 采用频繁项增长方式来构造频繁项集。关于 FP-Growth 算法的具体细节在第 4.3 节详细描述。

4.1.2　量化关联规则挖掘问题

1. 多层关联规则挖掘

进行关联规则挖掘得到的最初结果可能是较高概念层或抽象层的关联规则。在实际情况中，较高概念层的关联规则往往具有很高的支持度，但其也可能是大家都熟知的常识性知识，可能无法提供我们所需要的知识。因此，为了发现更详尽的关联规则和深层次的知识，需要进行多层关联规则挖掘，在多层抽象层间进行灵活的规则挖掘。

对一个数据在不同抽象层间进行挖掘得到的关联规则被称为多层关联规则。多层关联规则挖掘一般对数据进行概念分层，然后采用自顶向下的策略。先得到最高概念层的关联规则，然后依次对下个概念层进行支持度、置信度计算来得到更加细分的规则。对

于每个概念层的规则挖掘可以看作一个独立的挖掘过程，因此可以针对每个概念层的特点使用不同的挖掘算法来进行规则挖掘，使得挖掘过程更加灵活。

在多层关联规则挖掘中，对于每一概念层来说都是一个独立的规则挖掘过程，因此每一次的挖掘都涉及支持度和置信度的设置问题。置信度随着概念层的细分，在挖掘过程中是不受影响的，因此，对于多层关联规则挖掘，整个过程中只设置一个统一的置信度就可以。然而随着概念层的逐步细分，每个概念层内的个体会减小，因此随着概念层由高到低，同一属性的概念层级别越低其支持度也变得越来越低。针对此问题，在多层关联规则挖掘过程中，支持度的设置一般采取以下三种策略。

(1) 一致支持度，即对于所有概念层都使用同样的最小支持度。该方法可以简化搜索过程，由于使用同样的最小支持度，因此可以根据"祖先是后代的超集"这一先验知识，采用类似 Apriori 算法的优化策略来简化搜索过程。然而其也有明显的缺点：如果支持度阈值设置得太低，则在较低概念层会有很多规则因无法满足最小支持度阈值而丢失；但如果支持度阈值设置得太高，则在较高抽象层会产生大量的无用规则，影响算法效率。

(2) 递减支持度，即对每个概念层单独设置不同的最小支持度阈值，概念层级别越低，最小支持度阈值越小。

(3) 基于分组的支持度，即根据用户和专家的经验知识，对挖掘中较为重要或关心的分组单独设置最小支持度阈值。

2. 模拟退火算法

在关联规则的量化关系提取过程中可以将量化信息的提取转换成组合优化问题，并选用解决组合优化问题经典算法之一的模拟退火算法进行求解。

模拟退火算法 (simulated annealing, SA) 是一种启发式搜索算法，算法在每次模型的修正过程中，对随机产生的新模型，以一定的概率选择能量较小的新模型。这种选择新模型的方式让其可以跳出局部最优解，从而得到全局最优解。该思想最先由 Metropolis 等 (1953) 提出，但当时没有引起人们的重视，后来由 Kirkpatrick 等 (1983) 将该思想进一步发展为模拟退火算法，并应用于解决旅行商问题的求解，获得了巨大成功。从此模拟退火算法被广泛应用于解决组合优化问题，特别是大型组合优化问题的快速优化求解。

1) 物理退火过程和 Metropolis 准则

模拟退火算法，顾名思义，就是模拟冶金过程中金属冷却和退火的过程。在冶金过程中，金属的温度越高，其内部的动能就越大，分子就更加活跃，分子间就更容易发生自由移动。随着温度降低，金属内部的动能不断减少，分子的活跃度越来越低，分子间的移动也越来越少，直至金属内部的能量减到最小，分子趋于稳定不再移动，达到平衡状态。

模拟退火算法要以一定的概率来接受一个比当前状态要差的解，这一过程被称作 Metropolis 准则。正因如此，模拟退火算法才有可能跳出局部最优解而得到全局最优解。

Metropolis 准则的具体执行过程为：在某一温度 t 时，算法由当前状态 i 随机产生下一状态 j，E_i 和 E_j 分别表示两状态下的能量。如果 $E_j < E_i$，则接受状态 j，令状态 j 替换状态 i 作为当前状态。如果 $E_j > E_i$，当选择概率 $P_r = e^{-(E_j - E_i)/kt}$ 大于一个[0, 1]范围内的随机数时，同样接受状态 j，令状态 j 替换状态 i 作为当前状态；否则，放弃状态 j，继续使用状态 i 作为当前状态。其中 k 是一个(0, 1)范围内的常数，每次算法随机产生一个新状态后执行 $t = kt$，因此 k 表示退火过程中温度下降的速度，k 值越大，温度下降越缓慢，k 值越小，温度下降越快。对于每次选择较差状态的概率 $P_r = e^{-(E_j - E_i)/kt}$，随着温度的下降 $-(E_j - E_i)/kt$ 将越来越小并逐步趋近于负无穷，则 P_r 也逐步降低并趋近于 0。因此算法很好地模拟了随着温度的下降，允许分子自由移动的概率越来越低这一物理退火过程。

2)模拟退火算法的基本流程

根据 Metropolis 准则，模拟退火算法求解最优解的一般步骤介绍如下。

(1)设定初始参数：初始温度 t_0，当前温度 $t_{now} = t_0$，算法终止温度 t_{min}，温度下降速率 k，随机产生初始解 s，并将其设成当前解。

(2)若 $t_{now} > t_{min}$，则执行第(3)到第(6)步；否则，算法结束，输出当前解 s 为最优解。

(3)根据当前解 s，由产生解函数 generate(s)对当前解 s 作微小调整后得到随机解 s^*。

(4)使用接受函数 $f(s)$（接受函数表示接受该状态的权重，与退火过程中的内能值成反比例，接受函数值越大，表示接受该状态的权重越大）分别计算当然状态 s 和新状态 s^* 的接受函数值 $f(s)$ 和 $f(s^*)$。

(5)在(0, 1)内取一随机数 rand，若 $f(s^*) > f(s)$，则接受 s^* 作为当前解，$s = s^*$；若 $f(s^*) < f(s)$ 且 $e^{(f(s^*) - f(s))/t_{now}} > rand$，则同样接受 s^* 作为当前解，$s = s^*$；若 $f(s^*) < f(s)$ 且 $e^{-(f(s^*) - f(s))/kt} < rand$ 则放弃 s^*，保留 s 为当前解，$s = s$。

(6)若满足终止条件，算法结束，输出当前解 s 为算法求得的最优解；否则，$t_{now} = t_{now} \times k$ 返回第(2)步。

3. 量化空间关联规则挖掘基本流程

根据多层关联规则挖掘的思想，设计量化关联规则的挖掘的具体流程如下：

第一步　空间数据预处理，使其满足关联规则挖掘算法的要求；

第二步　空间关联规则挖掘，使用关联规则算法对处理后的空间数据进行空间关联规则挖掘；

第三步　量化空间关联规则挖掘，使用模拟退火算法对得到的空间关联规则进行二次挖掘，获得空间关联规则的量化关系。

其中，第一步空间数据预处理的结果作为第二步中空间关联规则挖掘的数据，空间数据预处理主要进行空间数据的离散化，使离散化后的数据满足关联规则算法要求；第二步得到的关联规则作为第三步量化空间关联规则挖掘的数据，通过对第二步得到的空间关联规则进行二次挖掘，提取量化空间关联规则。

4.2　空间数据预处理

空间数据库中的空间关联规则挖掘与事务数据库中关联规则挖掘存在很大的差别。空间数据库中的空间数据具有多维、多尺度和海量等特征，并且其中隐藏着丰富的空间关系。与事务数据相比，空间数据库中的空间关系没有被显式地表达，因此在进行空间关联规则挖掘时要求挖掘人员在对空间数据深入理解的前提下对数据进行预处理，从而在尽可能多的保留空间关系的条件下进行空间关联规则挖掘。

在使用基于事务的关联规则挖掘方法进行空间关联规则挖掘时，面临的第一个问题就是数据不一致问题。基于事务的关联规则挖掘方法(如 Apriori 算法、FP-Growth 算法等)虽然已经很成熟，能发现完备的关联规则，经过改进后挖掘效率也有较理想提升，但其使用的数据都是基于事务的数据。然而对于一个区域的空间数据(如分布在该区域的点、线、面等)来说，却无法直接使用这些相对成熟的挖掘算法。因此使用基于事务的关联规则算法进行空间关联规则挖掘前，首先要对空间数据进行预处理，使其转换成事务数据库，然后再对事务数据库进行挖掘。而且在空间数据转换成事务数据库的过程中必定会丢失一些隐含在空间数据中的空间关系和知识，只有尽可能地减少这种知识的遗失，才能使最终得到的空间关联规则更加真实且有用。

4.2.1　基于聚类的空间数据离散化

对于某个空间区域来说，将空间数据转换成事务数据库，就是将这个完整的空间区域划分成一个个小的零散区域，然后将得到的每个小区域内的空间数据转换成一条条事务数据。空间区域划分的过程又叫作空间数据离散化，空间数据离散化有很多方法，如可以按行政区划划分、按网格划分、以一类地物为中心按 Voronoi 图划分，也可以根据人们或专家的经验性知识手动划分。这些划分都有一个共同的缺点：都是由人来主导划分，人为因素在划分过程中起到了很大作用。然而在数据划分过程中，如果人的干预太多，就可能会使划分结果朝着人的主观意识的方向发展，从而导致划分过程中丢失一些隐含在数据中的空间关系。因此，如果一个空间数据的划分过程是由数据驱动的，按照数据的分布来划分，则划分的结果就可以尽可能多地保留空间数据中隐含的空间关系。因此本节使用空间聚类的方法来进行空间数据离散化。

聚类分析作为数据挖掘最有效的方法之一，可以作为独立的工具来发现数据的分布情况，也可以用作其他数据挖掘方法(如关联规则、分类算法等)的前期数据预处理。我们将聚类分析用于空间关联规则挖掘的数据预处理，来实现连续空间范围内的数据离散化，将完整的连续空间离散为一个个独立的小空间。

Ester Matrin 等提出的具有噪声的基于密度的空间聚类方法(density-based spatial clustering of applications with noise，DBSCAN)是一种根据数据分布的密度来发现数据稠密区域的聚类算法。由于该算法是基于密度的，因此理论上可以发现任意形状的簇。数

据对象的密度由 ϵ 和 MinPoints 两个参数确定。其中，ϵ 为数据对象的邻域半径，MinPoints 为邻域半径内最小对象数量阈值。则对于一个对象 o，其密度可以用 o 的 ϵ 半径范围内包含的对象数量表示。为了描述 DBSCAN 算法，先给出一些算法中涉及的定义：

ϵ-邻域：以对象 o 为圆心，ϵ 为半径的区域称为对象 o 的 ϵ-邻域。

核心对象：如果一个对象 p 的 ϵ-邻域内至少包含 MinPoints 个对象，则 p 是核心对象。

直接密度可达：对于对象 p 和 q，且 q 是核心对象，如果 p 在 q 的 ϵ-邻域内，那么对象 p 是从对象 q 直接密度可达的。

密度可达：对于一个组对象 $p_1, p_2, \cdots, p_n$，如果对于任意 $i \in [1, n-1]$，p_{i+1} 都是从 p_i 直接密度可达的，那么对象 p_n 从对象 p_1 密度可达。

密度相连：如果对象 p 和对象 q 都是从对象 o 密度可达的，那么对象 p 和 q 是密度相连的。

图 4.1 中，当邻域半径为 ϵ，MinPoints=5 时，图中 p 和 q 等红色点状对象是核心对象，且 q_1 是从 q 直接密度可达的，q_1 是从 p 密度可达的，p_1 和 q_1 是密度相连的。

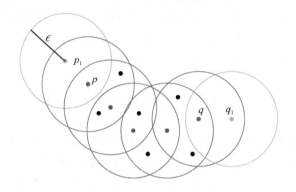

图 4.1　DBSCAN 核心对象示意

对于一个数据集 D，当给定 ϵ 和 MinPoints 两个参数时，便可找到该数据集的所有核心对象，聚类可看作是找到核心对象形成的稠密区域的过程，每一个稠密区域便是一个簇。算法的具体过程可描述为：

初始状态下，将数据集 D 中所有对象标记为未访问(unvisited)，然后从中随机选取一个对象 o，并将 o 标记为已访问(visited)。如果 o 不是核心对象，则将 o 标记为噪声对象，重新从未被访问的对象中选择对象 o 且标记为已访问，直到找到一个核心对象 o，为 o 创建一个新的簇 C，并对 o 的 ϵ-邻域内所有对象重复该过程，循环迭代，直至发现从 o 出发的所有密度相连的对象，这些对象共同组成簇 C。继续从所有未被访问的点中选取一个对象，重复上述过程，直到数据库 D 中所有对象都被标记为已访问。

由于 DBSCAN 算法只能针对点状要素进行聚类，为了实现用 DBSCAN 算法对线状和面状要素的空间数据离散化，可以先将线状或面状要素离散化(栅格化)为点状要素，再和其他点一同使用 DBSCAN 算法进行聚类。对单一线状或面状要素类栅格化后的密度应低于 DBSCAN 算法中的密度阈值，即栅格化后每个点的 ϵ-邻域内不能超过 MinPoints 个同类要素的栅格点，否则 DBSCAN 算法将无法识别稠密区域，无法实现数据离散化。

4.2.2 聚类算法优化

使用 DBSCAN 算法进行空间聚类时，对于每个要素，判断其是否为核心对象，并获得其 ϵ-邻域对象时都要扫描整个数据库，计算其与每个要素的距离。随着数据量的增大，DBSCAN 算法会消耗较大的 I/O 和运算时间。因此，有必要对算法进行优化来提高效率。

1. 噪声数据清理

DBSCAN 算法消耗的时间会随着数据量的增加呈指数增长。因此清理噪声数据，减少数据量可以有效地减少算法消耗的时间。

为进行噪声数据清理，首先给出噪声对象的定义：

噪声对象：如果一个对象 n，其 ϵ-邻域内没有任何其他对象，那么对象 n 为噪声对象（图 4.2）。

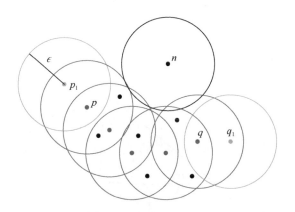

图 4.2　噪声对象示意

图 4.2 中，噪声对象 n 的 ϵ-邻域内没有任何其他对象，由此可知噪声对象 n 不在任何其他对象的 ϵ-邻域内，因此，对象 n 既不是核心对象，也不可能从核心对象密度可达或与其他对象密度相连。所以噪声对象 n 不会出现在聚类结果的任何一个簇中。因此，在算法执行过程中若发现噪声对象即可以直接将其从空间数据中剔除，避免了其他对象再与其计算距离，减少运算量，从而优化了 DBSCAN 算法，提高了聚类效率。

2. 距离优化

DBSCAN 算法在判定一个对象是否为核心对象时需要计算该对象与数据库中所有对象的距离，当数据量非常大时,距离计算在整个算法过程中占用大量的时间。而且 DBSCAN

算法中使用的距离计算公式为欧氏距离的计算公式,即两点 $A(x_a, y_a)$、$B(x_b, y_b)$ 的距离为 $D_{AB} = \sqrt{(x_a - x_b)^2 + (y_a - y_b)^2}$。然而在实际生活中,两点之间不是在整个空间中任意连通的。用欧氏距离公式计算得到的距离并不是实际距离。如图 4.3 所示,图中两点 A、B 之间的欧氏距离为 D_1 所示;而实际生活中 A、B 之间的距离应该为由 A 沿道路到 B 的距离,即图 4.3 中 D_2 所示。

针对以上距离计算中存在的问题,使用曼哈顿距离(Manhattan distance)作为两点之间的距离度量。曼哈顿距离是由 Hermann Minkowshi 于 19 世纪提出,表示两点在坐标系上的绝对轴距的总和,即两点 $A(x_a, y_a)$、$B(x_b, y_b)$ 的曼哈顿距离为 $\text{MD}_{AB} = |x_a - x_b| + |y_a - y_b|$。在地图上则表示两点在南北方向上的距离与在东西方向上的距离的和。对于街道具有正南正北正东正西规则布局的城市,从一点到达另一点的距离正是两点间南北方向的距离与东西方向的距离之和,即两点间的曼哈顿距离。

如图 4.3 所示,某市内道路大多为近似正南正北正东正西走向,考虑到计算两点间沿道路距离时需要有较高精度的道路数据,同时计算消耗较高的时间,因此使用曼哈顿距离近似代替两点间沿道路的距离。即以图中虚线 D_2' 来近似代替实线 D_2 来表示 A、B 之间距离。

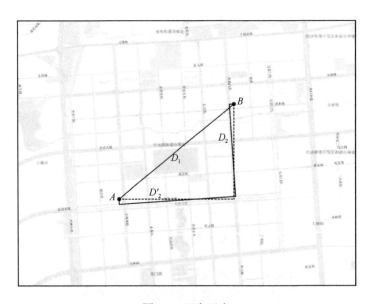

图 4.3　距离示意

分别采用不同数量的数据计算每组数据内两两数据点的欧氏距离和曼哈顿距离,得到计算两种距离所消耗时间对比图,如图 4.4 所示。

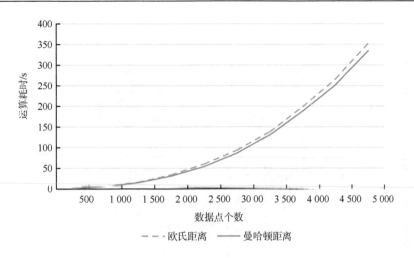

图 4.4　计算两种距离消耗时间对比

　　由于随着数据量的增加，计算数据集中两两数据点之间的运算次数呈指数增长，从图 4.4 中也可看出，无论是欧氏距离计算还是曼哈顿距离计算，随着数据点个数的增加，计算耗时都急剧上升，但同时曼哈顿距离计算耗时也比欧氏距离计算耗时越来越少，而且随着数据量的增大，差值会越来越大，因此使用曼哈顿距离作为两点间的度量，不但使得距离度量更加真实合理，同时还能有效降低算法消耗的时间。

3. 聚类结果分析和选取

　　按照预先选取的半径参数 ϵ 和邻域密度阈值 MinPoints 进行交叉配对，使用 DBSCAN 算法对某市地址点空间数据进行空间聚类。半径参数 ϵ 和邻域密度阈值 MinPoints 各选取 6 个值，进行 36 次聚类分析，实验得到簇的数量如表 4.1 所示。分别选取表 4.1 中 ϵ =50、MinPoints=10、MinPoints=30 和 ϵ =100、MinPoints=10、MinPoints=30 情况下进行空间聚类，结果如图 4.5～图 4.8 所示。

表 4.1　使用不同参数的情况下进行空间聚类得到簇的数量

ϵ / m	MinPoints					
	10	20	30	40	50	60
50	438	433	348	262	175	98
60	345	302	284	271	206	153
70	258	244	231	237	214	170
80	220	197	190	179	179	167
90	189	156	160	146	148	154
100	163	131	137	117	118	122

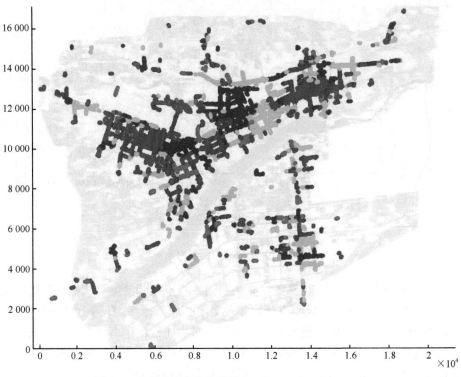

图 4.5　某市地址点聚类结果($\epsilon = 50$，MinPoints = 10)

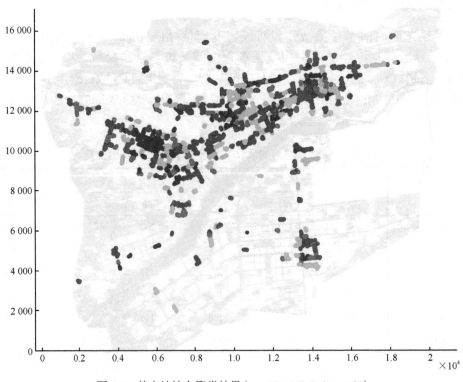

图 4.6　某市地址点聚类结果($\epsilon = 50$，MinPoints = 30)

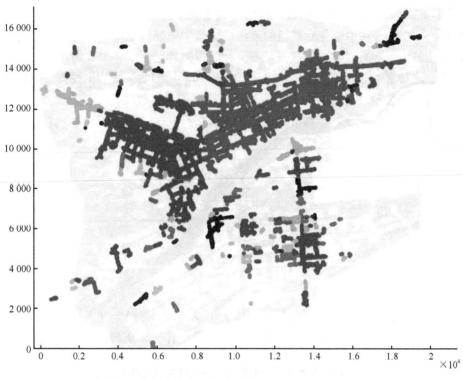

图 4.7 某市地址点聚类结果($\epsilon = 100$,MinPoints = 10)

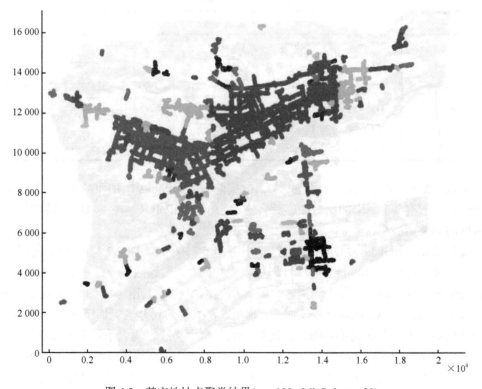

图 4.8 某市地址点聚类结果($\epsilon = 100$,MinPoints = 30)

从图 4.5~图 4.8 中可以明显观察出一些聚类不合理，例如图 4.7 中，$\epsilon = 100$，MinPoints = 10 时，图中紫色和红色的点组成的聚类明显过于庞大，占据了很大部分区域。这可能是由于参数设定的密度过低导致，使得聚类结果中有少数的超级大簇和很多很小的簇。这种聚类簇规模大小的极度不均匀不利于后期的关联规则挖掘，因此引入聚类规模离散度来衡量一个聚类结果中所有簇的规模的差异程度。设聚类 C 的结果中有 n 个簇，每个簇内包含对象的个数分别表示为 $C_1, C_2, \cdots, C_n$，则聚类规模离散度 V_C 的计算公式为

$$V_C = \sqrt{\frac{\sum\limits_{i=1}^{n}(C_i - \bar{C})^2}{n}} \tag{4.6}$$

其中

$$\bar{C} = \frac{\sum\limits_{i=1}^{n} C_i}{n} \tag{4.7}$$

离散度越小，表示聚类结果中簇的规模大小越接近；离散度越大，表示聚类结果中簇的规模大小差异越大。对所有聚类结果进行离散度计算，所得结果如表 4.2 所示。

表 4.2　使用不同参数的情况下的聚类规模离散度

ϵ / m	MinPoints					
	10	20	30	40	50	60
50	255.7699	179.9862	124.3486	86.5323	77.2426	64.5886
60	486.4254	419.2548	236.2053	197.7235	190.2999	125.5896
70	731.9951	592.4011	390.2153	254.8599	227.3172	208.497
80	1128.075	835.7609	674.9836	449.5768	298.6362	267.689
90	1240.524	1296.066	1038.958	861.5447	564.7675	333.7084
100	1381.235	1478.266	1263.881	1202.106	230.2793	645.0959

从表 4.2 中可以看出，当 ϵ 不变时，离散度随着 MinPoints 增加而减小；当 MinPoints 不变时，离散度随着 ϵ 增加而增加。综合考虑 ϵ 和 MinPoints 两个参数，离散度随着聚类密度的增加而减小。

观察图 4.5 至图 4.8 中的聚类结果，对比图 4.5 与图 4.6、图 4.7 与图 4.8，均可看出，当 ϵ 不变时，随着 MinPoints 变大，聚类结果中的"大"簇被细分成多个"小"簇，聚类结果更加精细，得到的各个聚类簇之间大小也越相近；对比图 4.5 和图 4.7、图 4.6 和图 4.8，可看出，当 MinPoints 不变时，ϵ 越小，聚类簇的划分也更加精细，随着 ϵ 变小，聚类结果中的"大"簇被不断细分，使得到的各个聚类簇之间大小越来越相近。

结合表 4.2 的离散度可以看出，当聚类结果中聚类大小越类似时，离散度也越小；当聚类结果中聚类大小相差越大时，离散度也越大。因此离散度可以很好地衡量一个聚

类结果中所有簇的规模的差异程度。

为了使关联规则挖掘得到的结果更加真实准确，要在聚类结果中所有簇的大小尽量相似的前提下有尽可能多的聚类簇。如果聚类结果的离散度太大，则每个簇之间的权重就相差较大，在关联规则挖掘算法中无法顾及这种权重差异变化，使得结果与事实不符；如果聚类结果中簇的个数太少，则无法提供足够多的数据来支撑关联规则挖掘。综合考虑，后续研究中使用 $\epsilon = 50$、MinPoints = 30 时产生的聚类结果作为空间关联规则挖掘的数据，此时聚类结果中有 348 个簇，所有簇之间的大小离散度为 124.3486。

4.2.3　基于行政区划的空间数据离散化

行政区划是国家为了进行分级管理而实行的国土、政治和行政权力的划分。行政区划最先根据经济发展、人口分布、地理条件和国防需要等进行划分。当行政区划明确并固定下来后，同一行政区划内政治经济联系更加密切，相互促进发展，使得行政区划内形成一个天然的政治、经济、文化聚集区。考虑到行政区划对城市及其内部设施分布的影响，使用行政区划这一现成的划分对空间数据进行离散化，可以达到很好的效果。而且利用行政区划本身具有的多级结构，可以轻松实现空间数据的多级离散化，为不同的应用提供不同级别和粒度的空间数据离散化。

以某市为例，按(市辖)区、街道、社区、单元网格四级行政区划对该市进行空间数据离散化，得到对应的离散空间个数分别为 7 个、49 个、230 个、9 225 个。显然行政区划的行政级别越高，每个区域的面积越大，空间数据离散化越粗糙，得到的离散空间个数越少；反之，行政区划的行政级别越低，每个区域的面积越小，空间数据离散化越精细，得到的离散空间个数越多。

为了便于对基于聚类的离散化空间数据关联规则挖掘结果和基于行政区划的离散化空间数据关联规则挖掘结果进行对比分析，要使两种离散化数据的离散化精度尽可能相同。在基于空间聚类的空间数据离散化中，使用参数 $\epsilon = 50$、MinPoints = 30 进行聚类时得到 348 个离散空间的情况下，进行基于行政区划的空间数据离散化时要选取合适的行政级别，使得到的离散空间数量应尽量与 348 接近。

对某市的四级行政区划划分结果分析可知，进行社区一级的行政区划划分后得到 230 个离散空间，与基于空间聚类离散化得到的 348 个离散空间在数量上最接近。将聚类结果叠加到社区一级的行政区划图中，结果如图 4.9 所示，图中底图为社区一级的行政区划图。观察叠加结果可以看出，两种离散结果在大部分区域离散空间规模是相似的，只有在基于行政区划中离散空间面积特别大的区域，可能由于发展相对滞后，各类地址点的分布密度较低，与基于空间聚类的离散结果的规模大小相反。即行政区划中面积特别大的区域中聚类结果反而更少且聚类结果的区域更小。但整体上两种离散化的结果比较相似。

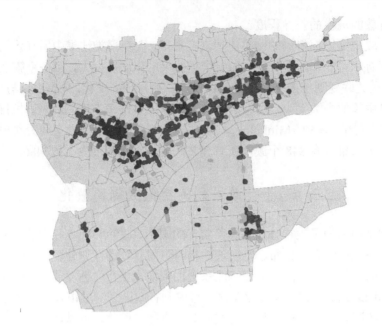

图 4.9　离散化数据对比

4.2.4　事务数据库构建

对空间数据进行离散化后得到一个个空间簇，但每个簇仍然是空间数据，无法直接应用于基于事务的关联规则算法。因此，在对数据进行离散化后，需要将离散化后的数据进行重新组织，构成事务数据库，以方便后续的关联规则挖掘。离散后的数据由一个个聚类簇组成，每个簇的内部都包含各种不同属性的要素类，在构架事务数据库的过程中，可以把每个簇看作一条事务数据。关联规则算法使用的事务数据库一般为布尔型事务数据库，为了实现后期定量关联规则的挖掘，先要将离散后空间数据转换成包含数量信息的关系数据库，然后再由关系数据库得到事务数据库。

假设使用 DBSCAN 算法进行空间聚类的空间数据点包含 n 个类型，记为 Class_1 至 Class_n。则由空间数据构建的关系数据表结构如表 4.3 所示。

表 4.3　关系数据表结构

字段名	中文释义	数据类型	最大长度	备注
ClusterID	簇编号	整数型	4	表示该条关系数据对应的聚类簇编号
C1	Class_1 的个数	整数型	4	簇内包含 Class_1 要素的个数
C2	Class_2 的个数	整数型	4	簇内包含 Class_2 要素的个数
...	...	...	...	...
Cn	Class_n 的个数	整数型	4	簇内包含 Class_n 要素的个数

每一条关系数据储存一个簇的信息,包括簇的编号和簇内所有的要素类的个数。各簇内要素的个数为研究定量化关联规则提供支持,传统关联规则挖掘中只考虑每个簇内包含的要素类的种类即可,因此在进行传统关联规则挖掘前先要将关系数据库转换成布尔事务数据库。具体过程为:对于每条记录,使用 ClusterID 字段值作为事务数据库中事务编号,遍历剩下的字段,若字段值大于 0,则为该条事务数据添加该字段对应的要素类编号。如表 4.4 是由聚类后空间簇得到的一部分关系数据表,表 4.5 是由表 4.4 的关系数据表转换得到的布尔事务数据表。

表 4.4　由聚类后空间簇得到的关系数据表

ClusterID	C1	C2	C3	C4	C5	C6	C7
1	0	7	0	1	0	2	0
2	4	11	0	1	0	0	0
3	7	11	0	0	1	2	0
4	2	4	0	0	1	0	0
5	3	58	2	0	0	10	1
6	13	8	0	0	0	4	1
7	19	8	0	1	0	5	2

表 4.5　由关系数据表得到的布尔事务数据表

TID	事务数据集	TID	事务数据集
T1	C2, C4, C6	T5	C1, C2, C3, C6, C7
T2	C1, C2, C4	T6	C1, C2, C6, C7
T3	C1, C2, C5, C6	T7	C1, C2, C4, C6, C7
T4	C1, C2, C5		

关系数据表中,每条记录存储了一个聚类簇内包含的所有事务及其数量信息,而事务数据表中每条事务中只存储了其包含的事务类型信息,没有对应的数量信息。如表 4.4 中的第一条记录表示第一个聚类簇中包含 7 个 C2 类地物、1 个 C4 类地物、2 个 C6 类地物,没有 C1、C3、C5、C7 类地物;而其对应的表 4.5 中的第一条记录只表示该事务中包含 C2、C4、C6,但无法判断各类事务的多少。

4.3　量化空间关联规则挖掘

空间关联规则挖掘是空间数据挖掘中最重要并且最常用的方法之一,用来发现空间事务之间的内在联系。然而传统的关联规则只关心事务之间的定性关系,不注重规则中事务之间的量化关系描述。针对以上问题,在经典关联规则算法 FP-Growth 算法的基础上,通过重新构造 FP-tree 的数据结构来改进 FP-Growth 算法,使得到的关联规则包含事务信息;然后通过模拟退火法从关联规则的事务信息中提取关联规则的量化关系。

4.3.1　包含事务信息的 FP-tree

1. FP-tree 的定义

FP-tree 是一种特殊的树结构，通过两次扫描事务数据库得到，它包含事务数据库的所有频繁项信息。FP-tree 是关联规则算法 FP-Growth 的基础，关联规则挖掘的整个过程都是针对 FP-tree 进行的。

FP-tree 树结构的描述如下。

(1) FP-tree 由三部分构成：频繁项头表 (frequent item header table)；为空的根节点 (Null)；作为根节点儿子的频繁树。

(2) 频繁项头表 (frequent item header table) 包含三列：

a. 项 ID (item ID)；

b. 支持度计数 (support count)：表示某项目在事务数据库中的全部计数；

c. 节点链 (node-link)：指向某项目在频繁树中出现的位置。

(3) FP-tree 的频繁树的每一个节点由三部分组成：

a. 项 ID (item ID)：表示该节点代表事务中的项；

b. 支持度计数 (support count)：表示该节点及其前缀路径出现的次数；

c. 子节点信息：指向该节点的子节点 (可能不止一个)，通过该信息链接频繁树的各节点。

2. 构建包含事务信息的 FPT-tree

由 FP-tree 的定义可以看出，传统的 FP-tree 构建后只包含频繁项的信息，原来事务数据库中每个事务数据对应项的信息被忽略了。这就导致当得到关联规则后，无法根据 FP-tree 得到关联规则所对应的事务数据，也就无法根据事务数据中其他信息得到关联规则的其他信息，无法进行后续的数据挖掘工作。

在进行量化关联规则挖掘时，在得到布尔型关联规则后，需要快速提取对该规则支持的事务数据集，然后从这些事务数据集中挖掘关联规则的定量关系。为了能够快速得到事务数据集，对 FP-tree 进行了改进。在 FP-tree 的基础上建立 FPT-tree (frequent pattern with transaction tree，包含事务信息的频繁模式树)，FPT-tree 主要对频繁树的节点进行改造，重新定义了频繁树的节点结构。为频繁树中的节点增加该节点对应的事务 ID 的集合，新的节点结构由四部分构成：

a. 项 ID (item ID)：表示该节点代表事务中的项；

b. 支持度计数 (support count)：表示该节点及其前缀路径出现的次数；

c. 事务 ID 集：该节点代表的项指向的事务集合；

d. 子节点信息：指向该节点的子节点 (可能不止一个)，通过该信息链接频繁树的各节点。

以表 4.5 中数据为例，FPT-tree 的构造过程为：

（1）第一次扫描数据库，得到频繁 1 项集 L，并剔除不满足最小支持数的项。第一次扫描数据得到的支持度计数如表 4.6 所示。

表 4.6　由聚类簇得到的关系数据表

项 ID	C1	C2	C3	C4	C5	C6	C7
支持度计数	6	7	1	3	2	5	3

（2）将 L 中的频繁 1 项集按支持度计数由高到低的顺序重新排列。设最小支持数为 3，则表 4.5 中数据得到的项集序列 L 为 {C2，C1，C6，C4，C7}。C3 和 C5 的支持度计数分别为 1、2，小于最小支持数，因此被剔除，不包含在 L 中。

（3）创建空的 FPT-tree，建立根节点 root，记为 Null。

（4）第二次扫描数据库，对于每条事务数据，按 L 中顺序重新排列，重新排序后事务数据如表 4.7 所示。将排序后的事务数据记为 $(p|P)$ 形式，其中 p 是第一个元素，P 是剩下的元素。然后由 FPT-tree 的根节点 root 开始，令 T = root，判断 T 是否存在子节点 N，使 $N=p$。若存在，则将节点 N 的支持度计数增加 1，同时将该事务数据的 ID 加入 N 的事务 ID 集中；若不存在，则为 T 增加一个新的子节点 N，使 $N=p$，同时将该事务数据的 ID 加入 N 的事务 ID 集中。完成后将子节点 N 记为 T，将 P 记为 $(p|P)$ 的形式，递归执行该过程，直到 P 为空。

以表 4.7 中数据为例，首先扫描 T1，此时 FPT-tree 为空，root 下无子节点，因此直接将 T1 按调整后顺序依次插入 root 下，得到图 4.10 中左侧 FPT-tree。扫描 T2 时，先将 T2 改写成 (C2|C1，C4) 形式，从 root 开始，root 下存在子节点 C2 = C2，因此，为 root 的子节点 C2 增加一个支持度计数，并将 T2 加入节点 C2 的事务 ID 集中；继续将 T2 剩余部分 C1，C4 改写成 (C1|C4) 形式，此时节点 C2 下不存在子节点 C1，则为节点 C2 增加新的子节点 C1，支持度计数记为 1，同时将 T2 加入该子节点 C1 的事务 ID 集中；重复该过程，为 C1 增加子节点 C4。当扫描完事务数据 T1，T2 后 FTP-tree 分别为图 4.10 中所示。

表 4.7　重新排序后事务数据对比

TID	事务数据集	重新排序后事务数据集
T1	C2，C4，C6	C2，C6，C4
T2	C1，C2，C4	C2，C1，C4
T3	C1，C2，C5，C6	C2，C1，C6
T4	C1，C2，C5	C2，C1
T5	C1，C2，C3，C6，C7	C2，C1，C6，C7
T6	C1，C2，C6，C7	C2，C1，C6，C7
T7	C1，C2，C4，C6，C7	C2，C1，C6，C4，C7

按照上述 FPT-tree 的构造过程，对表 4.5 中的事务数据构建 FPT-tree，将得到 FPT-tree 与原始 FP-tree 对比，如图 4.11 所示结果。

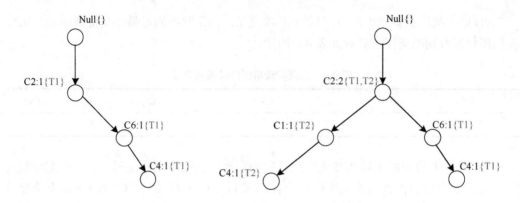

图 4.10　扫描 T1，T2 后 FPT-tree

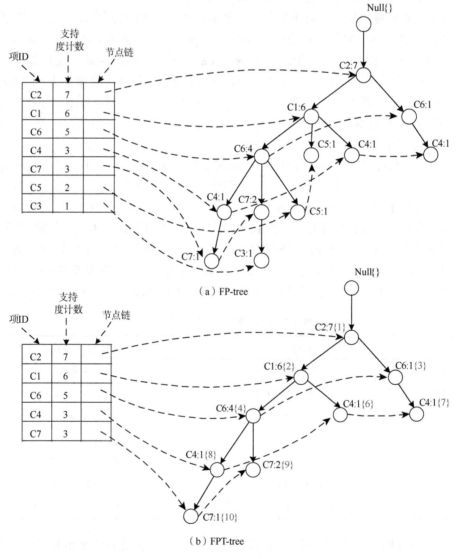

（a）FP-tree

（b）FPT-tree

图 4.11　FP-tree 与 FPT-tree 对比

其中，图 4.11 上半部分为 FP-tree，下半部分为其对应的 FPT-tree。对比两图可发现，FPT-tree 已经剪枝了一部分不满足最小支持数的项，同时每个节点都增加了对应的事务集信息，红色部分为频繁树节点增加的部分，表示每个节点的事务 ID 集信息，每一个事务集代表的具体信息如表 4.8 所示。

表 4.8 FPT-tree 事务集对照表

事务集	事务 ID 列表	事务集	事务 ID 列表
{1}	T1，T2，T3，T4，T5，T6，T7	{6}	T2
{2}	T2，T3，T4，T5，T6，T7	{7}	T1
{3}	T1	{8}	T7
{4}	T3，T5，T6，T7	{9}	T5，T6
{5}	T4	{10}	T7

4.3.2 FPT-growth 算法

1. FPT-growth 算法基本思想

在第 4.1.1 节和第 4.3.1 节介绍了 FP-Growth 算法的概念和 FP-tree 的定义，当进行大数据量的关联规则挖掘时，该算法比 Apriori 算法在性能上有明显优势，其主要原因在于 FP-Growth 算法使用高度压缩的 FP-tree 作为其关联规则挖掘的数据源，避免了重复扫描数据库。但与此同时，由于 FP-tree 不包含事务信息，使用 FP-Growth 算法得到的关联规则，也就丢失了关联规则与事务数据之间的联系，若要对关联规则进行进一步的数据挖掘只能再次扫描数据库。为了避免这种多次扫描数据库带来的大量时间消耗，在 FP-Growth 算法的基础上，使用 4.3.1 节建立的包含事务信息的 FPT-tree 作为数据源，提出了 FPT-growth（frequent pattern with transaction growth，包含事务信息的频繁模式增长）算法，该算法可以在进行关联规则挖掘的整个过程中保留关联规则与事务信息之间的联系，从而在得到关联规则的同时，也得到了关联规则对应的事务数据集，为进行关联规则的进一步处理提供支持。

2. FPT-growth 算法步骤

FPT-growth 算法使用包含事务信息的 FPT-tree 进行关联规则挖掘，通过在挖掘过程中保留 FPT-tree 中的事务信息来实现关联规则与事务数据的联系。第 4.3.1 节已介绍了 FPT-tree 的建立过程，在此基础上，以图 4.11 中的 FPT-tree 为例，FPT-growth 算法的具体步骤如下。

（1）首先按照频繁项头表中支持度从小到大的顺序，依次求得各项的条件模式基。图 4.11 中 FPT-tree 的频繁项头表最后一项是 C7，则首先考虑 C7，根据节点链可以得知，C7 出现在两个分支中，分别是{C2，C1，C6，C4，C7：1：{10}}和{C2，C1，C6，C7：2：{9}}。则以 C7 为后缀的条件模式基为{C2，C1，C6，C4：1：{10}}和{C2，C1，C6：

2：{9}}，其中第一个冒号前的{C2，C1，C6，C4}和{C2，C1，C6}分别表示前缀路径，两冒号之间的 1 和 2 分别表示两个条件模式基的支持度计数，最后一个冒号后的{10}和{9}分别表示两条件模式基对应的事务 ID 集，由表 4.8 可知{10}和{9}分别表示{T7}和{T5，T6}。

由 FPT-tree 的构建过程可知，子节点包含的事务 ID 集，其父节点必包含。因此当考虑 C7 作为后缀时，在每条路径中，C7 的父节点必包含该子节点的事务 ID 集，依次类推 C7 的所有前缀都包含 C7 的事务 ID 集。因此在考察 C7 作为后缀时，将每只分支中所有前缀的事务 ID 集设置为该分支后缀的事务 ID 集。如 C7 的分支{C2，C1，C6，C4，C7：1：{T7}}，其前缀 C2，C1，C6，C4 的事务 ID 集均为{T7}。图 4.12 中 FPT-tree 的条件模式基如表 4.9 所示。

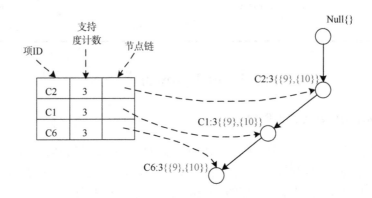

图 4.12　C7 的条件 FPT-tree

表 4.9　FPT-tree 的条件模式基

项 ID	条件模式基	项 ID	条件模式基
C7	{C2, C1, C6, C4: 1: {10}}, {C2, C1, C6: 2: {9}}	C6	{C2, C1: 4: {4}}, C2: 1: {3}}
C4	{C2, C1, C6: 1: {8}}, {C2, C1: 1: {6}}, {C2, C6: 1: {7}}	C1	{C2: 6: {2}}

(2)由条件模式基创建条件 FPT-tree。使用步骤(1)中得到的条件模式基作为事务数据库，利用上节构建 FPT-tree 的方法，创建 C7 的条件 FPT-tree，得到 C7 的条件 FPT-tree 如图 4.12 所示。由于设定最小支持度计数为 3，C4 的最小最支持度计数为 1，因此条件 FPT-tree 中不包含 C4。

(3)由条件 FPT-tree 产生频繁模式。最终得到的条件 FPT-tree 只包含单个路径{C2：3：{T5，T6，T7}，C1：3：{T5，T6，T7}，C6：3：{ T5，T6，T7}}，组合后得到以 C7 为后缀的所有频繁模式：{C2，C7：3：{T5，T6，T7}}、{C1，C7：3：{T5，T6，T7}}、{C6，C7：3：{T5，T6，T7}}、{C2，C1，C7：3：{T5，T6，T7}}、{C2，C6，C7：3：{T5，T6，T7}}、{C1，C6，C7：3：{T5，T6，T7}}、{C2，C1，C6，C7：3：{T5，T6，T7}}。

如果条件 FPT-tree 包含多路径，则先分别对每条路径内的项进行组合，在得到频繁模式后再合并重复频繁模式得到最终的频繁模式，合并时频繁模式的支持度计数和事务 ID 集同时合并。

(4) 由频繁模式产生关联规则。在得到所有频繁模式后，设定最小置信度为 min_conf，对于两个频繁模式 l 和 s，其中 s 是 l 的非空子集。如果满足：

$$\frac{support(l)}{support(s)} \geqslant min\_conf$$

则可输出关联规则"$s \Rightarrow (l-s)$"。由于步骤(3)中得到的频繁模式都包含事务 ID 集，因此，在此基础上得到的关联规则也包含其对应的事务 ID 集。如上文中得到的两个频繁模式{C2, C6, C7：3：{T5, T6, T7}}和{C2, C7：3：{T5, T6, T7}}，分别可以看作是频繁模式 l 和 s，于是可以得到关联规则"C2, C7 $\Rightarrow$ C6(3, 100%, {T5, T6, T7})"，其中，"3"为支持数，"100%"为置信度，"{T5, T6, T7}"为关联规则对应的事务 ID 集。

4.3.3　基于模拟退火的量化关联规则挖掘

使用 FPT-growth 算法得到关联规则后，虽然规则包含其对应的事务信息，但仍然是布尔关联规则。要想得到关联规则的量化信息就需要利用规则对应的事务信息，进行进一步的数据挖掘。

现有的量化关联规则挖掘方法主要针对定量描述的属性，如年龄、价格、日期等属性。对于这种定量属性，无法直接发现他们之间的定性关联规则。一般采用量化属性离散区间的方法将属性值域划分成若干离散区间，将每个离散后的区间看作一个定性的属性，由此转换成定性属性的关联规则挖掘问题来进行挖掘。然而通过这种方法得到的量化关联规则过多依赖于离散区间的选取，选取的区间太大会导致转换后的定性属性精度太低，使得到的规则无法精确表示该量化属性的关系，从而得到大量无用的规则；选取的区间太小会则会导致每个区间内包含的对象太少，使得某些可能有用的规则因不满足最小支持度阈值而被过滤掉，使得最终的挖掘结果丢失一些有用的规则。这种方法同时还存在区间划分不合理，区间边界过硬，边界元素处理不合理等问题。

除此之外遗传算法也被应用于量化关联规则挖掘。通过每次遗传对量化属性进行微小的调整，同时使这种调整朝着尽可能好的方向发展，最终得到较为"有趣"的量化关联规则。这种方法一定程度上解决了区间划分过硬和不合理的问题，但由于遗传算法本身是局部最优算法，如果参数选取不当，会导致只能得到局部最优解，无法得到全局最优解，即可能会丢失有用的量化关联规则，无法得到完备的关联规则。

我们研究定性属性关联规则之间的量化关系，考虑到上述量化关联规则挖掘存在的问题，设计了基于模拟退火的关联规则量化表示方法。首先对由 FPT-growth 算法得到的关联规则进行量化表示，由于关联规则是由 FPT-growth 算法得到，首先保证了关联规则的完备性；其次该方法得到的量化区间是根据数据动态调整的，而且模拟退火算法理论上是全局最优算法，因此使用模拟退火算法求解关联规则的量化表示关系既避免了区间划分方法存在的区间划分过硬和不合理的问题，又避免了遗传算法局部最优的缺点。

1. 数据变换

由 FPT-growth 得到的关联规则形式为：$X \Rightarrow Y[s\%, c\%, \{T\}]$的关联规则，其中，$X$、$Y$ 分别为关联规则的前件和后件，$s\%$、$c\%$分别为关联规则的支持度和置信度，$\{T\}$为该条关联规则对应的事务数据集。如一条关联规则$\{C5, C3, C8\} \Rightarrow \{C1\}[29\%, 99\%, \{T\}]$即表示一条前件为$\{C5, C3, C8\}$，后件为$\{C1\}$，支持度为 29%，置信度为 99%的关联规则，有且只有事务数据集$\{T\}$中的数据满足该关联规则。于是在得到关联规则后，想要继续发现关联规则中各项之间的量化关系就需要从该条关联规则的事务数据集$\{T\}$中发现。

关联规则挖掘使用的事务数据为布尔型事务数据，即每条事务数据中只包含项目类型不包含项目数量。因此无法直接使用最终关联规则得到的事务数据集$\{T\}$来发现各项之间的量化关系。由第 4.2 节数据预处理过程可知，事务数据库是由初始数据经过聚类→关系数据库→事务数据库一系列变化后得到的。并且该过程是一一对应的，即一个聚类簇转换后得到一条关系数据，一条关系数据转换后得到一条事务数据；且编号都是一一对应的。因此可由事务数据集$\{T\}$找到其对应的具有数量信息的关系数据集$\{RT\}$。如关联规则$\{C5, C3, C8\} \Rightarrow \{C1\}[29\%, 99\%, \{T\}]$中$\{T\}$为$\{T1, T8, T9, T12, T13, T14, T19, T21, T24, T27\}$，从关系数据库中得到该关联规则中各项的数量数据如表 4.10 所示。

表 4.10　关联规则中各项数量

事务编号	C5	C3	C8	C1	事务编号	C5	C3	C8	C1
T1	25	128	34	236	T14	2	27	12	40
T8	1	17	3	32	T19	3	12	8	36
T9	9	54	13	137	T21	2	29	6	54
T12	23	192	38	354	T24	33	95	22	135
T13	5	53	18	92	T27	7	19	8	64

由于聚类得到的簇的规模大小不一样，每个簇内包含的数据总量也不一样。当簇的规模相差较大时，两个簇内包含的数据总量也相差较大，转换得到的关系数据库中，同一类型的项目的绝对数量也就可能相差较大。在表 4.10 中，对于项目 C1，事务 T1 中有 236 个，而事务 T8 中只有 32 个。当项目数量相差较大时，无法根据关系数据库得到各项目间的准确绝对数量关系。因此需要对数据进行变换，对每一条事务数据进行数据归一，注重每条事务中的各项的比例关系，忽略事务中所有项的数据总量，将所有的事务数据的数据总量统一，使所有事务数据具有相同的权重。

设某条关联规则中涉及 n 个项$C_1, C_2, \cdots, C_n$，事务 T 中这 n 项对应的数量分别为 $c_1, c_2, \cdots, c_n$，经过变换后各项的值分别为$c_1', c_2', \cdots, c_n'$，对于第 i 项的变换值 c_i'，

$i = \{1, 2, \cdots, n\}$，变换公式为

$$c_i' = \frac{c_i}{\displaystyle\sum_{m=1}^{n} c_m}$$

对于表 4.10 中数据，经过变换后得到数据如表 4.11 所示。

表 4.11　关联规则中各项数量变换后结果

事务编号	C5	C3	C8	C1	事务编号	C5	C3	C8	C1
T1	0.0591	0.3026	0.0804	0.5579	T14	0.0247	0.3333	0.1481	0.4938
T8	0.0189	0.3208	0.0566	0.6038	T19	0.0508	0.2034	0.1356	0.6102
T9	0.0423	0.2535	0.061	0.6432	T21	0.022	0.3187	0.0659	0.5934
T12	0.0379	0.3163	0.0626	0.5832	T24	0.1158	0.3333	0.0772	0.4737
T13	0.0298	0.3155	0.1071	0.5476	T27	0.0714	0.1939	0.0816	0.6531

变换后，每条事务中所有项的数据总和都为 1，使得所有事务具有相同的权重。此时，事务数据中每项的数值可以表示该项在事务数据中所占比例。数值越高，则该项在此事务数据中所占比例越高，在空间数据中表示该项所代表的空间实体出现的频率越高。

2. 量化规则提取

经过数据变换后得到了每条事务中各项的量化关系，如何从某个关联规则的每条事务量化数据中得到能代表该条规则的量化规则是量化关联规则挖掘的关键。最终得到的量化关联规则每个量化项的值都用区间表示，而且多个区间表示的属性项组成的量化关联规则也要同时满足最小支持度和最小置信度限制，同时区间要尽量小，否则也就失去了量化的意义。

提取量化关联规则的基本思路为：假设进行关联规则挖掘的数据总个数为 N，挖掘时设定的最小支持度和最小置信度分别为 min_support 和 min_confidence，则一条关联规则最少需要有 n 条数据支持（$n = \text{min\_support} \times N$）。对于一条已得到的关联规则 AR，共有 m 条事务符合该条关联规则，要提取该关联规则 AR 的量化表示，即从支持 AR 的 m 条数据中选出 n 条数据，同时使这 n 条数据的属性区间尽可能小，使用最终得到的 n 条数据的数据区间作为关联规则 AR 的量化表示。由于该量化关联规则使用 n 条数据的数据区间，所以至少有 n 条数据满足该量化关联规则，也就满足了关联规则的最小支持度限制；同时这 n 条数据本身就满足关联规则 AR，也就保证了其满足最小置信度阈值。因此，量化关联规则的提取也就转换成了从 m 条数据中挑选 n 条数据，同时使 n 条数据的数据区间尽量小的问题。

从 m 个数据中选取 n 个数据共有 C_m^n 种组合方法，要从 C_m^n 种组合中找到最优解，

需要计算 C_m^n 次组合的值并进行 C_m^n-1 次比较。当数据量较大时，如果要把所有组合都选取出来并进行比较，则将消耗较长时间。因此在提取量化关联规则时需要使用组合优化算法在节省时间的同时求得最优组合。本章使用经典的最优化组合算法之一的模拟退火算法进行最优组合的选取。

模拟退火算法的一般过程在 4.1.2 节已经介绍，在进行量化关联规则挖掘中，模拟退火算法的流程图如图 4.13 所示。

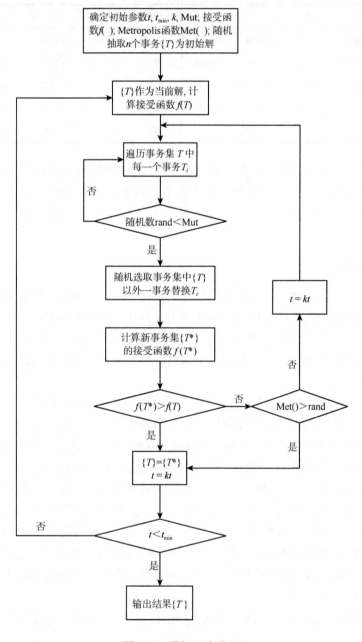

图 4.13　模拟退火流程

在该过程中，rand 是由随机数发生器生成的$(0,1)$内的随机数；Metropolis 函数 Met( ) 是根据 Metropolis 准则设计的较差解接受度函数，公式为

$$\text{Met}() = e^{(f(T^*)-f(T))/t} \tag{4.8}$$

由于 $f(T^*) < f(T)$，因此 Met() 的值域为$(0,1)$，且随着 t 的减小，Met() 的值越来越接近 0；k 表示模拟退火中温度下降的速率，其中 $k \in (0,1)$。k 值越大，则温度下降越慢，Met() 下降速率越慢，算法运行时间越长，取得的结果为最优的可能性也越大；k 值越小，则温度下降越快，Met() 下降速率越快，算法运行时间越短，取得的结果为最优的可能性相对较低。可以根据数据量的大小和对结果精度的要求对 k 值进行调整。

除温度下降速率参数 k 之外，模拟退火中另一个未知量接受函数 $f(T)$ 是模拟退火算法实现的关键。因为模拟退火过程中，优化组合是朝着接受函数 $f(T)$ 增加的方向选取的，因此 $f(T)$ 定义的是否合适直接决定得到的最优组合是否正确。在模拟退火算法中，接受函数 $f(T)$ 可以用来表示某种组合是否为最优组合的权重，$f(T)$ 值越高，则该组合为最优化组合的可能性越高。在量化关联规则挖掘过程中，要得到 n 条事务，使 n 条事务的所有数据区间最小。因此定义的 $f(T)$ 要能反映出 n 条数据的整体数据区间大小，且当数据区间越大时，$f(T)$ 的值应该越小；当数据区间越小时，$f(T)$ 的值应该越大。因此本章中定义模拟退火算法的接受函数 $f(T)$ 如下。

设选取的 n 个事务分别为 $T_1, T_2, \cdots, T_n$，其中每个事务都有 m 个项，对于事务 T_i，$i \in (1,n)$，其 m 个项的值分别为 $C_i^1, C_i^2, \cdots, C_i^m$。则这 n 条事务组合的接受函数 $f(T)$ 为

$$f(T) = C - \frac{\sum_{i=1}^{n}\sqrt{\sum_{p=1}^{m}(C_i^p - \overline{C^p})^2}}{n} \tag{4.9}$$

其中，$\overline{C^p}$ 为

$$\overline{C^p} = \frac{\sum_{i=1}^{n} C_i^p}{n} \tag{4.10}$$

式中，函数 $f(T)$ 中 C 为一较大常数，用于保证函数值为正数，方便比较。函数后半部分类似多维数据的距离公式，其中 $\{\overline{C^1}, \overline{C^2}, \cdots, \overline{C^m}\}$ 组成的数据可看成是 n 个事务的"中心"事务，当 n 个事务与其"中心"事务的距离和越大时，函数 $f(T)$ 的值越小，同时说明这 n 个事务分布越分散，其组成的数据区间也就越大；反之函数 $f(T)$ 的值越大，说明这 n 个事务分布越集中，其组成的数据区间也就越小。因此 n 个事务与其"中心"事务的距离和可以在一定程度上表示 n 个事务的事务区间大小。在模拟退火过程中要选择事务区间小的组合，即 $f(T)$ 值较大的组合，因此可以使用 $f(T)$ 作为接受函数。

整个模拟退火过程中，通过使用接受函数 $f(T)$ 和 Metropolis 函数 Met()，判断是否接受由上一组合随机产生的新组合，经过循环迭代直到得到最优组合。假设关联规则 $X_1 \wedge \cdots \wedge X_n \Rightarrow Y_{n+1} \wedge \cdots \wedge Y_m$ 共有 m 个项，t_i 为关联规则中各项的一组值 $\{x_1 \cdots x_n, y_{n+1} \cdots y_m\}$，$T$ 为退火算法得到的一系列 t_i 的集合，由 T 便可获得每个项的取值范围，分

别 为 $[x_1, x_1']\cdots[x_n, x_n'], [y_{n+1}, y_{n+1}']\cdots[y_m, y_{m+1}']$，则 最 终 得 到 的 关 联 规 则 为：$X_1[x_1, x_1']\wedge\cdots\wedge X_n[x_n, x_n']\Rightarrow Y_{n+1}[y_{n+1}, y_{n+1}']\wedge\cdots\wedge Y_m[y_m, y_m']$。

3. 量化关联规则兴趣度度量

在进行关联规则挖掘时往往会产生大量的频繁项集并同时得到大量关联规则，然而并不是全部的关联规则都是用户感兴趣的，因此如何从大量关联规则中筛选出用户感兴趣的规则也是关联规则挖掘研究的重点之一。对于给定的规则是否有趣都是由用户来评判的，并且这种评判完全是主观的，可能因用户而异。然而，根据规则"背后"的数据支持，可以计算每个规则的客观兴趣度度量指标，通过过滤一些兴趣度低的规则来清除无趣的规则，从而实现规则的筛选，减少用户在规则评判时的工作量。

关联规则的兴趣度度量指标主要有支持度(support)和置信度(confidence)。对于关联规则 $X\Rightarrow Y$，支持度表示项集 X 和项集 Y 同时出现的概率；置信度表示项集 X 出现的前提下项集 Y 出现的概率。通常情况下，支持度和置信度越高，则关联规则的兴趣度越高。当得到的关联规则数量较多时，可也通过过滤一些支持度和置信度较低的规则来实现规则清理。

然而由于量化关联规则挖掘方法的限制，得到的量化关联规则是选取满足最小支持度的最少数据量的数据区间作为量化表示，因此所有的量化关联规则都具有几乎相同的支持度和置信度，无法使用支持度来衡量哪些量化关联规则更加"有趣"。

如对于前件和后件都只有单一项的关联规则 $A\Rightarrow B$ 和 $C\Rightarrow D$，他们的关联规则支持事务数据量化比例关系如表 4.12 和表 4.13 所示。

表 4.12　关联规则 $A\Rightarrow B$ 中各项量化比例

A	B	A	B
0.45	0.55	0.1	0.9
0.55	0.45	0.9	0.1
0.5	0.5	0.4	0.6
0.47	0.53	0.6	0.4
0.53	0.47	0.15	0.85

表 4.13　关联规则 $C\Rightarrow D$ 中各项量化比例

C	D	C	D
0.1	0.9	0.7	0.3
0.2	0.8	0.8	0.2
0.3	0.7	0.9	0.1
0.4	0.6	0.15	0.85
0.6	0.4	0.5	0.5

关联规则 $A \Rightarrow B$ 和 $C \Rightarrow D$ 的各项比例关系的可视化结果如图 4.14 所示。

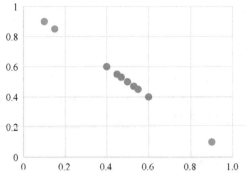
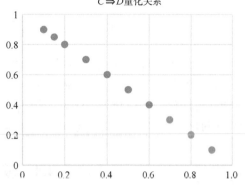

图 4.14　关联规则各项比例关系

假设该关联挖掘中最小支持数为 7，则最终得到的量化关联规则为 $A(0.4，0.6) \Rightarrow B(0.4，0.6)$ 和 $C(0.1，0.6) \Rightarrow D(0.4，0.9)$，图 4.14 中红色点表示量化关联规则对应的数据。虽然两种量化关联规则的支持度相同，但从图中可以很明显地看出量化关联规则 $A(0.4，0.6) \Rightarrow B(0.4，0.6)$ 的数据分布较集中，用该量化关联规则基本可以表示 A、B 的总体量化关系。而量化关联规则 $C(0.1，0.6) \Rightarrow D(0.4，0.9)$ 的数据分布较分散，红色部分和蓝色部分的数据分布基本均匀，无明显差异，因此用红色部分的量化数据无法充分地表示整体的量化关系。由此可以看出，量化关联规则对应的数据相对于整体数据分布越集中，则该量化关联规则越能充分表示关联规则的整体量化关系。于是设计了一种新的关联规则兴趣度度量指标——量化置信度（quantitative confidence），专门来度量具有相同支持度的量化关联规则。量化置信度的计算公式为

$$量化置信度 = \frac{量化数据平均集中度}{总体数据平均集中度} \tag{4.11}$$

式中，数据的集中度表示数据分布的集中程度，因此可以使用类似模拟退火中数据平均距离的倒数表示，于是，对于一条量化关联规则 $A \Rightarrow B$，量化数据共 n 条，分别是 $T_1, T_2, \cdots, T_n$，提取关联规则前的总数据共 c 条，为 $T_1, T_2, \cdots, T_n, T_{n+1}, \cdots, T_c$，$c > n$，其中每条数据都有 m 个项，对于事务 T_i，$i \in (1, n)$，其 m 个项的值分别为 $C_i^1, C_i^2, \cdots, C_i^m$。量化关联规则 $A \Rightarrow B$ 的量化置信度 QC 的计算公式为

$$QC = \frac{n \sum_{i=1}^{c} \sqrt{\sum_{q=1}^{m}(C_i^q - \overline{C^{qc}})^2}}{c \sum_{i=1}^{n} \sqrt{\sum_{p=1}^{m}(C_i^p - \overline{C^{pn}})^2}} \tag{4.12}$$

其中，$\overline{C^{pn}}$ 为

$$\overline{C^{pn}} = \frac{\sum_{i=1}^{n} C_i^p}{n} \tag{4.13}$$

其中，$\overline{C^{qc}}$ 为

$$\overline{C^{qc}} = \frac{\sum\limits_{i=1}^{c} C_i^q}{c} \tag{4.14}$$

以量化关联规则 $A(0.4,\ 0.6) \Rightarrow B(0.4,\ 0.6)$ 和 $C(0.1,\ 0.6) \Rightarrow D(0.4,\ 0.9)$ 为例，其量化置信度分别为 $QC_{AB} = 2.956$，$QC_{CD} = 1.536$。$QC_{AB} > QC_{CD}$，计算结果与分析相符，前期分析量化关联规则兴趣度高的规则 $A(0.4,\ 0.6) \Rightarrow B(0.4,\ 0.6)$，其量化置信度也较大，同时也说明了量化置信度可以用于量化关联规则的兴趣度度量。

4.4　实验及分析

使用某市市区内各类地址数据进行量化空间关联规则挖掘，来发现各类要素间的量化空间关联规则。共 8 类地址数据，各类数据的代号和数量如表 4.14 所示。其中餐饮小吃类数据 8 040 个，银行(金融保险)类数据 1 007 个，娱乐场所类数据 4 281 个，商店(购物百货)类数据 17 762 个，学校(教育机构)类数据 777 个，酒店(旅游住宿)类数据 775 个，政府机关类数据 461 个，医院(医疗机构)类数据 1 302 个，共计 34 405 个数据点。

表 4.14　实验数据类别和数量情况

类别	代号	数量	类别	代号	数量
餐饮	C1	8 040	学校	C5	777
银行	C2	1 007	酒店	C6	775
娱乐	C3	4 281	政府	C7	461
商店	C4	17 762	医院	C8	1 302

在 4.2.2 节和 4.2.3 节，使用基于空间聚类和基于行政区划的方法分别对某市市区内 34 405 个 POI 数据进行空间数据离散化，分别得到 348 个和 230 个离散空间。然后将每个离散空间看作一条事务数据，分别构建了其对应的关联数据库和事务数据库。使用 4.3.3 节的量化关联规则挖掘方法，分别针对这两种数据进行量化关联规则挖掘，并对得到的结果进行分析比较。

4.4.1　使用聚类数据进行定量关联规则挖掘

由关联规则产生方法可知，当置信度一定时，若一个关联规则满足较高支持度，则其一定满足较低支持度；同理，当支持度一定时，若一个关联规则满足较高置信度，则其一定满足较低置信度。

因此，当支持度相同时，置信度较高时得到的关联规则集一定是置信度较低时得到关联规则集的子集；当置信度相同时，支持度较高时得到的关联规则集一定是支持度较

低时得到关联规则集的子集。当支持度不变时，得到的关联规则数量随置信度的增加而减少；当置信度不变时，得到的关联规则数量随置信度的增加而减少。

于是，在进行关联规则挖掘时，为了研究支持度和置信度对关联规则产生结果的影响，只需抽取几个置信度和支持度的值进行试验，即可获得在此区间内产生关联规则的整体趋势。试验分别采用的支持度取值为 30%、40%、50%、60%、70%、80%，置信度为 40%、50%、60%、70%、80%、90%。以 4.2.4 节由空间聚类得到的事务数据库为实例数据，对支持度和置信度进行交叉配对依次进行关联规则挖掘，共进行 36 次实验，每次所得关联规则个数如表 4.15 所示。

表 4.15　聚类数据不同支持度和置信度下得到规则数目

置信度/%　＼　支持度/%	30	40	50	60	70	80
40	67	20	16	16	3	3
50	62	20	16	16	3	3
60	55	20	16	16	3	3
70	54	18	15	15	3	3
80	48	16	12	12	3	3
90	34	12	12	12	3	3

由表 4.15 可以看出，整体上，规则的数目随着置信度和支持度的增加而减少，符合人们的常识认知。当置信度不变时，如当置信度为 40%时，规则数目随着支持度的增加而递减，而且支持度从 30%增加到 40%时，规则数减少程度最大，从 67 个减少到 20 个，而支持度从 40%到 60%得到的规则数目变化不大，规则数趋于稳定，当支持度达到 70%时规则数又急剧减少，观察表 4.15 可发现，置信度从 40%到 90%都符合此规律；当支持度不变时，规则数随置信度的增加而减少，当支持度取值为 30%时，置信度从 40%～90%所得到的规则数目为 67～34 个，规则数目变化较大，说明此时置信度对规则数影响较大；而当支持度取值为 40%、50%、60%、70%、80%时，随着置信度变化，规则数目变化很小，说明此时信度对规则数影响较小。由此可见，当支持度取值为 40%～60%时，所得规则的数目变化不大，说明此时得到的规则置信度已趋于稳定且都比较高，已经达到了过滤"无趣"规则的目的。由于此时规则数目已经很少，且相差不多，因此支持度为 40%，置信度为 40%时得到的 20 条规则进行进一步挖掘。此时得到的规则如表 4.16 所示。

表 4.16　支持度为 40%、置信度为 40%得到关联规则

前件	后件	支持度/%	置信度/%
{C3，C1}	C4	88.22	99.68
{C3，C4}	C1	88.22	96.85
{C4，C1}	C3	88.22	93.60

前件	后件	支持度/%	置信度/%
{C8，C1}	C4	65.80	100.00
{C8，C4}	C1	65.80	97.45
{C4，C1}	C8	65.80	69.82
{C8，C3}	C4	65.23	100.00
{C8，C4}	C3	65.23	96.60
{C4，C3}	C8	65.23	71.61
{C8，C3}	C1	64.08	98.24
{C8，C1}	C3	64.08	97.38
{C1，C3}	C8	64.08	72.40
{C2，C1}	C4	41.67	84.93
{C2，C3}	C4	41.67	84.93
{C2，C4}	C1	41.67	80.52
{C2，C4}	C3	41.67	80.52
{C8，C4，C1}	C3	64.08	97.38
{C4，C1，C3}	C8	64.08	72.64
{C8，C4，C3}	C1	64.08	98.24
{C8，C1，C3}	C4	64.08	100.00

从表 4.16 中可以看出，所有的关联规则中，主要涉及的类别有 C8，C1，C3，C4，C2。由前件和后件组成的集合均为{C8，C1，C3，C4}、{C2，C1，C4}和{C2，C3，C4}的子集。在关联规则挖掘中，长模式的关联规则往往能表现更多的知识，因此，不再考察这三个集合的真子集组成的关联规则。集合{C8，C1，C3，C4}构成的四个关联规则具有相同的支持度 0.6408，所以具有最高置信度的关联规则{C8，C1，C3}→C4 兴趣度也是最高的。同理，规则{C2，C1}→C4 和规则{C2，C3}→C4 也具有较高的兴趣度。

选出的三个兴趣度较高的关联规则为：{C8，C1，C3}→C4（64.08%，100.00%）、{C2，C1}→C4（41.67%，84.93%）和{C2，C3}→C4（41.67%，84.93%），分别表示的实际意义为：{医院，餐饮，娱乐}→商店（支持度：64.08%，置信度：100.00%）、{银行，餐饮}→商店（支持度：41.67%，置信度：84.93%）、{银行，娱乐}→商店（支持度：41.67%，置信度：84.93%），如表 4.17 所示。

表 4.17　兴趣度较高的关联规则

前件	后件	支持度/%	置信度/%
{银行，餐饮}	商店	41.67	84.93
{银行，娱乐}	商店	41.67	84.93
{医院，餐饮，娱乐}	商店	64.08	100.00

　　对选出的三个关联规则，分别使用基于模拟退火的关联规则算法进行量化关联规则挖掘。根据多层关联规则挖掘中支持度的一般选取方法，概念层次高的关联规则一般选取较低关联规则，表 4.17 中所列三种关联规则中支持度最低为 41.67%，因此选取支持度为 20% 作为量化关联规则的支持度。基于聚类的空间数据离散化共得到 348 个离散空间，即有 348 条事务数据，当支持度为 20% 时，需要 348×20% 共计 70 条事务数据作为量化关联规则的支持数据。

　　除需要选择的事务数据条数外，模拟退火过程还有三个重要参数：初始温度、温度下降速率和终止温度。为了得到合适的参数，分别使用不同的参数对关联规则{银行，餐饮}→商店进行模拟退火量化关联规则挖掘，参数选择情况如表 4.18 所示。

表 4.18　模拟退火不同参数选择列表

初始温度	温度下降速率	终止温度
0.1	0.99	0.00001
0.1	0.999	0.00001
10	0.99	0.00001
10	0.99	0.001

　　分别使用表 4.18 中四种参数设置进行模拟退火量化关联规则挖掘，每次得到的退火过程如图 4.15 至图 4.18 所示

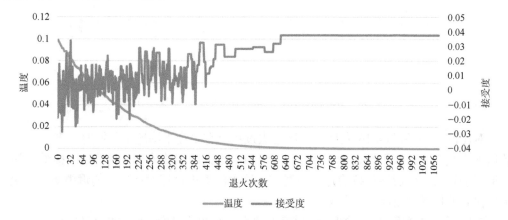

图 4.15　初始温度 0.1，下降速率 0.99，终止温度 0.00001

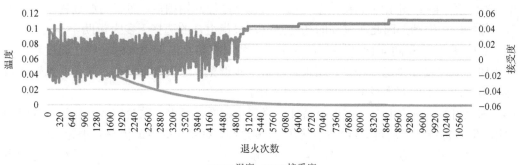

图 4.16　初始温度 0.1，下降速率 0.999，终止温度 0.00001

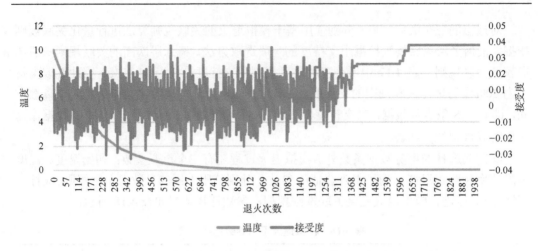

图 4.17　初始温度 10，下降速率 0.99，终止温度 0.00001

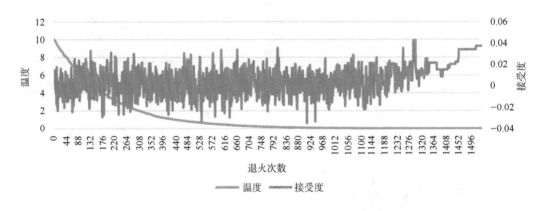

图 4.18　初始温度 10，下降速率 0.99，终止温度 0.001

对比图 4.15 和图 4.16 发现，两次退火过程只有温度下降速率不同时，温度下降快的退火次数较少，最终得到结果也较快。但两次退火过程整体趋势很接近，接受度都是前期浮动较大，中后期保持稳定，但温度下降慢的退火过程对接受度的调整更加细微，最终得到的接受度更高。

对比图 4.15 和图 4.17 发现，两次退火过程只有初始温度不同，初始温度高的图 4.17 中，当温度下降到图 4.15 的初始温度后，两退火过程开始相似，而在高温过程中接受度一直保持较大浮动，因此，过高的初始温度对最优组合的选择无多大帮助。

对比图 4.17 和图 4.18 发现，两次退火过程只有终止温度不同时，终止温度较高的图 4.18 中，接受度刚趋于稳定，还未进行进一步调整，退火过程便终止了。而且对比最终结果发现图 4.15 的最终接受度高于图 4.18。

综上可知，在模拟退火过程中温度下降速率越慢，退火次数会增多，算法消耗时间增加，但取得最优解的可能性增加；初始温度过高，对算法取得最优解几乎无太多帮助；而终止温度越低，算法最终取得最优解的可能性越高。因此，为了使算法又快又好的得到最优解，将参数设定为低初始温度、低终止温度、低温度下降速率。结合图 4.15 和图

4.16 中实验结果,将参数设定为:初始温度 0.01、终止温度 0.000001、温度下降率 0.999。使用该参数对上文中三个关联规则进行量化挖掘,为使结果尽量准确,每条规则进行五次实验取最好结果,得到的量化关联规则如表 4.19 所示。

表 4.19　量化关联规则

前件	后件	量化置信度
{银行(0.01,0.18),餐饮(0.09,0.63)}	商店(0.30,0.81)	1.370
{银行(0.01,0.20),娱乐(0.03,0.41)}	商店(0.50,0.95)	1.393
{医院(0.01,0.18),餐饮(0.04,0.54),娱乐(0.03,0.43)}	商店(0.25,0.82)	1.338

4.4.2　使用行政区划数据进行定量关联规则挖掘

以 4.2.3 节和 4.2.4 节由行政区划进行数据预处理得到的事务数据库为实验数据,使用 4.4.1 节中支持度和置信度的预设值,进行交叉配对并依次进行关联规则挖掘,共进行 36 次实验,每次所得关联规则个数如表 4.20 所示。

表 4.20　行政区划数据不同支持度和置信度下得到规则数目

支持度/% 置信度/%	30	40	50	60	70	80
40	500	500	348	146	32	9
50	500	500	348	146	32	9
60	500	500	348	146	32	9
70	500	500	348	146	32	9
80	467	467	320	134	32	9
90	304	304	212	101	26	8

由表 4.20 可以看出,当置信度不变时,支持度由 30% 增长到 50%,规则的数目变化不大,而支持度从 50% 到 80% 每次增长,规则数目都会伴随着急剧减小;当支持度不变时,随着置信度的增加,规则数目较少幅度较小,几乎无太大变化。由此可见,该关联规则挖掘得到的所有结果置信度基本趋于稳定且置信度较高,因此,使用置信度无法对规则进行有效筛选;同时,在支持度小于 50% 时,支持度变化对规则数目影响也很小,只有置信度从 50% 增长到 60% 和从 60% 增长到 70% 两次变化时,规则数目下降较快,达到了对规则很好的筛选效果。因此选取支持度为 70%,置信度为 80% 时得到的 32 条规则进行进一步挖掘。此时得到的规则如表 4.21 所示。

表 4.21　支持度为 70%、置信度为 80%得到关联规则

前件	后件	支持度/%	置信度/%
{C3，C4}	C1	86.96	99.50
{C3，C1}	C4	86.96	99.50
{C4，C1}	C3	86.96	95.24
{C8，C1}	C4	80.43	100.00
{C8，C4}	C1	80.43	98.40
{C4，C1}	C8	80.43	88.10
{C8，C3}	C4	80.00	100.00
{C8，C4}	C3	80.00	97.87
{C1，C3}	C8	79.57	91.04
{C5，C1}	C4	73.04	100.00
{C5，C4}	C1	73.04	97.11
{C4，C1}	C5	73.04	80.00
{C5，C3}	C4	71.30	100.00
{C5，C4}	C3	71.30	94.80
{C1，C3}	C5	70.87	81.09
{C5，C8}	C4	70.00	100.00
{C5，C4}	C8	70.00	93.06
{C8，C1}	C3	79.57	98.92
{C4，C8}	C5	70.00	85.64
{C4，C3}	C5	71.30	81.59
{C5，C3}	C1	70.87	99.39
{C5，C1}	C3	70.87	97.02
{C8，C3}	C1	79.57	99.46
{C4，C3}	C8	80.00	91.54
{C8，C1，C3}	C4	79.57	100.00
{C8，C4，C3}	C1	79.57	99.46
{C8，C4，C1}	C3	79.57	98.92
{C4，C1，C3}	C8	79.57	91.50
{C5，C1，C3}	C4	70.87	100.00
{C5，C4，C3}	C1	70.87	99.39
{C5，C4，C1}	C3	70.87	97.02
{C4，C1，C3}	C5	70.87	81.50

　　按照与 4.4.1 节相同的关联规则选取方法，从集合{C8，C1，C3，C4}、{C5，C1，C3，C4}和{C5，C8，C4}中选出三个兴趣度较高的关联规则：{C8，C1，C3}→C4(79.57%，100.00%)、{C5，C1，C3}→C4(70.87%，100.00%)和{C5，C8}→C4(70.00%，100.00%)，它们分别代表的意义为：{医院，餐饮，娱乐}→商店(支持度：79.57%，置信度：100.00%)、{学校，餐饮，娱乐}→商店(支持度：70.87%，置信度：100.00%)、{学校，医院}→商店(支持度：70.00%，置信度：100.00%)，如表 4.22 所示。

表 4.22　兴趣度较高的关联规则

前件	后件	支持度/%	置信度/%
{学校，医院}	商店	70.00	100.00
{学校，餐饮，娱乐}	商店	70.87	100.00
{医院，餐饮，娱乐}	商店	79.57	100.00

使用 4.4.1 节中同样的方法和参数对关联规则进行进一步的量化提取，结果如表 4.23 所示。

表 4.23　量化关联规则

前件	后件	量化置信度
{学校(0.01, 0.12)，医院(0.02, 0.12)}	商店(0.78, 0.97)	2.057
{学校(0.01, 0.11)，餐饮(0.07, 0.38)，娱乐(0.03, 0.20)}	商店(0.35, 0.74)	1.598
{医院(0.02, 0.09)，餐饮(0.15, 0.48)，娱乐(0.02, 0.22)}	商店(0.29, 0.69)	1.713

4.4.3　实验结果分析

对使用空间聚类得到的空间离散化数据和使用行政区划得到的空间离散化数据进行量化关联规则挖掘，得到所有的量化关联规则，如表 4.24 所示。

表 4.24　所有量化关联规则

数据源	前件	后件	量化置信度
空间聚类	{银行(0.01, 0.18)，餐饮(0.09, 0.63)}	商店(0.30, 0.81)	1.370
空间聚类	{银行(0.01, 0.20)，娱乐(0.03, 0.41)}	商店(0.50, 0.95)	1.393
空间聚类	{医院(0.01, 0.18)，餐饮(0.04, 0.54)，娱乐(0.03, 0.43)}	商店(0.25, 0.82)	1.338
行政区划	{学校(0.01, 0.12)，医院(0.02, 0.12)}	商店(0.78, 0.97)	2.057
行政区划	{学校(0.01, 0.11)，餐饮(0.07, 0.38)，娱乐(0.03, 0.20)}	商店(0.35, 0.74)	1.598
行政区划	{医院(0.02, 0.09)，餐饮(0.15, 0.48)，娱乐(0.02, 0.22)}	商店(0.29, 0.69)	1.713

从表 4.24 可以看出，使用两种数据离散化方法各得到三个量化关联规则，规则中都包含规则 {{医院，餐饮，娱乐}→商店} 的量化关联规则，由此可看出，两种数据源的数据分布有一定相似性，同时也侧面证明了基于空间聚类的空间数据离散化的合理性。比较表 4.24 中同一规则 {{医院，餐饮，娱乐}→商店} 的两种量化表示，发现基于行政区划离散化数据的量化关联规则的量化置信度为 1.713，大于基于空间聚类离散化数据的量化关联规则的量化置信度 1.338；与此同时，前者量化关联规则中每项的量化区间都在后者的量化区间内，即量化更加精确。由于量化关联规则挖掘时使用相同的支持度，因此这里可以用量化置信度很好地表示量化的精度。量化置信度越高，则量化精度越高，在支持度相同的情况下，兴趣度也越高。

两种数据离散化方法所得到关联规则的后件均为"商店"，将得到的规则分别对两种离散化数据进行分析，可以找到所有符合规则前件，但不符合规则的后件的数据。分析表明，该实验中使用聚类离散化的数据中有 7 个聚类簇不符合规则；使用行政区划离散化的数据中有 6 个社区不符合规则。可见两种数据离散化方法得到的关联规则基本一致。

由于空间数据的特殊性，空间关联规则挖掘比普通的关联规则挖掘存在更多需要解决的问题。

1. 更加精细的空间数据预处理

现实世界中存在着各种各样的空间数据，数据源不同可能导致数据预处理的方法有很大差异，因此，针对不同数据源的空间数据预处理方法还有待继续研究。使用空间聚类进行空间数据预处理，仍存在一些需要改进的地方：①如何考虑到障碍物、道路等多种因素对距离的影响；②现实生活中，一个城市的空间结构分布是不均匀的，既有繁华区域，也有不太繁华的区域，因此使用基于密度的聚类算法时，需要对密度设定方法进行优化，实现多级密度的聚类分析。

2. 更加适应空间数据的关联规则挖掘算法

改进的 FP-Growth 算法能进一步进行量化关系提取，但是由于改进后的算法要将事务信息考虑在内，当数据量较大时，算法会占用大量内存，效率较低。只考虑"同位"模式关联规则情况，未考虑较为复杂的空间关系之间的关联规则。如何使挖掘算法能适用于具有复杂空间关系的空间数据也是未来的研究重点之一。

3. 更加有效的量化空间关联规则挖掘算法

模拟退火的思想，提取关联规则中各项之间的量化关系。虽然能有效地得到规则的量化关系，但算法仍然要在提取关联规则基础上进行，先进行关联规则挖掘，然后进行量化关系提取。分两步进行会造成一些重复工作、多次扫描数据库等问题，如果算法可以在得到关联规则的同时便可以获取各项之间的量化关系，则可以提高量化关联规则挖掘的效率。

4. 关联规则的可视化表达

目前对于关联规则可视化表达的方法还比较少，以文字描述为主要表达方式。对于数据主要来源于地图的空间关联规则挖掘，如果能将关联规则结果重新"放回"地图，可以让人们更直观地感受关联规则所表达的知识。

第5章 基于粒子群的模糊空间关联规则挖掘

5.1 基于粒子群的隶属函数优化方法

5.1.1 基本粒子群优化算法

1. 基本原理

粒子群优化(particle swarm optimization,PSO)算法是一种基于社会影响和社会学习的社会心理学模型,是一种基于群体协作并带有启发式的随机搜索算法。粒子群优化算法最初设想是在模拟鸟群觅食过程中,有这样一种场景:在某个区域中有一群鸟在搜索食物,但是该区域仅有一块食物,每一只鸟都知道当前的位置与食物的距离,但是不知道该食物的具体位置。那么最简单的方法就是每只鸟向距离食物最近的那只鸟的附近位置搜索,从而最快发现找到食物的路径策略。

在粒子群优化算法中,每一个粒子被看作是鸟群中的一只鸟,这只鸟的位置就代表优化问题的一个解,寻找问题最优解的过程就是寻找粒子最优位置的过程。首先,在可行解空间随机初始化一群粒子,作为初始种群,并初始化每个粒子的初始位置和速度。每个粒子作为优化问题的可行解,由目标函数决定其适应度。每个粒子的跳跃都在解空间进行,由速度决定其移动的方向和距离。而粒子位置的更新,则是在每一次迭代过程中,根据两个极值确定下次飞行速度:第一是自身历次跳跃过程中的最优位置,即"个体最优解";第二是整个种群所有粒子的最优位置,即"全局最优解"。

2. 数学描述

假设在 n 维搜索空间中,有一个由 m 个粒子组成的种群。

$S = \{X_1, X_2, \cdots, X_3\}$,其中第 i 个粒子的状态由以下两个向量描述:

$X_i(t) = (x_{i1}(t), x_{i2}(t), \cdots, x_{in}(t))$ 为粒子 i 的当前位置;

$V_i(t) = (v_{i1}(t), v_{i2}(t), \cdots, v_{in}(t))$ 为粒子 i 的当前飞行速度。

将 $X_i(t)$ 代入一个与求解问题相关的目标函数,可以计算出相应的适应值,其中位置向量对应了 n 元目标函数的决策变量组;$V_i(t)$ 是速度变量,对应的是决策变量的变化量。第 i 个粒子经历过的最好位置为 $\text{pbest}_i = (P_{i1}, P_{i2}, \cdots, P_{in})$,即个体认知。整个种群 S 所有粒子经过的最好位置为 $\text{gbest}_g = (P_{g1}, P_{g2}, \cdots, P_{gn})$,为群体认知。

若 $f(x)$ 为目标函数,则粒子 i 当前的最优位置由式(5.1)决定,当前种群的最优位置由式(5.2)决定:

$$pbest_i^{t+1} = \begin{cases} pbest_i^t & \text{若} f(pbest_i^t) > f(X_i^{t+1}) \\ X_i^{t+1} & \text{若} f(pbest_i^t) < f(X_i^{t+1}) \end{cases} \tag{5.1}$$

$$gbest \in \{pbest_1, pbest_2, \cdots, pbest_m\} \,|\, f(gbest) = \min\{pbest_1, pbest_2, \cdots, pbest_m\} \tag{5.2}$$

PSO 算法的速度和位置更新公式如下：

$$V_{ij}(t+1) = wV_{ij}(t) + c_1 r_{1j}\left(pbest_{ij}(t) - X_{ij}(t)\right) + c_2 r_{2j}\left(gbest_j(t) - X_{ij}(t)\right) \tag{5.3}$$

$$X_{ij}(t+1) = X_{ij}(t) + V_{ij}(t+1) \tag{5.4}$$

式中，$i \in [1, m]$，表示第 i 个粒子，m 为种群大小；$j \in [1, n]$，n 表示粒子编码中各分量的维数；t 代表迭代次数，$V_{ij}(t)$ 即第 t 次迭代时第 i 个粒子在第 j 维的速度分量大小；w 为惯性权重；c_1 和 c_2 为学习因子，通常在 $(0, 2)$ 之间取值；r_1 和 r_2 为 $[0, 1]$ 之间的随机数。为了避免 $X_i(t)$ 和 $V_i(t)$ 超出边界，从而保证粒子在合理的区域内迭代，需要使用 V_{max} 和 X_{max} 对位置和速度进行约束。

由式 (5.3) 可以看出，有以下三部分因素影响更新后的粒子速度。

惯性速度：$wV_{ij}(t)$ 即前一个粒子速度与惯性权重的乘积；

个体认知：$c_1 r_{1j}\left(p_{ij}(t) - x_{ij}(t)\right)$ 粒子最好位置同当前位置的差值向量与学习因子和随机数的乘积；

群体认知：$c_2 r_{2j}\left(p_{gj}(t) - x_{ij}(t)\right)$ 种群最好位置同当前位置的差值向量与学习因子和随机数的乘积。

3. 算法步骤

粒子群优化算法的基本步骤具体描述如下。

输入：学习因子 c_1, c_2；惯性权重 w；迭代次数 n。

输出：最优粒子，最优适应度。

第 1 步　初始化粒子群。在取值范围内赋予每个粒子初始位置 X 和速度 V。

第 2 步　计算各粒子的适应度，通过针对目标问题预先定义的适应度函数求得各粒子的适应程度。

第 3 步　个体评价。比较单个粒子当前位置的适应度与自身所经历过的最优位置 pbest 适应度的大小，若优于 pbest，则更新 pbest 为当前值。

第 4 步　群体评价。找出所有粒子中位置最优的粒子，比较其适应度值同整个种群的最优位置 gbest 的适应度，若优于 gbest，则更新 gbest 为该粒子所在位置。

第 5 步　更新速度和位置。根据式 (5.3) 计算粒子的下次迭代速度，然后由式 (5.4) 更新每个粒子的位置，从而产生新的种群。

第 6 步　判断是否满足结束条件，若满足，则停止迭代，否则转到第 2 步。

4. 粒子群算法同其他进化算法的联系

PSO 算法与其他进化算法(比如遗传算法、蚁群算法、免疫算法等)一样都具有种群和"进化"的概念,它们有很多地方都是相似的:①算法原理都是在目标问题的解空间内随机产生种群,通过适应度函数来计算适应度值,以此来评价粒子所代表解决方案的好坏,它们都是全局优化算法;②都属于随机搜索算法,具有早熟和"收敛性差"的缺点,所以在解决高维复杂问题时容易陷入局部最优解,即不一定能够求得最佳解决方案;③PSO 算法与遗传算法有类似的变异和交叉机制,速度更新公式中惯性权重的引入模拟了遗传算法的基因变异过程,而公式后两项的群体认知和个体认知则模拟了基因的交叉过程。

但 PSO 算法与其他进化算法也有一定的差别:①PSO 算法通过定义一系列参数对粒子速度和位置的更新方式进行了"数字化"描述,这是一种显式的进化计算过程;②虽然都具有"变异交叉"机制,但是 PSO 算法中粒子是根据自身速度、自身经验以及群体经验决定下一次的飞行速度。而遗传算法则是直接通过随机数实现粒子的迭代,所以粒子下一次有可能向任何方向飞行,而相对而言 PSO 算法则是"有意识的进化";③PSO 算法在分析收敛性方面的研究还比较缺乏,而遗传算法已相对比较成熟,甚至可以对收敛速度进行估计。

5.1.2　隶属函数及其优化

1. 隶属函数

由于模糊集(将在第 5.2.1 节介绍)中没有点和集的绝对属于关系,其运算的定义只能以隶属函数间的关系来确定,因此确定合理的隶属函数在模糊集理论及应用研究中起着至关重要的作用。虽然应用模糊数学方法的关键在于建立符合实际的隶属函数,但这是至今尚未完全解决的问题。常见的隶属函数确定方法有模糊统计方法、专家打分法、推理方法以及二元对比排序法等。在现有的模糊关联规则模型中,大多数是由专家指定隶属函数,但该方法具有主观性,而且在一些新发展且缺乏先验知识的领域,通过专家知识定制隶属函数被认为是不现实的。

我们提出一种根据数据自身特征确定隶属函数的方法,首先使用模糊 C-均值算法(fuzzy C means,FCM)求得的样本中心点(关于 FCM 算法,在第 2.2.1 节已有详细介绍,这里不再赘述),并初始化隶属函数。然后,利用粒子群优化算法通过粒子迭代对其进行优化,从而确定最终的隶属函数。该方法可以大致反映出数据的分布情况,增加挖掘得到的模糊空间关联规则的数目。

使用 FCM 聚类算法获取样本中心点以后,基于粒子群的隶属函数优化方法,具体过程如图 5.1 所示。首先通过基于 K-means++改进的模糊聚类算法(FCM)对原始数据库进行预处理,得到初始的隶属函数。然后根据该隶属函数初始化粒子群,通过构造相应的适应度函数来评价粒子的优劣程度,通过个体学习和群体学习来优胜劣汰,最终得到合理的隶属函数。下面将从粒子编码、初始化种群、构造适应度函数和更新速度与位置四个方面介绍该优化过程。

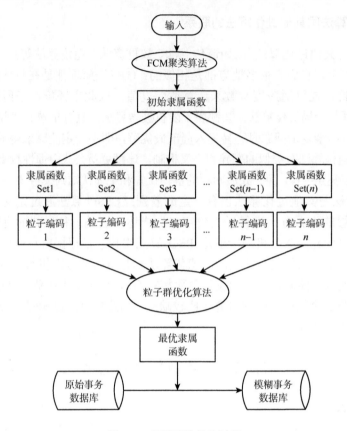

图 5.1　隶属函数优化过程

2. 粒子编码

粒子群优化算法的初始种群是同遗传算法类似的染色体编码，采用 Hong (1999) 提出的编码方法，即每一个隶属函数作为单个粒子个体进行实数编码。根据 A. Parodi 和 P. Bonelli 使用的方法，采用形如等腰三角形的隶属函数，即通过两个参数来描述一个隶属函数，如图 5.2 所示。

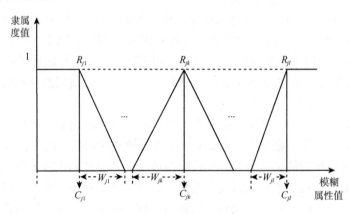

图 5.2　隶属函数的表示方法

在图 5.2 中，两端的隶属函数由一个矩形和半个三角形构成，C_{j1} 代表该半个三角形顶点对应的横坐标，其底边长度等于邻近矩形的宽度，均为 W_{j1}。除了两端边缘模糊区域的隶属函数以外，中间每个隶属函数被用作一个等腰三角形表示，其中 R_{jk} 表示属性 I_j 的第 k 个模糊区域，C_{jk} 表示模糊区域 R_{jk} 的底边中点坐标，W_{jk} 表示模糊区域 R_{jk} 所覆盖范围的一半，这样可以将每个模糊区域对应的隶属函数用 (C_{jk}, W_{jk}) 表示，则该属性项 I_j 的所有隶属函数均可以表示为 $(C_{j1}, W_{j1}, C_{j2}, W_{j2}, \cdots, C_{jk}, W_{jk})$，其中 k 表示属性项 I_j 的模糊区域总数。由于 c、w 均为实数，所以可以将粒子编码为一组固定长度的数字串。

以两个实体之间的空间距离为例，假设距离分为近、中、远三个模糊区域，如图 5.3 所示，距离的隶属函数编码为 (50，50，120，65，185，53)。

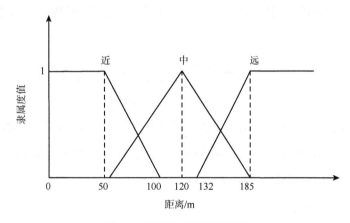

图 5.3　距离的隶属函数编码

3. 初始化种群

我们使用的初始隶属函数是由模糊聚类 FCM 算法初始生成，FCM 算法主要是反复修改聚类中心和隶属矩阵的过程，因此可以称为动态聚类。但是也存在一些不足，比如容易收敛到局部极值的问题。因此我们在使用 FCM 算法得到中心点以后，将其作为粒子的初始编码，然后通过速度公式对其进行更新迭代，并使用适应度函数对各粒子的优劣进行评价，从而对各粒子代表的隶属函数进行修正。

4. 构造适应度函数

对粒子好坏的评价标准是适应度的高低，因此在优化问题中确定好的适应度函数对最后得到最优解决方案有着重要的意义。通过粒子群优化算法来对隶属函数进行修正，因此需要根据隶属函数的评价指标来构造适应函数。Hong(1999)提出了重叠率和覆盖率两种评价指标。

重叠率是指一个隶属函数中的任意两个模糊区域 R_{jk} 和 R_{ji} 之间的重叠程度。如果两个模糊区域的重叠长度大于相对跨度较小模糊区域的一半，那么就可以视为这两个模糊区域过于重叠，因此要赋予其一定的惩罚权重。对于模糊属性 I_j，粒子 C_q 所代表的隶属函数重叠率的计算如式(5.5)所示：

$$\text{overlap\_factor}(C_{qj}) = \sum_{k \neq i} \left\{ \max \left[\left(\frac{\text{overlap}(R_{jk}, R_{ji})}{\min(w_{jk}, w_{ji})} \right), 1 \right] - 1 \right\} \tag{5.5}$$

式中，$j \in [1, m]$，$i, k \in [1, h]$，m 表示模糊属性的总数；i 表示模糊属性 I_j 的模糊区域数目。$\text{overlap}(R_{jk}, R_{ji})$ 表示模糊区域 R_{jk} 和 R_{ji} 的重叠长度；$\min(w_{jk}, w_{ji})$ 为两个模糊区域中覆盖范围较小的模糊区域跨度的一半。

覆盖率是指在模糊属性 I_j 中所有的模糊区域覆盖的总范围与模糊属性 I_j 中最大项数值的比值。覆盖率越高，表示相应的隶属函数的可模糊范围越大，则该隶属函数越可取。因此对于模糊属性项 I_j，粒子 C_q 所表示的隶属函数覆盖率的计算公式如式(5.6)所示：

$$\text{coverage\_factor}(C_{qj}) = \frac{1}{\dfrac{\text{range}(R_{j1}, \cdots, R_{jl})}{\max(I_j)}} \tag{5.6}$$

式(5.6)中，$j \in [1, m]$，$i, k \in [1, h]$，m 表示模糊属性的总数；j 表示模糊属性 I_j 的模糊区域数目。$\text{range}(R_{j1}, \cdots, R_{jl})$ 表示模糊属性项 I_j 的所有模糊区域的覆盖范围，而 $\max(I_j)$ 代表所有事务数据中模糊属性 I_j 的最大值。

则适应度函数可以表示为

$$f(C_{qj}) = \frac{1}{\text{suitability}(C_{qj})} \tag{5.7}$$

其中 suitability 定义为

$$\text{suitability}(C_{qj}) = \text{overlap\_factor}(C_{qj}) + \text{coverage\_factor}(C_{qj}) \tag{5.8}$$

从式(5.8)可以看出，适应度函数主要有重叠率和覆盖率构成，这样可以避免产生如图 5.4 所示的两种较差的隶属函数。

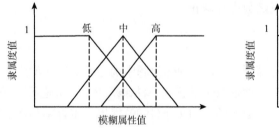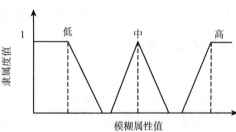

图 5.4　过于重叠和过于分散的隶属函数

5. 更新速度和位置

粒子群优化算法针对连续型数学问题和离散型数学问题有不同的速度更新机制。使用粒子群优化算法隶属函数是在连续的解空间中进行的，因此可以使用粒子群优化算法针对解决连续问题的速度更新公式，即

$$V_{ij}(t+1) = wV_{ij}(t) + c_1 r_{1j}\left(\text{pbest}_{ij}(t) - X_{ij}(t)\right) + c_2 r_{2j}\left(\text{gbest}_j(t) - X_{ij}(t)\right) \tag{5.9}$$

$$X_{ij}(t+1) = X_{ij}(t) + V_{ij}(t+1) \tag{5.10}$$

式中，$i \in [l, m]$，表示第 i 个粒子，m 为种群大小。$j \in [1, n]$，n 表示粒子编码中各分量的维数，t 表示迭代次数，$V_{ij}(t)$ 即第 t 次迭代时第 i 个粒子在第 j 维的速度分量大小。w 表示惯性权重，c_1 和 c_2 表示学习因子，通常在 $(0, 2)$ 之间取值。r_1 和 r_2 为 $[0, 1]$ 之间的随机数。为了避免 $X_i(t)$ 和 $V_i(t)$ 超出边界，需要规定最大速度 $V_{\max}$ 和最远位置 $X_{\max}$，然后通过吸收墙(absorbing wall)、反射墙(reflecting wall)和循环墙(cyclic wall)等策略对粒子进行约束，如图 5.5 所示。

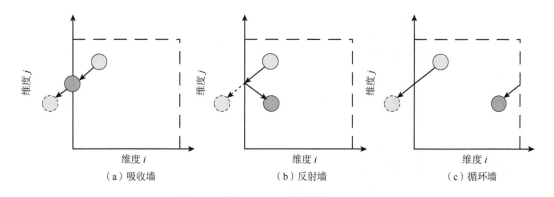

（a）吸收墙　　　　　（b）反射墙　　　　　（c）循环墙

图 5.5　三种墙策略

吸收墙：当粒子超出某一维的搜索边界时，将其在该维的速度重置为零，最终将其重新拉回允许的搜索空间，可见吸收墙的功能是"吸收"将要跳出搜索空间的粒子所拥有的能量，按式(5.11)处理：

$$f(x_{ij}) = \begin{cases} l_i, & \text{如果 } x_{ij} > l_i \\ 1, & \text{如果 } x_{ij} < l_i \\ x_{ij}, & \text{其他} \end{cases} \tag{5.11}$$

反射墙：当粒子超出某一维的搜索边界时，改变粒子的速度方向，从而将其返回解空间，反射墙策略使用式(5.12)对速度进行处理：

$$f(x_{ij}) = \begin{cases} 2 \times l_i - x_{ij} + 1, & \text{如果 } x_{ij} > l_i \\ (-1) \times x_{ij} + 1, & \text{如果 } x_{ij} < l_i \\ x_{ij}, & \text{其他} \end{cases} \tag{5.12}$$

循环墙：当粒子超越某一维的搜索边界时，使粒子从该维的另外一边飞出并继续完成剩余的飞行距离。循环墙策略使用式(5.13)对粒子进行处理：

$$f(x_{ij}) = \begin{cases} x_{ij} - l_i, & \text{如果 } x_{ij} > l_i \\ x_{ij} + l_i, & \text{如果 } x_{ij} < l_i \\ x_{ij}, & \text{其他} \end{cases} \tag{5.13}$$

5.1.3　优化算法描述

1. 算法流程

为了方便阅读理解，首先对算法中出现的符号加以定义，然后再对算法的执行过程进行详细说明。

1) 符号定义

DB	数量型数据库
n	事务数据数目
m	属性项个数
P	种群个体数目
Maxiter	种群最大迭代次数
I_j	属性项，其中 $1 \leqslant j \leqslant m$
C_i^t	第 t 代种群中的最优隶属函数编码，其中 $1 \leqslant i \leqslant P, 1 \leqslant t \leqslant \text{Maxgen}$
Suitability	适应度函数
$C_{j,b}$	属性项对应的适应度最高的隶属函数编码

2) 算法步骤

输入：包含 n 个事务数据 m 个属性项的数量型数据集 DB。

输出：各个属性项对应的隶属函数。

第 1 步　对于 DB 中每一个数量属性，利用 FCM 聚类算法对其进行模糊聚类，得到的结果是 m 个带有中心点的聚类簇。

第 2 步　由中心点扩展生成形为等腰三角形的隶属函数，随机生成含有 P 个个体的粒子群 pop，将其作扩展后的隶属函数作为各粒子的初始编码。

第 3 步　计算种群中每个粒子位置编码所对应隶属函数的适应度 suitability(C_{ij})。

第 4 步　评价每个粒子迭代过程中的当前个体最优位置 pbest。

第 5 步　评价所有种群截至当前迭代次数中的群体最优位置 gbest。

第 6 步　按照速度更新公式和三种墙策略对粒子进行速度和位置更新，得到新的粒子。

第 7 步　判断是否到达终止条件，若满足则执行下一步，否则循环执行第 3 步。

第 8 步　输出适应度最高的粒子对应的隶属函数编码 $C_{j,b}$。

2. 算法实例

下面通过举例来说明隶属函数优化算法的执行过程（表 5.1），假设事务数据库有 5 个模糊属性，分别为 A、B、C、D、E，该数据库包含 6 条事务。

表 5.1　事务数据示例

事务 ID	模糊属性
1	A：6　B：10　C：2　E：9
2	A：8　B：2　D：2
3	B：5　C：3　D：9
4	A：5　B：8　C：2　D：3
5	A：2　D：4　E：6
6	B：4　C：10　D：2　E：2

在此，假设每个模糊属性均分为低、中、高三个模糊区域，则生成每个模糊属性项的隶属函数的过程如下。

第 1 步　对于每个模糊属性，通过改进的 FCM 算法对其进行模糊聚类分析，得到基本的中心点，然后扩展至三个模糊区域，作为一组初始隶属函数编码。以属性 B 为例，得到的初始中心点为（3.32，7.54，9.9），将其拓展至三角形模糊隶属函数，则初始隶属函数如图 5.6 所示。

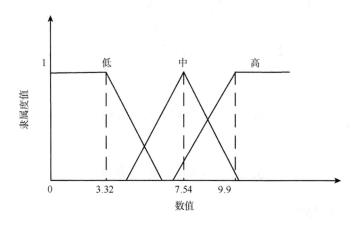

图 5.6　初始隶属函数

第 2 步　计算种群中每个粒子位置编码所对应隶属函数的适应度，结果如表 5.2 所示，比较得出全局最优位置和个体最优位置。

表 5.2　历次迭代过程中的粒子适应度示例

粒子 ID	第 1 次迭代			第 2 次迭代			⋯	第 100 次迭代		
	适应度	个体最优	群体最优	适应度	个体最优	群体最优		适应度	个体最优	群体最优
P1	0.52	P1, 1	P1, 1	0.49	P1, 2	P2, 2		0.97	P1, 98	P1, 98
P2	0.39	P2, 1	P1, 1	0.66	P2, 2	P2, 2		0.92	P2, 97	P1, 98
P3	0.25	P3, 1	P1, 1	0.23	P3, 1	P2, 2		0.93	P3, 96	P1, 98
P4	0.18	P4, 1	P1, 1	0.40	P4, 2	P2, 2		0.90	P4, 93	P1, 98
P5	0.34	P5, 1	P1, 1	0.45	P5, 2	P2, 2		0.89	P5, 96	P1, 98

第 3 步　对种群进行速度更新，假设 $c_1, c_2 = 2$。

第 4 步　根据得到的速度更新粒子位置。

第 5 步　判断是否到达结束条件，如果满足则输出适应度最高的粒子，不满足则返回第 2 步继续迭代。

第 6 步　将最优粒子编码转化为隶属函数，然后根据实际数据对其进行修正，修正后的结果如图 5.7 所示。

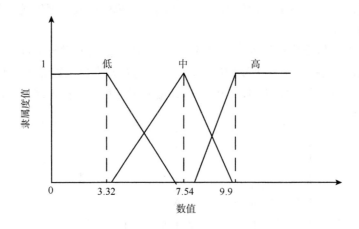

图 5.7　优化并修正后的隶属函数

5.1.4　实验结果及分析

1. 数据准备及预处理

采用分辨率为 5 m 的 2007 年郑州某流域遥感影像、等高距为 5 m 的等高线数据、郑州市行政区划矢量地图；使用 Envi 以及 ArcGIS 软件按照图 5.8 所示的数据流程进行处理，得到分辨率为 5 m 且行列号对齐的高程、坡度、坡向、土地覆盖类型现状栅格地图。

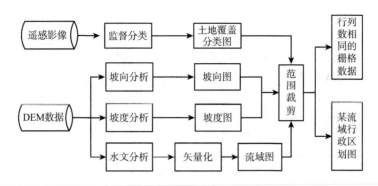

图 5.8　基础数据预处理流程

通过遥感影像解译以及实地调查,该流域土地覆盖类型主要为:水库、河流、农业用地、建筑用地、林地、草地、灌木、裸地。以单个格网单元作为一条事务记录,共抽取了 159 840 条事务数据。每条事务记录均由 5 项组成:高程值、坡度、坡向、行政区名、土地覆盖类型。除了行政区名和土地覆盖类型为定性属性以外,其余项均为定量属性。

2. 实验过程

实验中初始粒子数目设为 20,环境学习因子 c_1 和个体学习因子 c_2 均设为 2。首先通过 FCM 聚类算法,将除坡向以外的每种数值型属性聚类得到 5 个模糊区域,获取初始中心点后利用粒子群算法对结果进行优化。

以其中的高程值为例,将其分为低、中低、中、中高、高五个模糊区域,首先使用模糊 C 均值聚类方法得到中心点,为(35.108,75.417,118.048,160.827,222.272),随机扩展后的隶属函数如图 5.9 所示,其模糊区域分布过于重叠或者松散。

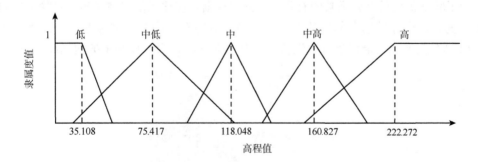

图 5.9　确定聚类中心后随机生成的隶属函数

经过粒子群优化以后的隶属函数如图 5.10 所示,由此可见,优化后的隶属函数明显好于初始种群中的隶属函数。初始种群中分别出现了隶属函数过于重叠和过于分散的情况,而优化后的隶属函数的质量大大优于初始隶属函数。

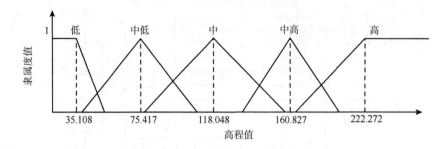

图 5.10　粒子群算法优化后的隶属函数

实验结果表明，随着粒子迭代次数的增加，隶属函数的平均适应度值总体呈现出逐渐递增的趋势，随着趋势的变缓最终向 1 逼近。仍以高程值为例，在粒子迭代过程中，群体的平均适应度的变化趋势如图 5.11 所示。

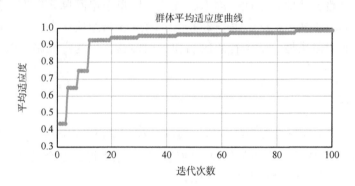

图 5.11　粒子群迭代过程中群体平均适应度趋势

3. 挖掘结果对比

为了验证优化后隶属函数的有效性，分别根据各优化后的隶属函数，对除了坡向以外的模糊属性进行模糊事务化处理。其中由于坡向有明确的分类标准，因此将其按照图 5.12 划分为 8 类。最后将各属性按照行列号对齐组合得到模糊事务数据库。

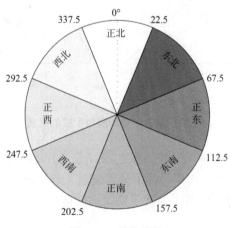

图 5.12　坡向分类

实验测试了在不同的最小支持数和最小置信度阈值下使用优化前和优化后的隶属函数得到的模糊关联规则数目的变化情况。采用单因素分析法，在挖掘过程中均采用经典的模糊 FP-Growth 算法提取关联规则，挖掘结果分别如图 5.13 和图 5.14 所示。

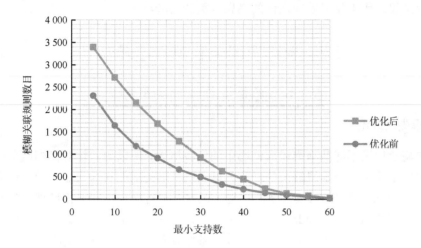

图 5.13　不同最小支持数下优化前后的规则数目对比

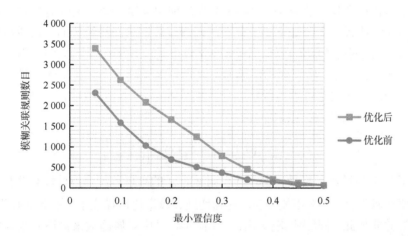

图 5.14　不同最小置信度下优化前后的规则数目对比

图 5.13 中的两条折线从上至下依次对应在最小置信度取值为 0.05，最小支持数从 5 到 60 之间等差递增时，优化后以及优化前的隶属函数模糊关联规则的数目。从图 5.13 中可以看出，随着支持数的增大，挖掘模糊关联规则的数目逐渐较少，使用经过优化的隶属函数挖掘到的模糊关联规则的条数，远多于优化前的隶属函数挖掘得到的模糊关联规则条数。这表明对于相同的最小置信度，经过粒子群算法优化的隶属函数的实验结果，优于使用未经优化隶属函数的实验结果。

与图 5.13 类似，图 5.14 的两条折线从上至下依次对应着在最小支持数取值为 5，最小置信度从 0.05 到 0.5 之间等差递增时，优化后以及优化前的隶属函数模糊关联规则的数目。从图 5.14 中可以看出，随着置信度的增大，模糊关联规则的数目逐渐减少。使用经过优化的隶属函数挖掘得到的模糊关联规则的条数，同样多于优化前的隶属函数挖掘到的模糊关联规则条数。这表明对于相同的最小支持数，经过粒子群算法优化的隶属函数的实验结果，优于使用未经优化的隶属函数的实验结果。

5.2　模糊空间关联规则挖掘方法

5.2.1　模糊集与模糊关联规则

1. 模糊集理论

经典集合理论不能精确描述人们心中的模糊概念，所以如何针对模糊概念进行数学上的建模度量就是一个亟待解决的现实问题。1965 年美国加利福尼亚大学的计算机与控制专家 L. A. Zadeh 发表了 *Fuzzy Set* 一文，在文章中首次提出了"模糊理论"概念，这标志着模糊数学的产生。Zadeh 以精确的数学集合论为基础，并对其进行推广和修改。他提出用"模糊集合"作为表现模糊事物的数学模型，并且基于模糊集合上建立运算、变换规律，开展有关的理论研究，从而诞生了模糊集合理论，其提供对相对复杂的模糊系统进行定量描述和处理的方法。模糊集合理论使用隶属函数来刻画对象对于集合的隶属程度，即元素从属于集合到不属于集合的渐变过程，从而将经典的二值逻辑{0，1}推广到连续[0，1]区间的连续值逻辑。1978 年 Zadeh 进一步提出了与模糊集理论相辅相成的可能性理论，于是这一研究模糊现象的新兴学科终于确立了它在现代科学理论中的应有地位，并被广泛应用于数理、经济、计算机等各个方面，发展非常迅速。

经典集合 A 可由其特征函数 $\chi_A(x)$ 唯一确定，即映射

$$\chi_A : X \to \{0,1\},\ x \mapsto \chi_A(x) = \begin{cases} 1, x \in A \\ 0, x \notin A \end{cases}$$

确定了 X 上的经典子集 A，$\chi_A(x)$ 表明 x 对 A 的隶属程度，不过仅有两种状态：一个元素 x 要么属于 A，要么不属于 A。它确切地、数量化地描述了"非此即彼"的现象，但现实世界并非如此。同经典集合相比，模糊集合是由隶属函数来描述元素与集合的从属关系。

设 U 是论域，则称映射 $\mu_{\underset{\sim}{A}} : U \to [0,1],\ x \mapsto \mu_{\underset{\sim}{A}}(x) \in [0,1]$ 确定了一个 U 上的模糊子集 $\underset{\sim}{A}$。映射 $\mu_{\underset{\sim}{A}}$ 称为 $\underset{\sim}{A}$ 的隶属函数，$\mu_{\underset{\sim}{A}}(x)$ 称为 x 对 $\underset{\sim}{A}$ 的隶属程度。如果 $\mu_{\underset{\sim}{A}}(x)=0$，则表示 x 完全不属于 $\underset{\sim}{A}$；如果 $\mu_{\underset{\sim}{A}}(x)=1$，则表示 x 完全属于 $\underset{\sim}{A}$；如果 $0<\mu_{\underset{\sim}{A}}(x)<1$，则表示 x 属于 $\underset{\sim}{A}$ 的隶属度为 $\mu_{\underset{\sim}{A}}(x)$。由此可见，经典集合是模糊集合在隶属程度为 0 或 1 时的特例。

模糊集合是由隶属函数确定的，因此确定合理的隶属函数在模糊集理论及应用研究中起着至关重要的作用。常见的隶属函数确定方法有专家打分法、模糊统计方法、推

理方法以及二元对比排序法等。在现有的模糊关联规则模型中，大多数是由专家指定隶属函数，但该方法具有主观性。且在一些没有先验知识的领域，很难通过专家来指定隶属函数。

2. 模糊关联规则

在传统的关联规则挖掘过程中，人们通常只考虑事务中的离散属性，但与这些事务相关的连续数值信息要么被忽略，要么将其利用经典集合论转化为离散属性。这种方法首先将属性的范围划分为互相不重叠的区间，然后将数值属性按照范围映射到这些区间中。但是这种区间划分的方法会割裂数据内部的联系，造成某些有意义的数据被忽略掉，导致"边界过硬"的问题。为了解决该问题，国内外许多专家、学者对其进行了研究，试图寻找统计证据理论、推断理论、云理论等线性科学理论的支持。1995 年，J. C. Cubero 等引入"模糊集"的概念，研究了"模糊关联规则"，后来许多专家、学者分别从隶属函数的确定、模糊关联规则模型的构建以及挖掘算法的设计与改进等方面对模糊关联规则进行了研究。用模糊集理论的概念，从不确定的、模糊的事务数据中提取人们感兴趣的关联规则，并利用自然语言对其进行描述，更符合人们的思维和推理习惯。

设 $I = \{I_1, I_2, \cdots, I_m\}$ 是原始事务数据库 DB 的模糊属性项集，将其转化为模糊属性事务数据库 D_f 的属性项集 $I_f = \{I_1^1, I_1^2, \cdots, I_1^{q_1}, I_2^1, I_2^2, \cdots, I_2^{q_2}, \cdots, I_m^1, I_m^2, \cdots, I_m^{q_m}\}$，其中 D 中的每个属性 I_j 在 D_j 中有 q_j 个模糊属性值与之相关，即 I_j 在 D_f 中是用 $\{I_j^1, I_j^2, \cdots, I_j^{q_j}\}$ 来描述的。根据模糊集的概念，我们称之为模糊属性（模糊区域），所有模糊属性的值域（即隶属度）取值为[0, 1]。

定义 1 对任意模糊属性项集 $X = \{x_1, x_2, \cdots, x_p\}$，第 i 条记录对 X 的模糊支持度定义为 $\text{Sup}_{T_i}(X) = x_1^i \wedge x_2^i \wedge \cdots \wedge x_p^i$ 或 $\text{Sup}_{T_i}(X) = x_1^i \times x_2^i \times \cdots \times x_p^i$，其中 x_j^i 是模糊属性 x_j 在第 i 条记录上的值，$x_j^i \in [0, 1]$，$j = 1, 2, \cdots, p$；"$\wedge$"和"$\times$"代表"取小"和"直积"，$x_1, x_2, \cdots, x_p$ 对应于原数据库 DB 中的不同属性。

定义 2 对于任意的模糊属性集 $X = \{x_1, x_2, \cdots, x_p\}$，$X$ 在整个数据库 D_f 中的支持度定义如下：

$$\text{Sup}_{D_f}(X) = \frac{\sum_{i=1}^{n} \text{Sup}_{T_i}(X)}{|D_f|} = \frac{\text{Sup}_{T_1}(X) + \text{Sup}_{T_2}(X) + \cdots + \text{Sup}_{T_n}(X)}{|D_f|} \tag{5.14}$$

式中，$|D_f|$ 代表模糊事务数据库的数据量大小，即表示事务记录的总条数；$\text{Sup}_{T_i}(X)$ 表示数据库中第 i 条记录对于模糊项集 X 的支持度。

定义 3 模糊关联规则是形如 $X \Rightarrow Y$ 的蕴含式，在式中 $X = \{x_1, x_2, \cdots, x_m\}$，$Y = \{y_1, y_2, \cdots, y_n\}$，$X \neq \varnothing$，$Y \neq \varnothing$，$X \bigcap Y = \varnothing$，而且在 $X \bigcup Y$ 中不包括来自同一模

糊属性的相关模糊区域。

　　说明：X 和 Y 中的模糊属性不能包含来自相同模糊属性的不同模糊区域值，如用 low、middle、high 来描述属性"海拔"（elevation），则 elevation.low、elevation.middle 和 elevation.high，同一条模糊关联规则的前件或后件中不能同时包含这三个模糊区域，因为这样的模糊关联规则前后自相矛盾，在实际中不存在。

　　定义 4　设 D_f 是模糊属性事务数据库，对任意模糊关联规则 $X \Rightarrow Y$ 的支持度、置信度和兴趣度定义分别如式（5.15）、式（5.16）和式（5.17）所示：

$$\mathrm{Sup}_{D_f}(X \Rightarrow Y) = \mathrm{Sup}_{D_f}(X \cup Y) = \frac{\sum_{i=1}^{n} \mathrm{Sup}_{T_i}(X \cup Y)}{|D_f|} \tag{5.15}$$

$$\mathrm{Conf}_{D_f}(X \Rightarrow Y) = \frac{\mathrm{Sup}_{D_f}(X \cup Y)}{\mathrm{Sup}_{D_f}(X)} \tag{5.16}$$

$$\mathrm{Interest}(X \Rightarrow Y) = \frac{1 - \mathrm{Sup}_{Df}(Y)}{1 - \mathrm{Sup}_{Df}(X)\left[1 - \mathrm{Sup}_{Df}(X \cap Y)\right]} \tag{5.17}$$

式中，$X = \{x_1, x_2, \cdots, x_m\}$，$Y = \{y_1, y_2, \cdots, y_n\}$，$X \neq \varnothing$，$Y \neq \varnothing$，$X \cap Y = \varnothing$，且 $X \cup Y$ 不包括来自同一模糊属性的相关模糊区域。

3. 模糊关联规则挖掘算法

　　一般来说，模糊关联规则的挖掘算法大致可以描述为：首先针对模糊属性确定相应的模糊区域和隶属函数，然后根据隶属函数把每个模糊属性转化为模糊数据，进而将模糊数据加入到相应的模糊区域中，并且计算得到事务数据中各个属性对应的隶属度值。接下来对每个属性选取最大隶属度值的模糊区域，从而保证属性数量同初始一致。得到初始模糊事务数据以后，查找到支持度大于所给定的最小支持度阈值的大项集，通过连接和剪枝得到频繁模式，最后对频繁模式进行抽取即得到模糊关联规则。

　　模糊关联规则挖掘算法的流程大致描述如下。

　　输入：原始事务数据库 $\mathrm{DB} = \{t_1, t_2, \cdots, t_n\}$，最小支持度阈值 min_support 和最小置信度阈值 min_confidence。

　　输出：由规则前件、后件、支持度和置信度构成的模糊关联规则。

　　第 1 步　利用专家指派、统计等方法确定隶属函数。

　　第 2 步　根据隶属函数将数据划分为若干个模糊区域。

　　第 3 步　通过数据库 $\mathrm{DB} = \{t_1, t_2, \cdots, t_n\}$ 构建模糊事务数据库，其中的模糊属性数值由数量型属性对应于各模糊区域的隶属度构成。

　　第 4 步　模糊事务数据库构建完成后，计算所有的 1-模糊属性项集的模糊支持度，得到 1-模糊频繁属性项集。

　　第 5 步　将 1-模糊频繁项集连接，得到 2-模糊候选项集。

第 6 步　扫描模糊事务数据库，得到 2-模糊候选项集的模糊支持度，删除其中小于最小支持度的属性集，得到 2-模糊频繁项集。

第 7 步　依次连接第一个模糊属性相同的 2-模糊频繁项集，形成 3-模糊候选项集。

第 8 步　对于 3-模糊候选项集的子集，判断其是否包括非 2-模糊频繁项集的集合，然后计算其余 3-模糊候选项集的支持度，删除小于最小支持度的集合，得到 3-模糊频繁项集。

第 9 步　按照连接和剪枝的策略，重复此过程，直到发现所有的 k-模糊频繁项集为止。

5.2.2　全模糊区域频繁模式挖掘算法

第 4.1 节和第 4.3 节已经讨论了 FP-Growth 算法，该算法是 Jiawei Han 等针对 Apriori 算法会产生大量候选项以及多次扫描数据库的低效性提出来的。该算法只需要扫描一次数据库产生频繁 1-项集，它把数据库事务存储到一种树结构上，这种树结构称为 FP（frequent pattern）树。最后仅需要对建成的 FP 树进行挖掘即可得到所有的频繁模式。而 T. Hong 等提出的模糊 FP-Growth 算法的主要思想是，使用模糊区域来代替传统算法的事务项来构建相应的 FP 树和条件 FP 树。其首先通过隶属函数将数值型属性转化为模糊区域，然后对每个属性项中各模糊区域的隶属度求和，保留隶属度最优的模糊区域。这样虽然使模糊区域总数等于原始属性项的数目，但过滤掉了单个属性的其他模糊区域，所以丢失了大量模糊属性，而且这些模糊区域之间的关系也随之被忽略，于是挖掘出来的关联规则并不能够反映真实的关联规律。

1. 算法基本思想

针对 T. Hong 的模糊 FP-Growth 算法存在的不足，对其做出了改进，提出了全模糊区域频繁模式挖掘算法。在模糊区域筛选阶段，首先通过多支持度阈值保留所有的模糊区域，其次将模糊事务数据按照支持数降序排列，然后将各模糊区域作为结点按序分别添加至模糊 FP 树。在频繁模式树构建完毕以后，采用与传统 FP-Growth 算法类似的方法产生频繁模式。

2. 算法流程

输入：由 n 条事务数据构成的数量型数据库 DB，每条事务均具有 m 个模糊属性，对应于每个属性项的隶属函数，预先设定的最小支持度 min_support 和最小置信度 min_confidence。

输出：由规则前件、后件、支持数和置信度构成的模糊关联规则。

第 1 步　使用预先确定的隶属函数，对每条事务数据 i 中的每个模糊属性 I_j 的数值 V_{ij} 依次求得隶属度 f_{ijk}，表示形式为 $(f_{ij1} / R_{j1} + f_{ij2} / R_{j2} + \cdots + f_{ijh} / R_{jh})$，从而将每个模糊属性项转化为由隶属度值表示的模糊区域。

第2步　分别对模糊属性的各模糊区域在所有事务中的隶属度进行求和运算，计算公式为 $\mathrm{sum}_{jk} = \sum_{i=1}^{n} f_{ijk}$ ，其中 $1 \leqslant l \leqslant h$ 。

第3步　计算 sum_{jk} 的值是否大于输入该模糊区域隶属的模糊属性对应的最小支持数 $n \times \mathrm{min\_support}$ ，其中 $1 \leqslant j \leqslant m$ ， $1 \leqslant k \leqslant h_j$ 。如果满足条件则将该模糊区域保存至频繁1项集，即 $L_1 = \{R_{jk} \mid \mathrm{sum}_{jk} \geqslant n \times s, 1 \leqslant j \leqslant m, 1 \leqslant k \leqslant h_j\}$ 。

第4步　根据模糊区域的隶属度之和降序排列并建立频繁1项集 L_1 的头表。

第5步　对模糊属性数据库中的事务数据逐条扫描，移除不在频繁1项集 L_1 中的模糊区域，并将其按照模糊区域的隶属度值降序排列。

第6步　建立模糊FP树的根结点，名称设为Root Node，值为null。

第7步　将模糊属性数据库中的事务逐条插入到模糊FP树，判断当前事务的模糊区域 R_{jk} 在模糊FP树中是否存在对应的分支，若存在则将其在当前事务的隶属度值加至FP树分支中对应此模糊区域结点的隶属度值上；若不存在，则在对应分枝的尾部增加一个模糊区域 R_{jk} 的树结点，并将该模糊区域的隶属度值赋予该结点，同时为该结点添加一条链接指向上次出现该模糊区域结点的地方。如果该模糊区域在整个FP树中是首次出现，则将其链接至头表中该模糊区域的出现位置。

第7步执行完毕后生成一棵完整的模糊FP树，其结构如图5.15所示。

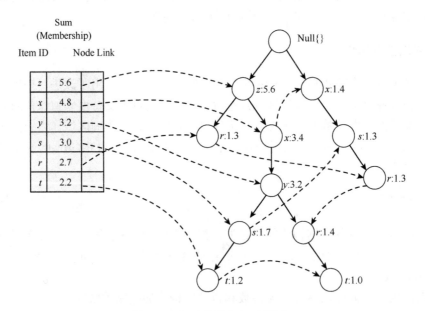

图5.15　构建的模糊FP树结构

在模糊频繁模式树构建完成以后，对其的挖掘过程如下：从长度为1的频繁模式(初始后缀模式)开始，按序构造条件模式基(一个"子数据库"，在FP树中由与该后缀模式共同出现的前缀路径集组成)。在其(条件)FP 树构建完毕以后，递归地在该树上进行挖掘，通过连接后缀模式与条件 FP 树产生的频繁模式实现模式增长。

以图中构建的 Fuzzy FP 树为例，设最小支持数为 2，首先考虑 t，它是头表中的最后一项。包含 t 的分支一共有两条，分别是{z, x, y, s: 1.2}和{z, x, y, r, t: 1.0}，则其对应的前缀路径是{z, x, y, s: 1.2}和{z, x, y, r: 1.0}，它们是 t 的条件模式基。然后使用该模式基构建 t 的 FP 树，得到的条件 FP 树则仅包含一条路径{z, x, y: 2.2}，在此不包含 r 和 s，因为 r 和 s 在整个原始 FP 树中虽是频繁项，但是在 t 的条件 FP 树中并不频繁。由于该 FP 树是单路径的，所以可以直接列举{z, x, y: 2.2}的所有集合，并同 t 取并集，得到该单路径产生的所有频繁模式为{t}、{t, y}、{t, x}、{t, z}、{t, x, y}、{t, x, z}、{t, y, z}和{t, x, y, z}。然后再以头表中的倒数第二个元素开始，继续按照上述过程重复进行挖掘。

3. 实验与分析

仍然采用郑州市某流域的地形数据，在得到隶属函数以后，通过事务模糊化得到159 840 条模糊事务数据。在实验过程中，分别使用 Hong(1999)的挖掘方法和改进的全模糊区域频繁模式树构造方法来压缩模糊事务数据，采用单因素分析法，即在挖掘过程中均采用经典的 FP-Growth 算法提取关联规则。实验分别从挖掘得到的模糊关联规则数目以及算法运行时间两个方面进行了对比分析。

1)规则数目对比

实验对比了原算法和全模糊区域频繁模式树构造算法分别在不同的支持数和置信度下挖掘到的模糊关联规则的条数，分别如图 5.16 和图 5.17 所示。

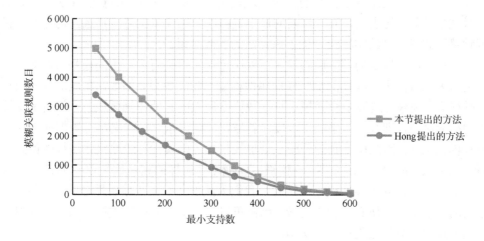

图 5.16　不同最小支持数下两种方法得到的关联规则数目对比

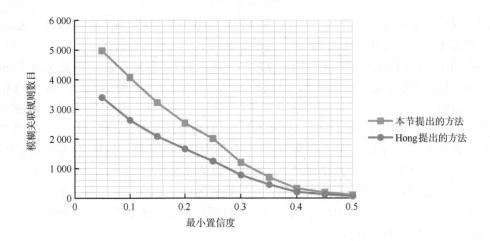

图 5.17　不同最小置信度下两种方法得到的关联规则数目对比

图 5.16 中的两条折线图从上至下依次对应着本节提出的算法以及 Hong（1999）提出的算法在最小置信度取值为 0.05，最小支持数从 50 到 600 之间等差递增时模糊关联规则的条数。从图 5.16 中可以看出，随着支持数的增大，模糊关联规则的数目逐渐减少。而本节中全模糊频繁模式树构造算法得到的模糊关联规则的条数远多于 Hong 的算法挖掘到的模糊关联规则条数。这表明，对于相同的最小置信度，经过多支持度筛选，构造的全模糊区域频繁模式树得到的实验结果优于原算法的实验结果。

图 5.17 中的两条折线图从上至下依次对应着本节提出的算法以及 Hong 提出的算法在最小支持数取值为 50，最小置信度从 0.05 到 0.5 之间等差递增时模糊关联规则的条数。从图 5.17 中可以看出，随着支持数的增大，模糊关联规则的数目逐渐减少，而采用本节全模糊频繁模式树构造算法得到的模糊关联规则的条数远多于 Hong 的算法挖掘到的模糊关联规则条数。这表明，对于相同的最小置信度，经过多支持度筛选，构造的全模糊区域频繁模式树得到的实验结果优于原算法的实验结果。

两个实验结果图表明，改进的算法可以比原算法得到更多有用的模糊关联规则，这些规则即为原算法中舍弃掉的那些模糊属性构成的相关关系。例如，在地形事务数据集中，原算法在模糊化过程中舍弃掉了每个数值型属性的其他模糊区域，只保留了支持度最大的模糊区域，即高程：中低，坡度：斜坡，坡向：东北。模糊事务数据库中仅包含这三种模糊属性，因此挖掘到的关联规则也仅包含这些属性。通过原算法只能得到诸如"高程.is(中低)and 坡向.is(斜坡)→植被.is(灌木)"这样的相对比较单一的模糊关联规则。当数值型属性处于其他模糊区域时，我们无法得知其与其他属性之间的关联关系。改进后的算法保留了所有的模糊区域，因此可以发现更多有用的关联关系，其发现的关联规则所反映的规律也更符合现实情况。

2）运行时间对比

分别测试两种算法在不同数据集规模下的运行时间，结果如图 5.18 所示。

从图 5.18 可以看出，随着数据量规模的增大，改进算法同原算法的运行时间差逐渐增大，但并不是以指数上升，而是呈线性增长的趋势。由于改进算法保留了所有的模糊区域，因此在数据读取以及第一次扫描存储时效率均不如原算法，但得益于高度压缩模糊 FP 树结构，在通过 FP 树挖掘频繁项过程中运行时间同原算法区别并不大。而且当数据量达到 100 万条时，运行时间仅比原算法慢 19 秒。在大数据时代，随着云计算和流处理等技术的兴起，以及硬件成本的进一步降低，该差距对挖掘效率的影响将进一步缩小，如何通过挖掘算法得到有趣的知识才会成是数据挖掘的重点。

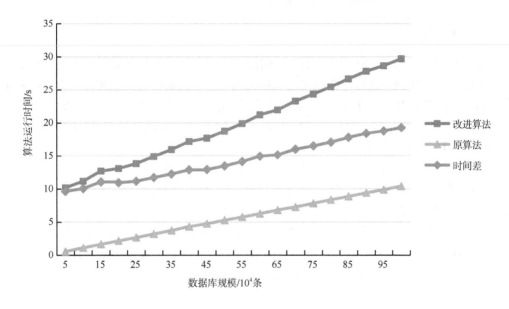

图 5.18 两种算法运行时间对比

5.2.3 基于改进粒子群算法的关联规则提取

1. 算法思想

粒子群算法具有快速随机的全局搜索能力，因此在关联规则挖掘的规则寻优过程中具备天然的优势。但是当将其引入关联规则挖掘领域后，其粒子迭代过程中的适应度计算耗费了大量时间，因为每计算一次支持度和置信度至少需要对数据库进行一次完整扫描。当数据量较大时，算法效率更为低下。

在目前已有的粒子群优化算法研究中，大多数算法仅仅将单个粒子和全局最优粒子、历史最优粒子进行交互，也就是只考虑了群体最优的信息和自己本身最优的信息，而粒子所留下的其他信息却没有有效利用。即在考虑粒子之间的信息交流时，仅仅是通过评价全局最优粒子和个体最优粒子进行的，遗弃了粒子的其他信息。在挖掘的规则提取阶段，由于扫描数据库是个重复耗时的任务，如果能将每个粒子的历史信息保存并在速度更新前让其进行交流，从而避免对无用频繁项的扫描，则可以大大提高算法的挖掘效率。基于此思想，我们设计了一种引入负反馈机制的 PSO 算法(negative feedback-PSO,

NF-PSO)，算法为粒子增加了除速度和位置以外的第三种属性：恶劣区域。在粒子迭代前通过对其未来位置的判断，可以有效地避免其落入恶劣区域，从而大大减少了对数据库的扫描次数。

下面将分别从粒子编码、参数选择、负反馈机制的引入、适应度函数、速度和位置更新等五个方面展开阐述 NF-PSO 算法。

2. 引入负反馈机制的粒子群优化算法

1）粒子编码

标准的 PSO 算法最初是针对连续空间函数优化问题进行搜索运算，即其速度和加速度等变量是连续的，其运算法则也是连续量的运算。然而面对工程实际中众多的离散优化问题，需要将基本的 PSO 算法在二进制空间进行扩展，构造一种离散形式的 PSO 算法模型。于是 J. Kennedy 和 R. C. Eberhart 于 1997 年率先提出了针对 0～1 规划问题的离散二进制粒子群优化算法，该算法用二进制编码方式来表示粒子位置。在关联规则挖掘数据预处理阶段对数据进行事务化时，用 0 和 1 来对数据进行二进制编码从而表示属性是否出现，因此整个事务数据库作为关联规则挖掘领域的解空间，其属于离散域，则适合使用离散二进制粒子群优化算法对其进行关联规则挖掘。

二进制编码一般有两种方式：一种是 Holland 的密歇根方法；另一种是 Jong 的匹兹堡方法。这两种方法的根本区别在于个体所描述的规则量。密歇根方法使用个体表示一条规则，用群体表示规则集。而匹兹堡方法则用个体来表示一个规则集，群体表示的是多个规则集。

选择使用密歇根方法，即一个粒子表示一条关联规则。如果事务集中有 N 个事务，则粒子的位置由一个 N 维数组来表示，每个数组包含两个部分，每部分的取值均为 0 或者 1。第一部分如果为 1，则表示该事务在该规则中出现，反之则不出现。第二部分表示该事务是规则前件或者后件，1 为前件，0 为后件。如 $L = \{(0, 0), (1, 0), (1, 1)(0, 0), (1, 0)\}$，其表达的规则为 $\{2, 5\} \Rightarrow \{3\}$。

2）参数选择

（1）惯性权重 w：惯性权重决定了前次迭代速度对本次迭代速度的影响，对其设定也同样影响着粒子局部搜索和全局搜索能力的平衡。权重较大则增强了粒子全局搜索的能力，反之亦然。由于在搜索开始时较大的惯性权重可以使粒子尽快散开，从而找到比较好的搜索范围。随着粒子的迭代，后期比较小的权重可以提供更好的局部搜索能力，使粒子向最优解逼近。所以学者们指出惯性权重应该随着搜索次数的增加逐步减小。目前惯性权重的设置方式主要有线性变化、指数变化和随机变化等。在本节中，选择线性减小的方式。惯性指数初始值设为 0.9，随着迭代次数的增加，逐步线性递减至 0.4，以优化算法的挖掘结果。

（2）学习因子 c_1，c_2：学习因子 c_1，c_2 代表粒子向个体最优位置 $pbest_i$ 和群体最优位置 $gbest_i$ 靠拢的加速项权重，用于平衡粒子个体经验和群体经验之间的信息比重。c_1 控制粒子个体信息的获取量,过大则个体的信息不被其他粒子信任,从而导致粒子的搜索方向过于独立,不利于收敛。而 c_2 则代表种群信息的获取量,增大 c_2 可以提高种群的收敛速度,但容易陷入局部最优解。学习因子为正常数,一般在取值在 0~2 之间,大多时候被设为 2.0。为了使粒子的搜索范围包括以 $p_i(t)$ 和 $g_i(t)$ 为中心的区域,本节设置 $c_1 = c_2 = 2$。

(3)最大速度 V_{max}:最大速度 V_{max} 是指在某一维度上粒子单次最大飞行距离,其取值影响粒子的搜索步长,控制着粒子的搜索性能。一般来说,粒子的最大速度不能超过区间宽度范围。较大的 V_{max} 有利于全局搜索,但是容易飞出最优解的位置。较小的 V_{max} 利于局部搜索,但是容易落入局部最优解。一般的取值为粒子在该维度上取值宽度的一半。本节中设为 0.5。

(4)群体规模 m:即搜索种群中个体的个数。种群数量大虽然可以增强种群初始化的多样性,从而增大找到全局最优解的概率,但是在适应度计算和位置速度更新等方面增大了算法的开销;对于粒子数较少的种群,则出现相反的问题。一般来说,如果不是复杂的多目标优化等问题,粒子群的初始规模不必太大,根据本节中的实际情况,取 $m = 20$。

(5)进化次数 n:进化次数 n 直接影响到算法的寻优结果,进化次数越多寻优的结果质量越好,但会增加计算次数。反之则会因进化不成熟,减小最优解出现的概率。根据粒子群目标函数的适应度曲线,在后期算法结果趋于高度收敛。因此本节中选取最大进化次数 $n = 100$。

3)负反馈机制的引入

反馈机制最初来源于生态学,分为正反馈和负反馈,正反馈以现在的行为加强未来的行为,而负反馈则通过现在的行为削弱未来的行为。正反馈可使系统更加偏离平衡位置,但不能使系统保持稳定。生物的生长,种群数量的增加等都属于正反馈。要使系统维持稳态,只有通过负反馈机制。比如在种群数量调节过程中,密度制约作用是负反馈机制的体现,负反馈机制的意义在于通过自身功能舒缓系统中的压力,以使系统维持稳态。

在传统的关联规则挖掘算法中,产生频繁项需要对事务数据库进行大量的重复扫描,这大大降低了算法的效率,将普通粒子群算法应用到关联规则挖掘中,也不可避免地存在同样缺陷。计算每个粒子的适应度时,都要对所有事务数据进行完整扫描。假设初始群体规模有 30 个粒子,迭代次数为 100,则计算规则前件时对事务数据库的扫描次数就高达 3 000 次,当数据库规模增大时将消耗更长时间。

普通的粒子只存储了自身历次迭代过程中的最优位置,依此对自身及种群内其他粒子进行正向反馈,但对自身恶劣位置并没有记忆。当其他粒子经过速度和位置更新到达该恶劣位置时,还要重新扫描数据库计算其适应度。如果可以根据已有的恶劣位置对其进行负反馈,从而阻止粒子跳到该区域或者促使其尽快离开该区域,可以大大地减少对数据库的扫描次数,从而提高挖掘效率。

为了避免挖掘过程中对无用频繁项的重复扫描,尽量避免粒子落到恶劣位置,本节引入负反馈机制对粒子进行了改进，为粒子增加除了位置和速度外的第三种属性：恶劣区域。该属性通过无用频繁项矩阵表示，其存储了粒子每次迭代后的恶劣位置及相应适应度。当其他粒子位置更新后，如果落入已知的恶劣区域，则跳过计算适应度函数阶段，利用随机数重新计算速度然后更新位置。

以粒子{1，0，1，0，0}为例，其代表的项集为{1，3}，若其为非频繁模式，则将该位置存入无用频繁项矩阵。根据关联规则的性质，即"非频繁项集的所有超集均为非频繁项集"，则其他包含{1，3}的位置，如{1，1，1，0，0}，{1，0，1，1，0}，{1，0，1，1，1}等均为恶劣区域。当粒子跳跃至该恶劣区域时，其所代表的项集必然为非频繁项集，故可重新计算速度，避免对无用频繁项的重复计算。

4) 适应度函数

适应度用于评价粒子个体的优劣程度，即度量在优化计算过程中，各个体可能达到、接近于或者有助于找到最优解的优良程度，其可有效地反映各粒子与问题最优解之间的差距，因此适应度函数的设计直接影响到粒子群算法的执行效率以及挖掘结果的质量，所以其取值大小与求解问题对象的意义关系比较密切。在粒子群优化算法中，我们需要根据具体目标问题确定适应度函数。适应度函数用于评价粒子的搜索性能，从而指导粒子种群的搜索过程，在算法终止时粒子的最优位置所代表的解变量即为优化问题的最优解。

度量空间关联规则有两个重要指标：支持度和置信度。支持度是对规则出现次数的衡量，支持度越高，表明这条规则在事务数据库中出现的频率越高，即这条规则越重要。而置信度则是指规则前件发生的前提下规则后件发生的概率，其被用来衡量规则的可信程度，即规则的强度。置信度越高，表示该规则越可信。故支持度和置信度分别表示了规则的有用性和确定性。在各种粒子所代表的规则竞争中，只有支持度和置信度都高才有可能生存下来，所以可以利用这两个指标来构造适应度函数，从而对规则的质量进行评价。最简单的方式就是将支持度与置信度相结合，首先分别将其同影响因子 α 和 β 相乘，然后对结果求和，最后得到的加权和作为适应度值，公式如下：

$$\text{fitness(rule)} = \alpha \times \text{support(rule)} + \beta \times \text{confidence(rule)} \tag{5.18}$$

式中，rule 表示关联规则；support(rule) 和 confidence(rule) 表示关联规则的支持度和置信度；α 和 β 表示影响因子；$\alpha, \beta \in [0,1]$。当 α 为 0 时则表示只用置信度来表示规则，算法可能只会产生一些置信度高但支持度低的规则，这些规则在实际应用中可能是毫无意义的。当 β 为 0 时则表示只用支持度来表示规则，可能会遗漏掉部分支持度低但置信度高的规则。

5) 速度和位置更新

二进制粒子群算法对位置更新公式进行了改进，使其符合二进制性质。

$$X_{(i+1)} = \begin{cases} 1, \text{当 rand( )} > \text{sigmoid}(V_{(i+1)}) \\ 0, \text{当 rand( )} > \text{sigmoid}(V_{(i+1)}) \end{cases}, \text{sigmoid}(x) = 1/(1+\mathrm{e}^{-x}) \tag{5.19}$$

这里的 sigmoid( )是一个值域范围为(0，1)的转换限制函数，如图 5.19 所示，其能够保证速度的每一个分量都限制在[0, 1]区间，而 rand( )是(0，1)之间的随机数。通过sigmoid 函数来计算对应位置改变的概率，如果速度较大，则有 $X_{(i+1)}$ 有更大的概率取到1；速度较小，则选 0 的概率更大。

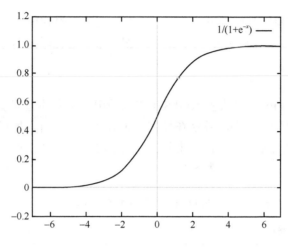

图 5.19　sigmoid 函数曲线

最大速度 $V_{\max}$ 决定了粒子在一次迭代中的最大飞行距离，一般来说，$V_{\max}$ 不能超过粒子的最大宽度范围。如果 $V_{\max}$ 太大，则粒子可能丧失局部搜索的能力，导致飞过最优解。但如果 $V_{\max}$ 阈值太小，则会降低粒子的全局搜索能力，导致陷入局部最优解。根据实验中空间数据的属性特征，在本节中设定 $V_{\max} = 5$。

3. 算法流程

改进的 PSO 算法(Negative Feedback-PSO，NF-PSO)具体步骤描述如下。

输入：空间事务数据库 STD，粒子群大小 m，粒子迭代次数 n，学习因子 c_1 和 c_2，影响因子 α 和 β，最小支持度 min_support 和最小置信度 min_confidence。

输出：空间关联规则 rule。

第 1 步　算法开始，随机初始化粒子群中各粒子的位置和速度；

第 2 步　使用适应度函数计算各粒子的适应度；

第 3 步　评价各粒子当前位置适应度与自身最优位置 pbest 适应度大小，若优于 pbest，则将其更新为当前值；

第 4 步　更新无用频繁项矩阵；

第 5 步　寻找粒子群中的最优粒子，将其适应度与群体最优粒子 gbest 适应度比较，若优于 gbest，则将 gbest 更新为当前值；

第 6 步　根据式(5.19)对粒子的速度和位置进行更新，产生新的种群；

第 7 步　将更新后的粒子位置同无用频繁项矩阵中所表示的"恶劣区域"对比，若更新后的粒子包含无用频繁项的超集，则重新利用速度更新公式对其更新；

第 8 步　检查是否满足结束条件，如果满足，则寻优结束，否则 $n = n + 1$，重新回到第 2 步。

4. 实验与分析

利用 5.2.2 节实验压缩模糊事务数据所得的模糊频繁模式树，分别使用 NF-PSO 算法、传统 PSO 算法以及经典 Apriori 算法在挖掘结果和运行时间两方面进行了对比。

1）挖掘结果对比

由于实验中一般 PSO 算法和 NF-PSO 算法采用了同样的适应度函数和位置更新公式，因此，排除随机因素后两种算法在挖掘结果方面并无差异。所以在此对 NF-PSO 算法和 Apriori 算法的挖掘结果进行对比分析。利用这两种算法挖掘空间关联规则，取结果的前 5 条关联规则见表 5.3 和表 5.4。

表 5.3　NF-PSO 算法挖掘的前 5 条空间关联规则

规则序号	地形特征	土地覆盖类型	支持度	置信度	支持度+置信度
1	低地，缓倾斜坡	农业用地	0.45	0.68	1.13
2	低地，平地	农业用地	0.32	0.76	1.08
3	陡坡	林地	0.42	0.62	1.04
4	中低	林地	0.15	0.76	0.91
5	低地，平地	水库	0.16	0.65	0.81

表 5.4　Apriori 算法挖掘的前 5 条空间关联规则

规则序号	地形特征	土地覆盖类型	支持度	置信度	支持度+置信度
1	陡坡	林地	0.42	0.62	1.04
2	低地，平地	农业用地	0.35	0.53	0.88
3	平地	水库	0.25	0.46	0.71
4	低地	水库	0.24	0.61	0.85
5	低地，平地	水库	0.18	0.65	0.83

从表中可以看出，使用 Apriori 算法会产生冗余规则，如规则 3、规则 4、规则 5 都属于频繁项集{平地，低地，水库}。此外，由于 Apriori 算法是从最大频繁项集中提取关联规则的，所以一些不是最大频繁项集子集但是能产生高置信度规则的项集就会被忽略。如 NF-PSO 算法产生的规则 4，虽支持度低，但置信度却相当高，在发现地形特征同土地利用类型的关联关系时，这类规则是很有意义的。

2)运行时间对比

为了验证算法的有效性，分别取不同规模的数据集对挖掘算法进行了测试，三种算法的计算时间比较如图 5.20 所示。

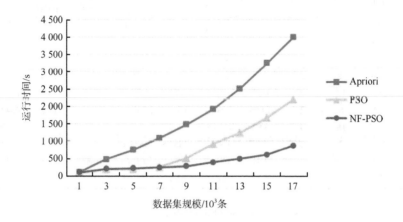

图 5.20　三种算法的计算时间比较

第一　随着数据集规模的增大，Apriori 算法的运行时间呈现出指数级的增大趋势，普通 PSO 算法的运行时间也大幅度增加，而 NF-PSO 算法的运行时间只有小幅度增加。

第二　对于小规模数据集，NF-PSO 算法的运行效率低于普通 PSO 算法。如图 5.20 中所示，当数据集规模小于 6 000 条时，一般的 PSO 算法效率是优于 NF-PSO 算法的。这是因为负反馈机制的引入使 NF-PSO 算法要花费时间去记录粒子的恶劣位置，在粒子位置更新前要对其是否将落入恶劣位置进行判断。当数据集规模比较小时，该算法记录和判断的过程比扫描数据库的时间复杂度更高，因此花费的时间更长。不过当数据集规模增大时，NF-PSO 算法的优势就逐渐呈现出来。

5.3　模糊空间关联规则应用研究

下面将模糊空间关联规则挖掘方法应用于重金属污染分析，以验证该方法的可行性。

5.3.1　数据准备与数据预处理

1. 数据准备

实验数据来自 2011 年全国大学生数学建模竞赛 A 题，题目为某城市表层土壤重金属污染分析，数据包括三个表格：A 表. 取样点位置及其所属功能区；B 表. 各采样点八种主要重金属的浓度；C 表. 八种主要重金属元素的背景值。其中 A 和 B 采样数据共 320 条记录，每条记录包括采样点的平面位置(x, y)、海拔、所属功能区、重金属浓度(包括 As, Cd, Cr, Cu, Hg, Ni, Pb, Zn)，将 A 和 B 按照编号合并为 D 表，其数据格式如表 5.5 所示，功能区 ID 与类别的对照表如表 5.6 所示，八种主要重金属元素的背景值如表 5.7 所示，采样点的位置分布如图 5.21 所示。根据采样点平面坐标和海拔，插值得到的地形图如图 5.22 所示。

表 5.5　城市表层土壤重金属污染前十个采样点数值

编号	X/m	Y/m	海拔/m	功能区	As/(μg/g)	Cd/(ng/g)	Cr/(μg/g)	Cu/(μg/g)	Hg/(ng/g)	Ni/(μg/g)	Pb/(μg/g)	Zn/(μg/g)
1	74	781	5	4	7.84	153.8	44.31	20.56	266	18.2	35.38	72.35
2	1373	731	11	4	5.93	146.2	45.05	22.51	86	17.2	36.18	94.59
3	1321	1791	28	4	4.90	439.2	29.07	64.56	109	10.6	74.32	218.37
4	0	1787	4	2	6.56	223.9	40.08	25.17	950	15.4	32.28	117.35
5	1049	2127	12	4	6.35	525.2	59.35	117.53	800	20.2	169.96	726.02
6	1647	2728	6	2	14.08	1092.9	67.96	308.61	1040	28.2	434.80	966.73
7	2883	3617	15	4	8.94	269.8	95.83	44.81	121	17.8	62.91	166.73
8	2383	3692	7	2	9.62	1066.2	285.58	2528.48	13500	41.7	381.64	1417.86
9	2708	2295	22	4	7.41	1123.9	88.17	151.64	16000	25.8	172.36	926.84
10	2933	1767	7	4	8.72	267.1	65.56	29.65	63	21.7	36.94	100.41

表 5.6　功能区标记数值同类型对应表

数值	1	2	3	4	5
类别	生活区	工业区	山区	交通区	公园绿地区

表 5.7　八种主要重金属元素浓度的背景值

元素浓度	As/(μg/g)	Cd/(ng/g)	Cr/(ng/g)	Cu/(ng/g)	Hg/(ng/g)	Ni/(μg/g)	Pb/(μg/g)	Zn/(μg/g)
平均值	3.6	130	31	13.2	35	12.3	31	69
标准偏差	0.9	30	9	3.6	8	3.8	6	14
范围	1.8~5.4	70~190	13~49	6.0~20.4	19~51	4.7~19.9	19~43	41~97

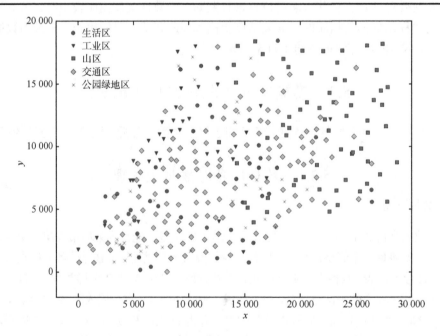

图 5.21　采样点分布

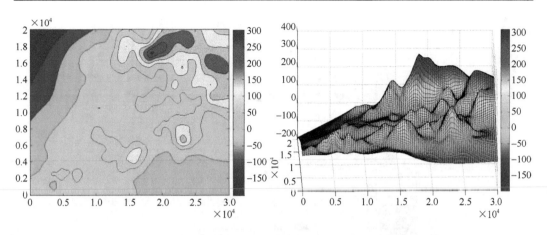

图 5.22　地形插值结果

2. 数据预处理

在原始数据点中含有 x、y、z(海拔)等空间属性,因此首先需要对数据进行离散化处理。由于重点关注模糊关联规则挖掘方法研究,所以在这里采用 R.Sierra 和 C.R.Tephens 提出的离散化方法:使用均匀网格对整个平面进行划分,将不同要素类的实例出现在同一网格内定义为同现,从而将该实例定义为同现实例。在这里选用的正方形网格单元边长为 1 500 m,划分的结果如图 5.23 所示。

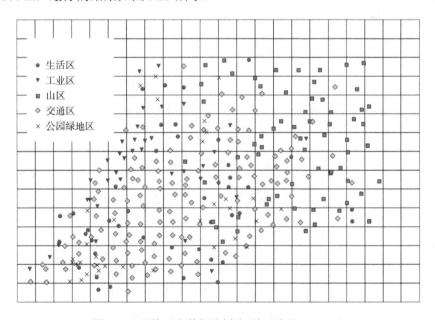

图 5.23　网格对点数据的划分(单元边长 1 500 m)

在使用网格进行划分以后,将包含实例数量为 0 的网格删除,以网格包含点个数为参考权重设置灰度,其结果如图 5.24 所示。提取同一网格内的采样点作为邻近采样点,赋予其 near_to 的空间谓词。

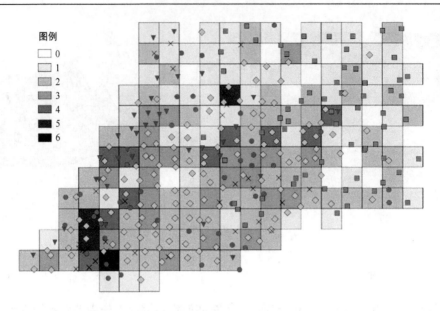

图例

- □ 0
- 1
- 2
- 3
- 4
- 5
- 6

图 5.24　剔除冗余网格后的同现模式

图例表示不同灰度网格内采样点的个数

3. 确定隶属函数

首先利用模糊聚类方法对数据进行模糊聚类划分，分为正常、低污染、中污染、高污染四个模糊区域，从而得到初始的隶属函数，然后通过第三章提出的隶属函数优化方法对其进行优化。最后参考八种主要重金属元素的背景值对其进行人工修正。以 As 元素为例，最后得到的隶属函数如式(5.20)至式(5.23)所示。

$$f_{正常}(x)=\begin{cases}1, & x\in(0,3.25]\\[2mm]\dfrac{5.5-x}{2.25}, & x\in(3.25,5.5]\\[2mm]0, & x\in(5.5,30.2)\end{cases} \tag{5.20}$$

$$f_{低}(x)=\begin{cases}0, & x\in(0,3.32]\\[2mm]\dfrac{x-3.32}{2.31}, & x\in(3.32,5.63]\\[2mm]\dfrac{7.94-x}{2.31}, & x\in(5.63,7.94]\\[2mm]0, & x\in(7.94,30.2)\end{cases} \tag{5.21}$$

$$f_{中}(x)=\begin{cases}0, & x\in(0,5.8]\\[2mm]\dfrac{x-5.8}{2.86}, & x\in(5.8,8.66]\\[2mm]\dfrac{11.52-x}{2.86}, & x\in(8.66,11.52]\\[2mm]0, & x\in(11.52,30.2)\end{cases} \tag{5.22}$$

$$f_{高}(x) = \begin{cases} 0, & x \in (0, 8.79] \\ \dfrac{x - 8.79}{3.41}, & x \in (8.79, 12.2] \\ 1, & x \in (12.2, 30.2) \end{cases} \tag{5.23}$$

5.3.2　挖掘结果分析及检验

在数据预处理完毕并通过隶属函数得到模糊事务数据集以后，根据数据情况，在实验过程中设定最小支持数为 35，最小置信度为 0.3，算法均使用 Python 语言编写。

最终分总共得到 358 条关联规则，为了节省篇幅，本节按照支持数降序排列取前十条结果，将其转化为关联规则表达形式。

规则前件是规则成立的前提，而规则后件则是由前件导出的结果。如表 5.8 中的第 5 条规则的含义即：如果 A 点的 Cr 为高度污染，且 A 和 E 具有邻近关系，那么 E 点的 Cr 元素为中度污染的概率为 0.49，整个数据库中该规则的支持数约为 43.44。

表 5.8　由重金属污染数据挖掘得到的前十条挖掘结果

ID	规则前件	规则后件	支持数	置信度
1	A.Pb is Low	A.Cd is Low	54.57	0.39
2	A.Area is 工业区	A.Hg is High	52.13	0.57
3	A.Area is 生活区 and A.Cr is Middle	A.Ni is Low	48.55	0.56
4	A.Cr is Normal and A.Hg is Normal	A.Zn is Normal	43.90	0.83
5	A.Cr is High and A is near to E	E.Cr is Middle	43.44	0.49
6	A.Area is 生活区 and A.Cu is Middle	A.Zn is Middle	41.60	0.82
7	A.Cd is Middle	A.Zn is Low	41.55	0.51
8	A.Cu is High	A.Area is 工业区	41.09	0.61
9	A is 交通区 and A.Pb is Middle	A.Cd is High	40.34	0.57
10	A.Pb is Low and A.Cr is Low	A.Zn is Low	38.76	0.71

从表 5.8 中我们可以得到城市重金属元素之间的分布特征及其同所在功能区的关联关系。如第 3 条规则，如果 A 在生活区且 A 点 Cr 浓度为中度污染，那么 A 点的 Ni 为低度污染的概率为 0.56。这表明 Cr 和 Ni 可能是来自生活区的同一污染源。Cr 元素的主要来源是电镀、制盐生产以及铬矿石开采所排放的废水，而 Ni 的主要来源则是农田施肥、灌溉用水等，综合考虑可知该污染可能是通过水传播的，则应对附近的水源进行检测以进一步确定污染源。再比如第 6 条规则，如果 A 在生活区且 Cu 中度污染，则 Zn 也为中度污染的概率为 0.82，且支持数为 41.60。这表明 Cu 和 Zn 具有强相关性。考虑到生活区中 Cu 和 Zn 的主要共同来源为生活中电子产品的废弃物，如电池、光管、废旧电器等，故该地区应该注重对电子垃圾的分类和回收。

5.3.3 结果检验

为了验证挖掘到的模糊关联规则的正确性和合理性，本节分别使用相关性分析法和内梅洛综合污染指数法分析该问题以对结果进行检验。为了直观地观察到各金属的分布情况，首先分别将各重金属污染浓度作为 Z 值，利用 Matlab 软件自带的 v4 插值方法，对 8 种重金属的空间分布情况进行可视化。通过插值得到的空间分布图如图 5.25 至图 5.32 所示。

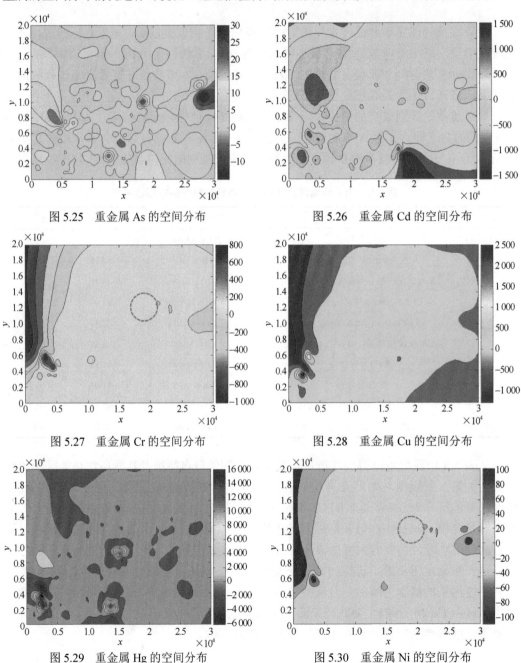

图 5.25　重金属 As 的空间分布　　　　图 5.26　重金属 Cd 的空间分布

图 5.27　重金属 Cr 的空间分布　　　　图 5.28　重金属 Cu 的空间分布

图 5.29　重金属 Hg 的空间分布　　　　图 5.30　重金属 Ni 的空间分布

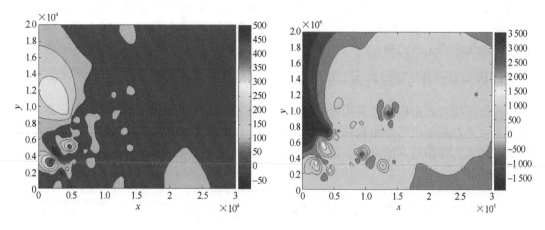

图 5.31　重金属 Pb 的空间分布　　　　　　图 5.32　重金属 Zn 的空间分布

1. 相关性分析法

根据所给的数据，对 As、Cd、Cr、Cu、Hg、Ni、Pb、Zn 八种重金属元素浓度和海拔作相关性分析，使用 SPSS 22.0 软件进行相关性分析，得到该八种元素以及海拔的相关系数矩阵，如表 5.9 所示。

表 5.9　八种重金属元素以及海拔的相关系数矩阵

项目	海拔	As	Cd	Cr	Cu	Hg	Ni	Pb	Zn
海拔	1.000	−0.289	−0.248	−0.152	−0.138	−0.084	−0.163	−0.235	−0.178
As	−0.289	1.000	0.255	0.189	0.160	0.064	0.317	0.290	0.247
Cd	−0.248	0.255	1.000	0.352	0.397	0.265	0.329	0.660	0.431
Cr	−0.152	0.189	0.352	1.000	0.532	0.103	0.716	0.383	0.424
Cu	−0.138	0.160	0.397	0.532	1.000	0.417	0.495	0.520	0.387
Hg	−0.084	0.064	0.265	0.103	0.417	1.000	0.103	0.298	0.196
Ni	−0.163	0.317	0.329	0.716	0.495	0.103	1.000	0.307	0.436
Pb	−0.235	0.290	0.660	0.383	0.520	0.298	0.307	1.000	0.494
Zn	−0.178	0.247	0.431	0.424	0.387	0.196	0.436	0.494	1.000

从表中可以得到：

（1）各种重金属元素与海拔均成负相关，即海拔越高，其含各种重金属元素的浓度越低。

（2）Cr 和 Ni 的相关性最强，相关系数为 0.716，与表 5.8 第三条关联规则相对应，即表明可能是来自同一污染源。结合图 5.27 和图 5.30，可以观察到两种元素的污染源位置在空间距离上非常接近，尤其在圆圈所示位置，仅有这两种元素呈现了污染特征。

（3）Cd 和 Pb 的相关系数为 0.66，这表明两者也具有强关联性，与表 5.8 第 1 条和第 9 条规则相对应。结合图 5.26 和图 5.31 可以看出，其高含量点主要位于交通区和工业区周边，这可能是因为 Cd 和 Pb 来自汽车尾气的排放、汽车轮胎的磨损和冶炼厂的废水废渣，以及电池、颜料和稳定剂、涂料工业的废水等，所以可以说 Cd 和 Pb 主要污染源来自于交通污染和工业污染。

2. 内梅罗综合污染指数法

内梅罗综合污染指数法是国内外通用的一种重金属污染评价法，该方法在计算某个区域某种重金属单项污染指数（分指数）的基础上，再计算该区域多种重金属的综合污染指数。单项污染指数和综合污染指数的计算公式分别如式(5.24)、式(5.25)所示。

$$P_{ij} = C_j / S_j \tag{5.24}$$

$$P = \sqrt{\frac{1}{2}\left[\left(\frac{1}{n}\sum_{i=1}^{n}P_i\right)^2 + \max\left(P_i\right)^2\right]} \tag{5.25}$$

在此选择《土壤环境质量标准》(GB 15618—1995) 中的一级标准作为环境保护的标准，通过 SPSS 计算求得各功能区各重金属的平均浓度如表 5.10 所示。根据以上两式计算求得五个功能区各重金属的单项污染指数和综合污染指数，如表 5.11 所示。

表 5.10　各功能区的各重金属平均浓度

区域	As/(μg/g)	Cd/(ng/g)	Cr/(μg/g)	Cu/(μg/g)	Hg/(ng/g)	Ni/(μg/g)	Pb/(μg/g)	Zn/(μg/g)
生活区	6.270	289.961	69.018	49.403	93.041	18.342	69.106	237.009
工业区	7.251	393.111	53.409	127.536	642.355	19.812	93.041	277.928
山区	4.044	152.320	38.960	17.317	40.956	15.454	36.556	73.294
交通区	5.708	360.014	58.054	62.215	446.823	17.617	63.534	242.855
公园绿地区	6.264	280.543	43.636	30.192	114.992	15.290	60.709	154.242

表 5.11　八种重金属元素的不同区域的单项和内梅罗综合污染指数

区域	单项污染指数								综合污染指数
	As	Cd	Cr	Cu	Hg	Ni	Pb	Zn	
生活区	0.418	1.450	0.767	1.410	0.620	0.459	1.974	2.370	1.873
工业区	0.483	1.966	0.590	3.640	4.282	0.495	2.658	2.779	3.377
山区	0.270	0.760	0.430	0.495	0.273	0.386	1.044	0.733	0.835
交通区	0.380	1.810	0.646	1.786	2.988	0.440	1.821	2.441	2.376
公园绿地区	0.420	1.403	0.485	0.863	0.767	0.382	1.735	1.540	1.400

首先根据对各功能区的单项污染指数利用 Excel 生成柱状图，如图 5.33 所示。

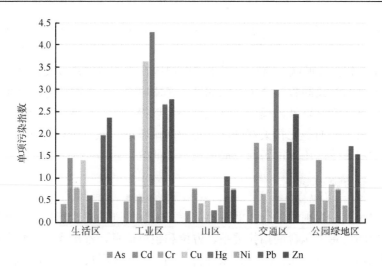

图 5.33　区域单项污染指数

结合各金属的空间分布情况，按照重金属种类进行分析：

（1）对于 Cu，该市表层土壤 Cu 基本未污染，只有个别点富集程度较高，污染达到中度污染，该富集中心的位置主要分布在生活区周边，这表明 Cu 可能是由城市商业活动、城市居民生活累加到土壤中的。

（2）对于 Hg，其高含量点主要分布在工业区周边，这与表 5.8 第二条规则对应。Hg 污染的一个主要原因是由于燃煤造成的，工业排放也是表层土壤 Hg 污染的另一个重要来源，主要在大面积污染的几个工业密集中心。

（3）对于 Zn，其高含量点也主要分布在交通繁忙的主干道路区周边和工业区周边，这主要是由汽车尾气的排放和工矿企业的三废排放导致的。

（4）对于 As，该市表层土壤 As 基本都是轻度或中度污染，只有个别点富集程度较高，该富集中心的位置主要分布在工业区周边，主要来源可能是工厂的废水排放；对于 Cr、Ni、Cd 以及 Pb 空间分布特征前已述及，不再赘述。

最后根据内梅罗综合污染指数生成柱状图，如图 5.34 所示。

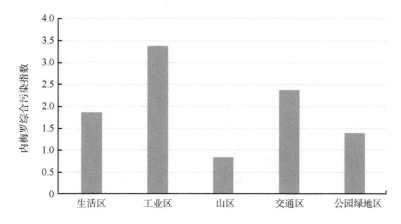

图 5.34　区域内梅罗综合污染指数

　　从中可以直观看到各区域的重金属污染程度：工业区＞交通区＞生活区＞公园绿地区＞山区。

　　综合以上分析，该城区的重金属污染主要原因在于工业释放及交通排放。采用模糊关联规则挖掘到的结果同数学分析方法的结论基本吻合，这表明该方法具备一定的实际意义和应用价值。除此以外，模糊关联规则还可以挖掘出与表 5.8 中规则 3 类似的功能区和重金属元素之间的多元相关规则，其进一步地验证了数学分析方法中的一些猜测。

　　空间关联规则挖掘还有很多问题尚需进一步研究。

1) 空间关联规则的评价

　　目前对空间关联规则的评价，采用的是普通关联规则的评价指标。空间数据不同于其他数据，空间信息中包含的拓扑关系、方位和距离信息，都蕴含着项集之间的空间依赖关系。如何有效利用这种隐含信息，来评价并删除冗余关联规则，这是以后研究的重点。

2) 弱空间关联规则

　　我们的研究主要是面向正空间关联规则进行研究，然而在某些情况下，负空间关联规则在某些应用领域和潜在空间关联知识发现中发挥着重要的作用。后续如何对已有的挖掘方法进行拓展，使其能够发现空间实体之间的负相关现象，还需进一步研究。

3) 关联规则的可视化表达

　　目前已有的方法工具在一定的程度上实现了对空间关联规则挖掘过程和结果的可视化，但缺乏与用户的交互能力，且关联规则的表达晦涩难懂。对于数据主要来源于地图的空间关联规则挖掘，若能将关联规则结果"回归"地图，可以让人们更直观地获取关联规则所表达的有用信息。对此，应该提高挖掘过程的交互性、可视性以及结果显示的可理解性。

第6章 本体辅助的空间关联规则挖掘

6.1 本体及其构建

6.1.1 本体基本概念

"本体"是一个起源于哲学的概念，是对客观存在的系统的解释或说明，它强调客观现实的抽象本质，是对共享概念形式化的明确表示。"本体领域，或者可以这样称，一个极度抽象实体的领域，是一个人迹罕至的迷宫"。本体不依赖于任何特定的语言，与语言无关，是对物质存在的系统性解释。因此，为了实现语义互操作与共享，本体被信息科学领域用来克服信息系统之间的"语义鸿沟"。

在计算语言学、人工智能、数据库、机器学习、医学等领域，许多学者都给出了自己的关于本体的定义和解释（表 6.1）。而在地理信息科学中，最广泛引用的本体定义是 Gruber(1995)提出的"本体是概念化的明确的规范说明"以及 Guarino(1998)提出的"本体是关于形式化词汇的意图含义的逻辑理论"。同时，Tversky 和 Hemenway(1984)也从应用的角度定义本体作为"定义和区分实体，充当获取现实世界知识的咨询专家"。本体能用逻辑规则推理来解释现实世界中的现象和事物，并达成相对一致的意见，但它在信息领域的主要应用不在于此，而在于详细地定义专业的术语和含义，从而构建一个统一的语义基础来实现领域内互操作。同时，本体的运用也是为了保证对知识理解和运用的一致性、精确性、共享性和可重用性，并为那些拥有不同知识背景的用户创造条件来进行基于语义的交流。综上所述，本体的应用是为了实现语义共享和异构信息的互操作。本体在地理信息科学中应用的主要目的是定义一个通用的词汇，以允许不同系统之间和用户与系统之间实现交互操作和最小化数据联合问题。

表 6.1 本体定义

提出者	含义
Gruber	本体是领域中共享概念模型的形式化和显式的规范说明
Neches	主题领域的词汇中的基本术语和关系以及相应的外延规则
Swartout	一个为描述某个领域而按层次关系组织起来的一系列术语，以作为一个知识库的框架
Borst	共享概念模型的形式化规范说明
Studer	共享概念模型的明确的形式化规范说明
D Fensel	特定领域中重要概念的共享形式化描述
M.Uschold	用于共享的概念模型的协议
Guarino	本体是形式化词汇的意图含义的逻辑理论
F Fonseca	从某一观点以详细明确的词汇表描述实体、概念、特性和相关功能的理论
Staab	本体是元数据模式，它通过明确定义和机器可理解的语义来提供关于概念的可控制性词汇

分析学者关于本体的描述和定义，可以看出，本体主要包括下述五层含义。

(1) 概念化：本体首先是一个概念体系，是对客观世界的抽象建模。它通过从一般表象抽取出本质从而构成物质世界的概念和组成，其表示的含义独立于具体的环境状态。

(2) 明确性：其所使用的概念和使用概念的约束都必须是精确定义的。明确性保证了本体体系的一致性。

(3) 形式化：本体是机器可理解的。

(4) 共享：本体表达的知识是共同的没有歧义的知识，它被所有使用者认可，是相关领域中公认的概念集。

(5) 领域：领域是一个概念空间，无论是顶层本体还是应用本体，它都必须要有一个描述的领域。该领域可以是人工智能、地理学等主题领域或知识领域，也可以是与某个任务或活动相关的应用领域，如土地利用、渔业资源管理等。

虽然人们表达的本体定义在语言上不尽相同，但是其表达的核心内容是一致的，即都将本体作为领域内(特定领域、知识领域)不同主体之间(人与机器、机器与机器)进行交流(主要是互操作和共享)的一种语义基础，通过本体表达清晰的、明确的概念和知识，构成语义共享的理论基础。

6.1.2　本体的结构与构建原则

1. 本体的逻辑结构

本体的逻辑结构是本体建模的基础，对于本体的建立具有直接的指导作用，许多学者对此进行了深入研究。黄茂军提出了地理本体的三元宏观逻辑结构：O-macro={Class, Property, Individual}，以及七元微观逻辑结构：O-micro={C, R, H, P, PR, PC, I}。E. Tomai 等提出了地理本体的四元组结构：O={Concepts, Lexicon, Relations, Axioms}；A. Perez 等基于分类法组织本体，并归纳出本体的五元组逻辑结构：O={C, R, F, A, I}。这里以 Perez 提出的五元组为例说明如下。

(1) 概念类(classes)：从语义分析的角度讲，概念类表示的是对象的集合，是对某个对象正确的显性的说明。它一般表示为一个概念体系或者词汇表，包括概念的名称以及对概念的描述。概念类中的概念，既可以是客观存在的实体概念，也可以是抽象的功能、行为、目的和过程等概念。

(2) 关系(relations)：表示概念之间的相互作用和关系，它可以是层次结构中表示父子关系的 is-a，也可以是表示属性的 attribute-of。从语义上讲，基本的概念关系包括 part-of，kind-of，instance-of 以及 attribute-of 四类。

(3) 函数(functions)：是一种特殊的关系，表示某一概念可由其他概念唯一决定，通过特定函数表达式可以得到特定的值。

(4) 公理(axioms)：对概念和关系进行约束的形式化说明，是表达领域语义的重要组成部分，也是检测本体一致性的重要内容。

(5)实例(instances)：从应用的角度讲，实例就是某个概念的对象化，它表示的是应用领域的具体内容。

2. 本体设计原则

无论本体建模采用哪种逻辑结构，也无论本体构建的出发点如何，在它们的建立过程中,都必须遵从一些本体设计的原则,如 Gruber(1995)提出的 5 条规则和 Guarino(1998)提出的 4 条原则。这里采用 Guarino 的 4 条原则,简单总结如下:

(1)明确性：描述的本体领域必须是详细和普遍的，而且应该有效地传达所定义的术语的内涵，如概念属性、关系或语言实体。

(2)一致性：一致性准则是 Guarino 提出的本体构建原则所讨论的核心，用于讨论在许多现存本体中"is-a"过载的问题。

(3)独立的基本分类结构：这个结构必须有描述其核心的概念，这些概念由不同性质和条件来定义，由此能组成互不相交的类。

(4)明确的角色认知：在认知中，角色并不是事物必须的属性，因为在有些领域，人们讨论的问题并不具有那个角色属性。例如，苹果既是水果也是食物(WordNet,CYC)。这里，苹果在同一立足点上有必须的和非必须两种属性，苹果必须是一种水果，但食物是它的角色，不是确认某物为苹果的必须属性。在进行本体推理时，这种区分是必须的。

6.1.3　基于语义收缩的本体构建

1. 语义收缩及"讨论对象"

语义收缩，是从语义丰富的地理空间实体到毫无语义的物质世界的逐步语义衰减，是一个本体语义从复杂到简单的步梯式过程(Couclelis, 2009)。就像我们可以通过减少时空或者属性细节来构建一个层级体系一样，我们也可以想象通过删减语义信息来构建一个概念层级体系。

谈及语义收缩，首先得涉及"讨论对象"的相关概念，这里所说的"讨论对象"，是由 Bibby 和 Shepherd(2000)引入 GIS 学科的。"讨论对象"就是我们所谈论的事物，河南省、京广铁路是一个"讨论对象"，而蓬莱仙境、花果山也是一个"讨论对象"，即便后者并不指地球上某一存在的地理区域，但因为它所富含的内涵语义，还是具有研究价值。

"讨论对象"这个概念最早可以追溯到亚里士多德在其著作《形而上学》中提出的"四因说"的观点，即目的因、物质因、动力因和形式因。Couclelis(2009)在此基础上对"讨论对象"的概念进行了分析，提出了现代视角下其存在的四种明显的层级含义：形式、结构、主体和目的。形式度量考虑 A 之所以是 A 的原因，它关注于事物区别于它物的属性；结构度量考虑事物由什么组成，特别是它内部的整体-部分关系(物质的或抽象的)以及这些"部分"之间的关联方式；主体度量着重于改变事物的动力及起因和形成过程，以及它作为主体在其他过程中扮演的角色和与结果有关的功能；目的度量考虑事物改变的原因或存在的原因，包括有目的的活动和行动。这四个清晰的尺度正是本节在构建本体模型时需要考虑的四个语义层次。

在语义收缩中引入"讨论对象"的概念是为了体现信息和语义的核心作用，以加强本体的语义表达，同时也是为了凸显事物的意向性（观察者或系统用户的目的、意图、动机、需求和信念等）在本体应用中的必要性。通过对"讨论对象"的分析，Couclelis(2009)提出了一种利用语义收缩来构建本体层级的方法。该方法实现了从语义最丰富的对象层级端到语义缺乏的物质层级端的平缓转换，而在这两端之间是一系列连续的、包含变化语义内容的分类层级。

为了更详细地说明语义收缩方法，这里借用 Couclelis(2009)在其文章中举的一个例子。假设有一个生物，它是一个有丰富意识的主体，当语义收缩开始时，它首先不能表达自己的意图和目的，接下来是无法发挥自己的功能，然后是不了解自己的结构和组成，最后是失去了观察属性领域和相关几何模式的能力。当该生物失去了它成为"讨论对象"的四个度量，语义收缩的过程也就结束。语义收缩可以发现事物在各个层级上所具有的状态，从而构建一个完整的语义本体系统，下节将详细介绍语义收缩与"讨论对象"之间的关系及语义收缩的具体步骤。

2. 语义收缩过程

为了更好地对领域信息进行语义收缩，本节根据对"讨论对象"的分析，提出了一个表达"讨论对象"和地理实体信息的概念——地理信息结构，它是"讨论对象"的概念化，是关于对象的信息载体。本节将要讨论的语义收缩过程，也是在地理信息结构基础上完成的。语义收缩过程就是从语义丰富到语义贫乏的过程，在语义最丰富的对象端到毫无语义的物质端之间，存在语义逐渐递减的结构层。这些层级的数量不确定，但是必须能够完整地表达地理空间实体的语义。从地理信息结构出发，这里提出的语义收缩过程概括为五个层次，这五个层次依次为意图、功能、复杂对象、简单对象和相似性，它们是一个语义内涵逐渐减少的层级体系。图6.1描述了这五个层次与"讨论对象"的六个度量之间的对应关系。

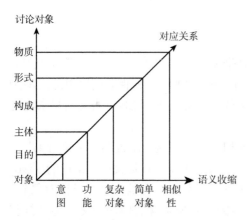

图 6.1　语义收缩与"讨论对象"之间的关系

1) 第一层　意图

意图是一个本体概念，是地理实体世界与人类社会之间的接口，是分析地理语义的重要部分。地理对象的意图来源有很多种，包括文化、经济、科技、行政管理和理论等其他特定的领域，每一个不同的意图都有不同的信息窗口。意图决定简单的地理对象是怎么命名和分类的，哪些空间功能需要去表达，哪些空间模式和量测属性会与感兴趣的实体相关，又有哪几种不同的实体能够一起构造成一个复杂的实体，而它们又是怎么分析的，以及哪种空间和时间粒度能作为明确表达意图的基础。意图对应于"讨论对象"的目的度量，它从广泛的领域数据中寻找合适的信息，然后构造合适语义的地理信息结构。

2) 第二层　功能

功能对应于"讨论对象"中的主体度量，是对主体度量的最主要的解释。从用户的角度出发，功能由其意图决定，用户对于地理对象意图的认知决定了其在领域本体中的侧重功能。每一个实体可以有多个不同的意图以产生不同的功能，而不同的实体通过具有相同功能来对应相同或相似的意图。如河流之于运输、灌溉和养殖，在不同的本体系统中，不同的意图产生了不同的功能。

3) 第三层　复杂对象

复杂对象是指地理信息结构中由空间离散或异质的内部子部分构成的复合体，隐含着各内部子部分之间的联系及语义信息。具体来讲，这些内部子部分通过空间功能、空间关系以及非空间关系来构成这个复杂的地理对象。例如，一系列通信塔可看成是一个通信网络的各子部分，它们彼此之间空间离散，但具有广播和通信功能，通过一定的空间距离和覆盖范围构成了通信网络这一复杂对象；又如，道路、建筑和设施构成了校园这个复杂对象，它们是异质的，但通过空间关系组合成一个整体。复杂对象关注的是"讨论对象"的结构度量，考虑的是事物内部之间的联系。

4) 第四层　简单对象

简单对象就是"讨论对象"中的形式度量所关心的部分，分析事物之所以成为该事物所具有的属性以及区别于他物的特征。空间相关的、同质的地理信息结构，既可以按照独立对象进行分类和命名，也可以视为上层复杂对象的一部分进行分类和命名。

5) 第五层　相似性

相似性关注"讨论对象"失去语义信息后具有的观测特性，包括利用几何和拓扑理论来分析形成的空间模式，如距离、邻近、形状和方向等。影像自动分类的结果是距离相似性的实例，生成的类别仅仅只是物理级别的区分。

以上五个层次是一个从语义丰富到语义贫瘠的过程，是一个从抽象到具体的过程。对于所要描述的领域，通过语义收缩产生的各个层级，能在不同层次上表达领域的语义，从而实现本体的开发。

3. 本体的构建

利用语义收缩方法构建一个本体，从而服务于特定的应用。以河南省行政区划本体、交通本体和统计本体三个本体构建为例，来描述和表达与空间关联规则挖掘有关的领域的知识体系。其中统计本体的构建不是基于语义收缩来实现的，它只是简单地对统计领域概念和内容的建模。

1) 河南省行政区划本体的构建

首先必须了解行政区划与经济区划的区别。行政区划是为了实现行政上的分级管理而设立的，而经济区划则是在行政区划基础上以发展经济为目的而做出的某种经济规划。作为一种地理信息结构，如果不是因为行政层级管理目的和功能需要，行政区划根本不会客观存在。正是其作为分级管理(中国实行的国家-省(区、市)-市-县-乡)的结构基础及社会传承和职能(如历史、文化、传统、民族等社会因素和保护区、保留区等职能因素)的边界，使得行政区划的划分从来都是比较重要的话题。目前常用的行政区划划分有下面三个基本原则：

(1)政治原则。促进国家政府机关密切联系人民群众，便利人民参加国家管理。

(2)经济原则。根据不同地区的经济现状、特点、资源进行区划，使之利于社会生产力的发展。

(3)民族原则。根据少数民族的居住状况和其他特点进行划分，使之利于各民族的发展，巩固各民族团结，维护国家稳定。纵观划分的原则，发现主观因素在行政区划的划分和命名中起很大的作用，如济源市作为一个地级市而存在，是为了提升其工业水平，是自身经济实力和河南省中原经济区规划的产物，又如深圳市的存在是改革开放初期国家经济规划的结晶。同时，客观的地理因素也是行政区划划分最重要的间接因素，正是客观的地理条件和地理阻碍，形成了不同的民族和区域，并在此区域上形成了不同的行政单元，具体体现在以河流、山脉等作为行政区划的边界这一习惯上。由此不难发现，意图和功能在行政区划划分过程中的作用，这也正是区划本体构建过程中的重点。

经济区划则是在现有行政区划的基础上，根据劳动分工规律、区域经济发展水平和特征相似性以及经济联系的密切程度而进行的战略性区划，如西部大开发、振兴东北老工业基地、中部崛起。它更多地体现了决策者的主观意图和区划的功能及目的，具有明显的语义信息。经济区划既体现了当前区域内经济体的经济状况和条件，也反映了彼此的共性和发展趋势，这种丰富的信息为经济区划的语义分析提供了可操作的对象。

河南省行政区划本体的构建参考河南省行政区划图中省-市-县三级层次结构构建本体的概念树，并结合利用语义收缩的方法，对行政区划这一传统的地理信息结构进行语义分析和经济区划中的相关规划，构建一个完整的区划体系。GIS 中本体的开发与研究最终都是服务于某一特定目的的应用，在行政区划和经济区划的语义收缩过程中，只讨论语义丰富的前四层。这并不是说第五层的非语义的物质信息没有用，它们是构成一个完整的语义系统所必须的部分，因为它们才是丰富语义的载体和系统的核心。但是在这里所讨论的本体辅助的方法中，主要利用本体来表达先验知识和丰富的语义知识，而第五层中语义的匮乏，使其没有在考虑的范围之内。

截至 2010 年年末，河南省共有 17 个地级行政区划单位，159 个县级行政区划单位(其中 50 个市辖区、21 个县级市、88 个县)(据中国行政区划网 www.com300.com)。在地理空间分布上，河南省可分为六个部分，分别为豫东、豫南、豫西、豫西南、豫北和豫中；而在经济区划中，依据河南发展战略规划又分为中原城市群、豫北、豫西和豫西南以及黄淮海地区。特别是在经济区划的划分中，中原城市群经济优势明显，发展水平高，以工业为主；豫北安阳、鹤壁和濮阳三市油气和煤炭资源丰富；豫西和豫西南的三门峡和南阳有色金属丰富；黄淮地区的驻马店、商丘、周口和信阳资源匮乏，以农业为主。这里利用语义收缩的方法来分析行政区划与经济区划，是为了发现县域经济与交通之间的空间关联规则，所以着重考虑区域在经济上的属性。区域的意图也就可以理解为在整合现有资源上的区域经济发展规划，这样就得到属性 has_programming_ecotype（规划经济类型）；区域的功能则是指区域目前所具有的经济类型，分为工业主导型、现代农业主导型、第三产业拉动型和传统农业主导型 4 大类（表 6.2），得到属性 has_ecotype（有经济类型）；作为一个复杂的地理对象，区域又可分为连续或离散的子区域，每个子区域空间相关又彼此独立，从而有属性 has_partarea（有子区域）；而把区域缩减到简单对象时，它又属于不同的经济区划中，那么又得到属性 belong_to_ecoarea（属于经济区域）。得到区划的属性后，根据三级行政区划的划分，这里得到了一个语义丰富的河南省区划本体体系结构。利用本体建模软件 TBC（TopBraid Composer），我们对该体系结构进行了本体建模，图 6.2 是建模后的部分本体结构图。

表 6.2 河南省县域经济类型

经济类型	县域
工业主导型	巩义、荥阳、登封、新密、新郑、新安、偃师、舞钢、宝丰、林州、新乡、博爱、沁阳、孟州、禹州、长葛、渑池、义马、灵宝、伊川、栾川、汝州、安阳共 23 个县（市）
现代农业主导型	中牟、尉氏、孟津、汝阳、汤阴、淇县、长垣、辉县、修武、武陟、温县、濮阳、许昌、鄢陵、襄城、临颖、陕县、南召、西峡、镇平、桐柏、项城、永城市共 22 个县（市）
第三产业拉动型	登封、鲁山、嵩县、栾川、西峡、宝丰、新县、固始、夏邑、林州、柘城、淮阳等自然人文景观、传统文化资源或劳动力资源丰富的县（市）
传统农业主导型	包括信阳、驻马店、周口、开封、濮阳所属大部分县（市），商丘（除永城外）、安阳（除林州）所辖县市以及南阳、三门峡、洛阳等所辖的部分县（市）

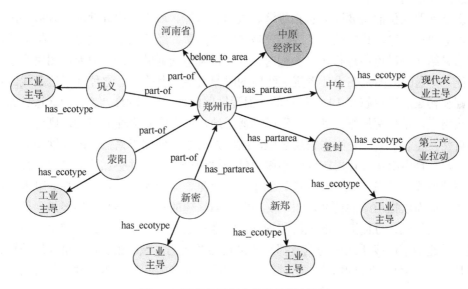

图 6.2 河南省区划本体结构图（部分）

从图 6.2 中可以看出本体在表达语义上的丰富性。巩义、荥阳、新密、新郑、登封和中牟隶属于郑州市，通过属性 part-of 和 has-partarea 来表达，而属性 part-of 和 has-partarea 又是一对逆反属性，即如果 part-of(A，B)，那么有 has-partarea(B，A)。属性 has-ecotype 的 range 是 county，而 domain 是 ecotype，且 has-ecotype 的取值并不唯一，如登封既是工业主导型，又是第三产业拉动型。在构建本体时，如果把属性设为函数属性，则图 6.2 中登封会存在语义冲突，因为对于函数属性而言，一个概念只有一个属性取值。belong-to-area 属性表示行政区域属于某个经济区划，在上图中，因为郑州和其他市县有部分整体关系(part-of)，则如果郑州属于某一经济区划，其子区域自然就属于这个经济区划，这也是子概念对父概念属性的继承。

2) 河南省交通本体的构建

河南省是全国重要的交通枢纽，有京广、陇海、焦柳、京九、宁西、焦枝、焦新、新石、侯月等国家铁路干线和孟宝、新密等铁路支线在境内交汇，还有漯(河)阜(阳)、汤(阴)台(前)等地方铁路。地方铁路通车里程居全国第一位，形成了"三纵五横"的铁路网络。河南高速公路通车里程 2007 年年底已达 4 556km，居全国第一位，93%的县(市)通达高速公路，形成了以京港澳高速、二广高速、大广高速、沪陕高速、连霍高速和宁洛高速为主体的高速公路网。同时，河南省境内还有 105、106、107、207、209、312、311、310 等国道组成的密集的国道网络。目前一个以高速公路为主骨架，以国道、省道干线公路为依托，以县乡公路为支脉，公路、铁路、水运齐头并进的交通格局已经在河南基本形成，得天独厚的交通优势为河南经济的跨越式发展提供了重要保证。但同时，河南内河仅有沙颍河通航，且全省只有郑州、洛阳和南阳 3 个民用机场，因此水运和空运的影响都局限于局部地区，本研究主要考查铁路和公路这两种交通方式对河南省不同县域经济发展的影响。

影响铁路区位的主要因素包括经济、人口、自然、城市、边远地区的发展、国土开发、资金和科技等，其中社会经济因素是决定性因素，经济因素是主导。当把交通作为地理信息结构来讨论而进行语义收缩时，首先得思考交通的意图，因为意图决定了交通的功能。交通的意图是在设计者规划线路的时候就融入其中的，它体现了这条线路设计的原则和初衷。梁启超在 1910 年写的《锦爱铁路问题》中曾说："盖各国之造铁路，其选择线路也，不外两原则：其一，则已繁盛之地，非有完备之交通机关，则滋不便，故铁路自然发生也；其二，则未繁盛之地，欲以人力导之使即于繁盛，而以铁路为一种手段者也。"孙中山在设计民国铁路系统也结合这两个原则，并更加注重第二个原则，即将铁路建设作为开发"未繁盛之地"的手段。可见，无论哪条铁路，它都会融入设计者的意图，从而承担相应的使命。如芦汉铁路最初修建的目的并不是发展经济，而是连接各个重要的城镇，方便清廷的统治和管理，它遵从的是第一条原则。这使得在芦汉铁路基础上扩建的京广线所经过的地方都是经济较为发达的区域。相反地，京九线的设计初衷却是为了缓解京广线的压力，同时为了维护香港的稳定和发展落后地区的经济，它所途径的区域交通不便、地形复杂、经济较为落后，即遵循第二条原则。因此在利用语义收缩的方法构建交通本体时，意图便摆在首位。

综合上述分析，在意图层面上添加本体的属性 build_for，用来描述交通设计的目的（如加强管理和发展经济）。在目的确定后，便能得到相应的功能，如郑西高铁的建立是为了客运，那么其功能便是输送旅客，而舞(阳)阜(阳)铁路的初衷是资源的外运，其主要功能是货运。这里属性 transport_for 来描述交通的功能，并添加货运、客运及客货两运等三类铁路子概念作为其值域。在复杂对象角度来分析铁路时，铁路便被分成若干段相连的铁路，则其具有属性 has_sub_railway 和 has_station。而当语义收缩到简单对象时，铁路又被看成是一个单一的整体，构成国家铁路网的一部分。其在铁路网中的作用，也通过国家或者地方的"三纵三横""五纵五横"等战略规划体现出来，成为主干铁路或者支线铁路，便有了其属性 has_railway_type。同时，作为一个简单对象，铁路又分为单线铁路和复线铁路及多线铁路，有属性 has_scale，同时在中国一般只有主干铁路才会是复线铁路。利用语义收缩方法对高速公路进行语义分析与铁路类似，铁路有站台，而高速公路有服务区和出口。在语义分析后，利用 TBC 软件构建一个交通本体，其结构体系如图 6.3。该图主要以交通为例，说明语义分析中概念、属性、关系以及实例在本体中的表达，并重点分析了铁路的语义。

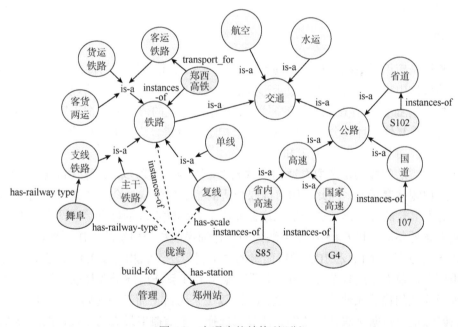

图 6.3　交通本体结构(部分)

6.2　本体辅助的空间关联规则挖掘数据预处理

6.2.1　本体辅助的数据清理

从广义上讲，凡是能提高空间数据质量的步骤和过程都是空间数据清理。狭义上讲，空间数据清理是指了解空间数据库中字段的含义及其与其他字段的关系，检查空间数据的完整性和一致性，根据实际任务确定清理规则，利用查询工具、统计方法和人工智能工具等填补丢失的空间数据，处理其中的噪声数据，校正空间数据，提高空间数据的准确性和整体的可用性，以保证空间数据整洁性，使其适于后续的空间数据处理。

空间数据清理的主要内容有：正确选择目标数据，保证空间数据的值在定义的范围，消除错误的空值，消除冗余数据，解决数据冲突，保证定义的合理性和可用性。空间数据清理需要具体问题具体分析，它绝不是简单地将记录更新成为正确的空间数据，严格的空间数据清理过程还包括对数据的解析和重新装配，它解决的是单空间数据源内部以及多空间数据源之间的空间数据重复及数据本身内容上的不一致性，而不只是形式上的不一致性。

数据清理的方法主要有忽略法、附加值法、似然值法、Bayesian 法、决策树法、粗集法和二元模型法等。在这些方法中，前 3 种处理方法都过于简单，没有考虑到整个数据空间的相似性；后 4 种方法根据已知属性预测未知属性，得到的值与整个数据空间其他数据的相似性很强。我们主要讨论决策树法，该方法也是最常用的数据分类和预测的方法。

1. 决策树法

决策树是应用于数据挖掘分类问题的一种方法，它根据不同的特征，从一组无秩序、无规则的事例中推理出决策树来表示形式的分类规则。利用决策树清理不完整数据的过程是把数据集合 C 中存在未知值的属性 A 看作待预测的值，通过把该属性作为叶子节点，分别计算其他属性和分枝的信息增益来构造决策树。待决策树构建完后，就可以用决策树来推测对象中属性 A 的未知值。

决策树方法的核心是选取合适的测试属性，因为属性越多，计算代价越大，而属性越少，则预测精度越低。因此，如何选取合适的测试属性成为众多决策树方法研究的重点。目前大多数的方法都是选用信息增益作为节点属性选取的标准，不同点在于附加的其他判断条件不同。以 C4.5 决策树法为例，详细说明决策树法的工作原理。

C4.5 算法是由 CLS 和 ID3 发展而来的决策树算法，它相对于 ID3 算法的重要改进是使用信息增益率来选择节点属性，主要克服了 ID3 算法偏向于选择取值较多的属性和不能处理连续的描述属性等不足之处。C4.5 算法采用自上而下的递归构造，其构造思路是：在训练集中根据对信息增益率的计算来选择一个增益率最大的属性，按照属性的各个取值，把数据集合划分为若干子集合，使得每个子集上的所有数据在该属性上具有同样的属性值，然后再依次递归处理各个子集。

当利用 C4.5 算法来进行不准确空间数据的清理时，首先需要弄清训练数据和待分类数据(也就是属性值未知的数据)。利用训练数据来生成决策树，然后使用决策树来对待分类数据进行分类，最后将分类的结果写入未知的属性值中。具体的方法步骤如下。

(1)选取决策树的训练集，即选取属性值已知的实例数据来构成一个新的数据子集；

(2)计算每个属性的信息增益和信息增益率；

(3)选取信息增益率值最大的属性作为属性节点，得到决策树的根节点。同时把该属性节点作为分类属性对数据集进行分割，形成数据子集；

（4）根节点每一个可能的取值对应一个子集，对样本子集递归执行步骤(2)和步骤(3)，直到划分的每个子集中的观测数据在分类属性上取值都相同，生成决策树；

（5）根据构造的决策树提取分类规则，对待分类数据集进行分类，将分类结果写入属性值未知的数据集。

可以看出，决策树方法的计算代价主要在信息增益率计算上，而信息增益率的计算又和属性的数量有关。那么，能不能利用本体表达的语义信息来选择合适的训练数据，在保证一定精度的情况下，通过减少属性数量来减小计算代价呢？这就是接下来要讨论的问题。

2. 本体辅助的决策树法

在与任务相关的待挖掘数据中，领域相关的属性之间存在一定的概念结构和层级，这些结构和层级可通过本体来表达。以河南统计数据为例，包括人口、工资、投资及工业指标、生产总值与指数、消费与零售、农业、牧渔业、生产条件、财政与金融、教育、卫生以及社会保障等 12 个大属性，每个大属性下又各自有许多子属性，共计 86 个。在此基础上，将 12 个大属性又划分为经济指标和非经济指标两类，其中经济指标包括工资、投资及工业指标、生产总值与指数、消费与零售、农业、牧渔业以及财政与金融，其他的为非经济指标。利用 TBC 软件，遵照统计数据中对统计内容的分类和划分，构建统计本体 statistical.owl。图 6.4 展示了 TBC 中构建的统计本体的一部分。

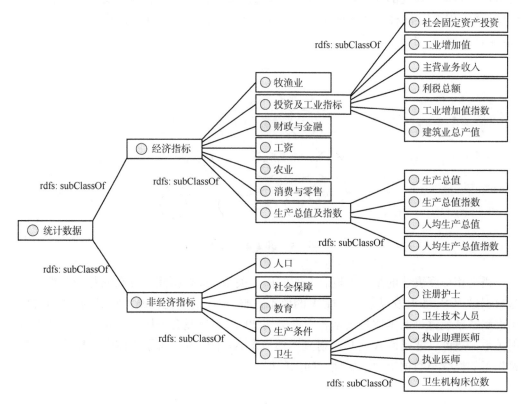

图 6.4　统计本体部分结构

　　因为本体是根据数据集的属性建立的,对于数据集中的任一属性,都存在相应的本体概念与之对应,而且是一一映射。在构建完本体后,针对属性的选取,还需要考虑如何利用本体表达的概念层次来计算相关属性的语义相似度。

　　本体概念间的相似度指的是本体概念体系中概念的相似程度,包括语义相似度和结构相似度,这里仅讨论利用语义相似度来计算概念的语义相似性。概念间的语义相似度通常利用语义距离来衡量,而语义距离并没有统一的标准,但一般而言,两个概念间的语义距离越短,其相似程度越高,反之越低。

　　假设有语义分类树图 6.5,对于两个概念 C_1 和 C_2,我们记其相似度为 $\mathrm{sim}(C_1, C_2)$,其概念距离为 $\mathrm{Dis}(C_1, C_2)$,那么我们可以定义语义相似度的计算公式如下:

$$\mathrm{sim}(C_1, C_2) = \frac{\alpha \times (l_1 + l_2)}{\left(\mathrm{Dis}(c_1, c_2) + \alpha\right) \times \max\left(|l_1 - l_2|, 1\right)} \tag{6.1}$$

式中,l_1, l_2 表示 C_1,C_2 分别所处的层级(深度);$a \in (0,1)$ 表示一个可调节的参数。概念间的距离越大,其相似度越低,在图 6.5 中,C_6 和 C_9 之间的距离为 $\mathrm{Dis}(C_6, C_9)=6$,$l_6=3$,$l_9=3$,根据上式计算得到 C_6 和 C_9 之间的相似度为 $\mathrm{sim}(C_6, C_9) = 6 \times \alpha / (6 + \alpha)$,而 C_4 和 C_9 之间的距离为 $\mathrm{Dis}(C_4, C_9) = 3$,$l_4 = 2$,$l_9 = 3$,根据式(6.1)计算得到 C_4 和 C_9 之间的相似度为 $\mathrm{sim}(C_4, C_9) = 5 \times \alpha / (3 + \alpha)$,因为 $\alpha \in (0,1)$,所以 $\mathrm{sim}(C_6, C_9) < \mathrm{sim}(C_4, C_9)$。在考虑节点之间路径长度的同时,还要考虑到概念所处节点的深度和该深度上节点密度对相似度计算的影响。同样距离的两个概念,概念相似度随着它们所处层次总和的增加而增加,随着它们之间层次差的增加而减少。

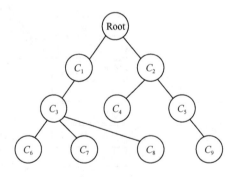

图 6.5　语义分类树图

　　语义相似度表达的是两个概念之间的语义关系,而数据集中存在的却是属性。在准备数据过程中,如果发现某个属性 A 的值不完整,首先需要把该属性映射到本体概念上。考虑到本节所讨论的本体是根据属性直接构建的,本体概念和属性之间存在着直接的映射关系,故可以把属性 A 直接映射到本体概念 A,图 6.6 表示了本体中"投资及工业指标"下的概念与数据集中的属性之间的映射。

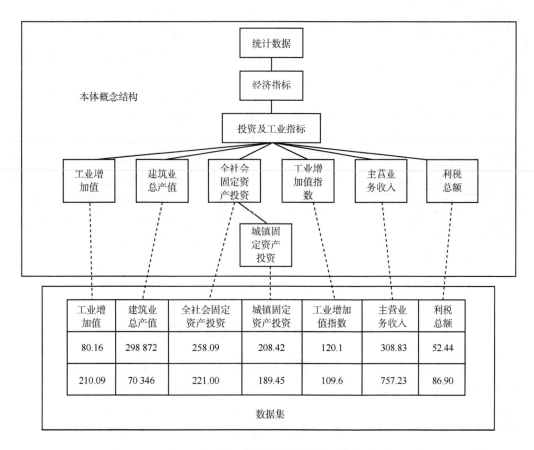

图 6.6　本体概念与数据集属性之间的映射

通过属性到本体概念的映射，计算属性之间的相似度就转换成计算本体概念间的相似度。在计算语义相似度之前，首先要获得各个概念之间的语义距离。这里对于上下位关系的本体概念，统一赋予权值 1，概念间的语义距离就是变成了体系图中的有向边的数量。

以图 6.4 中的本体概念体系为例，生产总值与工业增加值的概念语义距离为 4，概念层级深度为 3，而生产总值与注册护士的概念语义距离为 6，概念层级深度也为 3，利用如式 (6-1) 所示的语义相似度计算公式可得到它们之间的语义相似度，分别为

$$\text{sim}(生产总值，工业增加值) = \frac{0.5 \times (3+3)}{(4+0.5) \times \max(|3-3|, 1)} = \frac{6}{9}$$

$$\text{sim}(生产总值，注册护士数) = \frac{0.5 \times (3+3)}{(6+0.5) \times \max(|3-3|, 1)} = \frac{6}{13}$$

通过比较两者的值，我们可知，生产总值和工业增加值之间的语义相似度比生产总值和注册护士数之间的语义相似度大。在利用本体概念对属性值未知的属性和其他属性值已知的属性进行语义相似度计算后，根据用户给定的阈值，选择可进入决策树

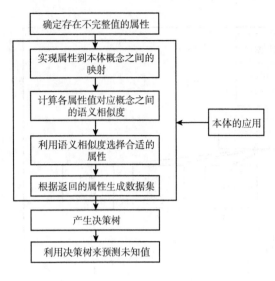

图6.7 本体辅助的决策树法流程

形式概念表的属性,从而利用决策树法来实现不完整数据的清理。同样地,可以计算出本体概念体系中其他概念之间的相似度值。

实际数据处理时,根据调节参数 α 和用户给定的决策阈值,筛选所有的属性,得到一个相应的决策树训练数据集。在此数据集基础上,利用C4.5算法生成决策树。本体辅助的决策树法并没有改变算法本身,而是在数据集选择上进行了优化,如图 6.7 所示。本体辅助方法的有效性通过对优化前后的决策树模型的分析来验证,这将在后续实验中得到证明。

6.2.2 本体辅助的数据归约

对于小型或中型数据集,一般的数据预处理步骤已经足够。但对真正大型数据集来讲,在应用数据挖掘技术以前,更可能采取一个中间的、额外的步骤,即数据归约。数据归约主要是利用属性归纳技术来设定谓词的判定标准,然后依次进行分析处理,将数据集中连续性的数据进行抽象归纳离散化,使处理后的数值具有一定程度的抽象特征与层次概念,从而达到对数据的归纳与简化,同时使得挖掘出的规则具有更高的支持度与可信度。数据归约预处理数据集通常以平面文件的形式存在列(特征)、行(样本)和特征值这三个维度,而数据归约的过程也就是三个基本的操作:删除列,删除行,减少特征中的值。对数据归约操作的评价主要集中在两方面:一是计算时间,即经过数据归约后的数据集可减少数据挖掘消耗的时间;二是预测/描述精度,即挖掘结果的精度。现阶段的数据归约主要是特征归约,它能减少数据,提高挖掘效率;提高数据挖掘处理精度;简化数据挖掘处理结果;具有更少的特征。特征归约中的特征选取是整个方法的核心,常用的有特征排列算法和最小子集算法。

本体作为一种概念语义层次模型,对应用领域的对象特征进行了丰富的描述,能提供详细的特性和特征值的说明和约束。在区划本体中,对县级行政单元的描述,不仅包括它是属于市辖区、县或县级市,还包括它的经济类型、所属经济区等。而在统计本体中也对统计的各内容进行了更详细的分类和限定,有些与经济有关,如生产总值和指数、农作物播种面积和产量等,有些与卫生或教育有关,如注册护士数、适龄儿童入学率。本体描述的概念体系很好地表达了领域的层次结构,利用本体表达的概念体系来对特征值(即属性值)进行优化,产生令用户更感兴趣的规则是一个值得研究的内容。

1. 特征值离散

以表 6.3 所示的河南省部分地区的 GDP 数据为例,左边起第 1 列为原始统计数据,第 2 列为统计数据整体离散分级结果,第 3 列为地市内部离散分级结果,可以看出,整体离散结果与内部离散结果的差异性,如中牟县人均 GDP 在整体离散序列中表现为"中",而在内部离散序列中表现为"差",登封市则分别表现为"好"和"差",不一而论。所以解决此问题的关键是如何获得实例数据对应的实体在空间上的区域分布。

表 6.3 特征值离散对比

县(市)	人均 GDP/元	县(市)	人均 GDP	县(市)	人均 GDP
中牟县	32 890	中牟县	中	中牟县	差
巩义市	43 463	巩义市	好	巩义市	中
荥阳市	52 484	荥阳市	好	荥阳市	好
新密市	45 204	新密市	好	新密市	中
新郑市	52 434	新郑市	好	新郑市	好
登封市	39 573	登封市	好	登封市	差
安阳县	26 216	安阳县	中	安阳县	中
汤阴县	20 528	汤阴县	中	汤阴县	中
滑 县	10 805	滑 县	差	滑 县	差
内黄县	12 849	内黄县	差	内黄县	差
林州市	32 853	林州市	中	林州市	好
西平县	11 103	西平县	差	西平县	中
上蔡县	7 975	上蔡县	差	上蔡县	差
平舆县	9 783	平舆县	差	平舆县	差
正阳县	10 408	正阳县	差	正阳县	中
确山县	15 055	确山县	中	确山县	好
泌阳县	10 706	泌阳县	差	泌阳县	中
汝南县	10 466	汝南县	差	汝南县	中
遂平县	17 903	遂平县	中	遂平县	好
新蔡县	8 806	新蔡县	差	新蔡县	差
a 统计数据		b 整体离散结果		c 内部离散结果	

在 6.1.3 节,详细介绍了如何利用语义收缩方法构建河南区划本体,在本体的构建过程中,考虑到了区划的空间层次结构,并用实例及实例间的关系完整地呈现了河南的行政区划和经济区划。既然本体中存储了行政区划和经济区划的数据,对实体对象区域分布的获取就转变成为对本体内容的查询。本体中查询层次结构并应用于特征值离散的过程如下。

第一步　输入数据表，获得主键字段。这一步与本体无关，是对数据表的操作。在空间关联规则挖掘的数据集中，每一条记录都对应一个空间实体，在表中用主键表示，如 ID、name 或表 6.3 中的"县(市)"。在数据表中，主键一般是明确标记的，通常也作为第一个属性存在。

第二步　定位到具体概念层级。在得到主键的字段名后，建立本体概念与该主键之间的映射，因为本节的本体是针对任务建立的，它与数据表中的属性是一种一一对应的关系，如表 6.3 中的"县(市)"对应于本体中的概念"县(市)"。这里，有一个用户接口，它需要用户选择离散的层级，这将决定子数据集的大小和离散的范围，如河南行政本体中的"省-市-县"三级对应于层级 3-2-1。其中 1 指主键所在的层级，层级越高，所表示的区域越大。在本体中表达概念层次主要是通过 subclass-of 来描述，它具有可传递性质，即如果有 subclass-of(A, B) 和 subclass-of(B, C)，那么有 subclass-of(A, C)。在本体查询语言 SPARQL 中，使用 subclass-of 属性来查询子类 A 的父类可表达为 select？ class where{A dc：subclass-of？ class}。在定位概念层级时，根据用户的层级选择来决定是否要利用其传递性质，若是 1 级，则无须查询；若是 2 级，查询一次；若是 3 级，根据查询结果再进行一次查询，这是就利用了其传递性质。以表 6.3 为例，假定用户选择了层级 2，则通过查询语句 select？ class where {county dc：subclass-of？ class}返回层级 city(市)。

第三步　根据层级进行实例查询。这一步是整个流程的关键步骤，它涉及实例的查询以及划分。本体中使用 instance-of 来表达类的实例，类 A 的实例的查询使用语句 select？ name where{(？ x, instance-of, A), (？ x, has-name, ?name)}，其中?name 声明输出的变量，在本例中是名为 name 的变量；where 子句引入第二个变量 x，表示 x 是 A 的实例，同时 x 具有名字。对于上述查询语句，用 city 来替代 A，得到表 6.3 中数据对应的实例集{郑州市、安阳市、驻马店市}，它是一个字符串数组。

第四步　本体中利用属性来表达各个实例之间的关系，在构建河南区划分体时，利用属性 part-of 来表示某一对象是另一对象的一部分。通过查询语句 select？ name where {(？ x, part-of, A), (？ x, has-name, ？ name)}可以获得对象 A 所包含的其他对象。比如从上述返回地级市的实例集中取值"郑州市"，通过查询返回郑州市下辖的所有县市的集合{中牟县、巩义市、荥阳市、新密市、新郑市、登封市}。同理还有{安阳县、汤阴县、滑县、内黄县、林州市}和{西平县、上蔡县、平舆县、正阳县、确山县、泌阳县、汝南县、遂平县、新蔡县}。它们共同组成了一个二维字符串数组{'郑州市'，'中牟县、巩义市、荥阳市、新密市、新郑市、登封市'；'安阳市'，'安阳县、汤阴县、滑县、内黄县、林州市'；'驻马店市'，'西平县、上蔡县、平舆县、正阳县、确山县、泌阳县、汝南县、遂平县、新蔡县'}。

第五步　根据返回的二维数组，依此读取数组内容，构建特征值离散的子数据空间，然后在此子数据内部进行特征值离散。

第六步　利用离散后的结果去更新数据集。

2. 多层归约

从 GIS 数据库中生成的空间谓词，通常都是直接面向具体的地理对象，如 to-intersect（Gongyi，Longhai）表示有陇海线穿过巩义市，to-intersect（Wuyang，Wufu）表示有舞阜铁路穿过舞阳县。在空间关联规则挖掘中，支持度阈值的设置是为了保证满足规则的实例数，有时某一类型的实例虽多，一旦考虑到具体的地理实体时，其对应的频率又很小。如表 6.4 所示，以河南 108 个县（市）作为基数，支持度设为 0.1（即频数大于 11），舞阜铁路出现频数为 5，汤台铁路出现的频数为 4，禹邯铁路出现的频数为 6，皆不满足最小支持度。根据图 6.8 所示的交通本体概念层级结构，得知舞阜铁路、汤台铁路和禹邯铁路都属于地方铁路，如果用户只想挖掘地方铁路这一交通类型与县域经济的关系，而不需要挖掘具体的某一条铁路与县域经济的关系，我们如何来获得？

表 6.4　部分县域与铁路的空间关系

县（市）名	铁路	县（市）名	铁路	县（市）名	铁路
Wugang	to-intersect（Wufu）	Neihuang	to-intersect（Tangtai）	Yanling	to-intersect（Yuhan）
Wuyang	to-intersect（Wufu）	Fanxian	to-intersect（Tangtai）	Fugou	to-intersect（Yuhan）
Shangshui	to-intersect（Wufu）	Taiqian	to-intersect（Tangtai）	Dancheng	to-intersect（Yuhan）
Shenqiu	to-intersect（Wufu）	Puyang	to-intersect（Tangtai）	Huaiyang	to-intersect（Yuhan）
Xiangcheng	to-intersect（Wufu）	Yuzhou	to-intersect（Yuhan）	Taikang	to-intersect（Yuhan）

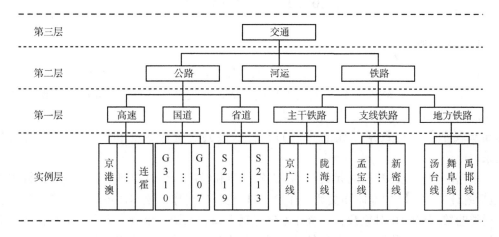

图 6.8　本体表达的交通层级划分

为了解决上述问题，首先定义提取算子 abstract（C），其中 C 表示本体中的概念，执行算子 abstract（C）意味着把概念 C 包含的所有实例名称所表达的属性值用 C 来替换。以下便是利用该提取算子实现多层归约的方法。

第一步　当输入数据集后，根据用户需求构造提取算子，这里以表 6.4 和图 6.8 所示内容构建提取算子 abstract（地方铁路）。

第二步　根据提取算子定位到概念 C 所在的层级，然后利用本体查询语言 SPARQL 查询其子概念集，其查询语句表示为{select?class where ?x dc：ubclass-of LocalRailway）}。若返回的概念集为空，返回概念本身；若不为空，则继续搜索，直到为空，记录所有叶子概念。提取算子 abstract（地方铁路）返回其概念本身。

第三步　依次从返回的概念集中取出概念，查询该概念对应的实例，记录结果到实例集中。其查询语句可表示为{select ?name where（?x，instance-of，LocalRailway）（?x，hasname，?name）}。在图 6.8 所示的本体中，查询概念"地方铁路"返回的实例集是{汤台线，舞阜线，禹邯线}。

第四步　参照返回的实例集，依次匹配数据集中对应属性的属性值，若在实例集中存在，用概念 C 替换该属性值；否则，继续下一条记录直到结束。对于表 6.5 所示数据，匹配实例并替换后的结果是表中所有的县区与铁路的空间关系都可以表示为 to-intersect（LocalRailway）。

第五步　保存更新的数据集。

通过多层归约把低层概念特征值归纳到上层概念中，从而提高关联规则挖掘中规则的支持度和可信度。例如，考虑县与交通之间的关系，在底层实例中，各地方铁路线只穿过有限的几个县，当进行挖掘时，单独的铁路线不满足最小支持度。但通过多层归纳，搜索到本体中各铁路线都属于地方铁路、支线铁路和主干铁路三类，把它们归纳到高层的概念中后，由于高层概念对应的实例数增加，挖掘出来的规则的支持度也就提高了。

6.2.3　实验及评价

1. 方法步骤

以河南省行政区划和交通数据并结合河南省 2009 年的统计数据来验证所讨论的方法。本体用 TBC 软件构建，采用 OWL 语法，并遵从 W3C 推荐标准，数据存储在 Weka 支持的.arff 格式文件中。数据集中包含一系列的数据 T=[county，data]，其中，county 表示每一组数据归属的县；data 表示该县的统计状况和该县与交通的空间关系。

依据河南省统计数据的元数据、河南省行政和经济区划以及河南交通构建挖掘本体（包括统计本体，区划本体和交通本体）来建模挖掘的对象，该本体不仅包括类层次，也包括类的数据属性和对象数据。统计本体包括人口、工资、投资、生产总值与指数、消费与零售、农业、牧渔业、生产条件、财政与金融、教育、卫生以及社会保障等 12 个大属性，每个大属性下又各自有许多子属性，共计 86 个。待挖掘数据是河南省 2009 年 108 个县和县级市的统计数据，包含上述 86 个子属性的统计内容。

从 GIS 数据库中挖掘空间关联规则，不同于一般的事物数据库或关系数据库中关联规则的挖掘，涉及空间关系计算的判断，这与 GIS 数据库的数据组织、数据结构以及存储模式等息息相关。实验首先利用河南行政地图和交通地图分析行政区域与交通之间的关系，得到如表 6.5 所示的空间关系表。在获得空间关系表后，通过主键实现关系表与属性表的连接，生成待处理的数据表。

表 6.5　生成的空间关系表(部分)

District	Distance-to-city	relation-to-Speedway	relation-to-Nationalway	relation-to-Railway
Zhongmu	Close-to	to-disjiont	to-intersect (G310)	to-intersect (Longhai)
Gongyi	Faraay	to-intersect (G30)	to-intersect (G310)	to-intersect (Longhai)
Xingyang	Close-to	to-intersect (G30)	to-intersect (G311)	to-intersect (Longhai)
Xinmi	Close-to	to-intersect (S85)	to-disjiont	to-intersect (Shengzhi)
Xinzheng	Close-to	to-intersect (G4)	to-intersect (G107)	to-intersect (Jingguang)
Dengfeng	Faraway	to-intersect (S85)	to-intersect (G207)	to-disjiont
Qixian	Faraway	to-disjiont	to-intersect (G106)	to-intersect (Shengzhi)
Tongxu	Faraway	to-intersect (G45)	to-disjiont	to-intersect (Shengzhi)
Weishi	Faraway	to-intersect (S83)	to-disjiont	to-intersect (Shengzhi)
Kaifeng	Close-to	to-intersect (G45)	to-intersect (G310)	to-intersect (Longhai)
Lankao	Faraway	to-intersect (G30)	to-intersect (G106)	to-intersect (Longhai)
Mengjin	Close-to	to-intersect (G30)	to-disjiont	to-intersect (Jiaoliu)
Xinan	Close-to	to-intersect (G30)	to-intersect (G310)	to-intersect (Longhai)
...	...	...	...	...

　　本体辅助方法是整个步骤中的一部分,而整个步骤包括图 6.9 所示七个过程。

　　(1)明确挖掘任务:明确任务涉及的数据及其数据组织方式和存储模式,从而选择适当的数据提取和挖掘方法。

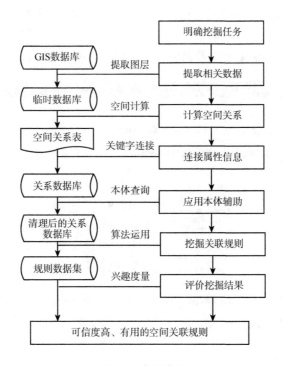

图 6.9　实验流程

(2)提取相关数据：从数据库和数据文件中提取相关的空间数据和属性数据，存储到临时数据库中。

(3)计算空间关系：根据数据挖掘任务，使用相关空间搜索方法和空间谓词计算对象之间的空间关系，存储在专门的数据表中。

(4)连接属性信息：连接空间关系数据表中的空间谓词以及相应的属性数据和统计数据。

(5)应用本体辅助：利用本体提供的语义信息和层次结构来辅助进行数据清理。

(6)挖掘关联规则：使用 Apriori 算法进行频繁模式挖掘并生成规则。

(7)评价挖掘结果：计算规则的支持度、可信度和 Lift 值，判断规则的质量；对比规则的数量和挖掘的时间比较方法的优劣性。

上述七步骤是一个连续的过程，其中第五步也可以用于空间关系计算之前的空间数据清理中。

2. 结果评价

为了验证本章所提的方法，我们利用 Java 开发工具 Eclipse 对本体辅助的数据预处理方法进行了编程实现，针对不同的清理内容，设计了不同的用户界面来表达用户意图，相关的界面将在后续实验分析中展示。

1)数据清理实验分析

在所有 108 个县市的统计数据中，我们发现有 10 个县的 GDP 值未知，因此把 GDP 值视为是待预测的属性值，以其他属性的数据作为训练数据。传统的决策树方法会考虑所有 86 个子属性的值，其计算代价是极其昂贵的。利用统计本体表达的概念体系来计算属性之间的语义相似度，通过用户设定的阈值来选取合适的数据集，从而达到优化训练数据的目的。如图 6.10 所示的数据清理对话框中，可以设定相似度阈值，并选择不完

图 6.10　不完整数据清理

整属性来实现清理。这里分别设定阈值为 0.7 和 1，得到不同的数据集，在此训练数据集上生成决策树。以下分别是无优化，阈值 0.7 和阈值 1 三种情况下生成的决策树模型的交叉验证的精度数据。

无优化情况下的决策树模型的精度：

Correctly Classified Instances	82	75.9259 %
Incorrectly Classified Instances	26	24.0741 %
Kappa statistic	0.635	
Mean absolute error	0.1336	
Root mean squared error	0.2902	
Relative absolute error	49.7267 %	
Root relative squared error	79.5238 %	

设置阈值为 0.7 后利用本体辅助优化的决策树法的精度：

Correctly Classified Instances	82	75.9259 %
Incorrectly Classified Instances	26	24.0741 %
Kappa statistic	0.6308	
Mean absolute error	0.1343	
Root mean squared error	0.2908	
Relative absolute error	50.0146 %	
Root relative squared error	79.6893 %	

设置阈值为 1 后利用本体辅助优化的决策树法的精度：

Correctly Classified Instances	80	74.0741 %
Incorrectly Classified Instances	28	25.9259 %
Kappa statistic	0.6032	
Mean absolute error	0.1413	
Root mean squared error	0.2963	
Relative absolute error	52.5963 %	
Root relative squared error	81.1926 %	

　　从上述三个实验的结果中选择正确分类精度、平方根误差、训练数据集属性数目、运行时间、决策树的大小等 5 个指标构建表 6.6。从表中不难看出，决策树训练数据的大小和算法运行的时间在减少，这是属性的减少必然会导致的结果。同时，随着阈值的增大，分类的精度逐渐降低，而误差逐渐增大，这是毋庸置疑的，因为属性数目的减少降低了数据空间的信息量，使得一些有用的信息丢失。真正令我们感兴趣的，是精度和误差的变化并不大，这是因为删除的属性与待预测属性的语义相似度非常小，它对待预测数据的信息空间的影响并不大，这也使得决策树的大小并没有太大的变化。

表 6.6　精度对比

方法	正确分类精度/%	平方根误差	训练数据集属性数目	运行时间	决策树大小
无优化	75.93	0.2902	86	0.2	22
阈值=0.7	75.93	0.2908	46	0.1	17
阈值=1	74.07	0.2963	22	0.1	21

上述实验证明,本体辅助的空间不完整数据的清理方法能够在保证一定精度的情况下减少计算代价,这对提高数据清理的效率有很大的帮助。

2)数据归约实验分析

为了验证方法的有效性,仍以河南统计数据、行政区划及交通数据为实验数据进行实验分析。在实验中,使用 Jena 来实现对本体的查询和管理,在此基础上,使用 Java 语言编程实现本体表达的概念体系的查询和结果的返回,然后根据返回的结果对数据进行预处理。图 6.11 和图 6.12 分别是原型系统中进行特征值离散和多层归约的用户界面,表 6.7 和表 6.8 分别是预处理前和预处理后的部分数据的情况。

图 6.11　特征值离散界面

图 6.12　多层归约界面

表 6.7　预处理前数据集

District	relation-to-Railway	relation-to-Nationalway	Investment in Fixed Assets	GDP
Zhongmu	to-intersect(Longhai)	to-intersect(G310)	258.09	2 225 828
Gongyi	to-intersect(Longhai)	to-intersect(G310)	221	3 528 016
Xingyang	to-intersect(Longhai)	to-intersect(G311)	268.65	3 156 762
Xinmi	to-intersect(Shengzhi)	to-disjiont	224.71	3 477 502
Xinzheng	to-intersect(Jingguang)	to-intersect(G107)	258.86	3 276 264
Dengfeng	to-disjiont	to-intersect(G207)	184.51	2 585 811
Qixian	to-intersect(Shengzhi)	to-intersect(G106)	59.41	1 269 986

续表

District	relation-to-Railway	relation-to-Nationalway	Investment in Fixed Assets	GDP
Tongxu	to-intersect (Shengzhi)	to-disjiont	43.36	985 422
Weishi	to-intersect (Shengzhi)	to-disjiont	76.37	1 612 225
Kaifeng	to-intersect (Longhai)	to-intersect (G310)	58.65	1 038 777
Lankao	to-intersect (Longhai)	to-intersect (G106)	45	1 002 389
Mengjin	to-intersect (Jiaoliu)	to-disjiont	104.11	932 045
Xinan	to-intersect (Longhai)	to-intersect (G310)	160.27	2 204 567
…	…	…	…	…

表 6.8　预处理后数据集

District	relation-to-Railway	relation-to-Nationalway	…	Investment in Fixed Assets	GDP (total)	GDP (insidecity)
Zhongmu	to-intersect (Longhai)	to-intersect (G310)	…	H	L	M
Gongyi	to-intersect (Longhai)	to-intersect (G310)	…	M	H	H
Xingyang	to-intersect (Longhai)	to-intersect (G311)	…	H	M	H
Xinmi	to-intersect (LocalRailway)	to-disjiont	…	M	H	H
Xinzheng	to-intersect (Jingguang)	to-intersect (G107)	…	H	M	H
Dengfeng	to-disjiont	to-intersect (G207)	…	L	L	H
Qixian	to-intersect (LocalRailway)	to-intersect (G106)	…	M	M	L
Tongxu	to-intersect (LocalRailway)	to-disjiont	…	L	L	L
Weishi	to-intersect (LocalRailway)	to-disjiont	…	H	H	M
Kaifeng	to-intersect (Longhai)	to-intersect (G310)	…	M	L	L
Lankao	to-intersect (Longhai)	to-intersect (G106)	…	L	L	L
Mengjin	to-intersect (Jiaoliu)	to-disjiont	…	M	L	L
Xinan	to-intersect (Longhai)	to-intersect (G310)	…	H	M	M
…	…	…	…	…	…	…

不同离散值的对比

表 6.8 中，H 表示数值高（high），M 表示数值中等（middle），L 表示数值低（low）。相对于表 6.7，表 6.8 中的 relation-to-Railway 属性中所有的地方铁路的实例都提取到 LocalRailway 这个概念上，而固定资产投资和国民生产总值等属性的值则在地级市内部进行了离散，并分别用 H、M 及 L 来表示数值的高低。在表 6.8 内部，右侧区域是在没有使用本体辅助情况下的数据离散，它针对的是属性的整个数据空间。可以看出，两种情况下离散的值不一样，表 6.8 中所示内容有 6 个不同，而全部 108 个实例中有 35 个不同。那么，这两种离散，那种更好一点呢？

为了回答这个问题，在实现了数据的离散后，又分别对正常离散、列维度删除、特征值离散和多层归约四种情况下的数据集进行关联规则挖掘。其中，正常离散指的是利用常规方法的离散；列维度删除指删除与经济无关的特征属性；特征值离散指利用本体表达的概念结构在地级市内部进行；多层归约在第二级交通(公路、铁路、水路和航空)进行。通过对图 6.13 和图 6.14 所示的挖掘结果的对比，来分析两种离散的优劣。

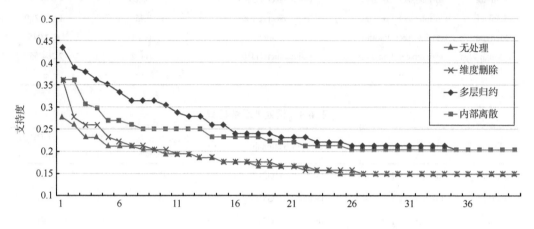

图 6.13　40 条最优规则支持度比较

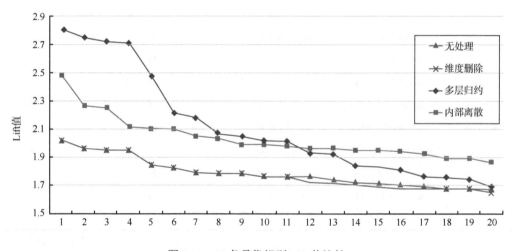

图 6.14　20 条最优规则 Lift 值比较

针对预处理后的数据集，我们利用开源数据挖掘软件 Weka 提供的 Apriori 算法在不同的条件下进行关联规则挖掘。

(1)只考虑支持度和置信度。设定 support 为 15%，confidence 为 70%，图 6.13 表示各归约条件下的 40 条最优规则的支持度对比。产生规则如：

Rule 1：distance_to_city$(X,$ far$)$ $\wedge$ to_disjoint(X, Y) $\wedge$ is_a$(Y,$ national　highway$)$ $==>$GDP$(X,$ Low$)$ sup：(0.15) conf：(0.89)

Rule 2：distance_to_city$(X,$ close$)$ $\wedge$ to_intersect(X, Y) $\wedge$ is_a$(Y,$ national　highway$)$ $==>$to_intersect$(X,$ mainline$)$ sup：(0.213) conf：(0.82)

　　规则 1 表示如果某县远离市区，又没有国道穿过，那么其 GDP 值低的可能性为 89%。规则 2 表示如果某县靠近市区，又有国道穿过，那么其还有主干铁路穿过的可能性为 82%。

　　(2) 引入 lift 值。设定其 support 为 20%，confidence 为 50%，lift 值为 1.5，图 6.14 展示了不同条件下挖掘的 20 条最优规则的 Lift 值对比。产生规则如：

　　Rule 3：to_disjoint$(X, Y) \wedge$is_a$(Y,$ national highway$) \wedge$Investment$(X,$ Low$)$ ==>GDP$(X,$ Low$)$ sup：(0.214) conf：(0.92) lift：(2.02)

　　Rule 4：to_intersect$(X, Y) \wedge$is_a$(Y,$ mainline$) \wedge$to_intersect$(X, Z) \wedge$is_a$(Z,$ autobahn$)$ ==>Indices of GDP$(X,$ High$)$ sup：(0.26) conf：(0.93) lift(2.23)

　　规则 3 表示如果某县远离国道，固定资产投资又低，那么其 GDP 低的可能性为 92%。规则 4 表示，如果某县有国道主干线穿过，又有高速公路穿过，那么其 GDP 指数高的可能性为 93%。

　　对于列维度的删除，结果显示生成规则的 lift 值和 support 值与正常离散的数据集生成的规则质量并没有大的变化，甚至前 10 条规则的 lift 值是一样的。这说明删除的项在挖掘的结果中没有大的意义，不影响挖掘出的规则。结果表明，维度删除能删除用户不感兴趣的项，减少无意义规则的产生。同时随着待挖掘数据项的减少，挖掘的频繁项集的数目和挖掘的时间都相应地变少，提高了挖掘的效率。

　　对于多层归约，结果中 lift 值提高了，其支持度也提高了。这使得那些因为支持度或者 lift 值不够而没能进入频繁项集的项因为抽取到了高层级而进入规则当中。如穿过县域最多的铁路是陇海线，共穿过 16 个县，在无约束条件下，其支持度无法达到 15%(实例为 108)，而通过提取到第二层(只分为主干铁路、支线铁路和地方铁路 3 类)，主干铁路的计数达到 45，从而能够满足 15% 支持度的要求。通过多层归约，能挖掘高层关联规则，使得挖掘考虑的范围更全面。对多层归约后的数据集的挖掘结果也证明，其产生了其他的方法所不具有的含有主干铁路和地方铁路等概念的规则。

　　内部特征值离散和正常离散的结果显示，挖掘结果的感兴趣度随着不同范围内的离散化而不同。同时，随着离散化更具体，规则的支持度也更高。对于经济数据而言，因为存在行政干预和区划的原因，各地级市经济都呈现出一定的独立性。这使得离散范围越小，相对精度越高，从而使得挖掘规则的 lift 值上升，生成了用户更感兴趣的规则。结果表明，内部离散的归约能在更细范围内获得更强的关联规则。

6.3　基于本体语义约束的空间频繁模式挖掘

6.3.1　空间依赖分析

　　大多数的空间数据挖掘都是为了从数据库或数据集中发现有意义的、新颖的、潜在有用的和最终可理解的模式或规则，频繁模式挖掘也是如此，它在许多数据挖掘内容中起着重要作用，如序列模式和空间关联。但是众所周知，频繁模式挖掘会产生大量的项集和规则，其中只有少部分是用户感兴趣和有用的，其他大部分是冗余的或已知的。在空间数据挖掘中，这个问题随着自然界中存在的大量空间依赖而变得日益突出，因为它生成了大量已知的地理模式或关联规则。在交易数据库中，项集被假设为是彼此相互独立的，如面包、衣服、电器等，而在地理空间中却存在数量众多的空间依赖，包括自然的(如岛屿必定被水面包围)和人工的(如大型商场必定有停车场)。

定义 1　空间依赖是两个地理对象 A 和 B 之间的一种强制的空间关系，它表明每一个对象 A 都必须至少和一个对象 B 的实例空间关联。

图 6.15 显示了某市内商场与道路以及商场与水域的关系。图 6.15(a)显示了一个已知的空间依赖，即商场都在道路旁边，如果在空间关联规则挖掘中考虑这种依赖，则会减少大量已知的高支持度的关联规则，如 is_a(Supermarket)→is_nearby(Street)。而在图 6.15(b)中，则没有如图 6.15(a)中显示的那种商场和道路的空间依赖，但用户感兴趣的却正是它蕴含的空间关联规则，而不是图 6.15(a)中那种已知的空间依赖。同时，即便用户可能对图 6.15(a)中明显的规则 is_a(Supermarket)→is_nearby(Street)(100%)不感兴趣，但是他们却对不明显的规则 is_a(Supermarket)→ is_near(ATM)(80%)感兴趣。

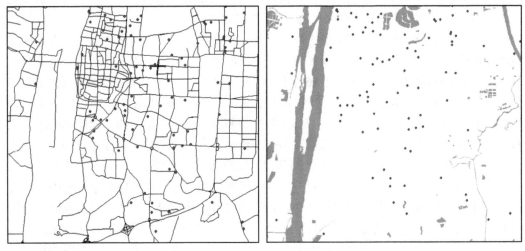

(a)商场与道路的关系，显示已知的空间依赖　　　　(b)商场与水域的关系，无空间依赖

图 6.15　商场与道路及水域空间关系

在 GIS 数据库中，许多模式都与那些通过强关联性表达的空间依赖有关，但是这种模式对于发现新颖的和有用的知识毫无用处。数据库中的这种依赖主要是为了保证数据一致性和连贯性而存在的强制关系，表现为"一对一"或者"一对多"的联系，它们是地理数据的一部分，以地理本体或者数据库元模式的形式存在。V. Bogorny 通过对一个真实地理数据模式进行试验分析，证明了数据库概念模式中存在大量明显的已知空间依赖。已知的空间依赖通过用户定义说明或者利用数据库的数据模式产生，通过用户定义的大量依赖，不仅仅只是模式中表达的依赖，还包括其他领域的已知的依赖。V. Bogorny 还拓展了数据挖掘工具 Weka 来自动地进行空间数据预处理，他以图形接口的方式使用

户可以从数据库中选择与已知空间依赖相关的空间对象和说明新的空间依赖。

定义 2　（闭频繁项集）对于项集 l，如果 l 是包含项集 l 的所有对象的集合所具有的最大的项集，同时它满足 min_supp（最小支持度阈值），则称该项集为闭频繁项集。

对于非空间数据挖掘，许多主观的和客观的方法被提出来减少模式的数量和评价规则的有效性，其中许多方法使用一种后续的修剪策略，用于在频繁项集生成后来处理项集或规则。这种策略的主要缺点是在实际应用中，理想的兴趣度测量方法很难获得。另一种被提出来解决非空间数据挖掘中的冗余规则的方法是闭频繁项集，它的修剪是在生成频繁项集之前进行的。闭频繁项集挖掘技术能明显地减少生成的频繁项集并在非空间数据挖掘中得到了广泛的应用。这些方法能有效地减少频繁项集和冗余规则，但是当应用到地理领域中，却并不能保证剔除已知的空间依赖。接下来我们将分析满足最小支持度的已知空间依赖在挖掘时仍然存在于闭频繁项集中，且这种依赖并不能简单直接地从频繁项集中剔除的情况。

在定性空间频繁模式挖掘中，每一行是某一个对象的实例，每一列是个谓词集，这些谓词既包括实例的非空间属性，也包括实例的空间谓词。在空间关联规则挖掘中，集合 $F=\{f_1,f_2,\cdots,f_n\}$ 是一个非空间属性和空间谓词的集合，数据集 Ψ 相应目标要素的实例集，其中每一个实例 W 也是一个集合且 $W \subseteq F$。表 6.9 是一个空间关联规则挖掘的数据子集，其中每一行表示一个县，每一个项 (R, H, N, S, C) 是一个空间谓词或非空间谓词，R 表示 intersect(Railway)，H 表示 intersect(Highway)，N 表示 intersect(National highway)，S 表示 contain(railway Station)，C 表示 near(City)。在实例中，存在一个空间依赖 R 与 S，即有火车站必有铁路穿过，表示为项集 $\{S, R\}$。

表 6.9　空间频繁模式挖掘的数据子集

ID（县）	项集
1	R, N, S
2	R, H, N, S, C
3	R, N, S, C
4	H, N, C
5	R, H, N, C
6	R, H, S, C

利用频繁模式挖掘算法对表 6.9 中内容进行挖掘，得到图 6.16(a)中 27 个频繁项集，其中有许多冗余的项集($\{R,H,N\} \subseteq \{R,H,N,C\}$)，而且有 6 个灰色背景的频繁模式包含已知的空间依赖 $\{R, S\}$。可以看出，空间依赖最开始出现在频繁-2 项集中，随着其满足支持度而不断扩散到更高维的项集中去。对于冗余的项集，利用闭频繁项集方法可以剔除，得到图 6.16(b)中表示的 16 个闭频繁项集。对比于图 6.16(a)中 27 个项集，有 11 个频繁项集被剔除。虽然包含有空间依赖的频繁项集数从 6 个减少到 5 个，但空间依赖 $\{R, S\}$ 依然存在于闭频繁项集中。同时，用户并不能在数据集中直接剔除空间依赖，因

为 R 或 S 还与其他的空间谓词有关联；用户也不能直接剔除 R 或者 S，因为空间依赖是单向的，可以说存在火车站就肯定存在铁路，反之则并不成立，如表 6.9 中实例 5。

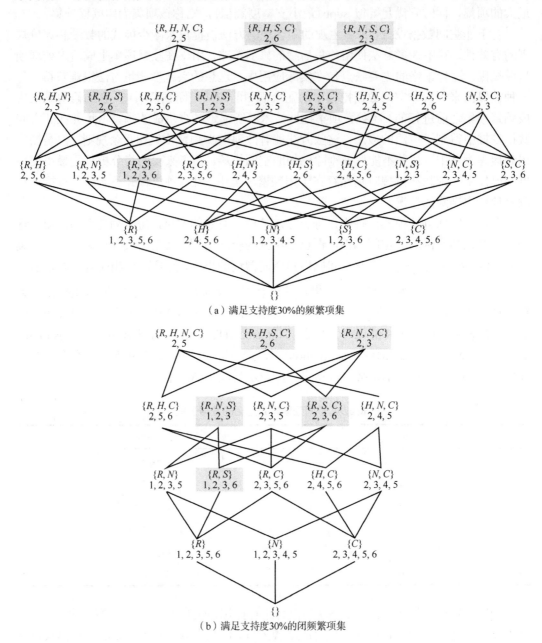

（a）满足支持度30%的频繁项集

（b）满足支持度30%的闭频繁项集

图 6.16　生成的频繁项集

我们再考虑实例 1、实例 2、实例 3，其中满足支持度 30%的且不包含已知空间依赖的频繁项集有 $\{R, N\}$、$\{R, C\}$、$\{N, S\}$、$\{N, C\}$、$\{S, C\}$ 和 $\{R, N, C\}$、$\{N, S, C\}$，其中 $\{R, N\} \subseteq \{R, N, C\}$、$\{R, C\} \subseteq \{R, N, C\}$、$\{N, S\} \subseteq \{N, S, C\}$、$\{N, C\} \subseteq \{N, S, C\}$，

$\{S, C\} \subseteq \{N, S, C\}$。这意味着$\{R, N\}$，$\{R, C\}$，$\{N, S\}$，$\{N, C\}$和$\{S, C\}$都不是实例集 1, 2, 3 上的闭频繁项集，又虽然$\{R, N, S, C\}$满足 30%的阈值，但是含有已知空间依赖$\{R, S\}$，所以$\{R, N, C\}$和$\{N, S, C\}$是实例集 1, 2, 3 上的闭频繁项集。如果我们把图 6.16(b)中包含依赖$\{R, S\}$的频繁项集直接剔除掉，则结果中没有$\{R, N, C\}$和$\{N, S, C\}$，这导致了信息的丢失。通过对已知空间依赖和闭频繁项集两个主要问题的讨论，我们发现：①闭频繁模式挖掘能够减少项集的数目，但是不能保证空间依赖的剔除；②无法在不丢失信息的情况下直接从闭频繁项集中剔除空间依赖；为此提出利用概念格产生子来实现最优频繁地理模式挖掘，下面讨论这个问题。

6.3.2　基于概念格的空间依赖剔除

闭频繁项集挖掘能够剔除冗余的频繁项集，得到简单明了的结果，但是不能剔除已知空间依赖，下面将探讨寻求利用概念格产生子在闭频繁项集基础上剔除已知空间依赖的方法。

1. 概念格的产生子

常用闭频繁项集的生成是利用 Apriori 算法生成频繁项集后，再逐一分析每个项集是否为闭频繁项集，这种方法的执行效率十分低下。李德仁等提出利用概念格来产生闭频繁项集，并与 Apriori 算法作了对比，证明了其在计算时间上的优势。对于概念格来说，每一个频繁概念节点(满足最小支持度的概念节点，也就是频繁项集)(O, A)，外延O 就是具有内涵集合 A 表达的共同属性的最多对象的集合，内涵 A 就是对象集合 O 中所有对象具有的最多的共同属性的集合，并且还满足最小支持度。因此，概念格中的每一个频繁概念节点的内涵就是一个闭频繁项集。

定义 3　对于闭频繁项集 l，如果项集 $g \subseteq I$，满足 $r(g) = l$，并且 $\neg\exists g' \subseteq I$，$g' \in g$，满足 $r(g') = l$，则称项集 g 为闭频繁项集 l 的产生子。其中，封闭操作 $r(l)$ 表示包含项集 l 的所有对象的集合所具有的最大的项集。通过定义 3 可知，对于封闭项集 l 和项集 g，如果不存在一个比 g 更小的封闭项集 l 的子集，它的封闭操作的结果与封闭项集 l 相等，则项集 g 就是封闭项集 l 的产生子。产生子的计算过程如下：

(1)首先生成闭频繁节点内涵集(闭频繁项集)的所有非空子集，如果某一个子集是其某个父节点的子集，则删掉。

(2)在某闭频繁节点的所有子集中，对于每一个子集，判断是否存在另外一个子集是该子集的真子集，如果存在则剔除该子集。

(3)从概念格顶部至底部依次对每一个闭频繁节点重复 1~2 操作。

经过上述步骤，便得到整个概念格中每个闭频繁节点的产生子。以表 6.9 中数据为例，设支持度为 0.3，对于生成的频繁概念格节点，利用上述方法生成相应的产生子，结果如图 6.17 所示，其中 G_f 表示产生子。

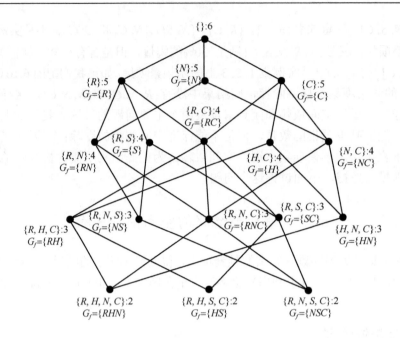

图 6.17　概念格闭频繁节点及其相应的产生子

2. 利用产生子剔除空间依赖

产生子是决定该概念节点之所以是该概念的本质属性，或者说是产生闭频繁项集的子项集，概念格中的所有闭频繁项集都可以通过产生子来组合形成。根据定义 3 可知，产生子出现的频率与其相应概念节点内涵集出现的频率是相等的。既然产生子是组成闭频繁项集的基础，那么在频繁项集中剔除某已知空间依赖时，就能利用产生子来处理依赖剔除后的频繁项集的剩余内容。概念格中已知空间依赖剔除的步骤如下。

(1) 从概念格顶端开始依次搜索内涵中含有子集为已知空间依赖 K 的概念格节点，得到该节点 N 的产生子 G_f。

(2) 依次判断产生子 G_f 的子项集与空间依赖 K 的交集 $G_f \cap K$ 的值，若为空，则直接把该子项集添加到对应维度的概念格节点层级中构成新生格节点；若为单值，则直接从产生子对应概念格节点的内涵中剔除空间依赖 K 的另一个特征，剩余节点内涵添加到对应维度的概念格节点层级中构成新生格节点；若为空间依赖 K 本身，则直接从产生子对应概念格节点的内涵中剔除空间依赖 K，剩余节点内涵添加到对应维度的概念格节点层级中构成新生格节点。

(3) 所有新生格节点的产生子为产生该格节点的产生子本身，且其外延为该闭频繁概念格节点 N 的外延。

以图 6.17 为例，概念格中包含已知空间依赖 $K=\{R, S\}$ 的闭频繁概念节点有 $\{R, S\}$、$\{R, N, S\}$、$\{R, H, S, C\}$ 和 $\{R, N, S, C\}$ 四个，分别对应的产生子为 $\{S\}$、$\{NS\}$、$\{HS\}$ 和 $\{NSC\}$。对于 $\{R, S\}$，其产生子为 $\{S\}$，与 K 的交集为单值 S，产生新的格节点为 $\{R, S\}$ 的内涵剔除 R 后的剩余集 $\{S\}$，新格节点的产生子为 $\{S\}$，外延为 4；对于 $\{R, N, S\}$，其产生子为 $\{NS\}$，与

K 的交集为单值 S，产生新的格节点为 $\{R, N, S\}$ 的内涵剔除 R 后的剩余集 $\{N, S\}$，新格节点的产生子为 $\{NS\}$，外延为 3；对于 $\{R, H, S, C\}$，其产生子为 $\{HS\}$，与 K 的交集为单值 S，产生新的格节点为 $\{R, H, S, C\}$ 的内涵剔除 R 后的剩余集 $\{H, S, C\}$，新格节点的产生子为 $\{HS\}$，外延为 2；对于 $\{R, N, S, C\}$，其产生子为 $\{NSC\}$，与 K 的交集为单值 S，产生新的格节点为 $\{R, N, S, C\}$ 的内涵剔除 R 后的剩余集 $\{N, S, C\}$，新格节点的产生子为 $\{NSC\}$，外延为 2。

在图 6.17 的基础上剔除原含有已知空间依赖的概念格节点并产生新的格节点后，得到图 6.18 所示的新的不包含已知空间依赖的概念格。可以看到，虽然新的概念格比原始概念格的格节点增加，但是新概念格完全剔除了已知空间依赖，且新的格节点的内涵（也就是闭频繁项集的规模）比原始概念格小。

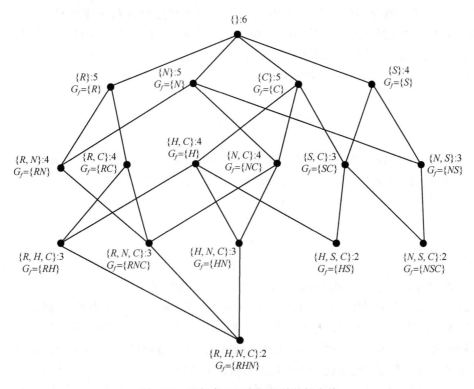

图 6.18 不包含已知空间依赖的概念格

6.3.3 本体语义应用的实现

随着本体研究的深入，越来越多的地理本体被开发出来用于科学研究和工程应用，如 SWEET 等，这些本体包含丰富的地理语义和空间信息，且通过概念之间的关系和对关系的限制来描述已知的空间依赖。为了有效利用地理本体中表达的已知空间依赖来优化关联规则的挖掘，提出了基于本体语义的最优频繁地理模式挖掘算法，简写为 OS-OFGP。

最优频繁地理模式就是指不包含已知空间依赖的闭频繁地理模式，它是一个既剔除了冗余又剔除了已知空间依赖的模式，由基于概念格的空间依赖剔除方法产生。在数据挖掘过程中，用户在一开始并不清楚待挖掘数据中存在已知依赖，如何获得这种依赖，也是用户需要关注的问题。下面讨论利用 SPARQL 从本体中获得概念间的语义关系从而得到已知空间依赖,关注的是本体表达内容的搜索。

SPAQRQL 作为一种本体查询语言,能够对本体中表达的已知依赖进行检索。在本体的构建中,存在着一种约束属性(constrainProperty)类型,它表示该类型的属性是强制的。假设存在约束属性 P,其 domain 对应 A,range 对应 B,把属性 P 定义为约束属性即是表示对于所有的类 A,它都存在一个类 B 与其构成的元组 $P(A, B)$。当利用 TBC 构建本体后,通过 SPARQL 可以查询到本体中表达的这种约束属性,从而获得约束的概念对的集合 $\{(A, B),\ (A, C),\ \cdots\}$。通过本体底层概念到数据库项的一一映射,把该集合转换为数据表达的已知空间依赖。在获得已知空间依赖后,利用前已述及的基于概念格的空间依赖剔除方法,便能在挖掘过程中剔除这种已知空间依赖。从本体中获得空间依赖是通过对本体中强制属性的查询来实现的,除了明确表达为 constrainProperty 类型的属性外,本体中还存在着许多其他的已知依赖,如利用关联规则挖掘算法在本体内部的实例集上进行挖掘从而发现实例间存在的依赖。

6.3.4　实验及其评价

Shekhar 和 Chawla(2003)的研究表明,在空间频繁项集挖掘中,计算代价主要体现在空间邻域计算以及不同对象类型对应的实例数。该研究的重点在于算法执行过程中空间依赖的剔除,故不考虑计算代价,而以结果的质量为评价的依据。这里利用 OS_OFGP 算法、Apriori 算法及闭频繁模式挖掘算法进行空间关联规则挖掘,对产生的频繁项集数量和质量进行分析对比,从而评价 OS_OFGP 算法的优劣性。

实验利用从 SuperMap 附带的实例数据中获得湖南省长沙市的地理空间数据,它包括长沙市的餐饮娱乐、旅游景点、汽车服务、金融机构、邮电通信、新闻媒体、文化教育、政府机关、公共场所、医疗卫生、商业网点、宾馆酒店、居民小区等点状数据,铁路、河流、道路等线状数据,以及水系、绿地、旅游景区、道路轮廓、行政区、居民地、建筑物和公共场所等面状数据。我们从中选取文化教育、政府机关、公共场所、医疗卫生、居民小区等点状数据和道路这一线状数据来构建实验数据,在 ArcMap 中显示如图 6.19 所示。在数据中,"文化教育"有 299 个实例,包括研究所、大专院校、中小学校和幼儿园等;"政府机关"有 141 个实例,包括省级、市级、区级和街道办等;"公共场所"对应实例 51 个,包括公园、文化宫、博物馆和体育馆等;"医疗卫生"有 83 个实例,包括医院、疗养所、防疫站、门诊和部分药店等;"居民小区"有实例 76 个,包括商业住宅小区和机关宿舍;"道路"有 1 093 个实例,包括铁路、街道、主干道、立交及环岛等。

在上述实验数据基础上,利用 ArcGIS 的模型构建器构建了一个生成空间关系的模型(图 6.20),实现了空间关系的计算和空间关系表的生成。图中使用迭代器来获取数据集中的所有要素,然后利用输出的数据与文化教育图层进行邻域分析生成近邻表,最后把生成的表连接到文化教育图层的数据中。其中,邻域分析中的生成近邻表工具能产生输入图层中与某要素邻近的其他要素,在设置一定阈值后,利用该工具能生成地理要素与其他要素的空间距离关系(Clost-to 或者 far-away),在此基础上实现空间关系表的生成。

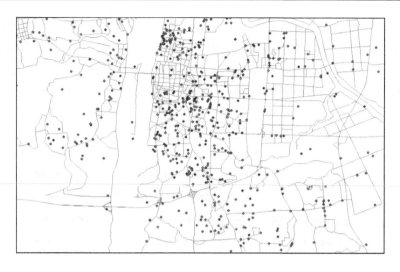

图 6.19　实验数据

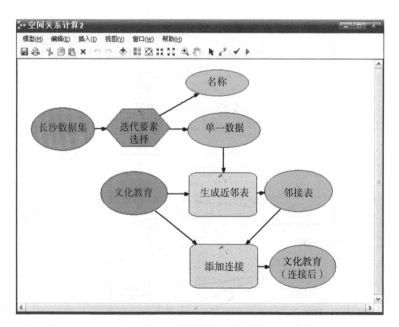

图 6.20　ArcGIS 模型构建器中生成空间关系的模型

　　实验中主要考虑点状数据之间的空间关联规则,而点状地物与道路的空间关系作为空间限定条件存在,故生成的数据集是五类点状数据实例的空间关系集,共 650 个实例。空间关系考虑点状与点状之间的距离关系,和点状与线状道路之间的邻接关系,其中距离关系用 near-to 表示,通过距离计算来搜索空间对象 500 m 范围内存在的其他实体,若 500 m范围内无其他目标地理对象,表示为 is-isolated;邻接关系用 close-to 和 far-away 表示,以50 m 为阈值,当距离<50 m 用 close-to 表示对象紧邻马路,当距离>50 m 用 far-away(Road)表示对象远离马路。在定义上述阈值后,通过空间计算生成的空间关系表如表 6.10 所示。同时,我们通过数据库中地理数据的非空间属性对与任务相关的领域进行了本体建模,利用 TBC 构建了一个长沙市地理本体(图 6.21),它包括实验数据中的 6 种类型的分类体系、概念间的属性和实例,这些都来自于数据库。在数据集中,所有的体育场都坐落于大专院校,于是构建本体属性 located-in,它是约束属性 constrainProperty 的子属性,表示为 subProperty(located-in, constrainProperty),其 domain 是体育馆,而 range 是大专院校。

表 6.10　生成的空间关系表

1	is-a(College), close-to(Lushan Road), near-to(Provence department)
2	is-a(Gymnasium), close-to(Lushan Road), near-to(College)
3	is-a(Provence department), far-away(Road), is-isolated
4	is-a(Uptown), close-to(Furong middle Road), near-to(Grade school), near-to(Citydepartment)
5	is-a(City department), close-to(Xiangya Road), near-to(Provence department), near-to(City department)
...	...

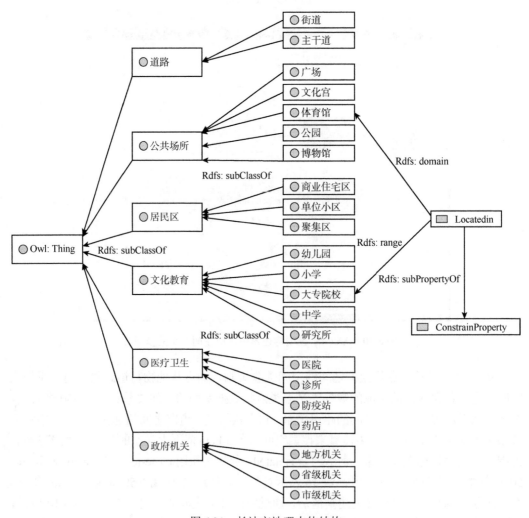

图 6.21　长沙市地理本体结构

通过对本体的查询得到约束属性 located-in，然后获得该属性的 domain 和 range 分别为体育馆和大专院校，生成在数据集中存在的已知空间依赖{near-to(Gymnasium)，near-to(College)}和{is-a(Gymnasium)，near-to(College)}，这些依赖在地图中表现为图 6.22 所示的情形。从图 6.22 中可以看出，体育场(绿色圆圈表示)都坐落在大专院校(红色三角形表示)内。最后，在生成的数据集上，利用基于概念格产生子的方法实现在算法过程中对空间依赖的剔除。

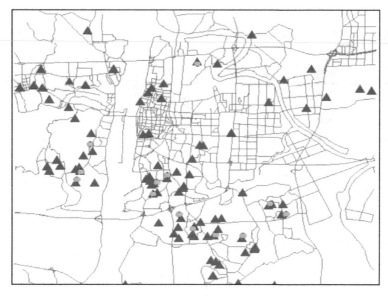

图 6.22　数据集中存在的空间依赖

在实验中，分别用 Apriori 算法、闭频繁模式挖掘算法和最优频繁地理模式挖掘算法对实验数据进行空间关联规则挖掘，其中 Apriori 算法和闭频繁模式挖掘算法是利用 Weka 提供的功能，最优频繁地理模式挖掘算法则在原型系统中得到了实现，其界面如图 6.23 所示。为了验证算法的有效性，分别设定了最小支持度为 10%、15%和 20%，

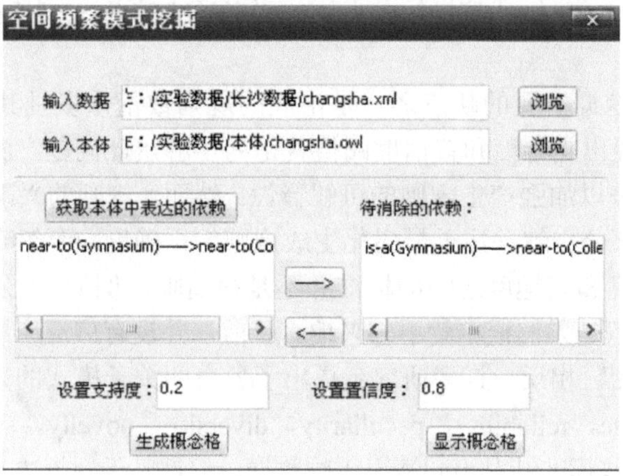

图 6.23　空间频繁模式挖掘算法实现的界面

图 6.24 和图 6.25 显示了利用实验数据进行挖掘的结果。从图 6.24 中可以发现，随着支持度的增加，包含已知空间依赖的频繁项集虽然有所减少，但并没有消失，且始终在产生的频繁项集中占一定的比例。在图 6.25 中，相比于 Apriori 算法，SC-OFGP 算法和 Closed Sets 算法都产生了更少的频繁项集。虽然 Closed Sets 算法产生的频繁项集的数目比 SC-OFGP 算法少，但是 SC-OFGP 不含有已知空间依赖，而图 6.24 中显示 Closed Sets 算法产生的项集中仍然有大量项集含有已知空间依赖。

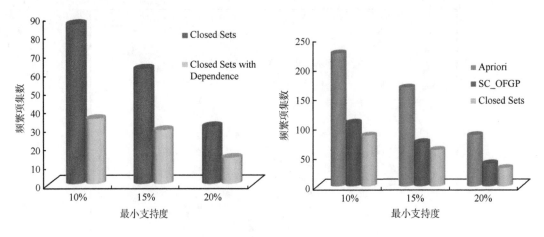

图 6.24　闭频繁项集中存在依赖的项集数　　　　图 6.25　三种方法挖掘结果的比较

实验证明，我们提出的方法既像闭频繁项集方法那样删除了冗余的规则，同时也保证了已知空间依赖的有效剔除。考虑到空间依赖的特性和频繁项集挖掘方法的性质，结合实验研究，我们可以得出以下结论：

(1)任何满足支持度要求的空间依赖都会出现在至少一个闭频繁项集中；

(2)闭频繁项集挖掘不保证能剔除数据中存在的空间依赖；

(3)基于概念格产生子的方法能够在挖掘过程中剔除空间依赖。

6.4　本体辅助的空间关联规则挖掘结果优化

空间关联规则挖掘主要的缺点之一是生成的规则数量众多且其中许多是冗余的或者不相关的信息，提出支持度和置信度阈值就是为了解决此问题，而且额外的策略和兴趣度测量也被提出来以加强产生规则的可解释性。然而，规则的兴趣度和规则的正确度常被混为一谈，大部分文献关注于最大化生成规则的正确度，而忽略其他重要的质量标准。事实上，正确度和兴趣度之间的标准并不是很清晰，例如，"公交车站在马路边"的正确性非常高，但是人们根本就不感兴趣。目前，并没有广泛应用的一致标准来形式化描述规则的兴趣度，相反，许多研究者提出了各自的关于模式的兴趣度测量标准，如 conciseness，coverage，reliability，peculiarity，diversity，novelty，surprisingness，utility 和 actionability。这些标准针对不同情况下的数据，但都基于数据本身，而与用户无关。空间关联规则挖掘是一种非监督数据挖掘技术，其目标是发现潜在未知的模式，这也意味着并没有先验知识来评价规则集的优劣。但是作为用户驱动的数据挖掘，我们可以提供用户的先验知识来筛选用户感兴趣的规则并过滤掉不感兴趣的或者无意义的规则。因此，如何利用本体来表达用户知识从而应用于规则的提取和过滤就成为一条值得探索的新途径。

6.4.1 规则的生成和知识的表达

关联规则挖掘算法主要分为两个部分：①根据数据集生成频繁项集；②根据频繁项集生成规则集。当前关联规则挖掘研究的重点在于如何提高第一步的效率，减少算法的时间复杂度，而较少关注第二步中规则的生成，但从用户感受的角度讲，第二步却比第一步更重要。

1. 规则的生成

当利用频繁模式挖掘或概念格技术生成闭频繁模式后，接下来就从闭频繁项集中生成满足支持度和置信度的关联规则。对于频繁项集 I，依次从项集中取出某一项或者几项作为规则的前件 X，剩余项作为后件 Y，生成关联规则 R。而对于规则 $R:X \rightarrow Y$，支持度 $s = p(X \bigcup Y)$，置信度 $c = p(X \cup Y)p(X)$。以下是生成规则的伪代码：

输入：List_of_consequents1　　　　//它是频繁项集中每一个项集的集合

　　　　$m=1$　　　//规则前件的大小，初始化为 1

输出：ruleList[]　　　//规则集

开始：

　　　While List_of_consequents$_m \neq \phi$ 且项集 itemset 的模大于 m：

　　　　　List_of_consequents$_{m+1}$ = generateConsequents(List_of_consequnts$_m$)；

　　　For each consequent cq in List_of_consequents$_{m+1}$：

　　　Condidence=support(itemset)/support(itemset-cq)；

　　　If confidence≥confidence_threshold：

　　　　　ruleList=ruleList+[(itemset-cq)→cq]；

　　　Else

　　　　　Remove cq from List_of_consequents$_{m+1}$；

　　　End For

　　List_of_consequentsm = List_of_consequents$_{m+1}$；

End While

Return ruleList；

这里，generateConsequents( )函数和频繁项集挖掘中候选集的生成函数是一样的，它组合每一个大小为 m 的后件来获得大小为 $m+1$ 的后件。方法中得到的 ruleList 便是生成的规则集，通过对每一个频繁项集运用此方法，便得到整个挖掘结果。为了更形象地说明规则生成的过程，我们以频繁项集{A，B，C，D}为例进行说明。

对于项集{A，B，C，D}，算法首先输入入 List_of_consequents1{{A}，{B}，{C}，{D}}，然后依次读取出{A}，{B}，{C}，{D}，生成规则 $B \wedge C \wedge D >$，$\wedge C \wedge D > B$，

$\wedge B \wedge D > C$，$\wedge B \wedge C > D$，判断规则的置信度来筛选规则。然后根据 generateConsequents 函数生成新的 List_of_consequents$_2${{AB}，{AC}，{AD}，{BC}，{BD}，{CD}}，在此基础上生成规则 $C \wedge D > \wedge B$，$B \wedge D > \wedge C$，$B \wedge C > \wedge D$，$\wedge D > B \wedge C$，$\wedge C > B \wedge D$，$\wedge B > C \wedge D$。依次类推，直到最后 List_of_consequent 中只剩下一个项集{A, B, C, D}。最终，生成了 4+6+4=14 条规则。

通过对规则生成算法的研究，我们可以发现，规则的数目 n 与项的数目 m 之间存在着函数关系 $n = 2^m - 2$。可见，随着项集中项的增多，规则的数目也会成指数级别增长。同时，不同的项集也可能生成同样的规则，以及同一频繁项集生成的规则具有极高的相似度。但最重要的是，这些生成的规则繁乱芜杂，会使得用户决策起来很困难，因此，如何利用用户已知的知识和想法来提取其感兴趣的规则成为一个迫切需要解决的问题。接下来就探讨如何有效地表达用户知识以融入规则的提取过程中。

2. 知识的表达

在空间数据挖掘中，已有的知识分为两部分：一部分是挖掘领域的概念体系和模型，称为领域知识；另一部分是用户的先验知识，包括用户对任务的理解和要求，称为用户知识。这里将讨论如何对这两种知识进行表达。

1)基于本体的领域知识表达

领域知识的表达就是利用本体来对整个领域建模。本体通常用一个五元组 $O = \{C, R, I, H, A\}$ 来表达，其中，C 是概念集，对应数据集中的项。为了使本体应用于规则模式中的概念表达，这里主要讨论三种类型的概念：叶子概念、抽象概念和约束概念。叶子概念是本体概念体系中的最末枝的概念，它没有下级概念；普遍概念通过本体层级中的蕴含关系($\leqslant$)来表达；约束概念指的不是垂直分类体系中的概念，而是具有某些特殊属性的其他概念的集合，它是本体所特有表达的。为了对这些概念进行定义，这里假设数据集为 $I = \{i_1, i_2, \cdots i_n\}$。

(1)叶子概念(C_0)的定义如下：

$$C_0 = \{c_0 \in C \mid \neg \exists c' \in C, c' \leqslant c_0\} \tag{6.2}$$

式中，$\leqslant$ 表达的是本体中的蕴含关系，也就是父子关系。这种概念可以直接通过映射 f_0 关联到数据集中的项集。

$$f_0 : C_0 \to I, \forall c_0 \in C_0, \exists i \in I, i = f_0(c_0) \tag{6.3}$$

(2)普遍概念(C_1)描述本体中归纳其他概念的概念，也就是父节点概念。一个普遍概念通过映射它的叶子概念而映射到数据集上，如 f_1 所示：

$$f_1 : C_1 \to 2^I, \forall c_1 \in C_1, f(c_1) = \bigcup_{c_0 \in C_0} \{i = f_0(c_0) / c_0 \leqslant c_1\} \tag{6.4}$$

(3)约束概念(C_2)用来描述项集之间的逻辑表达，因为本体的建立是基于描述逻辑的，所以可以对属性进行约束，利用这种约束概念可以实现对项集的分离。约束概念的映射与普遍概念类似，但它并不是如普遍概念那样是叶子概念分类体系中的父节点，它不具有蕴含关系，而是具有某些特殊属性的概念的集合。它的子集可以是叶子概念，也可以是普遍概念，这里使用符号 $\subset$ 来表达约束概念和其子概念之间的关系，以区分普遍概念与其子概念之间的蕴含关系。约束概念到数据集上的映射可用 f_2 表示如下：

$$f_2 : C_2 \rightarrow 2^I, \forall c_2 \in C_2, f(c_2) = \bigcup_{j=0, c_j \in C_j}^{j<2} (i = f_j(c_j) / c_j \subset c_2) \tag{6.5}$$

为了解释约束概念，这里以图 6.26 所示的本体和数据集来说明。其中本体的概念包括{交通，公路，铁路，水路，航空，国家级交通要道，……}，其中二种类型的概念分别有：

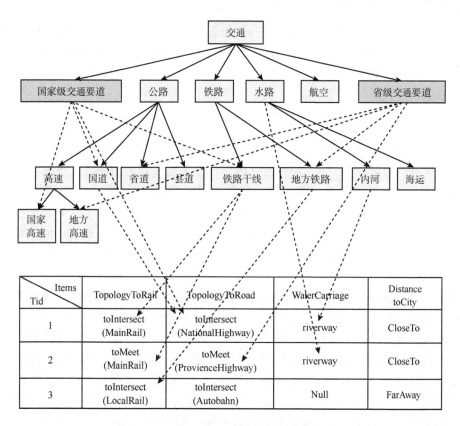

图 6.26　本体描述数据集中的项

叶子概念：{国家高速，地方高速，国道，省道，县道，铁路干线，地方铁路，内河，海运}；

普遍概念：{公路，铁路，水路，航空，高速}；

约束概念：{国家级交通要道，省级交通要道}。

约束概念可以通过 is-a 来描述，但是在本体中，更倾向于用数据属性来表达。上述实例中，约束概念{国家级交通要道，省级交通要道}通过添加布尔型数据属性 isNational

和 isProvience 来定义，表达成描述逻辑为

$$\text{NationalTraffic} \equiv \text{Traffic} \cap \exists\, \text{isNational.TRUE}$$

它定义所有交通中具有布尔型属性 isNational 的值为 TRUE 的交通。

至此，本体和数据库的关联实现了。叶子概念的关联特别简单，如概念"国道"通过映射 f_0(NationnalHighway = NationnalHighway)直接关联到数据集中的国道；而普遍概念则通过它的叶子结点的概念来实现映射，如 f_1(Railway) = {MainRail, LateralRail, LocalRail}，类似地，约束概念通过那些满足约束的概念来实现映射，如 f_2(NationalTraffic) ={NationalAutobahn, NationalHighway, MainRail}。

2)基于规则模式的用户知识表达

B. Liu 等曾提出三个层次的用户先验知识表达：总印象(general impressions，GI)、适度精确概念(reasonably precise concepts，RPC)和精确知识(precise knowledge，PK)。这种表达形式与关联规则非常相近，足够灵活且用户易理解。以 GI 为例说明 B. Liu 等提出的方法：

$$\text{GI}(\langle S_1,\cdots S_m\rangle)[\text{support}，\text{confidence}] \tag{6.6}$$

式中，S_i 是项集分类体系中的一个元素，support 和 confidence 分别为支持度和置信度，是一个可选择的值。在 GI 中，用户定义的出现在关联规则中的项已经明确，但是它并没有说明项之间的隐含关系，即哪些项出现在规则的前件而哪些项又出现在规则的后件，这也就是 GI 与 RPC 的主要区别。RPC 运行描述一个完整的蕴含，PK 表达和 RPC 中的相同形式，但是给支持度和置信度添加了必要的约束。同时，B. Liu 也提出了四种过滤的规则类型：蕴含规则，前件中有意外的规则，后件中有意外的规则和前后件中都有意外的规则。

为了改进关联规则的选取，在 B. Liu 的基础上提出了一个新的规则过滤模型，称为规则模式(rule schemas)。规则模式就是用项的形式来描述用户期望的感兴趣或者明显的规则，因此，规则模式可以被看作是一种分组。在 B. Liu 的方法中，使用分类体系来描述数据库概念属性，但是项的分类体系并不足够表达数据空间全部的语义信息。用户可能需要表达比普通概念更复杂和更精确的概念，这由概念之间的关系产生，而不仅仅只是 is-a 关系，这也就是本节考虑使用本体的原因。因为本体不仅包括分类体系中的要素，同时也包括要素间的关系和要素的属性以及对属性的约束。同时，对于用户而言，每一个规则模式的支持度和置信度的获取是很困难的，因为它们是基于统计定义的，这也是这里不考虑 B. Liu 的方法中精确知识的原因。因此，这里只考虑 B. Liu 提出的三个层次中的两个：GI 和 RPC。

定义 4　规则模式表达用户期望在提取的关联规则中哪些要素会被关联在一起。它表达为

$$RS(<X_1,\cdots,X_n(\rightarrow)Y_1,\cdots,Y_m>) \tag{6.7}$$

式中，X_i，$Y_j \in C$，C 是本体结构 O={C，R，I，H，A}中的元素，蕴含"$\rightarrow$"是一个

操作子。换句话说，如果在 RS 中表达蕴含关系，则是一个 RPC 模式，如果不包含蕴含关系，则是一个 GI 模式。

以图 6.26 所示内容为例，假设用户期望在规则中出现"国家级交通要道"和 GDP 的关系，可定义用户的知识为

- GI 模式 RS(<national traffic, GDP>)
- RPC 模式 RS(<national traffic->GDP>)

其中，GI 模式表示在规则中出现"国家级交通要道"和 GDP 这两个类，对类出现的位置没有规定；RPC 模式则不仅要求在规则中出现"国家级交通要道"和 GDP 这两个类，而且要求"国家级交通要道"出现在规则的前件同时 GDP 出现在规则的后件。

与 B. Liu 提出的利用分类体系来进行明确说明的方法不同，在建立规则模式来表达用户期望时，使用了本体中描述的叶子概念、普遍概念和约束概念等三类概念，它比只通过简单分类体系来描述的方法具有更大的语义扩展性。本体通过利用关系集 R 来扩展分类体系中的 is-a 关系从而提供一个更复杂的知识表达模型。另外，本体中的公理（axioms）也对改善概念的定义有重要应用。

6.4.2　基于规则模式的规则选取

1. 规则选取的相关算子

利用规则模式对产生的规则进行选取有赖于以下几个算子，它们分别是修剪算子（pruning）、服从算子（conforming）、意外算子（unexpectedness）和归纳算子（summarization），其中 conforming 和 unexpectedness 是继承自 B. Liu 的方法。

定义 5　假设一个本体概念 C 以 $f(C)\{x_1, \cdots, x_n\}$ 的形式映射到数据集中，同时有一个频繁项集 $I\{i_1, \cdots, i_m\}$。如果 $\exists x_j, x_j \in I$，那么就可以说项集 I 服从本体概念 C。

现假设有 RPC 模式 $RS_1: (X \to Y)$，一个 G 模式 $RS_2: (\langle U, V \rangle)$ 和一个关联规则 AR：$A \to B$，其中 X, Y, U, V 都是本体中的概念，而 A, B 是数据库中的项。在此基础上，利用这些假设来对下列算子进行说明。

（1）修剪算子：修剪算子允许用户在产生的关联规则中删除一类其不感兴趣的规则，如第 6.3 节所讨论的，在空间数据集中往往存在用户已知的或明显的空间依赖或概念关系，因此在规则中发现这些关系就显得没有意义。对一个规则模式运用修剪算子 $P(RS)$ 就是为删除规则集中所有与规则模式的内容匹配的关联规则。

（2）服从算子：服从算子应用于规则模式 RS 可表示为 $C(RS)$，以证实产生规则中存在的含义和关系。对于 GI 模式 $RS_2: (\langle U, V \rangle)$，匹配模式中所有项的规则会被选取；对于 RPC 模式 RS_1，则需要前件和后件分别匹配模式中的项。例如，对规则 AR_1 运用服从算子 C 和规则模式 RS_1，如果规则的前件 A 和后件 B 分别服从规则模式 RS_1 的前件 X 和后件 Y，则规则 AR_1 被选取。转换到本体概念和数据库中，就是说，如果数据库项 A 服从本体概念 X 且数据库项 B 服从本体概念 Y，则规则 AR_1 服从规则模式 RS_1。类似地，

对于规则模式 RS_2，如果 $A \cup B$ 中有项服从 U 且 $A \cup B$ 有项服从 V，则规则 AR_1 服从 RS_2。转换到本体概念和数据库中，也即如果数据库项 $A \cup B$ 服从本体概念 U 且 $A \cup B$ 服从本体概念 V，则规则 AR_1 服从 RS_2。

(3) 意外算子：意外算子就是选取那些使用户感到惊讶和意外的规则集，因为决策者要从数据集中发现新的知识，而这种规则正好超出用户的先验知识，所以这种规则比服从规则更令用户感兴趣。意外规则有三种，对应三种子算子，分别是前件意外 U_a (antecedent unexpectedness)、后件意外 U_c (consequent unexpectedness) 和整体意外 U_b (both unexpectedness)。以规则模式 RS_1 和关联规则 AR_1 为例，如果 AR_1 的后件 B 服从概念 Y 但前件 A 不服从概念 X，则 AR_1 满足规则模式 RS_1 下的前件意外，因为前件超出用户的期望而能推导出后件。类似地，通过上述方法定义后件意外和整体意外。

(4) 归纳算子：归纳算子就是把支持度不高的明确规则抽象到高层的普遍规则，以提高支持度从而挖掘强关联规则。首先把规则模式中的本体概念映射到数据集属性值，然后匹配子规则与映射，删除满足条件的子规则，然后生成普遍规则。例如规则模式 $RS(: < Railway \rightarrow GDP >)$，运用归纳算子 $S(RS)$，首先分析其中的普遍概念和约束概念，得到 Railway 的映射 f(Railway) = (MainRailway, LateralRailway, LocalRailway)。假如有规则 R:CloseTo∧toIntersect(MainRailway)−>GDP，其服从模式 RS，则把规则中的项 MainRailway 用对应的本体中的概念 Railway 替换，得到新的普遍的规则 R_n: CloseTo∧toIntersect(Railway)−>GDP。

2. 规则模式的运用

运用修剪、服从、意外以及归纳算子，能够实现对规则的优化和提取。这里将分析如何运用规则模式和相关算子来选取和优化规则集。

规则模式通过列举用户期望或者不期望的概念来实现对规则的描述，而相关算子则通过对规则模式的扩展来完成规则的提取，两者相辅相成，共同实现规则集的优化。这里假设有规则模式 RS 和数据库空间谓词及非空间属性的集合 P：

RS: TopologyToRailway→DistanceToCity

P ={disjoint, toIntersect ( )，toMeet ( )，CloseTo, FarAway, GDP, TIFA}

当然，还有如下 6 条从数据库中挖掘出来的规则：

R_1: disjoint $\rightarrow$ FarAway

R_2: toIntersect(Longhai) $\rightarrow$ CloseTo

R_3: toIntersect(Jingguang) $\wedge$ CloseTo $\rightarrow$ GDP(high)

R_4: TIFA(low) $\rightarrow$ FarAway

R_5: toMeet(Ningxi) $\wedge$ FarAway $\rightarrow$ TIFA(low)

R_6: GDP(high) $\rightarrow$ CloseTo

在运用相关算子之前，先要对规则模式进行解读以获得模式中表达的所有概念到数据集中概念的映射。对于上述规则模式 RS，获取模式中表达的概念{TopologyToRailway, DistanceToCity}。依据下列判断分别建立概念到数据集概念的映射：

● 若是叶子概念，直接映射到数据集对应的概念；

● 若是普遍概念，通过映射它的子概念而得到数据集上的映射；

● 若是约束概念，首先获得其子概念，可能是叶子概念，也可能是普遍概念，通过对这些子概念的映射来获得约束概念到数据集的映射。

本例中，分别对概念 TopologyToRailway 和 DistanceToCity 进行映射，得到其在数据集概念上的映射为

f(TopologyToRailway)={disjoint，toIntersect（），toMeet（）}

f(DistanceToCity)={CloseTo，FarAway}

在此基础上，对上述六条规则分别运用规则模式 RS 和四个算子进行规则提取，详细的方法如下。

(1)修剪算子 P：对规则集 R 运用修剪算子 P(RS)，分别从规则集中取出每条规则，判断其匹配情况。R_1 前件 disjoint 服从规则模式 RS 的前件，且其后件 FarAway 服从规则模式 RS 的后件，故直接删除；R_2 与 R_1 类似，前后件都服从规则模式的概念，也直接删除；R_2 的后件 GDP()、R_4 的前件 TIFA（）、R_5 的后件 TIFA（）及 R_6 的前件 GDP（）都不服从其对应的前件或后件，故予以保留。

(2)服从算子 C：对规则集 R 运用服从算子 C(RS)，分别从规则集中取出每条规则，判断其匹配情况。R_1 的前件 disjoint 服从规则模式 RS 的前件，且其后件 FarAway 服从规则模式 RS 的后件，故予以保留；R_2 与 R_1 类似，前后件都服从规则模式的概念，也予以保留；R_2 的后件 GDP（）、R_4 的前件 TIFA（）、R_5 的后件 TIFA（）及 R_6 的前件 GDP（）都不服从其对应的前件或后件，故直接删除。

(3)意外算子 U：对规则集 R 运用前件意外算子 U_a(RS)、后件意外算子 U_c(RS) 以及整体意外算子 U_b(RS)，分别从规则集中取出每条规则，判断其匹配情况。R_1 和 R_2 的前件以及后件都分别服从规则模式的前件和后件，没有出现意外，不予以保留。R_3 和 R_5 的前件服从规则模式的前件，但是后件不服从规则模式的后件，属于后件意外，被 U_c(RS) 予以保留；R_4 和 R_6 的后件都服从规则模式的后件，但是前件却并不服从，属于前件意外，被 U_a(RS) 予以保留；对于整体意外算子 U_b(RS)，所有规则都或多或少服从规则模式 RS，都直接删除。这里需要说明的是，满足整体意外算子的规则必定满足前件意外和后件意外，所以在组合算子时，尽量不要同时使用三种意外算子。

(4)归纳算子 S：对规则集 R 运用归纳算子 C(RS)，分别从规则集中取出每条规则，判断其匹配情况。R_3 的后件 GDP（）、R_4 的前件 TIFA（）、R_5 的后件 TIFA（）及 R_6 的前件 GDP（）都不服从其对应的前件或后件，故直接删除；R_1 与 R_2 的前后件都服从规则模式的概念，分别用规则模式中的概念去替换 R_1 和 R_2 中对应的项，得到新的规则 R_n: TopologyToRailway→DistanceToCity。这里，新的规则显得毫无意义是因为规则模式 RS 的定义(也就是用户期望)如此，并不是说归纳算子产生的新规则就会无意义，它与用户的定义有关。

在上述四类算子中，我们发现，修剪算子和服从算子是一对对立的算子，满足服从算子的规则，再运用修剪算子就会被删除，而满足修剪算子的规则再运用服从算子也会被删除掉。同样，满足意外算子的规则不会满足服从算子，而满足归纳算子的规则肯定会满足服从算子。所以在组合算子时，要遵循一定的顺序，最好是按照修剪算子/意外算子→服从算子→归纳算子的顺序。

6.4.3　基于本体语义相似度的规则过滤

Natarajan 和 Shekar(2005)提出了项相关度过滤，主要是测量规则前后件的项在分类体系中的距离，这种距离有三类，分别是前件中项的距离、后件中项的距离以及前件和后件中项的距离。项之间的语义距离就是项在分类体系中对应的概念之间的边的数量，定义为 $\mathrm{dis}(a, b)$。一个规则的项相关度(item-relatedness，IR)就是指规则的前后件中所有项的语义距离的最小值，可用如下表达式表达：

$$R_1 : A \to B$$
$$\mathrm{IR}(R_1) = \mathrm{Min}(d_{ij}(a_i, b_j)), \forall a_i \in A, b_j \in B \tag{6.8}$$

Natarajan 和 Shekar(2005)提出的方法，考虑的是项之间的语义距离，随着语义网和本体研究的深入，人们在语义距离基础上提出了"概念相似度"的概念，它包括语义相似度和结构相似度。这里利用 6.2 节介绍的语义相似度的计算方法，来计算规则中项之间的项相关性，并且只考虑规则的前件和后件之间的项的相关性，而不考虑前件或者后件内部项之间的相关性。接下来详细说明语义相似度和规则的项相关度的计算公式。

语义相似度计算公式：

$$\mathrm{Sim}(C_1, C_2) = \frac{\alpha \times (l_1 + l_2)}{[\mathrm{dis}(C_1, C_2) + \alpha] \times \max(|l_1 - l_2|, 1)} \tag{6.9}$$

式中，l_1，l_2 表示概念 C_1，C_2 分别所处的层级(深度)；$\mathrm{dis}(C_1, C_2)$ 表示概念之间的语义距离；$\alpha \in (0, 1)$ 表示一个可调节的参数。根据上述定义，把项 a 和 b 之间的语义相似度的计算，需转化为 a 和 b 映射的本体概念 C_x 和 C_y 之间的语义相似度计算。因此，定义规则中项 a 和 b 之间的语义相似度计算公式如下：

$$\mathrm{Sim}(a, b) = \mathrm{Sim}(C_x, C_y) = \frac{\alpha \times (l_{C_x} + l_{C_y})}{\left[\mathrm{dis}(C_x, C_y) + \alpha\right] \times \max\left(|l_{C_x} + l_{C_y}|, 1\right)}, \tag{6.10}$$
$$f_0(a) = C_x, f_0(b) = C_y$$

式中，$l_{C_x} + l_{C_y}$ 表示概念 C_x 和 C_y 分别所处的层级(深度)；$\mathrm{dis}(C_x, C_y)$ 表示概念之间的语义距离；$\alpha \in (0, 1)$ 表示一个可调节的参数。

在完成项之间语义相似度的定义之后，利用本体中映射概念的相似性来计算项之间的相关性。项之间的相关性定义为规则中前件和后件的项之间的语义相似度的最小值，其表达式如下：

$$IR(R_1) = \text{Min}(\text{Sim}(a_i, b_j)), \forall a_i \in A, b_j \in B \qquad (6.11)$$

假设有规则 $R : A \wedge B \to C$，本体概念 C_x，C_y，C_z，$l_{C_x} = 5$，$l_{C_y} = 5$，$l_{C_z} = 5$，$\text{dis}(C_x, C_z) = 5$，$\text{dis}(C_y, C_z) = 6$，取 $\alpha = 0.5$。规则中数据库项 A 和本体叶子概念 C_x 映射，数据库项 B 和本体叶子概念 C_y 映射，数据库项 C 和本体叶子概念 C_z 映射，即 $f_0(A) = C_x$，$f_0(B) = C_y$，$f_0(C) = C_z$。对规则 $R : A \wedge B \to C$ 计算项之间的相关性，计算 A 和 C 之间的相似度，通过映射 $f_0(A) = C_x$ 和 $f_0(C) = C_z$ 转换为计算 C_x 和 C_z 之间的语义相似度 $\text{Sim}(A,C) - \text{Sim}(C,C) - 0.5 \times 10 / 5.5 \times 1 - 10 / 11$；计算 B 和 C 之间的相似度，通过映射 $f_0(B) = C_y$ 和 $f_0(C) = C_z$ 转换为计算 C_y 和 C_z 之间的语义相似度，$\text{Sim}(B,C) = \text{Sim}(C,C) = 0.5 \times 10 / 6.5 \times 1 = 10 / 13$。因此 $IR(R) = \text{Min}(\text{Sim}(A,C), \text{Sim}(B,C)) = 10 / 13$。

因为用户倾向于发现来自不同领域具有不同功能的项之间的关联规则，在获得规则的项相关度后，通过某一个特定的阈值作比较，小于该阈值的留下，大于该阈值的删除，最终获得用户满意的规则。

6.4.4　实验分析

下面对上述提取规则的方法进行验证。除了提到的修剪算子、服从算子、意外算子和归纳算子和语义相似度计算，还引入了一种 MICF 的方法来进行比较。MICF 是 minimum improvement constraint filter 的简写，它的主旨是选择那些本身置信度比更明确规则的置信度更高的规则，而这些更明确的规则可以看作是它内部的子规则。例如，考虑如下规则：

$$\text{toIntersect}(\text{Jingguang}) \wedge \text{CloseTo} \to \text{GDP}(\text{high})(\text{Confidence} = 80\%)$$

$$\text{toIntersect}(\text{Jingguang}) \to \text{GDP}(\text{high})(\text{Confidence} = 75\%)$$

$$\text{CloseTo} \to \text{GDP}(\text{high})(\text{Confidence} = 85\%)$$

可以发现，后两条规则是第一条规则的简化，是它的子规则。根据 J. Bayardo 等的理论，只有当第一条规则的置信度提高了它所有简化规则的置信度时，也即它的置信度比所有简化规则的置信度都低，它才是感兴趣的。实例中，第一条规则并没有提高它的简化规则(第三条规则)的置信度，所以它不被认为是一条感兴趣的规则，因此被删除了。

利用河南统计年鉴和交通及行政区划等数据，挖掘交通与经济之间存在的空间关联规则。实验数据集中包括 108 个实例，四类空间关系(分别是 DistanceToCity，Topology ToRaiyway，TopologyToNationalway，TopologyToAutobahn)以及 86 个非空间属性。在设定支持度为 0.1 和置信度 0.7 后，我们首先利用数据挖掘软件 Weka 来对实验数据进行空间关联规则挖掘(图 6.27 表示数据的装载，图 6.28 表示运用 Apriori 算法进行空间关联规则挖掘后产生的规则)并生成了 4 304 条规则。这些规则中，既有道路与经济的关系，也有道路与医疗卫生的关系，同时还有道路与距离市区远近的关系。我们的目的便是从这些芜杂的规则中过滤出用户感兴趣的规则。

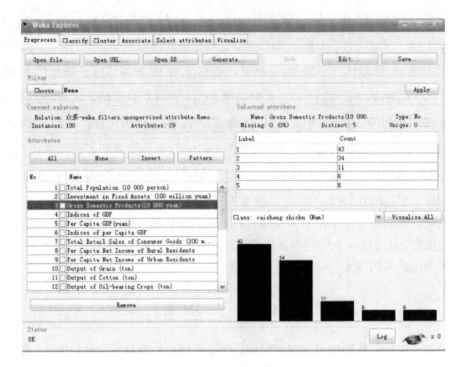

图 6.27　实验数据的装载

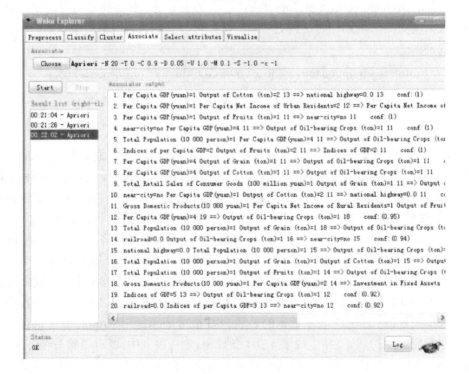

图 6.28　实验数据的挖掘及结果显示

为了实现规则的选取，我们首先定义如表 6.11 所示的规则模式，规则模式 RS_1 表示的是规则的前件中含与铁路的关系，后件中含与国道的关系；RS_2 表示前件中含播种面积而后件中含产量；RS_3 表示前件中含交通关系而后件中含非经济因素；RS_4 表示前件中含总人口数而后件中含人均的指标。

表 6.11　规则模式

规则模式(RS)	定义
RS_1	<TopologyToRail→TopologyToNationalHi ghway>
RS_2	<SeminationArea→OutPut>
RS_3	<Traffic→Non EconomyIndex>
RS_4	<Population→Persons>

在完成规则的挖掘后，运行图 6.29 所示规则过滤程序，根据表 6.11 中定义的规则模式，利用 PRS，IRF 和 MICF 三种方法来对规则进行过滤，表 6.12 表示的是单独或者组合利用该三种方法删除规则的数量和效率，其中，语义相似度计算中 α 取 0.5，相似度阈值为 0.7。在表 6.12 中，FID 是单独和组合方法的标识，MICF 表示用 Bayardo 等（1999）所提出的 MICF 方法来过滤规则，IRF 表示利用项相似度来过滤规则，PRS 利用修剪规则模式来过滤规则，RN 即 rule number 表示过滤后剩下的规则数目，FE 即 filter efficiency 表示修剪的效率。

图 6.29　过滤模式选择界面

表 6.12   各方法的修剪效率

FID	PRS	IRF	MICF	RN	FE/%
1				4 304	100
2	√			2 582	60
3		√		1 334	31
4			√	405	9.4
5	√	√		947	22
6	√		√	353	8.2
7		√	√	228	5.3
8	√	√	√	177	4.1

从表 6.12 中可以看出，当单独使用 PRS，IRF 和 MICF 过滤时，分别生成了 2 582 条、1 334 条和 405 条规则，对应的修剪效率为 60%、31% 和 9.4%。可以发现，PRS 修剪的效率较其他两种方法低，这是因为单一的修剪规则模式只能修剪掉某一单一的已知依赖和关系；MICF 的效率是最高的，这是因为一个频繁项集能同时产生大量的短规则，而同时它又产生了一定数量的长规则，其中很多短规则都是长规则的子规则，运用 MICF 时便能删除大量的短规则；IRF 效率居中，这与相似度阈值的设定有关；阈值越低，效率越高；但是删除掉有用信息的概念也随之提高。

在单独运用三种方法后，又对各方法的组合进行了实验，FID 5 表示组合使用 PRS 和 IRF，它们生成了 947 条规则，效率为 22%；FID 6 表示组合使用 PRS 和 MICF，它们生成了 353 条规则，效率为 8.2%；FID 7 表示组合使用 IRF 和 MICF，它们生成了 228 条规则，效率为 5.3%。相比于单独使用某种方法，两种方法的组合能删除掉更多的规则，效率也更高。这是可以理解的，因为各方法的侧重点不一样，删除的规则也不一样，则其组合也就比单独使用更有效率。在这些组合中，IRF 和 MICF 的效率最高，这和单独使用三种方法时是相对应的，因为 MICF 和 IRF 本身的效率就是最高和次高的，其组合肯定也就是所有二元组合中效率最高的。

最后，对产生规则同时使用上述三种方法修剪，生成了更少的 177 条规则，效率也提高到了 4.1%。可见，随着使用方法的增多，产生的规则也就更少，也更能满足用户的要求。

本体辅助的空间关联规则挖掘还有很多需要进一步探究的问题，包括：

1）模糊空间关系的表达

现实世界中存在着大量的模糊空间关系，如远和近，如果能有效地利用本体来表达这种模糊空间关系从而实现空间关联规则的挖掘，将会极大地提高挖掘方法的应用。

2）融入本体的推理

在数据预处理阶段，人机交互过于频繁，在已知依赖剔除方面，又有赖于用户本身的知识。本体提供在内部语义上的推理，能有效地实现知识的自动或半自动发现，这和数据挖掘的目的是一样的。把本体的推理和数据挖掘融合到一起，将会提高挖掘方法的效率，使结果更令用户感兴趣。

3) 构建挖掘本体来选择挖掘算法

通过本体对数据的描述来发现数据的特性，从而选择合适的挖掘算法，实现对数据最有效的利用。

4) 规则的有效表达

目前对于语义网规则语言 SWRL 的研究比较深入，如何利用其在规则表达上的优势并结合本体中的概念语义内容来实现规则的有效的表达，也需要进一步的探索。

第7章 本体辅助的中文文本自然灾害专题信息挖掘

互联网是一个海量异构、动态更新的泛在数据资源仓库，而网页文本是其最重要的信息资源载体，基于互联网资源开展事件监测，获取事件的时间、空间和属性信息，及时掌握事件的发生发展和演变规律，对于辅助应急决策具有重要意义。为此，本章以自然灾害事件为例，开展地名本体辅助的网页文本数据自然灾害专题信息发现研究，以期为减灾防灾提供知识支持。

7.1 中文文本时空信息获取及解析方法

7.1.1 地名本体、事件本体和灾害本体

1. 地名本体

地名本体是一种特殊的地理本体，也是一种面向地名的领域本体，与一般地理本体的区别是其主要表达的是人类常识性的地理信息需求，而不是反映整个地理空间世界。利用地名本体表达地名知识，能够实现语义级别的共享和异构地名信息的互操作。地名本体能够表达地名的时空特征且具有一定的定性空间推理能力，能够发现隐含的地名知识，有利于地名知识的共享和重用。

地名本体通常在地名词典基础上构建的，地名词典提供了命名实体的结构性信息，把要素的名称与它的位置和类型关联在一起。典型的地名词典主要有 Getty、ADL、TGN、WordNet 和 GNS 等；地名库有世界地名库 Geonames、我国 1∶25 万和 1∶5 万地名库。

2. 事件本体

事件本体是一种面向事件的知识表示方法，它符合现实地理世界的存在规律以及人们的认识规律，是一种特殊的领域本体，它反映了事件的动态特性。事件本体目前尚处于探索阶段。比较著名的有 Harmony 数字图书馆项目建立的 ABC 本体，该本体以事件为驱动，通过描述事件情景、动作、时空和主体等概念及关系来表达事件的本体，但不能表达事件之间的关系；还有 F 事件上层本体模型 F-Event，能够表达事件参与对象、人员、时间和空间、事件之间的结构化关系，如整体-部分关系、因果关系和相关关系，对其他关系表达有限。

3. 灾害本体

灾害本体是对灾害领域概念明确的形式化表达，有利于灾害领域知识的共享和重

用，如地质灾害空间本体应用模型、自然灾害应急物流领域本体、台风灾害领域本体模型等。

7.1.2　面向主题的网页信息获取

1. 主题爬虫技术

传统的搜索引擎不面向具体主题，不能满足人们对特定领域信息检索的需求，主题搜索引擎应运而生。主题爬虫是主题搜索引擎的重要组成部分，它只抓取与主题相关的页面，可以显著减少网页采集数量。主题爬虫为获取互联网上的主题信息提供了解决途径。当前主题爬虫方法主要集中在基于文本内容的启发式方法、基于链接关系的评价方法、基于学习算法的方法等。每种方法各有利弊，但都是从关键词匹配角度出发，从一定程度上实现面向主题的爬虫。

本体具有明确的概念语义层次、概念间的关系定义，其目标就是获取领域知识并提供对该领域内知识的共同理解，是人工智能和知识工程探究的一个重要问题。M. Ehrig 最早提出和研究了本体在主题爬虫的应用问题，利用本体库来计算网页主题相关度，提高爬准率和爬全率。目前有关本体与爬虫相结合的方法基本都是在此基础上进行扩展的，例如本体驱动的分布式主题爬虫，基于本体方法的学习主题爬虫等。

2. 地理信息检索技术

网络中含有丰富的地理信息，据统计，全球约有 80% 以上的网页中包含地理位置信息。地理信息检索（geographical information retrieval，GIR）是信息检索技术在 GIS 领域的应用，主要检索与地理位置相关的信息，例如，查询"郑州二七区-交通事故报告""四川-地震"等。GIR 不仅融合了信息检索的方法，而且包含了挖掘文本地理内容的方法。近些年来，地理信息检索技术取得了较快发展，研究的问题主要集中于地理信息表达、地理信息提取、时空索引、地理相关度排序、用户界面和系统评价等方向。地理本体是对地理概念的形式化描述，具有丰富的语义信息且能够表达空间特征，将地理本体技术引入地理信息检索，有助于提高网络地理信息搜索的智能化和个性化。

7.1.3　文本中时空信息解析方法

时间和空间是地理事件（如自然灾害事件）的重要特征，也是事件的重要组成单元，体现了地理事件的动态特性。在地理信息科学领域，地理动态指的是具有时空特征的变化或移动事件。不同于英文文本，中文文本中时间和空间信息更加复杂。

1. 文本中时间信息解析

时间是事件的基本要素之一，时间信息识别在信息处理中处于基础地位，可用于定位事件发生的时间、事件跟踪、时序定位等。时间的识别是 MUC（message understanding conference）命名实体识别的子任务之一。

英文时间信息抽取已相对成熟。其基础是 J. F. Allen 提出的时间区间表达体系和时间段之间的 13 种时序关系。中文时间信息描述复杂多样，语法和语义跟英文相比差距很大，抽取难度较大。文本中的时间识别和规范化主要分为基于规则、基于统计学习、统计和规则相结合的方法。

(1)基于规则的方法。通过分析时间短语构成规律和约束信息来识别表达式。如基于语法规则和限定规则的规则匹配方法，基于正则表达式的中文 TIMEX 2 自动标注方法，基于时间触发词汇和规则模型的中文文本时间信息解析方法，基于正则文法的时间表达式识别方法等。基于规则的方法，其优点是简单且具有较高的准确率，缺点是规则由人工制定且难以覆盖所有的时间表达式。

(2)基于统计学习的序列标注方法。如基于条件随机场(CRF)的中文文本时间短语识别序列标注方法，基于条件随机场和半监督学习的中文时间信息抽取方法，ICTCLAS 的统计学习中文时间分词和词性标注方法等。基于统计学习的方法识别效果主要依赖于标注语料的质量，语料质量高，则取得的统计识别率高，反之，则识别率低。

(3)统计和规则相结合的时间识别方法。如基于条件随机场和时间词库的中文文本时间识别方法，基于词性构建时间单元规则库的时间识别方法，最大熵的时间识别方法等。

2. 文本中空间信息解析

地理空间无处不在，人类所有的活动、知识和决策都和地理空间中的位置相关。空间中的位置参照可以是形式化的地理坐标，也可以是非形式化的自然语言文本中的地名。形式化表达是所有空间处理的基础，可以通过空间分析和几何计算来实现，但是当前 GIS 中空间处理的过程还无法用地名实现。随着网络和数字图书馆的发展，自然语言文本已经成为地理信息的重要数据源。通过自然语言处理技术实现自动处理，但是，除非地理位置形式化表达，否则计算机不能有效处理文本中的地理位置信息。

从地名角度解析文本中的空间信息，地名是人们对某一特定地理位置的标志，是地理实体在 GIS 中地理位置表达的重要参照。地名解析问题主要涵盖地名识别与地名消歧两个部分。

地名识别是自然语言处理中命名实体识别的一个分支，地名识别的过程是信息抽取的子任务，这个过程已经成为很多系统例如信息抽取、信息检索、问答系统的基本步骤。地名识别任务被看成是一个序列标注任务，主要方法有：基于规则的地名识别、基于统计学习模型的机器学习方法进行地名识别、基于语言知识模型的地名识别、基于本体的地名识别等。

从文本中抽取地理信息并实现地理位置从非形式化到形式化表达是非常必要的，但是因为地名歧义的存在，这个过程是不确定的。我国历史悠久、民族众多，中文地名复杂多样，尤其文本中的地名，歧义现象非常严重。除非确定文本中某一地名是唯一的，否则无法给它分配一个地理坐标。消除地名歧义是文本中定性地名信息空间化的必备环节，是连接自然语言处理和 GIS 的桥梁。

地名歧义分为 geo/non-geo 歧义和 geo/geo 歧义。若某一地名具有非地理意义，如人

名或者普通单词，则称为 geo/non-geo 歧义；同一地名对应多个地理位置就产生了 geo/geo
歧义，如黄山可能指山峰，也可能指黄山市、黄山区，红河可能指河流，也可能指红河
县、昌乐县红河镇，它们使用同一个名字，但是指向不同的地理位置。据统计显示，全
球 80%以上的地名是无歧义的，但是自然语言文本中 83%以上的地名存在歧义，其中一
部分地名存在 5 个甚至更多的候选地理位置。从自然语言处理的角度看，地名消歧起源
于词义消歧，并着重处理地理领域的 geo/geo 歧义，可以将其定义为给文本中一个歧义
地名分配一个唯一的地理坐标的复杂过程。

　　地名消歧是计算语言学中词义消歧的一种特定形式，词义消歧方法主要有基于语料
库和基于知识两种：前者利用标注的数据来训练模型，被用来执行消歧的过程；后者基
于外部资源例如 WordNet、辞典或者字典。一方面，基于语料库的方法能够得到很好的
结果，但是受限于缺少大规模标注语料库，方法不容乐观；另一方面，基于知识的方法
不需要训练数据，但是通常在它们使用的实例领域有局限性，导致了低覆盖率和低精度。
通常地名消歧分为两步：①从文本中识别出所有地名，确定歧义地名对应的所有地理位
置，构成候选位置集合；②基于上下文和知识资源作为证据源，设计一系列的启发式规
则方法，从候选位置集合中选择唯一一个地理位置。

3. 开源工具和数据资源

　　围绕中文自然语言空间信息处理，出现了一些开源工具和数据资源(表 7.1)。

表 7.1　经典的中文自然语言空间信息处理开源工具

名称	网址	开发机构	开发语言
GATE	http: //gate.ac.uk/	谢菲尔德大学	Java
Stanford CoreNLP	http: //nlp.stanford.edu/	斯坦福大学	Java
语言技术平台(LTP)	http: //www.ltp-cloud.com/	哈尔滨工业大学	C#、C++、Java、Python
FudanNLP	http: //jkx.fudan.edu.cn/nlp/	复旦大学	Java
NLPIR	http: //ictclas.nlpir.org/	北京理工大学	C、C++、C#、Java

　　国内外也有一些开放的数据资源库，如地名库 GeoNames、OpenStreetMap、Flickr、
Wikipedia-World 等，地名词典/本体 HowNet、WordNet、Geo-WordNet、GeoWordNet、
Wikipedia、TGN、同义词词林等。标注语料库 SpatialML、SemCor、GeoSemCor、人民
日报标注语料库、南京师范大学 GeoCorpus 等。

7.1.4　文本中事件信息抽取方法

　　事件抽取是文本信息抽取的最高级阶段，文本信息抽取是指从自然语言文本中抽取
指定类型的实体、关系、事件等信息，形成结构化的数据进行输出。例如从有关自然灾
害事件的新闻报道中抽取的事件信息主要包括：灾害的类型、时间、地点、人员伤亡情
况和经济损失，对于具体的灾害类型还包括特有的属性，例如地震的震级、震源深度等。
　　事件抽取主要分为元事件抽取和主题事件抽取两类。元事件抽取主要是针对句子级

别的事件抽取，与 ACE 中定义的事件类似，元事件由触发词和事件元素构成；主题事件抽取是指围绕特定主题，获取一系列相关事件，主题事件包括一类核心事件及其所有与之相关的事件和活动，一般主要由若干元事件串联和融合之后得到完整的主题事件，需要以篇章为单位进行抽取。事件抽取涉及自然语言处理、机器学习、计算语言学、模式识别等多个学科的方法和技术，广泛应用于信息检索、文本挖掘、问答系统等领域。

1. 元事件抽取

1）基于模式匹配的方法

在固定模式指导下，采用模式匹配方法将待抽取的句子和模板进行匹配，该方法属于基于规则的方法类。模式获取是模式匹配事件抽取的核心，主要包括：基于人工语料标注的模式学习、基于人工语料分类的模式学习、基于种子模式的自举模式学习、基于 WordNet 和语料标注的模式学习等四类方法。前三种都需要人工建立的领域概念知识库作为基础获取模式，最后一种方法虽然采用 WordNet 获取模式，但是仍需要人工构建规则进行词义消歧。利用模式匹配方法进行事件抽取，在某一具体领域内可以达到很好的效果，但是可移植性较差。另外，模式的构建需要领域专家的参与，目前还基本停留在语法层次上，语义级别的抽取是一个有待研究的课题。

2）基于机器学习的方法

首先基于大规模语料库训练抽取模型，然后利用该模型对未标注语料库执行事件抽取，该方法把事件类别识别和元素抽取任务看作分类问题。机器学习的事件抽取方法根据数据驱动源可以分为事件元素驱动、触发词驱动和实例驱动。

事件抽取任务包括事件类别识别和事件元素识别。事件类别识别主要依据触发词进行事件分类。事件元素识别主要从命名实体、时间表达式和属性值中识别出事件元素。事件元素驱动方法构建的分类器存在较多的反例，易导致正反例严重失衡。事件触发词驱动方法是主流的方法，存在的问题是正反例不平衡问题，事件类别的多元分类，在语料规模不够大时单独构建多元分类器存在数据稀疏问题。与模式匹配方法相比，机器学习方法具有较好的鲁棒性和灵活性，不需要过多的人工干预和领域知识。但是受限于标注语料规模，存在数据稀疏问题，准确率相比模式匹配方法较低。

2. 主题事件抽取

元事件抽取的方法一般仅限于以句子为单元的事件抽取，很难满足由多个动作和状态组成的主题事件抽取。主题事件抽取关键在于确定同一主题事件的文本集合，然后通过段落和篇章理解技术把集合中分散的主题事件片段按照时空序列或者其他方式进行合并。主题事件的抽取主要有基于框架的方法和基于本体的方法。

1）基于框架的主题事件抽取

框架是一种常用的知识表达方法，事件的框架是由侧面（profile）和槽（slot）构成的完整的分类体系，框架表示中包含哪些属性，需要填充哪些槽，都是预先定义好的。

2）基于本体的主题事件抽取

本体目标是获取领域知识并提供对该领域内知识的共同理解，是人工智能和知识工程探究的一个重要问题。使用本体来指导信息抽取，能够有效地提高信息抽取的性能。常见的基于本体的抽取系统主要有 KEUOA、Artequakt、OFEE、SOBA、Text-To-Onto 和 KIM 等。将本体用于主题事件抽取，能够依据本体描述的概念、属性、关系、实例等信息，抽取文本中含有的侧面事件与相关实体信息。通常基于本体的主题事件抽取包含构建领域本体、基于领域本体对文本自动语义标注、基于语义标注的事件抽取三个步骤。基于本体的事件抽取方法整体上还处于探索阶段。

7.2　基于地名本体的地名知识表达方法

地理知识是指基于人们对地理世界的不同认知层次，将多个地理信息关联在一起所形成的有价值的信息结构。地理知识符合人们的地理认知习惯，更加强调地理概念、原理、方法和规则的相互联系和内在规律。根据知识工程和地理学方法，地理知识可以分为事实型或陈述型知识、规则及控制型知识和空间元知识。为了便于计算机处理自然语言描述的地理知识，必须将地理知识进行形式化表达，当前主要包括产生式规则、描述逻辑、框架、语义网络和地理本体等表达方法，其中地理本体能同时表达结构化的事实型和规则型知识，并且具有一定的语义和时空特征表达能力。

地名知识则是人们对地理世界地理命名实体的描述性知识，属于地理知识的一种，完全继承地理知识的概念特征和表达方法。针对地名知识的研究是地理信息智能检索和服务的基础。

7.2.1　基于地名本体的地名知识建模

1. 地名知识统一表达模型（TKURM）

顾及地名知识的时空特征，选择在地名本体基础上实现地名知识的统一表达，面向地名领域相关标准和地名专家经验知识，涉及陈述型与规则型地名知识，突出对语义特征、时态特征和空间（几何形态、空间关系）特征等地名特征的表达，提出了一种地名知识统一表达模型（toponym knowledge unified representation model，TKURM）。该模型包括空间元知识文档、地名本体和时空规则库。

空间元知识是关于地名知识的知识，用来描述和说明地名知识的特征定义，文档存储为 XML 格式。地名本体主要是对地名概念、属性和关系的描述，通过本体推理机进行地名本体一致性检验，实际应用于基于地名知识库的空间查询。时空规则库主要包括地名规则知识，实际应用于基于地名知识库的规则推理，挖掘隐含的地名知识。地名本体和时空规则紧密相连，时空规则库中的事实都来自于地名本体中的类、属性、约束和关系等。

2. 基于常识空间认知的地名本体模型

定义 1 常识空间认知：常识空间认知是人们在常识认知和空间认知的基础上对所生活的现实地理世界形成的一种认知形式，常识空间认知反映的是非专业人员也就是普通人对客观地理世界的空间认知水平，其理论基础是朴素地理学、认知地图和初级理论。

针对现有地名本体对地名时空（时态和空间关系）表达和推理能力的不足，设计了一种顾及人类常识空间认知、地名时态特征和空间关系特征的地名本体模型，如图 7.1 所示，包括地名要素模型、地名类型模型、时态模型、几何形态模型和空间关系模型，其中几何形态模型和空间关系模型统称为空间模型。地名本体采用五元组表示 TO=(TCD，TRD，TFD，TID，TAD)，TO 表示地名本体，TCD 定义了地名概念或类，TRD 定义了地名概念或类的关系（语义关系和空间关系），TFD 定义了地名概念函数集合，TID 定义了一系列地名概念实例，TAD 定义了一些公理。

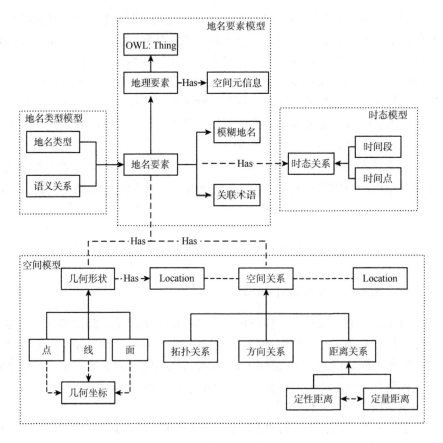

图 7.1 地名本体模型

1）地名要素模型

地理要素为地理领域有意义的对象，表达一个抽象的空间实体，特指具有名称和位置的地理现象。主要探讨的是狭义地名，故定义地名要素属于地理要素的一种，地名要素主要包括模糊地名、关联术语和地名语义关系，还包含几何形态和时空等属性特征。模糊地名类主要用于地名解歧；关联术语类主要用于地名解歧和地理信息检索，存储了和地名位置相关的一系列术语。

2）地名类型模型

地名类型模型主要包括地名类型和语义关系。地名类型广义上讲即地名通名，地名类型复杂多样，是地名本体的重要组成部分，参考国家标准《地名分类与类别代码编制规则》（GB/T 18521—2001），利用形式概念分析思想对地名类型分类进行了简单修正。地名本体明确说明了所包含地名实体概念的语义信息，语义关系主要依据地名本体特点，结合地名词典和叙词表来定义。总结出地名本体概念之间主要包括五种基本语义关系，分别为等价关系（同义关系）、互斥关系、上下义关系、整体-部分关系和属性关系，其中等价关系主要指可选择地名、缩写词、首字母缩略词和通俗地名，在地名本体中分别用 EquivalentClass 与 EquivalentProperty，DisjointClass，subClassOf 与 subPropertyOf，hasPart 与 isPartOf，Domain 与 Range 等原语表达上述语义关系。

3）几何形态模型

为了便于地名知识的共享和集成，采用 OGC 组织提出的 GML 规范描述地名要素的几何类型。地名知识中不会包含具体的坐标信息，实际应用中需要进行地名本体和地名数据库之间的映射构建地名实例库，特定义了 Location 类与几何形状和空间关系相关联，用数据属性描述几何坐标信息。地名指代区域的几何形态抽象描述为点（point）、线（line）、面（polygon）。点通常在地名范围可以忽略时描述地名区域的中心位置；线由大于等于两个点组成，描述线状地名区域的中心线；面同样由两个以上点组成，描述面状地名区域的边界。实际应用时应综合考虑表达尺度和地名区域的自身特点来决定地名范围用哪种方式表示。

4）空间关系模型

地名本体中将地名实体之间的空间关系分为拓扑关系、方向关系和距离关系三种。

A. 拓扑关系（TopologicRelation）

综合考虑地名实体的几何形态特征和完备性表达，选取 4 交模型作为拓扑关系的表达模型。Egenhofer 等基于点集论用集合的交集来表示地理实体间的拓扑关系，提出了 4 交模型。4 交模型如式（7.1）所示，将单地理实体 a、b 划分为内部 $I(a)$、$I(b)$ 和边界 $B(a)$、$B(b)$ 两个点集，矩阵的取值即为 a 和 b 之间的拓扑关系。对于二维地理实体共有 2 种点-点关系、3 种点-线关系、3 种点-面关系、16 种线-线关系、13 种线-面关系和 8 种面-面关系。其中，8 种面-面关系与 RCC 模型中的区域之间的拓扑关系是一一对应的。

$$R_{4IM}(a,b) = \begin{bmatrix} I(a) \cap I(b) & I(a) \cap B(b) \\ B(a) \cap I(b) & B(a) \cap B(b) \end{bmatrix} \tag{7.1}$$

4 交模型基本上能够完备表达地名实体之间常见的拓扑关系，为了满足地名区域空间拓扑关系表达和推理，我们定义相交（PO）、相离（DC）、邻接（EC）、相等（EQ）、包含（NTPPi）、包含于（NTPP）、内切（TPPi）和被内切（TPP）等几种拓扑关系，并明确定义不同地名实体的语义（例如包含、内切等关系只是参照面状地名实体而定义）。拓扑关系在地名本体中主要以对象属性（ObjectProperty）进行描述，存在互逆（ReflexiveOf）、对称（InverseOf）、传递（Transitive）和自反（InverseOf）等属性公理约束。

B. 方向关系（DirectionRelation）

地名实体之间的方向关系最贴近人们的常识性空间认知，选取外部参考框架，采用圆锥模型扩展定义地名本体中的方向关系，主要包括东（E）、西（W）、南（S）、北（N）、东南（SE）、西北（NW）、东北（NE）、西南（SW）、东北北（NEN）、东南南（SES）、东北东（NEE）、东南东（SEE）、西北北（NWN）、西南南（SWS）、西南西（SWW）和西北西（NWW）等 16 种定性关系，具体的描述依据地名实体的不同尺度而划分。方向关系也被定义为对象属性，且具有自反和传递特性。

C. 距离关系（DistanceRelation）

距离关系也就是人们日常生活中经常提及的"度量"概念，描述了两个地理实体间的远近或者亲疏程度，将地名本体中的距离关系分为定性和定量两种。

定性距离需要源实体、目标实体和参考框架三个要素，依据空间认知和地名尺度的不同，将定性距离关系分为非常近（verynear）、近（near）、适中（moderate）、远（far）和非常远（veryfar）五个等级，具体的等级范围和多少依据尺度而定。定性距离计算方法为围绕某一参考实体的渐近层空间依据有序距离的个数划分为 n 个等级，$Q=\{q_0, \cdots, q_i, \cdots, q_n\}$，$q_0 \sim q_n$ 表示距离参考实体的距离由近及远。地名本体中定性距离用对象属性表示。

定量距离属于三元关系 R（targetToponym，referenceToponym，distance）即 R（目标地名实体，参考地名实体，距离）。基于描述逻辑的本体语言仅支持二元关系的形式化描述，对于三元关系，例如"郑州至洛阳的距离为 108 km"无法形式化描述。解决思路是将三元关系表达为一个新的距离类，所有参数作为类的属性项（对象属性和数据属性）进行设置。

5）时态模型

地名是随时间而演变的，这就决定了地名时间属性的重要性，需要提供统一的描述标准，对地名涉及的时间概念及其关系赋予明确语义，并进行形式化表达。地名要素的时态关系反映了地名的演变特征，为了便于地名时态推理，地名本体中的定性时态模型采用 Allen 的区间代数模型，时态原语为时间段，时态关系包括 Before、Meets、Overlaps、Starts、During、Finishes，以及它们的互逆关系 After、Metby、Overlappedby、Startedby、Includes、Finishedby，还有相等关系 Equals，总计 13 种时态关系，存在互逆和传递等属性约束。

地名本体中时态关系的表达涉及时间定位信息，借鉴 GML 时态模式，分为时间点（TimeInstance）和时间段（TimePeriod）。时间点表达时态位置（TimePosition），比如日期

(date)、日期时间(dateTime)、年份(Year)和年月(YearMonth)等基于 ISO8601 标准的格式；时间段表达时间范围的一维几何基元，用开始和结束的时间点描述时间上的位置。

3. 地名本体和规则知识的表达

1)地名本体的 OWL 表达

描述语言能够形式化表达地名本体，这是进行地名本体查询和推理的前提条件。地名本体的描述语言具有完善的语义和语法，还具有一定的逻辑推理能力，能够易于计算机理解和处理，此外还能表达空间概念及其属性特征。现阶段只有 OWL 和 GML 两种地理本体描述语言符合上述要求。OWL 作为最新的网络本体语言，相比 GML 具有较强的语义表达和逻辑推理功能，并且可以为用户提供大量的建模原语。因此，选择 OWL 作为地名本体的形式化描述语言。

地名本体构建首先需要要引用 RDF 命名空间，代码可表示为

```
<rdf: RDF>
    xmlns: rdf= "http: //www.w3.org /1999/02 -rdf -syntax-ns#"
    xmlns: xsd= "http: //www.w3.org/2001/ XMLSchema#"
    xmlns: rdfs= http: //www.w3.org/ 2000/01/ rdf-schema#
    xmlns: owl= http: //www.w3.org/2002/07/owl#
    xmlns= "http: //example.org/Region#"
    xml: base= "http://example.org/ Region">
</rdf: RDF>
```

第 1~3 行三个声明依次定义了数据类型的命名空间，包括 RDF、XML 模式和 RDF 模式；第 4 行的声明指向命名空间 xmlns：owl=http：//www.w3.org/2002/07/owl#，元素的前缀是：owl；最后的声明指向地名本体文档本身。

以行政区划本体为例，使用 OWL 定义地理要素类，声明 Region 类，它是地理要素类 GeoFeature 的子类，继承 Province 类、City 类和 County 类属性，空间关系在地名本体中用 ObjectProperty 对象属性表示。

例如，行政区划本体方向关系对象属性"NW-SE"可用 OWL 描述如下。

```
<owl: TransitiveProperty rdf:ID="NW">
    <rdfs: range rdf: resource= "#GeoFeature"/>
    <rdfs: domain rdf: resource= "#GeoFeature"/>
    <rdfs: subPropertyOf rdf:resource= "#DirectionRelation"/>
    <owl: inverseOf>
        <owl: TransitiveProperty rdf: ID= "SE"/>
    </owl: inverseOf>
</owl: TransitiveProperty>
```

行政区划本体的方向关系对象属性"NW"，作为 DirectionRelation 的子属性而存在，具有传递属性，作用域均为地理要素类 GeoFeature。类似地，可用 OWL 描述行政区划本体实例空间位置关系，此处不再赘述。

2)地名规则知识的 SWRL 表达

基于 OWL 的地名本体只能进行以概念为基础的关联性推理，不能表达属性链接间的规则知识，例如无法表达类似"if…then…"的规则形式，也无法表达地名之间定性空间关系的推理。针对 OWL 表达空间特征和逻辑推理能力的不足，引入一种新的支持语义网的规则语言 SWRL 表达地名本体中的规则知识。SWRL 高度融合了 OWL 和 RuleML 的语法，结合地名本体库和规则应用于推理实践。

地名知识涉及的规则主要包括常识空间认知规则和定性空间推理规则两种类型。常识空间认知规则是指现实世界中人们以地名作为空间参考时所使用的常识性知识。例如，假设知道一个城市是某个国家的首都，那么这个城市肯定是这个国家的组成部分。定性空间推理是人们认识现实地理世界的一项基本活动，这里的推理主要是针对地名实体之间已知的空间关系推断出未知的空间关系的过程。例如，二七区是郑州市的一部分，而郑州市又是河南省的省会(由常识空间认知规则可以知道郑州市是河南省的一部分)，由整体-部分关系的传递性，可以得出郑州市是河南省的一部分，SWRL 规则形式描述为 $Contain(?A, ?B) \wedge Contain(?A, ?B) \rightarrow Contain(?A, ?B)$，当然这只是最简单的空间关系推理规则。由于空间关系的定性描述和知识的不完备性，这就造成了推理结果的模糊性和不确定性，由于无法直接使用不唯一的推理结果，因此仅考虑具有唯一推理结果的地名空间关系规则知识。建立规则的步骤描述如下：①将定性规则以自然语言进行表达；②判断规则前提和结论；③把规则的前提和规则分解为原子的合取式；④从地名本体中选取合适的概念和关系组成原子，由原子合取分别组成规则的前提和结论；⑤对建立的规则进行检验。

经过这几个步骤可以将地名本体中的概念、属性、关系和实例中符合规则表达的知识构建描述规则。表 7.2 中的实例列出了部分地名本体规则的 SWRL 表达。

表 7.2　地名本体规则的 SWRL 表达(部分)

规则名	规则表达形式
地名时空规则 C1	$County(?X) \wedge County(?Y) \wedge County(?Z) \wedge TPP(?X, ?Y) \wedge DC(?Y, ?Z) \rightarrow DC(?X, ?Z)$
地名时空规则 C2	$County(?X) \wedge County(?Y) \wedge County(?Z) \wedge NTPP(?X, ?Y) \wedge DC(?Y, ?Z) \rightarrow DC(?X, ?Z)$
地名时空规则 C3	$County(?X) \wedge County(?Y) \wedge County(?Z) \wedge NTPP(?X, ?Y) \wedge EC(?Y, ?Z) \rightarrow DC(?X, ?Z)$
地名时空规则 C4	$County(?X) \wedge County(?Y) \wedge County(?Z) \wedge NTPP(?X, ?Y) \wedge TPP(?Y, ?Z) \rightarrow NTPP(?X, ?Z)$
地名时空规则 C5	$County(?X) \wedge County(?Y) \wedge County(?Z) \wedge TPP(?X, ?Y) \wedge NTPP(?Y, ?Z) \rightarrow NTPP(?X, ?Z)$
地名时空规则 C6	$County(?X) \wedge County(?Y) \wedge County(?Z) \wedge R1(?X, ?Y) \wedge R2(?Y, ?Z) \rightarrow R3(?X, ?Z)$
地名时空规则 C7	$County(?X) \wedge County(?Y) \wedge County(?Z) \wedge DURING(?X, ?Y) \wedge MEETS(?Y, ?Z)$ $\rightarrow BEFORE(?X, ?Z)$
地名时空规则 C8	$County(?X) \wedge County(?Y) \wedge County(?Z) \wedge E(?X, ?Y) \wedge SE(?Y, ?Z)$ $\rightarrow E(?X, ?Z), SE(?X, ?Z)$
地名时空规则 C9	$County(?X) \wedge County(?Y) \wedge County(?Z) \wedge NW(?X, ?Y) \wedge NW(?Y, ?Z) \rightarrow NW(?X, ?Z)$

续表

规则名	规则表达形式
地名时空规则 C10	County$(?\ X) \wedge$ County$(?\ Y) \wedge$ County$(?\ Z) \wedge$ NE$(?\ X,\ ?\ Y) \wedge$ E$(?\ Y,\ ?\ Z)$ $\rightarrow$E$(?\ X,\ ?\ Z)$, NE$(?\ X,\ ?\ Z)$
地名时空规则 C11	County$(?\ X) \wedge$ County$(?\ Y) \wedge$ County$(?\ Z) \wedge$ S$(?\ X,\ ?\ Y) \wedge$SE$(?\ Y,\ ?\ Z)$ $\rightarrow$S$(?\ X,\ ?\ Z)$, SE$(?\ X,\ ?\ Z)$
地名时空规则 C12	County$(?\ X) \wedge$ County$(?\ Y) \wedge$ County$(?\ Z) \wedge$ W$(?\ X,\ ?\ Y) \wedge$ NW$(?\ Y,\ ?\ Z)$ $\rightarrow$W$(?\ X,\ ?\ Z)$, NW$(?\ X,\ ?\ Z)$
地名时空规则 C13	County$(?\ X) \wedge$ County$(?\ Y) \wedge$ County$(?\ Z) \wedge$ far$(?\ X,\ ?\ Y) \wedge$ veryfar$(?\ Y,\ ?\ Z)$ $\rightarrow$veryfar$(?\ X,\ ?\ Z)$
地名时空规则 C14	County$(?\ X) \wedge$ County$(?\ Y) \wedge$ County$(?\ Z) \wedge$ near$(?\ X,\ ?\ Y) \wedge$ moderate$(?\ Y,\ ?\ Z)$ $\rightarrow$moderate$(?\ X,\ ?\ Z)$, far$(?\ X,\ ?\ Z)$

显然，地名之间的空间 SWRL 规则数量十分庞大，表中仅选取了部分推理规则集简要介绍地名本体推理规则的建立和 SWRL 表达方式。

7.2.2　地名本体定性空间推理机制

研究地名本体的定性空间推理，有利于发现地名本体中隐含和未知的空间信息，是构建地名知识库的关键环节，也有利于实现地名本体空间知识的共享和重用。

定性空间推理(qualitative spatial reasoning，QSR)，是在某一特定几何空间中，对定性空间关系进行表达、分析和处理的过程，通过定义一组空间关系，依据特定规则，找到这组空间关系之间的内在联系并推导出未知的关系。定性空间推理的方法主要包括代数法、公理化法、基于模型的推理法、组合表法及几何约束满足法等几种。定性空间推理的基础是定性空间知识库，例如后面将要介绍的地名知识库，这是进行地名定性空间推理的基础。

本体推理(ontology reasoning，OR)，是指以本体元建模为基础，借助特定的逻辑和规则，通过推理本体知识库，由已知关系得出未知和隐含关系的过程。本体推理的本质就是选取一种机制把显示定义的知识挖掘出来，提高知识的重用性。本体推理的过程可以描述如下：①预处理基础数据；②本体知识库构建；③自定义本体推理规则；④选取推理机进行本体推理；⑤推理结果显示。

推理机是进行推理的工具基础，基于本体的推理工具有很多种，最常见的有 Jena、Jess 和 Racer 几种。我们选取 Jess 推理机作为地名空间推理的推理引擎。

由于 Jess 推理机无法直接解析 OWL 本体和 SWRL 规则，因此需要对 OWL 地名本体和 SWRL 空间推理规则进行相应的格式转换，主要包括 SWRL 规则库到 Jess 规则库的转换和地名本体到 Jess 事实库的转换两个转换过程。经过这两个转换过程后，在 Jess 推理中对地名本体事实和空间推理规则进行了有效表达，然后 Jess 推理机就可以执行定性空间推理过程，最后经过本体转换即可得到新的地名本体事实库，如图 7.2 所示。

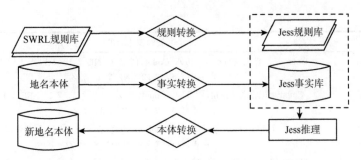

图 7.2　基于 Jess 和 SWRL 的地名本体空间推理过程

7.2.3　地名知识库构建

1. 知识来源

知识获取是知识库构建与知识管理必不可少的一部分，处于基础地位。地名知识的获取主要通过标准规范、背景语料库、数据资源和地名专家知识等，详细内容如表 7.3 所示。标准规范主要包括《国土基础地理信息数据分类与编码》（GB/T13923—92）、《地名分类与类别代码编制规则》（GB/T 18521—2001）、《基础地名数据库数据分类和数据项设置》和《地理信息元数据标准 ISO/FDIS 19115》；背景语料库主要包括《中国图书馆图书分类法》《测绘科学技术主题词表》《中华人民共和国地名词典》《测绘学叙词表》；数据资源主要包括 1 : 5 万和 1 : 25 万地名数据库、GeoNames 地理数据库。其中标准规范和背景语料库是地名分类的重要参考标准，与标准一致也是地名本体构建的基本要求；数据资源是构建地名知识的基本数据来源，也是地名本体实例化的重要参考依据。

表 7.3　地名知识来源

类别	来源
标准规范	《国土基础地理信息数据分类与编码》（GB/T13923—92）
	《地名分类与类别代码编制规则》（GB/T 18521—2001）
	《基础地名数据库数据分类和数据项设置》
	《地理信息元数据标准 ISO/FDIS 19115》
背景语料库	《中国图书馆图书分类法》
	《测绘科学技术主题词表》
	《中华人民共和国地名词典》
	《测绘学叙词表》
	Cyc、WordNet、HowNet 等语料库
数据资源	1 : 5 万和 1 : 25 万地名数据库
	GeoNames 地理数据库
其他	地名专家知识
	TKURM 模型

2. 基于逆向工程的地名数据库语义知识获取

地名数据库是依据一定区域内各类基础地理要素注记的名称及其属性特征而建成的数据库，它是一种空间定位的关系数据库。地名数据是地名知识的重要数据来源，如何从地名数据库中获取语义知识构建地名知识库是一项重要的研究内容。我们使用 1∶5 万和 1∶25 万地名数据库作为基本资料源。

1) 地名数据库语义知识获取

实体关系(ER)模式是关系数据库语义知识形式化的基础，描述了关系数据库中的语义知识，从关系数据库中获取知识的过程本质上就是 ER 模式向知识表达模型的映射过程。从地名数据库中获取语义知识可以理解为 ER 模式向地名本体知识表达模型的映射过程。

定义 2　ER 模式：即实体关系模式(ER scheme)，是表达关系数据库语义知识的概念模型，可以定义为一个六元组(Ls，isas，atts，rels，cards，funs)，Ls 是一个有限的字符表，包括对象标识符集合、属性标识符集合、ER 关系角色标识符集合、关系标识符集合、属性域标识符集合和属性基础域标识符集合等；isas 表示对象之间的继承关系，是一个二元关系；atts 表示对象标识符与集合映射向量之间的映射函数；rels 是一个映射函数，描述每个关系标识符与集合映射向量的映射关系；cards 也是一个映射函数，用于确定数量约束，即确定一个关系中，通过关系角色参与关系的对象实例数量的最大值和最小值；funs 是关于关系计算的函数集合。ER 模式的核心是对象、对象属性、对象关系及其约束，这与地名本体知识模型相类似。

从地名数据库中获取地名语义知识，起于地名数据库，终于地名知识表达模型，具体的转换过程如图 7.3 所示。

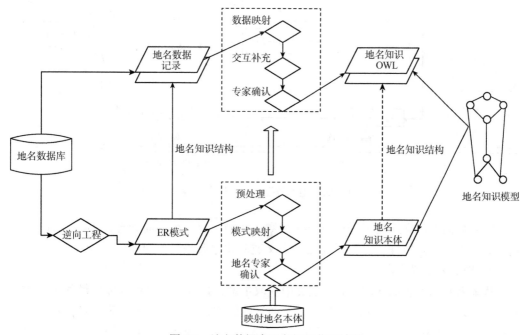

图 7.3　地名数据库语义知识获取过程

由图 7.3 可知，整个逆向过程分为三个步骤：

(1) 逆向工程阶段。此阶段依据现有地名数据库的表、主键、外键、属性和约束等内容，逆向推理出内在的 ER 模式。

(2) ER 模式向地名知识本体映射阶段。此阶段通过预处理、模式映射（表关系映射、表属性映射和约束映射等）和地名专家确认等三个步骤实现了 ER 模式和地名本体之间的转换。

(3) 地名数据记录向地名知识 OWL 的映射阶段。由步骤 (2) 可知完成了地名语义知识结构的转换，此阶段依据地名本体的语义知识结构重构地名数据库中的数据记录，在 ER 模式向地名本体映射的驱动下转换具体地名知识实例展现形式，包括地名数据映射、交互补充和地名专家确认三个步骤。

2) 基于本体的地名数据库语义逆向工程

地名数据库中的语义逆向工程可以描述为依据现有的地名数据库，通过分析数据库表中的内容和表结构，逆向重构该地名数据库中的 ER 模式结构，最终建立表达地名数据库语义知识本体的过程。

从地名数据库中可以直接获取表定义和表数据两种类型的信息，进而可以解析出 ER 模式中关键的语义信息，具体的语义逆向过程如图 7.4 所示。

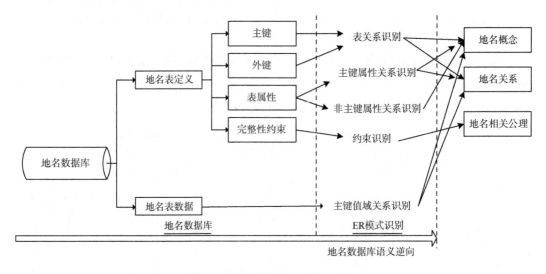

图 7.4　地名数据库语义逆向过程

地名数据库语义逆向工程通过对地名数据库的内容进行逆向处理，为后面的 ER 模式与地名本体映射做铺垫，包括地名表定义逆向和地名表数据逆向。

A. 地名表定义逆向

从地名数据库表的 SQL 语句定义中获取主键、外键、表属性和完整性约束并进行分析，可以获取 ER 模式和本体映射相关的一些结构性元素。故地名表的逆向过程主要包括表关系（空关系、完全依赖、关键依赖、部分关键依赖和参照依赖）识别、主键属性关系(相等、包含、相交和分离)识别、非主键属性关系(相等、包含、相交和分离)识别和约束识别四个步骤,逆向结果用于地名本体建模。

B. 地名表数据逆向

地名表数据逆向是通过分析两个地名表中的每一行地名数据记录,从而提取二者之间的语义信息。主要包括主键属性值域集关系(相等、包含、相交和分离)识别和非主键属性值域集关系(相等和不等)识别。

3) ER 模式与地名本体的语义映射

完成地名数据库中 ER 模式的各项结构性元素获取之后,接卜来需进行 ER 模式空间和地名本体空间之间的语义映射,包括预处理、地名表关系映射、地名表属性映射和地名表约束映射四个过程,为了保证这个过程获得的地名本体的有效性、完整性和一致性,映射的结果都需要地名专家的参与并做适当的修改。

(1)预处理。预处理阶段主要是过滤掉 ER 模式空间中的仅消除了关系模型中结构性限制的 ER 对象,这些对象与 ER 模式的语义无关。

(2)地名表关系映射。地名表关系映射主要是依据逆向得到的显性和隐性关系,匹配地名表关系映射规则,最终得到地名本体空间中的地名概念及其概念之间的各种关系。

(3)地名表属性映射。地名表属性存储着地名数据的属性信息和空间信息,主要包括属性名称和属性类型。地名表属性映射主要是依据地名表关系映射的结果,利用地名表属性映射规则,把表属性一一映射到地名本体空间相对应的概念属性集中。

(4)地名表约束映射。地名表约束映射主要是实现上述映射中相关表中的完整性约束到地名本体空间中的公理之间的转换,主要包括对象完整性约束映射、参照完整性约束映射和用户定义完整性约束映射三种过程。

3. 地名知识库构建

基于地名知识统一表达模型(TKURM),结合对地名知识来源和应用的分析,借鉴地理本体构建原则和基本方法,设计了基于 TKURM 的地名知识库构建流程,如图 7.5 所示。

(1)TKURM 分析:确定研究对象和应用背景,在地名专家指导下收集、整理地名知识来源,明确地名领域重要概念和相关标准规范;

(2)提取地名特征因子:基于地名数据库半自动化提取地名语义和时空因子,设计映射规则和算法实现关系数据库结构到语义和时空因子的构建;

(3)根据常识空间认知事实和地名本体,建立地名实体概念语义因子与几何形态因子、空间关系因子和时态因子之间的关系;

(4)将地名时空规则知识用 SWRL 表达,构建时空规则库;

(5)将地名数据库中的地名数据映射到地名本体中,生成地名本体实例库;

(6)进行规则和事实转换,生成规则库和事实库;

(7)通过本体推理机进行定性空间推理;

(8)本体转换及 TKURM 检验:通过推理机实现对地名知识库的检验,若通过检验则生成地名知识库,否则即存在不一致性,返回修改。

从图 7.5 中可以看出，地名信息变化发现模块是针对当前地名数据库时效性差而设计的，通过网络爬虫提取地名信息存储于地名数据库并实现地名实时更新；专家知识、地名数据库和空间元知识库作为数据源辅助地名知识库构建。

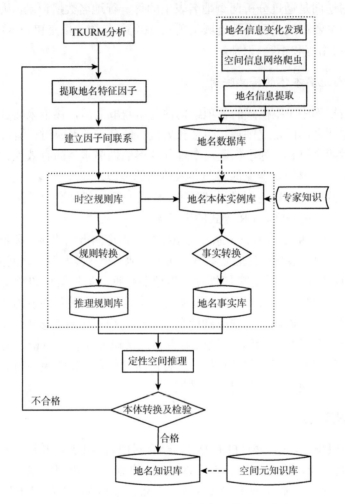

图 7.5　基于 TKURM 的地名知识库构建流程

7.3　面向事件的自然灾害领域本体构建

7.3.1　相关概念与技术方法

1. 基本概念与术语定义

为了对自然灾害事件领域知识统一认识，便于后续处理，对事件、突发公共事件、自然灾害事件和自然灾害事件本体进行了明确定义。

定义 3　事件(event，E)： 指在某个时间和特定地点，由若干角色参与的、具有若干动作特征的一件事情，特指现实世界发生的事情。

事件被定义为一个六元组结构 $E=(A, O, T, V, P, L)$，E 中的事件要素 A、O、T、V、P、L 分别为动作、对象、时间、环境、断言、语言表现。

定义 4　突发公共事件(public emergency event，PEE)： 2006 年颁布的《国家突发公共事件总体应急预案》中对"突发公共事件"定义为突然发生，造成或者可能造成重大人员伤亡、财产损失、生态环境破坏和严重社会危害，危害公共安全的紧急事件。2007 年国家颁布的《中华人民共和国突发事件应对法》中于对突发事件有最全面和最权威的定义，按照本法的定义，突发公共事件是指突然发生、可能造成或者造成严重的社会危害，需要采取应急处置措施予以应对的自然灾害、事故灾难、公共卫生事件和社会安全事件。

定义 5　自然灾害事件(natural disaster events，NDE)： 由地理事件衍生而来发生在地球上的自然灾害现象，即在某时某地发生了突出某一动态特征的自然灾害现象，同时这一灾害可能会引发其他次生灾害，灾害发生后伴随着应急救援和灾后恢复重建工作。自然灾害事件包括发生事件、救援事件和恢复重建事件三部分，具体事件信息由时间、空间、自然灾害属性信息等组成，时间代表该灾害事件发生的某一时刻；空间代表该灾害事件发生的空间位置(由地名本体标记)；灾害属性信息代表该事件的状态描述信息，具体包括：事件名称，事件类型，事件属性描述信息(损失数额、伤亡人数、灾后重建情况等)等要素单元。

自然灾害事件属于突发公共事件的一种类型，事件本身具有动态性，一个自然灾害事件发生，必然伴随着灾害救援事件和灾后恢复重建事件的发生。单个事件强调静态结果，多个事件由时间串联、语义关系连接体现整个自然灾害事件的动态特征。

针对自然灾害事件的突发性、动态性及其特殊性，将其定义为一个四元组 $NDE=(T, L, A, O)$，T 表示事件发生的时间(时间点/时间段)，L 表示事件发生的地理空间位置(简单地名/复杂地名)，A 表示事件的动作(程度/触发词)，O 表示事件的对象(主体/客体)，其中 T、L、A 是必须的，O 是可选的，在自然灾害事件发生时没有主客体的存在，但是当进入事件救援和灾后恢复重建时，救援事件和重建事件被触发，主体和客体是必须存在的。

定义 6　自然灾害事件本体(natural disaster events ontology，NDEO)： 从地理学和地理本体的角度定义自然灾害事件本体，是对自然灾害事件共享概念模型明确的形式化规范说明，体现事件的动态特性，明确灾害事件领域概念及其概念之间的关系，并能够进行语义推理。作为一种面向自然灾害事件的灾害知识表示方法，自然灾害事件本体符合现实世界的存在规律和人们对现实地理世界的认知规律。后面，主要对自然灾害事件本体的构建展开讨论。

2. 本体构建工具与技术方法

1)构建准则

在第 6.1.2 节对本体构建原则已有提及，这里结合研究需要，参照最为经典的由 Gruber(1995)提出的 5 条规则进行自然灾害事件本体构建，主要概括如下：

(1)透明性：所构建的自然灾害事件本体能够显式说明自然灾害领域概念和术语的含义，所有定义用自然语言进行说明，并用形式化的方式表达逻辑公理。

(2)一致性：传统用自然语言描述的自然灾害领域文档和本体中定义的规则、公理必须保持严格一致。

(3)可扩展性：为了满足一些特定需求，能够支持在已有概念的基础上再定义新的术语，对于已有的领域概念则不必修改。

(4)最小编码偏好程度：对自然灾害领域概念的描述采取不同的知识表达方法，不应该依赖某种特殊符号层的表示方法。

(5)承诺最小原则：能够满足自然灾害领域的知识共享需求即可，尽量不约束建模对象，便于共享和按需扩展本体。

由于自然灾害领域具有丰富的语义信息，为了使得构建的事件本体能够在满足以上五个准则的基础上让自然灾害事件本体概念语义从复杂到简单化，引入了语义收缩的概念辅助本体的构建。

定义 7　语义收缩：从具有丰富语义的空间对象到物质世界的语义衰减过程，通过删减某些语义信息构建某一领域的概念层级结构体系。

语义收缩能够发现事物在每个层级上的具体状态，从而构建完整的自然灾害语义本体系统。具体的语义收缩过程可以概括为意图、功能、复杂实体、简单实体和相似性等五个层次，实际上就是一个从抽象到具体、从语义丰富到语义贫瘠的过程。对于自然灾害事件领域的描述，利用语义收缩的五个层级在不同层次上表达该领域的语义信息，从而指导自然灾害事件本体的开发。关于语义收缩的详细解释可参见第 6.1.3 节，这里不再赘述。

2)构建工具

为了构建、编辑、维护和开发本体系统，出现了很多本体构建和应用工具，主要有南加利福尼亚大学信息科学研究室开发的 OntoSaurus，曼彻斯特大学计算机科学系信息管理组开发的基于 OIL 的本体编辑工具 OilEd，马德里技术大学开发的本体建模工具 WebODE，Karlsruhe 大学 AIFB 研究所开发的 OntoEdit，斯坦福知识系统人工智能实验室的网络服务中心开发的本体编辑工具 Ontolingua，斯坦福大学医学院的医学情报学研究组基于 Java 开发的本体编辑器 Protégé，德国 Karlsruhe 大学开发商业本体管理软件 KAON，TopBraid 公司的企业级本体建模和开发环境 TopBraid Composer（TBC）。

以上工具各有自己的特色和用户群体，选取 Protégé 作为自然灾害事件本体的初步构建、编辑工具。Protégé 是基于 Java 平台的本体编辑、开发和知识管理开源软件，最新版本为 5.0 Beta 版本。Protégé 界面风格与 windows 类似，以树形层次目录结构显示本体结构，用户可以基于 Protégé 构建本体概念类、属性、关系和实例，可扩展性强，可以插入很多插件进行本体开发，如可以插入推理插件进行本体推理。

3）构建方法

常见的本体构建方法主要有骨架法、Tove 法、七步法、数据挖掘和领域专家相结合的半自动构建方法、KACTUS 法。综合上面几种方法，针对自然灾害领域和事件描述的特点，提出了一种自然灾害事件本体的六步法，具体步骤描述如下。

（1）确定自然灾害事件本体的构建目的和范围。构建灾害事件本体，明确该领域内的概念、属性、关系，以满足语义层次的描述，存储灾害领域事件的先验知识，形成面向灾害主题的事件分类标准体系和语义关系；应用于中文文本中的自然灾害事件信息抽取。

（2）自然灾害事件本体分析。依据国家相关标准，参考领域专家意见，分析该领域的相关概念和关系。

（3）自然灾害事件本体的描述。通过概念模型表达该领域的概念和关系。

（4）自然灾害事件本体的检验。检验本体是否符合构建准则的标准，若不符合则返回（2）进行本体分析，直至满足要求。

（5）自然灾害事件本体的建立。利用 owl 语言对（3）中构建的本体进行形式化表达。

（6）创建自然灾害事件本体实例。通过灾害数据库、文本数据源等进行实例库构建。

7.3.2　自然灾害事件领域知识分析

1. 自然灾害事件概念语义分类体系

概念反映事物特有属性，是知识的基本单元。从语义的角度讲，自然灾害事件概念必须是该领域内公认的核心概念，表达该领域的主题信息。概念的分类可以有不同的参考标准，相同领域有可能会存在多个分类体系，为了保证语义一致性和分类的权威性，依据国家相关标准进行自然灾害事件概念分类体系的构建。自然灾害事件主要包括水旱灾害、气象灾害、地震灾害、地质灾害、海洋灾害、农业生物灾害、森林草原灾害和宇宙灾害等八大类，依据国发[2005]11 号文件，具体分类如图 7.6 所示。

按照自然灾害事件的性质、严重程度、可控性和影响范围等因素，将自然灾害事件等级分为特别重大、重大、较大和一般四级。这种分类方式在中文文本处理中没有实际意义，故不予采用。

图 7.6 中的概念语义分类，能够有效避免语义异质，使得自然灾害事件有了分类标准体系。对于具体的灾害事件类型又有不同的分类体系，从分类体系中获取灾害事件的概念层次关系。以地震灾害为例，从地震核心概念出发，依据地震成因，将地震灾害进一步划分为构造地震、火山地震、塌陷地震、诱发地震和人工地震等五种类型；依据地震震源深浅划分为浅源地震、中源地震和深源地震等三种类型；依据震中距分为地方震、近震、远震等三种类型；依据地震震级大小划分为极微震、微震、小地震、中级地震、大地震和特大地震等六种类型。依据中文文本语言描述的特点，选取地震震级大小的分类方法对地震进一步分类，确定地震类型的概念层次关系。

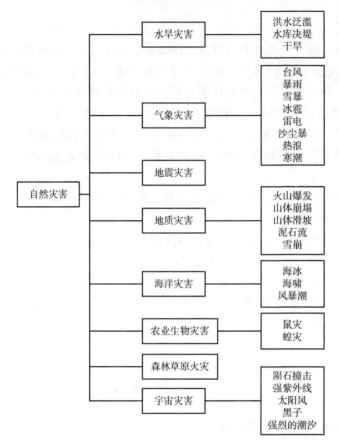

图 7.6　自然灾害概念语义分类体系

2. 自然灾害事件属性分类体系

自然灾害事件属性信息是事件专题信息的重要内容，中文文本中自然灾害事件的属性信息分类没有特定的标准，由于灾害事件属性种类众多，不同事件的属性既有共有性又有特有性，难以界定属性分类。参照《突发公共事件应对法》《国家自然灾害救助应急预案》等标准，针对后续自然灾害事件本体属性信息设置的需求，将自然灾害事件的属性分类体系总结如表 7.4 所示。

表 7.4　自然灾害事件属性分类体系

代码	属性类型	备注
10000	灾害成因	
20000	灾情信息	
20001	人员受伤	
20002	人员死亡	
20003	人员失踪	
20004	经济损失	
20005	房屋损坏	
20006	农作物损失	
20007	生命线工程信息	

续表

代码	属性类型	备注
30000	应急救援	
30001	救援机构	
30002	救援方案	
30003	资金保障	
30004	物质保障	红十字会/管理部门/医院
30005	人力资源	
30006	电力保障	
30007	通信保障	
40000	善后处置	
40001	慰问安抚	
40002	赔偿情况	
50000	灾后恢复重建	
50001	重建机构	
50002	重建规划	人员搬迁/灾后修复
50003	重建力度	政府/企业/其他投入力度
50004	重建保护	
60000	特有属性	具体自然灾害事件所特有的属性信息

其中，灾害成因、灾情信息、应急救援、善后处置和灾后恢复重建是共有属性，共有属性属于每种类型的自然灾害所共同拥有的属性。特有属性是针对不同自然灾害类型所有的属性信息，以地震灾害为例，震源、震源深度、地震震级、震中、震中距、地震烈度等是描述地震灾害事件的特有属性；以风暴潮为例，潮位、潮流流速、风速、风力等是描述风暴潮事件的特有属性。

3. 自然灾害事件属性触发词获取

自然灾害事件的属性触发词对事件属性信息的表达具有显著的指示作用，例如震中、震源、死亡人数、破坏、失踪、风力、潮位、重建、降水量等词汇反映了事件的属性信息。属性触发词的获取，对于构建后续灾害事件本体和抽取中文文本中事件专题属性信息是一种重要的数据来源。

自然灾害事件属性触发词选取参考《现代汉语词典》，依据"知网"和《哈工大信息检索研究室同义词词林扩展版》。

《现代汉语词典》是一部以科学性、规范性和实用性为主要特点的语义词典。"知网"，即 HowNet，是一个以汉语词语或者英语词语概念为描述对象，从而揭示概念与概念之间以及概念所具有的属性之间关系为基本内容的常识知识库。HowNet 描述了概念的上下位关系、同义关系、部分-整体关系、事件-角色关系和相关关系等关系。《哈尔滨工业大学信息检索研究室同义词词林扩展版》即 HIT IR-Lab Tongyici Cilin（Extended），以下简称扩展版，是哈尔滨工业大学信息检索研究室在《同义词词林》的基础上，依据 HowNet

等多部电子词典和人民日报语料库中词语频度而整理收录的，它跟 HowNet 一样是计算词语相似度的重要参考词典。《同义词词林》把词汇分成大、中、小三类，数量分别为 12 个、97 个、1 400 个，每个小类有很多词，又根据词义的远近与相关性分成了很多段落，进一步分成了若干行，其中同一行的词语词义相近或相关。例如，"地震"的同义词表示为"地动 震 震害"，在同一行；"爆炸波 震波 地震波 余波 地波"也在同一行，这些词不同义，但是很相关。将小类中的段落看作第四级的分类，行看作第五级的分类后，词典《同义词词林》就具备了 5 层结构，如图 7.7 所示。

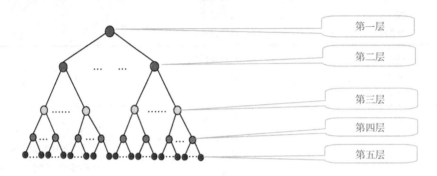

图 7.7 《同义词词林》5 层结构图

扩展版使用五层编码，每一层都有唯一的代码标识，大类用大写字母，中类用小写字母，小类用两位十进制整数表示，第四级用大写字母表示，第五级用两位十进制整数表示。以"Da09B18=地震 地动 震 震害"为例，具体标记如表 7.5 所示。第八位的标记共有 3 种，分别为"="、"#"、"@"，其中"="代表"同义""相等"，末尾的"#"表示"同类""不等"，属于相关词语，末尾的"@"表示"独立""自我封闭"，它在词典中既没有同义词，也没有相关词。

表 7.5 《哈尔滨工业大学信息检索研究室同义词词林扩展版》词语编码表

编码位	1	2	3	4	5	6	7	8
符号举例	D	a	0	9	B	1	8	=\#\@
符号性质	大类	中类	小类		词群	原子词群		
级别	第1级	第2级	第3级		第4级	第5级		

自然灾害事件属性信息包括灾害成因、灾情信息、应急救援、善后处置、灾后恢复与重建和特有属性等六种类型信息。依据分类标准，基于上述词典，通过持续归纳、整理和分析，咨询专家经验知识，获取的自然灾害事件属性触发词部分词汇如表 7.6 所示。

表 7.6 自然灾害事件属性触发词词汇表

属性类型	触发词汇
灾害成因	造成，以致，导致，排查，调查，查清，分析责任……

属性类型	触发词汇
灾情信息	伤，受伤，轻伤，重伤，受重伤，轻微伤，负伤，危重……
人员受伤	死亡，身亡，伤亡，丧生，罹难，遇难，蒙难，丧命，残骸，牺牲……
人员死亡	失踪，不见，下落不明，消失，走失……
人员失踪	经济损失，受灾人口，受灾面积，受灾区域，财产损失……
经济损失	损坏，受损，破坏，倒塌，危房，毁坏，夷为平地，夷平，磨损……
房屋损坏	减产，绝收……
农作物损失	交通工程(公路、铁路、机场、港口)，通信工程(电视、广播、电讯、邮政)，供电工程(变电站、电厂、电力枢纽)，供水工程(如自来水厂、供水管网)，供气和供油工程(如煤气和天然气管网、煤气厂、储气罐、输油管道)，卫生工程(如排水管道、污水处理系统、环卫设施、医疗救护系统)……
生命线工程信息	
应急救援	政府部门，民政部门，红十字会，医院，公益基金会……
救援机构	救援，援助，营救，救治，抢救，援救，支援，赞助，声援，增援，搜救……
救援方案	捐款，赈灾，捐助，捐钱，捐资，资金，救灾款，应急款，赈款，赈济款……
资金保障	物质，食品，食物，食，服务点……
物质保障	安置，转移，疏散，安顿，安排，交代，铺排，分流……
人力资源	供电，电网，高压线，输电线，电力网，电力局，发电站……
电力保障	信号，通畅，通信，联络，广播，电线，天线，电网，通信网，通信站
通信保障	
善后处置	慰问，补给，服务，安抚，嘘寒问暖……
慰问安抚	赔偿，恤金，抚恤金，优抚金，慰问金，赔付……
赔偿情况	
灾后恢复重建	重建组织，重建机构，重建单位……
重建机构	人员搬迁，房屋修复，民房重建，心理重建……
重建规划	政府投入力度，外界投入力度，社会投入力度，机构投入力度……
重建力度	自然保护区，遗址，遗迹，文物保护……
重建保护	
特有属性	地震事件：震源、震源深度、地震震级、震中，震中距，地震烈度，有感，摇晃，震觉，地震带……
	风暴潮事件：潮位，潮流流速，风速，风力……

4. 自然灾害事件中的语义关系分析

1）自然灾害事件中概念之间的语义关系

研究自然灾害事件，首先要明确该领域内概念的知识结构和概念之间的语义关系，明确描述事件概念之间存在的一对一、一对多和多对多关系。结合自然灾害事件信息的特点，将自然灾害事件概念之间的语义关系划分为分类关系和非分类关系。

分类关系(axonomic)是最基本的语义关系，具有明显的层级特征，主要是同义关系、上下位关系。同义关系(synonymy)表达自然灾害事件概念之间是相等的关系；上下位关系(hyponym/hypernymy)表达具有共同属性的不同自然灾害事件概念之间的分类关系，类似于"具体与抽象""个体与集体"和"子类与父类"等概念，定义了自然灾害事件概念在语义上的包含关系，形成概念分类层次，例如，地震灾害事件和自然灾害事件属于典型的上下位关系，"地震灾害事件" is-a "自然灾害事件"。

非分类关系(non-taxonomic)是自然灾害事件所特有的关系，主要包括因果/引发关系、顺序关系、跟随关系、并发关系、互斥关系、空间关系等，下面分别进行介绍。

因果/引发关系(induce)：表示某一自然灾害事件的发生导致了另一种自然灾害事件的发生，两者之间具有因果关系，前者是因，后者是果，例如地震引发(诱发)海啸，台风引发暴雨，暴雨引发滑坡、泥石流、洪涝、山崩等次生灾害，上游水土流失引发下游洪患。

顺序关系(sequence)：表示自然灾害事件发生后，相应事件依据常识按顺序发生，例如灾害恢复重建总在应急救援之后。

跟随关系(follow)：表示一定时间内，某一事件发生后另一事件跟着发生，例如地震事件与灾害恢复重建就是跟随关系。

并发关系(supervene)：一定时间段内，两种自然灾害事件同时或先后发生，例如雷电事件和暴雨事件就是并发关系。

互斥关系(mutex)：两种自然灾害事件不可能同时存在，一种事件发生隐含了另一种事件不可能发生，例如暴雨事件和干旱事件不可能同时发生，两者之间就是互斥关系。

空间关系(spatial relation)：空间关系主要在地名本体中表达，反映的是自然灾害事件发生的空间位置之间的关系，具体参见 7.2.1 节，中文文本中的空间关系主要以自然语言来体现的，需要建立自然语言空间关系到地名本体空间关系的映射机制，从而实现地名本体中空间关系的实例化，最终用于中文文本空间关系处理。

以上关系均是通过自然灾害事件的动作要素来关联的，因为对于一个事件来说，动作要素即事件动作触发词才是核心，可以通过它关联事件类。

2) 自然灾害事件中实例之间的语义关系

上一部分讨论的是概念之间即事件类之间的语义关系，本部分讨论实例之间的关系，它通过自然灾害事件同其他几个要素(时间、地点、对象)关联，主要包括相等关系和包含关系。

相等关系(equal)，如果一个自然灾害事件中的时间要素、地点要素和对象要素(包括主体和客体)与另一个自然灾害事件中的时间要素、地点要素和对象要素某一项是相同的，则认为存在相等关系。例如，事件 E1 "2008 年 5 月 12 日，北京时间 14 时 28 分，四川汶川县发生了里氏 8 级地震"，事件 E2 "汶川县大部分位于山区，地震发生后，山体崩塌、泥石流和滑坡等次生灾害频发，加重了地震的灾情"，事件 E1 和 E2 的空间位置都是 "汶川县"，故两者是相等关系。

包含关系(contain)，如果一个自然灾害事件中除动作以外的某一要素包含于另一事件中的同一要素，则认为存在包含关系。例如，事件 E1 "2010 年 8 月 8 日，舟曲县突发特大泥石流灾害"，事件 E2 "解放军某部队奉命连夜赶往甘肃"，事件 E1 中的空间位置 "舟曲县" 包含于 "甘肃"，故两者是包含关系。

此外还存在同一区域灾害的关联性，例如四川、重庆、云南地震频发，以地震、泥石流、滑坡为主要灾害；原发灾害和诱发灾害的关联性，暴雨不同区域灾害的关联性，这种关系不在我们讨论范围之列。

7.3.3　自然灾害事件领域本体建模与表达

1. 自然灾害事件本体模型

自然灾害事件本体建模旨在定义和描述与自然灾害有关的概念、动作、属性和关系，对于该领域知识共享和重用意义重大。当前事件本体建模主要有两个难点：一是概念和关系的定义；二是统一的事件本体模型构建与表达问题。通过对自然灾害事件领域知识分析，给出自然灾害事件本体模型 NDEOM 如图 7.8 所示。

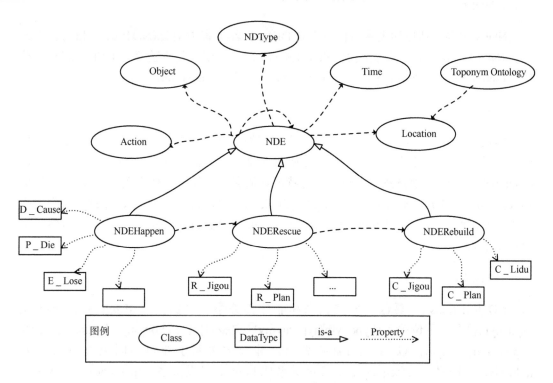

图 7.8　自然灾害事件本体模型(NDEOM)

需要特别指出的是，自然灾害事件的核心要素之一就是空间概念，它反映了事件发生的地理空间位置 Location。将地名本体作为一种地名知识的表达手段，单独列出来关联 Location，地名本体包含丰富的空间信息(地名+空间关系)，由此可见，自然灾害事件本体与地名本体之间是相互依存的关系。

NDEOM 能够实现自然灾害事件概念、时空特征、动作、对象、属性、关系的有效表达，为语义描述和推理奠定基础，是进行中文文本事件信息抽取的关键。作为一种面向自然灾害事件的灾害知识表示方法，自然灾害事件本体基本符合现实世界的存在规律和人们对自然灾害领域知识的认知规律。

2. 自然灾害事件本体逻辑结构

自然灾害事件用四元组 NDE=(T, L, A, O)来表示，其中 T 表示时间，L 表示空间位置，A 表示动作，O 表示对象。

自然灾害事件本体的逻辑结构可以表示为：

NDEO={NDEs，ND_Propertys，ND_Relations，ND_Axioms，ND_Instances}。式中，NDEs 表示自然灾害事件类集合；ND_Propertys 表示属性集合；ND_Relations 表示关系集合；ND_Axioms 表示公理集合；ND_Instances 表示实例集合。

1）NDEs

NDEs 主要包括自然灾害事件基类(NDE)、自然灾害类型类(NDType)、自然灾害发生类(NDEHappen)、应急救援类(NDERescue)、灾后恢复与重建类(NDERebuild)、动作类(action)、对象类(object)、时间(time)、空间位置(location)等。

2）ND_Propertys

ND_Propertys 主要是自然灾害事件相关的数据属性和对象属性，属性具有逆反、传递、对称、函数式等特性，具体的属性限制和特征将在下一小节介绍。数据 DatatypeProperty 反映自然灾害事件概念特征数值属性，如人口死亡数(P_Die)、重建机构(C_Jigou)、地震事件中的震源(E_Magnitude)等；对象属性 ObjectProperty 起到关联作用，连接两个类，例如 NDE 通过 has_Location 与 Location 关联，说明某一自然灾害事件发生的空间位置。

3）ND_Relations

ND_Relations 主要包括分类关系和非分类关系。分类关系主要包括同义关系(synonymy)和上下位关系(hyponym/hypernymy)，在本体中 Synonymy 以 sameAs 表示，hyponym/hypernymy 以 SubClassOf 表示。非分类关系主要包括因果关系(induce/induceBy)、顺序关系(sequence)、跟随关系(follow)、并发关系(supervene)、互斥关系(mutex)、空间关系(spatial relation)、相等关系(equal)、包含关系(contain)，这些关系在本体中以 ObjectProperty 表示，通过 ObjectProperty 的 domain 和 range 串联两个自然灾害事件概念类。

4）ND_Axioms

ND_Axioms 主要包括与自然灾害事件相关的公理 Axiom，用来断言自然灾害事件类、事件属性的相等、事件类不相交、实例的相等与不等等，从而约束本体信息。

5）ND_Instances

ND_Instances 主要包括灾害事件类的实例、对象或者个体，参考来源主要是灾害数据库和文本数据集。

3. 自然灾害事件本体形式化表达

为了实现计算机对自然灾害事件本体模型的可读，还需要实现对模型进行形式化语义描述。OWL 具有较强的语义表达和逻辑推理功能，提供了大量的建模原语，可以作为上述本体表达模型的描述语言。

OWL 语言基于描述逻辑，描述逻辑(DL)的基本构件包括概念、角色和个体，概念定义为一系列具有相同属性的个体集合，角色定义为两个对象之间的二元关系，个体定义为概念的实例。DL 系统的知识库表示为 KB=⟨TBox, ABox⟩，TBox 表示有关概念和关系的公理集合，用来表达概念和关系的属性，具有包含公理和定理公理两种形式；ABox 表示一个描述具体个体事实的公理集合，包含概念和关系断言。描述逻辑具有以下构造符：交($\cap$)、并($\cup$)、非($-$)、全称量词($\forall$)、存在量词($\exists$)、底概念($\perp$)和顶概念(T)，还包括用于对等和包含公理的操作符 ≡ 与 $\subseteq$。

描述逻辑(DL)概念描述符如表 7.7 所示。

表 7.7　描述逻辑 DL 概念描述符

构建符类型	DL 标记符	符号的语义
交集	$D \rightarrow E \cap F$	概念 D 为 E 与 F 的交集
并集	$E \cup F$	概念 D 为 E 与 F 的并集
取值限制	$\forall R.C$	概念 D 的所有角色 R 值为 C
最小存在量化	$\exists R.T$	概念 D 中存在角色 R 值为顶层概念
完全存在量化	$\exists R.C$	概念 D 中存在角色 R 值为 C
	$= nR$	概念 D 有且包含 n 个角色 R
数量限制	$\leqslant nR$	概念 D 至多包含 n 个角色 R
	$\geqslant nR$	概念 D 至少包含 n 个角色 R

基于 OWL 描述自然灾害突发事件知识的构造算子依据描述符号构建，具体如表 7.8 所示。C 表示自然灾害事件概念，P 表示概念属性。

表 7.8　自然灾害事件的 OWL 类表示算子

OWL 构造算子	DL 标记符	例子
intersectionOf	$C_1 \cap C_2 \cdots \cap C_n$	自然灾害事件 $\cap$ 风暴潮事件
unionOf	$C_1 \cup C_2 \cdots \cup C_n$	泥石流事件 $\cup$ 山体滑坡事件 $\cup$ 山体崩塌事件
allValuesFrom	$\forall P.C$	$\forall$reduce.自然灾害事件
someValuesFrom	$\exists P.C$	$\exists$hasLocation.自然灾害事件
minCardinality	$P \geqslant n$	灾害成因≥1
maxCardinality	$P \leqslant n$	地震烈度≤12
complement	$\neg C$	$\neg$ 泥石流事件

自然灾害事件对公理支持的种类非常丰富，大大增加了其语言表达能力。表 7.9 总结了事件本体 OWL 表达所支持的公理。其中 C 表示自然灾害事件概念，P 表示概念属性，i 表示概念实例。

表 7.9　自然灾害事件的 OWL 公理(Axiom)

OWL 公理 Axiom	DL 语法	例子
subClassOf	$C_1 \subseteq C_n$	地震灾害事件 ⊆ 自然灾害事件
equivalentClass	$C_1 \equiv C_2$	雪崩事件 ≡ 地质灾害 ∩ 雪崩
disjointWith	$C_1 \subseteq \neg C_2$	泥石流事件 ⊆ ¬ 海洋灾害事件
differentFrom	$\{i_1\} \subseteq \neg\{i_2\}$	{汶川地震} ⊆ ¬ {唐山地震}
inverseOf	$P_1 \equiv P_2^-$	induce ≡ induceBy⁻
subPropertyOf	$P_1 \subseteq P_n$	医院 ⊆ 救援机构
TransitiveProperty	$P^+ \subseteq P$	follow⁺ ⊆ follow
EquivalentProperty	$P_1 \equiv P_n$	死亡人数 ≡ 死亡人口
sameIndividualAs	$\{i_1\} \equiv \{i_2\}$	{汶川地震} ≡ {5·12 地震}

使用 Protégé 构建自然灾害事件本体后会生成一个 OWL 格式的文件，对事件类、关系、属性和实例都有清晰的描述，用户可以根据应用需要，进行扩充实现事件的查询和推理。

7.3.4　自然灾害事件领域本体评价

本体评价(ontology evaluation)是知识表达领域研究的热点问题，用来评价一个本体在特定应用环境中的实用性和性能。虽然现在很多本体构建工具都有一致性检验、推理和修复功能，但并不能对本体进行评价。由于缺乏统一的本体构建准则、构建方法和本体描述语言，本体评价的难度可想而知。

本体评价主要体现在结构层次(深度、广度、内聚度、外联度)、功能层次(一致性、通用性、用户满意度、主题度、复用度、任务吻合度)和可用性文档层次(可获取性、高效性、可维护性)等三方面。当前的本体评价方法主要有基于专家的、基于黄金标准的、面向任务的、基于文本语料库的、数据驱动的、基于应用的和基于指标体系的等几种类型的评价方法。

遵循整体性、科学性、导向性、通用性、开放性和可行性原则，采用多策略的方法，从定性和定量两个角度进行评价。

1. 与传统事件本体模型的比较分析

首先对构建的 NDEOM 的描述和应用能力进行评估，将 NDEOM 描述事件的能力

从事件表示方法、结构类型、动作描述情况、时间、空间、事件关系和应用领域等 7
个维度,与当前国内外几种典型的事件模型描述能力进行了对比分析,如表 7.10 所示。
从表 7.10 中可以看出,NDEOM 能够表达事件的动态特性,以事件类的层次结构和概
念层次结构相结合的方式为主线,简化了对事件关系的描述,明确了事件之间的非分
类关系,有效地克服了"网球问题";NDEOM 与 UpperEO、LEO 描述能力相当,包
含的类和关系更加合理,结构相对紧凑,但是主要面向自然灾害领域,并且具有一定
的逻辑推理能力。

表 7.10　NDEOM 与不同事件本体表示模型的比较

事件本体模型	事件表示方法	结构类型	动作描述	时间	空间	关系	应用领域
ABC	事件类	概念层结构	有	有	有	有	数字图书馆
EO	事件类	事件层结构	无	有	有	没有	音乐
SEM	事件类/个体	概念层结构	无	有	有	没有	通用/实例
F-Event	Perdurant/Occurent	概念层/事件关系结构	有	有	有	有	通用
UpperEO	事件类	事件关系结构	有	有	有	有	自然/人工事件
PoEM	事件类	概念层结构	有	有	有	无	通用
LEO	事件六元组	事件关系结构	有	有	有	有	通用
NOEM	事件类	概念层结构	有	有	有	有	新闻领域
NDEOM	事件四元组	概念层/事件关系结构	有	有	有	有	自然灾害事件

2. 基于 FAHP 的自然灾害事件领域本体评价

本体评价的基本过程可以描述为:

(1)在评价系统中输入领域本体;

(2)定义评价指标;

(3)选取指标度量方法进行评价;

(4)可视化评价结果。

由于 NDEOM 与现阶段成熟的本体相比还比较简单,因此对传统的评价指标体系进
行了改进和缩减,如图 7.9 所示。

选取模糊层次分析法 FAHP 进行本体评价,FAHP 是一种将模糊综合评价法(fuzzy
comprehensive evaluation,FCE)与层次分析法(analytic hierarchy process,AHP)相结合的
评价方法,它是一种定性与定量相结合的评价模型,先用 AHP 确定因素集,然后用 FCE
确定评判效果,两者相互融合。具体流程如下。

1)设定评语集合

采用的评语集合为 $V = [v_1, v_2, \cdots, v_m]$,$v_m$ 表示从高到低的各级评语。

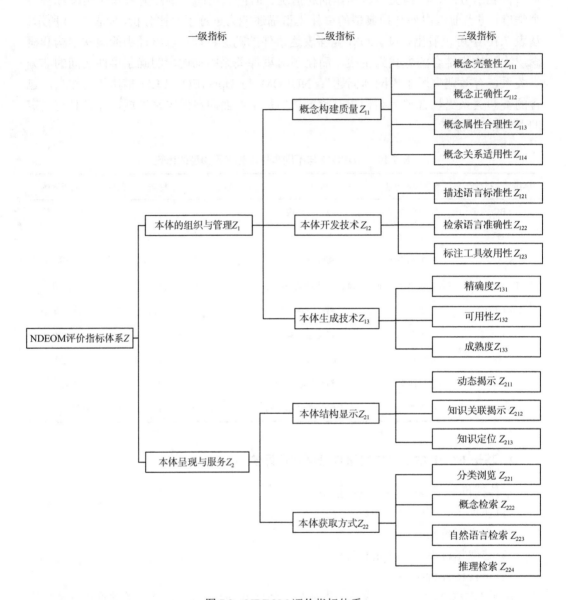

图 7.9 NDEOM 评价指标体系

2) 依据层次分析法确定评价指标权重集合

利用层次分析法计算评价指标权重集合。具体描述为：建立递阶层次结构；采用 1-9 比例标度法将定性的比较结果转化为定量的判断依据，构造判断矩阵；求解判断矩阵特征值进行层次单排序；进行一致性检验，即判断容错性和分析误差，保证结论可靠；计算指标层元素相对于目标层的相对重要性权值，即层次总排序；对总排序结果进行一致性检验。

假设有三级指标，采用发放问卷调查依据层次分析法 AHP 对各个评价指标的权重进行确定，得到一级指标集 $Z = (Z_1, Z_2, Z_3)$ 的权重集为 $W = (w_1, w_2, w_3)$；二级指标集 $Z_k = (Z_{k1}, Z_{k2}, \cdots, Z_{kn})$ 的权重集为 $W_k = (w_{k1}, w_{k2}, \cdots, w_{kn})$，其中 $w_{k1}(i = 1, \cdots n)$ 表示 Z_{ki} 在 Z_k 中的权重；三级指标权重集 $Z_{ky} = (Z_{ky1}, Z_{ky2}, \cdots, Z_{kym})$ 的权重集为 $W_{ky} = (w_{ky1}, w_{ky2}, \cdots, w_{kym})$。NDEOM 评价体系指标权重集计算结果如表 7.11 所示，对于评价指标，实施评价时，可以用民意测验方法请领域专家帮助评判。

表 7.11　NDEOM 评价指标权重集

目标层	一级指标	权重	二级指标	权重	三级指标	权重
Z	Z_1	0.565	Z_{11}	0.324	Z_{111}	0.284
					Z_{112}	0.300
					Z_{113}	0.190
					Z_{114}	0.226
			Z_{12}	0.422	Z_{121}	0.540
					Z_{122}	0.302
					Z_{123}	0.158
			Z_{13}	0.254	Z_{131}	0.423
					Z_{132}	0.320
					Z_{133}	0.257
	Z_2	0.435	Z_{21}	0.621	Z_{211}	0.328
					Z_{212}	0.293
					Z_{213}	0.177
					Z_{214}	0.202
			Z_{22}	0.379	Z_{221}	0.432
					Z_{222}	0.304
					Z_{223}	0.264

3）建立评价矩阵

若第 i 个指标获得 v_j 评语的比率表示为 r_{ij}，得到指标与评语之间的模糊关系为评价矩阵 $\boldsymbol{R}$ 为

$$\boldsymbol{R} = \begin{bmatrix} r_{11} & r_{12} & \cdots & r_{1m} \\ r_{21} & r_{22} & \cdots & r_{2m} \\ \vdots & \vdots & & \vdots \\ r_{n1} & r_{n2} & \cdots & r_{nm} \end{bmatrix} \tag{7.2}$$

式中，$0 \leqslant r_{ij} \leqslant 1$；$i = 1, 2, \cdots, m$；$j = 1, 2, \cdots, n$。

4) 按数学模型进行综合评价

由于是多层次的指标，多层次模糊评价综合评价的数学模型为(不失一般性，取 $k=3$)。

$$B = W \times R = W \times \begin{bmatrix} W_1 \times \begin{bmatrix} A_{11} \times R_{11} \\ A_{12} \times R_{12} \\ \cdots \\ A_{1p} \times R_{1p} \end{bmatrix} \\ \cdots \\ \cdots \\ W_m \times \begin{bmatrix} A_{m1} \times R_{m1} \\ A_{m2} \times R_{m2} \\ \cdots \\ A_{mq} \times R_{mq} \end{bmatrix} \end{bmatrix} \quad (7.3)$$

式中，第一层有 m 个指标，W 为各层的指标权重向量；下标的个数 x 表示 W 为第 $x+1$ 层的各个权重向量；R 为最底层即第三层的模糊关系矩阵。

5) 归一化处理得到评价结果

采用五级评分制，设定评语集 $V=\{$好，较好，一般，较差，差$\}$，采用 1~10 的打分方法对评价指标进行打分。发放调查问卷，用民意测验方法对 NDEOM 进行调查并实施评价，邀请的调查对象是领域本体专家、本体工程师、知识工程师和使用过该本体的相关人员，本次调查共发放调查问卷 50 份，共收回 48 份，有效率为 96%。

按照上述流程，对结果进行汇总和统计，构造评价矩阵，按数学模型进行综合评价，可以得到 NDEOM 的综合评价向量 $B=(0.154，0.332，0.245，0.205，0.064)$，从 B 中可以得出，好、较好、一般、较差和差的比例分别为 15.4%、33.2%、24.5%、20.5% 和 0.64%。

为了将模糊评语 B 转化为总评分，给各级评语设定集合向量 $F=[100，85，70，55，40]^T$，得到 NDEOM 的评价指数为：$A=74.605$，故可以得出结论：构建的 NDEOM 的总体评价在一般和较好之间，还需要进行不断的更新和完善。

7.4　顾及本体语义的自然灾害信息主题爬虫

7.4.1　主题爬虫技术基础

1. 主题爬虫

随着互联网技术的飞速发展和信息多元化的增长，互联网已逐渐成为一个海量异构、实时变化的泛在数据资源仓库，成为了获取信息的主要数据源。信息广泛存在于互联网中，这些信息复杂多样，最基本的是以网页文本数据存在，属于非结构化数据，且变化更新频率快。

通用搜索引擎想要及时更新获得互联网中全面的信息非常困难，难以实现高效的网页抓取和检索，已经无法满足特定用户更加深入的个性化查询请求。针对这种情况，一种分类细致明确、数据全面深入并且更新快速的主题搜索引擎悄然诞生。主题搜索引擎以特定主题为目标，自动采集该领域的信息资源，从而满足特定用户针对某一特定主题或领域的查询需求。

主题爬虫是主题搜索引擎的重要组成部分，是一种仅用来下载与预先定义主题、主题集或者某 特定领域相关网页的网络蜘蛛，它只抓取与主题相关的页面，可以显著减少网页采集数量，提高检索的精度和召回率。

主题爬虫的本质问题就是怎样识别与特定领域相关的链接和页面，然后对 URL 队列进行排序。主题爬虫与通用爬虫的主要区别在于，能够过滤与主题无关的 URL 链接，发掘与主题相关的页面。因此，一个成功的主题爬虫必须在下载某一网页之前精确地预测主题的相关性。

主题爬虫的具体工作流程描述为：从一个或多个给定的种子 URL 开始，给定主题关键字；提取新的 URL 并放入待抓取网页队列中；依据 URL 采集网页；对页面内容进行分析，去掉与主题无关链接，保留与主题相关的网页；进行链接分析，利用搜索策略选择 URL 加入队列；重复上述步骤，直到待爬行 URL 队列爬行完毕或满足爬虫系统的终止条件。可知，主题相关度计算是主题爬虫的核心，决定着主题爬虫的爬全率和爬准率。

2. 主题爬虫策略

1）基于内容的相关度计算

基于内容的网页文本特征相关度计算，主要有 Fish Search 方法、Shark Search 方法、Best-First Search 方法，文档表示模型主要有布尔模型、概率模型、向量空间模型等，这里主要讨论利用向量空间模型（VSM）进行内容相关度计算。

A. 向量空间模型

向量空间模型历史悠久，是非常基础和成熟的信息检索模型，在搜索、自然语言处理、文本挖掘等领域得到了广泛应用。基本原理如下。

利用词的权重向量的方式表示主题和文档，主题权重为 $W_K = (w_{k1}, w_{k2}, \cdots, w_{kn})$，文档权重为 $W_D = (w_{d1}, w_{d2}, \cdots, w_{dn})$。

主题特征与网页文本的主题相关度 $\mathrm{Sem}(K, D)$ 就是计算主题权重向量和文档权重向量之间的夹角余弦，可表示为

$$\mathrm{Sem}(K, D) = \cos(W_K, W_D) = \frac{\sum_{i=1}^{n} w_{ki} \times w_{di}}{\sqrt{\sum_{i=1}^{n} w_{ki}^2} \times \sqrt{\sum_{i=1}^{n} w_{di}^2}} \tag{7.4}$$

特征的权重 w_{ki} 和文档权重 w_{di} 可以采用 TF-IDF 计算。

B. TF-IDF 模型

对于 n 篇文档,关键字/特征词集合 $K = \{k_1, k_1, \cdots, k_m\}$,文档集合 $D = \{d_1, d_1, \cdots, d_n\}$ 。词频(term frequency,TF)表示关键词在文档中出现的频率,表示为

$$\text{TF}_{i,j} = \frac{n_{i,j}}{\sum_k n_{k,j}} \tag{7.5}$$

式中, $n_{i,j}$ 代表 k_i 在 d_j 中出现的次数; $\sum_k n_{k,j}$ 代表文档中出现的词语之和。

逆文档频率(inverse document frequency,IDF)表示为

$$\text{IDF}_{i,j} = \log\left(\frac{|D|}{\left|\{j : k_i \in d_j\}\right|} + 0.01\right) \tag{7.6}$$

式中, D 表示整个文档集合; $|D|$ 表示文档集合中文档的个数; $\left|\{j : k_i \in d_j\}\right|$ 表示 D 中含有 k_i 的文档的个数。故 $\text{TFIDF}_{i,j}$ 可表示为

$$\text{TFIDF}_{i,j} = \text{TF}_{i,j} \times \text{IDF}_i = \frac{n_{i,j}}{\sum_k n_{k,j}} \times \log\left(\frac{|D|}{\left|\{j : k_i \in d_j\}\right|} + 0.01\right) \tag{7.7}$$

向量归一化之后,得到第 i 个特征的权重:

$$w_{di} = \frac{\text{TF}_{i,j} \times \log\left(\frac{|D|}{\left|\{j : k_i \in d_j\}\right|} + 0.01\right)}{\sqrt{\sum_{i=1}^{k}\left[\text{TF}_{i,j} \times \log\left(\frac{|D|}{\left|\{j : k_i \in d_j\}\right|} + 0.01\right)\right]^2}} \tag{7.8}$$

2) 基于链接分析的方法

前已对主题特征与网页内容的相似性进行了评价,通过链接分析计算得到网页链接的重要性,主要是 PageRank 算法和 HITS 算法。

A. PageRank 算法

PageRank 是 Google 构建早期搜索系统时提出的链接分析方法,主要用于网页排序,其基本原理是,某网页 A 的重要性依赖于它的入链,若高等级的网页 B 链接到 A,则根据 PageRank 规则,A 的等级也高。计算公式是:

$$\Pr(t) = (1 - d) + d \times \sum_{i=1}^{n} \frac{\Pr(t_i)}{C(t_i)} \tag{7.9}$$

式中, $\Pr(t)$ 表示网页文本 t 的页面权重值(PageRank 值); n 表示网页总数; t_i 表示指向 t 的其他网页; $\Pr(t_i)$ 表示 t_i 的页面权重值; $C(t_i)$ 表示 t_i 的出站链接个数; d 表示阻尼系数 DF,取值范围 0~1(一般取值为 0.85)。

　　链接分析的过程可以描述为：获取网页；记录网页的出度及其出站链接；更新网页出链接所对应的网页的入度；使用 PageRank 算法进行分析。PageRank 从本质上讲就是在 web 中评价网页的重要性，与主题没有任何关系，容易出现链接陷阱和远程跳转，必须结合网页内容相关性计算才能评价网页。

　　B. HITS 算法

　　HITS 算法也是链接分析中非常基础的一种算法，已被 Teoma 和 Clever 搜索引擎作为链接分析算法而应用。HITS 根据一个网页的入度 Authority（指向本网页的超链接）和出度 Hub（从本网页指向别的网页）来评价网页的重要程度。HITS 对每个已访问网页计算 Authority 值 $A[p]$ 和 Hub 值 $H[p]$，如下式所示，通过迭代计算，从而决定超链接的排序。

$$A[p] = \sum_{q(q,p)\in E} H[p] \tag{7.10}$$

$$A[p] = \sum_{q(q,p)\in E} A[p] \tag{7.11}$$

式中，E 表示所有指向网页 p 的集合。

　　HITS 算法不同于 PageRank 算法的地方在于其与用户查询请求相关，但在扩展网页集里可能会包含与主题无关的页面，而这些页面之间有较多的链接指向，从而会给这些无关网页很高的排名，导致出现主题漂移问题。为了解决上述问题，出现了主题敏感 PageRank 算法。

　　3）基于语义的相关度计算

　　基于内容的相关度计算（例如 Bset-First 使用的 VSM）是基于词汇匹配的，如果两篇文档共享相同词汇和术语，则认为它们是相似的，但是两篇文档缺乏共有的词汇并不代表是无关的。例如，两个术语可能在语义上相似，但是在语法上是不同的。经典的爬虫方法不能够关联语义相似，但能够关联语法上不同术语的文档。语义爬虫使用分类主题词典或者本体解决这一问题，这其中概念相似的术语通过 is-a 或者其他形式连接。

　　所有与主题术语概念相似的术语从分类主题词典或者本体获得，用来增强对主题的描述（例如对主题增加同义词或者其他概念相似的术语）。文档的相似度可以通过 VSM 计算，或者通过特定的模型例如语义相似度检索模型（SSRM），这样 Best-First 爬虫基于语义特征来度量，即称语义爬虫方法。例如将 WordNet 用于检索概念相似术语，WordNet 是一个词汇和主题词表提供自然语言分类层次，包含大约 100 000 个术语，利用层次分类组织，WordNet 提供英语词汇的广泛覆盖。

　　主题和候选网页的相似度通过包含的术语之间的语义相似度函数计算。计算语义相似度包含计算相关概念之间的相似度，不是词典编纂的。文档相关度的定义基于语义相似度函数的选择。网页 p 的优先级通过以下计算：

$$\text{Priority}_{\text{PageSemantic}}(p) = \frac{\sum_k \sum_l \text{sim}(k,l) w_k w_l}{\sum_k \sum_l w_k w_l} \tag{7.12}$$

式中，k 和 l 分别表示主题和候选网页（或者锚文本）中的术语；w_k 和 w_l 表示它们的术语权重；$\text{sim}(k,l)$ 表示它们之间的语义相似度。

7.4.2　本体语义支持的自然灾害主题爬虫框架

自然灾害信息广泛存在于互联网中，这些信息复杂多样，最基本的是以网页文本数据存在，属于非结构化数据，且变化更新频率快。互联网是获取自然灾害信息的主要数据源，实现基于互联网大数据的灾害信息快速获取，可以为及时掌握最新灾情信息提供技术支撑。

通过分析传统的主题爬虫策略，针对其中存在的问题，面向自然灾害领域，引入本体思想，提出了一种基于本体的主题爬虫方法，具体框架如图 7.10 所示。

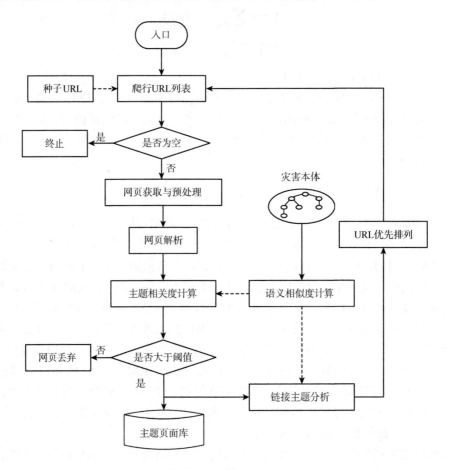

图 7.10　本体语义支持的主题爬虫框架

框架主要分为网页获取与处理、网页主题相关度评价、本体语义相似度计算、链接主题分析等几个模块。

具体流程描述如下：

(1)选定主题，参考领域专家意见，选择初始种子 URL 加入并初始化 URL 列表；

(2)若爬行列表不为空，则通过多线程从 URL 列表依次采集网页；

(3)对爬取的网页进行分词、去停用词、去噪等处理；

(4)对爬取的网页进行解析，提取出网页标题、元数据、正文、各级标题($h_1 \sim h_6$)、链接等信息，以便进行后续的处理；

(5)基于语义相似度获取主题向量，基于 HTML 位置加权方法获取网页文本特征向量，进行网页文本主题相关度计算；

(6)设定阈值，若大于阈值，则网页内容跟主题相关，将爬取的网页存入主题页面库，否则抛弃；

(7)过滤获得 URL 链接，计算 URL 锚文本的主题相关度；

(8)进行链接分析，计算 URL 的优先度，进行 URL 优先排列，存入 URL 列表；

(9)选择 URL，重复步骤(2)至步骤(8)，自到网页卜载完毕或者系统资源耗尽。

这其中包括两个核心的方法，即基于语义和 HTML 位置加权的网页文本主题相关度计算和基于主题相关度的链接分析，接下来将加以介绍。

7.4.3　基于语义和 HTML 位置加权的网页文本主题相关度计算

我们提出了一种语义相似度和 HTML 位置加权支持的网页文本主题相关度方法，通过语义相似度确定主题语义向量，通过 HTML 位置加权方法确定网页文本特征向量，基于余弦相似度来计算网页文本特征向量和主题语义向量的主题相关度。

1. 改进的本体概念语义相似度计算方法

计算词语相似度是主题爬虫首要解决的问题，传统的方法主要利用大规模语料库、基于词典(WordNet 和 HowNet 等)，前者采用字符串匹配，后者利用词典的同义词或义原组成的树状层次体系结构，通过计算概念间的信息熵或者语义距离计算。语义相似度计算是对词语在概念层次上的相似性度量，已广泛应用于自然语言处理、信息检索、数据挖掘、信息抽取、人工智能、机器翻译等领域。领域本体强调语义的基本单位是领域概念而不是义原，反应的是领域知识，我们提出将领域本体用于计算概念语义相似度。

1)传统的基于本体的语义相似度计算方法

A. 基于距离的方法

基本思想是：把概念之间的语义距离用其在本体中的几何距离(路径长度)来量化，概念距离可以表示目标概念与源概念对应的结点在本体层次中构成的通路中最短距离的边数量，概念语义相似度与语义距离是等价的。如图 7.11，虚线表示结点 E 到 H 的最短路径，从 E 到 H 共经过 4 条边，假设不考虑边的权重(取值为 1)，则 E 到 H 的语义距离为 4。

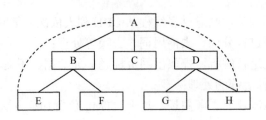

图 7.11　简单的本体层次结构图

这种方法考虑了 is-a 关系，没有考虑 part-of 关系和其他影响因素，概念语义相似度的因子主要包括语义重合度、概念深度、概念宽度、概念密度、概念语义关系、关联强度、信息量、属性等。

B. 基于信息内容的方法

基本思想是：如果两个概念共享的信息越多，它们之间的语义相似度也就越大；反之越少。在本体中，每个概念的子节点都是其祖先节点的具体化和细分，故可以通过比较本体中概念的公共父节点概念包含的信息内容来评估相似度，此种方法以信息论和概率统计等作为基础进行量化。

C. 基于属性的方法

属性是概念的重要性质，概念之间的关联程度与它们之间的公共属性有关，如果具有公共属性项，则认为是相似的。典型的是 Tversky 算法模型，语义相似度计算为

$$\mathrm{Sim}(c_1, c_2) = \theta f\left(|P_1 \cap P_2|\right) - \alpha f\left(|P_1 - P_2|\right) - \beta f\left(|P_2 - P_1|\right) \tag{7.13}$$

式中，P_1 和 P_2 为概念 c_1 和 c_2 的属性集合；$f\left(|P_1 \cap P_2|\right)$ 为公共属性数量；$f\left(|P_1 - P_2|\right)$ 为属于 P_1 但不属于 P_2 的属性数量；$f\left(|P_2 - P_1|\right)$ 为属于 P_2 但不属于 P_1 的属性数量；θ、α、β 为调节参数。基于属性的方法没有考虑属性优先级，不同属性对概念影响不同，也没有考虑概念在层次中的位置及其概念之间的相互关系。

D. 混合方法

混合方法是对上面三种方法的综合考虑，如基于图模型的语义相似度计算方法，以树为主体的本体结构和释词方法相结合；如改进的基于距离的语义相似度方法，基于本体层次，引入基于信息内容的方法的思想，综合了概念的深度、路径长度和概念细节层次来计算语义距离。

2) 一种改进的本体概念语义相似度方法

基于距离的方法，考虑语义距离、概念密度、概念深度、概念重合度、概念语义关系等影响因子，全面量化本体结构中概念之间的语义相似度。

首先给出概念 c_1 和 c_2 之间的语义相似度 $\mathrm{Sim}(c_1, c_2)$ 计算满足的基本条件：

(1) $\mathrm{Sim}(c_1, c_2) \in [0, 1]$，取值范围为 0 到 1 之间；

(2) 所有概念与本身概念的相似度均为 1；

(3) 若概念完全相似，则 $\mathrm{Sim}(c_1, c_2) = 1$；

（4）若概念完全没有任何共同属性即不等，则 $\mathrm{Sim}(c_1, c_2)=0$；

（5）概念相似具有对称性，即 $\mathrm{Sim}(c_1, c_2)=\mathrm{Sim}(c_2, c_1)$。

下面对各个影响因子具体分析。

A. 语义距离因子

定义 8　语义距离：概念之间的语义距离长度，在本体树中用路径长度来量化，即连接两个概念的通路中最短距离的边数量。数量越多距离越大，相似度越低，反之亦然。

$\mathrm{Distance}(c_1, c_2)$ 为本体中概念 c_1 和 c_2 最短语义距离，概念深度对语义相似度的影响因子可表示为

$$\mathrm{IF_{Dis}} = \frac{\tau}{\tau + \mathrm{Distance}^2(c_1, c_2)} \tag{7.14}$$

式中，τ 表示调节因子，为大于 0 的实数，根据专家意见得到。

B. 概念密度因子

定义 9　概念密度：指概念在本体树中所处区域的密度，具体量化为本体中两个概念节点的最近共同祖先所包含的直接子节点数量，数量越多，密度越大，概念越具体，语义相似度越大，反之亦然。

定义 $\mathrm{Density}(c)$ 为概念 c 包含的直接子概念节点数量，$\mathrm{Density}(O)$ 为整个本体层次树中概念节点的子概念节点数的最大值。定义概念 c_1 和 c_2 两个概念节点的最近共同祖先为 c_s，其直接子节点的数量为 $\mathrm{Density}(c_s)$。

概念密度对语义相似度的影响因子可表示为

$$\mathrm{IF_{Den}} = \frac{\mathrm{Density}(c_s)}{\mathrm{Density}(O)} \tag{7.15}$$

C. 概念深度因子

定义 10　概念深度：指概念所在本体中的层次深度，具体量化为本体树中概念节点与根节点的最短路径所包括的边的数量。本体层次树中，越往下层概念的含义越具体。语义距离相同时，概念之间的深度越大，其相似度越大，即在本体树中，离根结点远的概念的相似度比离根节点近的概念的相似度大。

$\mathrm{Depth}(c)$ 为概念 c 所在本体中的层次深度，$\mathrm{Parent}(c)$ 为概念 c 的父节点，对于根节点概念 G 的深度 $\mathrm{Depth}(G)=1$，对于非根节点概念的层次深度，可表示为

$$\mathrm{Depth}(c) = \mathrm{Depth}(\mathrm{Parent}(c)) + 1 \tag{7.16}$$

$\mathrm{Depth}(O)$ 为整个本体层次树的深度，可表示为

$$\mathrm{Depth}(O) = \max(\mathrm{Depth}(c_1), \cdots, \mathrm{Depth}(c_n)), \quad i=1, 2, \cdots, n \tag{7.17}$$

式中，n 为本体中的概念数量；c_i 为本体中的第 i 个概念。

故概念深度对语义相似度的影响因子可表示为

$$\mathrm{IF_{Dep}} = \frac{1}{2}\left(\frac{\mathrm{Depth}(c_1) + \mathrm{Depth}(c_2)}{\left|\mathrm{Depth}(c_1) + \mathrm{Depth}(c_2)\right| + 2 \times \mathrm{Depth}(O)} + \frac{\mathrm{Depth}(c_s)}{\mathrm{Depth}(O)} \right) \tag{7.18}$$

式中，$\mathrm{Depth}(c_1)$ 和 $\mathrm{Depth}(c_2)$ 分别表示概念 c_1 和 c_2 在本体中的层次深度；$\mathrm{Depth}(O)$ 表

示整个本体层次树的深度；$\mathrm{Depth}(c_s)$表示概念c_1和c_2的最近公共祖先节点c_s在本体层次树的深度。

D. 概念重合度因子

定义 11 概念重合度：指本体树中的两个概念之间所包含的公共祖先节点(相同上位概念)的数量，具体量化为公共节点的个数，数量越多则相似度越大，反之亦然。概念重合度对语义相似度的影响因子可表示为

$$\mathrm{IF_{Coi}} = \frac{\mathrm{count}\left(\mathrm{Up}(c_1) \bigcap \mathrm{Up}(c_2)\right)}{\max\left(\mathrm{Depth}(c_1), \mathrm{Depth}(c_2)\right)} \tag{7.19}$$

式中，$\mathrm{count}(\mathrm{Up}(c_1) \bigcap \mathrm{Up}(c_2))$表示概念$c_1$和$c_2$所包含的公共祖先节点数；$\max(\mathrm{Depth}(c_1), \mathrm{Depth}(c_2))$表示概念$c_1$和$c_2$的层次深度的最大值。

E. 概念语义关系

本体反映的是领域知识，通过概念之间的关系来体现，本体中的关系多样，如果仅考虑层次性和上下位关系，与同义词词典类似。考虑同义关系(synonym)、继承关系(is-a/kind-of 关系)、整体-部分(part-of)关系，不同类型的关系对语义相似度的影响也不同。例如同义关系(synonym)肯定大于整体-部分(part-of)关系代表的相似度。参考领域专家意见，确定关系的权值/语义强度为

$$\mathrm{IF_{Rel}} = \begin{cases} \dfrac{1}{3} & \text{part-of} \\[2mm] \dfrac{1}{2} & \text{kind-of} \\[2mm] 1 & \text{synonym} \end{cases} \tag{7.20}$$

综上，综合考虑语义距离、概念密度、概念深度、概念重合度、概念语义关系等影响因子后，概念c_1和概念c_2的语义相似度值为

$$\begin{aligned}
\mathrm{Sim}(c_1, c_2) &= \alpha \times \mathrm{IF_{Dis}} + \beta \times \mathrm{IF_{Den}} + \gamma \times \mathrm{IF_{Dep}} + \delta \times \mathrm{IF_{Coi}} + \varepsilon \times \mathrm{IF_{Rel}} \\
&= \alpha \times \frac{\tau}{\tau + \mathrm{Distance}^2(c_1, c_2)} + \beta \times \frac{\mathrm{Density}(c_s)}{\mathrm{Density}(O)} + \\
&\quad \gamma \times \left[\frac{1}{2}\left(\frac{\mathrm{Depth}(c_1) + \mathrm{Depth}(c_2)}{\left|\mathrm{Depth}(c_1) + \mathrm{Depth}(c_2)\right| + 2 \times \mathrm{Depth}(O)} + \frac{\mathrm{Depth}(c_s)}{\mathrm{Depth}(O)}\right)\right] + \\
&\quad \delta \times \frac{\mathrm{count}(\mathrm{Up}(c_1) \bigcap \mathrm{Up}(c_2))}{\max(\mathrm{Depth}(c_1), \mathrm{Depth}(c_2))} + \varepsilon \times \mathrm{IF_{Rel}}
\end{aligned} \tag{7.21}$$

式中，α、β、γ、δ、ε表示调节因子，α、β、γ、δ、ε总和为1，语义距离因子α肯定占主要的，其他的值相对较小。α、β、γ、δ、ε的值一般根据专家经验获得，也可以采用大规模语料库进行训练得到，迭代计算对初始权重进行修正，采取两种方式结合的策略获取。由于语义相似度是一个主观性非常强的概念，应用领域不同概念语义相似度亦不同，设计调节参数，保证参数的可调节性，正是为了适应不同系统场景的灵活应用。在程序中计算语义相似度$\mathrm{Sim}(c_1, c_2)$的实现流程描述为：①初始化概念；②设定调节因子；

③依次计算各影响因子的值；④计算语义相似度；⑤归一化处理。

实现语义相似度计算后，由此可以构建语义相似度矩阵 V_s：

$$V_s = \begin{bmatrix} \text{sim}_{11} & \text{sim}_{12} & \cdots & \text{sim}_{1n} \\ \text{sim}_{21} & \text{sim}_{22} & \cdots & \text{sim}_{2n} \\ \vdots & \vdots & & \vdots \\ \text{sim}_{n1} & \text{sim}_{n2} & \cdots & \text{sim}_{nn} \end{bmatrix} \tag{7.22}$$

式中，sim_{ij} 表示概念 c_i 和概念 c_j 的语义相似度值 $\text{Sim}(c_i, c_j)$；V_s 表示一个 $n \times n$ 的对称矩阵，n 表示概念的总数。语义相似度矩阵总体反映了本体中各个概念之间的语义相似度。

2. 网页文本主题相关度计算

1) 语义相似度支持的主题语义向量获取

主题是描述客观对象属性或者信息特性的概念或术语集合，选择主题是主题爬虫的前提。为了便于计算机识别，必须对主题进行规范化描述。通常利用提取关键词描述主题，并对不同的关键词赋予不同的权重，具体流程为：

(1) 人工选择主题关键词，选择大规模语料库作为训练样本；

(2) 对样本进行预处理，选取 m 个特征词作为初始关键词，组成关键字集合 T；

(3) 利用 TF-IDF 方法统计词频，排序后选取前 k 个关键词作为主题关键词（$k<m$）；

(4) 利用向量空间模型 (VSM) 将主题关键词映射为主题模型，计算模型权重集 W，通常采用 TF-IDF 或者 TF 方法。

由此可知，传统的主题描述利用 TF-IDF 统计词频和计算权重，只顾及词频和文档频率，没有区分主题分类特征以及相同的词在不同类别中的重要程度，并不能完整地描述主题。更没有考虑语义关系，例如特征词之间的上下位关系、同义关系及一词多义问题。例如上下位关系，虽然词与关键词不同，但是相关，忽略这些相关的词将会影响爬取的效率。

本体原本是哲学上的一个概念，用来反映事物的本质，近年来被应用于信息科学领域。本体是对共享概念明确的形式化规范表达，具有明确的概念层次、概念间的关系定义，具有丰富的语义信息，能够有效解决传统主题描述方法存在的问题。

基于此，提出了一种语义相似度支持的主题描述方法，具体步骤为：

(1) 选定某一主题，利用式 (7.21) 计算领域本体中各个概念与主题概念 C 之间的语义相似度值；

(2) 对语义相似度计算结果进行排序，根据领域专家意见，得到与主题紧密相关的概念集合 $\{C_1, C_2, \cdots, C_n\}$，构建主题关键词集合 $\text{TK}=\{\text{tk}_1, \text{tk}_2, \cdots, \text{tk}_n\}$，$n$ 表示主题关键词的数量；

(3) 根据 VSM 思想得到主题语义向量，即主题关键词权重集向量 W_{TK} 如下式，权重值用步骤 (2) 中得到的语义相似值表达。

$$W_{\text{TK}} = \left(w_{\text{tk}_1}, w_{\text{tk}_2}, \cdots, w_{\text{tk}_n} \right) = \left(\text{Sim}(C, C_1), \text{Sim}(C, C_2), \cdots, \text{Sim}(C, C_n) \right) \tag{7.23}$$

其中，w_{tk_i} 表示主题关键词集合中第 i 个词的主题权重，即对应的概念 C_i 与主题概念 C

之间的语义相似度值 $\mathrm{Sim}(C, C_i)$。

2) 基于 HTML 位置加权的网页文本特征向量获取

目前主要是基于 TF-IDF 模型进行训练和网页特征向量的抽取，但是这种方法存在以下几个缺点：①在爬取的过程中网页总数是不确定的，故无法计算 TF-IDF 中的逆文档频率 IDF；②把网页文档和普通的文本同样处理，仅仅考虑全文词频，没有考虑到 HTML 的半结构化特征，忽视了 HTML 的部分标签信息。基于上述不足，提出了一种顾及 HTML 位置特征的加权方法，进行网页特征向量的提取。

HTML 文档中能够表达主题特征的内容包括 title、kewords、description、body、h_1、anchor text(a) 等六类。标题(title)是网页标题，表达网页的基本含义；关键字(keywords)和描述(description)是元数据(meta)中对网页内容的概述；正文(body)是网页的主体内容；h_1 用来描述网页中最上层的标题；锚文本(anchor text)是对链接的一段描述，把关键词作为链接指向其他网页，是对网页内容的最佳描述。其中锚文本属于外部特征，预测网页主题信息，其他属于内部特征直接表达内容主题特征。需要综合考虑这六部分内容进行主题相关度计算。

对网页标题、关键字、描述、正文、上层标题、锚文本等关键词所在的位置加权计算权重，对应表示为位置权重向量 $\boldsymbol{W}_{\mathrm{P}} = \left(w_1^{(\mathrm{p})}, w_2^{(\mathrm{p})}, \cdots, w_6^{(\mathrm{p})}\right)$，$w_l^{(p)}$ 表示第 l 个位置在网页中的权重系数。参考 T. Peng 和宋聚平的权重系数的设置，通过选取维基百科中文语料库、复旦语料库和搜狗语料库测试，反复对比实验进行修正，得出 $w_l^{(p)}$ 的具体取值如下

$$w_l^{(\mathrm{p})} = \begin{cases} 2.0 & l=1 & \text{title} \\ 1.8 & l=2 & \text{keywords} \\ 1.8 & l=3 & \text{description} \\ 1.0 & l=4 & \text{body} \\ 1.5 & l=5 & h_1 \\ 2.5 & l=6 & \text{anchor text} \end{cases} \tag{7.24}$$

对于网页文本集合 $\mathrm{DK}=\{dk_1, dk_2, \cdots, dk_n\}$，得到网页文本特征向量 W_{DK}，即对应的特征权重向量为

$$W_{\mathrm{DK}} = (w_{\mathrm{dk}_1}, w_{\mathrm{dk}_2}, \cdots, w_{\mathrm{dk}_n}) \tag{7.25}$$

式中，w_{dk_i} 表示网页向量中第 i 个主题关键词的文档权重，采用改进的 TF-IDF 模型计算权重，取值如下：

$$w_{\mathrm{dk}_i} = \sum_{l=1}^{L} \mathrm{tf}_{i,l} \times w_l^{(p)} = \sum_{l=1}^{L} \frac{F_{li}}{\max F_{li}} \times \mathrm{w}_l^{(p)} \tag{7.26}$$

式中，F_{li} 表示第 i 个主题关键词在网页文本第 l 个位置的词频；$\max F_{li}$ 表示主题关键词词频的最大值；L 表示网页文本分段位置数(这里取值为 6)；$w_l^{(p)}$ 表示主题关键词在网页文本中第 l 个位置的权重系数。

3）主题相关度计算

构建了主题语义向量和网页文本特征向量之后，网页文本主题相关度基于这两个语义向量计算。因此，对于网页文本 D_s，利用主题语义向量和网页文本特征向量的余弦确定网页内容的主题相关度值为

$$\text{Sem}(\text{TK}, \text{dk}_s) = \frac{\boldsymbol{W}_{\text{TK}} \times \boldsymbol{W}_{\text{DK}}}{\|\boldsymbol{W}_{\text{TK}}\| \times \|\boldsymbol{W}_{\text{DK}}\|} = \frac{\sum_{i=1}^{n} w_{\text{tk}_i} \times w_{\text{dk}_i}}{\sqrt{\sum_{i=1}^{n} w_{\text{tk}_i}^2} \times \sqrt{\sum_{i=1}^{n} w_{\text{dk}_i}^2}} \tag{7.27}$$

式中，$\boldsymbol{W}_{\text{TK}}$ 表示主题语义向量；$\boldsymbol{W}_{\text{DK}}$ 表示网页文本特征向量；w_{tk_i} 表示第 i 个主题关键词的主题权重；w_{dk_i} 表示第 i 个主题关键词的文档权重。

设定相关度阈值 σ，若 $\text{Sem}(\text{TK}, \text{dk}_s) \geqslant \sigma$，则认为网页文本 D_s 与选定的主题是相关的，予以保存，提取网页中的链接信息，计算链接的优先度，从而优化爬虫队列，提高爬虫的效率。

7.4.4　基于主题相关度的链接分析改进方法

1. 锚文本主题相关度计算

整个万维网构成一个庞大的网络图，网络图的节点为具体网页，边为网页中的链接。对于主题爬虫来说，基于链接进行优先度分类排序非常重要。链接排序，就是利用已经爬取的网页信息和链接的元数据信息，对网页中的未访问链接进行评分。首先获取爬取的网页，其次解析提取新的链接放入未访问队列；再次计算这些链接的主题优先度；最后主题爬虫继续根据链接优先度选择更好的链接从互联网下载网页。

锚文本（anchor text）信息用关键词作为链接对指向网页的简要概括，也是超链接的主要组成部分。一个文本中可能有多个锚文本，但对于某个 URL 链接只有一个锚文本。前面将锚文本作为网页内容的评价条件之一，但是仅限于锚文本对当前网页的内容相关度的贡献程度。在本节的链接分析中将锚文本作为对预测链接目标网页相关度的重要依据。

对于某一锚文本的相关度是指锚文本内容和主题词之间的相关度，对于某链接 l 的锚文本 a_l，锚文本特征集合为 $\text{AK} = \{\text{ak}_1, \text{ak}_2, \cdots, \text{ak}_n\}$，得到锚文本特征向量 $\boldsymbol{W}_{\text{AK}}$，即对应的特征权重向量为

$$\boldsymbol{W}_{\text{AK}} = (w_{\text{ak}_1}, w_{\text{ak}_2}, \cdots, w_{\text{ak}_n}) \tag{7.28}$$

式中，w_{ak_i} 表示锚文本向量中第 i 个主题关键词的锚文本权重，采用改进的 TF-IDF 模型计算权重，取值如下：

$$w_{\text{ak}_i} = \text{tf}_i \times \text{idf}_i = \frac{f_i}{f_{\max}} \times \log\left(\frac{N}{N_i} + 0.01\right) \tag{7.29}$$

式中，f_i 表示第 i 个主题关键词在锚文本 a_l 中出现的次数；$f_{\max}$ 表示第 i 个主题关键词

在锚文本 a_l 中出现的次数最大值；N 表示爬取到的总的文本个数；N_i 表示包含第 i 个主题关键词的文档个数。

对于某链接 l 的锚文本 a_l，利用主题语义向量和锚文本特征向量的余弦确定 a_l 的主题相关度值为

$$\text{Sem}(a_l, \text{tk}) = \frac{W_{\text{TK}} \times W_{\text{AK}}}{\|W_{\text{TK}}\| \times \|W_{\text{AK}}\|} = \frac{\sum_{i=1}^{n} w_{\text{tk}_i} \times w_{\text{ak}_i}}{\sqrt{\sum_{i=1}^{n} w_{\text{tk}_i}^2} \times \sqrt{\sum_{i=1}^{n} w_{\text{ak}_i}^2}} \tag{7.30}$$

式中，W_{TK} 表示主题语义向量；W_{AK} 表示锚文本特征向量；w_{tk_i} 表示第 i 个主题关键词的主题权重；w_{ak_i} 表示第 i 个主题关键词的锚文本权重。$\text{Sem}(a_l, \text{tk})$ 的值为 0~1，越接近 1 说明该链接 l 与主题相似度高，反之亦然。

2. URL 链接优先度分析

对于解析出来的未访问 URL 链接，认为其优先度是由锚文本主题相关度、所在网页文本内容的主题相关度、网页之间的链接关系共同决定的，综合加权来综合评价 URL 链接，将其作为未访问 URL 队列排序的依据。对于中文网页来讲，URL 链接内容本身没有意义，故对于链接信息权重本节不予考虑。

锚文本的主题相关度计算和网页文本内容的主题相关度计算方法在上文都已详细介绍，对于网页之间的链接关系优先度，利用改进的 PageRank 算法计算。

传统评价链接的方法 PageRank 算法，主要是通过网页间的链接指向关系来确定链接的重要程度，是一种静止的网页评价方法，这种方法无法判断当前网页中的链接是否与主题相关，容易出现主题漂移和链接陷阱问题。在主题爬虫的实际爬行过程中，对于当前网页不可能计算整个网络中所有指向该网页的链接数量，所以用主题爬虫已经爬取的网页作为指向网页 P 的链接数。针对 PageRank 算法的主题漂移现象，利用 URL 链接锚文本的主题相关度来控制。由此得到改进的 PageRank 计算公式是：

$$\text{PR}(P) = (1-d) + d \times \sum_{i=1}^{m} \left[\frac{\text{PR}(T_i)}{C(T_i)} \times \left(1 + \omega \text{Sem}(T_i, \text{tk})\right) \right] \tag{7.31}$$

式中，$\text{PR}(P)$ 表示网页 P 的 PageRank 值；m 表示已经爬取到的网页总数；T_i 表示指向 P 的其他网页；$\text{PR}(T_i)$ 表示在已爬取的网页中链接到 P 的网页 T_i 的 PageRank 值；$C(T_i)$ 表示 T_i 的外链个数；d 表示阻尼系数（一般取值为 0.85）；$\text{Sem}(T_i, \text{tk})$ 表示指向的 P 网页 T_i 对应链接锚文本的主题相关度；ω 表示调节因子。

综上所述，可得到未访问链接 l 的优先度 $\text{Priority}(l)$ 如下式表示：

$$\text{Priority}(l) = \varphi_1 \times \text{Sem}(a_l, \text{tk}) + \varphi_2 \times \sum_{i=1}^{N} \text{Sem}(p_i, \text{tk}) + \varphi_3 \times \text{PR}(l) \tag{7.32}$$

式中，$1 \leqslant l \leqslant N_l$，$N_l$ 表示未访问的链接数；$\text{Sem}(p_i, \text{tk})$ 表示爬取到的包含未访问链接 l 的网页 p_i 的主题相关度，$\text{Sem}(p_i, \text{tk})$ 可通过式(7.27)计算得到；N 表示爬取到的包含未

访问链接 l 的网页数量；$\text{Sem}(a_i, \text{tk})$ 表示未访问链接 l 的锚文本 a_i 的相关度，通过式(7.30)计算得到；$\text{PR}(l)$ 表示链接关系的优先度，通过式(7.31)计算得到；φ_1、φ_2、φ_3 表示调节因子，用来衡量整个网页文本内容相关度、锚文本相关度和链接分析的权重，满足 $\varphi_1 + \varphi_2 + \varphi_3 = 1$。

得到未访问 URL 链接的优先度之后，可以将其作为 URL 排序的依据。对于主题爬虫来说，爬取的与主题有关的网页首先存储在主题网页库中，然后解析提取新的链接放入 URL 队列；然后基于上述方法预测这些 URL 链接的主题优先度，进行 URL 优先排序；最后主题爬虫根据 URL 队列，继续选择优先 URL 链接从互联网中下载网页。主题爬虫得到的与主题密切相关的主题网页库是后续进行信息抽取的重要数据源。

7.4.5　测试与分析

1. 测试准备

测试环境：硬件环境 CPU i7-3630QM，内存 8G，操作系统 Windows8；开发工具 Eclipse4.2+ JDK7，语言 Java，本体编辑工具 Protégé 3.4.8，开源页面解析工具 HTML Parser 2.0，分词工具 ICTCLAS，网络服务器 Apache Tomcat 7.0，数据库 MySQL5.1.73，开源爬虫工具 Nutch 2.2.1。

测试数据：地震灾害本体和气象灾害本体；种子 URL 参考领域专家意见，选取权威官网网站作为种子 URL，具体如表 7.12 所示。

表 7.12　种子 URL 集

主题	网站名称	种子 URL
地震灾害	中国地震台网中心	http://www.ceic.ac.cn/
	中国地震局	http://www.cea.gov.cn/
	中国地震信息网	http://www.csi.ac.cn/
气象灾害	中国气象象局	http://www.cma.gov.cn/
	中央气象台	http://www.nmc.cn/
	中国天气网	http://www.weather.com.cn/

测试参数：τ、α、β、γ、δ、ε、d、σ、ω、φ_1、φ_2 和 φ_3 分别取值为 34、0.80、0.04、0.06、0.03、0.07、0.85、0.75、0.60、0.50、0.30 和 0.20。

另外，限定下载的网页必须是 txt 或者 html 格式，大小不超过 100 kb。

2. 爬虫测试与评估

主题爬虫最常用的评价指标就是爬全率(召回率)和爬准率(收获率或者精度)，具体计算公式如式(7.33)和式(7.34)所示。

$$r = \frac{CR}{NA} \tag{7.33}$$

$$p = \frac{CR}{CA} \tag{7.34}$$

式中，r 表示爬全率；p 表示爬准率；CR 表示爬取到的相关网页数量；NA 表示整个网页集中所有的相关网页数；CA 表示爬取到的网页总数。由于整个网页集中的主题相关网页总数难以确定，故爬全率很难计算。

　　爬行速度是评价主题爬虫效率的指标，爬行速度的影响因素主要有带宽、爬取深度、计算机性能、种子 URL 的选择、下载的网页大小、主题爬虫的策略等。主题爬虫的爬行速度直接影响主题搜索引擎的效率。

　　故选取爬行速度和爬准率作为评价主题爬虫的指标。

　　采取 10M 带宽、10 线程爬虫，爬取深度为 5。图 7.12 显示了主题爬虫的爬行速度，从图中可以看出，在十分钟内，"地震灾害"主题爬虫下载了 445 个网页，爬虫速度为每秒 0.74 个，"气象灾害"主题爬虫下载了 440 个网页，爬虫速度为每秒 0.73 个。另外，从图 7.12 中可以看出，爬取的网页数量比例与爬行速度呈线性分布，爬行速度的变化很小，说明主题爬虫在爬取网页时的效率比较稳定。

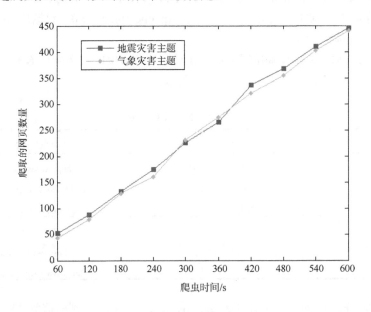

图 7.12　主题爬虫的爬行速度

　　用爬准率来衡量本节主题爬虫方法爬取与主题相关网页的能力。为了便于评估，将本章的爬虫方法与 Breadth-First 方法、基于 VSM 的方法、传统基于 Ontology 的方法和基于内容和链接分析的方法相比较。图 7.13、图 7.14 分别为"地震灾害"主题和"气象灾害"主题在不同的爬虫方法下的爬准率。

　　总结图 7.13 和图 7.14 中各种爬取方法的平均爬准率于表 7.13 中，可以看出，当爬虫主题为地震灾害时，本章方法的平均爬准率比基于 Breadth-First 方法高 0.5895，比基于 VSM 的方法高 0.2528，比基于本体的方法高 0.3241，比基于内容与链接分析的方法高 0.0832；当爬虫主题为气象灾害时，本章方法的平均爬准率比基于 Breadth-First 方法高 0.6248，比基于 VSM 的方法高 0.2272，比传统基于本体的方法高 0.3444，比基于内容链接分析的方法高 0.1101。

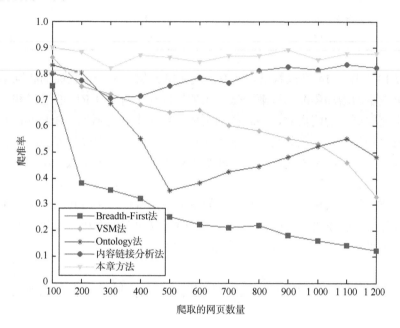

图 7.13　针对"地震灾害"主题的不同爬虫方法爬准率比较

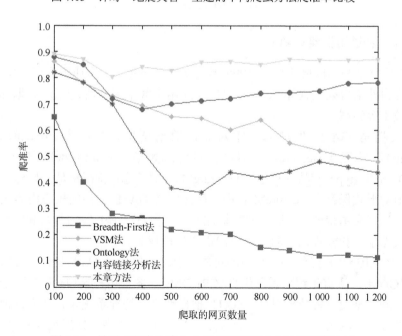

图 7.14　针对"气象灾害"主题的不同爬虫方法爬准率比较

表 7.13　平均爬准率

方法	地震灾害主题	气象灾害主题
Breadth-First 法	0.2775	0.2403
VSM 法	0.6142	0.6379
Ontology 法	0.5429	0.5207
内容链接分析法	0.7838	0.7550
本章方法	0.8670	0.8651

从图 7.13 和图 7.14 可以看出，所有的爬虫刚开始都有一个较高的爬准率，但是随着爬取网页数量的增加爬准率逐渐降低。主要原因在于种子 URL 的选择和爬虫主题非常相关，当爬取更多的网页时，不相关网页所占的比率随之增加。Breadth-First 方法的爬准率一直比较低，这是因为这种方法不考虑主题相关性。VSM 方法，根据训练语料计算主题权重，没有考虑语义信息，查准率相对比较低。本体爬虫方法，主题权重根据人的主观意识来制定，没有考虑语义相似度和链接优先度，随着爬取页面的增加而精度下降。内容链接分析法和本章方法有较好的查准率，本章方法与其相比考虑了本体语义相似度，对链接分析模块也做了相应改进，使得爬取的准确率在前段和后段都一直保持在比较高的水平。

7.5　非结构化中文文本自然灾害事件专题信息解析

7.5.1　相关技术基础

1. 文本工程通用框架 GATE

GATE 项目是 Sheffield 大学于 1995 年成立的一个文本工程通用框架，由 Java 开发的免费开源自然语言处理软件。GATE 已广泛应用于数字图书馆、知识管理、语义网络、人类语言技术等领域。

文本文档是 GATE 处理的基本对象，数据结构包括内容(content)、标注集(annotations) 和特征集(features)。标注集包含起始节点(startNode)、结束节点(endNode)、ID、类型(type)和特征键值对(FeatureMap)等信息；特征集是文档标注的属性信息，以键值对形式保存在 FeatureMap 中。标注集是 GATE 文档的核心内容之一，形式化表达自然语言文本特征，通过 GATE 标注文本片段(例如句子)的类型和特征集，可以用于基于机器学习和模式识别的文本自然语言处理任务。

GATE 为 CREOLE 提供了可复用的对象集合，并提供了 JAPE 语法。GATE 通过文档管理器(GDM)、语言工程可重用组件(CREOLE)、图形用户接口(GGI)三个模块的协同工作来管理数据及语言处理组件。GATE 把自然语言处理系统元素分为几种不同的组件，其集合为 CREOLE，有三种类型的组件，分别为语言组件、处理组件和可视化组件。语言组件指数据资源，如词典、本体、语料库等；处理组件指处理算法或程序，包括产生器、解析器、转换器、语音识别等；可视化组件指 GUI 中可视化和编辑组件。

GATE 中的抽取规则插件 JAPE(Java Annotation Patterns Engine)，即 Java 标注模式引擎，JAPE 提供了基于正则表达式的标注有限状态转换。可以使用 JAPE 方便地编写 GATE 识别的规则，从而进行信息抽取。JAPE 规则可以定义在实体或者标记的术语中，可以不必基于传统的 IE 步骤。一条 JAPE 语法包含一系列语句，语句的每条规则由左侧和右侧组成，规则的左侧(LHS，left hand side)包含标注模式，主要为包括正则表达式操作符(如? 、|、*、+等)，规则的右侧(RHS，right hand side)包含关于给定模式的标注操作状态。通过标签从 LHS 传递并且对实体类型进行标注，最终特征和值会被附加给标注集。

GATE 针对英文信息专门提供了一套完整的英文抽取插件 ANNIE，ANNIE 采用流水线(pipeline)方式，严格执行分词(tokeniser)、词表查询(gazetteer lookup)、分句(sentence splitter)、词性标注(POS tagger)、语义标注(semantic tagger)、共指消解(ortho matcher)、代词消引(pronominal coreferencer)等流程，实现英文信息抽取。但是 ANNIE 不能有效处理中文文本，主要体现在以下几个方面：①分词问题，中文句子的词之间没有分隔符，基本没有形态的变化，这是与英文的最典型的区别，直接决定了 GATE 不能真正实现中文分词；②GATE 中针对中文构建的词表太过粗糙；③JAPE 规则只是针对英文而制定，不能有效识别中文信息。为此，针对 GATE 进行中文信息抽取的困难，提出了一系列的解决思路。

2. 正则表达式

正则表达式(regular expression)是一种功能强大的文本处理语言，具有强大的模式表达功能，通过使用一系列特殊字符构建匹配模式(pattern)，用于匹配文本中的字符串信息。正则表达式在文本信息抽取领域应用广泛，目前主流的开发语言(C++、C#、VB、Java、JavaScript、Python、Ruby、PHP 等)均支持正则表达式。

正则表达式具有匹配、转换和提取等基本功能，其灵活性和逻辑性极强，能用极其简单的方式实现对文本中字符串的复杂操作。正是基于这些特点，采用正则表达式制定时间识别规则，通过模式匹配识别时间表达式。

一个正则表达式是由普通字符和特殊字符组成的文字模式，这个模式描述了待处理字符串的匹配模式。特殊字符主要包括基本元字符、限定符、转义字符、字符类和分组语法。基本元字符主要包括".""\w""\s""\d""\b""^""$""|"等，每种元字符匹配不同的类型，如\d 表示匹配数字；限定符指定数量的代码，主要包括"*""+""?""{n}""{n, }""{n, m}"等，如"+"表示重复一次或多次、"?"表示重复零次或一次；转义字符指"\"，用于取消特殊字符的意义；字符类用"[]"围起，如"[a-z]"匹配所有的小写字母，"[0-9]"匹配所有的数字；反义代码用于匹配不属于某类的字符，如"\D"匹配任意非数字的字符；分组语法主要包括捕获、零宽断言等，如"(exp)"表示匹配"exp"并获取此文本，"(?=exp)"表示匹配"exp"前面的位置，"(?<=exp)"表示匹配"exp"后面的位置，"(?!exp)"表示匹配后面跟的不是"exp"的位置，"(?<!exp)"表示匹配前面不是"exp"的文本位置等。

7.5.2　基于规则和推理的中文文本时间信息解析

在自然语言中，时间是重要的语义载体，揭示事件从发生、发展到结束的过程。时间表达式解析是根据上下文信息，将自然语言中的非结构化时间描述转换为规范化格式的时间数据，为事件提供时间基准的过程。只有将文本中的时间准确的识别出来并进行规范化表达，映射到时间轴上，才能实现计算机自动处理，为下一步应用奠定基础。

我们提出了一种基于规则的时间表达式识别和规范化方法，流程如图 7.15 所示。过程可以描述为：①对原始文本进行分词、词性标注和分句等预处理；②根据时间词典和正则表达式语法构建时间表达式识别规则库；③根据②中规则，利用模式匹配原理识别文本中的时间表达式；④选取基准时间；⑤设计算法进行时间表达式的计算和推理，实现时间表达式的规范化表达。

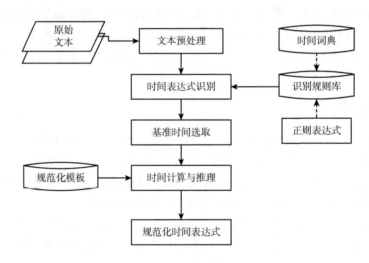

图 7.15　中文时间表达式识别和规范化流程

1. 中文文本时间表达式分类

中文时间表达式主要分为简单时间表达式、复合时间表达式和偏移时间表达式三种类型，其中简单时间表达式又具体分为日期、时刻、一天中的时间、星期时间、时间词、时间段、频度时间和相对时间等几种类型，具体描述如下。

1) 简单时间表达式

A. 日期(date)

日期即日历时间，一个日期表达式指的是以"天"为粒度或者其他粗粒度(年、月等)的时间点。如 2014 年 12 月 1 日、2014\12\1、12-2、11 月 30 日等。

B. 时刻(time)

时刻表达式是指任何一个比以"天"为粒度时间点小的时间点，即一天中的某一时间，如八点二十分、7：30、12 时 20 分等。

C. 一天中的时间(POD，part of date)

一天中的时间主要是指一天中的固定时间词汇，用来描述一天中的某个模糊的时间段，如黎明、上午、午后、傍晚、晚间等。

D. 星期时间(TimeW)

星期时间指的是与星期有关的简单时间表达式，如周二、星期五、礼拜一等。

E. 时间词(TimeN)

时间词指的是用单独固定时间词汇表示的时间表达式，主要分为季节时间词、节假日时间词、生肖词和其他等。

(1)季节时间词包括一年四季的词汇，如春、夏天、冬季等；

(2)节假日时间词主要是指节假日时间词汇，如国庆节、劳动节、圣诞等；

(3)生肖词主要是指以 12 生肖表示的时间表达式，如羊年、鼠年等；

(4)其他一些不好分类的时间词，如上旬、古代、青春期等。

F. 时间段(TimeD)

时间段表达式表达了时间的间隔长度，即时间轴上的一条线段，时间间隔的两个端点之间介于中间的数量，如一刻钟、两个小时、12 天、一周、3 个月等。

G. 频度时间(TimeF)

频度时间指的是时间的频率，如每周三、一天三次、每四个小时等。

H. 相对时间(RelTime)

相对时间指的是没有明确数字、需要参考上下文时间才能确定时刻的时间词汇，如去年、这个月、下下个月、后天、前一分钟、本周、昨夜等。

为了便于时间表达式识别、规则的制定和时间规范化，构建了描述上述简单时间表达式的时间词汇词典，共包含时间词汇 892 个，同时构建了同义词词典(如"今天、今日、当天、本日、这天、今、当日、今儿""国庆节、国庆""礼拜一、星期一、周一"等)和特殊词典(如国庆节——10 月 1 日、劳动节——5 月 1 日等)。

2)复合时间表达式

复合时间表达式主要是根据简单时间表达式组合构成的复杂时间，如 2014 年 12 月 1 日 11 点 05 分(Date+Time)、12 月 3 日中午(Date+TimeN)、12 月 3 日上午 11 点(Date+POD+Time)、去年 9 月 3 日(RelTime+Date)、后天晚上(RelTime+POD)、明天早晨七点(RelTime+TimeN+Time)、国庆节中午(TimeN+POD)等。

3)偏移时间表达式

偏移时间表达式主要是表达复杂的相对时间，一般由时刻(time)和时间方位词(TLN，如之前、前、之后、后、以前、以后等)构成，根据方位词的不同又分为前向偏移时间表达式和后向偏移时间表达式。前向偏移时间表达式，指依据时间段往前偏移的表达式,如 12 天之前、10 分钟以前;后向偏移时间表达式,指依据时间段往后偏移的表达式,如两个小时后、一年以后。

2. 基于规则的时间表达式识别

对于中文文本时间表达式的识别,既要识别简单时间,又要识别复合时间,基于正则表达式制定规则,采用模式匹配的方法,即可实现时间表达式的识别。通过上述对时间表达式的类型分析,设计出一系列正则表达式,若能匹配文本中某一字符串,则认为该字符串属于时间表达式。表 7.14 显示了时间表达式规则形式,根据时间表达式类型,共整理出 145 条正则表达式用于中文文本时间表达式识别。

表 7.14　时间表达式的正则表达式规则示例

时间表达式类型	正则表达式示例
日期	((\d+) 年 (\d+) 月 (\d+) 日)|([0-9]{4} 年)|((([0-3][0-9]|[1-9]) (日 | 号))|(\d+–\d+–\d+|[0-9]{8})|([0-9]?[0-9]?[0-9]{2}\.((10)|(11)|(12)|([1-9])\.((?<!\d) ([0-3][0-9]|[1-9]))|···
时刻	(\d+[::]\d+(分)|)|((\d+): (\d+))|((\d+) 点)|((\d+) 时)|((\d+分)+(\d+秒)?)|((\d+) 点半)|((\d+) 点 (\d+) 分)|(时刻)|((\d+日)+(\d+点)?(\d+分)?(\d+秒)?)|(T\d+: \d+: \d+)|···
一天中时间	(凌晨)|(清晨)|([下上中]午)|(午后)|(午间)|(傍晚)|(晚间)|(晚上)|(深夜)|(夜间)|···
星期时间	((周|星期|礼拜)([一二三四五六七天日]|[1-7]))|(星期 ([零一二三四五六七八九十百千万]+|\d+))|(周([零一二三四五六七八九十百千万]+|\d+))|···
时间词	(国庆节)|(元旦)|(植树节)|(清明)|(劳动节)|(儿童节)|(建军节)|(教师节)|([春夏秋冬](天|季))|([鼠牛虎兔龙蛇马羊猴鸡狗猪]年)|(季度)|(上旬)|···
时间段	([12][0-9]世纪)|([12][09][0-9]{2}(年度?))|(\d+个?半?(小时|钟头|h|H))|(\d+(分钟|min))|((\d+) 个星期)|(([零一二三四五六七八九十百千万]+|\d+) 天)|(半年)|···
频度时间	(每年)|(每月)|(每个月)|(每天)|(每周)|(每[年月日天小时分秒钟]+)|···
相对时间词	([前去今明后]+年)|(本月)|(这个月)|(下(个)?月)|(月底)|(月初)|([当前昨今明后]+[日|天])|(当晚)|(昨晚)|(昨夜)|(这个星期)|(本周)|(大+(前后) 天)|···
复合时间表达式	(昨天深夜)|((上|这|本|下)+(周|星期)([一二三四五六七天日]|[1-7])?)|((早|晚)?([0-2]?[0-9](点|时)半)(am|AM|pm|PM)?)|(去年 (\d+) 月 (\d+) 号)|(\d+/\d+/\d+: \d+: \d+.\d+)|((\d+) 月 (\d+) 日凌晨)|(([零一二三四五六七八九十百千万]+|\d+) 月)|((\d+) 月 (\d+) 日 (\d+) 时 (\d+) 分)|((\d+) 日 ([零一二三四五六七八九十百千万]+|\d+) 时)|(今年 (\d+) 月 (\d+) 日)|(\d+/\d+/\d+: \d+: \d+.\d+)|···
偏移时间表达式	(\d+个?[年|月|日|天|小时|分钟|周|星期|礼拜][以之]?[前后])|···

3. 中文文本时间表达式规范化

识别出上述时间表达式后,并不能反映这些时间表达式指代的具体时间,故需要对这些时间表达式进行规范化处理,转换为统一的标准时间格式,才能被计算机处理。时间信息规范化后才能将自然语言时间信息映射到时间轴上,这是后续进行事件时空信息融合和可视化的基础。

所谓时间表达式规范化处理,即将文本中所有的时间信息用统一的格式表示。本节采取的时间规范化模板为"----年--月--日--时--分--秒",该模板能够表达事件的全部时间信息,"-"表示待填写的时间数值域,例如"2008 年 5 月 12 日 14 时 28 分 04 秒"。由于自然语言描述的时间精度有限，有些时间数值可能没有填充。

中文文本时间语义信息复杂多样，时间表达式规范化处理过程比较复杂，需要考虑各种因素。按时间规范化模板很容易对绝对时间表达式进行规范化处理，但对于相对时间表达式来说，由于表达式中并没有指明一个明确的时间表达式，例如"前天""去年""3 天后""下星期"等，其规范化结果不能直接计算。需要根据上下文判定基准时间然后进行推理计算得到，文本上下文中的基准时间将直接影响推理结果的准确性。

1）基准时间确定

基准时间是进行时间规范化的基础，参考林静的分类方法，将初始基准时间分为最近叙述时间、报道时间和文档时间三种类型，分别定义如下。

定义 12　最近叙述时间：是指在中文文本上文中出现的，距离相对时间最近的某个定量时间值，该时间值能够当作参照时间。

定义 13　报道时间：是指网络新闻或者文档被报道的时间，如与"新华社 4 月 1 日电"相类似的字眼。

定义 14　文档时间：指网络文档的发布、出版或者印刷时间等。

选用基准时间的原则是：优先使用最近叙述时间，其次选用本段落的报道时间；若这两个时间同时缺失，则最后才考虑选用文档时间。因此，基准时间不是固定不变的，会根据推理结果动态调整。一般将一篇新闻文本第一次出现的时间作为绝对时间，将该绝对时间作为基准时间，若又识别出新的绝对时间则基准时间相应地修改为该新的绝对时间。

2）时间规范化过程

中文时间规范化过程主要分为以下几个部分。

A. 特殊时间的规范化

特殊时间主要是指蕴含特殊时间信息的字符串，如节假日时间，经过规范化可以映射到时间轴上。特殊时间很难根据字符串本身获取蕴含的时间信息，但是可以将这些特殊时间表达式存储在特殊词表中，然后依据上下文基准时间推理得到规范化时间信息，例如节假日时间"劳动节"在特殊词表中表示的时间表达式为"5 月 1 日"，如果上下文基准时间为"2015 年"，则推理可以得到规范化时间"2015 年 5 月 1 日"。

B. 绝对时间表达式的规范化

绝对时间表达式具有明显的特征，包含数词和时间单位词，例如"11 月 12 日""上午 11：12 分"，依据基准时间很容易实现规范化。文本中有时会出现"星期 X""周 X"等的时间表达式，需要根据基准时间进行星期/周到日期的转换。

C. 一天中的时间的规范化

对于一天中的时间，例如"下午、午后、晚上、傍晚、晚间、夜间等"，判断时间范式"时"或"点"的数值域与 12 的大小，若小于 12，则对应数值加 12。

D. 相对时间的规范化过程

相对时间要将其描述的语义信息转化为数值计算，如表 7.15 所示，具体过程描述如下。

(1) 识别初始基准时间并进行规范化表达。

(2) 识别相对时间，实现相对时间到绝对时间的转换。

①确定相对时间的时间粒度，例如年、月、日、天、周、星期、礼拜等；②确定相对时间修饰字符和对应的数值(表 7.15)；③根据基准时间进行相应数值的计算，例如"去年"，基准时间为"2014 年 12 月 3 日"，正则匹配的时间粒度为"年"，修饰符为"去"，则可以确定对应数值为–1，根据时间粒度"年"进行加法运算"2014+(–1)=2013"，得到"去年"规范化时间为"2013 年"。

(3) 得到相对时间的规范化表达结果。

表 7.15　相对时间计算表

相对时间修饰字符	对应数值
大前	–3
前、上上	–2
昨、去、上、上个、上一、前一	–1
今、本、当、这个	0
次、明、下、下个、下一、后一	+1
后、下下	+2
大后	+3

E. 偏移时间表达式的规范化过程

偏移时间表达式的规范化主要根据正则匹配的结果和基准时间，在相同时间粒度上的推理计算，计算公式为 $\text{Time}(T_2)=\text{Time}(T_1)+/-\text{TimeD}*G$，其中 TimeD 指时间段长度，$G$ 表示时间粒度(如年、月、时、分、秒等)，$\text{Time}(T_1)$ 是基准时间，后向偏移时取+，前向偏移时取–，$\text{Time}(T_2)$ 是相对时间规范化的最终结果。偏移时间表达式的规范化过程描述为：

(1) 确定偏移时间表达式，识别初始基准时间并进行规范化表达；

(2) 正则匹配偏移时间表达式，识别时间段和时间方位词；

(3) 按公式 $\text{Time}(T_2)=\text{Time}(T_1)+/-\text{TimeD}*G$ 推理计算得到规范化偏移时间表达式。

例如"四天后"，正则匹配"\\d+(?=天[以之]?后)"得到时间粒度为"天"，数量为"四"，时间方位词"后"表示后向偏移，基准时间为最近叙述时间"2014 年 4 月 3 日"，故在"天"粒度上进行后向偏移计算得到 3+4=7，即"四天后"经过推理后的规范化表达，在时间轴上定位为"2014 年 4 月 7 日"。

4. 实验测试与分析

通过灾害主题爬虫，选取 400 篇网页文本作为数据源，在 GATE 环境下测试时间的抽取效果，时间抽取的优劣主要采用自然语言处理中广泛使用的准确率、召回率和 F 值进行评价。时间识别是一个过程，时间规范化是另外一个过程，为了综合评价本章提出的算法，分别对这两个过程进行测试。其中，识别准确率 RP、识别召回率 RR、规范化准确率 NP、规范化召回率 NR 分别表示为

$$\mathrm{RP}=\frac{\text{系统正确识别的时间表达式个数}}{\text{系统识别的所有时间表达式个数}}\times 100\%\ \mathrm{RR}$$

$$=\frac{\text{系统正确识别的时间表达式个数}}{\text{文本中的所有时间表达式个数}}\times 100\%$$

$$\mathrm{NP}=\frac{\text{系统正确赋值的时间表达式个数}}{\text{系统赋值的时间表达式个数}}\times 100\%\ \mathrm{NR}$$

$$=\frac{\text{系统正确赋值的时间表达式个数}}{\text{可以赋值的所有时间表达式个数}}\times 100\%$$

F 指数是用来加权准确率和召回率得到的平均指数，识别 RF 指数和规范化 NF 指数分别表示为

$$\mathrm{RF}=\frac{2\times\mathrm{RP}\times\mathrm{RR}}{\mathrm{RP}+\mathrm{RR}}\times 100\% \quad \mathrm{NF}=\frac{2\times\mathrm{NP}\times\mathrm{NR}}{\mathrm{NP}+\mathrm{NR}}\times 100\%$$

GATE 是文本工程通用框架，将本节的识别和规范化结果在 GATE 中实现。图 7.16 显示了某一文本时间的抽取效果。将识别出的所有时间表达式类型统一表示为 Date 类型，输出到 NE 标注集，Start 表示时间表达式的起始位置，End 表示时间表达式的结束位置，Id 表示时间表达式的编号，Features 为时间表达式的标注特征集，主要包括 length、string 和 norm，分别表示为时间表达式长度、时间表达式字符串值和时间表达式规范化值。

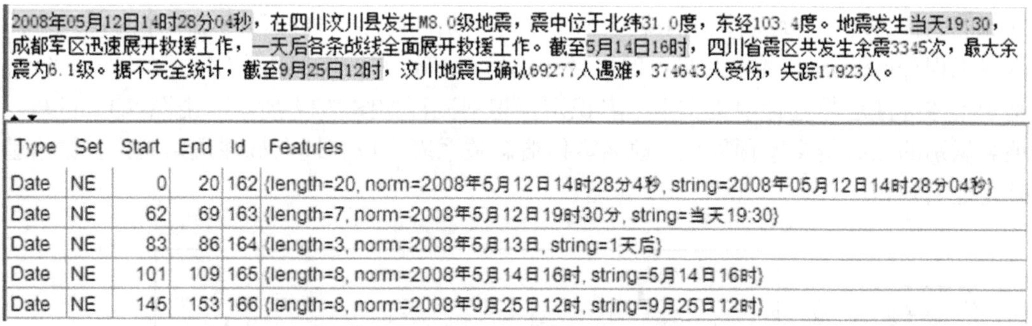
2008年05月12日14时28分04秒，在四川汶川县发生M8.0级地震，震中位于北纬31.0度，东经103.4度。地震发生当天19:30，成都军区迅速展开救援工作，一天后各条战线全面展开救援工作。截至5月14日16时，四川省震区共发生余震3345次，最大余震为6.1级。据不完全统计，截至9月25日12时，汶川地震已确认69277人遇难，374643人受伤，失踪17923人。

Type	Set	Start	End	Id	Features
Date	NE	0	20	162	{length=20, norm=2008年5月12日14时28分4秒, string=2008年05月12日14时28分04秒}
Date	NE	62	69	163	{length=7, norm=2008年5月12日19时30分, string=当天19:30}
Date	NE	83	86	164	{length=3, norm=2008年5月13日, string=1天后}
Date	NE	101	109	165	{length=8, norm=2008年5月14日16时, string=5月14日16时}
Date	NE	145	153	166	{length=8, norm=2008年9月25日12时, string=9月25日12时}

图 7.16　示例文本的时间表达式识别和规范化结果

从图 7.16 中可以看到，文本中的五个时间表达式都被准确识别，文本中第一次出现的绝对时间“2008 年 05 月 12 日 14 时 28 分 04 秒”作为基准时间，后面出现的时间(绝对和相对时间)都能根据基准时间进行推理计算，得到规范化时间，如时间表达式“1 天后”以“天”为时间粒度，根据基准时间的“年”数值加 1 可得到规范化时间“2008 年 5 月 13 日”。

通过对 400 篇真实文本的时间抽取结果进行统计分析，可以计算得到识别准确率 RP、识别召回率 RR、识别 *F* 指数 RF 分别为 89.5%、87.2%、88.3%，规范化准确率 NP、

规范化召回率 NR 和规范化 F 指数 NF 值分别为 87.5%、85.8%、86.6%。可见该方法具有较好的时间信息识别和规范化能力，这对于后续的文本分析是至关重要的，尤其是对于事件排序、文本时间分析和时空融合等。

通过统计分析，造成时间表达式识别和规范化错误的原因主要包括：①模板不能包含所有的时间表达式，对于未登录时间词未予考虑；②中文文本时间表达式本身有歧义，如"九点五万人民币"会识别为"九点"，"在东经十点二五的位置"，会识别为"十二点二五"；③中文文本嵌套时间短语的复杂性，对于嵌套的时间信息识别能力有限，如"周二(三月一日)下午两点"无法完整识别；④基准时间的确定方面存在一定的误差，例如"两分钟之前救援人员还在，但是三分钟之后救援人员已经不在那个地方了"，这种类型的偏移时间表达式给基准时间的判定带来了困难；⑤处理一些相对时间表达式比较困难，虽然有基准时间，但是关于指向时间表达式代表的时间可能具有模糊二义性。例如，2011 年 9 月 19 日，周一，不能确定周五指向 16 日还是 23 日。

对于中文文本时间表达式的识别和规范化研究，未来的工作主要从以下几个方面展开：①将基于规则的方法和基于机器学习的方法结合起来，进一步提高解析的准确率；②通过利用上下文语法、语义和语境信息综合判断歧义类型的错误。

7.5.3　基于本体标注的中文文本地名识别

1. 地名识别框架

从地名角度解析中文文本中事件发生的空间位置信息，地名识别是前提。作为信息抽取的子任务之一，地名识别隶属于命名实体识别。自然语言处理的过程本身是一个流水线工程(pipeline)，离不开平台的支持。选取 GATE 作为自然语言空间信息处理平台，基于本体标注思想进行中文文本地名识别，识别流程如图 7.17 所示。由图 7.17 可知，地名识别的核心是文本预处理、地名本体概念关系库生成和地名标注规则制定，数据基础是地名知识库。

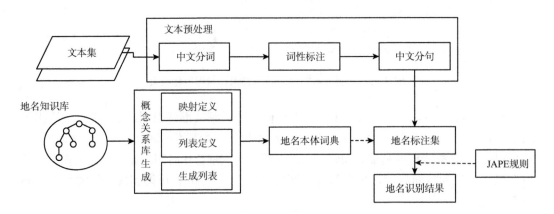

图 7.17　基于本体标注的中文文本地名识别流程

2. 关键流程分析

1）文本预处理

文本预处理是自然语言处理中命名实体识别的基础，主要分为中文分词、词性标注和中义分句三个步骤。

目前国内对 GATE 的中文分词解决途径大部分都是使用中文分词工具提前对文档进行分词预处理，参照英文格式以空格将每个词隔开，然后使用 GATE 默认的 Unicode Tokeniser 分词器根据空格对文档重新分词。这种方法需要提前对文档进行预处理，增加了人工操作的复杂度，而且以空格划分的分词文档无法获取每个词的词性信息，因此无法在抽取规则中使用词的 POS 属性，影响了信息抽取的精度。

基于北京理工大学中文分词工具 ICTCLAS（Institute of Computing Technology，Chinese Lexical Analysis System），开发了一套 GATE 中文分词组件来进行中文文档的分词与词性标注。GATE 调用 ICTCLAS 进行中文分词和词性标注的流程如下。

A. 读取 GATE 中的文档内容

GATE 中待处理的文本以文档（Document）对象保存，文档对象的内容以纯文本的形式记录了文档的原始信息，这些原始文本是分词软件输入的数据流。

B. 调用 ICTCLAS 库

使用 JNI（Java Native Interface）技术调用 ICTCLAS 库，使用 ICTCLAS 的 ParagraphProcessing()接口来处理 GATE 中的文档内容。

C. 解析 ICTCLAS 处理结果

使用 ParagraphProcessing()函数对输入的句子进行分词并输出，输出结果为"单词/POS"形式。例如句子"郑州位于河南省境内。"的分词结果为"郑州/ns 位于/v 河南省/ns 境内/s。/w"，根据数据格式来解析每个分词的起始位置、结束位置和 POS 词性信息。

D. 增加 Token 标注和 Feature 值

GATE 的文档标注集包含起始节点（start Node）、结束节点（end Node）、ID、类型（type）以及特征键值对（FeatureMap）等信息，根据 C 中解析的结果，利用 GATE 的接口函数在文档中增加相应的 Token 标注，并设置起始节点、结束节点和特征值。

GATE 进行中文分句的流程如下：①寻找分词标点；②划分句子，增加标注；③清理。

2）地名本体词典生成

词典是信息抽取的重要数据资源，GATE 中的词典由*.lst 文件、mappings.def 文件和 lists.def 文件三类文本文件组成，即概念关系库。*.lst 文件定义了命名实体实例，每个*.lst 文件代表一个命名实体类型，以"词表"的形式对应领域知识中的概念实例；lists.def 为*.lst 文件的索引文件，指明每个*.lst 文件所对应的主类（majorType）和子类（minorType）类型；mapings.def 描述*.lst 文件和领域本体概念之间的映射关系。

GATE 提供了 OntoGazeteer 进行本体标注，它是一个利用 GATE 本体语言资源中的类从特定词典列表关联命名实体的处理资源，标注的是类而不是 majorType 和 minorType 类型。需要将地名知识库映射为 GATE 中的概念关系库才能进行地名识别，对应的地名本体词典包括三类：地名本体实例词典*.lst、*.lst 特征索引词典、地名本体实例词典文件与地名本体概念类映射关系词典。

3）地名语义标注规则制定

选取 JAPE 作为用于创建地名语义标注的语法规则。规则集的制定主要基于模式匹配思想，同时使用上述生成的地名本体词典或者词性标注信息作为参照。总共制定了 54 条 JAPE 语法规则，以城市地名标注规则"CityLookup"为例介绍，具体表达形式如下。

```
Rule：CityLookup　　//规则名
（{ Lookup.minorType == city}）：cityLabel　　//城市地名标签
—>
：cityLabel{
……
String city = stringFor（doc，cityLabelAnnots）；
String baseUri = "http：//www.owl-ontologies.com/"
FeatureMap fm = Factory.newFeatureMap（）；
fm.put（"class"，baseUri + "ontology/City"）；
fm.put（"inst"，baseUri + "ontology/#" + City）；
fm.put（"linked-data"，baseUri + "data/" + City；
……
outputAs.add（cityLabel.getStartNode（），cityLabel.getEndNode（），"City"，fm）；
}
```

根据上述规则执行模式匹配过程，文本中地名字符串"郑州"被标注为以下特征集，从而实现地名语义标注：

class：http：//www.owl-ontologies.com/ontology/City

inst.：http：//www.owl-ontologies.com/ontology/#郑州

linked-data：http：//www.owl-ontologies.com/data/郑州

3. 实验测试与分析

通过灾害主题爬虫，选取经过处理的 200 篇灾害新闻文本作为数据源，使用真实语料进行开放性实验来测试中文地名的识别效果。采用传统信息抽取系统领域中的评价指标精度 P、召回率 R 和 F 值进行实验性能评价，指标具体定义为

$$P = \frac{\text{正确识别的地名数}}{\text{识别出的地名总数}} \times 100\% \tag{7.35}$$

$$R = \frac{\text{正确识别的地名数}}{\text{地名总数}} \times 100\% \tag{7.36}$$

$$F = \frac{2 \times P \times R}{P + R} \times 100\% \tag{7.37}$$

实验主要分为两组，对简单地名(实验 1)和复杂地名(实验 2)通过上述方法进行地名识别，对识别结果进行统计分析，得到的结果如表 7.16 所示。

表 7.16　地名识别结果

实验分组	精度/%	召回率/%	F 值/%
实验 1	95.1	92.2	93.6
实验 2	88.4	86.5	87.4

从表 7.16 中可以看出，利用本体标注方法识别地名能取得较高精度和召回率，即该方法具有较好的地名识别能力。造成地名错误的原因主要包括：①地名知识库中不能包含所有的地名，对于一些未登录地名识别效果不理想；②JAPE 规则制定还不是很完善，对于一些复杂地名和歧义地名识别效果不理想。但可以肯定的是，使用本体语义方法在保证达到一定识别效果的同时，能够实现地名信息的语义共享和知识重用。

7.5.4　中文文本自然灾害事件时空信息合并

利用 NLP 技术可以实现从文本中抽取时间表达式和空间信息，同时实现时间表达式的规范化表达，图 7.18 显示了对一段自然灾害事件文本中的时空信息自动标注结果。如何合并空间信息和时间表达式，也是事件时空信息解析的重要内容之一，只有将时空信息结合才能用于捕捉文本中的地理时空动态信息。对于很多文本文档，地理参照和时间表达式是相关联的。例如，"8 月 31 日 8 时 27 分在新疆叶城县发生 3.8 级地震，震源深度 61 千米。""新疆叶城县"关联了时间表达式"8 月 31 日 8 时 27 分"，在一个句子中给出了敏感事件的时间和空间信息。自然语言文本的句子已经被很多研究者认为是推理时空信息或者发现其他时空信息的基本单元。遵循同样的模式，把每个句子认为是一个处理单元，基于句子制定规则合并抽取的空间和时间信息，而不是将这两种元素单独识别。

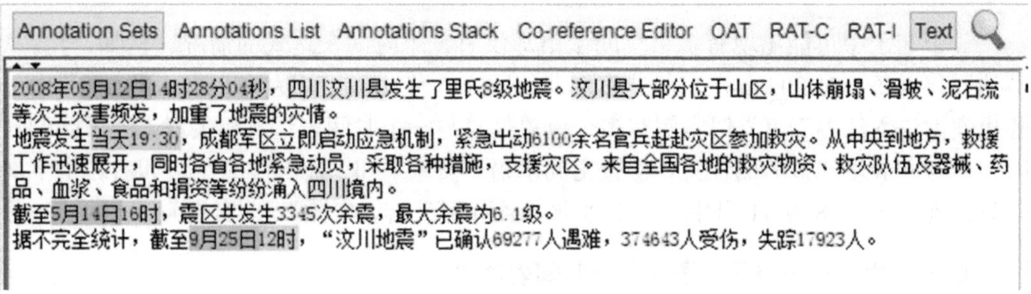

图 7.18　自动识别文本中时空信息结果示例

实际情况中，并不是每个句子都有空间和时间信息。关于一条句子中的时空信息可能产生以下 5 种情况：

(1) 一个句子中仅有空间信息;

(2) 句子中有一个空间术语和一个时间表达式;

(3) 句子中有多个空间术语和一个时间表达式;

(4) 句子中有一个空间术语和多个时间表达式;

(5) 句子中有多个空间术语和多个时间表达式。

特别地, 对于每一个句子, 为了分配给突发事件一个位置信息, 第一步需要检查每一个空间术语的左边和右边的分词信息。句子解析的第一步起始于空间术语的左边(即左边上下文), 当到达文本中的第一段时(当前句子的终点)停止。如果在任何一个上下文中发现一个时间表达式, 则根据上面五种可能情况之一, 将该表达式分配给空间术语。下面分开进行讨论。

1. 当只有一个空间信息存在时

在某些情况下, 一个句子中只有空间信息而没有时间信息可用。例如, "台风灿鸿会在它最强壮的时候正面扑向浙江", "浙江"被抽取识别为一个空间位置, 在句子内检查该空间术语的左右边上下文之后, 并没有发现相关的时间信息。这种情况下, 文章的出版/发布时间可以作为时间信息分配给空间信息, 因此分配文档时间(如 2015 年 6 月 30 日)给"浙江"。

2. 句子中有一个空间术语和一个时间表达式

对于某些文档集合, 例如描述动态事件的新闻报道, 很可能一个句子包含一个空间术语并且关联一个时间表达式。例如: "8 月 3 日 16 时 30 分, 云南省昭通市鲁甸县发生 6.5 级地震, 震源深度 12 千米"。本句中, "云南省昭通市鲁甸县"和"8 月 3 日 16 时 30 分"被解析为空间术语和时间表达式, 通过检测左右边上下文, 在"云南省昭通市鲁甸县"的左边上下文发现了一个时间术语, 这种情况下, "8 月 3 日 16 时 30 分"被作为一个时间实体分配给这个空间位置。

3. 句子中有多个空间术语和一个时间表达式

一个句子中可能出现有多个空间术语却仅有一个时间表达式的情况。例如, "台风苏迪罗将以每小时 20 km 左右的速度向北偏西方向移动, 强度逐渐减弱, 8 月 11 日中午移出安徽进入江苏", 类似本例有多个位置信息与一个时间表达式相关联, 为了匹配只有一个时间表达式参考的位置, 检查空间术语"安徽"和"江苏"的左边和右边上下文信息。本例中, "8 月 11 日中午"被抽取并且分别赋给"安徽"和"江苏"。

4. 句子中有一个空间术语和多个时间表达式

一个句子中很可能出现很多的时间参照, 这些时间表达式能够出现在空间术语的左边或者右边, 需要将所有的时间表达式分别分配给空间术语。例如: "12 月 6 日, 据中国地震台网正式测定 06 时 59 分在新疆塔城地区沙湾县发生 4.8 级地震, 震源深度 13 km。"本例中, 空间术语"新疆塔城地区沙湾县"与"12 月 6 日""06 时 59 分"两个时间表达式关联，将这两个时间表达式分别赋给空间术语。

5. 句子中有多个空间术语和多个时间表达式

通常最复杂的情况就是在同一个句子中出现多个空间和时间表达式。为了分配时间表达式给空间术语，需要考虑两种情形。

第一种情形，标点符号被用来辅助分配时间表达式给空间术语。系统自动检查特定的标点（例如在空间术语左边和右边上下文中的逗号）。例如，"台风'杰拉华'于 8 月 10 日 19 时 30 分在浙江象山爵溪登陆，登陆时中心气压 975 hPa，最大风力 12 级，11 日中午移到江苏省宜兴市附近减弱为热带低压"。本例中"浙江象山爵溪"被解析为第一个空间术语。从左边上下文开始，如果在"浙江象山爵溪"的左边上下文有一个逗号，检查终止，检查到的时间表达式分别被赋予该位置；当左边上下文检查完成，搜索转移到空间术语的右边上下文并且使用同样的原理进行检查。这个例子中，"浙江象山爵溪"的左边上下文没有标点符号，但是有一个时间表达式"8 月 10 日 19 时 30 分"被检测，因此将其赋给"浙江象山爵溪"，使用同样的原理，检查转移到右边上下文。在完成检查第一个空间术语的上下文之后，搜索转移到下一个空间术语。因此，"8 月 10 日 19 时 30 分"被赋予"浙江象山爵溪"，"11 日中午"被赋予第二个空间术语"江苏省宜兴市"。

第二种情形，句子没有包含任何逗号，例如"台风可能会在今天晚上 11 点或者明天凌晨两点登陆平阳县和苍南县"。这个例子中，除了句子的末尾没有标点符号存在。"平阳县"和"苍南县"被识别为空间术语，"今天晚上 11 点"和"明天凌晨 2 点"被识别为时间表达式，检查每一个空间术语的左右边上下文信息，正确地分配时间表达式。这个案例中，首先将每一个时间表达式赋予"平阳县"，然后把第二个空间参考"苍南县"与每一个时间术语结合，即"苍南县"和"今天晚上 11 点"，"苍南县"和"明天凌晨 2 点"。

为了便于自然灾害事件元素抽取、地理编码和地理可视化，所有合并后的时空信息输出结果包含一系列元组＜ SID，SJ，X，Y，TID，T＞，其中，SID 表示空间术语的 id 号（GATE 对每个标记的术语都分配一个特殊的 id 号），能够根据文本文档空间术语出现的位置决定空间位置的顺序；SJ 表示空间术语；X、Y 表示 SJ 对应地理实体的空间坐标；TID 表示时间表达式的 id 号；T 表示空间术语关联的规范化时间表达式（例如 2014 年 12 月 1 日）。

7.5.5　基于复合特征的自然灾害事件类型识别

1. 自然灾害事件类型识别任务描述

事件是人类认识现实世界的基本单元，在文本中通常以自然语言描述事件。自然语言文本中的事件抽取包括事件类型识别和事件元素抽取两个任务，可见事件类型识别是事件抽取的基础，其判定质量的好坏直接影响事件抽取的最终结果。首先给出以下两个定义：

定义 15　事件触发词(trigger)：能够鲜明地描述事件发生的词汇，对事件类型判断具有较强的指示作用，事件触发词一般是动词或者名词。

定义 16　事件类型识别(event type recognition，ETR)：即从包含事件触发词的句子或者中文文本中发现现实世界所发生的事件，并判定该事件所属类型。

事件触发词是事件类型识别的必要条件，但是包含事件触发词的句子不一定代表某种类型事件的发生，即不是充分条件。例如，"2014 年 8 月 3 日 16 时 30 分，云南省昭通市鲁甸县发生 6.5 级地震"，可以认为是一个地震灾害事件，但是"台风是一种正常的自然现象"，只是对常识的一种描述，通过上下文进行判定不是台风灾害事件。因此，单纯的通过事件触发词来识别事件类型，粒度略显粗糙，需要考虑上下文中更多的特征(如与触发词相近的词及其词性、时空特征、依存关系特征和语义特征等)进行综合判定。

当前主流的事件类型识别方法是依据事件触发词汇确定候选事件，采用机器学习方法进行分类训练，将事件类型识别看作分类问题，以句子为单位划分为标准的事件类别。常见的分类器有支持向量机、最大熵、决策树和 k 最近邻 (k-Nearest Neighbor) 等，由于支持向量机在文本分类领域得到了广泛应用，借鉴文本分类思想，选取支持向量机进行自然灾害事件分类。

2. 支持向量机(SVM)分类原理

支持向量机(support vector machine，SVM)由 V. Vapnik 等在《统计学理论》一书中首次提出，在机器学习和数据挖掘领域应用广泛，尤其是在文本分类方面取得了理想效果。SVM 是从线性可分条件下的最优分类面发展而来的，其中最优分类面要求分类线将两类样本正确分开的同时，使得分类间隔达到最大，它正是要寻找一个满足分类要求的超平面，最终使得训练集中的点距离最优分类面尽可能的远。SVM 的理论基础是期望风险最小化、经验风险最小化、VC 维理论和结构风险最小化等。其基本原理可描述如下。

设存在训练样本集 $\{(x_i, y_i), i = 1, \cdots, n\}, x_i \in R^n, y_i \in \{-1, 1\}$，其中 x_i 表示样本空间 R^n 中的特征向量，y_i 为样本所属类别，在事件分类中对应的是事件类型，n 为样本数量。线性可分条件下可以被一个超平面隔开，该超平面表示为

$$wx + b = 0 \tag{7.38}$$

最优分类面基本思想如图 7.19 所示。图中的实心点和空心点表示两类样本，实线 H 即为最优分类线，两条虚线 H_1 和 H_2 为过各类中距离分类线最近的样本且与分类线平行的直线，H_1 和 H_2 之间的距离为分类间隔 $2/\|w\|$。最优分类线就是使得 $2/\|w\|$ 最大且能够将两类样本分开。最优分类超平面要使得 $1/2\|w\|2$ 最小，且满足约束条件：

$$y_i(w \cdot x + b) \geq 1 \quad i = 1, 2, \cdots, n \tag{7.39}$$

SVM 即是寻求这样一个最优超平面，使得两类样本正确分类，同时满足两类样本点到超平面的最小距离之和最大。

上述优化问题可以通过求解拉格朗日（Lagrange）函数鞍点解决，Lagrange 函数表示为

$$L(w,b,\alpha) = \frac{1}{2}\|w\|^2 - \sum_{i=1}^{n} \alpha_i \{y_i[wx+b]-1\} \tag{7.40}$$

式中，α_i 为 Lagrange 乘子。该问题可以看作是凸二次规划问题，存在最优解，且唯一。在鞍点上，解满足对 w 和 b 的偏导数为零，且使得分类超平面满足：

$$\alpha_i[(wx+b)y_i-1]=0 \tag{7.41}$$

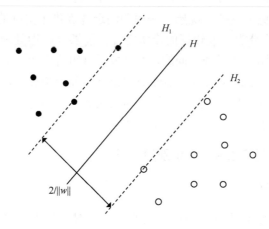

图 7.19　最优分类超平面示意

通过一系列变换，最后得到的最优分类决策函数为

$$f(x) = \operatorname{sgn}\left(\sum_{i=1}^{n} \alpha_i^* y_i(x_i \cdot x) + b^*\right) \tag{7.42}$$

对于非线性分类问题，需要引入核函数 $K(x_i,x)$，将输入空间的数据通过非线性映射到高维特征空间，在高维特征空间中进行线性处理求取最优分类面，决策函数最终变为

$$f(x) = \operatorname{sgn}\left(\sum_{i=1}^{n} \alpha_i^* y_i K(x_i,x) + b^*\right) \tag{7.43}$$

常见的核函数主要分为以下几种：

（1）线性内积核函数

$$K(x,x_i) = x_i \cdot x \tag{7.44}$$

（2）多项式核函数

$$K(x,x_i) = (x_i \cdot x + 1)^p \tag{7.45}$$

（3）径向基核函数

$$K(x,x_i) = \exp\left(-\frac{\|x-x_i\|^2}{2\sigma^2}\right) \tag{7.46}$$

(4) 二层神经网络核函数

$$K(x, x_i) = \tanh(vx_i \cdot x + c) \tag{7.47}$$

当前核函数种类及参数的选择都是依据经验选取，通常选用径向核函数，因为其特征空间是无穷维的，有限样本在该特征空间中是线性可分的。

SVM 立足于有限的样本信息，在学习能力和复杂性之间寻求一个最佳结合点。目前来看，SVM 主要有以下几个优点：①专门针对有限样本，最终目标是得到现有条件下的最优解；②最终转换为一个二次寻优问题，从理论上来看找到的极值点都是最优点；③通过非线性变换转换到高维空间，在高维空间中构建线性判别函数，巧妙地解决了维数问题；④有效地避免了过拟合现象，为模型的选择提供了更好的途径。

SVM 是目前为止分类性能较好的模型之一，能够很好地处理二元分类问题，而自然灾害事件类型识别属于多元分类问题。本节拟通过组合多个二元分类器构造多元分类器，采用 one-against-one 方法为每个事件类型建立二元分类模型，对于 N 元分类，构造 N 个分类器，为每个 SVM 模型构建正例集和反例集。故本方法可以适用于中文文本中的一条自然灾害事件语句包含多种事件类型的情况。

3. 基于复合特征进行事件类型识别的原理

1) 事件触发词获取

事件触发词是能够概述事件中心意义的词汇，对事件类型判断具有较强的指示作用，是进行候选事件选取的重要依据。参考专家意见，人工从训练语料中统计事件触发词并建立初始触发词库，每一项都标明触发词及相应的事件类别和子类别；利用触发词聚类规则和《同义词词林扩展版》对初始触发词库扩展，获得扩展后的触发词库，尽可能多的覆盖每种事件类型的触发词。

语料规模的大小对事件触发词的获取影响较大，有必要对有限的初始触发词库进行扩展得到完善的触发词库。在《同义词词林扩展版》基础上，采用触发词聚类的方法实现半自动了扩展，聚类规则为：

(1) 从初始触发词库中选择某事件类型下的标志性触发词，映射到《同义词词林扩展版》中，获取触发词的编码；

(2) 统计每个触发词在《同义词词林扩展版》中的编码，若前四级编码与某事件类型下的标志性触发词编码相同，则认为该触发词与标志性触发词意义相同或相近，将其归类到该事件类别中；

(3) 对未归并入各事件类型的触发词和在《同义词词林扩展版》中未查询到编码的事件触发词，进行人工聚类，得到扩展的事件触发词库。

在聚类的基础上，为了消除《同义词词林扩展版》中各个义项之间语义差异，本节提出利用 HowNet 的词汇相似度进行改进，扩展规则可以描述为：

(1) 对于"触发词-事件类型"对照表中的每一个事件触发词，在词典中查找出所有同义词；

(2) 对于每个同义词，基于 HowNet 计算其与触发词的相似度，将相似度大于 n (这里取 0.6)的同义词扩展为事件触发词，赋予(1)中触发词相同的类别；

(3)对扩展对照表进行合并，删除对应多个类别的事件触发词，得到最终的对照表。

通过将上面步骤生成的触发词进行归类，得到自然灾害事件类型归类的事件触发词库，部分示例如表 7.17 所示，其具体数据存储在"触发词-灾害事件类型"二元对照表中，用于候选事件的选取。

表 7.17　自然灾害事件触发词获取结果示例

事件类型	事件触发词示例	数量/个
地震	地震、地动、震、震级、烈度、震感、余震、震源、震源深度、震中、震中距、强震、断层、地震带、震害、构造地震…	35
暴雨	暴雨、强降雨、暴风雨、大暴雨、特大暴雨、洪涝、山洪、洪水、泛滥成灾、雷击、淹没、暴风骤雨、山洪暴发、雨涝…	28
风	台风、强台风、超强台风、登陆、侵袭、飓风、强风、强热带风暴、热带风暴、热带低压、热带气旋、低压涡旋…	32

2)中文事件句法分析

自然语言处理包括浅层语言分析和深层语言分析两个方面，前者主要是分词和词性标注，后者主要是句法分析和语义分析。句法分析能够自动推导句子的语法结构，将句子的线性词语序列转换为结构化的句法树，获取句子中各个词语之间的修饰或搭配关系。当前句法分析主要包括短语结构句法和依存句法两种分析方法，前者主要解析句子中的短语结构及其短语间的层次结构关系，后者主要解析句子中词语间的依存关系，认为核心谓词是句子中心成分并支配其他成分，所有受支配成分都以某种依存关系从属于支配成分，并且不受距离的约束，由此可以反映出句子中各成分之间的修饰关系。句法分析在信息抽取、自动问答和机器翻译领域得到了广泛应用。

常见的句法分析工具主要是哈工大的 LTP 和斯坦福大学的 Stanford Parser，这两种工具都能够进行分词、词性标注、句法分析、语义分析等流水线作业，并且支持中文。以表示地震灾害事件的句子"2014 年 2 月 12 日新疆于田县发生 7.3 级地震。"为例，使用中文分词效果更好的 ICTCLAS 进行分词并作为 Stanford Parser 的输入执行句法分析，得到的结果如图 7.20 所示，左边表示短语结构分析结果，右边表示依存句法分析结果；使用 LTP 流水线系统进行句法分析的结果如图 7.21 所示。

由图 7.20 可知，短语结构分析可以清晰地反映句子中短语的层次结构树，由终结点、非终结点和短语标记组成，例如"2014 年 2 月 12 日"是一个名词性短语(NP)，由(NT 2014 年)、(NT 2 月)和(NT 12 日)三个名词构成。相比短语结构特征，依存关系分析能够清晰地反映句子中词语之间的依存关系，是事件识别的重要特征。例如，通过 root(ROOT–0，发生–6)关系可知"发生"是该事件句子的根节点即最重要的词，nn(12 日–3，2014 年–1)表示名词组合关系，dobj(发生–6，地震–9)表示直接宾语，nummod(级–8，7.3–7)表示数量修饰关系，advmod(发生–6，于田县–5)表示状语，tmod(发

```
( ROOT
  ( IP
    ( NP ( NT 2014 年 ) (  NT 2月 ) (  NT 12 日))
    ( NP ( NR 新疆 ))
    ( VP
      ( ADVP( AD 于田县 ))
      ( VP ( VV 发生 )
        ( NP
          ( QP ( CD 7. 3 )
            ( CLP ( M 级 )))
          ( NP ( NN 地震 )))))
    ( PU 。 )))
```

```
nn(12日-3, 2014年-1)
nn(12日-3, 2月-2)
tmod(发生-6, 12日-3)
nsubj(发生-6, 新疆-4)
advmod(发生-6, 于田县-5)
root(ROOT-0, 发生-6)
nummod(级-8, 7.3-7)
clf(地震-9, 级-8)
dobj(发生-6, 地震-9)
```

图 7.20　Stanford Parser 句法分析结果示例

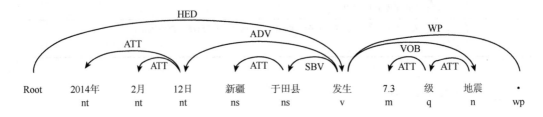

图 7.21　LTP 依存句法分析结果示例

生–6，12 日–3)表示时间修饰关系。通过 Stanford Parser 句法分析可以正确分析出事件句子的成分及成分之间的关系，这种关系与词语的具体含义和位置无关，是结构化的语言上下文信息。

由图 7.21 可知，词与词之间直接产生依存关系，由支配词和从属词构成一个依存关系对，用由从属词指向支配词的有向弧表示，弧上的标记为依存关系类型。例如，HED 为核心关系(发生<--Root)，表示"发生"是整个事件句子的核心谓词，ATT 为定中关系(新疆<--于田县)，SBV 为主谓关系(玉田县<--发生)，VOB 为动宾关系(发生-->地震)。可以看出依存关系能体现事件句子的语法结构。

选取 Stanford Parser 依存句法分析的结果，将依存关系特征作为事件类型识别的重要特征。

3) 复合特征分析

SVM 作为一种成熟的机器学习方法，通过训练样本数据集中的特征数据来构建识别模型，特征的设计和选取直接影响机器学习的性能，拟在传统事件识别特征(词汇、词性等)的基础上，增加时间、空间、句法、语义和上下文等特征，使触发词、词性、时空特征、语义特征和依存关系作为一个整体考虑，基于 SVM 进行自然灾害事件类型识别。事件识别选择的特征介绍如表 7.18 所示。

表 7.18　自然灾害事件类型识别采用的特征

特征名称	说明
词特征	将单词自身作为特征
词法特征	将单词的词性作为特征
句法特征	将单词对应的依存关系类型、依存路径和依存距离作为特征
语义特征	将单词的语义编码作为特征
上下文特征	词汇左边 n 个词、右边 m 个词的词特征、词法特征、句法特征、语义特征及时空特征
空间特征	将句子是否有地名实体等作为特征
时间特征	将句子是否有时间表达式作为特征

采用向量空间模型表示中文文本中的句子，特征空间中每个向量的分量用离散特征项表示，取代了传统基于关键词频的 TF-IDF 表示方法。

A. 词特征、词法特征

词特征即词汇本身的特征，词法特征即词汇的词性，可以通过成熟分词工具进行分词和词性标注的分别获取。

B. 句法特征

句法特征从句法层次上描述了句子中词汇之间的关系，本节主要考虑的是依存句法特征，主要包括依存关系类型、依存关系路径和依存距离三类特征。依存关系类型表示当前词语与其支配词之间的依存类型，是句法特征的核心要素，从句法的角度描述了词汇在句子中的角色特征；依存关系路径表示依存关系中当前词语到根节点之间的路径，描述词汇与句子核心词之间的层级结构或依存关系；依存距离表示当前词语与核心词之间经过的依存关系数量，描述了词汇与核心词的位置关系及对于语句结构的重要程度，同一个句子中距离核心词汇越远，作用越小，反之亦然。为了便于区分，本节将发生在核心词之前的词汇的依存距离定义为负数，发生在核心词之后的词汇的依存距离定义为正数。

C. 语义特征

采用《同义词词林扩展版》对事件句子中的词语释义作为语义特征，前面对《同义词词林扩展版》的层次结构和编码规范已有详细介绍，如"地震 地动 震 震害"的语义编码为"Da09B18"，"风级 震级 地震震级"的语义编码为"Di16A05"。

这里需要注意的是，对于一词多义的情况，也就是说一个词语有多个语义编码，需要判定多义词具体与哪一个语义对应。汉语语言中词语多义的原因主要是受词性的影响，同一个词语用作名词、动词、介词时可能会表达不同的含义，而在词性固定的情况下词语含义相对也会比较单一。虽然存在部分词语同一词性有多个语义的情况，但这些语义由于词性相同，在自然语言中的用法也较为统一，故通过词性来选择语义编码，选取词性相同的编码作为语义编码。

D. 空间特征和时间特征

时间和空间是组成地理事件的重要元素，故时空特征是进行句子事件类型识别的重要特征。空间特征是一个布尔类型的特征，如果一个事件语句中有某个词在地名实体中存在，则空间特征取值为 1，否则为 0；时间特征与空间特征类型类似，如果一个事件语句中有某个词位于时间表达式中，则时间特征取值为 1，否则为 0。

与文本分类类似，采用机器学习方法识别事件的思想就是将事件类型的识别转化为分类问题，但是文本特征数量庞大，需要对特征进行降维处理才能用于文本分类。事件分类通常以句子为单位，一个句子可能包含零个、一个或多个事件。由于句子本身包含的词汇量有限，因此给事件分类造成了一定的难度，需要在有限的句子词汇中挖掘有效的特征提升分类精度。

4）特征向量构建

自然灾害事件类型识别任务是通过事件触发词驱动的分类方法，事件触发词作为事件的核心词汇，在整个事件类型识别过程中起着非常重要的作用。鲁松通过引入信息增益方法构建上下文（context）位置信息量函数，利用多项式积分，确定汉语核心词汇最近距离[–8, +9]窗口位置之间的上下文范围涵盖了85%信息量，即左边8个词汇、右边9个词汇的位置为核心词汇提供了85%的信息量，目的是避免长事件的语句依存句法分析难度，降低计算特征向量的复杂性。

借鉴鲁松的方法，以事件触发词为中心，选取触发词汇左边8个词汇和右边9个词汇，综合考虑这些词汇的词性、依存关系、依存路径、依存距离、语义、空间和时间特征构造特征向量，即词法、句法、语义和时空特征。以事件触发词为中心的特征向量可以表示为

$$V = \left\{ \begin{array}{l} (f_1(t_{i-8}), f_2(t_{i-8}), \cdots, f_n(t_{i-8})), \cdots, (f_1(t_i), f_2(t_i), \cdots, f_n(t_i)), \cdots, \\ (f_1(t_{i+9}), f_2(t_{i+9}), \cdots, f_n(t_{i+9})) \end{array} \right\} \tag{7.48}$$

式中，t_i 表示一条句子中的事件触发词；$f_1(t_i)$ 表示词汇特征；$f_j(t_i)$ 表示事件触发词 t_i 的第 j 类特征（即词性、依存关系、依存路径、依存距离、语义、空间和时间特征）。

为了便于理解，选取上文中提到的自然灾害事件例子"2014年2月12日新疆于田县发生7.3级地震。"构建特征向量进行详细说明，本例中"地震"为事件触发词汇，表7.19显示了根据该触发词汇构建的特征向量。

表7.19　复合特征的特征向量示例

序号	特征名称							
	词汇	词性	依存关系类型	依存关系路径	依存距离	语义	空间	时间
$i-8$	2014年	t	nn	nn->tmod->root	–2	Null	0	1
$i-7$	2月	t	nn	nn->tmod->root	–2	Null	0	1
$i-6$	12日	t	tmod	tmod->root	–1	Null	0	1
$i-5$	新疆	ns	nsubj	nsubj->root	–1	Di02B19	1	0
$i-4$	于田县	ns	advmod	advmod->root	–1	Null	1	0
$i-3$	发生	v	root	root	0	Jd07B01	0	0
$i-2$	7.3	m	nummod	nummod->clf->dobj->root	3	Null	0	0
$i-1$	级	q	clf	clf->dobj->root	2	Bn10B01	0	0
i	地震	n	dobj	dobj->root	1	Da09B18	0	0
$i+1, \cdots, i+9$	Null	Null	Null	Null	Null	Null	0	0

4. 实验测试与分析

为了评价如何基于 SVM 利用复合特征进行自然灾害事件类型识别的性能，使用 ICTCLAS 作为中文分词工具，Stanford Parser 作为句法分析器，采用 Java 语言，选用 GATE 平台进行了实验测试。其中，GATE 为用户提供了机器学习插件 Learning，封装了 SVM 自然语言处理中的机器学习算法 SVM。

每个二元分类型的实现流程如图 7.22 所示。虚线部分表示对训练文本集进行 SVM 训练的过程，实线部分表示对测试文本集执行事件类型识别的过程。图中文本预处理的过程主要包括中文分词、中文分句、词性标注、命名实体识别（时间和空间）、依存句法分析等过程，生成 Token 标注集；事件触发词库通过本节提出的触发词汇获取方法构建；选择径向核函数 RBF 作为 SVM 的核函数；采用交叉验证的方法，选择最佳参数对样本集进行训练，生成 SVM 学习模型；采用 Token 标注集中的复合特征构造特征向量。

选取包含地震、泥石流、暴雨和台风四种类型事件的实验测试文本标注语料库进行测试，共 1121 个元事件和 135 个事件触发词汇。选取文本语料库的 4/5 进行作为训练文本集，选取 1/5 作为测试文本集。采用自然语言处理领域常见的三测评指标即精度 P、召回率 R 和 F 值进行评价。

$$P = \frac{正确识别的事件类型数}{识别出的事件类型总数} \times 100\% \tag{7.49}$$

$$R = \frac{正确识别的事件类型数}{事件类型总数} \times 100\% \tag{7.50}$$

$$F = \frac{2 \times P \times R}{P + R} \times 100\% \tag{7.51}$$

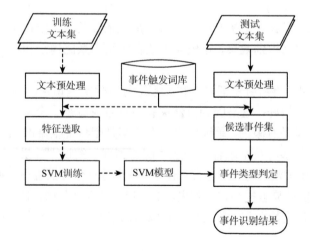

图 7.22 基于 SVM 的事件类型识别流程图

为了验证本节复合特征的特征项及其特征组合对事件类型识别的影响，分六组进行了实验测试，实验结果如表 7.20 所示。

表 7.20　事件类型识别结果分析

实验分组	特征	精度/%	召回率/%	F 值/%
实验 1	词汇	76.4	72.2	74.2
实验 2	词汇+词性	82.5	76.4	79.3
实验 3	词汇+语义	79.6	74.5	77.0
实验 4	词汇+依存关系+依存路径+依存距离	84.2	79.3	81.7
实验 5	词汇+时间+空间	85.6	81.5	83.5
实验 6	词汇+依存关系+依存路径+依存距离+时间+空间	87.3	82.8	85.0

实验 1　仅选取触发词汇本身为特征进行事件识别；

实验 2　选取词汇和词性作为特征进行事件识别；

实验 3　选取词汇和语义作为特征进行事件识别；

实验 4　选取词汇特征和依存关系、依存路径和依存距离等句法特征进行事件识别；

实验 5　选取词汇和时间、空间作为特征进行事件识别；

实验 6　选取词汇、词性、语义、依存关系、依存路径、依存距离、时间和空间等复合特征进行事件识别。

对表 7.20 中的各组实验方案统计的结果分析如下。

(1)仅选取词汇作为特征，精度、召回率和 F 值相比复合特征均比较低，增加了其他特征后均有所提高，说明有必要融合更多的特征辅助进行自然灾害事件类型识别。

(2)单独加入词性、语义、句法和时空等类型的特征后，分类精度均有所提高，不同的特征对事件类型识别的贡献不同。加入时空特征的精度最高，这是因为时空特性是事件的基本属性，具有较强的事件类型判别能力，例如"地震是一种正常的自然现象"，没有时间特征也没有空间特征，故不是地震事件；加入语义特征主要受限于无法获得每一个词汇的语义编码信息，故提升能力有限；加入依存关系、依存路径和依存距离等句法特征，也能显著提高识别效果，这依赖于依存句法关系比词汇和词性更能体现事件语句的语法结构。

(3)实验 6 表明，将所有特征复合在一起进行事件类型识别的精度、召回率和 F 值是最高的，识别效果最好，这是因为自然灾害事件本身就是一个复杂的事件，一个事件语句中包含的信息量是有限的，单纯依靠一个或某几个特征很难准确的判定是否属于哪种事件类型，只有将多种特征融合在一起才能达到理想的识别效果。

综上所述，基于词汇、词法、句法、语义和时空等复合特征进行灾害事件类型识别的方案是可行的，都能够显著提高识别效果。下一步需要提高分词、时空命名实体和依存句法分析的准确率，研究特征和参数的自动获取和调整方法，从而提升事件识别的效率。

7.5.6　基于事件本体和模式匹配的自然灾害事件属性元素抽取

1. 抽取流程分析

基于类型识别结果研究中文文本中的事件属性元素信息抽取。中文文本中的自然事件属性信息主要分为数值属性和非数值属性两种：数值属性表示与数量词相关的属性，例如死亡人数、地震震级、台风风力和中心气压等；非数值属性主要是定性描述的属性，例如损失惨重、机场关闭、学校停课等。

计算机领域的属性抽取主要包括模式匹配和机器学习两种方法。基于规则的模式匹配方法具有较高的精度，但是由于属性表达模式复杂多样，难以具有较高的覆盖率；基于机器学习的方法，需要较多的训练语料作为基础，而且难以保证较高的召回率。

采取模式匹配方法实现属性元素信息抽取，模式匹配是计算机科学领域非常重要的研究问题之一，表示依据某种匹配条件，从已知的文本字符序列中找出既定模式字符序列元素出现的位置，已被广泛应用于网络搜索、文本挖掘、中文分词和信息抽取等领域。

选取自然语言处理通用框架 GATE 作为抽取平台，使用自然语言处理技术、模式匹配算法和事件本体指导的发现规则模式，自动地抽取文本中的自然灾害事件属性元素信息，具体抽取流程如图 7.23 所示，通过分析该流程图可知，除了前面已经解决的文本预处理、时空解析和事件类型识别模块，事件元素抽取过程的核心模块还有三个。

A. 抽取模式获取

基于自然灾害事件本体和句法模式，综合利用事件本体的概念、属性和关系等语义信息，来指导获取事件属性元素抽取的句法模式。

B. 实现抽取模式到 JAPE 规则的转换

抽象的抽取模式不能直接用于抽取，需要将抽取模式根据 JAPE 语法实现自动转换，才能通过 GATE 执行模式匹配过程。

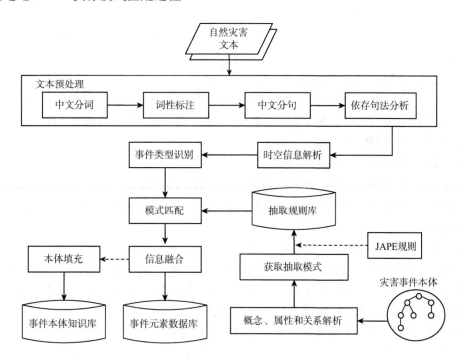

图 7.23　事件本体指导的自然灾害事件元素抽取流程

C. 模式匹配过程

在 GATE 中，基于 JAPE 语法执行模式匹配过程，实现事件元素的抽取，并进行结构化存储。另外，抽取结果也可以用语义三元组形式保存，用于实现自然灾害事件本体填充，充实自然灾害本体知识库。

2. 事件本体指导的抽取模式获取

基于模式匹配方法进行事件抽取的核心是寻找事件模板，模板指自然语言中描述事件的模式特征。在设计事件规则时，首先整理出事件语句的模式特征，然后才是讨论如何将模式转换为规则描述语言的问题。

前面已经分析了自然灾害事件的概念语义分类体系、属性分类体系、属性触发词和语义关系，重点研究自然灾害事件本体建模、逻辑结构和表达方法，基于上述研究，下面讨论如何综合利用自然灾害事件本体的概念、属性和关系等信息，指导构建事件抽取模式。主要分为领域词典映射和抽取模式获取两个过程。

1) 领域词典映射

在 GATE 中，领域词典是 GATE 进行事件抽取的重要数据资源，完善的词典设计能够提升抽取系统的效果。GATE 中的词典由*.lst 文件、mappings.def 文件和 lists.def 文件等概念关系库组成，并且提供 OntoGazetter 进行本体标注，通过将自然灾害事件本体映射到概念关系库的映射得到这些概念关系库，为事件抽取提供具有语义特征的基础数据源。

而针对自然灾害事件本体，主要通过构建事件概念类型词典、属性词典和语义关系词典等三种类型的词典，每种词典又对应不同的概念关系库，作为自然灾害事件元素抽取的基本数据源。

A. 自然灾害事件概念类型词典

自然灾害事件本体的语义分类体系对自然灾害事件类型进行了详细分类，每种类型下面又有不同的类型。这些事件类型具有唯一的语义描述，为面向不同主题的自然灾害事件定义了标准的事件分类体系。

B. 自然灾害事件属性信息词典

在自然灾害事件本体中，对事件属性分类及其属性触发词汇进行了详细分析，只需要通过 GATE 映射机制将本体中的属性映射为属性信息词典，得到属性类别词典和属性触发词汇词典。

C. 自然灾害事件语义关系词典

由于自然灾害事件类型复杂，不仅包括概念之间的语义关系，还包括实例之间的关系，不同的事件类型之间还存在不同的语义关系。目前的语义关系词典仅能保存简单的语义关系，如分类关系、包含关系和互斥关系等。

本体支持的词典语义模式可以包含更高级的类型，基于它们的元素获取领域语义，比句法和简单类型的语义元素更加高级。同时，在本体中被提及的概念约束和关系能够在应用推理机执行推理过程中使用。

2) 抽取模式获取

获取词典之后，就可以基于词典信息获取抽取模式。主要涉及自然语言处理中的词法和句法分析技术，通过分析不同类型自然灾害事件语句的句法特征，得到不同的抽取模式。每种模式都是文本分析和表达唯一语言结构的结果，用于描述一个特定的事件。这些模式都可以用于匹配文本内容，发现并抽取事件和特征。

抽取模式获取的原理为以下两点：

(1) 基于网络新闻报道中对各种相关自然灾害事件类型的描述，分析其中通用的语言和句法模式，人工获取初始事件抽取模式集。

(2) 针对特定事件分类的事件集，当抽取模式能够覆盖更多而不是所有的事件时，转入对其他事件集更新或者创建模式集。

我们探讨的抽取模式主要分为通用模式和特殊模式两种类型。

通用模式主要是针对不同自然灾害事件都适用的抽取模式，如人员受伤、人员死亡、房屋损坏、救援方案等，所有的灾害事件共用相同的抽取模式。以事件句子"截至 3 月 2 日，此次灾害共造成房屋倒塌 931 间。"为例，可以用模式"vi+date+wd+rz+d+v+houseCollapse+m+q"表示，其中 date 表示时间元素，houseCollapse 表示房屋倒塌属性触发词汇，其他字母为词性。

特殊模式是指某种自然灾害事件特有的抽取模式，如地震的震级和震源深度、台风的中心气压等，都需要专门制定特殊的抽取模式。例如，"2013 年 4 月 20 日 8 时 02 分，在四川省雅安市芦山县发生 7.0 级地震，震源深度 13 公里。"可以用模式"date+wd+p+Location+v+m+q+earthquake+wd+Edepth++m+q+wd"表示，其中 date 表示时间元素，Location 表示空间元素，earthquake 表示地震触发词汇，属性特指震级，Edepth 表示震源深度属性触发词汇，其他字母为词性。

3. 抽取模式到 JAPE 规则的转换

获取的抽象模式，不是可以直接用于抽取的句法规则，需要将抽取转换为 GATE 识别的 JAPE 规则语言表达形式，才能通过 GATE 执行模式匹配过程。

GATE 执行模式匹配的时候，主要考虑以下三种情形：

(1) 从文本中指定字符串的匹配，例如 {Toke.string == "xx"}；

(2) 从词典、注释器或其他模式可能出现的词语匹配，例如 {Lookup.majorType == dd}；

(3) 从标注对象的属性或值进行匹配，例如 {Token.kind==number}、{Token.length=="20"}。

通过交运算、并运算、连接运算和正则表达式运算，还可以将上面三种方式表达为复杂的模式。

例如，语句"2008 年 05 月 12 日 14 时 28 分 4 秒，在四川汶川县发生 8.0 级地震。"为地震发生事件，其模式为"date+wd+p+location+v+m+q+ earthquake"，即"时间短语+标点符号+介词+地名+动词+数词+量词+事件属性触发词"，按照 JAPE 语言其匹配规则表示如图 7.24 所示。

"2008 年 05 月 12 日 14 时 28 分 4 秒，在四川汶川县发生 8.0 级地震。"

```
Rule：EarthquakeOccurRule1
(
({Date.kind=="date"}):tagdate
{Token.category =="wd"}
{Token.category =="p"}
({Location}):tagLoc
({Token.category=="v"})
({Token.category=="m"}): tagMagnitude
({Token.category=="q"})
{Lookup.majorType==earthquake}
):tag
-->
:tagdate.Earthquake = {element = Date, rule = EarthquakeOccurRule1},
:tagLoc.Earthquake= {element = Location, rule = EarthquakeOccurRule1}
:tagMagnitude.Earthquake = { element = Magnitude, rule = EarthquakeOccurRule1}
:tag.Earthquake = {type= EarthquakeOccur, rule = EarthquakeOccurRule1}
```

图 7.24　模式匹配 JAPE 规则

其中 JAPE 抽取规则命名为"EarthquakeOccurRule1"，tag 标签为地震事件，子类用 type 属性标识，"EarthquakeOccur"表示地震发生事件，包括事件发生的时间(date)和地点 (location)、属性元素震级 (magnitude)，对应的标签分别为 tagdate、tagLoc 和 tagMagnitude，并使用 element 进行标注，将结果保存在 Event 标注集中，其中时间和地点都是在抽取结果的基础上进行的标注。

4. 基于模式匹配的抽取

将抽取模式转换为 JAPE 规则后，就可以基于 GATE 执行事件抽取。例如，图 7.25 显示的是通过图 7.24 的规则在 GATE 执行抽取过程中得到的结果示意图。通过利用 JAPE 规则执行模式匹配过程，作为识别结果的整个句子被高亮显示，同时提取出规范化的地震发生时间、地点和震级属性信息等事件专题信息。

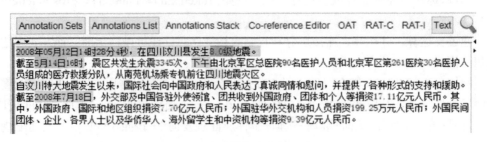

图 7.25　地震发生事件抽取结果

另外，抽取系统能够以语义三元组的形式提供输出接口，这些三元组是组成自然灾害事件本体信息的最小单元，抽取的结果自动格式化为被事件标签分离的三元组。例如，上述 EarthquakeOccurRule1 规则的三元组输出结果形式为

[EarthquakeOccur，hasDate，2008 年 05 月 12 日 14 时 28 分 04 秒]

[EarthquakeOccur，hasLocation，四川汶川县]

[EarthquakeOccur，hasMagnitude，8 级]

每一个三元组被转换为与特定 API 相一致的 RDF 语法。除了在自然灾害事件本体中存储三元组之外，API 能够保证三元组携带的信息是一条新的信息，而不是已知的事实。利用预定义的模板，可以将抽取得到的一系列三元组生成 OWL 文件，将识别的事件元素作为自然灾害事件本体的实例，自动导入本体实例库中，用于实现第 3 章构建的自然事件本体填充(ontology population)，从而丰富自然灾害本体知识库。这里存储在自然灾害本体知识库中的信息是从非结构化文本中获取的，能够通过使用很多文本挖掘和知识发现技术被分析和处理。

5. 测试与分析

为了验证自然灾害事件的属性抽取效果，选取地震、泥石流和台风等类型的灾害事件进行实验测试。通过改进的网络爬虫获取自然灾害网络文本数据源，对网络文本预处理后选取各 200 篇上述三种不同类型的自然灾害非结构化文本作为数据语料，选取 3/4 作为训练文本集，1/4 作为测试集进行事件属性元素抽取实验。实验结果采用自然语言处理信息抽取系统领域常见的三个测评指标即精度 P、召回率 R 和 F 值进行评价。具体定义如下：

$$P = \frac{正确识别的事件属性元素个数}{识别出的事件属性元素总数} \times 100\% \tag{7.52}$$

$$P = \frac{正确识别的事件属性元素个数}{文本中的事件属性元素总数} \times 100\% \tag{7.53}$$

$$F = \frac{2 \times P \times R}{P + R} \times 100\% \tag{7.54}$$

通过对 600 篇非结构化中文文本中的灾害事件抽取实验结果汇总，得到不同类型灾害事件属性元素抽取分析结果如表 7.21 所示。

表 7.21　事件属性元素抽取结果

灾害事件类型	精度/%	召回率/%	F 值/%
地震	86.23	88.32	87.26
泥石流	91.55	92.34	91.94
台风	84.25	85.92	85.08

从表 7.21 中可以看到，使用 GATE 能够很好地进行事件元素抽取，对于三种不同灾害类型的抽取结果，正确率和召回率均在 80%以上。影响系统性能的主要因素包括：

①分词错误，分词是中文自然语言处理的基础，分词的错误对抽取性能影响较大；②领域词表不全，针对不同的灾害事件类型，并不能涉及覆盖全部的属性触发词；③抽取规则覆盖不全，不能完全覆盖全部的自然灾害事件；④中文语言固有的复杂性，句法模式很难覆盖所有的语言现象。

7.6　自然灾害事件时空信息匹配与可视化

7.6.1　自然灾害事件时空信息匹配

虽然从非结构化文本中识别出的时空信息是结构化的，但要实现事件信息的时空可视化表达，需要将定性时空信息进行时空信息匹配。

抽取的时间信息已经进行了规范化表达，即"----年--月--日--时--分--秒"，根据时间地理学原理，将其映射到时间轴上，才能表达事件的地理动态。将规范化的时间信息按标准的时间格式存储到数据库中，可以用于时间序列分析和时空可视化。

限于文本中的空间信息表达尺度、空间数据的类型和空间信息的表达多样化问题，需要针对不同类型事件发生的空间位置描述信息分别进行空间信息匹配，主要分为以下几种情况：

(1)经纬度：例如，"地震震中位于北纬31.01°，东经103.42°""风暴中心位于北纬18.8°、东经116.0°"，利用经纬度描述事件发生位置信息最容易实现，可以直接将经纬度坐标进行规范化表达，从而实现空间匹配。

(2)地名：例如，"新疆叶城县发生3.8级地震，震源深度61千米"，利用地名描述的事件发生位置信息，通过特定的地名消歧方法消除空间歧义，然后通过地名知识库进行地名匹配，为该地名信息分配唯一的地理坐标。

(3)地址：例如，"郑州市二七区陇海中路66号"，利用地址描述的事件发生位置信息一般需要大比例尺的空间信息做定位支撑。利用条件随机场模型实现中文文本地址信息识别和空间推理的方法来实现地址匹配。

(4)地名+空间关系：例如，"受本次台风影响，安徽东南部、福建东北部等地将有大雨或暴雨"，考虑到自然语言空间关系的复杂性和对类似模糊地名匹配的难度，暂不考虑这种情形的空间匹配。

重点针对第二种情形进行详细分析，即地名识别完成后，利用地名知识库进行地名匹配。地名知识库存储了地名实体的名称、别名和模糊地名，能够有效防止地名脱落造成的地名标准化问题，可以满足地名匹配的基本需求。但是一个地名可能会匹配多个地名实体，这就造成了地名歧义问题，给地理编码带来障碍，地名消歧问题需要通过算法来解决。

7.6.2　地名知识辅助的中文文本地名消歧

地理空间中对位置的描述可以基于形式化的地理坐标，也可以利用自然语言文本中的非形式化地名来表达。但是文本中的同一地名可能指向很多地理位置，这就引起了地名歧义，从而给 GIS 地理编码带来障碍。从地名知识的角度出发，提出了一种基于地名知识的地名消歧方法，并通过实验进行了测试分析。结果表明，该方法具有可行性，能够达到一定的消歧精度。

1. 经典的地名消歧方法

1) 基于地图的地名消歧方法

基于地图的方法起源于数字图书馆中的地名歧义问题，此方法中上下文的大小是固定的，质心仅通过非歧义的或者已经存在歧义地名质心计算。Buscaldi 利用所有可能的参考，上下文的大小取决于包含在句子、上下文和文档中的地名数量。对于歧义地名 t 和上下文 C 中的地名，$c_i \in C, 0 \leqslant i \leqslant n$，$n$ 表示上下文的大小。上下文是由出现在同一文档、段落或者句子中的地名组成，将歧义地名 t 的候选地理位置表示为 $t_1, t_2, \cdots, t_k$。

基于地图的算法步骤描述如下：得到每一个 c_i 的坐标，如果 c_i 也有歧义，考虑它所有可能的地理位置，构成检索到的地名点集 P_c，映射在地图上；计算 P_c 的质心 $\hat{c} = (c_0 + c_1 + \cdots + c_n)/n$；从 P_c 移除所有与 $\hat{c}$ 距离大于 2σ 的地名点，重新计算新的地名点集 $\overline{P_c}$ 的质心 $\hat{c}$，σ 是点集的标准偏差；计算 $\hat{c}$ 和候选地理位置 $t_1, t_2, \cdots, t_k$ 的距离；选择具有最小距离的地理位置 t_j，这个地理位置即与地名 t 表达的实际地理位置相一致。

2) 基于概念密度的地名消歧方法

WordNet 的结构化数据特征能够将词义消歧算法引入到地名消歧领域，其中之一就是概念密度 (conceptual density，CD) 算法，该算法由 E. Agirre 提出，作为给定词义和它的上下文之间的相关性度量方法，基于 WordNet 的子层计算，通过上位关系 (is-a) 决定概念密度。Buscaldi 利用整体-部分关系 (part-of/holonymy) 代替上位关系，这种方法假设一个歧义地名决定 WordNet 整体层次的一部分，并且上下文中的地名通常跟相关的正确地理位置分开。

基于概念密度的地名消歧算法具体步骤为：选择歧义地名 t，列出对应的 k 个候选地理位置 $|t|$；选择 t 所在文本的上下文，由一系列地名组成；构建 $|t|$ 的子层次结构，每一个对应一个地理位置；对于 t 的每一个候选地理位置 s，计算概念密度 CD_s；选择最大的 CD_s 对应的地理位置作为最终的结果。其中，CD_s 是与 s 相关的子层的概念密度，改进了原始的概念密度计算公式，如：

$$\mathrm{CD}(m, f, n) = m^\alpha \left(\frac{m}{n} \right)^{\log f} \tag{7.55}$$

式中，m 表示子层次中相关的同义词集；α 表示常数 0.1；n 表示子层次中的同义词集的总数；f 表示和子层相关的地理位置的频率权重 $(1, 2, \cdots)$。所有相关的同义词集都是歧义词和上下文词的同义词集，即候选地理位置与上下文地名之和。

2. 地名知识辅助的中文地名消歧方法

1）中文地名消歧原理

J. L. Leidner 从语言和知识角度系统总结了地名消歧中常见的 16 条启发式规则，这些规则之间有些是互斥的，怎样从中选取合适的规则融入一个统一的模型中进行地名消歧是需要首先解决的问题。首先做出以下两个限定：同一文本或段落中多次出现的地名均指向同一地理位置；同一文本中出现的地名所对应的地理实体之间存在一定的关联，例如等价关系、包含关系或相离关系。

地名实体之间的关联强度对确定歧义地名的准确参照起重要作用，关联强度越大则关联度值越趋向于 1，表明两个地名实体越相似，反之亦然。针对中文地名的特点和地名知识库结构，受 Wang(2010)提出的地名消歧方法启发，通过计算地名实体与上下文中地名实体之间的地理关联度进行中文地名消歧，具有最大地理关联度的就是该地名所指向的地名实体。地名 t 指向的地名实体 g 的计算公式为

$$g = \arg_{g_i \in S_t} \max \mathrm{Sem}\left(g_i, S_{c(t)}\right) \tag{7.56}$$

式中，g_i 表示第 i 个候选的地名实体；S_t 表示地名 t 指向的候选地名实体集合；$c(t)$ 表示地名 t 上下文地名集合；$S_{c(t)}$ 表示上下文地名匹配后的地名实体集合；$\mathrm{Sem}\left(g_i, S_{c(t)}\right)$ 表示 g_i 和 $S_{c(t)}$ 的地理关联度；g 表示从 S_t 中选择的具有最大地理关联度的地名实体。

计算地理关联度的核心是地名实体之间的地理关联强度，从语义关系、拓扑关系、距离关系和地名密度四个方面进行加权计算。两个地名实体 g_i 和 g_j 之间的地理关联强度可以表示为

$$\mathrm{Sem}(g_i, g_j) = \alpha \times \mathrm{Sem}_{\mathrm{sac}}(g_i, g_j) + \beta \times \mathrm{Sem}_{\mathrm{topo}}(g_i, g_j) \\ + \gamma \times \mathrm{Sem}_{\mathrm{dis}}(g_i, g_j) + \varphi \times \mathrm{Sem}_{\mathrm{des}}(g_i, g_j) \tag{7.57}$$

式中，$\mathrm{Sem}_{\mathrm{sac}}(g_i, g_j)$ 表示语义关系关联强度；$\mathrm{Sem}_{\mathrm{topo}}(g_i, g_j)$ 表示拓扑关系关联强度；$\mathrm{Sem}_{\mathrm{dis}}(g_i, g_j)$ 表示距离关系关联强度；$\mathrm{Sem}_{\mathrm{des}}(g_i, g_j)$ 表示地名密度关联强度。

A. 语义关系关联强度

语义关系主要是地名类型概念之间的关系，其关联强度主要通过地名类型本体树中概念节点之间的语义距离来衡量，同时受到概念深度因子的影响，具体计算公式为

$$\mathrm{Sem}_{\mathrm{sac}}(g_i, g_j) = \delta \times \frac{\tau}{\tau + \mathrm{Distance}^2(g_i, g_j)} \\ + (1 - \delta) \times \frac{\mathrm{Depth}(g_i) + \mathrm{Depth}(g_j)}{\left|\mathrm{Depth}(g_i) + \mathrm{Depth}(g_j)\right| + 2 \times \mathrm{Depth}(O)} \tag{7.58}$$

式中，$\mathrm{Sem}_{\mathrm{sac}}(g_i, g_j)$ 表示地名实体 g_i 和 g_j 的语义关系关联强度；τ 表示语义距离调节因子；δ 表示关联强度调节因子；$\mathrm{Distance}(g_i, g_j)$ 表示地名实体 g_i 和 g_j 的地名类型之间

的语义距离，即地名类型本体树中连接两个概念最短距离的边数量；$\text{Depth}(g_i)$ 和 $\text{Depth}(g_j)$ 表示地名实体 g_i 和 g_j 的地名类型在本体树中的层次深度，即地名类型本体树概念节点与根节点的最短路径包含的边的数量；$\text{Depth}(O)$ 表示整个本体树的层次深度。

B. 拓扑关系关联强度

主要考虑相等、包含/包含于、相交、邻接和相离等几种拓扑关系，参考领域专家意见并通过实验反复测试，将地名实体 g_i 和 g_j 之间的拓扑关系关联强度取值分别为

$$\text{Sem}_{\text{topo}}(g_i, g_j) = \begin{cases} 1 & \text{相等} \\ 0.75 & \text{包含} / \text{包含于} \\ 0.5 & \text{相交} \\ 0.25 & \text{邻接} \\ 0 & \text{相离} \end{cases} \tag{7.59}$$

C. 距离关系关联强度

距离关系关联强度主要是指地名实体之间在地图上的定量距离量度，距离越近关联强度越大，反之依然，关联强度如下式：

$$\text{Sem}_{\text{dis}}(g_i, g_j) = e^{\rho * \text{dis}(g_i, g_j)} \tag{7.60}$$

式中，ρ 表示调节因子；$\text{dis}(g_i, g_j)$ 表示地名实体 g_i 和 g_j 的地图距离，需要特别指出的是，在地理位置坐标参照系不同的情况下得到的距离是不同的，主要分为地理坐标和平面直角坐标，对应的距离为球面距离和直线距离：

$$\text{dis}(g_i, g_j) = \begin{cases} r \arccos\left(\sin\phi_{g_i} \sin\phi_{g_j} + \cos\phi_{g_i} \cos\phi_{g_j} \cos\Delta\theta \right) & \text{球面距离} \\ \sqrt{(\phi_{g_i} - \phi_{g_j})^2 + (\theta_{g_i} - \theta_{g_j})^2} & \text{直线距离} \end{cases} \tag{7.61}$$

式中，g_i 和 g_j 的坐标为 $(\phi_{g_i}, \theta_{g_i})$ 和 $(\phi_{g_j}, \theta_{g_j})$；$r$ 表示地球的半径，$\Delta\theta$ 表示 $\theta_{g_j} - \theta_{g_i}$。

D. 地名密度关联强度

地名密度，即候选地名实体在地名知识库中所处区域的密度，具体量化为知识库中两个地名实例节点的最近公共祖先所包含的上下文中地名实例直接子节点数量，数量越多密度越大。将地名实体 g_i 和 g_j 之间的地名密度关联强度取值分别为

$$\text{Sem}_{\text{des}}(g_i, g_j) = \frac{\text{Des}\left(c_{g_i, g_j}\right)}{\text{Des}(\text{TO})} \tag{7.62}$$

式中，$\text{Des}\left(c_{g_i, g_j}\right)$ 表示地名实体 g_i 和 g_j 的地名密度，即最近公共祖先 c_{g_i, g_j} 所包含的上下文中地名实例直接子节点数量；$\text{Des}(\text{TO})$ 表示地名知识库中地名实例节点的子节点数的最大值。

2) 中文地名消歧算法流程

分析消歧算法原理后，归纳出地名消歧算法流程，描述如下。

识别文本中的所有地名，利用 SPARQL 语言从地名知识库中得到歧义地名 t，并抽取出歧义地名的候选地名实体集合 $S_t = \{g_1, g_2, \cdots, g_m\}$；

确定歧义地名上下文 C，得到上下文实体集合，$S_{c(t)} = \{c_1, c_2, \cdots, c_n\}$（如果歧义地名上下文中没有歧义地名，则只加入此地名，否则考虑该歧义地名所有可能的地名实体并加入集合）。

从 S_t 中取出候选地名实体 g_i，依次计算 g_i 和 c_j 的地理关联强度 $\text{Sem}(g_i, c_j)$，从而得到 g_i 和 $S_{c(t)}$ 的地理关联度 $\text{Sem}(g_i, S_{c(t)})$，如式 (7.63) 所示：

$$\text{Sem}\left(g_i, S_{c(t)}\right) = \frac{1}{n} \sum_{j=1}^{n} \text{Sem}(g_i, c_j) \tag{7.63}$$

式中，n 表示上下文集合中的地名总数。

选取地理关联度最大值式 (7.56) 对应的地名实体 g_i 作为最终消歧结果，进入下一循环，直到地名消歧完毕为止。

3. 实验测试与分析

地名消歧方法的评价性能指标与词义消歧、信息检索和自然语言处理领域的度量标准类似，主要包括准确率、召回率、覆盖率和 F 值。准确率 P 是正确消歧的地名数量占算法能够识别出的歧义地名总数的比率；召回率 R 是正确消歧的地名数量占文档集合中所有实际歧义地名总数的比率；覆盖率 C 是算法能识别出的歧义地名总数占文档集合中实际歧义地名总数的比率；F 值是用加权准确率和召回率得到的平均指数，计算公式表示为

$$F = \frac{2 \times P \times R}{P + R} \times 100\% \tag{7.64}$$

实验数据源主要是中文地名知识库和标注语料库，标注语料库是基于地名知识结构进行人工标注的识别与消歧语料库，该语料库能够将地名知识库中的地名分配一个正确的空间参考。目前该标注语料库中现有文档数量 9 400 个，其中中文地名总数 84 000 个，歧义地名数量 14 700。

实验采用三种级别的上下文，句子上下文、段落上下文和文档上下文进行消歧测试，句子上下文就是在同一个句子中包含的所有地名数，段落上下文就是在同一个段落中包含的所有地名用于消歧，文档上下文就是文档中包含的地名作为消歧上下文。本节选取经典的基于地图的方法进行地名消歧测试比较，由于基于密度的方法原理是基于WordNet，而 WordNet 与本节的地名知识本体的结构是完全不同的，故无法采用基于密度的方法进行比较。基于本节方法和基于地图方法的地名消歧结果如表 7.22 所示。

表 7.22　采用不同上下文的地名消歧结果比较

上下文	方法	准确率/%	召回率/%	覆盖率/%	F 值/%
句子上下文	本节方法	87.5	74.2	84.5	80.3
	基于地图的方法	80.2	25.7	30.5	38.9
段落上下文	本节方法	86.8	73.4	85.2	79.5
	基于地图的方法	81.3	39.2	47.0	52.9
文档上下文	本节方法	87.8	74.6	86.5	80.7
	基于地图的方法	83.0	67.5	77.2	74.5

从结果中可以看出，本节的方法在上下文很小时也能达到很高的精度，基于地图的方法相比本节的方法，需要更多的上下文信息才能得到同样的消歧性能。本节方法在不同上下文的消歧准确率、召回率、覆盖率和 F 值都有很好的结果，限于本体结构的影响，覆盖率目前还不能达到 100%。

目前地名消歧在自然语言处理领域得到了快速发展，一些新的方法相继提出，并且与已经存在的方法比较，均取得了不错效果。但是针对中文地名消歧的研究，在 GIS 和 NLP 领域都处于探索和实验阶段。本节仅是通过地名知识这一视角，利用定性与定量相结合的方式，提出一种中文地名消歧方法。实验证明该方法具有一定的精度、覆盖率和稳定性，但是依旧需要完善地名知识库，进一步提高地名识别精度，并采取多种策略解决歧义问题。中文地名消歧未来依旧具有广泛研究的空间，如对于 geo/non-geo 歧义的研究，基本没有成熟的研究；利用地名消歧自动标记网络文本中的歧义地名从而丰富网络中显式的空间知识，为决策提供精准定位服务；将地名消歧应用于地理信息检索、问答系统、基于位置的服务和空间信息挖掘等领域。

7.6.3　自然灾害事件可视化表达与分析

在信息爆炸的时代，可视化是用户分析和挖掘有价值信息的重要手段之一。对自然灾害事件进行可视化，能够准确地传递灾害信息，从中发现有用的信息。自然灾害事件类型复杂多样，灾害信息内容丰富，有必要探讨如何以自然灾害事件时空信息为线索，对自然灾害信息进行有效的组织，展示事件的时空分布特征，描述事件的时空变化过程。

在 GIS 领域，地图是空间数据和地理现象重要的可视化形式之一。将地图与计算机领域可视化技术相结合，发挥各自优势，可以实现灾害时空信息的全方位展示，从可视化的角度为用户发现灾害事件信息提供便利。主要从空间可视化与分析、时空可视化和时空分析等方面探讨自然灾害事件的可视化方法。

1. 自然灾害事件空间可视化与分析

1）空间可视化

地图可以形象地表达地理现象的空间分布，可以认为空间可视化属于 GIS 专题地图制图的研究内容之一。地图符号是专题地图的重要表现形式，视觉变量直接关系到专题数据的可视化效果，地图符号的视觉变量是专题数据的直接体现。

J. Bertin 提出了地图符号基本视觉变量，主要包括形状、尺寸、方向、密度、明度和颜色，用于描述和表达地图信息不同方面的特征。学术界针对视觉变量的研究，基本都是以 J. Bertin 提出的视觉变量为基础进行扩展。

J. Bertin 提出的视觉变量同样可以用于自然灾害事件的可视化。例如不同的自然灾害事件类型可以用形状区分；地震灾害事件的震级使用符号的大小区分显示，震源深度使用符号颜色深浅区分显示；利用箭头方向表示台风灾害最新事件的移动轨迹。

通过对自然灾害事件的数量和属性信息进行统计分析，可以发现事件的内在规律，并以统计专题图的形式进行直观展现。

2) 空间分布模式分析

空间分布图展示了事件的空间统计特征，却不能形象地展示事件的空间分布规律。为分析事件空间分布模式，表现其空间分布规律，可通过热力图(heatmap)显示热点区域及其热度等级变化，从而给地图阅读者提供更加宏观的信息，更好地了解事件演变模式。

从地理学角度讲，热力图是一种显示地理现象聚类的方法。创建热力图的方法之一是通过内插离散点，创建一个连续的表面，被称作密度表面。通过计算密度，显示出点要素或线要素较为集中的地方，即热点区域。核密度估计法是生成热力图的常用方法，可用于呈现自然灾害事件发生的热点区域，揭示自然灾害事件的空间分布规律。

核密度估计(kernel density estimation，KDE)由 B. W. Silverman 提出，起初是一个用于估计光滑平面的概率函数，定义为

$$\hat{f}(x) = \frac{1}{nh} \sum_{i=1}^{n} K\left(\frac{x - x_i}{h}\right) \tag{7.65}$$

式中，$\hat{f}(x)$ 表示核密度估计；h 是平滑参数。对于二维空间，KDE 函数能够估计离散点的核密度，将二维空间中的离散点拟合成光滑的栅格平面，显示点的空间分布模式。定义平面核密度估计为

$$\hat{f}(x, y) = \frac{1}{nh^2} \sum_{i=1}^{n} K\left(\frac{x - x_i}{h}, \frac{y - y_i}{h}\right) \tag{7.66}$$

式中，$\hat{f}(x, y)$ 表示在某一空间 (x, y) 的核密度估计；h 表示带宽，从认知角度可以理解为空间影响范围；n 表示事件点的个数；K 表示二维空间的核函数。

计算密度表面时，带宽是一个非常重要的参数。带宽又称为搜索半径，是 GIS 软件进行密度计算时考虑的重要因素，带宽值越大，生成的密度栅格越平滑且概括化程度越高，值越小则生成的栅格所显示的信息越详细。ArcGIS 10.2(含)以上版本，默认的带宽大小是基于空间配置和输入点数计算得到的，此方法可有效更正空间异常值(距离其他输入点较远的点)，这样将不会导致搜索半径过大。

此外，根据核密度估计值，在三维平台中可以对热力图进行三维展示，更加直观地显示核密度分析的效果。

2. 自然灾害事件时空可视化

自然灾害事件时空可视化是在空间可视化的基础上，针对自然灾害事件信息，利用可视化方式表达事件的时间、空间、属性和相互关系信息，更加直观地展示自然灾害事件在各个时间点和时间段所处的状态，再现事件的动态演化过程。主要包括静态时空可视化和动态时空可视化两种方式。

1）静态时空可视化

静态时空可视化主要通过静态时空地图的形式进行呈现，地图的幅面和内容相对不变，通过地图符号将地理对象的时间、空间和属性信息进行表达。静态可视化主要通过二维和三维两种图形图像表示方法显示事件随时空所发生的变化。

二维表达方式主要利用各种运动和扩张符号、结构、多时态图像快照叠置等途径，表示地理对象的地理位置和属性特征随时间而发生的变化。主要包括地图矩阵、序列地图和流式地图等几种形式。其中通过地图矩阵可以直观地展示事件的序列快照，但是在系统界面中无法实现，比较适合用于可视化作品中；序列地图可以表达某个时间段内事件演变的过程，但是对于时间动态性展示不够直观，并且不易于理解；流式地图将时间事件流与平面地图相结合，但假若数据量过大，则流式地图会出现图元交叉和覆盖等问题。

为了突破二维平面在可视化方面的局限性，采用三维时空立方体方法，以三维方式对时间、空间和事件其他信息的变化进行直观展示。时空立方体的概念起源于 T. Hagerstrand 对时间地理学的研究，被看作是一种在综合的时空环境中研究人类活动的方法，以及一种用于表达时空不可分割理念的图示法。时空立方体是一个三维正交系统，二维平面代表地理空间，垂直维度代表时间，如图 7.26 所示。二维空间维度用于追踪对象在位置上的变化，时间维度根据时间次序排列了对象活动，个体对象的轨迹在立方体中被显示为 3D 线段。

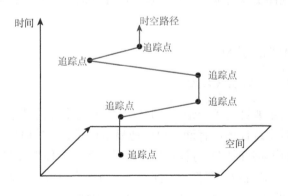

图 7.26　时空立方体方法

时空立方体表现了地理对象随着时间在地理空间中的移动，用于视觉解读连续时空序列的地理对象，已被广泛应用于在事件轨迹时空可视化和视觉探测领域，例如可以利用时空立方体显示台风灾害事件的时空轨迹。

随着数据集的大量增长，这种可视化方式会变得密集杂乱和难以理解，可以利用散点图对时空立方体进行优化，并拓展多维属性显示空间信息。

这种方式可以应用于显示地震、地质和暴雨等灾害的时空分布，直观地表达不同时间不同地点发生的灾害事件，对于不同类型的灾害事件，则通过点符号的形状、颜色和大小来进行设置相关专题属性。

目前很多软件可以实现时空立方体可视化，如 ArcScene、Volex 和 Miner3D 等，本节综合利用这几款软件探索自然灾害事件信息在时空立方体中的可视化问题。

2) 动态时空可视化

事件动态时空可视化主要分为动态地图符号法和时空动画，表现形式为动态时空地图。

动态地图符号法，采用动态视觉变量形成地图符号，艾廷华等在 J. Bertin 符号变量体系的基础上扩展了发生时长、变化速率、变化次序和节奏等四种动态参量于表达动态地图符号；陈毓芬等探讨了时空地图的表现形式，并对时空地图的视觉变量进行了初步分析；江南等对动画地图常用变量进行了拓展，提出"感知变量"的概念，并进行了初步分析；李霖等研究了时间动态模型，分析了视觉变量的动态表达性；艾波等将透明度作为视觉变量进行时空信息可视化。

时空动画是利用计算机图形技术，将地图序列的每一幅图片按照时间帧连接并播放，完整地展示所有时空信息，能动态追逐和分析地理现象随时间发展而发生的变化。另外，还可以通过控制滑动器，自由地选择事件发生的某一个重要时刻，或者向后拖动对所看到的事件发生信息有一个更近距离的观察。

基于动态地图符号法对动态视觉变量的研究成果，采用时空动画的方法进行灾害事件动态可视化。利用时空动画实现对自然灾害事件的追踪分析，将数据库中的灾害时空数据按时序关系在地图上动态显示，实现按时间序列演示动画，动态表达自然灾害的时空演变过程。

3. 自然灾害事件时空分析

1) 时空统计分析——时空统计图

传统的统计分析主要针对单一维度，时间和空间是事件的基本属性，针对时空维度的统计分析，制作时空统计图，有助于更好地显示自然灾害的时空分布和轨迹探测。

例如在 ArcGIS 中创建时空立方体可以看作是一个立方体聚合的过程，把一组散点聚合到时空条柱，在每个条柱内计算散点，同时对所有散点位置，评估它们随时间推移所呈现出的计数趋势。如图 7.27 所示，xy 平面维度表示地理空间，z 轴维度表示时间。立方体结构具有行、列和时间步长，通过行和列可以确定立方体的地理空间范围，通过时间步长，则可确定时间范围。带有位置的数据随着时间的推移至少出现在一个点的范围内的条柱上，每个时空条柱在空间 (x, y) 和时间 (t) 中都有固定位置，覆盖同一个 (x, y) 空间区域的条柱共用同一个位置 ID，包含相同持续时间段的条柱则共用相同的时间步长 ID。

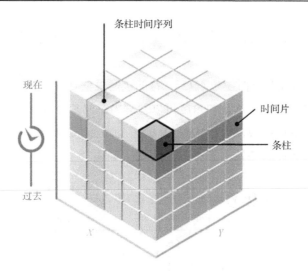

图 7.27　ArcGIS 中时空立方体结构

将上述方法引入自然灾害事件的时空统计分析任务中。需要注意以下几点：确保空间参考为投影坐标系；输入数据为灾害事件点数据（如地震、泥石流和暴雨等），其中数据格式必须包含日期类型的时间戳字段；设置合理时间步长间隔（如 1 个月、1 周和 10 天等），用于定义对某一时间段范围内的聚合点分区；设置合理的距离间隔制定时空条柱的大小（如 1km×1km），用于聚合灾害事件点数据；输出结果的数据时空立方体，包含输入灾害事件点的计数和汇总；最后在 ArcGIS Pro 二维或者三维环境中展示灾害数据时空立方体，对灾害时空统计结果进行专题制图显示。

2）时空分布模式分析——时空热力图

研究事件分布态势需要综合考虑时空两个角度，当事件数量很多，时空立方体内事件分布将会非常密集，可视化效果较差，不能直观反映不同时间段和不同空间位置的事件聚集态势，需要将灾害事件在空间上的分布模式与时间聚集模式一起表达和分析，才能有效地反映灾害事件的时空分布特征。

T. Nakaya 等研究了京都 2003～2004 年犯罪活动的时空分布模式，利用时空统计和 3D 可视化技术实现了犯罪活动聚类分析，将犯罪活动分析从空间视角拓展到时空视角。借鉴 T. Nakaya 的方法，将时空核密度分析方法引入自然灾害事件时空分布模式分析领域，并在时空立方体内通过体绘制法（volume rendering）进行渲染显示可视化结果，实现在时空立方体中创建自然灾害事件的时空热力图，形象化地理解时间持续和事件聚类的空间范围。

A. 时空核密度定义

在二维空间核密度估计的基础上，针对时空维度，C.Brunsdon 对核密度估计（KDE）进行了拓展，提出了时空核密度估计（space-time kernel density estimate，STKDE），公式定义为

$$\hat{f}(x, y, t) = \frac{1}{nh_s^2 h_t} \sum_i K_s\left(\frac{x - x_i}{h_s}, \frac{y - y_i}{h_s}\right) K_t\left(\frac{t - t_i}{h_t}\right) \quad (7.67)$$

式中，$\hat{f}(x, y, t)$ 表示在某一时空位置 (x, y, t) 的核密度估计；n 表示事件的个数；h_s 和 h_t 分别表示空间和时间带宽，从认知角度可以理解为空间和时间影响范围；K_s 和 K_t 分别表示空间和时间核密度函数，使用 ArcGIS 中通用的类型 Epanecknikov 核函数对空间和时间核密度进行定义，具体公式表示如下：

$$K_s(u, v) = \begin{cases} \dfrac{2}{\pi}\left(1 - \left(u^2 + v^2\right)\right) & \left(u^2 + v^2\right) < 1 \\ 0 & \text{其他} \end{cases} \quad (7.68)$$

$$K_t(w) = \begin{cases} \dfrac{3}{4}(1 - w^2) & w^2 < 1 \\ 0 & \text{其他} \end{cases} \quad (7.69)$$

式中，权重 w 的范围介于 0 和 1 之间，在时空立方体中，通过两个带宽参数 b_s 和 b_t 定义，变为一个小型的时空圆柱。为了实现时空核密度分析(STKDE)，整个时空区域被划分为很小的网格间距，在时空核内部集中在每一个格点，计算点的加权密度值。虽然点的核密度估计值域范围为 0~1，但是为了获得更直观的理解，以每 $(h_s^2 h_t)$ 为时空单位范围内的事件数量作为表示形式获得一个密度值，通过密度估计 $\hat{f}$ 乘以 n 计算时空核密度。

B. 带宽选择

同样，时空核密度估计的关键部分之一就是带宽参数的选择，通过带宽控制待估计密度表面的平滑度。在实际应用中，可以利用交互的方式，通过观察不同带宽的密度估计来选择合适的带宽。带宽的选择方法主要有两种类型：plug-in 方法和 k 阶最近邻距离方法，C. Brunsdon 分别对其进行拓展以适合于时空核密度估计。

(1) plug-in 方法将 3 维 Epanecknikov 核密度估计表示为

$$\hat{h}_k = 2.21 n^{-1/7} \hat{\sigma}_k \quad (7.70)$$

由式 (7.70) 可知，空间带宽 $\hat{h}_s$ 和时间带宽 $\hat{h}_t$ 通过两个地理坐标的合并标准差 $\hat{\sigma}_s$ 和发生时间的简单时间标准偏差 $\hat{\sigma}_t$ 获得。当真实分布非正常时，尤其是多峰时，plug-in 方法计算的带宽可能过大，导致过多的平滑。

(2) k 阶最近邻距离方法是另外一种更加实用的带宽选择方法。首先定义点 i 和 j 的时空距离为

$$D_{ij} = \max\left(\left\|(x_i, y_i) - (x_j, y_j)\right\|, \left|z_i - z_j\right| \hat{\sigma}_s / \hat{\sigma}_t\right) \quad (7.71)$$

时间间隔通过标准差比率与地理间隔按比例缩放，$D_{(k)_i}$ 为第 i 个点的第 k 阶最近邻距离，利用式 (7.71)，通过选择 k 计算得到的空间带宽和时间带宽分别为

$$\hat{h}_s(k) = \frac{1}{nk}\sum_i^n \sum_l^k D_{(l)_i} \tag{7.72}$$

$$\hat{h}_t(k) = \frac{1}{nk}\sum_i^n \sum_l^k D_{(l)_i}\hat{\sigma}_t / \hat{\sigma}_s \tag{7.73}$$

在传统的二维地图中，针对城市级别的地理范围，k 值通常设置为 20。本节针对自然灾害事件领域，采用 k 阶最近邻距离方法和人工交互实验测试相结合的方法选取 k 值。

需要注意的是，当前没有现成的软件可以实现时空核密度估计方法，实验中需要根据需求选取合适的编程软件进行数据处理。本章采用 C 语言计算获取时空核密度值。

C. 体绘制（volume render）

由于体数据结构是四维矢量值，即 x 轴、y 轴、时间和时空核密度估计值，体绘制技术是显示类似这种体数据全部内部结构的通用方法。首先需要对数据进行分类处理，不同类别赋予不同颜色及不同透明度值，然后根据空间中视点和体数据的相对位置确定最终的呈现效果。

7.6.4　应用实例——以地震灾害为例

地震灾害是一种典型的突发自然灾害类型，地震灾害具有以下特点：①突然性，无法预测确切的地震发生时间；②社会危害性，破坏力巨大，造成人员伤亡、财产损失和农作物损失等，且影响深远，容易造成社会混乱；③具有完整的生命周期，经历从孕育、诞生、发展、扩散、恢复和消亡等阶段。综合利用各种可视化和分析工具，进行灾害事件的时空可视化展现，对研究地震灾害事件的时空分布及演化规律有重要意义。

利用主题爬虫，爬取到四川省历年发生的地震灾害事件网页文本数据，经过时空和属性信息抽取处理，得到用于可视化的地震灾害事件结构化时空数据。限于篇幅，仅选择几种可视化方式加以说明。

地震灾害事件三维热力图，如图 7.28 所示，直观地展示了四川历年强震分布核密度分析的效果，利于揭示地震灾害事件发生的热点区域空间分布。

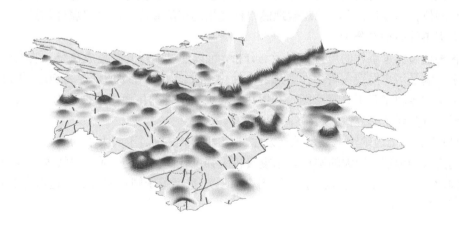

图 7.28　四川历年强震分布核密度估计结果三维热力图

地震灾害事件的时空立方体，如图 7.29 所示，展示了 2013 年四川地震灾害事件在时空立方体中的时空分布，直观展示了地震事件的时空和属性等专题信息。平面代表二维经纬度空间，垂直轴代表时间。时空立方体中球的大小表示地震震级大小，球的颜色表示震源深度。

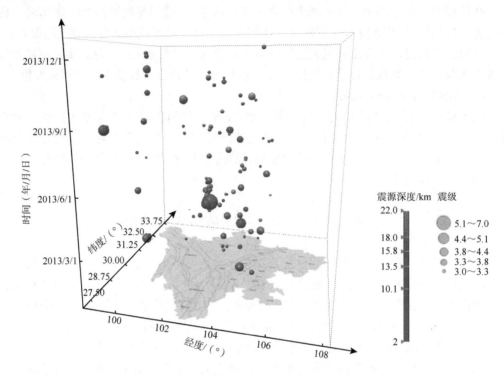

图 7.29　时空立方体中显示的 2013 年四川地震时空分布图

地震灾害事件动态可视化，如图 7.30 所示，展示的是 2013 年雅安地震动态时空地图的截图，采用动画地图的方法，可以追踪显示时间数据，以及某个时间段特定位置的数值变化，采用互动式回放管理器（开始、停止、暂停、快进和后退等）浏览地震事件发生空间位置的变化，实时地观察地震事件发生的震级和震源深度等属性信息，实现对地震灾害事件的动态分析。

各种地震灾害事件的可视化展示与分析，可以通过编程开发集成在统一的人机交互工具中，满足用户发现灾害事件信息的个性化需求。如图 7.31 所示，为 2008 年汶川地震灾害事件专题交互工具示意图，其中将地震灾害事件的生命周期设置为 30 天。交互工具界面分为四个交互区：

（1）界面左上边地图上显示地震发生的空间分布情况。不同大小的节点（圆点）表示不同震级的地震，较大的圆点表示震级较大强度较高的地震；颜色深浅表示震源深度的深浅，颜色较深的点表示震源深度较深的地震。鼠标置于圆点即可显示地震点的时间、空间和属性等专题信息；

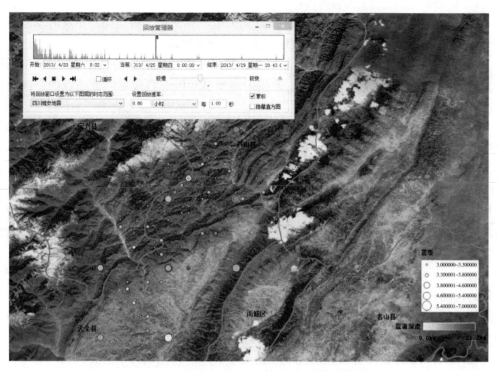

图 7.30　2013 年雅安地震动态时空地图（截图）

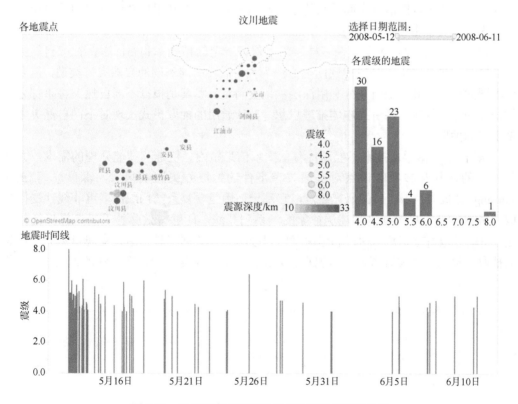

图 7.31　基于可交互界面的汶川地震时空可视分析

(2)通过界面右上角时间条拖动选择日期范围，界面左上边地图同步实时动态显示两个时间拖动按钮间隔时间段内发生地震的空间分布情况；

(3)界面右边侧栏中间交互区显示的是各震级地震发生次数的统计直方图，鼠标置于直方图中的任一条柱，界面左上边地图中同步显示所选震级对应地震点的空间分布情况。

(4)界面下面的交互区显示的是地震时间线，根据时间序列利用直方图形式直观地发现地震震级大小的分布，直方图线段的长短对应表示震级的大小；鼠标点击选地震时间线，左上方地图中同步显示所选地震时间线区间内地震的空间分布情况。

基于网络新闻数据来进行自然灾害信息监测，并根据监测结果从互联网资源中抽取并集成救灾所需信息，为减灾救灾工作提供数据支撑。从自然语言文本中抽取出用户感兴趣的自然灾害事件信息，转换为结构化数据，为进一步应用提供丰富的结构化数据源。围绕这个领域还有许多问题有待探索。

(1)本体的开发需要很大的工作量，需要利用当前流行的本体学习技术，深入研究本体的自动构建技术，实现自然灾害事件领域本体实例库的自动构建；针对网页文本数据源的智能获取问题，应进一步增加语义相似度的准确率，优化主题词的选取；在设定调节因子等方面，采用更加智能化的设定方法取代人工的方法。

(2)地名知识库仍不完善，研究现实地理世界中的自然语言空间关系到地名知识库中的空间关系自动映射机制，实现非结构化空间关系的结构化表达以及多源异构地名知识的集成；解决自然语言空间关系的识别和匹配问题，并基于自然语言空间关系识别结果研究中文文本中模糊地名的匹配问题。

(3)自然灾害事件类型复杂多样，为了保证一定的精确率和召回率，抽取自然灾害事件属性信息基本上还是以模式匹配方法为主。需要面向不同的自然灾害类型，需要设计不同的抽取模式，如何充分利用深层次语义特征，尤其是根据不同自然灾害事件之间的语义关系和规则，并引入本体推理思想，设计通用的抽取模式实现对不同自然灾害类型事件的抽取。

(4)传统机器学习技术不能满足海量文本信息精确、快速和智能处理的需求，尤其是特征的选择和参数的调整对自然灾害事件的抽取效果影响很大。深度学习(deep learning)是机器学习中新的研究热点，它基于使用包含复杂结构或由多重非线性变换构成的多个处理层对数据进行高层抽象的一系列算法，能够有效弥补手工选择特征的不足，自动获取特征信息。探讨利用深度学习技术与大数据工具相结合实现自然灾害信息的抽取，提高自然灾害事件类型识别和元素抽取的效率是一个需要关注的方向。

第8章　基于出租车轨迹数据的异常事件检测

8.1　出租车轨迹数据分析概述

轨迹是按照移动对象在空间活动的时间顺序，对离散或者连续变化的空间位置进行组织的方式，轨迹数据反映了移动主体在现实空间留下的足迹，蕴含了移动主体、空间及主体与空间关系的信息和知识，通过分析轨迹数据可以提取到有用的知识。

8.1.1　轨迹数据相关知识

1. 轨迹数据的来源与分类

随着卫星、无线网络以及定位设备的广泛使用，城市中人和物体活动的位置信息被浮动车辆、移动设备、智能卡等检测和记录下来，产生了大量轨迹数据。大数据时代，与人类活动密切相关的轨迹数据包括志愿者定位数据、车载 GPS 数据、手机通信数据、社交网络签到数据、公交 IC 卡或银行卡刷卡记录等。表 8.1 从轨迹的数据类型、采样特点、定位技术、数据来源和示例数据 5 个方面简单归纳了不同轨迹的特点。

表 8.1　不同轨迹的来源与特点

数据类型	采样特点	定位技术	数据来源	示例数据
基于时间采样的轨迹数据	等时间间隔采集信息，记录连续的移动对象信息	GPS 定位、WiFi、GSM、蓝牙等	浮动车辆、发放 GPS 接收机的人群、开启定位的移动设备等	车载 GPS 数据、志愿者生活轨迹数据等
基于事件触发采样的轨迹数据	传感器被对象触发后，移动对象信息被记录，得到离散的时空位置点序列		移动设备(手机或平板电脑)、智能卡等	手机通信数据、WiFi 定位数据、在线地图服务定位数据、公交卡刷卡数据、社交网络签到数据等

由不同传感器或设备得到的轨迹数据根据其采样方式和驱动因素的不同，可以分为基于时间采样的和基于事件触发采样的轨迹数据。

1)基于时间采样的轨迹数据

基于时间采样的轨迹是指设备或传感器处于运行状态下，按照一定时间间隔自动记录的移动对象的信息，包括时间、位置和其他属性信息，其中位置信息主要由 GPS 定位技术获取移动对象绝对位置的地理坐标，在室外能达到米级的定位精度。数据主要来源于装有卫星导航定位、无线通信设备的浮动车辆(如出租车)和 GPS 接收机。浮动车辆行驶于城市交通道路网中，记录的车载 GPS 数据具有数据量庞大、覆盖范围广泛、更新速度快等特点，一定程度上能用来刻画城市道路交通状况，同时也反映了乘客部分的出行轨迹和司机的驾驶行为特点，在现有研究中多用于城市计算而非个体移动行为模式分析。GPS 接收机能够记录完整的个人生活轨迹，例如微软研究院 GeoLife 项目在开展个人交通方式识别、生活模式挖掘等研究中，向 128 名志愿者发放 GPS 接收机，采集了他们近四年的 GPS 轨迹信息。志愿者 GPS 数据对个人采样率高，能准确地显示用户经常活动的地点、时间和频率，但是样本量小，无法进行大规模的人类移动行为分析。

2)基于事件触发采样的轨迹数据

事件触发采样简单地理解就是移动主体虽然有连续的移动行为，但只有在其主动触发传感器的情况下，信息才会被记录，是一个移动主体——传感器的交互式采样过程，得到的往往是离散的时空位置点序列，如人使用手机通话、连接 WiFi、在线地图位置服务、用公交卡出行以及上社交网络发布位置等行为，都是触发相应传感器的事件，从而产生手机通信数据、WiFi 定位数据、在线地图服务定位数据、公交卡刷卡数据、签到数据等。这些数据中位置信息采用的定位技术包括 GPS 定位、WiFi、基站、蓝牙等，不同定位技术决定了轨迹数据的表达内容、精度和处理方式。比如手机通信数据记录的不是用户的真实位置，而是基站服务范围的空间位置信息，精度与基站密度相关；而基于 WiFi 和蓝牙获取到的位置都是相对于路由器或蓝牙设备的局部坐标。基于事件触发采样的轨迹数据同样具有数据量大、覆盖范围广的特点，因此此类数据能较好地从群体层面揭示移动行为规律，而对于个体轨迹来说，缺乏连续性，只是粗粒度地描述对象零散的行为活动。

2. 轨迹的组成

轨迹数据其实是一种数字记录，包括位置、时间及其他属性信息，经过整理才能发现其中蕴含的丰富信息。从数据处理的角度将轨迹的组成分为 4 类。

1)采样点的集合

轨迹数据是对移动对象运动过程的采样，是由一个个离散的位置点组成的。城市中移动车辆活跃在整个道路网空间，通过大量离散的 GPS 点，可以勾勒出城市道路轮廓，出租车轨迹数据中包含了车辆的速度信息，反映了采样时刻相应路段的交通状况，属性信息还包括载客状态，状态发生改变的时刻记录的是载客点或者乘客下车点，这些点的空间密度反映了不同区域的交通需求度或者吸引人群到访的兴趣度。

2)曲线

将采样点按照时间顺序排序形成了移动对象的轨迹，因此，轨迹是移动主体在空间的位置随时间变化而形成的曲线。车辆轨迹由于车辆运行速度、采样稀疏性等因素影响，与道路地图并不完全重合，需要经过地图匹配操作以生成真正的行驶路径，反映司机的驾驶路径选择，发现快捷、个性化的行车路线，识别异常的绕道行为；通过路径密度可以分析道路使用情况，有助于道路交通规划；个体在移动时记录的生活轨迹则可以用于提取经典的旅游路线。

3) 语义位置序列

大规模的轨迹数据增加了存储和计算的难度，因此人们研究从轨迹中提取关键信息或者语义信息，组成语义位置序列来简化轨迹，从而比单纯分析空间坐标点更能发现有意义的知识。语义位置序列结合了位置的时间、空间和语义信息，通过利用地图、道路网、POIs 和土地利用类型等数据对原始轨迹数据进行处理，实现轨迹的语义化。语义位置从表现形态的角度来看可分为点、线、面三种，包括移动对象长时间停留的锚点或者频繁到访的兴趣点、频繁选择的路段以及兴趣区域等。

4) 移动的时空范围

一条轨迹是起始时间、起始点位置、过程点位置、结束时间和终止点位置的移动事件记录，从轨迹中可以获得完成一次移动事件的移动时间、移动时间花费、移动距离、移动范围、交通成本等信息，轨迹可以简单地表示为 OD(origin-destination)对，反映了轨迹起点到终点的流动性特征。从个体的角度来看，移动的时间范围反映了个体在出行上的时间规律，移动的空间范围反映了个体的出行目的，时空特征的结合能够从移动轨迹中发现个体的移动特性。从地理空间的角度来看，人类的移动行为是两个地理区域之间的交互过程，反映了不同区域间联系强度与活动强度的差异和动态变化，由轨迹数据可以构建人类活动的社区网络，获取区域人类活动强度的时间序列和空间分布模式，从而达到分析区域空间结构和功能类型的目的。

8.1.2　轨迹数据分析

1. 轨迹数据分析方法

轨迹数据有着从原始轨迹数据、校准轨迹数据、数据库轨迹、语义轨迹到知识的生命周期，各个阶段代表了轨迹数据的不同认知程度和可用性层次，对应着数据预处理、轨迹数据库、轨迹数据仓库和知识提取 4 种环环相扣的轨迹数据处理技术。在此主要阐述轨迹数据预处理和知识提取两个方面的研究内容。

1) 轨迹数据预处理

用来获取轨迹数据的设备性能参差不齐，加上定位技术精度不一，使得轨迹数据在地理位置上会出现偏差、数据缺失或冗余等问题，因此为了保证轨迹数据分析过程的高效性和分析结果的有效性，轨迹数据的预处理十分关键，同时轨迹数据预处理也可以视为对轨迹数据的初步分析。常见的轨迹数据预处理主要包括轨迹数据清洗、轨迹分段和地图匹配。

轨迹数据清洗，一方面是为了去除轨迹中的冗余点和噪声点，降低系统的存储和计算开销，减少采样误差对轨迹分析结果的影响；另一方面当原始数据无法满足较高采样率的分析要求时，需要进行轨迹插值。

轨迹分段是对原始轨迹数据进行分割、提取与重组的过程，包括时间、空间和语义维度上的切分和标注。轨迹数据经过分段操作后就可以转换成比较规范易用的轨迹组成方式，比如检测停留点结合附近的兴趣点构成语义位置序列，又如将出租车轨迹数据划分为空载轨迹和载客轨迹，将载客轨迹的起点和终点组成 OD 对等，有助于进一步的轨迹分析。

地图匹配是将原始数据与道路网信息相关联，匹配后每个轨迹点都对应一个路网位置，能够较为准确地还原移动对象的轨迹。经典的地图匹配算法有 ST-Matching 算法、IVMM 算法、Passby 算法等。

2) 轨迹数据的知识提取

轨迹分析是轨迹数据的知识化过程，运用统计分析、数据挖掘、模式识别、机器学习、空间分析、空间统计、分布式计算、可视化等多种手段，从轨迹数据中提取有用的知识。从轨迹、人以及区域三个层面将轨迹知识发现研究粗略分为轨迹相似、轨迹模式挖掘和区域特征提取。

轨迹相似研究轨迹的相似性度量，服务于轨迹的相似检测与查询、异常检测、轨迹聚类、分类和异常检测等研究。目前已有许多轨迹相似性度量方式被提出，根据考虑因素大致可分为空间相似和时空相似。空间相似性只考虑轨迹在形状和空间位置上的相似，不考虑时间上的顺序关系，例如度量点序列相似程度的 Hausdorff 距离，还有通过度量子轨迹的相似性来比较轨迹的方法，如用垂直距离、平行距离和角度距离的加权和比较子轨迹，此外也有通过结构相似度、Discrete Fréchet 距离进行轨迹聚类的研究。时空相似性既考虑空间位置的相似，还要考虑在绝对时间或相对时间上的相似，对时间维度的要求更加严格。绝对时空相似是指，在绝对相同的物理时刻或时间范围内，两个移动对象也要出现在同一空间范围内，比如同一时刻两轨迹点的欧氏距离须小于阈值，而且不同轨迹采样率不同，因此在同一时间尺度比较的情况下，轨迹需进行插值处理；时空相似与空间相似相比考虑了时间上的顺序关系，常见的方法有编辑距离、动态时间封装 DTW (dynamic time warping) 距离等，适应不同时间尺度的轨迹计算。

轨迹模式挖掘是挖掘轨迹数据中隐含的频繁模式、伴随模式等，对于理解人类移动行为、位置预测、路径推荐、事件监控等具有重要意义。频繁模式挖掘主要是基于频繁序列的挖掘，数据预处理中不同的序列构建方式可以得到不同的频繁轨迹模式，代表了丰富的知识。伴随模式是轨迹数据中在持续多个时间内空间位置相近的移动对象集合，根据对象时空伴行范围可分为 flock、convoy、swarm 等。flock 模式和 convoy 模式都是要求连续 k 个时间戳一起移动，不同之处是后者用密度相连代替限定区域范围表示伴行，而 swarm 模式不要求时间连续，是一种更通用的模式。

区域特征提取是以位置区域为观察对象，研究区域交通、区域人类活动强度、区域间人群流动规律与区域社会功能等。目前的一些研究包括使用轨迹数据来估计区域人群流量，对出租车乘客上下车点进行聚类来发现热点区域，用轨迹数据来刻画区域的活动强度，分析出行的时空特征，采用活动强度时间序列聚类方法分析城市的功能结构，结合 POI 和出租车轨迹数据识别功能区类型等。

2. 轨迹数据分析的城市应用

目前轨迹数据分析已经广泛应用于城市规划、移动电子商务、智能交通、城市安全与应急响应等领域。

1) 城市规划

轨迹数据是移动对象在城市空间中留下的信息，能够反映城市真实的空间布局、土地利用以及基础设施等方面的建设情况，从中能发现存在的问题，并为解决这些问题和确定下一步的城市规划目标提供辅助决策信息。

2) 移动电子商务

通过轨迹数据挖掘可以获得人的移动时空规律，发现个体移动行为的可预测性，因此结合用户的历史轨迹模式，可以预测用户的下一个到访位置，利于广告的精准投放，来提供满足用户偏好的位置推荐服务。

3) 智能交通

智能交通应用主要体现在出行服务和交通管控两个方面。出行服务致力于解决出行难题，包括选择公共交通工具时交通花费、最佳候车地点和候车时间的预测、发现出租车司机的欺骗绕道行为来帮助提高服务质量等，自驾出行时路况实时反馈、躲避交通拥堵的最快路线导航和交通时间的估算、出租车载客热点区域的推荐等。交通管控主要是通过分析车辆的速度和分布以及司机的驾驶行为，来感知随时间变化的交通状况，及时发现和解决交通异常问题。

4) 城市安全与应急响应

轨迹数据隐含着人们活动的各种行为特征。通过对人类轨迹的规律分析，检测个体或群体的异常行为，从而及时采取措施以避免人为事故的发生；通过分析历史事件发生时人类移动轨迹的变化，可以为日后事件的提前感知提供可用的规律，提取的信息也有助于指导事件发生后做出合理的应急保障策略，提高事件的应急响应能力，更好地保障城市安全。

8.1.3　聚类分析与异常检测

数据挖掘中的聚类分析和异常检测两大方法在轨迹数据的知识发现中发挥了重要

作用。异常检测和聚类分析高度相关，但服务于不同的目的，聚类是发现数据中的多数模式，而异常检测是挖掘显著偏离多数模式的异常情况。

1. 聚类分析方法

聚类分析是指把数据对象划分成多个子集（或簇），使得同一个子集内元素彼此相似，而不同子集间元素不相似的无监督学习方法。由于原始数据往往是大量错综复杂、没有类别标签的数据，人为地对其分组十分费时费力，而聚类的突出优点是，能自动有效地从数据中发现全局的分布模式，得到数据特征间有趣的联系，并提取未知的群组，把类似的对象组织在一起，因此聚类分析在许多应用领域中发挥了重要作用，也是数据挖掘的主要技术之一。

1）轨迹数据的聚类分析

轨迹数据中的聚类分析主要从时空轨迹聚类和轨迹点聚类两个方面进行研究。时空轨迹聚类是分析轨迹内存在的相似性或异常特征，实现不同时空轨迹数据的分组，是轨迹模式挖掘的重要方法，如基于密度聚类的频繁序列模式挖掘和聚集模式挖掘等。轨迹点聚类分析常作为轨迹分析的数据预处理步骤，如通过对轨迹点时空聚类，识别关键位置点或检测停留点，发现兴趣区域、密集簇等。

2）基于密度的 DBSCAN 算法

聚类算法有很多种类，通常分为基于划分的、基于层次的、基于网格的、基于密度的、基于图论的、基于模型的以及神经网络、自组织映射等聚类算法，其中划分和层次方法仅能发现球状簇，并且将离群点也划分到簇中，而基于密度的聚类方法，由于把数据对象看成稠密区域和稀疏区域的组合，能够很好地识别任意形状的稠密簇，并且将稀疏区域中对象判断成离群点从数据集中分离出来，因而适用于对发现簇要求高、结果易于解释的分析。基于密度的代表性聚类方法 DBSCAN（density-based spatial clustering of applications with noise）是一种常用的算法，有着广泛的应用，该算法的详细介绍参见第 4.2.1 节。

2. 异常检测方法

异常检测是指从数据中发现明显偏离且不满足寻常模式的数据，从中发现异常的隐含信息，辅助决策或预测。

1）轨迹数据的异常检测

轨迹数据往往由时空和非时空的属性信息组成，根据考虑的因素不同，可将轨迹数据异常检测分为轨迹异常检测和轨迹数据的特征异常检测。轨迹异常检测不考虑非时空属性信息，仅对轨迹时空点序列提取整体或局部特征，采用基于聚类、分类或传统异常检测方法，分离出在空间上或时空上异常的轨迹或轨迹片段，最后将异常归于产生移动轨迹的对象。现有轨迹数据的特征异常检测研究中，常结合区域地图、路网、兴趣点等数据，来提取区域或者路段特征，比如流入量、路段负荷、速度等，识别特征上显著偏离惯常时空分布规律或趋势的区域或路段，应用于交通异常识别、事件检测和分析等领域。

2) 异常检测的常用方法

异常检测的核心在于为数据集明确检测的标准，这个标准来自于数据间位置或邻近关系、函数关系、规则关系等方面固有的内在规律，而不满足内在规律的被视为异常。不同的异常检测方法，由于考虑的内在规律角度不同，对异常的具体定义也不同。从技术来源看，大致可分为基于统计的方法、基于距离的方法、基于密度的方法和基于聚类的方法等。

A. 基于统计的异常检测方法

基本思想在于为数据集假设一个概率分布模型，设定检验水平来得到概率很小的区间，如果数据落在此区间，表示与模型不符合，则认为是异常。常用的方法有 "k 倍标准差" 准则和基于似然比检验 LRT (likelihood ratio test) 的异常检测方法等。

基于统计的异常探测方法的优点是有坚实的数学模型基础，当数据充分和所用模型检验类型合适时，这种检测可能很有效，易发现全局异常，适用于一维数据类型。主要缺点是数据模型的选取对结果质量影响较大，当数据不服从所选模型时，可能得不到好的结果；而且不能发现局部异常，不适用于高维数据的异常检测。

B. 基于距离的异常检测方法

基于距离的异常检测方法基本思想是：数据集 S 中，至少 $p \times 100\%$ 的对象与 O 的距离大于距离 D，则对象 O 称为 (p, D)-outlier，简单地理解为大多数对象都远离 O，即不在其 D-邻域中，使得 O 没有足够多的邻居而被认为是异常。这种方法主要是基于数据点间的距离来发现异常点，由于它具有比较明显的几何解释，一定程度上能解决基于统计异常检测方法不适用大型数据集和多维变量的问题，是当前使用较为普遍的方法。基于距离的异常探测算法又可以分为三个基本类型：基于索引的方法、嵌套循环方法和基于单元的方法。

基于索引的方法是指通过建立索引结构，实现对象邻近域的快速查询和异常判断。而嵌套循环方法通过划分内存缓冲区和数据集来减小 I/O 花销，但最坏情况下时间复杂度和基于索引的方法一样，都为 $O(kN^2)$。基于单元的方法是对数据空间划分多维网格，具有根据对象邻近性分组的良好性能，可依据单元格或单元格及相邻单元格中数据的数量来判断单元格中的数据是否为异常。

基于距离的算法虽然可以进行任意维数异常数据的探测，但存在需要设定距离函数和参数、仅能发现全局异常的问题，此外，当数据维数大于 3 时，由于数据空间的稀疏性，距离不再具有常规意义，因此很难为异常给出合理的解释。

C. 基于密度的异常检测方法

由于数据集可能存在复杂的分布，一些对象在局部范围内被检测为异常才有意义，因此基于密度的局部异常点检测算法被提出。在这种情况下，数据被判断为异常是基于异常对象周围的密度显著不同于其邻域周围的密度,而一个邻域内的密度可以用包含 k 个最近邻的邻域半径或者指定半径邻域中包含的数据点数来描述。一般来说,异常点是在密度稀疏区域中的对象。典型的算法是 LOF(local outlier factor)算法,它根据邻域和可达距离来定义局部异常因子 LOF,选取 LOF 值排名靠前的若干个对象作为检测到的局部异常。

　　D. 基于聚类的异常检测方法

　　基于密度的聚类算法具有一定的异常处理能力,基于聚类的异常检测方法是通过考察对象与簇之间的关系来确定异常点,因此分成了三种判断方法:对象不属于任何簇;对象与簇之间的距离大于阈值;对象属于稀疏簇或最小簇。比如,用 DBSCAN 算法将数据集聚类,没有标识为任何簇的对象为异常点;使用 k-均值聚类把数据集分为 k 个簇,得到每个簇的中心,根据每个对象与最近簇中心的距离与簇中所有对象到中心的平均距离的比值来决定此对象与最近簇的相似度,如果差距很大则被怀疑为异常点;第三种方法认为小簇中的对象也是异常点,因此在第二种方法的基础上,首先对簇的大小进行排序,同样计算点与簇的相似性,但不同的地方是小簇中对象会与大簇进行相似性比较,从而实现既能识别个体异常点,也能识别聚集成小簇的异常对象集。

　　基于聚类的异常检测方法优点很明显,聚类方法研究成果较多,而且聚类分析不要求数据有类标签,适用于许多类型的数据,可能同时发现簇和离群点。缺点是对所选用的聚类算法产生的簇质量依赖性很大,不一定都能得到有效的检测结果,而且对于大规模数据集,还要考虑聚类算法的开销问题。

　　每种异常检测方法有各自的优缺点,实际应用中根据情况来选择合适的方法。此外,异常检测的核心问题不仅在于方法的设计,还在于检测到的异常结果可解释性,对于这个问题的研究,关键在于发现能显著区别异常对象和正常对象的属性特征,并在具体应用中加以合理解释。

8.2　出租车异常轨迹模式发现

　　出租车是城市居民出行不可缺少的交通工具,由于安装了 GPS 设备,产生了覆盖整个城市范围的 GPS 数据,这些有序 GPS 数据点连接成无数条移动路径,从中可以探测到有趣的异常轨迹模式。异常检测首先要确定能进行相似度或相异度比较的对象,如果将所有出租车轨迹作为检测对象,对杂乱无章的轨迹直接进行比较是没有意义的,因此,我们思考从局部空间范围内的移动轨迹中挖掘异常轨迹模式。

　　城市中每天都产生大量出行起止点分布在同样区域范围的移动轨迹,把连接这两区域间的所有轨迹都视为可行轨迹,而人们在不同的出行状况下可能产生不同的轨迹,图 8.1 是根据实际情况联想的部分轨迹, t_2 表示在通常情况下人们会选择的且在正常时间范围内能完成的行驶路径, t_1、t_4 表示从 S 出发到 D 空间上部分偏离或完全偏离 t_2 的轨迹,可能是规避交通拥堵、事故、欺骗绕道、路段更新或施工,甚至是恶劣天气、道路封锁等情况导致的, t_3 表示超出正常时间范围内完成的路径,可能是交通拥堵或者路途停留导致花费的行驶时间要远远多于一般用时。如果将 t_2 视为正常轨迹，那么与 t_1、t_3、t_4 类似的轨迹就是异常轨迹，这些异常轨迹中隐含了人的异常移动和驾驶行为、交通异常状况、路径规划等方面的信息，有效的异常轨迹检测方法研究对于提取相关信息和知识发现具有重要意义。因此，从相同起止点的历史移动轨迹集中检测出特征上偏离大多数正常轨迹的异常轨迹，并将异常进行分类，使其具有较强的可解释性，有助于进一步的分类分析。

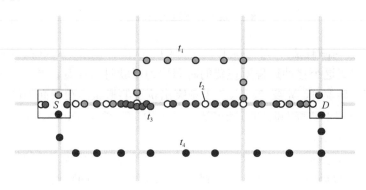

图 8.1 S 移动到 D 的多条路径

8.2.1 相 关 定 义

轨迹的描述和定义在空间特征上分为轨迹、子轨迹和轨迹片段三个粒度，时间特征上为行驶时间耗费。

定义 1(轨迹) 一条轨迹 TR 由一系列采样点 $<p_1, p_2, p_3, \cdots, p_n>$ 组成，其中 $p_i = (x_i, y_i, t_i)$ 且 $t_1 < t_2 < t_3 < \cdots < t_n$，$x$ 和 y 分别是空间坐标的经度和纬度，t 是点 p 运动到此坐标的瞬时时刻。在这里，轨迹 TR 是指在一定时间范围内采集到的位置点序列，其包含的所有点是由同一个移动主体产生，并且有时间的先后顺序。

定义 2(子轨迹) 子轨迹 T 是 TR 的子序列，若子轨迹起点 S 所在区域为 R_1、终点 D 所在区域为 R_2，则表示为 $T = <p_i, p_{i+1}, \cdots, p_j> \in TR$，其中 $1 \le i < j \le n$，且 $T \cap R_1 = \{p_i\}$，$T \cap R_2 = \{p_j\}$。一辆出租车一天之内搭载乘客在城市各个街区来回移动，生成的轨迹包含无数条子轨迹，每条子轨迹都有各自不同的起终点，为了使子轨迹间的比较更加合理，在数据预处理时需要提取相同起终点的子轨迹集。

定义 3(轨迹片段) 每条子轨迹都能划分成若干两个采样点连接而成的近似轨迹片段，即轨迹片段 L 为一条线段 $p_i p_j (i < j)$，其中 p_i，p_j 属于同一条轨迹，得到的是轨迹局部的概略描述。图 8.2 模拟出租车正常运营的采样点序列，是轨迹 TR、子轨迹 T 以及轨迹片段 L 的图形化表达。

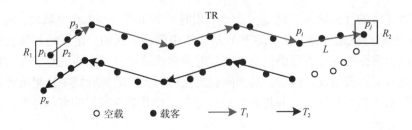

图 8.2　轨迹、子轨迹和轨迹片段

定义 4（行驶时间耗费）　轨迹是移动主体的一次出行记录，对其在时间尺度上进行降维处理，将完成这个移动过程所花费的时间称为行驶时间耗费，等于轨迹终点与起点的时间戳差值。定义 1、定义 2、定义 3 都突出轨迹的形状和在空间上的位置分布，而由定义 4 可以得到子轨迹的时间特征描述，表示为 TC=<id，Time>，id 是子轨迹编号，Time 是行驶时间耗费。

由定义 1 可知，轨迹由点组成，其空间特征表现为局部轨迹点的位置、方向、转角等信息。出租车从城市中一个地方移动到另一个地方，形成的轨迹由于不同道路的选择可能在某条道路上发生重合或分离，形成了不同的空间特征。

定义 5（空间特征异常）　通过轨迹聚类可以得到空间特征上相似的频繁轨迹聚类簇，而不属于任何轨迹簇的轨迹表现为空间特征异常。

定义 6（时间特征异常）　将整条轨迹看成一个对象，其行驶时间耗费视为专题属性特征，将行驶时间数值表现异常定义为时间特征异常。现实生活中上下班高峰期间，我们经常会遇到交通拥堵，从而出现花费超出正常用时几倍的情况，我们将具有类似特征的轨迹视为异常，并采用基于统计的异常检测方法将其分离出来。

统计判别法中检测异常数据常使用"$k\sigma$"准则，它不需要指定参数，计算方法较为客观，其基本原理为：对于一组数据 $T=\{t_1, t_2, \cdots, t_n\}$，满足表达式：

$$|t_i - \bar{t}| > k\sigma \tag{8.1}$$

的数值为异常数，式中：

$$\bar{t} = \sum_{i=1}^{n} t_i / n \tag{8.2}$$

$$\sigma = \sqrt{\sum_{i=1}^{n} (t_i - \bar{t})^2 / (n-1)} \tag{8.3}$$

前人研究表明，当 k 取 1.645 时，此准则对于异常数据的判断较合理可靠，因此，在研究中取此值作为判定依据。实际情况下，轨迹行驶时间有下限，没有上限，故认为检测到的时间特征异常为行驶时间耗费超出上限 $\bar{t} + k\sigma$ 的轨迹，时间异常的判断阈值由 Threshold $= \bar{t} + k\sigma$ 计算得到。

根据轨迹的时间、空间特征表现的正常和异常组合可以得到四种轨迹模式：

定义 7（标准轨迹）　空间、时间特征均正常的轨迹，用 Standard 表示。通常情况下，标准轨迹是大众频繁选择并顺利完成的移动路径，这种路径不止一条，比如人们生活中常用的百度地图导航应用中会推荐多种路线，来满足用户实际需求。

定义 8（时间异常轨迹）　空间上未发生偏离、时间特征异常的轨迹，用 T-Outlier 表示。由于恶劣天气、道路发生严重的交通拥堵、道路封锁等意外的发生，都可能导致移动主体在移动过程中产生长时间的滞留行为，使得移动轨迹出现时间特征异常。

定义 9（空间异常轨迹）　空间上发生偏离、时间特征正常的轨迹，用 S-Outlier 表示。这种轨迹模式可能是移动主体为了规避交通事故或拥堵、绕过施工禁行道路等产生的路径，也可能是出租车司机选择绕行、缩短行车时间、增加收费做出的欺骗行为。

定义 10（时空异常轨迹）　空间和时间特征均表现异常的轨迹，用 ST-Outlier 表示。移动主体在不熟悉区域和行驶路线、途经多处地点或者交通拥堵导致过多的时间消耗等情况下，易产生与标准轨迹在时空特征上都有较大程度偏离的行驶路径。

8.2.2　异常轨迹模式发现

1. 轨迹预处理

异常轨迹模式发现于具有相同起止点的轨迹集中，而原始轨迹数据混乱无序，因此有必要对其进行针对性的处理，组织为有序的轨迹集合。受采样间隔和车辆行驶速度的影响，原始轨迹数据会产生许多冗余的轨迹点，增加了轨迹计算的复杂度，而对轨迹进行分割与重构不仅能压缩轨迹数据，还能将轨迹划分成若干反映局部特征的轨迹片段集合。下面介绍本章轨迹预处理中候选轨迹集的提取方法和轨迹分割与重构方法。

1）候选轨迹集的提取

设定起终点范围后，从原始轨迹数据中提取两点间的所有轨迹称为候选轨迹集。在一辆出租车采集到的轨迹点序列中，处于空载状态的轨迹点被排除在外，如图 8.3 所示，空心点表示空载，实心点表示运营载客，由所有实心点组成一条完整载客轨迹。如果时间在前的轨迹点能落在起点区域 S 内，时间在后的轨迹点（取第一个点）落在终点区域 D 内，这样的轨迹段都是符合要求的，图 8.3 中点 P_1、点 P_n 以及两点中间的所有点是在实际操作中需要提取的轨迹点。事实上，提取的轨迹并不完全以设定的起终点为真正的起终点，因为出租车在完成某次载客过程时，选择的路线可能只是路过这两个区域。而两点间的所有移动路线都是有一定相似性的，所以这样的提取方式也是合理的。

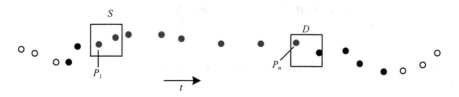

图 8.3　起点 S 到终点 D 的轨迹点提取

候选轨迹集的具体提取过程如下。

(1)将出租车轨迹数据按所属车辆分别整理，候选轨迹集 Tr 和行驶时间耗费数值集 TC 为空，初始轨迹编号 id 为 1，对每一辆出租车产生的轨迹作如下同样的处理。

(2)临时载客轨迹 T_temp 和临时候选轨迹 Tr_temp 为空，按照时间前后顺序逐个扫描采样点 p_i，如果当前 p_i 为载客状态，p_{i-1} 为空载状态，继续将处于载客状态的轨迹点依次加入到 T_temp 中，直到采样点为空载状态时暂停扫描。

(3)将 T_temp 中的点与起点区域范围进行交集判断，如果不为真，继续逐个判断，如果为真，将当前点作为候选轨迹的起点，并标记其在 T_temp 的所在位置，接着从下一个点开始逐个与终点区域范围进行交集判断，如果当前点取交集结果为真，将 T_temp 中包括当前点与起点在内两者之间的所有点加入到 Tr_temp 中，并增加所属车辆信息和轨迹标识 id，同时计算当前点与起点的时间戳差值 Time，最后将此轨迹加入 Tr，将 Time 和 id 加入 TC，id 值加 1，如果不为真，继续逐个判断，直到遍历完 T_temp 中的所有点为止。

(4)返回步骤(2)，继续提取 T_temp，经过步骤(3)来扩充 Tr 和 TC，直到遍历完同一辆出租车产生的所有轨迹点为止。

得到所有候选轨迹的行驶时间耗费数值集后，可以计算其统计特征 Time 和 σ，由 "$k\sigma$" 准则确定时间阈值 Threshold，等于 $\mathrm{Time}+1.645\sigma$。

2)轨迹分割与重构

分割与重构轨迹，关键在于找到其中的特征点，这些点能保持和反映轨迹整体以及局部变化，用两个相邻的特征点来近似代替对应的原始轨迹点序列，从而剔除除特征点之外的点，降低轨迹数据的冗余度和轨迹计算的复杂度。出租车轨迹是在道路网上移动所产生，轨迹形态基本与道路网相符，考虑到道路网横纵交叉的特点，相比其他复杂的轨迹划分方法，基于角度的轨迹划分方法能简单地实现较为合理的轨迹重构效果，通过计算轨迹转角的大小来决定是否分割，转角过大视为轨迹发生了大的突变，发生突变的采样点成为轨迹的拐点或突变点。如图 8.4 所示，相邻轨迹片段的转向角为 θ，计算公式为

$$\theta = \pi - \arccos\left((a^2 + b^2 - c^2) / 2ab\right) \tag{8.4}$$

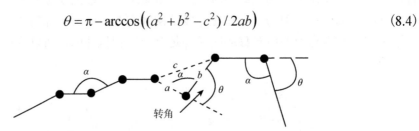

图 8.4　轨迹片段转角示意图

轨迹分割与重构过程中，对候选轨迹集的每一条轨迹作如下处理：逐个扫描候选轨迹点序列，利用式(8.5)计算每个点的轨迹转向角，将满足 $\theta > w$ 的轨迹点标记为特征点，

将起点、特征点、终点组成的点序列作为重构轨迹，来近似替代原始轨迹。例如，图 8.3 中点 P_1 与点 P_n 之间没有明显转角过大的特征点，故轨迹由 $(P_1, P_2, \cdots, P_n)$ 变成近似线段 (P_1, P_n)。相邻两个特征点确定轨迹的一条轨迹片段，实际上，重构轨迹是多条轨迹片段的组合。

当出租车在等待红灯或者发生拥堵时，采集的轨迹点位置会重合或者十分相近，这样的点被看作停留点。原始轨迹的冗余停留点有采样误差，会影响轨迹特征点的识别结果，因此，本章在对轨迹进行分割之前，将轨迹中时间相邻、距离小于 r 的停留点集进行了处理，取点集的中心坐标代替停留点集内所有点。

2. 基于线段 Hausdorff 距离的轨迹空间相似性度量

轨迹间相似度衡量方法很多，如基于欧氏距离、DTW（dynamic time wrapping）距离、最长公共子序列距离、编辑距离、历史最近距离、Fréchet 距离、Hausdorff 距离等。这些度量方法的抗噪能力、度量精确性、适用性等有所差异。研究表明，最长公共子序列距离和编辑距离是最常用来度量计算所有子区间相似程度而不要求整条轨迹重叠相似的方法，但是这种方法得到的相似度虽然数值清晰，却不易直观地理解。J. G. Lee 等 2007 年提出了先将轨迹划分成轨迹片段，采用模式识别领域中线段间的加权和距离进行轨迹片段间的比较，来得到整条轨迹的相似子区间，这种方式有利于轨迹局部几何形状和空间位置特征的细致比较，更容易被观察和理解。因此，鉴于人眼通过形状匹配来区分轨迹空间特征的习惯，我们采用轨迹片段的匹配距离作为度量轨迹相似性的基础。

模式识别领域内将线段 Hausdorff 距离定义为垂直距离、平行距离和角度距离 3 个部分的权重和，即

$$\mathrm{dist}(L_i, L_j) = w\perp \cdot d\perp(L_i, L_j) + w\| \cdot d\|(L_i, L_j) + w\theta \cdot d\theta(L_i, L_j) \tag{8.5}$$

式中，$w\perp, w\|, w\theta$ 在具体应用中采用适当大小的值。比较轨迹片段时，以长度较短的线段去匹配长度较长的线段，各距离的计算示意图如图 8.5 所示，轨迹片段 L_j 和 L_i 都是有向的线段，由起始结点 s 与结束结点 e 连接而成，两线段间的夹角为 θ，设 L_j 的长度小于 L_i，将 L_j 的两个端点投影到 L_i，得到投影点 p_s 和 p_e。垂直距离、平行距离和角度距离的计算公式分别为

$$d_\perp(L_i, L_j) = \frac{l_{\perp 1}^2 + l_{\perp 1}^2}{l_{\perp 1} + l_{\perp 2}} \tag{8.6}$$

$$d_\|(L_i, L_j) = \min(l_{\|1}, l_{\|2}) \tag{8.7}$$

$$d_\theta(L_i, L_j) = \begin{cases} \| L_j \| \sin\theta, 0° \leqslant \theta < 90° \\ \| L_j \|, \qquad 90° \leqslant \theta \leqslant 180° \end{cases} \tag{8.8}$$

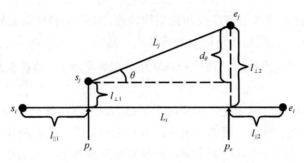

图 8.5　垂直距离、平行距离和角度距离

在式 (8.7) 中，$l_{\parallel 1}$ 是投影点 p_s 到线段 L_i 端点 s_i 的距离，$l_{\parallel 2}$ 是投影点 p_e 到线段 L_i 端点 e_i 的距离。

定义 11（轨迹片段近邻）　给定距离阈值 ε，若轨迹片段 L_i 和轨迹片段 L_j 满足 $\text{dist}(L_i, L_j) < \varepsilon$，那么 L_i 和 L_j 互为轨迹片段近邻。轨迹片段距离度量的是轨迹片段间的相似程度，由此进一步比较轨迹间相似性。

定义 12（轨迹空间相似）　对于轨迹 T_j 和轨迹 T_i，若两轨迹中存在互为近邻的轨迹片段长度和分别与两轨迹长度的比值最小值大于 f，则认为这两条轨迹是空间特征上相似的，表示为：设轨迹 T_j 和轨迹 T_i 的轨迹片段近邻集合为 C，将 C 中属于 T_j 的轨迹片段总长度记为 $\text{len}(C_j)$，属于 T_i 的轨迹片段总长度记为 $\text{len}(C_i)$，则

$$\text{len}(C_j) = \sum_{L_j \in C \& L_j \in T_j} \text{len}(L_j) \tag{8.9}$$

$$\text{len}(C_i) = \sum_{L_i \in C \& L_i \in T_i} \text{len}(L_i) \tag{8.10}$$

若

$$\min\left\{ \frac{\text{len}(C_i)}{\text{len}(T_i)}, \frac{\text{len}(C_i)}{\text{len}(T_j)}, \frac{\text{len}(C_j)}{\text{len}(T_j)}, \frac{\text{len}(C_j)}{\text{len}(T_i)} \right\} > f \tag{8.11}$$

那么 $T_i \sim T_j$，式 (8.11) 表明，轨迹空间相似不仅要求两轨迹间必须有足够长的轨迹片段是互为近邻的，是否近邻由 ε 控制，还要求两条轨迹的长度不能有太大的差距，长度上的约束容限通过 f 控制，较大的 ε 和较小的 f 会放宽轨迹空间相似的要求。

下面简要分析线段 Hausdorff 距离来判断轨迹空间相似的优点。真实情况下，出租车轨迹点采样间隔会使得轨迹在分割上存在一定的误差，如图 8.6 所示，L_1、L_2、L_3 和 L 是不同候选轨迹分割后反映同一条路段同一方向上行驶路径的部分轨迹片段，由于采取较短线段匹配较长线段的策略，根据线段 Hausdorff 距离的定义，将平行距离的权重设置为 0 时，L_2、L_3 和 L 的距离计算结果是相等的，而且在合适的距离阈值判断下，L_1、L_2、L_3 都能被判断为与 L 互为轨迹片段近邻，也就是说，在同一条路段上行驶过的不同轨迹具有一定的相似性，因此，我们可以认为整体的匹配效果对局部的线段分割误

差不敏感，而且符合正常认知，说明在不强调线段精确重合下，线段 Hausdorff 距离具有实现模糊匹配的优点，适用于判断出租车轨迹的局部相似。类似地，若将图 8.6 中轨迹 T_2 分解为 5 个轨迹片段，T_3 分解为 3 个轨迹片段，那么 T_2 中两个片段和 T_3 中一个片段很容易被视为与轨迹 T_1 互为近邻，由此计算近邻轨迹片段在三条轨迹中分别所占的比例，根据轨迹空间相似的定义，在设定较高的比例阈值情况下，T_2、T_3 和 T_1 显然都是不相似的。虽然 T_3 中有较长线段与 T_1 互为近邻，但式 (8.11) 严格考虑了不同轨迹总长度差异的影响，使得对于复杂形状的轨迹仍能得到较好的比较结果。线段间 Hausdorff 距离不仅考虑了距离信息，还考虑了角度信息，从上面的分析可以看出，这种形状和位置的匹配较为符合人眼观察轨迹空间特征的习惯，而且根据异常判断需求，距离阈值和比例阈值是较为容易确定的。

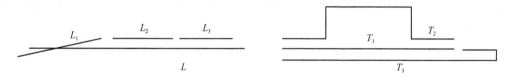

图 8.6　轨迹片段近邻和轨迹相似的判断

3. 轨迹聚类与异常轨迹检测方法

在定义轨迹空间特征异常时，参考了基于密度聚类的异常检测方法，相应地，选择经典密度聚类算法 DBSCAN 实现轨迹聚类。DBSCAN 算法中将元素邻域定义成给定距离半径范围的对象集合，将轨迹 T 的邻域定义为轨迹 T 的相似轨迹集合 $SC(T)$，其中涉及两个阈值参数：轨迹片段距离阈值 ε 和轨迹空间相似比例 f。邻域密度 $|SC(T)|$ 表示集合内轨迹数目。邻域内至少包含 MinTrs 个对象的轨迹为核心轨迹，即满足 $|SC(T)| \geqslant$ MinTrs。轨迹聚类过程中根据 DBSCAN 中密度可达、密度相连的概念将核心轨迹及其邻域扩充成轨迹簇。因此，轨迹簇是形状上相似、位置上近似重合的移动轨迹集合，具有相似空间特征。

如果轨迹 T 满足 $|SC(T)| <$ MinTrs，且不属于任何轨迹簇，认为 T 表现为空间特征异常。在检测出所有异常片段的基础上，对异常轨迹进行如下定义：若异常片段的总长度超过该轨迹长度的一定比例，那么该轨迹为异常轨迹。本章不关注异常片段，采取局部比较、整体聚类的方式，并认为一条轨迹如果没有足够多的相似轨迹，则表现出空间特征异常。

轨迹聚类和异常检测的过程具体包括以下几个步骤：

步骤 1　设定轨迹片段距离阈值 ε，密度阈值 MinTrs，轨迹片段距离权值 $w_\perp, w_\parallel, w_\theta$，比例参数 f。

步骤 2　随机选择一条未标记的轨迹 T_i，与候选轨迹 T 中其余轨迹两两间进行轨迹片段距离计算。设 T_i 由 n 条轨迹片段组成，T_j 由 m 条轨迹片段组成，每个轨迹片段根据时间先后顺序确定标识，然后遍历所有轨迹片段，得到 n 行 m 列的轨迹片段距离矩阵，若两条轨迹片段距离值小于 ε，则加入到近邻的轨迹片段集合中，计算集合中分别属于 T_i 和 T_j 的轨迹片段长度之和，得到其与两条轨迹长度的比值。如果四个比值的较小值大于 f，那么将 T_j 加入到 T_i 的轨迹邻域 $SC(T_i)$ 中。然后遍历下一条轨迹，直到所有轨迹都与 T_i 进行了比较。

步骤 3　若 $|SC(T_i)| > MinTrs$，新建一个轨迹簇 N，设置轨迹簇 ID，并迭代把其 N 中所有不属于其他簇的密度可达轨迹加入 N 中。聚类完成后，判断簇中所有轨迹的时间特征，若 $Time(T_i) > Threshold$，将 T_i 标记为 T-Outlier；若 $Time(T_i) < Threshold$，保留簇 ID 的标记。

步骤 4　若 $|SC(T_i)| < MinTrs$，且 $Time(T_i) > Threshold$，标记为 ST-Outlier；若 $|SC(T_i)| < MinTrs$，且 $Time(T_i) < Threshold$，则标记为 S-Outlier；若 T_i 为边缘轨迹，则按步骤 3 中规则标记。

步骤 5　返回至步骤 2 至步骤 4，若所有候选轨迹都完成标记，输出结果。

8.2.3　实验与分析

1. 实验数据准备

实验使用由 Cabspotting 项目提供的真实出租车 GPS 轨迹数据，数据集为美国旧金山 536 辆出租车产生的行驶轨迹，是在 2008 年 5 月 19 日至 6 月 10 日期间采集的，大约 110 万个轨迹点，每辆出租车的数据单独存放在一个 *.txt 文件中，根据出租车信息命名。每一个轨迹点包括四个属性：纬度、经度、计费状态及 unix 时间戳，采样时间间隔约为 1 分钟。计费状态值为 1 表示载客运营，为 0 表示空载，利用 0 和 1 之间的状态转换能得到乘客上车或下车的概略时空信息。

为验证方法的正确性和有效性，有必要选择合适的起止点范围来提取足够多的候选轨迹，通常情况下，城市中热门区域之间的移动是较为频繁的，因此实验对数据进行了上下车位置点的提取和可视化，来观察位置点在空间上的分布特点。结果如图 8.7 所示：(a) 为上 (红色) 下 (绿色) 车点分布图，上车点的位置分布明显比下车点更为集中一些，以 0.001×0.001 的经纬度尺寸划分网格，以落入网格单元上车点数为密度得到热度图如 (b) 所示，颜色越深的区域表明此区域越热门，乘客越多。

根据轨迹数据的初步观察结果，实验中选择提取最热门的两个区域[图 8.7(b) 中实线黑框]之间的行驶轨迹作为候选轨迹集，实地为机场 S 去往市区中心 D 的轨迹，设置 S 的经纬度范围 (−122.405420, −122.388855, 37.607586, 37.618532) 和 D 的经纬度范围 (−122.421428, −122.400914, 37.790810, 37.798203)，并将时间范围限制在 6 月 1 日至 10 日每天的 05：00 至 23：00，将数据经过去噪处理后，共 12 732 个轨迹点，一共提取到从 S 到 D 的 578 条候选轨迹，并将轨迹按时间发生顺序依次编号为 1 至 578，所有轨迹可视化效果如图 8.7(c) 所示，显然，人工判读可以识别出部分异常轨迹。对所有候选轨迹行驶时间耗费值进行统计分析，得到平均值为 19.6638 min，标准差为 7.5305，确定时间特征异常阈值 Threshold 为 32.05 min。通过设置不同轨迹分割转角，对比观察多次轨迹分割效果，最终确定轨迹分割转角 $w = 20°$，将 578 条候选轨迹重构为由近似轨迹片段组成的轨迹集。

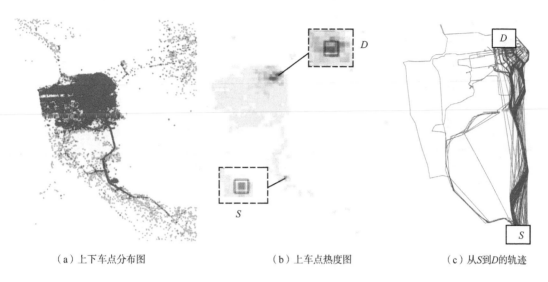

（a）上下车点分布图　　　　　　（b）上车点热度图　　　　　（c）从 S 到 D 的轨迹

图 8.7　上下车点和候选轨迹的可视化

2. 实验分析

实验需要输入的参数分为三类：第一类是三个权重参数，用于计算轨迹片段间距离，参数直观反映了垂直距离、平行距离和角度距离三个组成部分分别在评判线段间差异性的重要程度，实验中主要发现轨迹在垂直距离上的差异性，因此，我们将权重设置为：$w_\perp = 0.8, w_\parallel = 0.05, w_\theta = 0.15$；第二类是判断轨迹空间相似的两个参数：距离阈值 ε 和比例阈值 f，距离阈值是用来判断轨迹局部线段相似的，由于道路网中等级较低的相邻道路间空间距离较小，对整条轨迹的相似判断影响较小，因此实验中将其视为近邻，根据经纬度每 0.001° 约等于 111 m 的度量，最终取 $\varepsilon = 0.006$，比例阈值是用来判断轨迹空间相似的，本实验取 $f = 0.85$，表示两轨迹间比较时，轨迹至少有 85% 长度的近邻轨迹片段才能视为相似；第三类是邻域密度阈值参数 MinTrs，MinTrs 如果设置过大，会导致一条轨迹成为核心轨迹的可能性很小，从而增加异常轨迹检测结果的错误率，已有研究中常采用 $\ln N$ 的设置方法，N 为实体总数，因此本实验根据候选轨迹的数目将 MinTrs 取值为 10。整个实验过程在 Matlab R2014b 中实现。

实验结果得到 2 类标准轨迹，如图 8.8（a）所示，standard1 有 136 条，standard2 有 417 条，异常轨迹包括 5 条空间异常轨迹、13 条时间异常轨迹、7 条时空异常轨迹，图 8.8（b）展示了一部分。空间异常轨迹和时空异常轨迹与人工判读的结果基本是一致的，类似图 8.8（c）出行迂回的复杂时空异常轨迹也被检测出来，这样的轨迹与标准轨迹较大程度相似，使得人眼不能直接判读。此外，通过图 8.9 来观察所有轨迹的行驶时间耗费值分布情况，时空异常轨迹和时间异常轨迹花费的行驶时间都要高于时间异常阈值，可见，我们的方法能有效检测出空间特征异常或时间特征异常的轨迹。

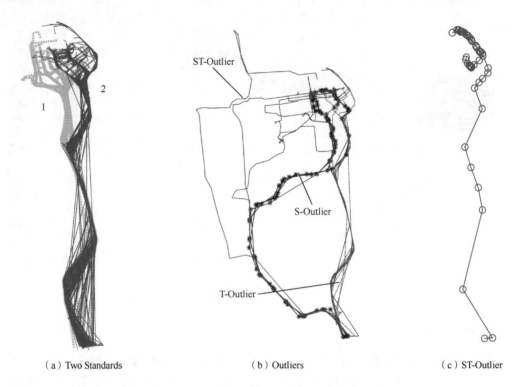

（a）Two Standards　　　　　　　（b）Outliers　　　　　　　（c）ST-Outlier

图 8.8　真实数据集实验结果可视化

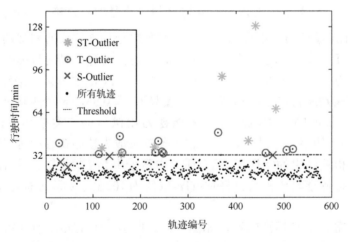

图 8.9　轨迹行驶时间分布

为了进一步认识和理解四种轨迹模式，下面对实验结果进行分析。

(1)图 8.8(a)表示出租车从机场移动到市区中心频繁使用的路径，这些路径在靠近重点的路段出现了道路分流选择,而且并不全是视觉上路程最短的最佳选择。从两类标准轨迹的数量可以看出,较多的司机偏向于选择 Standard 2,反映了司机的路径选择习惯,但事实上两条路线都是适合推荐给人们选择的。图 8.10 中粗线为 OpenStreetMap 推荐的驾车路线,途经 Bayshore 高速和 James Lick 高速,路程约 21 km,估计的时间花费为 23 分钟,显然推荐路线与本实验得到的 Standard 1 相近,而所有 Standard 1 的平均行驶时间耗费为 18.3 分钟,比估计用时更少,这是因为用户实际行驶速度和移动过程中碰到的交通状况与估计是存在偏差的。

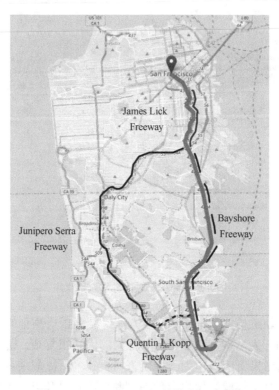

图 8.10　OpenStreetMap 的推荐驾驶路线

(2) 空间异常轨迹在行驶路线上与标准轨迹有明显区别。图 8.10 中可以发现,前者选择了途经行驶距离更长的 Quentin L. Kopp 和 Junipero Serra 高速公路,但其行驶时间却是正常的,与起点出发时间在同时间窗口(1 个小时)内所有标准轨迹的平均行驶时间相比较,结果相差不多,甚至更少。更长的路线会收取乘客更多的路费,假如不考虑司机这种行为的不良企图,这种情况有可能是 Bayshore 高速上出现了意外事故,司机为节省时间不得已选择绕道的结果。这样的异常轨迹往往是用户在紧急情况下所需要的、更快捷的路径推荐。

(3) 有些时空异常轨迹有部分路段和标准轨迹重合,但多数空间上过度偏离了标准轨迹,并且行驶时间花费更多,可以怀疑出租车司机的这种绕道行为隐含欺骗性。考虑到出租车载客的实际情况,产生这种偏离也有可能是乘客们不是直达目的地,而是沿途有多个下车地点或者多次载客的原因。

(4)图 8.11(a)是其中一条时空异常轨迹部分点的可视化结果，图 8.11(b)对应的是两条时间异常轨迹的部分点，可以发现，可视化后，这些轨迹的局部片段由互相紧挨着甚至重叠的一串点组成。出租车轨迹数据采样间隔是相同的，轨迹点间距离小，说明车子在途中产生了长时间停留，或者行驶速度特别缓慢，图 8.11(a)所表示的轨迹行驶用时长达两个多小时，在途中两个路段花费时间均超过半个小时。从这些异常轨迹中可以进一步挖掘出交通异常路段和异常的停留位置，为智能交通和公共安全中人群行为监测提供参考。

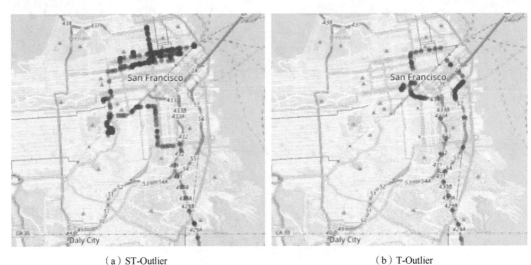

（a）ST-Outlier　　　　　　　　　　　　（b）T-Outlier

图 8.11　时空、时间异常轨迹点序

已有出租车异常轨迹检测研究中，许多方法试图根据检测到的异常轨迹来推断出租车司机欺骗性的不当行为，事实上影响驾驶行为的因素很复杂，研究认为这样的推断是不合适的，异常检测结果更应该作为一种监督司机行为、提醒乘客的警示信息，从而帮助乘客结合个人实际乘车体验来做出合理的判断，达到提升出租车服务质量的目的。我们提出的出租车异常轨迹检测方法，是出于轨迹分类分析的目的，能够充分提取出出租车轨迹中可解释性较强的信息。

在实验中，虽然没有考虑轨迹在时间邻域上的异常，即没有将移动轨迹在相同或相似的交通状况背景下进行客观地比较，但在考虑时间的情况下，我们提出的异常轨迹模式定义同样适用。时间邻域包括绝对时间区间相同和时间段相同等判断方式，将每条轨迹与时间邻域内的所有轨迹进行异常检测，从而可以发现在相同或相似交通状况下产生的三种异常轨迹模式。

8.3　事件检测与分析

随着个体移动时空数据的获取变得更加容易，许多学者在研究城市移动数据时，从中提取人类时空行为特征，来感知城市动态和解释城市问题。研究表明，城市中个体工作、上学或者回家等日常出行中，时间上有着较为规律的分配方式，从而具有固定重复的移动模式。一个区域的出行动态是区域内所有个体移动模式的聚合，因此也具有周期变化规律，并能通过区域人群行为的数量统计来刻画，比如乘坐出租车到访此区域的人群总数。城市生活并不是一成不变的，偶尔有一些事件发生，使得人群出现不同于寻常移动模式的行为，从而引起区域出行动态发生异常，由于事件内容不同，这种异常可能会出现这样的表现，比如，大量人群在某时间段聚集于某地区，使流入量增加，也有可能在此区域某时间段内人群到访量大幅度减少，由此可知事件本身具有时空属性。事件的影响可能是消极的，扰乱人们日常生活和社会的正常秩序，甚至威胁城市公共安全，因此事件检测与分析有助于了解城市异常动态，为应对突发城市状况作出决策提供参考信息，减少可能造成的损失。

利用轨迹点的数量特征和时空特征来刻画区域出行动态，通过发现区域出行量的异常变化，来检测和分析事件的时间和空间等信息，基本思路如图 8.12 所示。已有基于出租车轨迹数据的城市居民出行模式研究方法中，将城市划分为多个区域，将一天划分成 24 个或 48 个时间片段，从而得到出行模式的细粒度时空特征，这些研究都是考虑到，在不同日期同一时间段内，一个区域通常会有相似的出行动态。事件产生的影响一般在局部时空范围内，于是检测事件关键在于获取出现异常出行动态的时间和区域。采取类似的时空离散化方法，以单个区域单个时间段作为感知城市异常动态的最小时空单元，从出租车轨迹数据中检测出城市在一段时间范围内出现的大量异常(本章称其为元事件)，在此基础上，分析元事件的时空特征和事件时空演变过程，根据元事件中出行量的变化幅度评估事件对城市生活的影响，并提出从大量元事件中追踪复合时空事件和提取关键信息的方法。

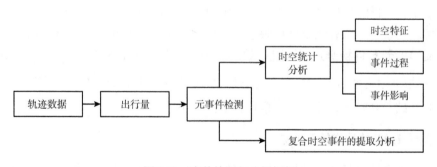

图 8.12　事件检测与分析框架

8.3.1　基于 LRT 的元事件检测

1. 相关定义

我们将出租车轨迹数据视为带有时间属性的 OD 对，主要分析下车位置数据，即人们日常移动的终点，将其作为事件检测的研究对象。下面介绍元事件检测问题的相关定义。

定义 13（区域）　检测事件的最小空间单元，城市被划分成 m 个区域，表示为 $r = \{r_1, r_2, \cdots, r_m\}$，每个区域都用编码 gid 标识，因此也可以表示为 $\{\mathrm{gid}_1, \mathrm{gid}_2, \cdots, \mathrm{gid}_m\}$。区域划分常用的方法包括网格划分、道路网划分、社区划分、依据位置数据分布密度划分等，网格划分法简单易实现，而其他方法得到的区域具有更强的社会功能语义，实际处理中，根据不同的研究需求选择合适的划分方法。

定义 14（时间段）　检测事件的最小时间单元，一天划分成 24 个时间段，表示为 $h = <h_1, h_2, \cdots, h_{24}>$，依次编号为 0～23，0 表示 0:00～1:00 的时间范围，且时间段之间互相独立。

定义 15（区域出行动态）　区域 gid_i 在第 d_k 天时间段 h_j 内的流入量特征，即时间段 h_j 内乘坐出租车到访区域 gid_i 的人群总数，表示为 dropoffs $=<d_k, h_j, \mathrm{gid}_i, I>$。数据预处理中，根据空间坐标和时间信息，每个下车点被标记上其所属区域和时间段信息，时空聚合统计后，能得到所有的区域出行动态记录。

定义 16（元事件）　单个区域出行动态出现异常，称之为元事件。区域出行动态异常分为两种情况：流入量增加或减少，结合其现实意义，称流入量异常增加的元事件为聚集元事件，比如大型集会（演唱会、体育赛事等）、大卖场、节日活动等，相反的情况称为稀疏元事件，比如极端恶劣天气、特殊事件如交通事故造成的道路封锁等，并且在元事件检测的结果中给予相应的分类标识。异常的区域出行动态揭示了元事件的时间、空间和其他属性信息，因此，我们用一个五元组的结构表达元事件，表示为 $E = <d, h, \mathrm{gid}, \mathrm{class}, I>$，其中 class 表示元事件类型（1 表示聚集，−1 表示稀疏）。

定义 17（事件）　多个区域出行动态出现异常，称之为事件。事件由多个元事件组成，现实生活中，同样的事件对不同的区域产生的影响可能不同，因此，事件可能同时包含聚集和稀疏元事件，所有元事件反映了同一事件发生的时间和空间范围等信息。

定义 18（元事件检测）　给定区域出行动态记录集合 dropoffs$_{n \times l \times m} = \{ <d_k, h_j, \mathrm{gid}_i, I_c> \}$，提取元事件集合 $\{E_i\}$，每个元事件 $E_i = <d_i, h_i, \mathrm{gid}_i, \mathrm{class}_i, I_i>$。元事件检测是事件检测的基础，同时元事件是用于事件分析的最小单元。

2. 基于 LRT 的异常检测方法

通过发现区域出行动态的异常变化可以检测事件，而在实际操作中，需从区域单个时间段内流入量的长时间序列数据集中检测异常的数值，这属于单个变量的异常检测，因此基于统计的方法比较合适。采用似然比检验（LRT）的方法，能够快速识别出行动态在统计上显著偏离预期模式的连续区域和时间段，同样地，可以将 LRT 方法用于检测元事件，仅检测单个区域在单个时间段内统计意义上异常的流入量值。

LRT 常用于样本分布的拟合优度检验，来推测样本是否取自某已知分布的总体，这是对单个模型进行样本的检验。在这里，我们需要对同一份数据建立的两个模型进行拟合优度的比较。为了将 LRT 的检验统计量应用于检测对象，首先，需要对每个区域正常出行动态假定一个合适的零模型。假设区域 r 在某一天某一时间段得到的流入量观测

值为 x_i，流入量服从的随机零模型是参数 θ 的概率密度函数，表示为 $f(x|\theta)$，由观测值得到模型的似然值 $L_1 = f(x_i|\theta)$。然后，确定要检验的零假设 H_0：观测值服从零模型 $f(x|\theta)$，备择假设 H_1：观测值服从备择模型 $f(x|\theta')$，检验水平为 α，其中 θ' 是与 θ 相关的新参数，用来建立备择模型 $f(x|\theta')$，它的最大似然函数值为 $L_2 = \sup\{f(x_i|\theta')\}$。似然比检验统计量定义为

$$\Lambda = -2\log\left(\frac{f(x_i|\theta)}{\sup\{f(x_i|\theta')\}}\right) \tag{8.12}$$

此时，在自由度为 df 的卡方分布中，$p = \chi^2(\Lambda, df)$，若 $p>1-\alpha$，拒绝用零模型拟合此观测值的零假设 H_0，说明区域 r 在这一天此时间段的流入量数值是异于寻常分布的，可以推测此区域可能有事件发生。自由度 df 等于备择假设中模型参数个数与零假设模型中参数个数之差。分布模型的选择依赖于数据自身特点，常用模型有高斯分布和泊松分布等，如一定时间内到达区域的出租车数量一般认为服从泊松分布，但实际情况下，时间变化对出租车的运营是有影响的，因此一般的泊松分布不再适用，本章研究中选择了适用范围更广的高斯分布。

假设 1 月份期间，在上午 08:00～09:00 这个时间段，区域 r 流入量服从均值等于 100、方差等于 800 的高斯分布，而在 1 月 1 日这一天此时间段的流入量为 200，于是观测值在似然比检验下的 p 值计算过程如下。

（1）零模型的似然值：

$$L_1 = \frac{1}{\sqrt{2\pi \times 800}} e^{-\frac{(200-100)^2}{2\times 800}} \tag{8.13}$$

（2）备择模型的似然值：假设建立的新模型参数 θ' 与 θ 有这样的比例关系，即 $\mu = k\mu$，$\sigma'^2 = k\sigma^2$。因此，以观测值 200 为新模型的均值 μ'，可以计算 $k=200/100=2$，$\sigma^2 =2\times 800=1600$，从而得到

$$L_2 = \frac{1}{\sqrt{2\pi \times 1600}} e^{-\frac{(200-200)^2}{2\times 1600}} \tag{8.14}$$

（3）p 值：根据式（8.12）计算检验统计量 $\Lambda = -2\log(L_1/L_2) = 11.8069$，新模型相对零模型多了一个比例参数，于是 df = 1，计算得到 $p = \chi^2(11.8069, 1) = 0.9994 > 1-0.05$，在 $\alpha=0.05$ 的检验水平下明显落入卡方分布的尾端，因此，可以推断 1 月 1 日 08:00～09:00 这个时间段出现流入量异常增加，提取为一个聚集元事件。

3. 实验数据准备

实验数据（http://www.nyc.gov/html/tlc/html/about/trip_record_data.shtml）来自于纽约出租车和轿车委员会。在过去几年里，他们提供了访问出租车出行记录数据库的接口，其中包含数以百万计的时间和空间信息，属性信息包括出租车上车和下车日期、经纬度坐标、费用和旅程距离等，不包含出租车移动过程中的位置点信息。实验选取了约 4G 的 2015 年 1 月和 2 月纽约 1.3 万辆黄色出租车的出行数据和包括 2166 个人口普查区的

纽约区域矢量数据(每个普查区都有一个对应的标识编码)进行分析。由于人口普查通常以一个社区(村)为一个普查区,区域间有明显的边界,区域内活动的人群往往具有共同的特征,因此这种区域划分方式适合观察城市在较小空间尺度上的出行动态。

首先对数据预处理。将出行记录数据、区域矢量文件导入到经过 postgis 扩展的 PostgreSQL 数据库。以下出行记录被删除:①上下车坐标丢失的,比如经纬度值为 0;②平均出行速度超过 100 km/h 或低于 5 km/h。经处理后,出行记录一共有 2 460 多万条,根据下车点的时空信息,统计每小时落入各子区域的所有出行记录数量,即流入量。

然后对数据进行探索分析。为了观察单个区域一个月各时段的变化趋势,我们绘制了网格热度图,图 8.13(a)为 1 月份区域编码 gid = 899 的麦迪逊广场花园区域流入量时序分布,图 8.13(b)为 1 月份 gid = 1436 的唐人街中的一个小区域流入量时序分布。

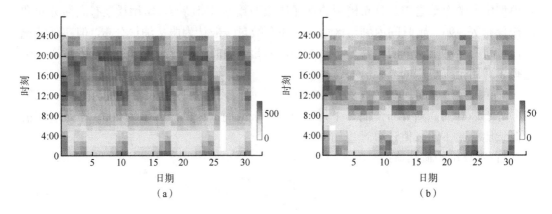

图 8.13　区域流入量时序分布

显然,工作日与周末有明显的区别,两个区域由于社会功能不同流入量也有较大差异,麦迪逊广场花园位于美国最大火车站之一的宾夕法尼亚车站,是众多球类赛事和音乐会的举办场所,也是人群旅游、休闲娱乐到访的热点区域。

若只观察工作日的趋势,图 8.14 为两个月内 gid = 1 436 的区域在上午 10:00~11:00 和 11:00~12:00 这两个时间段的流入量折线图,可以发现,除了个别极值(异常值)外,基本在小范围内上下波动,可以假设单个区域在单个时间段内的流入量服从高斯分布。

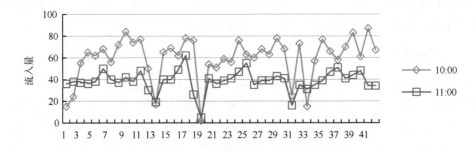

图 8.14　单个时间段流入量变化

图 8.15 是纽约某日下午六点的出租车下车点空间分布热度图，经统计，大约一半数量的区域没有乘坐出租车到访的记录(深色区域)，热度较高的区域主要分布在曼哈顿中下城区以及两个机场区域。

图 8.15　出租车下车点空间分布

经过初步的数据时空分布探索分析，可以得出以下结论：①同一时间段同一区域内的流入量在工作日和周末有明显的数值差异，因此将两者分开获取样本，以此估计总体分布更加合理；②流入量在空间上的分布也大不相同，部分区域数据稀疏或者空缺。因此为了排除数据稀疏的影响，确保足够多的数据样本，实验仅考虑了 1 月份总流入量高于 2 000 的 420 个区域(主要包括曼哈顿城和其周边的皇后区、布鲁克林区中部分区域)以及 42 个工作日分时段的统计数据。为了光滑极端数值对数据整体的影响，使用"$k\sigma$"准则(k 取 1.645)过滤掉异常点，取剩余数据的均值和方差值作为零模型高斯分布的总体参数估计值。

4. 实验与分析

实验在 Matlab R2014b 软件中实现，包括对数据库的数据读取、数据分析以及数据存储等操作。将检验水平设置为 0.05，对 42 个工作日 420 个区域 24 个时间段的区域出行动态进行元事件检测，从 423 360 个实验对象中一共检测到聚集元事件 15 532 个，稀疏元事件 18 374 个。事实上,事件的真值是无法完全获取到的,但是可以查询到一些大型的节日和活动来对比验证。从美国气候数据中心下载了中央公园的每日天气数据,得到特殊的天气记录,对照实验检测的元事件结果,发现在 1 月 1 日(新年)、1 月 19 日(马丁·路德·金日)、2 月 16 日(总统日)、2 月 19 日至 2 月 20 日(春节)以及 1 月 26日和 27 日(大雪)这些日期都检测到了大量的元事件。图 8.16 是 42 个工作日期间每天发生的元事件个数统计柱状图,其中 out+1 表示聚集元事件,out-1 表示稀疏元事件。从图 8.16 可以看到,1 月 1 日新年事件引起的聚集元事件个数最多,1 月 26 日和 27 日由大雪事件引起的稀疏元事件最多。

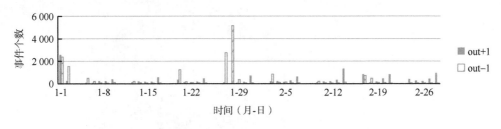

图 8.16　元事件个数逐日变化

8.3.2　元事件统计分析

元事件作为事件最小分析单元,不仅能够反映城市细粒度的异常动态,还能用于刻画事件的时空演变趋势,评估事件的影响,从而为公共突发事件应急和城市资源合理配置提供指导信息。因此,对于检测到的大量元事件,我们采用统计图表和统计地图的可视分析方法,对其进行时空统计分析,来观察城市出现异常动态的时空分布特征,了解事件的发生过程,以及评估事件对城市的影响。

事件发生时,区域流入量受到影响,数值在常态基础上出现增加或减少的大幅度波动,这些波动是由于一定规模的人群参与导致的,因此将单个时间段内区域流入量相对均值的变化作为区域元事件规模的评估度量。若区域在时间段 h 的流入量均值为 $\bar{I}$,在同一时间段发生的元事件流入量观测值为 I,那么此元事件规模为

$$scale = |I - \bar{I}| \tag{8.15}$$

按照元事件类型,元事件规模分为两种:聚集元事件对区域的影响为正面的;稀疏元事件对区域的影响为负面的。不同事件对城市群体的出行产生的影响程度不同,参与事件的人群数量也不同,通过计算事件持续时间内的所有元事件规模总和,比较不同事件对区域的影响程度。

1. 元事件时空特征分析实验

1)元事件空间特征分析

分别对 420 个区域发生在非新年日的聚集元事件个数进行统计,得到月流入量与事

件个数对比图(图 8.17),两个特征量整体上成负相关关系,区域的聚集元事件个数统计表明,月流入量低值区域相比高值区域更有可能检测到聚集元事件的发生。

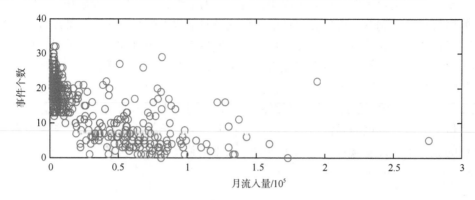

图 8.17　区域月流入量与事件个数

图 8.18 是元事件空间分布图,圆的半径大小反映聚集元事件个数,绘制在区域几何中心。事件个数较少的区域集中分布在曼哈顿中央公园东西侧、中城以及下城西等地区,这些区域正是纽约的主要商业、贸易和金融分布场所,属于人群访问多的热点区域,流入量往往会保持较高数值,不易因节假日或大型集会活动引起大幅度的波动,而流入量相对少的区域更加容易受到聚集事件的影响,稳定程度相对更低,检测到的聚集元事件信息对当地的公共安全监控能发挥更大的作用。

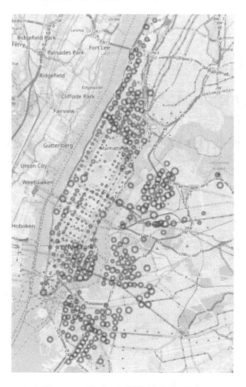

图 8.18　聚集元事件的空间分布

2) 元事件时间特征分析

主要分析两类元事件个数的逐周变化规律。为了细致观察周期性规律，排除新年这一天的极大值，得到发生聚集元事件的时序统计柱状图（图 8.19（a）），可以看到，2 月 13 日（2 月 14 日情人节）和 2 月 16 日（总统日）发生聚集元事件比较多，此外，周一和周五显著比其他工作日更易发生聚集元事件。通常我们在分析出行数据时，会观察城市日流入量的变化规律，图 8.19（b）中展示了所有区域总的日流入量在工作日的变化趋势，可以发现，周一到周五的流入量有平缓的增加，呈现出不一样的规律。聚集元事件虽然在流入量上表现为数值的异常增加，但对比发现，聚集元事件个数多的日期并没有表现出高值的流入量，说明城市内各区域间的流入流出整体上是平衡的。

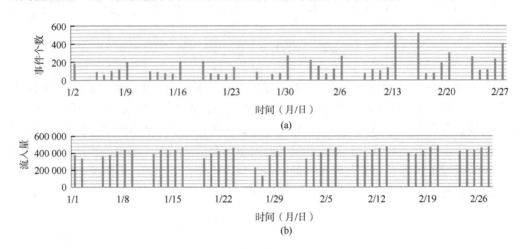

图 8.19　日聚集元事件个数与日流入量变化趋势对比

排除 1 日、26 日、27 日的结果，得到发生稀疏元事件的时序统计柱状图（图 8.20），可以发现，周一到周五发生稀疏元事件的记录依次减少。此外，1 月 2 日和 1 月 19 日稀疏元事件发生的也比较多，由于新年、马丁·路德·金日放假，人们减少了以工作为目的的出行。

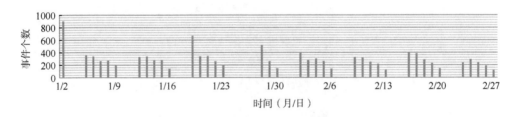

图 8.20　日稀疏元事件个数变化趋势

2. 事件过程分析实验

事件通常有着从产生、发展、稳定到减弱和消亡的生命周期，在这个过程中，不同区域不同时刻都可能发生不同的异常事件，通过物理属性变化来观察这个过程最为直观。从事件对城市居民出行的影响来分析事件的时空演变过程具体表现为，事件持续时间范围内单个时间段受事件影响的区域范围变化。以元旦为例，对 1 月 1 日 24 个时间段进行两种元事件类型的统计，折线图结果如图 8.21 所示。观察发现，420 个区域集中在凌晨 1 点至 5 点一直保持较高的受影响比例，这是因为市民为庆祝新年的到来，在午夜这段时间出行量增加，同时说明，这段时间内人流量较多的区域都需要加强安全管控，做好人群疏散工作，以防事故发生。在这一天，稀疏元事件发生的区域个数也相对较多，与发生聚集元事件的时间段进行比较，在经过一晚的狂欢过后，7 点至 10 点市民进入休息状态，减少了正常出行，只有少部分区域仍然保持狂欢热度。

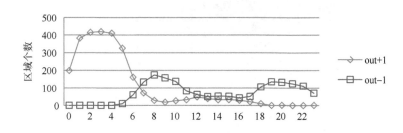

图 8.21 1 月 1 日元事件区域个数变化趋势

3. 事件影响分析实验

以元旦和"总统日"两个节假日为例，分析其对 420 个区域的影响差异。

经过计算 1 月 1 日和 2 月 16 日全天每个区域的聚集元事件规模大小，得到元旦和"总统日"两天的活动对所有区域的聚集元事件规模总和，分别为 101 747 和 29 955，前者受影响的出行人群规模是后者的三倍之多，说明元旦对纽约人群出行热度的影响要更加强烈，在公共交通运营和公共安全上都需要更强的保障力度。

同时，我们发现，在两个假日期间也检测到了许多稀疏元事件，接下来以"总统日"为例分析两种元事件检测结果在空间上呈现的差异。经过统计，420 个区域在这一天分化为四种影响模式：82 个区域不受影响，68 个区域仅受负面影响，114 个区域仅受正面影响，156 个区域受到了正负面影响。"总统日"这天政府、金融机构和学校等都会放假，而商业机构不放假，意味着由于放假会导致部分区域的到访量减少，也会使得举办活动的热门区域所吸引的人群数量增加。

图 8.22 反映了纽约在总统日这一天四种影响模式的区域分布情况，结合曼哈顿四类区域的社会功能特点，我们可以分析形成四种影响模式的原因：仅有几个黄色区域分布在曼哈顿城区内；大部分蓝色区域分布在多个博物馆、富豪住宅集聚的上城东(中央公园东侧)，这一天博物馆未对外开放；黑色区域主要分布在曼哈顿中城、格林尼治村、西村、格拉梅西村、苏活区、上城西、中央公园以及下城西等区域，主要的金融机构(如华尔街证券交易所)和办公机构(如纽约市政府大厅、纽约大学)都集中在此区域内，受节日放假的影响，前往此区域的人群数量在上班高峰期(7~10 点)明显减少，但同时这些区域也聚集了许多商店和服务业，因而在其余时间吸引了比平时更多的人群；红色区

域主要分布在东村、下城东、小意大利村、唐人街、切尔西区等区域，由于没有出现流入量减少的情况，因此和黑色区域相比，此区域以商业娱乐为主。

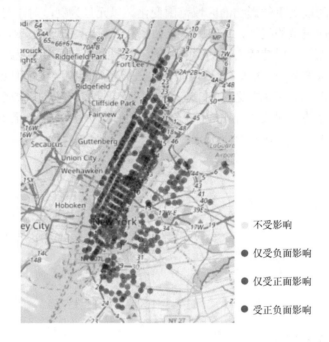

不受影响

仅受负面影响

仅受正面影响

受正负面影响

图 8.22　总统日出现的四种影响模式

"总统日"检测到的元事件结果不仅反映了节日对城市影响的空间差异性，也帮助我们了解了城市内不同类型地块的分布。

8.3.3　复合时空事件的提取与分析

元事件检测得到单个区域单个时间段的流入量异常情况，元事件可能是一个独立的事件，仅发生在小范围的区域和时间段，同时它可能是事件的一个子集，因为事件会对同一个区域多个时间段产生影响，或者同一时间段对多个区域产生影响。简单地理解，现实生活中，一个事件是包含一定时间范围和空间范围的活动，多个元事件可能是同一个活动引起的，因此尝试通过组合元事件来追踪复合的时空事件，并将其定义如下。

定义 19（时空事件）　时空属性密切相关、类型一致的多个元事件组成了时空事件。时空事件提取指从元事件集合中提取满足定义要求的元事件，比如可以将某一区域连续三天同一时刻检测到的元事件组成一个时空事件。

时空事件是事件的一个组成部分，并对元事件的属性有特别的要求，下面对组成时空事件的元事件需要满足的基本条件给出形式化的表达。对于两个元事件

$$E_1 = <d_1, h_1, \mathrm{gid}_1, \mathrm{class}_1, I_1>, E_2 = <d_2, h_2, \mathrm{gid}_2, \mathrm{class}_2, I_2>$$

若满足以下 3 个条件之一可以将其组合：

条件 1　d_1 与 d_2 相同，h_1 与 h_2 相邻，$class_1$ 与 $class_2$ 相同，gid_1 与 gid_2 相同；

条件 2　d_1 与 d_2 相邻，h_1 与 h_2 相同，$class_1$ 与 $class_2$ 相同，gid_1 与 gid_2 相同；

条件 3　d_1 与 d_2 相同，h_1 与 h_2 相同，$class_1$ 与 $class_2$ 相同，gid_1 与 gid_2 相邻。

在时间维度上，时空事件的提取保证每个区域出行动态异常的时间序列连续性，由条件 1 和条件 2 体现，在空间维度上，须保证在每个时间段状态上空间区域的连续性，由条件 3 体现，因而时空事件是一个连续渐变的时空过程。

1. 复合时空事件的提取方法

我们提出的时空事件提取算法中，将每一个元事件看作普通数据集中的对象，时空事件看作数据集中紧密连通且不规则的簇，时空事件提取的过程可以类比从数据集中发现簇的过程，因此我们使用 DBSCAN 的密度连通策略从元事件集中提取时空事件，称之为类 DBSCAN 方法。

元事件的邻域不同于 DBSCAN 算法中对象邻域的定义，这里将邻域内至少包含一个对象的元事件称为核心元事件，聚类时获取与其密度相连的所有元事件，它们一起组合成内部连通的闭包，生成一个个具有明显时空边界的独立时空事件。对于提取的时空事件，我们根据其包含的元事件个数多少判断其时空影响范围，若仅对大型的时空事件感兴趣，则过滤掉元事件个数小于 m 的时空事件。

下面主要针对时间上连续 2 天及 2 天以上的时空事件进一步设计了合适的提取规则。

规则 1：同一个区域内同一时刻的元事件至少有一个相邻日期的近邻。如图 8.23(a)所示，填充灰色的方块表示检测到元事件，行表示同一时刻，列表示同一日期，每一行至少有两个灰色方块紧挨着，才能与相邻行的灰色方块进行组合。规则 1 是对组合时空事件的元事件的条件限制。

规则 2：同一时刻相邻区域发生的元事件至少两天日期相同。如图 8.23(b)所示，红色网格单元表示一个元事件，相邻区域 r_1 和 r_2 在连续三天的同一时刻都检测到异常，与其相邻的区域 r_3 在其中的两天内也检测到异常，因而都能组合成同一个时空事件。

对于规则 1 的执行，需要对元事件集进行判断筛选，即遍历所有区域发生的元事件信息，若在某一时刻持续 2 天及 2 天以上检测到元事件，将相关元事件信息存入数据库中，记为 Etempset。这个过程采用二值图像的连通区域标记法实现，我们使用 0 和 1 组成的向量表示属于同一个区域同一时刻按照日期前后排序的所有状态，0 为无事件，1 为有事件，如图 8.23(a)中，7 天内 h_4 时刻的状态为 $(0, 0, 1, 1, 1, 0, 0)$，在 Matlab 软件中的 bwlabel 函数操作下，向量中连续三个值为 1 的位置会被贴上类别标签，对同一类别标签里的对象个数进行判断，若大于等于 2，将对应日期时间的元事件信息存入 Etempset。

规则 2 的执行包含在时空事件提取的过程中。时空事件提取的算法如下：

(1)在 Etempset 中随机选择一个未标识的元事件 E；

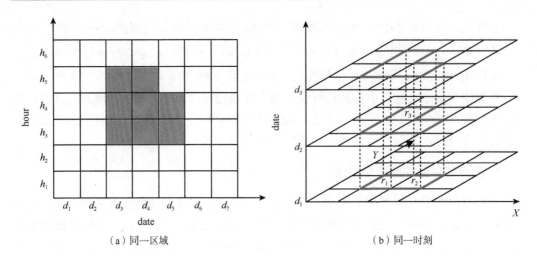

（a）同一区域　　　　　　　　　　　　　（b）同一时刻

图 8.23　时空事件提取示意图

（2）首先遍历所有与 E 同为一个区域且事件类型相同的元事件集，判断每个元事件的时间属性，将时间上相差 1 个时间段或 1 天的元事件加入 E 的邻域 N 中，并得到 N 的日期集合 dateset；然后遍历所有与 E 同为一个时间段且事件类型相同的元事件集，判断每个元事件的空间区域属性，若区域间空间拓扑关系为相邻关系，且被判断区域在此时间段的元事件发生日期至少有两个在 dateset 中，则将其加入 E 的邻域 N 中；

（3）若 N 中至少有 1 个对象，创建一个新簇 C，把 E 添加到 C，否则，标记 E 为噪声；

（4）对 N 中每一个元事件 E' 执行步骤（1）（2），得到每一个 E' 的邻域 N'，将 N' 中所有对象添加到 N 中；对 N 中对象进行判断，若还不是任何簇的成员，添加到 C 中；

（5）直到所有元事件都被标识；

（6）输出簇中成员个数大于等于 m 的 C。

时空事件提取完成后，采用五元组的方式来提取其关键信息作为描述时空事件，将其记为

$$STE=<starttime, endtime, gids, centergid, totalscale> \tag{8.16}$$

依次表示时空事件的开始时间、结束时间、事件影响区域集合、中心区域、所有元事件规模总和。中心区域指事件中总流入量最大的区域。以图 8.23（b）为例，提取的时空事件一共包含 1 个时间段、3 个日期和 3 个区域，假设 r_1 为中心区域，3 个区域的元事件规模总和为 totalscale，显然易见，$STE =< d_1 - h, d_3 - h, [r_1, r_2, r_3], r_1, totalscale >$。通过这样的表示方法，我们可以方便地检索到在兴趣区域或兴趣时间所发生的时空事件的关键信息。

2. 实验与分析

按照上节提出的方法，对两个月内检测到的聚集元事件进行时空事件的提取，表 8.2 是提取到的复合时空事件示例。

表 8.2　复合时空事件示例

starttime	endtime	gids	centergid	totalscale
2015-02-18　19:00	2015-02-20　20:00	9 531 436	1 436	438.333 6

此事件发生在 2 月 18 日和 2 月 20 日期间，这三天正是中国春节的除夕、正月初一和正月初二，将其称为春节事件，对应的具体元事件信息如表 8.3 所示，编码为 1436 的区域连续三天 19 时都检测到流入量出现异常，编码为 953 的区域在正月初一和正月初二的 18 时和 19 时检测到异常，总的来说，两个区域的流入量都在 18:00～20:00 期间高出平时许多。

表 8.3　春节事件中的元事件信息

日期	时刻	gid	I	scale	gid	I	scale
2-18	19:00		66	27.6154		—	—
2-19	18:00		51	27.0541		64	21.2368
	19:00		98	59.6154		99	42.6579
	20:00	1436	109	70.7949	953	—	—
2-20	18:00		57	33.0541		66	23.2368
	19:00		73	34.6154		101	44.6579
	20:00		92	53.7949		—	—

将两个区域显示在纽约矢量地图上，如图 8.24 所示，与谷歌地图标记的唐人街区域进行对比，实验提取的区域覆盖了大部分唐人街区域，唐人街是汇聚华人华侨的地方，在春节期间会举行传统的农历新年文艺活动，吸引大量人群前往观赏。可见我们提出的方法确实从检测到的元事件集中有效地提取到了时间和空间范围都真实合理的复合时空事件。

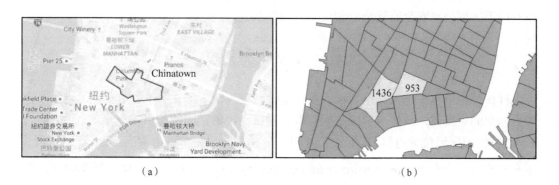

（a）　　　　　　　　　　　　　　　　（b）

图 8.24　春节期间唐人街区域

实验中也提取到了其他多个时空事件，从时间角度来看，由于实验限定了所提取事件的最短持续天数，因此，这些事件都是在某些区域发生的比较大型的活动，从空间角度来看，虽然实验将纽约离散化成许多个小区域，但是复合时空事件的提取将社会关系紧密的邻近区域成功组合到了一起，这些区域受同一事件的影响，并在事件持续的时间范围内表现为流入量异常变化，符合空间上距离越近、所表现特征也越接近越相关的地理学第一定律。

8.4 异常聚集行为检测

城市中人群日常出行等活动是一个城市活力与动态的真实反映，其在智能设备上留下区域历史移动数据，生成大量位置点群集合，在大多数情况下，这些点群呈现出相似的空间分布特征时，反映出相似的活动行为目的；但也可能由于特殊事件的发生，引起异样的行为和空间分布，而这是仅由点群的数量特征无法发现的。许多研究中仅以出行量刻画区域出行动态，会弱化人群在区域内活动的目的差异，导致无法发现更多与人出行模式相关的知识。因此，在更细空间尺度上探索反映出行目的的位置点空间分布特征，对轨迹数据进行更深入的特征提取与分析是必要的。

城市中街道和不同社会功能建筑的组合产生了相对固定的出租车停靠位置，在某一时间段内，群体分别乘坐出租车到访某一区域，下车点空间分布可能是零散的，可能聚集在同一位置，也可能是多个聚集位置的组合。我们将局部时间范围内位置点在局部空间发生聚集的现象称为聚集行为。在空间特征上，聚集行为表现为位置点在不同空间位置上的聚集分布，在时间特征上，聚集行为有一定的时间范围限制，在非时空特征上，聚集行为的规模由位置点的数量来体现，所有特征的组合揭示了区域内聚集行为的活动目的。相似活动引发的聚集行为具有相似的特征，由此可以发现日常生活中存在的频繁聚集行为模式，有助于了解人的移动行为规律，同时也给特殊事件的检测提供了切入点。特殊事件表现为流入量异常增加、位置点空间分布特征不同于寻常模式的异常聚集行为，并将特殊事件的检测转变为异常聚集行为的发现，这样的异常可能是某个潜在大型集会(比如由犯罪团伙组织的)发生的征兆或引起的结果，识别后通过专家分析和解释可以有助于区域公共安全监管维护和资源的规划配置。

8.4.1 聚集行为发现

群体乘坐出租车出入某个区域，在一定时间段内留下了许多上、下车点，将每个点类比为空间点实体，从而聚合成空间点群，根据点群的空间特征可发现聚集行为。

定义20(区域位置点群) 第d_k天时间段h_j内乘坐出租车到访或离开区域gid_i的上、下车点集合，表示为$\text{dropoffpoints} = \langle d_k, h_j, \text{gid}_i, \{p_1, p_2, \cdots, p_n\}\rangle$，其中区域和时间段的概念与定义13和定义14相同。

区域位置点群是群体移动行为的结果，聚集行为是多组相似群体在区域多个位置发生聚集的现象，强调区域位置点的分布是局部聚集的，来保证各组相似出行目的人群的密集度。点模式空间分析中，通常将地图点群的空间分布模式分为均匀(离散)分布、随机分布和聚集分布三种类型，若点模式为聚集模式，说明空间点对象间存在某种较强的联系，这与聚集行为的位置点群特征是一致的，因此本章以空间上呈现为聚集分布的区域位置点群来表征聚集行为。

点模式空间分析方法根据不同的空间点分布关注的问题划分成两类：①以聚集性为基础的基于密度的方法，主要有样方计数法和核函数方法；②以分散性为基础的基于距离的方法，主要由最近邻距离法，包括平均最近邻指数等。基于密度的方法是从全局角度研究空间点模式，而基于距离的方法考虑了空间依赖性对分布模式真实特征的影响，能够表达近邻对象相互趋同的倾向，因此研究基于距离的平均最近邻指数(anni, average nearest neighbor index)来分析区域位置点群的空间分布模式。

1. 平均最近邻指数

ArcGIS 空间统计模块中提供了平均最近邻分析工具，平均最近邻指数是一个比值，分子为所有位置点最邻近距离平均值 d_o，分母为完全随机分布下期望点对邻近距离 d_e。计算公式为

$$\text{anni} = d_o/d_e, \quad d_e = 0.5 \times \sqrt{A/n}, \quad d_o = \frac{\sum_{i=1}^{n} d_i}{n} \tag{8.17}$$

式中，n 表示点个数；A 表示区域面积；d_i 表示每个点要素与所有点要素间距离的最小值。如果 anni 大于 1，研究区域内点的空间分布趋向于离散；如果 anni 小于 1，其空间分布趋向于聚集，值越小表示聚集程度越高；而 anni 越接近于 1，表示分布随机的可能性越大。这种推断是否具有统计意义，需要通过计算 Z 值进行指数的显著性检验。Z 得分的计算公式为

$$Z = \frac{d_o - d_e}{s_e}, \quad s_e = 0.26136 \times \sqrt{n^2/A} \tag{8.18}$$

式中，s_e 表示 $d_o - d_e$ 的标准误差。如果 Z 得分位于-1.96～1.96 之间，表示在 95%的检验水平下，接受原分布为随机分布的零假设；$Z > 1.96$，认为原分布具有统计意义上的显著性离散分布；$Z > -1.96$，则认为原分布统计上趋向于聚集分布模式。

由 anni 的计算原理可以发现，这种方法虽然考虑了局部近邻距离的影响，但仍主要描述点群目标的整体空间分布特征。而事实上，同一研究区域内，点群密度在内部特征上会存在很大区别，比如图 8.25(a)区域内，点目标整体分布均匀，而图 8.25(b)区域虽然局部稀疏但整体较为聚集，在相同的区域面积和点个数下，两个点群的 anni 值却是相等的，都被推断为聚集模式，显然违背了人眼视觉上对点群聚集的判断。平均最近邻指数在计算过程中，弱化了局部空间区域内点群空间分布对整体分布的影响，导致这种局部的非均匀差异性难以体现。由于实际生活中区域内出租车位置点的分布比图 8.25 中两种情况要复杂得多，因此，若直接使用 anni 作为研究点群聚集模式的过滤方法，会产生较高的误判率，故需要对此加以改进。

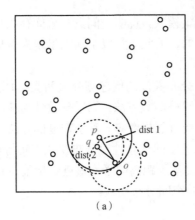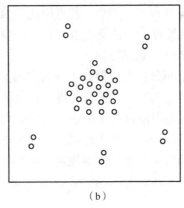

（a）   （b）

图 8.25　同一区域内点群的稀疏和聚集分布

2. 基于平均 k 最近邻指数的聚集行为发现方法

改进过程最核心的地方是，在计算位置点的最邻近距离时，扩大局部近邻范围，将对象周围的密度与对象邻域周围的密度进行比较。也就是说，如果研究区域内的要素是聚集的，那么多数要素的周围应该也是密集的，从而能够确定要素在某一近邻范围内统计意义显著的聚类或离散。参考 k-最近邻思想，得到平均 k 最近邻指数的计算方法，k 是用户指定的参数，需要考察以便确定对象密度的最小邻域。

假设区域内所有点的集合为 C，$\|C\|$ 表示集合内点个数，$\mathrm{dist}_k(p)$ 是 C 中点 p 与其第 k 个最近邻之间的距离。因此，p 的 k-距离邻域包含其到 p 的距离不大于 $\mathrm{dist}_k(p)$ 的所有对象，记为

$$N_k(p) = \{p' \mid p' \in C, \mathrm{dist}(p, p') \leqslant \mathrm{dist}_k(p)\} \tag{8.19}$$

由于可能不只一个对象到 p 的距离相等，导致 $N_k(p)$ 中的对象可能超过 k 个，用 $\|N_k(p)\|$ 表示 p 的 k-距离邻域内对象个数。一般情况下，使用 $N_k(p)$ 中所有对象到 p 的平均距离作为 p 的局部密度度量是简单有效的，但是会有一个问题：如果 p 有一个非常近的近邻 q，使得 $\mathrm{dist}(p,q)$ 非常小，则距离度量的统计波动可能会较高，而可达距离有效地解决了这一问题。

对于两个对象 p 和 q，如果 $\mathrm{dist}(p,q) > \mathrm{dist}_k(q)$，则从 p 到 q 的可达距离是 $\mathrm{dist}(p,q)$，否则是 $\mathrm{dist}_k(q)$，即 $\mathrm{reachdist}_k(p \to q) = \max\{\mathrm{dist}_k(q), \mathrm{dist}(p,q)\}$。可达距离不是对称的。现在，把对象 p 的局部可达距离定义为

$$\mathrm{lrdist}(p) = \frac{\displaystyle\sum_{q \in N_k(p)} \mathrm{reachdist}_k(p \to q)}{\|N_k(p)\|} \tag{8.20}$$

下面以图 8.25（a）中区域点对象 p 为例，来分析可达距离在其中发挥的作用。若将 k 值设为 2，p 的 2-距离邻域为实线圆圈范围，包含两个点对象 q 和 o，它们的 2-距离邻域为虚线圆圈范围。现在分别计算 p 到 q 和 o 的可达距离，显然，$\mathrm{dist}_2(q) = \mathrm{dist}(o, q) = \mathrm{dist}_2$，

且 $\mathrm{dist}(p,q) < \mathrm{dist}_2(q)$ ，因此，$\mathrm{reachdist}_k(p \to q) = \mathrm{dist}_2$ ；$\mathrm{dist}_2(o) = \mathrm{dist}(o,q) = \mathrm{dist}_2$ ，$\mathrm{dist}(p,o) = \mathrm{dist}_1$ ，且 $\mathrm{dist}(p,o) > \mathrm{dist}_2(o)$ ，因此，$\mathrm{reachdist}_k(p \to o) = \mathrm{dist}_1$ 。于是 p 的局部可达距离为 $\mathrm{lrdist}(p) = (\mathrm{dist}_1 + \mathrm{dist}_2)/2$ ，这个值既大于直接计算对象 q 和 o 到 p 的平均距离 $(\mathrm{dist}(p,q) + \mathrm{dist}_1)/2$ ，也大于 anni 中计算对象 p 到所有点距离的最小值 $\mathrm{dist}(p,q)$ ，达到了扩大局部邻近范围的目的，强化了区域内点对象局部空间分布的稀疏特征。

最后，将 anni 计算公式中每个点的最近邻距离替换为局部可达距离，再计算所有点的平均局部可达距离，得到的结果与平均期望距离之比为平均 k 最近邻指数（aknni，average k-nearest neighbor index），公式如下：

$$\mathrm{aknni} = d_{\mathrm{o}}' / d_{\mathrm{e}} ， \text{其中} d_{\mathrm{o}}' = \frac{\sum_{p \in C} \mathrm{lrdist}(p)}{\|C\|} \tag{8.21}$$

Z 得分的计算方式不变，本章中更重视 Z 得分对点群分布模式判断的影响，只有在 $Z < -1.96$ 的情况下，aknni < 1 ，点群才能被认为趋近聚集分布。

考虑局部邻近性后，视觉上不符合聚集模式的点群[图 8.25（a）]与符合聚集模式的点群[图 8.25（b）]平均近邻指数计算值的差距被拉开，有助于将类似的稀疏点群从中剔除。但是 k 值的增加，也使得真聚集分布的点群 aknni 值变大，甚至大于等于 1，从而被筛选出去，因此 k 值的选取需要慎重。实际情况中，一些区域位置点群可能是惯常的稀疏或聚集分布，而对经常形成聚集分布的区域进行异常检测更有意义。

3. 实验与分析

通过实验来说明平均最近邻指数改进后的有效性。实验数据沿用了前面实验使用的数据，实验选择了纽约矢量数据中区域标识码 gid = 2098 的区域，并提取下车点落入此区域内的出租车出行记录数据。

图 8.26 是在不同时刻产生的两个位置点群的可视化结果，点群 1 内点个数为 265，点群 2 内点个数为 276，通过人眼直观的视觉分析，点群 1 显然比点群 2 要更加聚集。表 8.4 是两个点群在不同 k 值下计算的平均 k 最近邻指数值，$k = 1$ 时等同于平均最近邻指数的计算结果，可以发现，在 $k = 1$ 的情况下，两个点群值都小于 1，即都是聚集模式，但点群 1 大于点群 2，数值上说明点群 1 比点群 2 更稀疏，显然不符合人眼的视觉判断；在 $k = 2$ 时仍然都小于 1，在 $k = 3$ 时，点群 2 的值大于 1 且比点群 1 的值高出许多，说明点群 2 的空间分布是随机和离散的，更加符合人眼的视觉感受。由 k 值的考察结果来看，直接选择平均最近邻指数作为本章对点群聚集模式的判断准则是不合理的，本章通过引入 k 值对局部近邻范围作出合适调整，能够得到更为合理的结果，提高点模式的空间分析准确性，更符合直观视觉上对点群聚集分布的判断，与理论分析是一致的。

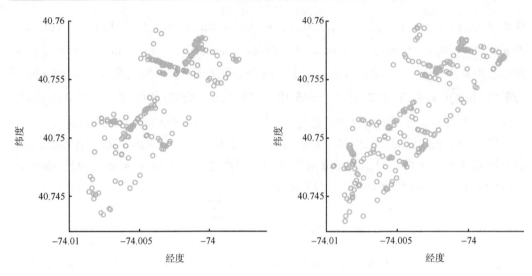

图 8.26　点群 1(左)与点群 2(右)

表 8.4　两个点群在不同 k 值下的 aknni 值

区域位置	$k=1$	$k=2$	$k=3$	$k=4$
点群 1	0.499805	0.660196	0.880316	1.064951
点群 2	0.494707	0.69218	1.003035	1.294138

　　为了提取聚集分布符合人眼视觉感受的点群,需确定合适的 k 值。本节扩大了实验样本来观察 k 值的影响。随机抽取了 100 个不同时刻的点群,考虑到存在点个数小于 k 的情形(此时计算 aknni 没有意义),我们将这样的点群判断为随机分布,让 $Z=0$,aknni $=1$,然后,在不同 k 值下计算点群的 aknni 值,得到满足 $Z<-1.96$ 的点群比例。

　　在不同 k 值下得到的比率值结果如表 8.5 所示。$k=1$ 时,仅过滤掉了极少的点群;$k=2$ 时,仍然将大部分点群推断为聚集模式;$k=3$ 时,已经能过滤掉近一半的点群,而且经过视觉判断,能够验证过滤剩下的点群确实可以被判断为聚集分布;而 $k=4$ 时,过滤效果已经表现为负作用。

表 8.5　不同 k 值下的聚集分布比率

k 值	$k=1$	$k=2$	$k=3$	$k=4$
聚集分布比率/%	89	81	56	8

　　在聚集模式判断过程中,既要保证判断结果的质量,还要保证结果的数量,不能出现类似实验中 k 值为 4 时的情况,否则无法对点群集合进行聚集行为模式的提取和异常检测。因此实验过程中设置了合适 k 值选取的方法:从研究区域的位置点群时间序列中,随机抽取多个点群组成一个点群集合,k 值从 1 开始取值,递增步长为 1,每次计算相应 k 值下集合内所有点群的 aknni 值,如果 40%至 70%比例之间的点群能被定义为聚集分布模式,停止 k 值的增加,输出 k,如果 k 为 1 时聚集点群比例小于 40%,说明此区域不常发生聚集,不属于我们关注的区域,将其舍弃。

8.4.2　聚集行为模式分析与异常检测

1. 点群特征提取与相似度计算方法

聚集行为模式分析和异常检测的关键是提取位置点群的特征,定义不同点群间的相似性度量方法。受人们出行目的的驱动,区域内载客出租车在不同时候形成的上、下车点点群会呈现出不同的空间分布特征,因此提出位置点群的特征向量构建方法,用向量间的余弦距离比较不同位置点群的空间分布相似度。

1)位置特征向量构建

信息检索领域中采用向量空间模型表达文章的特征,本章用类似的原理为空间点群构建了简单的位置特征向量。文本的向量空间模型表示为以特征项权重为分量的 N 维向量,它根据词的频度来确定关键词或者特征项,权重体现了每个关键词表达文本特征或主题的效果大小,而且模型建立在词与词之间不相关的假设之上。

我们将一个研究区域内的位置点群比作一篇文章,每个点类比为文章中的词,将空间区域划分成 $n \times m$ 的网格单元,落在同一个网格单元内的点具有相同的特征,假设单元间没有差异且不相关,在不了解区域内点群分布特点的前提下,将每个网格单元平等地视为特征项,权重为位置点落在各个网格单元内的点数,每个网格赋予数值后得到一个 n 行 m 列的矩阵 $S_{n \times m}$,然后,将矩阵各元素按先行后列的顺序,变形为 $n \times m$ 维的向量 $A = [s_{11}, s_{12}, s_{13} \cdots, s_{nm}]$,称之为位置点群的特征向量。向量中每一维的分量大小有特殊的意义,代表了每个网格单元对表达位置点群空间分布特征所作出的贡献,数值越大表明位置点在相应网格位置更加聚集。

地理空间认知理论认为,空间特征相似关系是地理空间目标的大小、形状、方位及空间关系等在人脑中的反应。本章用向量来描述位置点群的分布,简化了点与点的空间关系,从而提供了一个可便捷计算点群间相似度的模型。根据位置特征向量的构建方法,区域内位置点群集合可以转换为位置特征向量集合。

2)余弦相似度

文本向量间相似度常用余弦距离来计算,采取同样的方法来计算两个位置特征向量。对于两个位置特征向量 $A = [A_1, A_2, \cdots, A_n]$,$B = [B_1, B_2, \cdots, B_n]$,则 A 与 B 的余弦相似度等于

$$\mathrm{cosinedist} <A, B> = \frac{\sum\limits_{i=1}^{n}(A_i \times B_i)}{\sqrt{\sum\limits_{i=1}^{n}(A_i)^2} \times \sqrt{\sum\limits_{i=1}^{n}(B_i)^2}} = \frac{A \cdot B}{|A| \times |B|} \tag{8.22}$$

余弦定理比较了两个向量的方向,如果两个向量的方向基本一致,说明位置点群聚集中心的分布基本一致。由于向量中的每一个变量都是正数,因此余弦的取值在 0 和 1 之间,余弦值越小,表明两个位置点群的分布越不相同。

下面以图 8.27 中三个点群的网格划分结果为例,来分析本章位置特征向量和相似度计算的效果。三个点群建立三个 16 维的特征向量,从左至右依次为

$$v_1=[6,\ 5,\ 1,\ 0,\ 6,\ 8,\ 0,\ 1,\ 2,\ 0,\ 1,\ 0,\ 0,\ 2,\ 0,\ 1]$$
$$v_2=[1,\ 0,\ 1,\ 0,\ 0,\ 2,\ 1,\ 0,\ 0,\ 2,\ 6,\ 5,\ 1,\ 0,\ 6,\ 8]$$
$$v_3=[12,\ 10,\ 1,\ 0,\ 12,\ 16,\ 0,\ 1,\ 2,\ 0,\ 1,\ 0,\ 0,\ 2,\ 0,\ 1]$$

两两间余弦相似度计算得到 cosinedist$<v_1, v_2>$= 0.2139,cosinedist$<v_1, v_3>$= 0.9915,cosinedist$<v_1,\ v_3>$= 0.1759。图 8.27(a) 与 (b) 表示两个完全不同聚集中心的点群,(b) 和 (c) 表示两个相似聚集中心、不同聚集密度的点群,由相似度计算值对比发现,(a) 和 (b) 之间相似度很低,(a) 和 (c) 几乎完全相似,与人的主观判断是一致的。由于我们只关心点群聚集的位置分布特征,不关心具体的聚集密度差异,因此理论上,建立的位置特征向量以及相似度计算模型能达到比较不同点群聚集分布差异的目的。

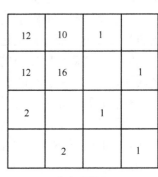

（a）点群 1　　　　　　　　（b）点群 2　　　　　　　　（c）点群 3

图 8.27　点群区域的网格划分和特征向量构建

2. 聚集行为模式分析与异常检测方法

定义 21（聚集行为模式）　区域内出现的一种频繁的、具有共性特征的群体聚集现象,由人群的停留位置点集合来刻画。

在同一聚集行为模式下,位置点群具有相似的空间分布特征,因此,我们对位置点群集合进行聚类分析,将相似特征的位置点群划分为同一种聚集行为,将相异特征的位置点群划分为不同的聚集行为,得到的聚集行为模式能提高对人移动行为特点的认识,也有助于更好地解释检测到的异常聚集行为。

与聚集行为模式相对立的是异常聚集行为,上节中提到异常聚集行为的特点为流入量异常增加、下车点空间分布特征不同于寻常模式,下面基于位置点群重新给出异常聚集行为的定义。

定义 22（异常聚集行为）　点数量在区域流入量时间序列上异常增加、位置点群没有足够近邻的聚集行为。位置点群近邻指与其相似度大于一定数值的点群。

相比由点数量特征异常检测到的事件来说,异常聚集行为融入了异常的人群出行目的,因而发现后更应引起相关部门的特别关注,即作为特殊事件来对待,并提高警醒度。

由定义 22 可知，要从大量聚集行为中发现异常，一方面需要检测流入量异常，对此沿用基于 LRT 的异常检测方法；另一方面需要进行位置点群间的相似度比较，而基于距离的异常检测方法适合从点群集合中发现异常，方法需要设定两个参数：距离阈值 $r(r \geq 0)$ 和比例阈值 $p(0 < p < 1)$，本章以余弦相似度为距离，考察每个点群对象 o 的 r-邻域，若邻域中其他对象个数与点群总数量的比值小于或等于 p，则认为对象 o 是异常的。

基于位置点群的异常聚集行为发现主要包括以下几个关键步骤。

（1）提取区域位置点群。在输入研究区域空间和时间范围后，从位置数据集中提取坐标和时间属于相应时空范围的数据记录，将一天划分成 24 个时间段，给所有位置点数据添加日期和时刻两个属性，通过查询得到区域位置点群集合。

（2）发现聚集分布模式的位置点群。对点群时间序列进行聚集模式判断之前，根据上节提出的 k 值选取方法，首先在 k 为 1 时，计算结果为聚集模式的点群比例，如果小于 40%，说明输入区域不在研究范围内，需重新选择区域范围，在大于 40% 的情况下，增加 k 的取值，直到比例值在 40%～70% 之间，在此 k 值下，计算所有点群的 Z 值和 aknni，输出 $Z < -1.96$ 的点群。

（3）构建点群位置特征向量。设置网格划分尺寸，可以是经纬度或者平面距离，将研究区域的最小外接矩形划分成相同尺寸的网格单元，统计落入每个网格单元的点数，实现位置点群到位置特征向量的转换。

（4）异常聚集行为发现。利用第 8.3 节基于 LRT 的元事件检测方法，获取区域发生聚集元事件的时间，从（3）中位置特征向量集合中找出对应时间的所有向量，将其与其他聚集分布点群的位置特征向量进行余弦相似度计算，得到余弦相似度矩阵。输入相似度和比例阈值，如果在此相似度下，聚集元事件的点群近邻个数比小于比例阈值，将其作为异常聚集行为抛除。

（5）将结果可视化，并解释分析，若对结果不满意，重新设置参数。

图 8.28 简单示意了位置点群随时间变化的过程，在不同时刻 t_i 生成不同的位置特征向量 A_i，其中 t_2 时刻红色矩形表示一段时间范围内被检测到的异常点群。

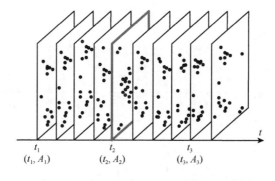

图 8.28　位置点群时间序列和异常示意

3. 实验与分析

下面先通过聚集行为分析实验来认识区域存在的群体日常出行目的，再通过异常检测实验来识别表现为异常聚集行为的特殊事件，并利用提取的聚集行为模式来解释检测到的异常结果。实验中，研究区域继续选择纽约矢量数据中区域标识码 gid=2098 的区域，其外接矩形的经度和纬度范围分别为(−74.01，−73.996)和(40.742，40.76)。此区域有着明显的社会功能特征，表现在拥有纽约最大的会展中心——贾维茨会展中心，许多大型的展会和活动都会在此举办，吸引了世界各地各行各业人群的来访。

1)聚集行为模式分析实验

为认识区域内人群的出行规律，进行聚集行为模式分析实验，数据选取在 2015 年 1 月期间上车点和下车点落入研究区域的出租车出行记录数据。

将 1 月份划分成 31 天 24 个时间段，故上车点和下车点都分别得到 744 个位置点群。在上节的 k 值实验分析中，k 取值 3 时能得到较满意的点群聚集模式判断效果，因此选择 k=3 计算所有点群的平均 k 最近邻指数值。此时，下车点和上车点分别有 347 和 566 个点群被判断为空间聚集分布。网格尺寸按经纬度设置为 0.001×0.001(度)，将区域划分成 14×18 的网格矩阵，统计聚集点群落入每个网格单元的数量，为每个点群构建 14×18 维的位置特征向量。实验将距离半径设为 0.9，密度阈值设为 15，从点群集中挖掘 1 月份期间此区域内存在的聚集行为模式，时间聚类结果如图 8.29 所示。

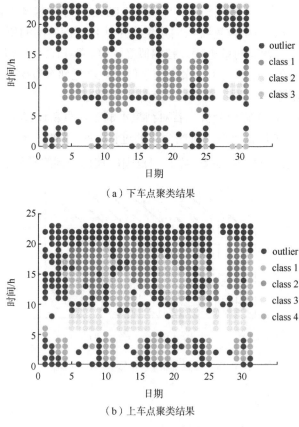

（a）下车点聚类结果

（b）上车点聚类结果

图 8.29　聚类结果时间分布

对下车点聚类得到三类，class 1 和 class 2 所属时间段都在白天，且 class 1 在一天内包含的时间段个数要多，class 2 集中在 09:00～11:00 期间，而 class 3 所属时间段相对集中在休息日晚 23:00～03:00。单独从时间上分析无法解释聚类结果，因此我们结合每类对应的位置点群空间分布特点分析。图 8.30 是从各类中抽取的位置点群示例图（在 Openstreetmap 上的可视化结果），三个类的空间分布有很大差异。class 1 与其他类最大的区别在于：下车点集中分布在会展中心附近，说明这一天会展中心举办了活动，引起大量人群在白天乘坐出租车前来参展，聚集行为的持续时间较长，class 2 与 class 1 相反，表现为无展览时的聚集行为模式，class 3 最大的特点在于其不同的时间分布，表明在休息日晚上和凌晨期间，人群会在此区域产生不一样的位置聚集。而在下午和晚上没有形成特定模式，尤其在工作日凌晨和无展览日的大多数时间人群几乎不发生聚集。

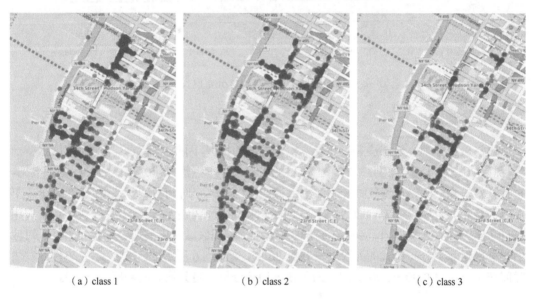

（a）class 1　　　　　　　　（b）class 2　　　　　　　　（c）class 3

图 8.30　三类下车点点群分布模式

对上车点聚类得到四类，从图 8.31 的时间分布情况可以对比发现，class 1 和 class 2 分别与下车点聚类结果中的 class 1 和 class 2 有较为相似的地方，两类的位置点群示意图（图 8.31）也说明了 class 1 表现为无展览或展览结束的聚集行为模式，class 2 表现为有展览时，大量人群参展结束后在会展中心附近坐车离开。class 3 所属时间段集中分布在 06:00 和 10:00 之间，表现为工作日以上班为主要出行目的的聚集行为模式，而 class 4 与下车点中 class 3 相对应，时间集中分布在休息日的 01:00～05:00 期间，表现为休息日凌晨特别的聚集行为模式。

由实验结果可知，我们的方法确实能够发现隐含在轨迹数据中的区域聚集行为模式。通过对上下车点聚类结果的分析，我们能够认识到，区域人群的出行模式总体上可分为离散出行和聚集出行，各自都有明显的时间分布特征，而聚集出行通常是一种事件触发出行，比如工作日上下班事件、大型展览活动、休息日夜间娱乐等事件引起的聚集出行行为，而每类聚集行为模式都有相似的位置点空间分布特征。

由此我们思考，异常的聚集出行行为可能是由特殊事件引起的，且有着不同于寻常模式的位置点群特征，下面通过实验来探讨与分析这个问题。

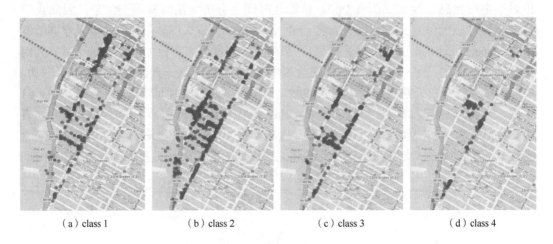

（a）class 1　　　　　　　（b）class 2　　　　　　　（c）class 3　　　　　　　（d）class 4

图 8.31　四类上车点点群分布模式

2）异常检测实验

异常聚集行为发现方法是对元事件检测方法的扩展，因此实验数据与前述数据保持一致，提取 2015 年 1 月和 2 月中 42 个工作日的出租车下车点落入研究区域的出行记录数据，进行异常检测实验，位置数据在时间上离散成 42 天 24 个时间段，一共得到 1008 个下车点点群分布。首先，取 $k=3$ 计算每个点群的 aknni 值，聚集模式过滤后得到 430 个聚集点群。然后，从第 8.3 节检测到的元事件结果中提取此区域发生的所有聚集元事件，对应的点群满足聚集分布模式的元事件一共有 26 个，如表 8.6 所示，1-1-0 表示元事件的发生时间在 1 月 1 日 0:00～1:00 期间，为了便于后续分析，将其按时间顺序进行编号。

表 8.6　聚集元事件发生时间与编号

时间	编号	时间	编号	时间	编号	时间	编号
1-1-0	0	1-12-7	7	2-13-2	14	2-20-20	21
1-1-1	1	1-12-10	8	2-16-1	15	2-23-8	22
1-1-2	2	1-12-13	9	2-16-8	16	2-23-9	23
1-1-3	3	1-13-7	10	2-16-13	17	2-24-9	24
1-8-18	4	1-13-9	11	2-16-14	18	2-26-18	25
1-8-19	5	1-13-10	12	2-16-15	19		
1-12-6	6	1-16-23	13	2-16-16	20		

通过以上 26 个聚集元事件对应的位置点群与 430 个聚集点群的相似度计算，得到相似度矩阵。本实验将相似度 r 和比例阈值 p 分别设为 70% 和 5%，仅有两个聚集元事件的位置点群被判断为异常，发生时间为 2 月 13 日 02:00～03:00 和 2 月 26 日 18:00～19:00，点群可视化结果如图 8.32 所示。

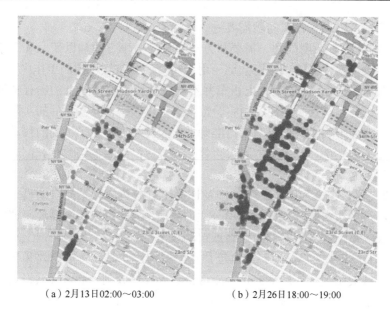

（a）2月13日02:00～03:00　　　　　　（b）2月26日18:00～19:00

图 8.32　异常点群

从图 8.32 中点群的聚集分布位置来看，明显与图 8.30 中三类聚集行为模式的点群分布不同。为了进一步解释聚集元事件，验证得到的异常聚集行为是本章所研究的特殊事件，我们对比了 26 个聚集元事件位置点群与图 8.30 三类模式点群平均位置特征向量的余弦相似度以及邻域内点群个数与总点群数目的比值，结果（图 8.33）表明，所有聚集元事件中，1 月 12 日、13 日和 2 月 16 日、23 日、24 日期间产生的点群有 10 个与 class1 相似度在 80%以上，邻域个数比都高于 20%，原因是这些天在会展中心或其附近举办了活动，引起流入量异常增加，而这种大型活动发生的频率较高，因此，由异常流入量检测到的这些聚集元事件并不是特殊的事件，其他聚集元事件也存在与 class2 或 class3 比较相似的情况。而本实验在比较位置点群的空间分布特征后，所发现的异常聚集行为具有最低的余弦相似度和邻域个数比，在所有聚集元事件中应被视为特殊事件得到重点关注。

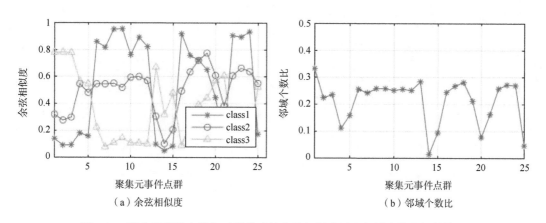

（a）余弦相似度　　　　　　　　（b）邻域个数比

图 8.33　聚集元事件点群与三类模式的余弦相似度以及邻域个数比计算结果

后续研究中，仍然有许多问题需要进一步探索。

(1)方法的计算复杂度问题。需要从方法的执行效率方面加以研究和探索，并思考如何将历史轨迹异常检测的结果有效地应用于实时的异常轨迹检测工作中。

(2)数据的代表性存在局限。出租车并不能完全代表城市所有的出行特征，难以避免数据的稀疏性问题，其次所使用的实验数据集规模较小，异常事件的实际意义不够明确，一定程度上会影响实验得出的结论准确性。因此，收集更多不同的移动对象轨迹数据和更有说服力的案例，进一步扩展实验数据集来提高结果的可靠性，同时还能发现更多有趣的知识。

(3)阈值设置存在人为因素。方法涉及许多阈值参数，且不能自动设定，在不同数据集下需要经过多次实验结果比较选出合适的阈值，因此后续研究需要研究阈值参数与数据集的内在关系，实现参数的半监督或自动设定。

(4)挖掘方法集成度不够高。对轨迹数据模型构建、时空特征研究和异常行为模式挖掘与分析方法的研究还比较孤立，未能将整套流程集成到一起，尝试将轨迹数据异常检测与分析功能嵌入已有 GIS 软件平台也需要进一步研究。

第9章　基于出租车数据和 POI 的
城市空间行为特征分析

出租车作为城市交通运输系统中重要的交通工具，因其不受时间、地点制约，更好满足乘客出行意愿、安全舒适且快捷方便的特点而深受人们喜欢，出租车都装有 GPS 设备，能够实时、动态地记录出租车运行的轨迹；POI 数据作为一种既含有多种属性信息(如名称、类别、地址等)，又体现地理位置信息的点数据，反映了与人们生活息息相关的地理实体(如商场、公园、饭店、医院、学校、超市、银行等)的特征，随着城市建设的快速发展，POI 数据也不断丰富和更新，有助于反映城市的发展变化和功能分区。将两种数据结合开展城市空间行为特征研究，能够互相补充和验证，也能够避免单一数据造成的分析结果的片面性。

对于不同区域、不同年龄和工作的不同群体来说，城市空间的行为特征通常是不一样的，分析不同群体时空行为的共性，发现城市空间行为模式的特点，便于从宏观、微观多尺度的演化规律和协同机制的视角解释时空耦合效应，更好地理解城市空间行为，从而提出相关建议，服务于人们更合理规划出行，优化生活作息，提高生活品质，也为智能交通、城市规划、社会管理等领域提供决策参考。

9.1　数据准备与数据预处理

研究数据集包括出租车数据、POI 数据、道路网数据，存在冗余、噪声、坐标系不统一等问题，需要进行数据降维、冗余和噪声删除、坐标系转换等一系列步骤完成数据清洗工作。

9.1.1　研究区域与数据准备

1. 研究区域

选择北京五环内的空间范围作为研究区域(图 9.1)。根据《北京市主体功能区规划》，研究区域涵盖多个行政区域的两大主体功能区：一是体现北京作为全国政治、文化中心的首都功能核心区；二是致力于拓展面向全国和世界的外向经济服务功能、推进科技创新和高端产业的城市功能拓展区。

2. 研究数据集

1)出租车数据集

出租车数据集来源于北京市两万辆出租车 GPS 位置数据，数据为期一周，具体采

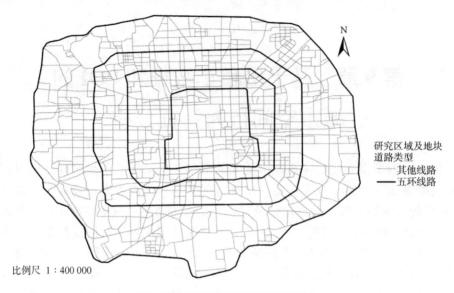

比例尺 1 : 400 000

图 9.1　研究区域及其空间单元划分

集时间是 2016 年 10 月 10 日至 16 日。其中 GPS 设备全天候不间断进行数据采集工作，一天所有出租车获取的数据量约为 7～8 GB（数据为 txt 格式）。数据集中每条记录包括车辆信息、车辆经纬度位置、采集时间、载客状态、运营里程、速度、角度等信息。

2）POI 数据集

POI 数据集从高德地图的 API 接口获取，主要内容包括：名称、所属类别、经纬度、地理位置所在的行政区及编号、地址等。获取了包含 23 个一级类的 POI 数据，并整合了公共服务、商业服务、绿地广场、居住用地、工业用地、交通用地等六种用地类型。

3）道路网矢量数据集

道路网数据集来自 OpenStreetMap（简称 OSM），OSM 是一个互联地图协作计划，期望构建一个内容灵活、所有人都可编辑操作的世界地图。从 OSM 下载的北京市道路网矢量地图共划分成 855 个空间单元，见图 9.1。

9.1.2　出租车数据预处理

1. 术语定义

定义 1　采样点。GPS 设备采集的坐标及其属性信息称为采样点，由集合 $(x, y, t,$ attribute) 表示，其中 x 表示纬度，y 表示经度，t 表示采集时间，attribute 表示出租车名称、载客状态、运营状态等属性信息。

定义 2　载客状态。表征车辆是否载客，用 1 表示重载，用 0 表示空载。

定义 3　轨迹。指采样点的集合，具体指将车辆每日的采样点按时间发生的先后顺序连成的路段称之为轨迹。

定义 4　行程。轨迹数据中载客部分的路段称为行程。

定义 5　起讫点。出租车载客状态由空载转为重载的坐标点称之为起点（上车点），由重载转为空载的坐标点称之为讫点（下车点），从这一角度说明行程仅包含从上车到下车的过程，而轨迹包括上车到下车，再由下车到上车的循环过程。

定义 6　时间序列。某一空间单元不同时段内出租车数量按时间先后排序所得到的数据集合称为时间序列，用数学变量表示为 $Z = \{z(1), z(2), \cdots, z(T)\}$。

定义 7　时间序列自相关系数。若时间序列为 $Z = \{z(1), z(2), \cdots, z(T)\}$，则其自相关系数表示不同滞后值下 Z 的关联性，其计算方法如式（9.1）所示。

$$\rho_k = \frac{\sum_{t=1}^{T-K}\left(z(t) - \overline{z(t)}\right)\left(z(t+k) - \overline{z(t)}\right)}{\sum_{t=1}^{T}\left(z(t) - \overline{z(t)}\right)^2} \in [-1, 1] \tag{9.1}$$

式中，$k(k \in [1, T-1])$ 表示 Z 的滞后值；$\overline{z(t)}$ 表示时间序列 Z 的均值，且不同 k 对应的 ρ_k 不同，因此，求取不同滞后值的自相关系数会得到序列 $\rho = (\rho_1, \rho_2, \cdots, \rho_k)$。

定义 8　时间序列差异性。根据定义 7 可知，选取不同滞后值，时间序列可得到不同的自相关系数，按滞后值大小将自相关系数排序，可得到一个自相关系数序列，采用欧氏距离求解不同时间序列的差异性，即计算不同时间序列，如 Z_1 与 Z_2 所对应的不同自相关系数序列为 $\rho_1 = (\rho_{11}, \rho_{12}, \cdots, \rho_{1k})$ 与 $\rho_2 = (\rho_{21}, \rho_{22}, \cdots, \rho_{2k})$，其时间序列差异性如图 9.2 所示，计算方法如（9.2）式所示。

$$\begin{aligned}\text{distance}_{p,q}^{\text{time}} &= \sqrt{(\rho_{11} - \rho_{21})^2 + (\rho_{12} - \rho_{22})^2 + \cdots + (\rho_{1k} - \rho_{2k})^2} \\ &= \sqrt{\sum_{i=1}^{k}(\rho_{1i} - \rho_{2i})^2}\end{aligned} \tag{9.2}$$

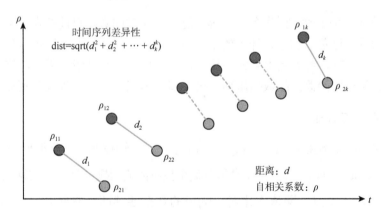

图 9.2　时间序列差异性示意图

定义 9　时间序列相似性。采用径向基核函数（radial basis function，RBF）将上述时间序列的差异性矩阵转化为时间序列的相似性矩阵，选择高斯核函数进行计算，如式（9.3）所示，按照谱聚类中图分割技术原理的要求，将转化后的矩阵对角线元素设置为 0。

$$\text{similarity}_{p,q}^{\text{time}} = \exp\left(-\frac{\left\|\text{distance}_{p,q}^{\text{time}}\right\|^2}{2\sigma^2}\right) \tag{9.3}$$

2. 剔除噪声数据

出租车数据在采集过程中会受到环境的影响,如信号干扰或屏蔽、天气原因以及其他环境因素,造成采集到的位置数据发生漂移,部分轻微偏差不影响研究的可修正或直接使用,而超出研究区域界限的数据属于噪声数据需要剔除;不在本章研究时段内的数据同样需要删除;此外,读取属性信息表,根据定位描述属性列,将定位无效的数据行删除,保留定位有效的数据属性列。

3. 数据转换

出租车数据采集所获得的时间是用时间戳来表示的,为了便于判别时间信息,需要将时间戳数据格式转化为"××年××月××日××时××分××秒"的数据格式;采集出租车状态数据,采用"重载或空载"等汉字描述,为了便于后期处理,将含有重载的状态描述语句用数字 1 表示;含有空载的状态描述语句则用数字 0 表示。

4. 数据降维

出租车数据集中包含丰富的属性信息,部分字段的信息没有实际意义。为了减少冗余数据对于计算机内存的消耗,加快数据处理的速度,需要删除无意义的属性字段,实现数据降维。经降维处理后的出租车数据集保留了数据时间、接收报文编码(ID)、纬度坐标、经度坐标、空重车状态字段。

5. 删除冗余数据

出租车数据在采集时,因设备故障等问题,采集到的数据可能存在重复,因此,需要删除冗余数据,避免增加数据计算的工作量。此外,由于现有的设备信号采集间隔很短,大都为 10~15 s,考虑到本研究的尺度,并非精细化到秒级,因此,将采样间隔设置为 60 s,实现对原始数据的数据压缩,进一步清理冗余数据,提高数据处理的效率。

6. 提取起讫点数据

根据定义 5,本节用 $T = \{T_{\text{ID}_1}, T_{\text{ID}_2}, \cdots, T_{\text{ID}_i}\}$ 表示车辆按照 ID 分组后的出租车数据集,用 $T_{\text{ID}_i} = \{\text{time}_1, \text{time}_2, \cdots, \text{time}_n\}$ 表示每辆车按时间先后顺序排序的数据集,通过载客状态的变化提取起讫点,即依次比对每辆车的数据连续两个时间对应的运营状态(即 $T_{\text{ID}_i} = \{\text{time}_1, \text{time}_2, \cdots, \text{time}_{n-1}\}$ 与 $T_{\text{ID}_i} = \{\text{time}_2, \text{time}_3, \cdots, \text{time}_n\}$),实现起讫点 OD 的提取。

7. 获取时间序列

根据定义 6,为了获取各个空间单元的时间序列,首先,从获取的道路网矢量数据中裁剪出研究区域的矢量路网数据,合理增减后将矢量路网线状数据转化为面状数据,得到 855 个空间单元；其次，将出租车数据的起讫点集合按时间先后顺序进行排列，先按照日期将以日为单位划分，然后将每日内的数据集再按时间划分为 24 个时段；最后，将按时间排序后的出租车起讫点坐标集合与 855 个空间单元进行空间连接，统计每个空间单元在不同日期不同时段的起讫点个数，将每个空间单元的起讫点个数统计结果按照时段先后顺序排列，就能够获得任意空间单元任意日期的时间序列。

9.1.3　POI 数据预处理

1. 数据转化

获取的 POI 数据和出租车数据集一样，同样需要进行数据降维、删除冗余和噪声数据，此外，由于获取的 POI 数据是从高德 API 端口获得，为了与出租车和道路网数据集进行匹配，需采用坐标转化公式将 POI 火星坐标数据转化为对应的 WGS84 坐标。

2. 数据重分类

为了进一步研究城市功能区，对 POI 数据进行重新归类，将原有的餐饮、住宿、风景名胜、公司企业、交通设施、科教文化、医疗保健、政府办公及社团活动、体育休闲、金融保险、商务住宅、购物服务等类别的 POI 数据整合为包括居住、生活、商业、工业、交通、以及绿地广场在内的 6 种用地类型。

9.2　城市功能区识别及主要交通枢纽空间分析

9.2.1　基于 POI 数据的城市功能区识别

1. 城市功能区识别算法

TF-IDF（term frequency-inverse document frequency）方法是由 G. Salton 等在 1988 年提出的，是一种用来估计一个词语对一份文件重要水平的计算方法，该方法由连字符将左右两部分结合起来共同判断词的重要程度，因具有较好的分类能力，在机器学习中经常使用，其中 TF 表示词频，IDF 表示逆文本频率指数，计算公式见式(9.4)、式(9.5)及式(9.6)。该算法已经集成在分词包中，直接调用即可实现功能。算法实现的主要步骤有：导入结巴分词的包；打开样例文件；调用 TF-IDF 的封装函数求取各类别权重并保存结果。

$$\mathrm{TF}_{i,j} = \frac{n_{i,j}}{\sum_k n_{k,j}} \tag{9.4}$$

$$\mathrm{IDF}_{i,j} = \log \frac{|D|}{\left|\{j : t_i \in d_j\}\right|} \tag{9.5}$$

$$\mathrm{TF\text{-}IDF}_{i,j} = \mathrm{TF}_{i,j} \times \mathrm{IDF}_i \tag{9.6}$$

式中，i 指词语；j 指文档；$n_{i,j}$ 指 i 词语在 j 文档呈现的频次；$\sum_k n_{k,j}$ 指文档 j 全部词语呈现频次之和；$|D|$ 指文档总个数，$|\{j:t_i \in d_j\}|$ 指涵盖词语的文件总个数。

　　基于 TF-IDF 统计方法，采用 POI 数据，对北京五环范围内的城市用地进行功能区识别。研究工作从道路网和格网两个层面展开，将每个空间单元视为一篇文档，文档中各类 POI 的类别视为词语，从而将分析各空间研究单元的类别问题转化成求解每篇文档的中各词语所占权重问题，将权重采用最高的 POI 类别代表该单元的主要功能。

2. 基于道路网和格网的城市功能区识别

　　采用 TF-IDF 统计方法进行空间单元各类 POI 权重的计算，从中提取最大权重值对应的类别。首先，将预处理后的 POI 数据和道路网在 ArcGIS 中进行空间连接，获取每个空间单元对应的各类 POI 数量，导出空间连接后的属性表，根据文献中的方法进行 POI 类别合并，继而读取每个空间单元的各个 POI 大类名称和数量并写入文档中；其次，按照 TF-IDF 算法读取每个空间单元对应的文档，计算并输出每个文档(即空间单元)各类别的权重结果；最后，将每个空间单元对应的最大权重的类别依次输出，得到全部空间单元的类别序列，通过与道路网的空间单元面数据进行属性表连接，并设置地图属性，对基于 POI 数据的城市功能区识别结果进行可视化，详细流程如图 9.3 所示。

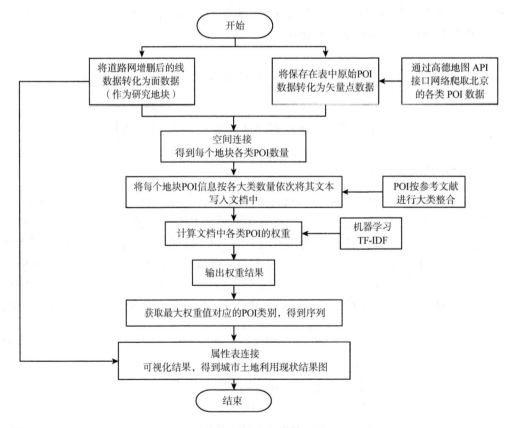

图 9.3　基于 POI 数据的城市功能区识别流程图

　　利用 POI 数据识别城市功能区，采用的底图数据通常按道路网和公里格网剖分，他们各有优劣。依道路网进行识别，结果如图 9.4(a)，可以发现商业用地占了绝大多数，而部分生活区和住宅区被掩盖，没有真实体现出城市用地类型特征；采用格网方法进行识别得到如图 9.4(b)所示的功能区类别，可以发现，由于格网更为精细，避免了部分道路网空间单元范围过大、局部信息被忽略的情况，但其划分的研究单元太多；因此，兼顾格网识别结果辅以道路网修正来开展研究。

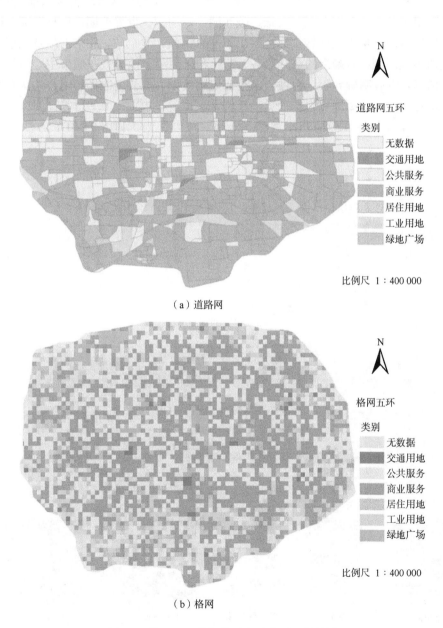

图 9.4　基于 POI 数据的城市功能区识别结果

9.2.2 城市功能区识别结果分析

1. 各用地类型识别结果比对

将上述识别结果与相同区域范围的遥感影像进行比对。首先，将主要交通用地和绿地广场用地进行比对，主要的景区、公园和火车站、飞机场等区域均得到识别。图9.5(a)中绿色圈出了故宫、北海公园、天坛、颐和园、圆明园、世界公园、奥林匹克公园、国家体育场等绿地广场用地区域，红色圈出了北京西站、北京站、北京南站及北京南苑机场等交通用地区域；而剩余的公共服务、工业和居住等用地类型在城市中心多呈现混合分布的情形，没有明确界限。为进一步验证识别效果，本节又选择居民公共认知度较高的地点进行比对，主要地点包括西单、王府井、国贸、望京、中关村等商圈以及住宅区和工业区，结果如图9.5(b)所示。直观地比对可以认为，利用 TF-IDF 方法进行城市

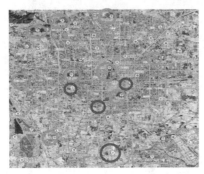
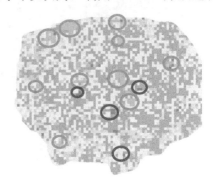

（a）景区及交通枢纽

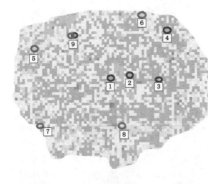

5,6.
住宅区

7,8.
工业区

1. 西单商圈　　2. 王府井商圈　　3. 国贸商圈　　4. 望京商圈　　9. 中关村商圈

（b）住宅、工业、商业区

图9.5　各功能区识别结果与其遥感影像比对

功能区识别结果符合北京城市土地利用现状，满足基本使用要求。

2. 识别结果量化分析

在 TF-IDF 算法进行城市功能区识别的过程中，会得到研究区域每个空间单元的各土地利用类型的权重，我们选择权重最高值对应的土地利用类型，作为空间单元的功能区识别结果，因此，可以将研究区域内的全部空间单元权重综合的占比视为识别结果的正确率，如式(9.7)所示，计算其结果如表 9.1 所示。

$$\text{accuracy} = \frac{\sum_{j=1}^{n} \max(w_j)}{n} \tag{9.7}$$

式中，n 表示研究区域内包含的空间单元个数；j 表示土地利用类型的种类(包括交通用地、公共服务用地、商业服务用地、居住用地、工业用地以及绿地广场用地)；w_j 表示 j 类土地利用类型所占的权重；$\max(w_j)$ 表示获取最大值的函数。

表 9.1　城市功能区识别正确率

研究单元划分	基于道路网		基于格网	
是否包含无 POI 数据的空间单元	是	否	是	否
正确率/%	81.4	83.1	76.6	85.8

由于各空间研究单元所含有的 POI 种类很多，按照土地利用类型经过整合后，每个空间研究单元中包含多种土地利用类型的 POI，在权重计算的过程中选择权重最大值赋予空间单元代表相应的功能区类型。此外，尚存在一些计算结果不准确的情况，如部分空间研究单元与实际区域包含的 POI 类别不相关，存在异质性，导致无法利用 POI 类别数据反映其功能区现状；再如基于道路网和基于格网的研究尺度划分不能完全贴合实际情况等。表 9.1 计算得到的正确率比较客观地反映了利用 POI 识别城市功能区的实际。

9.2.3　交通用地的服务范围及空间联系强度分析

1. 交通用地提取结果

根据城市功能区识别流程，将基于格网识别交通用地的结果，叠加到基于道路网的识别结果中，与现有地图匹配可以识别出北京站、北京西站、北京南站、北京北站、北京南苑机场五个主要的交通枢纽，如图 9.6 所示。

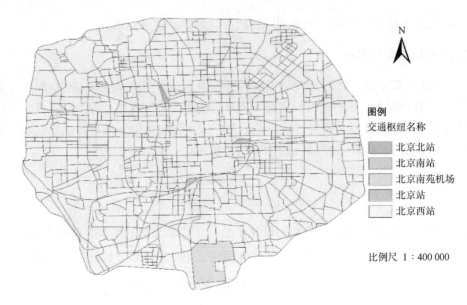

图 9.6　重要交通枢纽空间研究单元

2. 服务范围分析

开展主要交通枢纽的服务范围研究，首先要对原始出租车数据进行处理，删除出租车原始数据集中定位无效、时间范围超限的数据，保留车辆标识、经纬度坐标、时间和载客字段等；其次，将出租车原始数据转化为轨迹数据，并从中提取载客轨迹，删除空载轨迹；最后，分别判断合并后的载客轨迹的起始点和终止点是否在五个交通枢纽所在空间单元，删除起始点或终止点不在空间研究单元范围内的载客轨迹，进而得到研究所需的载客轨迹数据集。

从每天的数据集中筛选出起始点落在五个交通枢纽所在单元空间范围内的载客轨迹，并将筛选后一周的载客轨迹数据进行叠加，为了清晰展示五个交通枢纽各自的空间服务范围，将各研究单元一周载客轨迹的情况分别展示(图 9.7)。

（a）北京北站　　　　　　　（b）北京站　　　　　　　（c）北京南站

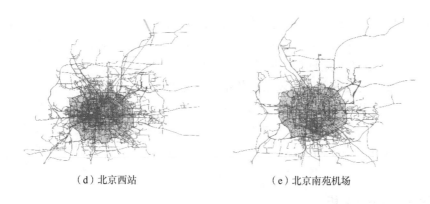

（d）北京西站　　　　　　　　（e）北京南苑机场

图 9.7　五个交通枢纽作为起始点的服务范围

　　同理，将上述过程中的起始点替换为终止点进行相同的操作，得到五个交通枢纽作为出租车轨迹终止点的服务范围（图 9.8）。

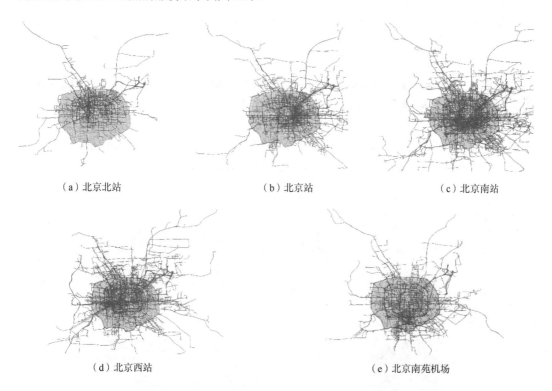

（a）北京北站　　　　　　（b）北京站　　　　　　（c）北京南站

（d）北京西站　　　　　　　　（e）北京南苑机场

图 9.8　五个交通枢纽作为终止点的服务范围

　　从火车站出行视角进行分析，从图 9.7 中可以发现，从北京西站和北京南站下车乘坐出租车出发的人群数量较多，北京站下车乘坐出租车出发的人群相对较少，且前两者分布范围广泛，涵盖面积大，而后两者的服务范围缩小，相对集中；再观察图 9.8，可以发现，乘坐出租车抵达各个火车站的密度大小和分布范围与图 9.7 保持一致；对比图 9.7 和图 9.8，发现乘出租车从北京西站出发比乘出租车去北京西站的密度高、数量多，而北京南站则相反；由北京南站始发比乘车抵达北京南站的密度低、数量少，北京北站和北京站的出发量和到达量则相对平衡。由此推论四大火车站的线路数量存在分配不平衡的问题，但是由于铁路线路规划的现状难以改变，因此，时间层面的调控显得更为重要，且服务设备、服务人员等各服务体系的数量应与之匹配。

从火车站出行和航空港出行的视角分析，乘坐飞机出行的空间服务范围比北京北站和北京站要广泛，但密度低于北京西站，由此可以推断，乘坐飞机出行的人群少于乘火车出行的人群，短距离出行以及高铁网络的发展也在一定程度减少了人们乘坐飞机出行的概率。

3. 空间联系强度分析

空间连接强度是指不同空间单元间相互连接关系的密切程度，通过交通枢纽与不同单元间载客轨迹的数量多少可以得到某种程度的反映。以交通用地中的五个重要交通枢纽为核心，从原始出租车数据中获取各空间单元一一对应的网络关系，进而分析重要交通枢纽所在空间单元与五环范围内其他各研究单元的空间联系强度，从而得到出租车在五环区域范围内的活跃单元，以五个交通枢纽所在空间单元作为行程的起始点和终止点分别进行分析。

在进行空间联系强度分析时，研究关注每个交通枢纽自身与其他空间单元的连接强度，因此，进行连接强度分类时仅将各交通枢纽所在空间单元与其他空间单元连接数量作为分类数据集，忽略不同交通枢纽所在空间单元与其他空间单元连接数量的差异。下面以五个重要交通枢纽分别作为起始点和终止点，将其与其他空间单元的连接数量按照自然裂点法分别进行类别划分，得到结果如图 9.9 和图 9.10 所示。

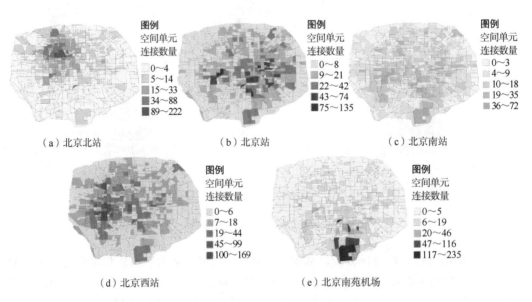

图 9.9　五个交通枢纽作为起始点的强度等级

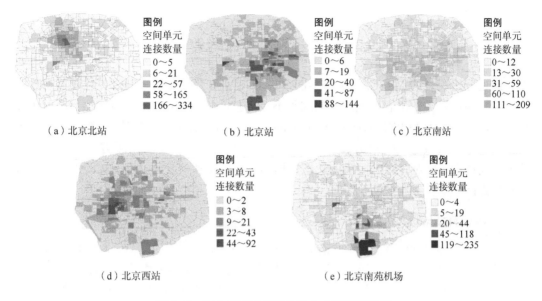

（a）北京北站　　　　　　　　（b）北京站　　　　　　　　（c）北京南站

（d）北京西站　　　　　　　　　　　（e）北京南苑机场

图 9.10　五个交通枢纽作为终止点的强度等级

　　观察图 9.9 和图 9.10 可以发现，各交通枢纽所在空间单元与其他空间单元的连接强度与其作为起始点还是终止点的关系影响不大，且与其他空间单元的连接强度和其服务范围呈现相似性的规律，北京北站辐射范围小，服务区域限制强；北京站和北京南苑机场较高联系强度的空间单元辐射范围约占一半，空间单元辐射范围受区域限制降低；北京西站和北京南站较高联系强度的空间单元辐射范围较大，受区域位置限制较小；此外，可以发现在北京南苑机场与北京西站、北京南站间的交互行为密度很高，且北京西站、北京南站和北京站三者交互程度也较高，说明不同枢纽间的交互程度较高。

9.3　基于密度聚类的热点路段及区域挖掘

　　出租车起讫点（OD）数据在一定程度上反映了人们外出通行的热点区域，这些区域通常也是城市交通拥堵的频发地，因该研究仅仅关注高密度上下车点构成的热点路段和区域，需处理的噪声点较多，提出一种迭代删除噪声点的密度聚类算法，以期获得不同时段的热点出行路段和区域的微观特征，为交通道路规划、车辆调度、政府决策等提供支持。在此基础上，从热点路段和热点区域两个视角进一步开展研究与分析，加深人们对热点路段和热点区域更多微观特征的挖掘与理解。此外，研究还将 POI 属性与热点空间进行融合，赋予时空热点信息更多的属性，使热点路段和区域不仅具有空间分布特性还具有属性特征，最终得到融合了空间、时间和属性等多种信息的城市热点路段和区域的时空特征。

9.3.1　密度聚类算法的改进

通过分析现有的 DBSCAN 和 ST-DBSCAN 等密度聚类算法在针对各时段不同数据量的单一阈值聚类效果表现欠佳的问题和不足，进而在原有密度聚类的基础上提出迭代删除噪声点的 IRN-DBSCAN（iteratively removing noise-DBSCAN）算法。该算法通过原始数据量和迭代次数建立回归函数，探究参数阈值的设置规律，以期在算法中实现迭代次数地自动选取，针对各时间间隔的起讫数据集进行聚类和可视化，进而辅助进行热点路段和热点区域的挖掘与分析。

1. 改进算法的原理

基于密度的聚类方法能够根据对象的稠密和稀疏程度较好地识别出不同形状的聚类簇，该方法是从样本密度的角度考察样本的可连接性，并基于可连接性不断扩展聚类簇，获得聚类结果的过程。DBSCAN 作为早期的密度聚类算法具有重要的价值和突出的贡献，但由于该算法不适用于时空数据，D.Birant 等于 2007 年提出一种基于时空数据的密度聚类 ST-DBSCAN 算法，但由于出租车数据数量大，在进行聚类实验时，时间因素体现不出来，且运行效率不高。因此，尝试在原有密度聚类算法的基础上，通过删除噪声点的方法提升算法效率，并根据数据量实现迭代次数的自动设置，完成噪声点的最优删除，进而开展实验，将改进后的算法称之为 IRN-DBSCAN。其中，迭代次数及参数阈值的设置通过样本数据的原始数据量和最优聚类时的迭代次数两者间的回归函数来确定。关于 DBSCAN 算法的详细介绍见第 4.2.1 节，不再赘述，着重阐述改进的密度聚类算法。

改进的 IRN-DBSCAN 算法运行的核心思路是，针对数据集合内没有进行标记的对象，首先利用球面距离计算点间距离，获取该对象邻域范围内的数据集合，通过计算判断其是否达密度阈值，若未达阈值应当将其标记为离群点，若已达阈值，则应当提取这一对象密度可达范围内的全部对象，并将其添加至这一对象的邻域范围内，进而获得一个新簇，簇中全部对象均已被标记，而之前被标识为离群点的边缘点会被再次标识为簇，不断地选定还没有标记的对象，重复上述过程直至全部对象均被标记；将得到的结果中的噪声点进行删除，由原始数据量与最优聚类结果对应迭代次数两者的函数关系进行阈值的设置，进而选择适用于不同样本数据量的迭代密度聚类算法，进行数据集优化后的密度聚类。改进后的 IRN-DBSCAN 密度聚类算法流程图如图 9.11所示，在流程图中用虚线边框标出了该算法的改进部分。

2. 改进算法的阈值设置

空间阈值参数设置从 500 m 开始，间隔 50 m，递减至 200 m 停止迭代，根据各时段原始数据数量的多少确定迭代次数，随机选取部分时段的数据集进行实验，并绘制数据量和迭代次数的关系图，如图 9.12 所示。

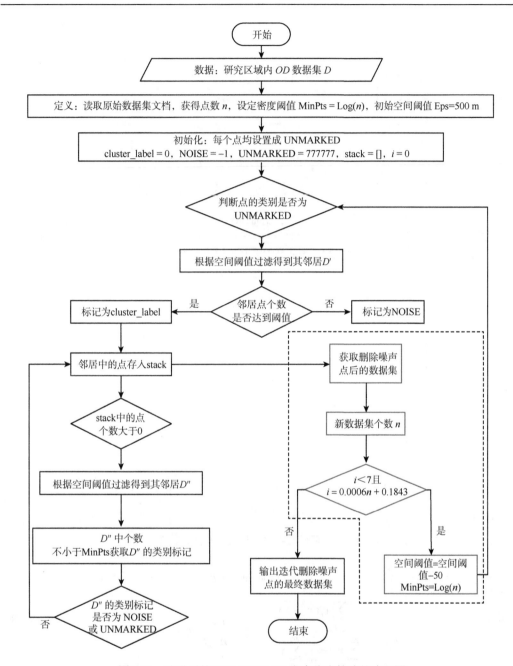

图 9.11　改进后的 IRN-DBSCAN 密度聚类算法的流程图

为进一步分析迭代次数与原始数据数量的关系,将原始数据量视为自变量,迭代次数视为因变量,根据上述随机选取的几组数据可以绘制散点图,具体如图 9.13 所示,对于给定数据集 $D = \{(x_1, y_1), (x_2, y_2), \cdots, (x_n, y_n)\}$,进而通过式(9.8)将离散性数据转化为连续值,进而根据最小二乘原理求取回归函数系数及截距,得到逻辑回归函数,最终通过回归函数的表达式设置其他数据集进行迭代次数,以便改进原始的密度聚类算法。

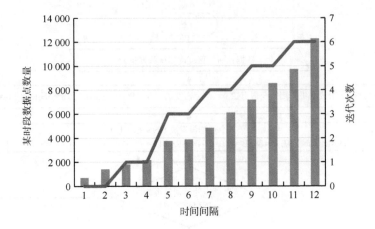

图 9.12　原始数据量与迭代次数关系

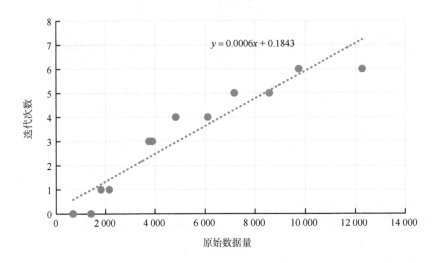

图 9.13　原始数据量与迭代次数回归函数

$$y_i = f(x) = wx_i + b$$

其中，
$$w = \frac{\sum\limits_{i=1}^{n} y_i(x_i - \bar{x})}{\sum\limits_{i=1}^{n} x_i^2 - \frac{1}{n}(\sum\limits_{i=1}^{n} x_i)^2}, \quad b = \frac{1}{n}\sum\limits_{i=1}^{n}(y_i - wx_i) \tag{9.8}$$

为说明迭代次数选取结果的效果，从数据集中选取任意时段迭代生成的聚类效果进行可视化。这里以 9:00~10:00 时间段的数据集为例，由于该时段的数据集包含数据量达 12 496 个，根据式(9.8)所示的回归函数，迭代次数应取 6，下面依次展示该时段不同空间阈值和迭代次数的聚类结果，如图 9.14 所示，图中 i 表示迭代次数。根据图 9.14 可以发现，针对该数据集聚类效果在 $i = 6$ 时满足应用需求，由此说明上述改进算法阈值设置的合理性。

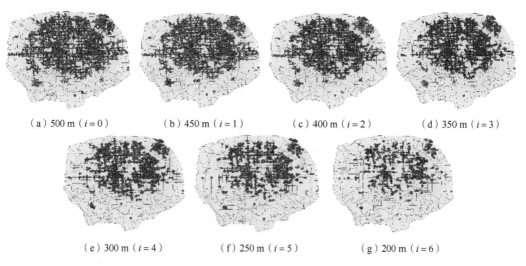

（a）500 m（$i=0$）　　　（b）450 m（$i=1$）　　　（c）400 m（$i=2$）　　　（d）350 m（$i=3$）

（e）300 m（$i=4$）　　　（f）250 m（$i=5$）　　　（g）200 m（$i=6$）

图 9.14　不同空间阈值的迭代聚类效果

3. 改进算法的聚类效果

采用预处理后的起讫点数据，选用 2016 年 10 月 10 号的数据，将数据按照 24 个小时和起讫点进行划分，得到任意一个时段内的起点集合或者讫点集合，共计 48 个数据集，根据 IRN-DBSCAN 算法进行密度聚类，并将聚类结果进行可视展示，其中，24 个时段的起点数据集的结果如图 9.15 所示，24 个时段的讫点数据集的结果如图 9.16 所示。

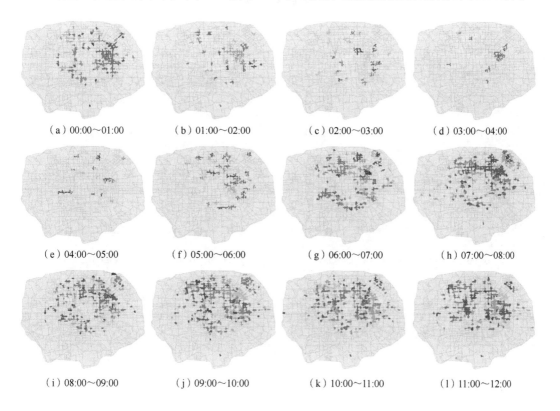

（a）00:00～01:00　　　（b）01:00～02:00　　　（c）02:00～03:00　　　（d）03:00～04:00

（e）04:00～05:00　　　（f）05:00～06:00　　　（g）06:00～07:00　　　（h）07:00～08:00

（i）08:00～09:00　　　（j）09:00～10:00　　　（k）10:00～11:00　　　（l）11:00～12:00

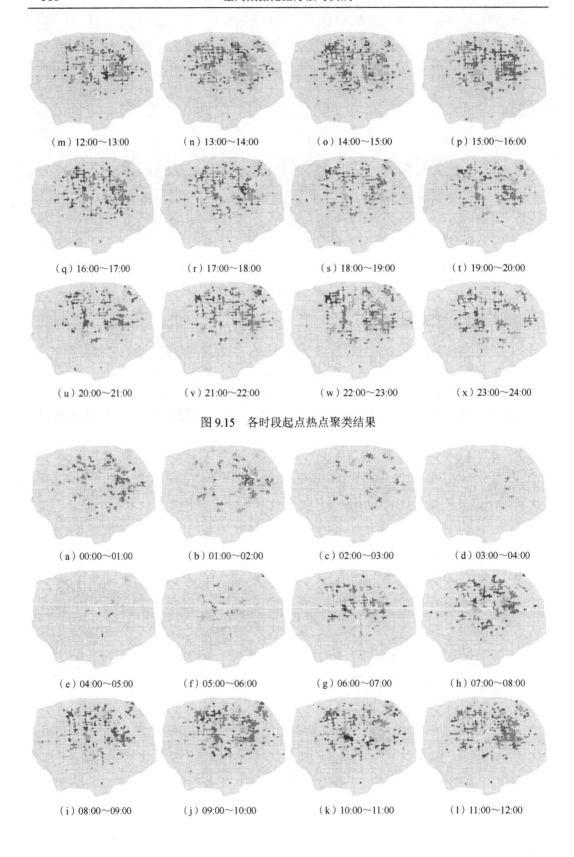

（m）12:00~13:00　　　（n）13:00~14:00　　　（o）14:00~15:00　　　（p）15:00~16:00

（q）16:00~17:00　　　（r）17:00~18:00　　　（s）18:00~19:00　　　（t）19:00~20:00

（u）20:00~21:00　　　（v）21:00~22:00　　　（w）22:00~23:00　　　（x）23:00~24:00

图 9.15　各时段起点热点聚类结果

（a）00:00~01:00　　　（b）01:00~02:00　　　（c）02:00~03:00　　　（d）03:00~04:00

（e）04:00~05:00　　　（f）05:00~06:00　　　（g）06:00~07:00　　　（h）07:00~08:00

（i）08:00~09:00　　　（j）09:00~10:00　　　（k）10:00~11:00　　　（l）11:00~12:00

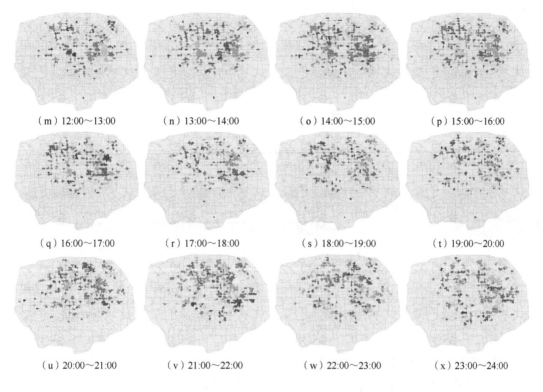

（m）12:00～13:00　　　　（n）13:00～14:00　　　　（o）14:00～15:00　　　　（p）15:00～16:00

（q）16:00～17:00　　　　（r）17:00～18:00　　　　（s）18:00～19:00　　　　（t）19:00～20:00

（u）20:00～21:00　　　　（v）21:00～22:00　　　　（w）22:00～23:00　　　　（x）23:00～24:00

图 9.16　各时段讫点热点聚类结果

9.3.2　热点路段时空分布与分析

热点路段在某种程度上反映了城市车流量的聚集状态。因此，研究城市不同时空的热点路段能够有效地帮助居民进行出行时长的判断，也能够指导居民错开拥挤路段，选择较为畅通的非热点路段出行。首先利用 ArcGIS 中的近邻分析工具将热点路段进行可视化；其次通过高德 API 接口获取北京市地铁线路及各站点位置，进而分析热点区域周围地铁的热度等级情况。

1. 热点路段时空分布与分析

首先将密度聚类结果加载到 ArcGIS 中，利用近邻分析工具计算聚类结果中的全部点所属的最近线状道路，并获取聚类结果中的各点在对应线状道路上的坐标以及原始类别归属，选取 08:00～09:00、12:00～13:00、18:00～19:00 和 23:00～24:00 四个时段依次进行热点上车路段的可视化，如图 9.17 所示。同理可得上述 4 个时段热点下车路段空间可视化结果，如图 9.18 所示。

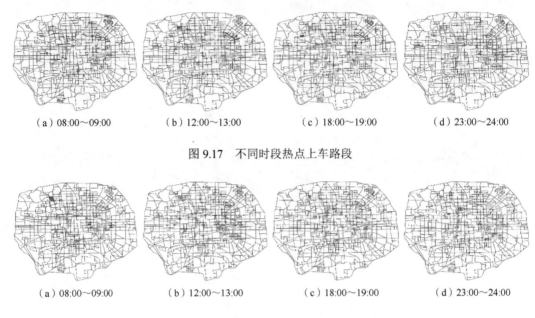

（a）08:00～09:00　　　（b）12:00～13:00　　　（c）18:00～19:00　　　（d）23:00～24:00

图 9.17　不同时段热点上车路段

（a）08:00～09:00　　　（b）12:00～13:00　　　（c）18:00～19:00　　　（d）23:00～24:00

图 9.18　不同时段热点下车路段

图 9.17 和图 9.18 展示了上、下车高密度路段的分布结果，综合两图不难发现北三环和东三环附近区域是出租车打车高发地，其中主要的拥堵路段有：东二环、东三环、西二环等路段；马甸桥、健翔桥、海淀桥，安贞桥、航天桥、二元桥、三元桥等各立交桥附近的路段；而北京西站、北京南站等火车站附近路段的上下车数量在各时段的密度均较高，体现了交通枢纽作为城市高密度人流分布地之一的特点。此外，进一步的细节分析，可以发现在 08:00～09:00 这一时段中关村附近热点上车路段远小于该区域的热点下车路段，而在 18:00～19:00 和 23:00～24:00 这两个时段则相反，反映了中关村区域主要分布是公司企业而非住宅。

2. 热点路段周围的地铁站点分析

以各地铁站点为中心建立 500 m 的缓冲区，统计各缓冲区内热点数量，进行等级划分，从热点路段时空分布，发现各时段的热点上、下车路段较为相近，因此选用 08:00～09:00 时段的上车数据进行实验。将可视化实验结果与高德公布的《2016 年度中国主要城市交通分析》中的北京地铁站点热度分级地图进行对比分析。

图 9.19 中的（a）图是基于交通出行大数据和第一财经数据挖掘地铁站点周边的人气、交通通达度、居住办公、服务配套、餐饮娱乐等指标制作而成的，反映的是地铁站周边的综合热度；而（b）图则是基于出租车 OD 数据制作而成，仅体现了居民乘出租车在该地铁站周边上、下车的热度。由于图 9.19 的（a）和（b）两图中五环范围内各地铁站点等级分布的整体情况较为近似，因此可认为，出租车在城市中各区域的交通运行情况与该区域的经济水平呈现一定程度的正相关规律；但在一定程度上也存在差异，如中关村和西单等区域附近的地铁站的等级存在差异，造成这种差异的

原因可能是由于该区域较为拥堵，因此，居民在该区域从事活动时，应尽量避免选择出租车出行，更多地选择地铁或公交出行，从而客观上减少了该区域内地铁站点的热度等级。

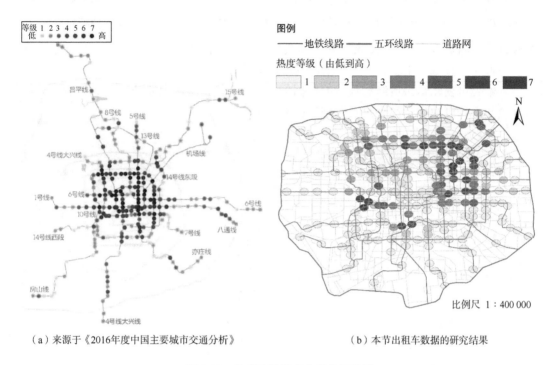

（a）来源于《2016年度中国主要城市交通分析》　　　　　　（b）本节出租车数据的研究结果

图 9.19　北京地铁站点热度分级地图

9.3.3　热点区域 POI 热度指数计算与分析

1. 凸包区域生成

由于聚类结果以点的形式描述，但热点区域是对面状图形的描述，因此，需采用凸包生成算法将上述聚类结果以面状图形表示。针对矢量格式的数据，可直接调用 ArcGIS 软件中的最小边界几何这一工具，同时设置工具的最小边界几何生成的几何类型以及分组字段，进而得到各个面状的热点区域。为了快速处理文档格式的数据，避免导入 ArcGIS 进行坐标转化等操作步骤，基于 Python 平台采用凸包问题蛮力算法进行实验，得到生成凸包所需的向量点数据。

凸包问题蛮力算法的基本思想是：先采用排除法确定凸包的顶点，然后按逆时针顺序输出这些顶点。其中，凸包顶点的判断作为该算法的核心，主要根据平面几何的空间关系来判断点是否在顶点，主要包括以下几个性质：①给定平面点集 S，且 P, P_i, P_j, P_k 是 S 中四个不同的点，如果 P 位于 P_i, P_j, P_k 组成的三角形内部或边界上，则 P 不是 S 的凸包顶点；②给定平面两点 AB，直线方程 $g(A,B,P)=0$ 时，P 位于直线上，$g(A,B,P)>0$

和 $g(A, B, P) < 0$ 时，P 分别位于直线的两侧，因此，在判断点 P 在三角形内部或边界上只需依次检查 P 和三角形的每个顶点是否位于三角形另外两个顶点所确定直线的同一侧，即判断：$t_1 = g(P_j, P_k, P) \times g(P_j, P_k, P_i) \geqslant 0, t_2 = g(P_i, P_k, P) \times g(P_i, P_k, P_j) \geqslant 0, t_3 = g(P_i, P_j, P) \times g(P_i, P_j, P_k) \geqslant 0$ 三个式子是否同时成立；③判断点 P 是否在凸包上的三种特殊情况，组成直线的两点垂直于 x 轴、除点 P 外其余三点在一条直线上时以及除点 P 外其余三点在一条直线上且垂直于 x 轴的三种情况均不应删除可能属于凸包上点 P。

以聚类可视化结果最终迭代后的数据集 $(i = 6)$ 为例，采用上述凸包生成算法生成热点区域并进行可视化，得到热点区域如图 9.20 所示。

图 9.20　凸包算法生成的热点区域

2. 热点区域内 POI 的热度计算

热点区域的 POI 热度计算主要应用关键词提取的方法，文本关键词抽取作为一种高度概括和凝练文本信息的技术手段，能够帮助理解文本信息。关键词提取重要方法包括基于 TF-IDF、基于 TextRank 以及基于 Word2Vec 词聚类等三种方法，主要依靠词语权重的大小来挖掘关键词，而在权重计算前需利用结巴分词技术来实现，结巴中文分词所涉及的算法有基于统计词典、基于最大概率路径以及基于 HMM 模型的方法。由于针对单文档进行关键词抽取，基于 Word2Vec 词聚类方法的聚类中心选择不准确，表现的抽取结果欠佳；而 TextRank 方法与 Google 网页排名算法 PageRank 的思想一致，主要依据词语间的关联程度对每个节点赋予权重，但因 POI 数据量较大，该方法采用迭代计算，速度较慢也不适宜；最终选择 TF-IDF 方法进行热点区域的 POI 关键词提取。

热点区域的 POI 热度计算主要应用结巴中文分词来提取热点区域 POI 关键词,并采用 TF-IDF 统计方法来求取各关键词的权重,获得其热度的大小和排序。热度计算的过程如下:首先,将凸包算法生成的热点区域和 POI 信息的点状数据进行叠置,求取交集获得热点区域范围内的 POI 信息;其次,提取 POI 交集数据条目中的名称列并存入文档;最后,利用结巴中文分词和 TF-IDF 方法实现各 POI 关键词的权重计算,并将其权重计算结果作为衡量其热度的数据指标。此外,值得注意的是,由于结巴分词会将短语划分为两个汉字或三个汉字的词语,因而有两点需要注意:①将产生的大量不具有实际意义的词语删掉,例如"商场""中心""停车场""公园"等无指代特性的词语;②小范围测试算法时,将一个地点划分成两个或多个热词的,仅保留权重最高的一个,如"东方新天地"可识别出为"东方"和"新天地",应删掉权重较小的词,以避免关键词所指代的地点热度重复计算。

3. 热点区域的时空分析及 POI 排序

对上文聚类后的 48 个数据集,首先采用凸包生成算法生成各数据集对应的热点区域,进行热点区域的时空分析与可视化;其次采用关键词识别算法,识别热点区域的关键词,赋予其功能属性信息;最后,将各 POI 类别的关键词识别结果进行排序,与高德指数中的各类区域排序结果进行对比分析。

1)热点区域时空结果可视化

按照 INR-DBSCAN 聚类算法以及阈值选取的方法,对 48 个数据集进行密度聚类,并采用凸包算法生成热点区域,下面将展示 24 个起点数据集和 24 个讫点数据集的热点区域可视化结果,如图 9.21 和图 9.22 所示,并从空间视角分析热点区域的变化。

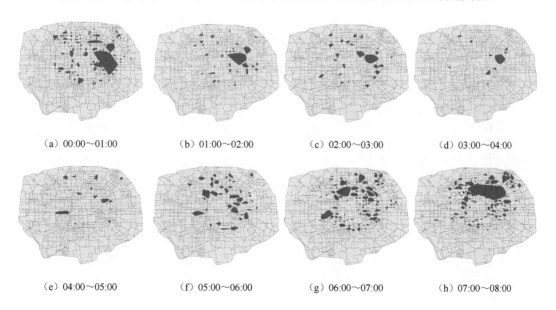

(a) 00:00～01:00　　　　(b) 01:00～02:00　　　　(c) 02:00～03:00　　　　(d) 03:00～04:00

(e) 04:00～05:00　　　　(f) 05:00～06:00　　　　(g) 06:00～07:00　　　　(h) 07:00～08:00

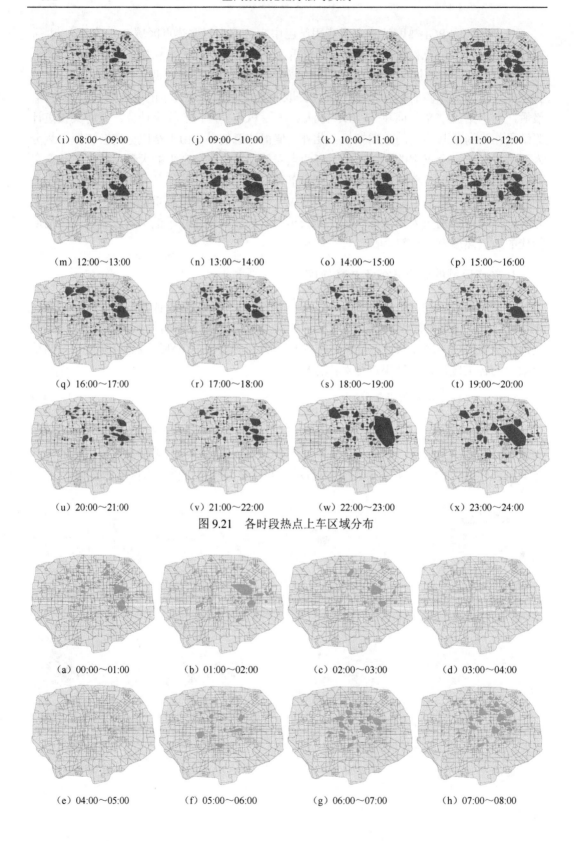

　　(i) 08:00～09:00　　　　(j) 09:00～10:00　　　　(k) 10:00～11:00　　　　(l) 11:00～12:00

　　(m) 12:00～13:00　　　　(n) 13:00～14:00　　　　(o) 14:00～15:00　　　　(p) 15:00～16:00

　　(q) 16:00～17:00　　　　(r) 17:00～18:00　　　　(s) 18:00～19:00　　　　(t) 19:00～20:00

　　(u) 20:00～21:00　　　　(v) 21:00～22:00　　　　(w) 22:00～23:00　　　　(x) 23:00～24:00

图 9.21　各时段热点上车区域分布

　　(a) 00:00～01:00　　　　(b) 01:00～02:00　　　　(c) 02:00～03:00　　　　(d) 03:00～04:00

　　(e) 04:00～05:00　　　　(f) 05:00～06:00　　　　(g) 06:00～07:00　　　　(h) 07:00～08:00

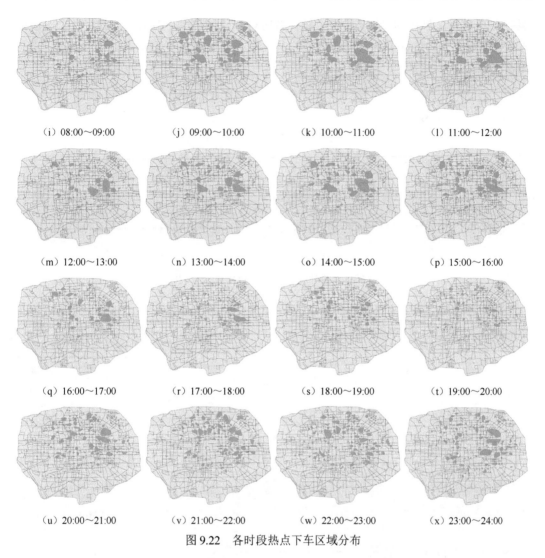

(i) 08:00~09:00　　　(j) 09:00~10:00　　　(k) 10:00~11:00　　　(l) 11:00~12:00

(m) 12:00~13:00　　　(n) 13:00~14:00　　　(o) 14:00~15:00　　　(p) 15:00~16:00

(q) 16:00~17:00　　　(r) 17:00~18:00　　　(s) 18:00~19:00　　　(t) 19:00~20:00

(u) 20:00~21:00　　　(v) 21:00~22:00　　　(w) 22:00~23:00　　　(x) 23:00~24:00

图 9.22　各时段热点下车区域分布

对比图 9.21 和图 9.22 可以发现，在空间层面，上车点的大面积热点区域分布较集中，而下车点的大面积热点区域分布较分散，更为均匀；在时间层面，热点上、下车区域的规律基本一致，自早 6 时之后，热点区域逐渐增加，在 7~23 时保持高密度分布状态，在 23 时之后，热点区域数量逐渐减少；在时空层面，热点上车区域的早高峰时段内，在北三环两侧的热点上车区域面积相对集中，在夜间 23 时至凌晨 1 时，东三环两侧的热点上车区域面积相对集中，在其他时段的热点上车区域则分布相对分散，而热点下车区域没有集中的区域，各时段的热点区域在各区域均有分布，其中三里屯、国贸、中关村、西单等商圈的分布较为明显，下面以购物类 POI 数据为例，对其进行热度指数的计算与分析。

2）购物服务类 POI 热度指数计算及分析

商圈是指商场视作中心，在其周围按照一定的方位和半径延伸，引起顾客兴趣的空间范围，也就是该商场所服务的顾客日常生活空间。以购物中心、商业街、商场等购物服务类的 POI 信息作为研究数据集，统计各时段热点区域的 POI 数据，并将各个时段的 POI 数据进行整合，保留各时段中重复的 POI 数据进行权重累加以突出热点区域，得到图 9.23 所示的云词图。

图 9.23　各时段综合后的 POI 数据云词图

根据各时段综合后的研究数据集，按照上节介绍的结巴分词和 TF-IDF 算法进行热度指数的计算，得到最终排序结果(选择前 15 个进行展示)及其空间分布结果，如图 9.24 所示。

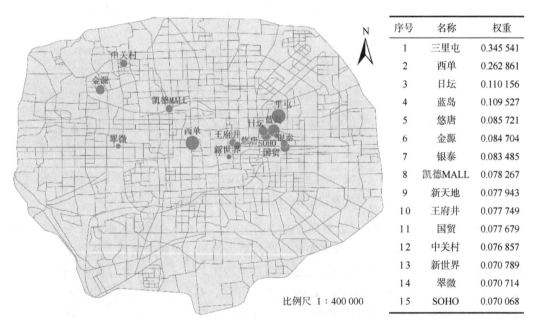

序号	名称	权重
1	三里屯	0.345 541
2	西单	0.262 861
3	日坛	0.110 156
4	蓝岛	0.109 527
5	悠唐	0.085 721
6	金源	0.084 704
7	银泰	0.083 485
8	凯德MALL	0.078 267
9	新天地	0.077 943
10	王府井	0.077 749
11	国贸	0.077 679
12	中关村	0.076 857
13	新世界	0.070 789
14	翠微	0.070 714
15	SOHO	0.070 068

比例尺　1 : 400 000

图 9.24　购物场所热度排序及其分布结果

将研究结果(图 9.24)与高德结果(图 9.25)进行对比发现，研究区域内的热点商圈基本一致，西单、王府井、CBD 等传统商圈依然占据着十分重要的地位，但其排序存在差距，导致这种差距的原因可能有以下几点：①数据源差异，本节研究数据采用的是出租车数据，而高德位智采用的数据来自用户使用高德地图及高德开放平台位置服务的记录，数据源的差异，难免会造成研究结果存在一定差异。这种差异，从一个侧面反映出居民前往不同商圈时，选择不同出行方式可能带来的不同影响。②研究时段差异，数据采用的是 2016 年 10 月 10 日内 24 个时段的累加总和，而高德位智提供的数据最早到 2017 年 4 月，时间特征的变化解释了对比结果的差异性。③研究范围差异，本节研究的结果针对北京五环范围内部，而高德位智提供的结果是针对全北京市域的，因此会包含五环外的数据。

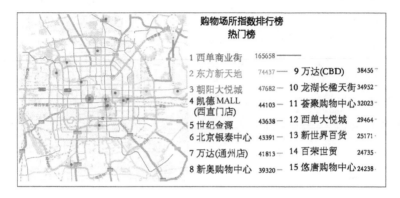

图 9.25　购物场所指数排行（来源：高德位智（原高德指数））

出租车上下车数量的多少客观上反映了人流量的多少，而 POI 分布的多少则客观体现了该区域服务人群数量的多少，由此，不难发现出租车起讫点的数量与 POI 分布的数量是相互影响的两个变量，两者之间存在内在的相互作用。因此，基于上述排序结果按照自然断点分级法得到各商圈的服务能力大小，选择北京市热点区域范围内的前 15 个商圈生成服务强度的雷达图，并将上述结果结合滴滴发布的《城市出行研究中国城市商圈出行及消费分析》中的一线城市主要商圈平均服务半径进行比对（图 9.26）发现，大部

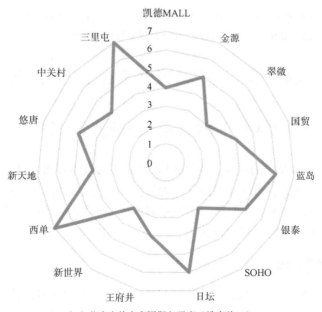

（a）北京市热点商圈服务强度（排序前15）

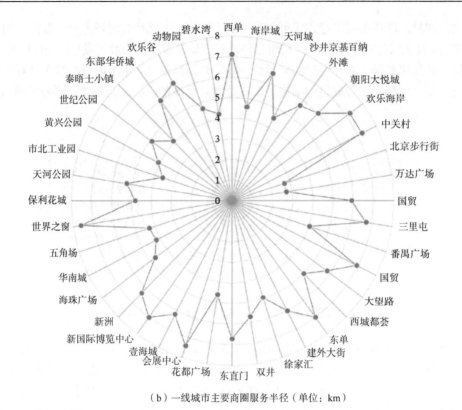

（b）一线城市主要商圈服务半径（单位：km）

图 9.26　热点商圈服务强度与服务半径对比

分商圈的服务强度与其服务半径存在正相关性，由此，可以说明热点区域的大小与其服务能力存在相关性，因而各商圈的消费程度、影响力可依据商圈所在热点区域的空间大小和时段长度来进行初步判断，以辅助相关领域的研究和判断。

9.4　基于时空谱聚类的出行特征挖掘

9.4.1　相似性度量方法及其改进

相似性度量作为聚类的关键，度量相似性公式的选取在实验中起着十分重要的作用。由于已有基于时间序列进行相似性行为的特征研究中，没有考虑到空间邻域和功能区属性的影响，因此，在基本的时间序列相似性度量过程中，添加空间邻域因子和功能区因子进行相似性度量的改进和优化。

1. 相似性度量方法

在进行聚类分析前需要判断样本的相似性，计算样本的相似性首先要分析数据的属性，如标称属性、二元属性、序数属性、数值属性等，我们采用的数据为数值属性，采用样本之间的距离来度量样本相似性。因为采用不同的距离计算方法，会影响数据样本间的相似性关系，进而造成分类结果的差异，所以筛选出合适的相似性度量方法十分关键。

现有的距离计算公式有很多，如闵氏距离、将分布不一样的各维数据标准化的加权欧氏距离、通过协方差大小来反映数据间的距离的马氏距离、相等长度的字符串由其中一个变换到另一个的最小替换次数的汉明距离、两个空间对象的属性所组成向量夹角大小程度的余弦相似度、由两集合的交集占其并集的比例所反映的 Jaccard 相似系数、判断两个随机变量相关性的相关系数和相关距离等。本章相似性的数据是原始数据经算法处理后得到的时间序列数据，因时间序列中不含有权重差异，不考虑加权欧氏距离，又因时间序列数据采用马氏距离、汉明距离、余弦相似度、Jaccard 相似系数等方法来计算数据相似性时，无法突出时间序列数据的差异，因此，本节选择闵氏距离进行相似性的度量。

两个 n 维变量 $X(x_1, x_2, \cdots, x_n)$ 与 $Y(y_1, y_2, \cdots, y_n)$ 之间的闵氏距离定义如式(9.9)所示。其中，当 $P=1$ 时，即为曼哈顿距离(城市街区距离)，见式(9.10)；当 $P=2$ 时，即为欧氏距离，见式(9.11)；当 P 趋向于∞时，即为切比雪夫距离，见式(9.12)：

$$d_{XY} = \sqrt[p]{\sum_{k=1}^{n} |x_k - y_k|^p} \tag{9.9}$$

$$d_{XY} = \sum_{k=1}^{n} |x_k - y_k| \tag{9.10}$$

$$d_{XY} = \sqrt{\sum_{k=1}^{n} |x_k - y_k|^2} \tag{9.11}$$

$$d_{XY} = \max_k (|x_k - y_k|) \tag{9.12}$$

综上，在针对时间序列的数据集中欧氏距离与实际更为相符，定义 8 所提及的 $\text{distance}_{p,q}^{\text{time}}$ 进行时间序列相似性的度量，为简化计算，加快算法处理效率，在后续算法的中间计算过程中，不进行开方处理，仅用 $\sum_{k=1}^{n} |x_k - y_k|^2$ 来反映相似性差异。

2. 相似性度量方法的改进

由于研究单元在空间上是连续分布的，因此，每个研究单元都有其邻接的研究单元，因此需在原有的时间序列差异性的度量中添加邻域因子进行计算；此外，城市功能区的不同区划对时空出行行为模式的相似性有着较大的影响，因此，需再添加功能区因子进行聚类；为了便于控制变量进行实验对比，将对比实验中的变量分为邻域因子、功能区因子以及双因子，下面依次介绍各个因子的内涵。

定义 10　空间邻域因子。将本研究的 855 个研究单元按照相邻与否进行标注，若两个研究单元相邻则标注为 1，否则标注为 0，自身单元之间标注为 0，最终得到 855×855

的方阵即为邻域因子，用 $distance_{p,q}^{space}$ 表示：

$$distance_{p,q}^{space} = \begin{pmatrix} s_{11} & \cdots & s_{1,855} \\ \vdots & & \vdots \\ s_{855,1} & \cdots & s_{855,855} \end{pmatrix}, s_{pq} = \begin{cases} 1, & p \text{ 与 } q \text{ 量空间单元相邻} \\ 0, & p \text{ 与 } q \text{ 量空间单元不相邻} \end{cases} \tag{9.13}$$

定义 11　功能区因子。依据第 9.2 节 855 个研究单元的功能区识别结果，若两个研究单元功能区识别结果相同则标注为 1，否则标注为 0，自身单元之间标注为 0，最终得到 855×855 的方阵即为功能区因子，用 $distance_{p,q}^{function}$ 表示：

$$distance_{p,q}^{function} = \begin{pmatrix} f_{11} & \cdots & f_{1,855} \\ \vdots & & \vdots \\ f_{855,1} & \cdots & f_{855,855} \end{pmatrix}, f_{pq} = \begin{cases} 1, & p \text{ 与 } q \text{ 量空间单元功能相同} \\ 0, & p \text{ 与 } q \text{ 量空间单元功能不同} \end{cases} \tag{9.14}$$

定义 12　双因子。将邻域因子和功能区因子进行叠加求和之后得到的方阵即为双因子，用 $distance_{p,q}^{sf}$ 表示：

$$distance_{p,q}^{sf} = distance_{p,q}^{space} + distance_{p,q}^{function} \tag{9.15}$$

综上，时间序列差异性是基于欧氏距离的原理进行定义的（见定义 8），时空序列差异性度量是时间序列差异性的扩展，综合考察式（9.2）、式（9.3）、式（9.13）、式（9.14）和式（9.15），得到 3 个时空差异性改进计算公式，如式（9.16）、式（9.17）及式（9.18）所示，为了验证添加不同因子的改进程度，本节将对比基于 3 个不同改进公式得到的聚类结果，以便于选择最优的改进公式开展后续实验。

$$distance_{p,q}^{ts} = distance_{p,q}^{time} + distance_{p,q}^{space} \tag{9.16}$$

$$distance_{p,q}^{tf} = distance_{p,q}^{time} + distance_{p,q}^{function} \tag{9.17}$$

$$distance_{p,q}^{tsf} = distance_{p,q}^{time} + distance_{p,q}^{space} + distance_{p,q}^{function} \tag{9.18}$$

9.4.2　谱聚类算法的时空及功能区拓展

由于谱聚类算法在聚类过程中未考虑其他因素对空间行为的影响，造成聚类结果不够准确，因此，将改进的相似性度量公式添加到谱聚类算法中，完成谱聚类算法的时空及功能区拓展，以实现聚类方法的改进和效果的优化。

1. 谱聚类算法

近年来，谱聚类因其容易执行且比传统的聚类算法表现效果更好而备受欢迎，并且针对本研究的空间单元和时间序列数据，该算法具有较好的适用性。选用谱聚类算法作为处理时间序列数据的基本算法。谱聚类的本质原理是来自于图论的演化，核心思想是将数据视为空间点，且两点之间采用边进行连接。距离远（近）的两点间的边权重值较低

（高），对所有数据点构成的图进行切图，保证切图后不同的子图间边权重和尽可能的低，而子图内的边权重和尽可能的高，进而达到聚类的目的。

1）相似度矩阵

谱聚类源于图理论，因此先介绍图的相关概念及表示。如图 9.27 所示，相似度矩阵由点集合中任意两点间的权重值构成，一般我们可以根据实验要求设定权重，常见的相似度矩阵的构建方法有 ε -邻居法、完全连通图法和 k-最近邻法，选用定义 8 进行差异性的度量，利用定义 9 实现差异性矩阵到相似性的转化。

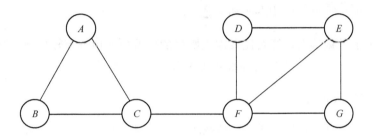

图 9.27　图的表示

2）图划分

谱聚类可理解成为图的划分问题，图划分的任务是探求 k 个不相交的子图，以期获得内部相似性大的子图和外部相似性小的子图，也就是实现相似度图的最小分割。但基本的划分子图方法没有考虑各子图所包含的点数，导致最小分割存在分割结果为极少数据点的情况，使得划分结果不平衡，如图 9.28 所示。为解决这一问题，引入比例割和规范割两种方法来进行修正。

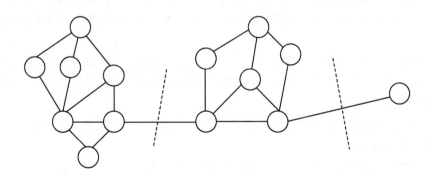

图 9.28　最小分割示意图

3）拉普拉斯矩阵

拉普拉斯矩阵在谱聚类算法中十分重要，该算法的聚类结果是基于拉普拉斯矩阵的相关特性创立的，拉普拉斯矩阵主要包括非正则化和正则化两大类。非正则化的拉普拉斯矩阵定义如式(9.19)。正则化的拉普拉斯矩阵分为两种，一种是对称正则化(L_{sym})，一种是非对称正则化(L_{rm})，他们的定义分别如式(9.20)和式(9.21)。由此，经典的谱聚类算法基于上述三种拉普拉斯矩阵也相应分为三种。

$$L = D - W \tag{9.19}$$

$$L_{\text{sym}} = D^{-\frac{1}{2}}LD^{-\frac{1}{2}} = I - D^{-\frac{1}{2}}WD^{-\frac{1}{2}} \tag{9.20}$$

$$L_{\text{rm}} = D^{-1}L = I - D^{-1}W \tag{9.21}$$

式中，D 表示对角阵，且对角元素 $d_i = \sum_{j=1}^{n} w_{ij}$。

根据研究的数据情况，经对比发现正则化的拉普拉斯矩阵有较好适应性，且是一种对称化的表示，因此，后续算法将依据式(9.20)开展实验研究和分析。

2. 谱聚类算法的改进

在实际行为活动中，空间邻域和功能区属性等因素不可避免地对出行选择带来一定程度的影响，因此，在基本的时间序列聚类过程中，添加空间邻域因子和功能区因子的相似性度量公式，以改进谱聚类算法，实现谱聚类算法的时空和功能区拓展。

改进后的谱聚类算法的核心思想是利用邻域因子和功能区因子的改进公式获取时间序列差异性的，下面给出该算法实现行为特征挖掘的主要步骤：

(1)将原始数据集按照行数据进行归一化处理，可将原始的时间序列集转化为出行比例的时间序列。

(2)出租车轨迹数据时间序列划分为 24 个时段，为进行全范围的比较，将滞后值设定为 23，按照定义 7 求解各出行比例时序的自相关系数集。

(3)利用式(9.18)所提及的改进后的相似性度量公式进行差异性矩阵的求解，同时利用初始定义 8、式(9.16)、式(9.17)的相似性度量的公式依次获取对比实验所需的差异性矩阵。

(4)根据定义 9，利用径向基核函数将上述差异性矩阵转化为相似性矩阵，以便于下文进行拉普拉斯矩阵的求解，其中，为避免自身相似性的比对，将相似性矩阵中的对角线元素值设为 0。

(5)根据式(9.20)的正则化拉普拉斯矩阵公式进行求解，进而计算并获取一一对应的特征值和特征向量。

(6)根据特征值分布的规律，实验效果在聚类个数取 4 时，相似性差异最大，因此，本节选取聚类个数为 4 时进行后续实验操作。

(7)基于 K-means 算法进行聚类，输出各研究单元所属类别。

算法实现的流程如图 9.29 所示，图中用虚线边框标出部分为改进的内容。

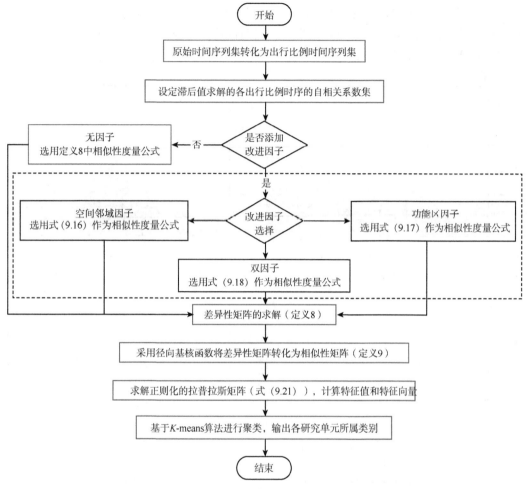

图 9.29　改进后的谱聚类算法流程图

9.4.3　实验结果与分析

1. 实验数据及其统计信息

城市空间行为时间序列是指按时间先后顺序将一个研究单元每小时上(或下)车数量排列后形成的数据集。首先统计 855 个研究单元每天的上车时间序列和下车时间序列，进而将一周内上车时间序列和下车时间序列按照工作日和非工作日(周六周日两天视为休息日)进行数据合并，最终得到研究分析的四类数据集合：工作日上车时间序列、工作日下车时间序列、休息日上车时间序列和休息日下车时间序列(图 9.30)。

对比图 9.30 中的 4 幅图，可以发现，时间序列存在以下几个特点：第一，下车时间序列中存在一个异常序列，造成无论工作日还是休息日的下车时间序列的纵坐标值远大于上车时间序列；第二，相较于工作日，休息日乘坐出租车的数量明显减少，具体来说，不考虑上述指出的异常序列，可以发现工作日时间序列峰值多处于 700 以下，而休息日时间序列峰值多在 200 以下。

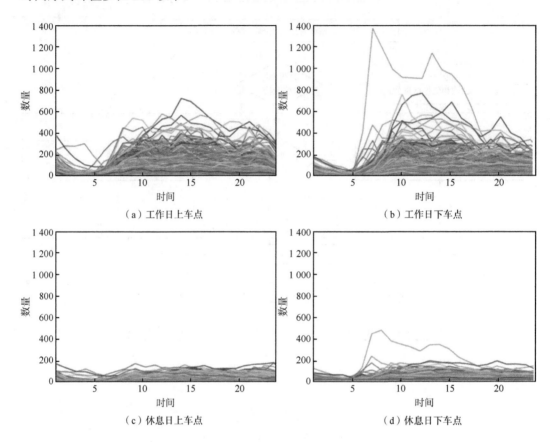

图 9.30　工作日及休息日上下车数量时间序列

2. 实验结果

邻域因子和功能区因子在城市空间行为中具有重要意义，对出行行为特征的影响不可忽视，因此，在双因子的作用下，分析 4 类数据集合中各研究单元时间序列的特点，按上述改进后的谱聚类算法进行聚类实验，得到各个数据集中所有研究单元所属的类别，根据实验结果，4 类数据集合中差异较大的特征值都是前 4 个特征值，因此聚类个数设为 4，依次提取 4 类数据集合中各聚类结果的时间序列并求取各类别时间序列平均值，最终得到以下 4 类数据集合各自的 4 类聚类结果(如图 9.31，其中不同线型表示 4 类不同数据集合，不同粗细表示每个数据集合中的 4 个类别，下图同)。

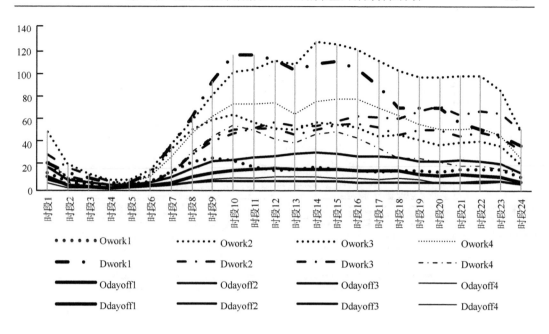

图 9.31　双因子作用下的聚类结果序列统计图

3. 对比实验

为确定添加双因子的改进效果，本节依次分析在无因子、邻域因子、功能区因子各单因子变量的作用下，4 类数据集合的聚类效果及其时间序列的特点，替换成不同的相似性改进公式后，仍按上述谱聚类算法进行聚类实验，得到各个数据集中所有研究单元所属的类别，同样地，聚类个数设为 4，得到 3 种对比的聚类结果(图 9.32)。

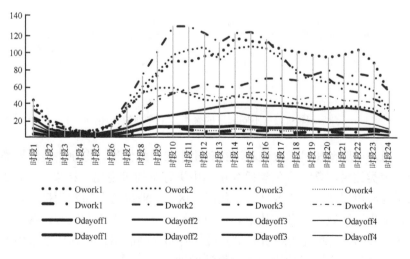

(a) 无因子

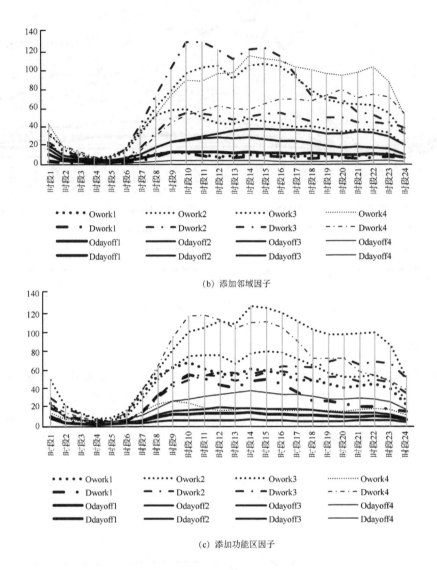

（b）添加邻域因子

（c）添加功能区因子

图 9.32　不同因子的聚类结果序列统计图

　　此外，为进一步客观展示改进算法在对比结果中的情形，将原实验的聚类结果及其对比实验的聚类结果，叠加到矢量研究单元中进行空间可视化，结果如表 9.2 所示。这一聚类结果与城市居住区、商业区、商住混合区、工业区等分布较为接近，城市空间中商业区和住宅生活区较为分散，从中心至边缘均有分布，而工业区在边缘较多，而商业和住宅等区域涵盖，由此说明对研究单元进行时间序列的出行行为挖掘采用谱聚类算法的可行性，下面将结合匹配度进行改进算法的评价。

表 9.2　不同因子的聚类结果空间可视化

因子	工作日上车点	工作日下车点	休息日上车点	休息日下车点
无因子	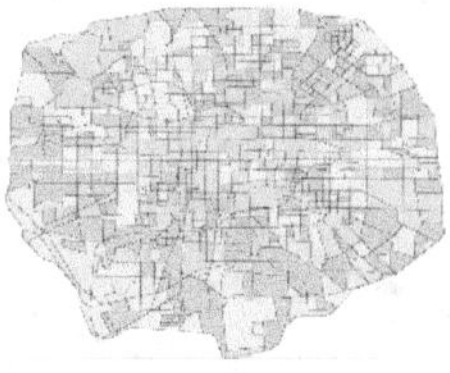	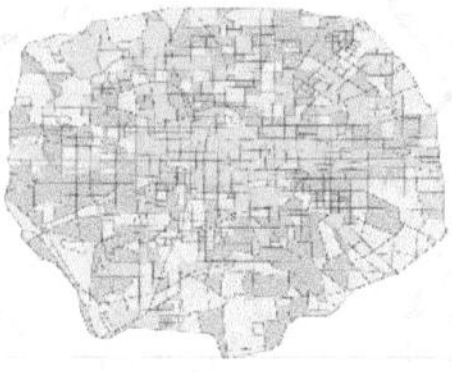	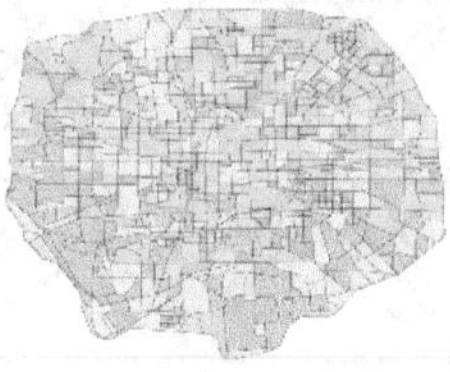	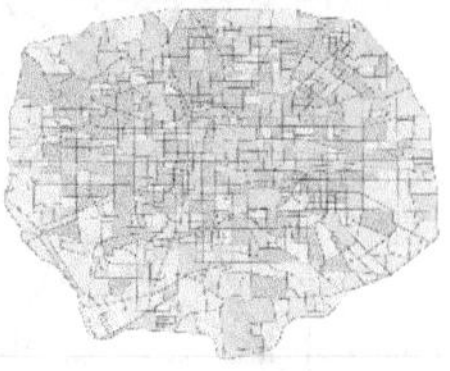
邻域因子				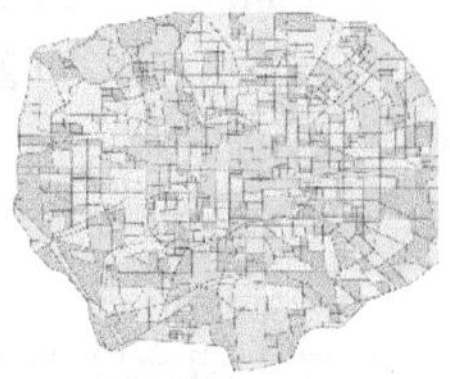
功能区 因子				
双因子				

图例	■商业区	居住区	混合功能区	工业区

4. 聚类结果评价

因为具体数据集合类别关系网络错综复杂，如图 9.33(a)所示，所以 4 个数据集合分别进行谱聚类得到的各研究单元的聚类结果并非完全对应，实验需要从中抽取出数据集合之间主要的类别对应关系，分析研究单元在上述 4 个数据集合间的映射网络。4 个数据集合中具有实际意义的组合关系主要包括两组类别：工作日上下车研究单元、休息日上下车研究单元。依次计算 $P(\mathrm{Dwork}\,|\,\mathrm{Owork})$、$P(\mathrm{Ddayoff}\,|\,\mathrm{Odayoff})$ 两组类别对应概率，提取每类映射中的最大概率映射关系，以无因子的映射关系为例，其最终结果如图 9.33(b)所示，图中线的不同粗细用于区分两组类别，而组内不同线型表示该组类别对应的 2 个数据集合间的不同类别对应关系。

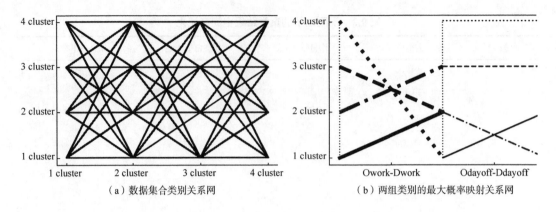

（a）数据集合类别关系网　　　　　　　（b）两组类别的最大概率映射关系网

图 9.33　数据集合类别关系网络及四项类别主要映射关系

　　最大概率映射关系，是指工作日上、下车点聚类结果与休息日上、下车点聚类结果占比和，根据式 (9.22) 统计休息日下车点 (Ddayoff) 和休息日上车点 (Odayoff) 各类别映射关系的占比情况（表 9.3，其中加黑数字表示上下车类别映射关系的最大占比），以无因子的聚类结果为例，得到 $P(\text{Ddayoff} \mid \text{Odayoff})$ 如式 (9.22) 所示，同理可得 $P(\text{Dwork} \mid \text{Owork})$，因此，最大概率映射概率 $P_{\max}$ 如式 (9.23) 所示。

表 9.3　休息日上下车点各类别映射关系的占比结果

Ddayoff Odayoff	类别 1	类别 2	类别 3	类别 4
类别 1	0.144876	**0.420495**	0.187279	0.247350
类别 2	**0.483871**	0.154839	0.012903	0.348387
类别 3	0.061728	0.253086	**0.592593**	0.092593
类别 4	0.341176	0.239216	0.050980	**0.368627**

$$P(\text{Ddayoff} \mid \text{Odayoff}) = \frac{1}{4}(0.420495 + 0.483871 + 0.592593 + 0.368627) \tag{9.22}$$

$$P_{\max} = \frac{1}{2}\big[P(\text{Ddayoff} \mid \text{Odayoff}) + P(\text{Dwork} \mid \text{Owork})\big] \tag{9.23}$$

　　根据最大映射概率的计算公式，并计算添加各因子后的最大映射概率，将他们与无因子的最大映射概率进行对比，结果如图 9.34 所示，由此发现仅添加邻域因子，聚类匹配度没有明显变化，仅加功能区因子，聚类匹配度有一定程度的提高，而添加双因子后，聚类匹配度明显提高（图中红点所示），因此，在这三种因子中，添加双因子的聚类效果最好。

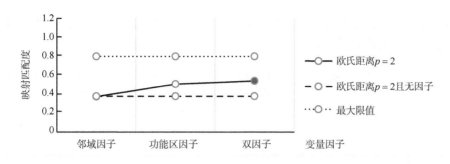

图 9.34　各因子的聚类匹配度

将无因子和双因子的工作日和休息日两组映射结果的最大概率聚类结果匹配到矢量地图研究单元上，如图 9.35 所示，从中可以验证添加双因子后的空间地块的聚类匹配度更高，说明功能区因子和邻域因子的作用效果已经在其中凸显出来。

（a）基于无因子的工作日上下车空间单元匹配图

（b）基于无因子的休息日上下车空间单元匹配图

（c）基于双因子的工作日上下车空间单元匹配图

（d）基于双因子的休息日上下车空间单元匹配图

图例　■ 已匹配的空间单元　□ 未匹配的空间单元

图 9.35　无因子和双因子的最大概率匹配结果

5. 行为特征分析与描述

为便于从时空视角进行城市出行行为的分析，提取改进后对应的时间序列，如

图 9.36 所示，根据图中时间序列的特点，基于工作日和休息日的两种不同视角，对工作日和休息日的研究单元所反映的出行行为特征进行描述与分析。

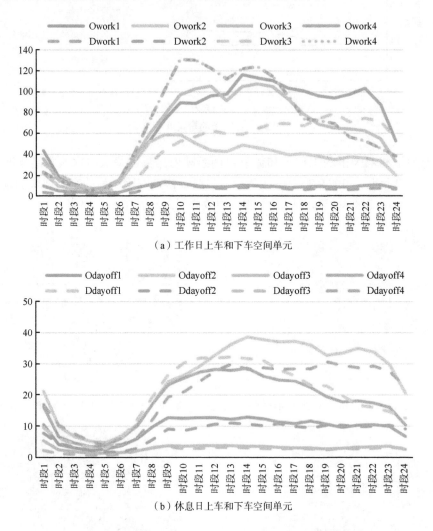

（a）工作日上车和下车空间单元

（b）休息日上车和下车空间单元

图 9.36　两组类别的最大概率对应类别及其时间序列曲线

A. 从工作日层面展开分析

Cluster 1（蓝色曲线代表的空间单元出行行为）：乘坐出租车数量较高，在 8～17 点之间上车数量小于下车数量，而在 17 点之后上车数量大于下车数量，其中上车点高峰出现在 14 点和 22 点时段中，下车点高峰出现在 10 点和 15 点的时段中，反映了此类城市空间出行行为与工作区居民的外出行为相近，且加班至 22 点的行为较多。

Cluster 2（黄色曲线代表的空间单元出行行为）：乘坐出租车数量中等，在 6～10 点之间上车数量多，而在其他时段下车数量多，其中上车高峰在 9 点，下车高峰在 20 点，反映了此类城市空间出行行为与人们的通勤行为的时序相似，由此可判断出此类城市空间为住宅生活区。

Cluster 3(绿色曲线代表的空间单元出行行为)：乘坐出租车数量也相对较高，上下车数量的时间序列呈现相似的分布趋势，但在两个凸起(10~13 点和 13~16 点)的高峰处下车数量高于上车数量，在 21~23 点之间则上车数量高于下车数量，由于这类城市空间出行行为没有明显的上下车时间序列趋势差异，由此可推断出这类城市空间可能为商住混合区。

Cluster 4(粉色曲线代表的空间单元出行行为)：乘坐出租车的数量较少，上下车的时间序列特点不明显，因此判断，该类城市空间的出行行为可能与工业区、公园、产业园等出租车难以进入的区域的出行行为较为相似。

B. 从休息日层面展开分析

Cluster 1(蓝色曲线代表的空间单元出行行为)和 Cluster 3(绿色曲线代表的空间单元出行行为)：乘坐出租车数量中等偏少，无明显上下车时间序列特点，反映出这两类城市空间单元的出行行为与商业区、住宅区等高密度人口区域差距较大，可能与职住一体化区域、产业园、工业区等低密度人口区域较为相近。

Cluster 2(黄色曲线代表的空间单元出行行为)：乘坐出租车数量较高，在 7~11 点之间下车数量多，而在其他时段上车数量多，其中上车高峰在 14 点和 21 点，下车高峰在 12 点，据此，可以推断该类城市空间单元的出行行为可能与包含餐饮和购物的商业混合区时空特征较为近似，且休息日人们可能选择在午饭前(下车高峰在 12 点)抵达该区域后从事聚餐等活动，然后选择回家休息(上车高峰在 14 点)或继续逛街(上车高峰在 21 点)。

Cluster 4(粉色曲线代表的空间单元出行行为)：乘坐出租车数量中等偏高，其上下车数量的分布特点，与工作日中的住宅区呈现相似的时间序列和行为特征，因此也视为住宅区。

C. 对比工作日和休息日

对比工作日和休息日的时间序列图，发现有以下几点差异：①对比它们的纵坐标，可以发现，周末乘坐出租车出行的行为大幅降低，主要原因是周末在家休息人多，不用赶时间去工作单位等；②乘车高峰从上午推后至下午，主要原因是没有工作压力，不必赶时间，并且周末出门主要从事就餐、逛街等城市出行行为，该行为特征的时间序列基本与商场营业时间相吻合，因此，休息日没有像工作日一样的早高峰。

城市空间的核心是行人，而出租车在城市中的运行特点可以在某种程度上反映人的行为特征。在基于行为开展的城市空间研究中，柴彦威教授认为，"空间-行为"互动论是研究的核心，行为空间是认识城市空间的重要方面，也是居民行为影响城市空间的重要方面。

(1)城市功能区识别方面，将 POI 细化到二级类，深化对城市功能区的理解。还需要更多更详尽的数据支持进一步的研究。仅按照各个 POI 类别的词频开展研究，忽视了类别之间与类别内部的特征项问题，这影响了各 POI 类别权重值优化，影响了结果的准确率，需要进一步研究。

(2)基于密度聚类算法方面，迭代方法可以删除噪声点，设置距离阈值的个数，但并未改变时空密度聚类算法的复杂度，尤其是针对大量数据集时效率较低，因此如何从算法本身和数据结构等方面提高算法的执行效率也需要进一步研究。

(3)基于时间序列进行谱聚类出行行为特征的研究，仅进行了工作日与周末居民出行行为的对比分析，尚需分析不同时间长度(例如周、月和季度等)聚类结果的变化规律，需要更多更长时间周期的数据支撑，以发现更多的城市空间的时空特点和行为规律。

第10章　再分析计划气象数据流挖掘

10.1　气象数据流挖掘基础知识

10.1.1　相关概念

1. 再分析计划

美国国家环境预报中心(NCEP)和国家大气研究中心(NCAR)联合推出了再分析计划1(Reanalysis 1)(简称计划1)，该计划通过气候诊断中心（CDC）发行全球从1948年至今的气象数据，所有数据被存放在一个独立的数据库中，利用这些数据可以对1948年以来每一个月的同一天进行再分析，寻找全球气候变化规律，造福人类。

随后，NCEP和美国国家能源部超算中心(NERSC)在计划1的基础上又联合推出了再分析计划2(Reanalysis 2)(简称计划2)，它使用了最新分析/预测系统对1979年以来的数据进行了同质化。计划1与计划2的相同点是分辨率、结果输出和文件格式保持一致，不同点是指出了计划1中的错误，如2004年平均海面压力(MSLP)数据，1982年的表面温度数据，更新了物理过程的参数化机制。

国际上专门成立了再分析国际组织(reanalyses.org)，它使用了可协作的维基框架（Wiki framework），这样便于用户比较再分析数据与再分析数据、再分析数据与观测数据。该组织提供了开发者、观测者和用户对再分析的评价内容以及数据的详细描述、数据的访问方法、分析和绘图工具和数据集的索引等。该组织的宗旨在于促进全球再分析开发者与用户之间的交流与合作。

关于再分析数据研究，国际上研究的重点包括数据分析方法的改进、风速测量与风能应用、太阳能、土壤和海洋应用等。国内则主要关注风速预测与风灾图的应用、青藏高原气象研究、农业与高温预警等。

再分析数据本质上是以空间位置为核心的地理数据。地理信息系统(GIS)是存储、分析、显示地理数据的有力工具，使用GIS对再分析数据的分析也越来越得到人们的重视，成为一个新的发展方向。

2. 异常天气分析

异常天气是指"天气要素的观测值与其历史气候平均值存在较大差异时的天气状态"。异常天气在我们日常生活中较为常见，当其较为严重时，就会给我们的生产生活带来不便，甚至带来重大的人员和经济损失，如洪涝灾害、极端高温、台风等。因此，异常天气越来越受到人们的重视。异常天气研究关注的重点包括异常天气预测、异常天气成因与农业发展、异常天气应对措施等。

3. 时空数据模型

时空数据模型研究大致分为几个阶段：20 世纪 70 年代的萌芽阶段、80 年代末期以时态 GIS 为标志的快速发展阶段、90 年代以来的繁荣阶段、进入 21 世纪以来的成熟阶段。概括起来，时空数据模型分为三种类型：面向对象的时空数据模型、面向事件的时空数据模型和面向过程的时空数据模型。

1) 面向对象的时空数据模型

面向对象的时空数据模型以对象为核心，记录对象的空间特征、属性特征以及相互之间的空间关系随时间的变化(图 10.1)。通过比较某一时刻前后对象的变化，可以获得对象的变化信息。复杂对象数据模型还包括对象的聚集、组合、排序和对象之间的层级关系等。利用面向对象的时空数据模型系统，可以快速地找到对象之间的共性和相互作用方式。

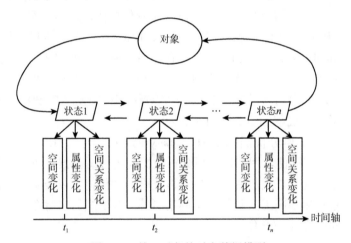

图 10.1　单一对象的时空数据模型

2) 面向事件的时空数据模型

面向事件的时空数据模型以事件为核心，记录事件随时间的发展变化(图 10.2)。它首先记录初始状态 t_0 下的基图 M_0，然后将每一个发生的事件都叠加到基图上，并且按时间记录该事件以及对基图的修改信息，这样就将事件的发展变化在基图上完整地保留下来。当需要查询某一事件时，则直接按照时间顺序回溯，找到当时的基图状态。该模型可以清楚地反映基图与事件之间的变化关系。随着时间的推移、事件在基图上的不断叠加，基图会变得越来越复杂，系统的查询效率将会大幅度降低。需要注意的是，面向事件的时空数据模型是以栅格地图为基础的。

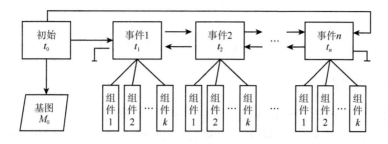

图 10.2　面向事件的时空数据模型

3）面向过程的时空数据模型

面向过程的时空数据模型以过程为核心，记录过程对象在时空语义和表达框架体系中的变化，实现对实体对象的动态表达。过程对象包含实体演变序列、时间序列和事件序列等（图 10.3）。该模型为实体对象提供了更为丰富的语义信息和表示方法，不仅可以描述实体对象状态变化，还能计算其变化时间和分析其变化原因。

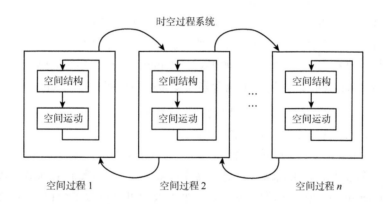

图 10.3　面向过程的时空数据模型

4. 数据流处理

数据流的一个重要特征就是目标概念（target concept）会随着时间的推移而发生变化，这种变化称为概念漂移。在机器学习领域，术语"概念"是指一个学习模型所预测的目标变量的数量。概念漂移可以有多种分类方法，按照发生速度可分为突变、渐变和重变。按照漂移发生的原因可分为真变和虚变。概念漂移的研究主要集中在数据流的概念漂移检测、概念漂移分类器的构造两个方面。

在数据流处理方面，主要围绕增量式数据流分析、大数据背景下数据流分析、GIS中的数据流分析等方面开展研究。增量式数据流分析主要集中在增量式学习算法改进、增量数据流挖掘应用方面。大数据背景下数据流挖掘主要集中在大数据流式挖掘的应用、流式数据的高效处理两个方面。GIS 在数据流分析中的应用在地质勘查与灾害分析、轨迹数据流分析等方向有较多研究。

10.1.2 气象数据流的组织与管理

1. 气象数据格式

NetCDF(Network Common Data Format,网络通用数据格式)是一种自描述、与机器系统无关,且基于矩阵的科学数据格式,可以用来存储温度、湿度、气压、风速和风向等多种科学数据,它是数据仓库技术在科学领域应用的重要体现。最早由美国大学大气研究协会(UCAR)针对 Unidata 项目对科学数据的需求特点开发而来,经美国国家海洋和大气管理局(NOAA)的大力推广,为世界各地的科研机构及项目所采用,如欧洲气象卫星开发组织(EUMETSAT)、德国航空航天局、美国国家航天局卤素掩星试验(HALOE)等。另外,很多商业软件也支持 NetCDF 格式数据,如 ESRI 公司 ArcGIS、MathWorks 公司的 Matlab、超级计算机系统工程与服务公司的 Environmental WorkBench 等。NetCDF 数据具有以下特点:

自描述性:包含自我描述信息;

高可用性:可以直接读取要访问的数据,不必按顺序读取;

可扩展性:可以直接增加维数而不需要重新定义数据结构;

跨平台性:支持多语言的读写,如 Java、Python、C++、FORTRAN 等。

本质上讲,NetCDF 数据是一个包含多自变量的单值函数,形如

$$f(x, y, z) = \text{value} \tag{10.1}$$

它由变量、维度和属性三部分内容组成。

变量(variables):它是现实的观测数据,是式(10.1)中的 value。以气象学中空气温度为例,如"东经 125°,北纬 45°的空气温度是多少度",函数值空气温度就是变量。

维度(dimension):它又称为自变量,一个函数中可以包含多个自变量,如上式中的 x, y, z。在函数图像中,维度也称为坐标轴,一个坐标轴代表一个维度。在上面的例子中,东经和北纬就是维度。每一个维度都具有名字和范围,这个范围是有限度的,在一个函数中,最多只能存在一个无限范围的维度。

属性(attribute):它是自变量与函数值的物理解释。变量和维度都是无量纲的数字,想要理解它的具体含义,就需要通过属性,如东经、北纬可以用量纲"度"来衡量,函数值空气温度也可以用量纲"度"来衡量。

图 10.4 给出了空气温度立方体的构造,可以看到除变量温度外,还包含经度、纬度、层级和时间四个维度。

2. 气象数据组织与管理

再分析气象数据来源于遍布全球的观测站点,每一个时间节点有数百万条记录汇总而来,如何管理这些实时的、海量的观测数据是一个巨大的挑战。结合 GIS 对这些气象数据进行管理的基本框架如图 10.5 所示。

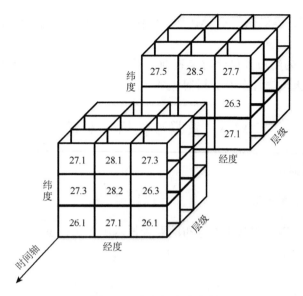

图 10.4　空气温度立方体

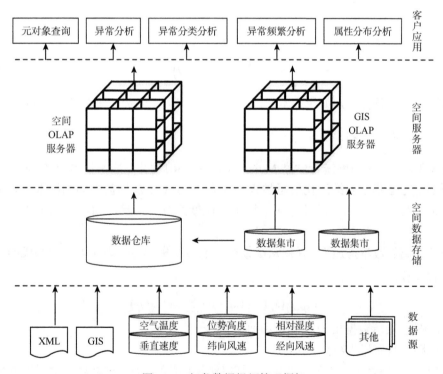

图 10.5　气象数据组织管理框架

气象数据组织管理框架由四部分组成：

(1)数据源：提供天气的各属性数据集、GIS 数据、XML 数据，以及其他相关数据。

(2)空间数据存储：将各数据源中的数据汇集到数据仓库和数据集市中，这一过程要经过提取、清理、变换、更新等一系列操作。

(3)空间服务器：提供空间 OLAP 基本操作，如钻取、上卷、切片、切块和旋转等，以及 GIS 基本操作。

(4)客户应用：为用户提供元对象查询、天气异常分析、天气异常分类分析、天气异常频繁分析以及天气属性分布分析等服务。

10.1.3　数据流挖掘基本算法

1. 离群点检测算法

1)一元离群点检测方法

最大似然估计：定义服从正态分布的要素样本集 $X=\{x_1, x_2, \cdots, x_n\}$，$\mu, \sigma$ 分别为样本集 X 的均值和标准差，则它的最大化似然函数为

$$\ln L(\mu, \sigma) = \sum_{i=1}^{n} \ln f(x_i \mid (\mu, \sigma^2)) = -\frac{n}{2}\ln(2\pi) - \frac{n}{2}\ln \sigma^2 - \frac{1}{2\sigma^2}\sum_{i=1}^{n}(x_i - \mu)^2 \tag{10.2}$$

对 μ, σ 求导可得到其对应的最大似然估计

$$\hat{\mu} = \bar{x} = \frac{1}{n}\sum_{i=1}^{n} x_i \tag{10.3}$$

$$\hat{\sigma}^2 = \frac{1}{n}\sum_{i=1}^{n}\left(x_i - \mu\right)^2 \tag{10.4}$$

在正态分布条件下，如果样本 x_i 超出范围 $[\hat{\mu} - 3\hat{\sigma}, \hat{\mu} + 3\hat{\sigma}]$，就判定为离群点。

2)多元离群点检测方法

马氏距离：是由印度统计学家 Mahalanobis(1936)提出，用来衡量点 P 与分布 D 之间的距离。它是基于多维泛化的思想来计算点 P 与分布 D 均值之间的标准差，本质是计算数据的协方差距离，是计算两个样本相似度的有力工具，因此马氏距离应用十分广泛。

马氏距离的数学描述为：在服从高斯分布的数据集 D 中，观测点 x_i 的马氏距离可由以下公式计算：

$$d_{(\mu, \Sigma)}(x_i)^2 = (x_i - \mu)' \sum{}^{-1}\left(x_i - \mu\right) \tag{10.5}$$

式中，μ 和 Σ 表示数据集 D 的均值和协方差。

马氏距离具有以下特点：

(1)马氏距离是无量纲的，与测量尺度(测量单位)无关，这样就消除了不同属性带来的量纲差异，有利于数据的标准化。

(2)马氏距离建立在所有样本集的基础上，因为它的协方差 Σ 是由所有样本确立的。

(3)计算马氏距离的样本的总数要大于样本的属性维度，从式(10.5)看出，如果该条件不满足，样本协方差的逆矩阵将不存在，导致距离无法计算。当然也要注意到，即使

该条件满足，但协方差求逆依然不存在，则马氏距离同样无法计算。

（4）观察式（10.5），如果协方差矩阵为单位矩阵，则马氏距离退化为欧氏距离。

2. 频繁模式挖掘算法

FP_Growth 算法是频繁模式挖掘中最为著名的算法之一，相比较 Apriori 算法，FP_Growth 并不产生候选项，并且只扫描两次数据库，极大地减少了内存需求和挖掘搜索空间，原因在于它将整个事务数据库压缩到一颗频繁模式树上，并且在树上保留了项与项的关联关系。鉴于上述优势，FP_Growth 算法受到了学者们的欢迎并对其进行了很多改进。算法介绍详见第 4.3 节，在此不再赘述。

3. 高维聚类算法

CLIQUE 是一种在网格剖分基础上对子空间进行密度聚类的方法。CLIQUE 首先将各个维度划分为互相不重叠的区间，进而将整个数据对象空间嵌入到由区间交叉而成的单元中，然后利用密度门限将单元划分为稠密单元和稀疏单元。CLIQUE 辨别候选搜索空间的主要策略是基于稠密单元与维度的单调一致性原则。

CLIQUE 聚类过程可分为以下两步。

第一步　将 d 维数据空间划分为相互不重叠的规则单元并从中找到子空间中所有的稠密单元。划分的详细过程是：首先对每一个维度划分区间，并寻找密度超过 l 区间；然后迭代合并两个 k 维的稠密单元 c_1 和 c_2，分别属于子空间 $(D_{i_1}, D_{i_2}, \cdots, D_{i_k})$ 和 $(D_{j_1}, D_{j_2}, \cdots, D_{j_k})$；接着合并操作产生新的 $k+1$ 维候选单元 c，属于新的空间 $(D_{i_1}, \cdots, D_{i_{k-1}}, D_{i_k}, D_{j_k})$；最后检查候选单元 c 中的数据点个数是否满足密度门限，若不满足则迭代结束。

第二步　对于子空间中所有稠密单元聚集形成的任意形状的簇，依据最小描述长度原理（MDL）使用超矩形（hyperrectangle）来覆盖所有稠密区域。

CLIQUE 是一种自底向上的子空间搜索方法，它从低维度子空间开始搜索，只有较高维度子空间可能存在簇才继续搜索。CLIQUE 具有以下优势：自动寻找高密度簇、对对象顺序不敏感、数据分布无须假定、伸缩性良好。

为避免较长的矩形单元出现，在聚类之前首先对各个维度进行归一化操作。该章选用的气象数据基本符合正态分布，所以采用标准分（standard score）归一化。

如果子空间并非轴平行（axis-parallel），则可能会产生无限子空间，为了避免该情况的发生，使用启发式（heuristic）来保持子空间计算的可行性。

10.2　面向事件的气象数据流滑动窗口查询

滑动窗口问题在"第 3 章　数据流的空间聚类变化检测"已有介绍，是用于在需要可靠和顺序递送数据分组的两个网络计算机之间控制所发送的数据分组的技术。在滑动窗口技术中，每个数据分组和字节包括唯一的连续序列号，接收计算机使用该序列号以正确的顺序放置数据。滑动窗口技术的目的是使用序列号以避免重复数据并请求丢失数据。当前对于数据流的滑动窗口研究主要集中在滑动窗口频繁模式挖掘、滑动窗口查询、滑动窗口聚类三个方面。

10.2.1　基于事件的元对象查询

1. 基于网格单元的地理实体

地理实体是指用实体的几何信息、属性描述信息和实体间关联信息构成的客观地理存在。地理实体具有多态特征，依据上述定义可以分为几何多态特征、属性多态特征和关联多态特征。地理实体是不能被划分的，一旦划分就会失去原有的信息，但它可以由更小的单元组成，将组成地理实体的最小单元称为元对象，我们将元对象定义为 MO={ID，GA，EA，MF}，其中 ID 是元对象的唯一标识，GA 是它的地理属性集，EA 为对象的非空间属性集，MF 是对象的方法集。元对象空间特征则由点、线、面等元素构成。

地理网格是一种以平面子集的规则分级剖分为基础的空间数据结构，具有较高的标准化程度，有利于开发面向空间数据和几何操作的更加有效算法。它能由粗到细，逐级的分割地球表面，将地球曲面用一定大小的多边形网格进行近似模拟，再现地球表面，其目标是将地理空间的定位和地理特征的描述一体化，并将误差范围控制在网格单元的范围内。其中以经纬度网格为最常用。

地球是一个地理实体，采用经纬度将它剖分为网格单元时，我们可以认为这些网格单元就是构成地球这个地理实体的元对象。再分析计划的气象属性是建立在全球网格单元基础上的。它本身并不是地理实体，而具有天气属性的网格单元可以被认为是地理实体，因为它本身具有精确的经纬度坐标，与周围的单元存在空间关系。

NCEP 的再分析计划 1 的观测范围覆盖全球，90°N～90°S，0°～357.5°E。其中经度是以国际日期变更线为起点。观测点都是以网格划分，间隔为 2.5°×2.5°，全球共 144×73 个网格。我们的关注区域跨度范围为经度 73°40′E～135°2′30″E，纬度 3°52′N～53°33′N，大致覆盖全中国。

2. 基于事件的元对象

再分析计划的天气属性都是建立在全球格网基础上的，这些属性构成元对象(网格单元)的非空间属性。然而这些天气属性是随时间不断变化的，并且伴随着很多异常变化与属性分布的变化。我们将这种变化看作是事件，重新定义元对象，形如 MO={ID，GA，EA，E}，其中 ID、GA、EA 与前面的定义一致，E 代表元对象的事件集。

基于网格单元的元对象，它的空间位置(空间属性)始终不发生变化，而且元对象之间的空间关系都是固定的，变化的是它的非空间属性，并由非空间属性的变化引起一系列的事件，如各属性异常、属性综合性异常、属性异常频繁和属性分布叠加等。

属性异常是指当前天气属性观测值与历史平均值存在较大差异所引发的异常。属性异常事件又包括各属性异常事件和综合性属性异常事件。各属性异常事件是指考虑单个属性所产生的异常，而综合性属性异常事件是综合考虑天气的所有要素所引发的异常。

属性异常分类是指对当前天气异常值进行分类所产生的事件。

属性异常频繁是指属性发生异常的频率过高引发的事件，这种频繁可以是单个属性引起的，也可是多个属性共同引起的。

属性分布叠加是由不同维度的属性空间分布出现重合引起的事件。

再将此元对象推广到地理实体上，就有了基于事件的地理实体(图 10.6)。这里网格单元(元对象)的空间属性由网格的经度和纬度组成，而它的非空间属性包含空气温度、相对湿度、经向风速等。

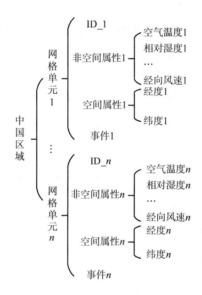

图 10.6 基于事件的地理实体

基于事件元对象定义，可以对地理实体中的元对象进行搜索。

3. 基于事件的元对象查询

首先对基于事件的地理实体进行形式化表达：

(1) $GE = \{MO_1, MO_2, \cdots, MO_n\}$，其中 GE 为地理实体；

(2) $MO_i = \{ID_i, GA_i, EA_i, E_i\}$，$MO_i$ 为实体中第 i 个元对象，其定义与前面的相同；

(3) ID_i，为元对象 MO_i 的序号，也是唯一标识，在实际使用过程，通常用元对象(网格单元)的经纬度坐标替代；

(4) $GA_i = \{lon_i, lat_i\}$ 为 MO_i 的空间属性集，这里只包含了它的经纬度坐标；

(5) $EA_i = \{ea_i^1, ea_i^2, \cdots, ea_i^k\}$ 为 MO_i 的非空间属性集，k 为属性的个数；

(6) $E_i = \{e_1, e_2, e_3, e_4\}$ 为 MO_i 的事件集，事件集分别代表了各属性异常、属性综合性异常、属性异常频繁和属性分布叠加。

事件是由于元对象的非空间属性的变化所引起的。当该属性超过了它的历史平均值则会导致异常，该历史平均值定义为异常因子，所以对应于每一个非空间属性都有一个异常因子，这样各属性的异常因子集定义为 $AB = \{ab_1, ab_2, \cdots, ab_k\}$，而综合性的属性异常只有一个异常因子 ab。属性异常频繁是因为属性的异常数量超过了最低的限额，这个限额称为异常频繁因子 F。属性分布叠加是因为属性的分布在空间中出现重合引起，使用分布叠加因子 d 表示。

事件不同，其查询过程也不同，针对前述不同的事件类型分别给出其查询元对象的过程。

1) 基于各属性异常的元对象查询

基于各属性异常的元对象查询要求遍历整个地理实体中的元对象，对各个属性的异常与否要分别计算，搜索过程如图 10.7 所示。输入条件为地理实体集 GE 和异常因子集 AB。过程开始后，首先选择需要搜索的属性异常因子 ab_i，MO 用来存储符合条件的元对象。然后开始遍历地理实体，搜索寻找第 j 个元对象的第 i 个属性 ea_j^i，最后将属性 ea_j^i 与异常因子 ab_i 进行比较，如果 $ea_j^i > ab_i$，表明该属性出现了异常，将该元对象加入到对象集中，下同。

方法：　　　　　　QA
输入：　　　　　　地理实体 $GE = \{MO_1, MO_2, \cdots, MO_n\}$
　　　　　　　　　异常因子集 $AB = \{ab_1, ab_2, \cdots, ab_k\}$
过程：
　　ab_i，选择需要查询的属性异常因子
　　MO，初始化查询元对象集
　　For　$j=1:n$，遍历地理实体元对象集
　　　　ea_j^i，寻找第 j 个元对象的第 i 个属性
　　　　If　$ea_j^i > ab_i$，判断 ea_j^i 是否超过异常因子
　　　　　　$MO \leftarrow MO_i$，将第 j 个元对象 MO_j 加入到对象集
　　　　End
　　End
输出：MO，返回查询元对象集

图 10.7　基于各属性异常的元对象查询过程

2) 基于综合性属性异常的元对象查询

基于综合性属性异常的元对象查询需要遍历整个地理实体的元对象集，计算每一个元对象的非空间属性的综合性异常，如图 10.8 所示。输入条件为地理实体集 GE 和异常因子 ab。过程开始后，MO 用来存储符合条件的元对象。然后遍历地理实体，计算每一个元对象属性的综合异常性 ab′，当 ab′ 大于异常因子 ab 时，将当前元对象加入到搜索元对象集中。

方法：	QSA
输入：	地理实体 GE = {MO$_1$, MO$_2$, …, MO$_n$}
	异常因子 ab
过程：	

MO，初始化查询元对象集

For i=1：n，遍历地理实体元对象集

   ab′，寻找第 i 个元对象的属性的综合性异常

   If ab′>ab，判断 ab′是否超过异常因子

      MO ← MO$_i$，将第 i 个元对象 MO$_i$ 加入到对象集

   End

End

输出：MO，返回查询元对象集

图 10.8　基于综合性属性异常的元对象查询过程

3）基于属性异常频繁的元对象查询

基于属性异常频繁的元对象查询要求对每一个元对象各属性在历史上的异常情况进行统计，计算属性异常（一个或多个）出现异常的频率，如图 10.9 所示。输入条件包含了地理实体集 GE、异常因子集 AB 和异常频繁因子 F。开始搜索后，遍历地理实体 GE，然后对某一元对象所有属性在历史上的异常情况进行计算，得到异常矩阵。对异常矩阵进行统计，寻找频繁出现异常的属性或属性组，并将其加入到频繁项集中。遍历频繁项集，如果某一频繁项 FP(j)出现的频率大于异常频繁因子 F 时，将当前元对象加入到搜索元对象集中。

方法：	QFP
输入：	地理实体　GE = {MO$_1$, MO$_2$, …, MO$_n$}
	异常频繁因子 F
	异常因子集 AB = {ab$_1$, ab$_2$, …, ab$_k$}
过程：	

MO，初始化查询元对象集

For i=1：n，遍历地理实体元对象集

   y，统计第 i 个元对象的所有属性在历史上的异常情况，得到异常矩阵

   FP ⇐ y，对异常矩阵进行统计，将频繁出现异常属性加入到频繁项集中

   m=count(FP)，对项集中存在频繁项个数进行统计

   For j=1：m，遍历频繁项集

      If count(FP(j))>F

         MO ← MO$_i$，将第 i 个元对象 MO$_i$ 加入到对象集

      End

   End

End

输出：MO 返回查询元对象集

图 10.9　基于属性异常频繁的元对象查询过程

4)基于属性分布叠加的元对象查询

基于属性分布叠加的元对象查询是对属性的分布出现重合时的元对象进行的统计，如图 10.10 所示。输入条件包含了地理实体集 GE、分布叠加因子 d 和属性子集 $\{ea^i, ea^j\}$，属性子集是元对象的任意两个非空间属性。过程开始后，分别统计属性 ea^i 和属性 ea^j 在地理实体中的空间分布情况，然后计算着两个分布的叠加情况，如果叠加结果 d' 大于分布叠加因子，按照叠加结果重新搜索地理实体中元对象，将其加入到搜索元对象集中。

方法：　　　　QAD

输入：　　　　地理实体 GE = $\{MO_1, MO_2, \cdots, MO_n\}$

　　　　　　　分布叠加因子 d

　　　　　　　属性子集 $\{ea^i, ea^j\}$

过程：

　　　　MO，初始化查询元对象集

　　　　D(ea^i)，统计属性 ea^i 在地理实体中的分布情况

　　　　D(ea^j)，统计属性 ea^j 在地理实体中的分布情况

　　　　$d' = \text{Cross}(\text{D}(ea^i), \text{D}(ea^j))$，计算分布 D($ea^i$) 和 D($ea^j$) 叠加情况

　　　　If　$d' > d$，如果叠加结果大于叠加因子

　　　　　　　MO ← Search(GE, d')，按照 d' 搜索地理实体中的元对象，将结果加入到 MO

　　　　End

输出：MO 返回查询元对象集

图 10.10　基于属性分布叠加的元对象查询过程

10.2.2　气象数据流滑动窗口查询方法

基于事件的元对象查询，其本质是对静态数据的查询，而流数据是动态的，如何进行查询？对于实时到达的数据流来说，计算机一次处理的能力有限，所以必须对数据流进行分割处理。分割形成的数据块是数据流的最小数据单元，计算机可以处理很多数据块，至于处理的多少与计算机的能力相关。因此必须增加一个限定条件以与计算机的能力相匹配，滑动窗口则是一个很好的选择。滑动窗口通过窗口的宽度来调整计算机单次处理数据块的多少。

1. 相关定义

定义 1　数据流由持续到达的数据元组组成，$S = \{\langle s_1, t_1 \rangle, \langle s_2, t_2 \rangle, \cdots, \langle s_i, t_i \rangle \cdots\}$，其中 s_i 为元组的数据内容，t_i 为元组的到达时间。一般情况下，认为数据块与时间同步，以下标来代表时间序列，该式可以简写为 $S = \{s_1, s_2, \cdots, s_i, \cdots\}$。

定义 2　滑动窗口是数据流到达缓冲区的窗口，当新的元组到达窗口时，原有的元组将会被替代，视觉上窗口是随时间变化的，如图 10.11 所示，包含在窗口宽度 W 中的数据块 $SW_i = \{s_i, \cdots, s_{i+w}\}$。滑动窗口在某一时刻的状态称为滑动窗口快照，数据流的查询依赖于滑动窗口快照。

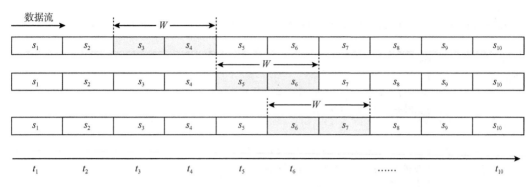

图 10.11　滑动窗口模型

图 10.11 中，数据流随时间 t 不断到达，在 t_3 时刻包含在窗口宽度 W 为 2 的数据块有 $S' = \{s_3, s_4\}$，而当时间到达 t_4，原有的 S' 的数据块被处理后抛弃，接收新的块 $S' = \{s_5, s_6\}$，后面的过程依次进行。

定义 3　地理数据块是由特定时间的地理实体所构成的数据块，形如 gs = {GE}，其中 GE 代表了地理实体，该数据块包含了完整的地理实体的基本信息，如图 10.12 所示，每一个地理数据块包含了地理实体中的所有元数据(地理网格)。

| gs₁ | gs₂ | gs₃ | gs₄ | gs₅ | gs₆ | gs₇ |

元对象	非空间属性				空间属性		事件
ID	EA^1	EA^2	$\cdots$	EA^k	GA^1	GA^2	$\{E_1, E_2, \cdots, E_n\}$
o_1	EA_1^1	EA_1^2	$\cdots$	EA_1^k	GA_1^1	GA_1^2	$\{E_1, E_2\}$
$\vdots$	$\vdots$	$\vdots$	$\vdots$	$\vdots$	$\vdots$	$\vdots$	$\vdots$
o_n	EA_n^1	EA_n^2	$\cdots$	EA_n^k	GA_n^1	GA_n^2	$\{E_2, E_3\}$

图 10.12　地理数据块构成

地理数据块是气象数据流的基本组成，对气象数据流的查询也就是对地理数据块的查询。

2. 气象数据流滑动窗口查询方法

静态环境下讨论了基于事件的元对象查询方法以及地理数据块的定义，接下来讨论如何将方法和定义推广到气象数据流中？

图 10.13 给出了面向事件的气象数据流滑动窗口查询的过程。输入条件有三部分内容：一是事件 E；二是影响事件的因素，包括异常因子集 AB = {ab₁, ab₂, ⋯, ab_k}，异常因子 ab，异常频繁因子 F，分布叠加因子 d；三是数据流的窗口宽度。过程开始后，首先要根据事件 E 的类型选择所用的因子或因子集以及查询方法，查询方法是 10.2.1 节中给出的四个方法。之后数据流开始不断到达，$t = t_{\text{stop}}$ 直到时间终止。数据流到达后，取出从时间 t 之后的 W 个地理数据块。之后对这些数据块逐一按照选择好的查询方法和查

询条件对数据块 gs_{t+i} 进行搜索，把满足查询条件的 P 保存到查询元对象集。

方法：	EQMDS
输入：	事件 E
	异常因子集 $AB=\{ab_1, ab_2, \cdots, ab_k\}$，异常因子 ab
	异常频繁因子 F，分布叠加因子 d
	窗口宽度 W
过程：	
	$P \leftarrow E:\{AB, ab, F, d\}$，根据事件类型选择异常因子或因子集
	$Q \leftarrow \{QA, QSA, QFP, QAD\}$，根据事件类型选择查询方法
	MO，初始化查询元对象集
	$t = t_{start}$，数据流开始时间
	While ($t! = t_{stop}$)
	$\quad GS = \{gs_{t+1}, gs_{t+2}, \cdots, gs_{t+w}\}$，到达窗口的地理数据块
	$\quad$ For $i=1:w$，遍历窗口中的数据块
	$\quad\quad MO \leftarrow Q(gs_{t+i}, P)$，通过查询方法和查询条件对第 i 个数据块搜索
	$\quad$ End
	End
输出：MO 返回查询元对象集

图 10.13　面向事件的气象数据流滑动窗口查询过程

10.3　面向异常时空数据模型的气象数据流异常检测

离群点检测(outlier detection)又称为异常检测，是用来找出行为不同于预期的对象的过程，这种对象称为离群点或异常。离群点可以分为三种类型：全局离群点(global outlier)、条件离群点(conditional outlier)和集体离群点。全局离群点是指某一数据对象明显偏离整体数据集的其他数据对象；条件离群点是指某一数据对象显著偏离了用户的使用环境，即永远不会被用户所采纳；集体离群点(collective outlier)是指数据对象的子集整体偏离了整个数据集。当前，对离群点检测研究主要集中在 3 个方面：改进离群点检测方法、提高离群点检测效率和拓宽离群点检测应用。

10.3.1　面向异常时空数据模型

1. 面向异常时空数据模型定义

面向异常时空数据模型的定义如下：

Abnorm_model={GeoEntities，Attributes，Actions，Abnorm}。

Abnorm_model：代表面向异常时空数据模型。

GeoEntities：代表地理实体，全球气象数据是建立在经纬度格网基础上的，每一个网格单元包含精确的位置信息，因此可以被看作是地理实体。

Attributes：代表属性信息，用来描述地理实体的属性信息，对于网格单元来说，它的属性信息表征天气的各个要素，如空气温度、相对湿度、降雨量、风速等。

Actions：代表行为活动，用来描述对地理实体属性的操作活动，本模型所涉及的操作行为有抽取、组合、检测和表达。

（1）抽取，是指从地理实体中提取特定时间段的属性信息，例如从网格单元的属性信息中提取近十年中每一年六月份空气温度的月平均值。

（2）组合，是将所提取的特定时间段地理实体属性信息进行组合，构成用来描述特定时间段的地理实体属性集合，例如将提取的空气温度、相对湿度、降雨量和风速的月平均值按照时间序列进行组合，构成描述网格单元的包含上述要素的属性集。

（3）检测，是对地理实体的属性集合进行异常性检测，例如通过对网格单元属性集进行异常性检测，判定该单元格的天气是否存在异常。

（4）表达，是将异常性的检测结果以符号的形式标记在地理实体上，例如用特定颜色来标记网格单元的异常结果。

Abnorm：代表异常，用来描述地理实体的天气是否存在异常。

2. 面向异常时空数据模型框架

依据面向异常时空数据模型的定义，提出其模型框架（图 10.14）。

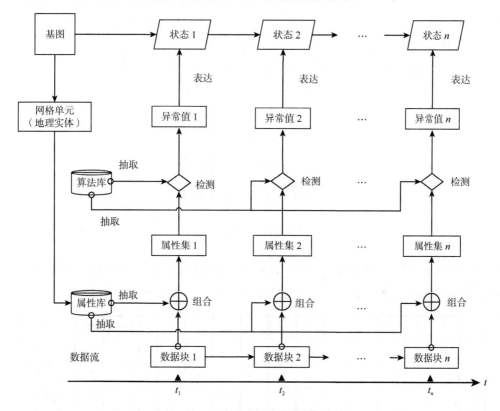

图 10.14　面向异常时空数据模型框架

图中的模型框架可以划分为 3 个主要阶段：

（1）数据组合阶段：该阶段的主要工作是从数据流中抓取某一时刻 t_i 的数据块以及

从网格单元(地理实体)所对应天气要素属性库中抽取 t_i 时刻的历史属性数据，然后按照时间序列将这些数据组合成属性数据集。

(2)异常检测阶段：该阶段的主要工作是从算法库中抽取相应算法对 t_i 属性数据集进行异常检测，该检测算法是对所有属性从整体上进行检测。

(3)状态表达阶段：该阶段的主要工作是将 t_i 时刻异常值的检测结果用符号标记到基图中，作为该时刻基图的状态。基图的状态可以分为两种：一种是当前时刻的异常状态；另一种是异常的累计统计状态，称为异常率状态。

面向异常时空数据模型与传统面向事件的时空数据模型的区别在于：

(1)传统模型所用的是真实的事件流，而该模型事件是指通过对数据流和数据库完成的一系列操作组成的异常检测。

(2)传统模型基图仅是用来叠加事件的栅格地图，而该模型认为基图中的网格单元可以被看作是地理实体，该地理实体包含了历史气象数据的属性库。

3. 面向异常时空数据模型表达

面向异常时空数据模型中的状态有两种，异常状态和异常率状态。异常状态用二进制数值{0，1}表示，0代表正常，1代表异常。异常率用百分比表示(在基图中用颜色符号表示)，用来表征地理实体发生天气异常的概率。

图 10.15 反映了基图中的网格单元(地理实体)天气异常值情况。

1	1	1	1	0
1	0	0	1	0
0	0	1	0	1
0	0	0	0	0
1	1	0	1	0

图 10.15　异常值表达

图 10.16 给出了 t_1 时刻异常值与 t_2 时刻异常值统计后，t_2 时刻的基图上各网格单元的天气异常率情况。颜色趋红，异常概率越高；颜色趋蓝，异常概率越低。

1	1	1	1	0
1	0	0	1	0
0	0	1	0	1
0	0	0	0	0
1	1	0	1	0

（a）t_1异常值

\+

0	1	1	1	1
1	0	0	1	0
0	0	1	0	0
0	1	1	0	1
0	1	0	1	0

（b）t_2异常值

\=

0.5	1	1	1	0.5
1	0	0	1	0
0	0	1	0	0.5
0	0.5	0.5	0	0.5
0.5	1	0	1	0

（c）t_2异常率

图 10.16　异常率表达

10.3.2　数据流的异常检测

面向异常时空数据模型框架本身对检测算法提出两点要求：一是算法要具备处理多元离群点检测的能力，这是因为天气异常是一个复杂过程，是受多种属性因素的影响，框架针对的是多种天气属性的综合性异常检测；二是算法要具有处理数据流的能力，因为天气异常是一个实时变化的过程，要检测异常，就必须面对实时到达的气象数据流。

多元离群点检测算法是基于马氏距离的，其突出特点是去量纲化，即数据的计算与其度量单位无关。这样就非常便于对多属性的气象数据的分析。当前，离群点检测研究不是针对静态数据库的多元离群点检测，就是针对单属性数据流的离群点检测，对于具有多元属性的数据流离群点检测研究甚少。

针对气象数据流的多元属性特性，提出基于马氏距离的数据流多元离群点检测方法，首先由马氏距离给出静态数据环境下多元离群点检测算法 ODMD，然后将这种算法推广到数据流中，分别得到基于马氏距离的数据流多元离群点检测 DSODM。

1. 基于马氏距离的多元离群点检测

再分析计划中气象数据包含多种属性，如气温、湿度、风速等，对于异常天气的检测属于多元离群点的检测问题；异常天气的形成是上述多种因素共同作用的结果，去量纲进行离群点检测是十分必要的，基于马氏距离的离群点检测（ODMD）算法可以完成这项任务。其伪代码如图 10.17 所示。

算法：　　　　ODMD
输入：　　　　样本集 $D = \{d_1, d_2, \cdots, d_n\}$
　　　　　　　测试集 $X = \{x_1, x_2, \cdots, x_m\}$
　　　　　　　离群分类集 $C = \{1, -1\}$
　　　　　　　判别门限 $\epsilon = \{\epsilon_{\max}, \epsilon_{\min}\}$
过程：
　　　　y, b=zeros$(1, m)$，初始化离群矩阵和距离矩阵
　　　　μ_D，$\sum_D$，分别计算样本集 D 均值和协方差
　　　　For i=1：m
　　　　　　　$b_i = (x_i - \mu_D)' \sum_D^{-1} (x_i - \mu_D)$，计算测试样本 x_i 的马氏距离
　　　　　　　$y(i) = \begin{cases} 1, \text{if } b_i \geqslant \epsilon_{\max}, \text{or } b_i \leqslant \epsilon_{\min} \\ -1, \text{else} \end{cases}$，判断 x_i 是否是离群点
　　　　End
输出：y 返回离群点

图 10.17　基于马氏距离的离群点检测

样本集 D 和测试集 X 都有共同的属性集 $P = \{p_1, p_2, \cdots, p_k\}$，其中测试集 X 是样本集 D 的子集，即 $X \subseteq D$，$m \leqslant n$，离群分类集 $C=\{1, -1\}$。判别门限 ϵ 是根据对已有数据

进行统计后给出，这里假设数据是符合正态分布规律，这样就可以利用最大似然估计方法给出该判别门限，计算式见式(10.3)和式(10.4)。矩阵 y 用来保存对测试集 X 的离群检测结果。检测的过程：

(1)零值化离群矩阵，矩阵大小与测试集大小相同。

(2)分别计算样本集 D 均值 μ_D 和协方差 $\sum_D$。

(3)遍历测试集 X，计算每一个测试样本 x_i 与样本集 D 的马氏距离，判定 x_i 是否超过判别门限，如超过则为离群点，$y(i)$ 赋值为 1，否则为–1。

基于马氏距离的离群点检测主要是针对现有数据库的检测，也就是样本集是固定不变的，对于当前主流的网络数据流则不适用。

2. 基于马氏距离的数据流多元离群点检测

数据流的实时性和不可预知性使得对其进行离群点检测面临困难，原因在于用于输入的样本集 D 和测试集 X 在不断地随时间发生变化，从图 10.17 中可以看出，样本集 D 的变化将直接导致均值 μ_D 和协方差 $\sum_D$ 的变化，先前计算出的马氏距离也将会发生变化。马氏距离的不断变化也将会造成门限 ϵ 的变化，因为该门限是依据最开始的样本数据而设定的，当样本数据被全部更新完毕之后，原有的门限 ϵ 可能会被升高或降低。如对于实施更新的气象数据而言，冬季的判别门限显然与夏季的不同，而白天的判别门限与夜晚的也不同。所以本节将要给出基于马氏距离的数据流离群点检测(DSODM)算法，如图 10.18 所示。

算法：　　　　DSODM
输入：　　　　时序样本集 $D=\{d_1, d_2, \cdots, d_t\}$
　　　　　　　离群分类集 $C=\{1, -1\}$
　　　　　　　判别门限 $\epsilon(\%)$
　　　　　　　前向窗口 k
过程：
　　$k=2$，初始化前向窗口
　　$y=\text{zeros}(1, m+k)$，初始化离群矩阵
　　$\epsilon = \text{Eps\_MD}(D, \varepsilon)$，计算最大最小判别门限
　　While $(t! = t_{\text{stop}})$
　　　　$S=\{s_{t+1}, s_{t+2}, \cdots, s_{t+m}\}$，到达数据块
　　　　$S'=\{d_{t-k+1}, \cdots, d_t, S\}$，构造新的数据块
　　　　$D'=\{d_{m+1}, \cdots, d_t, S\}$，构造新的样本集
　　　　$y=\text{ODMD}(D', S', C, \epsilon)$，检测 S' 的离群点
　　　　If $y=1$
　　　　　　$\epsilon=\text{Eps\_MD}(D', \epsilon)$，重新计算最大最小判别门限
　　　　End
　　　　$D=D'$，替换新的样本集
　　　　$t=t+m$，更新时间起点
　　End
输出：y，返回离群点

图 10.18　基于马氏距离的数据流离群点检测

图 10.18 中，几个输入参数 ϵ、k、m 由用户决定。判别门限 ϵ 是按百分比给出，旨在选择超出正常值范围两端的极值；前向窗口 k 用来标识时间节点 t 之前的数据块的大小，而 m 则是用来标识时间节点 t 之后所到达数据块的大小，k 与 m 存在一定关联，即 $k+m \ll n$，解释为由前向窗口 k 和到达数据块 m 所构造的新的数据块的大小要远远小于样本集的大小。离群分类集 C 只包含两种分类类别 1 和 –1，即 1 代表离群点，–1 为正常点。

DSODM 算法首先初始化前向窗口 $k = 2$ 和离群矩阵 y，y 的大小由 k 与 m 决定，这是因为新数据块的构造需要将原样本集 D 的最后 k 个样本组合而来。初始计算最大最小判别门限 ϵ，具体过程参见图 10.19。数据流开始于 While 循环，当数据传送完毕后，即 $t = t_{\text{stop}}$，循环结束。每次接收到达数据块 S 由 m 决定，而 m 的大小则需要依据计算机本身的处理能力，当然为了保证当前数据块相比较样本集存在的异常性，m 的大小要小于样本集的大小 n。新数据块 S' 由到达数据块 S 和样本集 D 的 k 个样本组合而成，目的在于保持数据变化的连续性，不因为数据分块而无法捕捉到异常。新样本集 D' 的构造将剔除原样本集 D 中前 m 个样本，并由达数据块 S 补充时间节点 t 之后，原因是计算马氏距离需要整体的样本集，这样检测出的异常才具有全局性。利用静态的基于马氏距离的离群点检测 ODMD 计算新数据块的离群点，检测结果用 y 标识。如果离群矩阵 y 全部为 1，则表明新数据块在新样本集 D' 中都是异常点，说明数据流将进入一个新的异常"常态"，而此时，就需要对原有的判别门限 ϵ 依据新样本集 D' 重新进行计算。然后更新样本集 D 和时间节点 t。本算法的时间复杂度为 $O(n\text{^}2)$。

算法：	Eps_MD
输入：	时序样本集 $D = \{d_1, d_2, \cdots, d_t\}$
	判别门限 $\epsilon(\%)$
过程：	
	μ_D，$\sum_D$，分别计算样本集 D 均值和协方差
	For $i=1:n$
	$\quad b_i = (d_i - \mu_D)' \sum_D^{-1} (d_i - \mu_D)$，计算测试样本 d_i 的马氏距离
	End
	$\begin{cases} \epsilon_{\max} = b_{\max} - (b_{\max} - b_{\min}) \times \epsilon \\ \epsilon_{\min} = b_{\min} + (b_{\max} - b_{\min}) \times \epsilon \end{cases}$，计算最大最小判别门限
	$\epsilon = \{\epsilon_{\max}, \epsilon_{\min}\}$
输出：	ϵ，返回最大最小判别门限

图 10.19　最大最小判别门限计算

图 10.19 中，最大最小判别门限计算只是当 DMOD 算法开始时以及新数据块 S' 的离群点检测结果 y 全部为 1 时才使用该方法进行计算来获得最大最小门限。

10.3.3　气象数据流的异常检测实验

1. 数据准备

这里选择再分析计划 1 中的地球表面数据做分析，其基本特征：

(1)时间覆盖范围：观测时间从 1948-01-01 至 2016-06-30。

(2)空间覆盖范围：观测范围覆盖全球，90°N～90°S，0°～357.5°E。其中经度是以国际日期变更线为起点。观测点都是以网格划分，间隔为 2.5°×2.5°，全球共 144×73 个网格。

(3)数值类型：观测值为月平均值，对每日观测值累计满月后求平均，因此，该数据每日更新一次(增加一条)。

在异常天气分析中，我们更加关心的是以下一些要素，如空气温度、地面气压、相对湿度、可降水量、纬向风速和经向风速等 6 个要素，所以，本章实验也选择这几个类型的数据(如表 10.1 所示)作为实验对象，期望以此能够得到有效的异常天气分析结果。

表 10.1　再分析计划 1 数据集

属性要素	统计	等级	文件名
空气温度	日平均值	sig995	air.sig995.1948～2016.nc
地面气压	日平均值	surface	pres.sfc.1948～2016.nc
相对湿度	日平均值	sig995	rhum.sig995.1948～2016.nc
可降水量	日平均值	eatm	pr_wtr. eatm.1948～2016.nc
纬向风速	日平均值	sig995	uwnd.sig995.1948～2016.nc
经向风速	日平均值	sig995	vwnd.sig995.1948～2016.nc

上述数据是全球格网数据。需要针对我们的研究区域，跨度范围为经度 73°40′～135°2′30″E，纬度 3°52′～53°33′N，对上述数据进行筛选。

2. 实验过程

1)数据抽取与组合

数据抽取的对象是对已有的气象数据的提取，但提取的时间则要根据当前到来的气象数据块的时间并与之相对应。选用的再分析计划 1 的截止时间为 6 月 30 日，我们以该天的数据作为气象数据流到达数据块，然后从再分析计划数据集中提取 1948 年至 2015 年 6 月 30 日 6 类属性要素的数据集，将两者组合就构成了我们要检测的属性集。该属性集的结构如表 10.2 所示。

表 10.2　属性集抽取结果

年份	可降水量/(kg/m²)	相对湿度/%	空气温度/℃	地面气压/hPa	纬向风速/(m/s)	经向风速/(m/s)
1995	38.16	81.49	27.09	1017.51	−4.96	2.06
1996	37.34	82.73	26.20	1018.39	−6.18	2.20
1997	37.48	80.71	27.39	1016.77	−4.22	2.48
1998	36.85	81.55	27.45	1018.22	−4.30	1.25
1999	36.05	79.76	26.81	1017.66	−6.44	0.83
2000	34.60	79.91	26.69	1019.44	−6.85	1.10
2001	34.31	76.86	27.10	1018.72	−5.94	0.60

年份	可降水量/(kg/m²)	相对湿度/%	空气温度/℃	地面气压/hPa	纬向风速/(m/s)	经向风速/(m/s)
2002	39.51	81.36	26.77	1018.12	−5.32	2.11
2003	35.02	78.63	26.96	1018.17	−5.52	3.93
2004	36.29	81.15	26.63	1019.92	−6.73	0.88
2005	41.87	83.13	27.01	1016.70	−5.80	−0.67
2006	42.02	80.72	27.23	1017.31	−5.70	2.21
2007	39.82	81.70	27.15	1017.65	−5.40	1.62
2008	35.04	79.47	27.10	1018.59	−7.25	0.15
2009	39.91	83.78	26.65	1016.51	−4.10	2.55
2010	39.04	81.84	27.59	1017.44	−6.23	0.15
2011	44.61	83.52	27.05	1016.49	−5.57	0.68
2012	39.63	82.98	27.58	1017.06	−3.40	3.32
2013	38.26	81.15	26.49	1018.63	−7.86	1.78
2014	37.99	80.03	27.09	1018.22	−5.99	1.52
2015	38.27	77.91	27.69	1018.97	−6.10	1.54
2016	**40.39**	**80.87**	**27.39**	**1018.37**	**−4.48**	**2.39**

注：2016 年数据来源不同于其他年份

表 10.2 截取的是北京地区 (115°E, 37.5°N) 所在网格单元近 20 年 6 月 30 日的数据，其中 2016 年的数据是从气象数据流中读取的。要计算任何关注区域内的异常，则需要读取关注区域所在网格单元当天的所有数据。

2) 异常检测与表达

接下来利用气象数据流的异常检测方法对我们关注区域内的属性集进行检测。参照表 10.2，根据 DSODM 算法，可以计算出近 10 年北京地区 6 月 30 日的马氏距离值以及天气异常性判定结果。

由表 10.3 可知，对于 2016 年 6 月 30 日到达的北京地区的天气数据判定为正常，而 2015 年被判定为异常值，观察表 10.2 可以发现，2015 年的相对湿度要明显小于其他时间的值，那么相对湿度是否就是造成当天天气异常的原因，可以从两个方面来佐证：

表 10.3　北京地区马氏距离值

年份	2006	2007	2008	2009	2010	2011	2012	2013	2014	2015	**2016**
马氏距离值	2.01	1.23	3.13	2.88	3.40	2.98	3.55	2.79	1.16	3.35	**2.74**
是否异常	1	1	1	1	0	1	0	1	1	0	**1**

(1) 从马氏距离公式可知，马氏距离的协方差矩阵并不稳定，也就是说它对各属性微小的变化很敏感，因此，从马氏距离公式的特点，我们可以确定相对湿度是造成 2015

年 6 月 30 日北京地区天气异常的原因。

(2)现实情况如何？从中国气象局公共气象服务中心网站收集 2011~2016 年北京地区 6 月 30 的天气预报情况(表 10.4)，除 2012 年和 2015 年外，其他几年天气状态都是阵雨或多云，因此这几天北京地区的相对湿度较大。观察表 10.5 可以发现，虽然 2012 年 6 月 30 日北京地区是晴天，但在这个晴天之前，北京基本连续下了一周的雨，因此它在 6 月 30 日当天的相对湿度也比较高。

表 10.4　北京地区 6 月 30 日天气预报

年份	最高温度/℃	最低温度/℃	天气状态	风向风力
2011	30	23	多云转阵雨	无持续风向
2012	33	22	晴	无持续风向
2013	28	22	阴有阵雨伴有弱雷电转阴有雷阵雨 (局地中到大雨)	无持续风向
2014	33	24	多云转多云转阴	无持续风向
2015	28	18	晴	无持续风向
2016	31	22	雷阵雨	无持续风向微风

表 10.5　北京地区 2012 年 6 月末天气预报

时间	最高温度/℃	最低温度/℃	天气状态	风向风力
6 月 23 日	28	22	多云转雷阵雨	无持续风向
6 月 24 日	26	20	中雨转雷阵雨	无持续风向
6 月 25 日	28	22	多云转雾	无持续风向
6 月 26 日	26	22	阵雨转阴	无持续风向
6 月 27 日	28	21	多云转阵雨	无持续风向
6 月 28 日	23	20	中雨	无持续风向
6 月 29 日	26	19	阴转多云	无持续风向
6 月 30 日	33	22	晴	无持续风向

同时，对已有北京地区数据进行统计，以相对湿度为例，对表 10.2 中的数据进行统计分析，结果如图 10.20 所示。

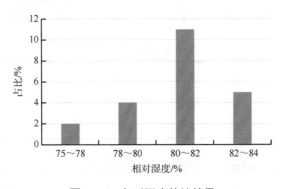

图 10.20　相对湿度统计结果

　　从图 10.20 中可以看出，大多数相对湿度数值分布在[80，82]之间，其次是[82，84]和[78，80]，数值分布最少的是[75，78]，只有两个。这也与上述北京地区的马氏距离计算结果以及现实情况的统计相吻合。

　　从对北京地区天气分析与实际天气预报的分析对比，马氏距离具有很好的预测结果。

　　逐点计算马氏距离，我们可以得到关注区域范围内 2016 年 6 月 30 日的马氏距离的计算值，结果如图 10.21 所示。

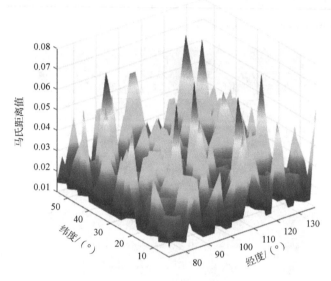

图 10.21　关注区域马氏距离值

　　依据异常判决门限，我们可以得到 2016 年 6 月 30 日关注区域内天气异常分布情况，如图 10.22 所示。从图 10.22 中所标注的经纬度位置大致可以判断出，乌鲁木齐、新疆

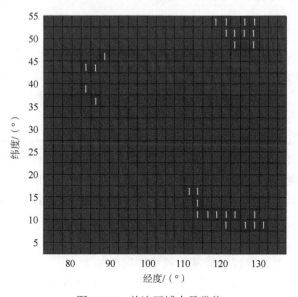

图 10.22　关注区域内异常值

西藏交界处和内蒙古、黑龙江交界处存在异常天气。查看新疆地区天气预报记录："2016年 6 月 30 日 13 时若羌县气象台发布高温红色预警信号，内容如下：预计今天午后到 7 月 3 日我县平原大部最高气温将出现在 40℃以上。"，而若羌县恰好就在新疆西藏交界处；查看黑龙江天气预报记录："北安市气象局 2016 年 06 月 30 日 14 时 00 分发布暴雨蓝色预警信号：我市杨家乡 13 时和 14 时 2 小时降水 50.8 毫米、通北也达大雨量级，并且降水还将持续，请有关单位和个人注意做好预防工作。"，这与我们的异常检测结果基本相符。

在有异常值的基础上，我们可以对历史上同期出现天气异常的情况进行统计，得到 6 月 30 日关注区域范围内的天气异常率，如图 10.23 所示。

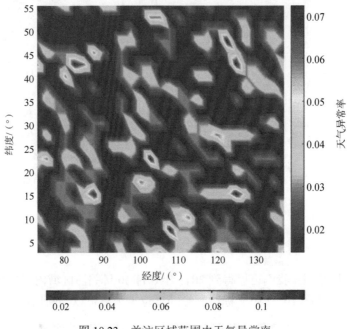

图 10.23　关注区域范围内天气异常率

从图 10.23 中标注的经纬度位置可以大致判断北京地区、内蒙古黑龙江交界、新疆西部、云南南部和西北部在 6 月 30 日发生天气异常的概率最高。成因分析：

(1)北京地区：据有关文献，北京地区改革开放以来，随着城镇化快速推进以及汽车工业的飞速发展，北京地区在人口、城市规模及汽车保有量等方面得到惊人地扩张，扩张的结果导致了交通拥堵、能源消耗暴增和环境污染的恶化等一系列问题，这些问题最终体现在了天气的变化上，能源消耗所带来的温室气体改变了原有的北京地区气候环境，使得北京地区相比以往更容易发生异常天气，所以它的异常率高是符合实际情况的。据新浪网报道，2015 年，北京地区入汛 50 天，共下了 31 场雨，降雨次数超过同期的两成以上，而且时常伴有雷电、短时大风等现象。在另一项统计中，2005～2014 年，北京年均受灾人口为 4.5 万人，年均直接经济损失为 24.3 万元，而且在未来发生暴雨、暴雪、高温、沙尘暴等极端异常气候事件概率加大。

(2)内蒙古黑龙江交界，地处大兴安岭地区，是最大的原始林区，对保持东北亚自然生态平衡起到了至关重要的作用。从 20 世纪 80 年代以来，全球气候变暖导致大兴安岭自然灾害频发，如 1987 年森林火灾、1991 年特大洪水灾害以及 2000 年以来雷电灾害等。从内蒙古气象局统计信息来看，自 1981 年以来，内蒙古东部经历了 5 次中度厄尔尼诺现象，该现象带来的强降雨、高温干旱以及暴雪等灾害，给这一地区人民群众的生产生活造成巨大的损失。

（3）云南南部和西北部，是自然灾害频发地。民政部国家减灾中心分析指出 2009 年至 2015 年 6 月云南西北部旱情持续加重，植被生长明显少于以往。另据云南省气象台统计，2012/2013 年冬季，云南气温较常年高 1.3℃，打破了自 1961 年有记录以来的最高值；2015/2016 年冬季，云南的中部和西北部比以往都偏高 1℃。

上述现实情况统计，充分验证了采用离群点检测算法对兴趣研究区域范围内天气异常率预测的准确性。

3. 对比分析与参数分析

在各属性缺省条件下，对比分析天气异常的影响因素以及阈值参数对天气异常的影响。

1）对比分析

图 10.24 给出了基于 DSODM 算法在各属性分别缺省情况下的兴趣研究区域 6 月 30 日天气异常率组图。下面将图 10.23 与图 10.24 中的各图进行对比。

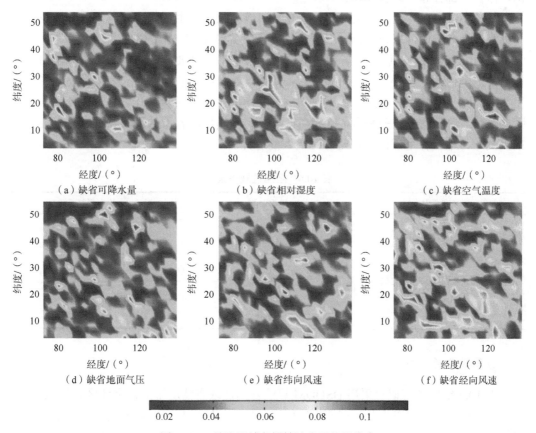

图 10.24　关注区域各属性缺省天气异常率

与图 10.24(a)对比，(a)图有三个区域的天气异常率存在相似性，新疆西部边界、云南南部边界和内蒙古东北部与蒙古交界处，其中云南南部边界的天气异常率与其基本一致。总体来说，两图天气异常率在全局分布具有一定相似性，个别局部分布基本相同。可以说，缺省可降水量的天气异常率与全要素天气异常率分布有相似性，但幅度差异较大。

与图 10.24(b)对比，(b)图在新疆、云南、东北有较高的天气异常率相似性，不仅如此，全局天气异常率相似性也很相同。也就是说，在缺省相对湿度情况所得的天气异常率分布与全要素情况下的天气异常率分布大体一致，表明相对湿度对天气异常率的影响相当小。

与图 10.24(c)对比，(c)图只在四川东部存在较低的天气异常率，而其他地方的异常率几乎可以忽略。说明，空气温度对全要素天气异常率的影响至关重要，它的缺省不仅改变了异常率的分布，更造成了大幅度的天气异常率变化。

与图 10.24(d)对比，(d)图只在在黑龙江和吉林交界有相近的天气异常率，云南南部分布相同但异常率差异较大，概括来讲，地面气压对天气异常率有重要影响，虽然存在很小的局部天气异常率差异，但全国范围内的差异还是很大的。

与图 10.24(e)对比，(e)图中的天气异常率较高的部分主要集中在中部地区，而且差异率值明显偏大。所以，纬向风速对天气异常率有较大的影响，从全局平均上来讲相似，但在局部分布上差异很大。

与图 10.24(f)对比，(f)图中的天气异常率较高的部分主要集中在内蒙古与黑龙江交界处、云南和广西，可以看出，经向风速对天气异常率有一定的影响。

表 10.6 给出了各属性缺省状态下的天气异常率与全要素状态下的天气异常率之间在全国范围内的平均误差和均方误差。很明显，相对湿度的缺省对天气异常率的影响几乎为零；而空气温度和地面气压则对天气异常率的影响非常大，几乎是其他几个缺省要素的总和。单从均方误差来看，除相对湿度外，各属性缺省下的天气异常率与全要素下的天气异常率在各个点位上还是有比较大的差异。

表 10.6　各属性缺省误差

缺省要素	平均误差	均方误差
可降水量	0.0007	0.08646
相对湿度	1.18×10^{-19}	3.73×10^{-17}
空气温度	0.00126	0.14503
地面气压	0.00136	0.15619
纬向风速	0.00092	0.10598
经向风速	0.0008	0.09204

2) 参数分析

表 10.7 给出了阈值对采用 DSODM 算法各属性缺省情况下的北京地区 6 月 30 日天气异常率的影响。可以看到，在阈值较低时，各属性缺省与全要素情况下的北京地区天气异常率是一致的。相对湿度与空气温度缺省下的异常率与全要素下的异常率随阈值的

变化基本保持一致，特别是空气温度，也就是说，在 6 月 30 日，空气温度对于天气异常率的影响很小。而经向风速的缺省则对天气异常率的影响很大，影响幅度在 20%以上。总体而言，各属性的缺省状态下以及全要素状态下，天气异常率随着阈值的增大而增大。

表 10.7　阈值对 DSODM 算法的影响

th/%	可降水量	相对湿度	空气温度	地面气压	纬向风速	经向风速	所有要素
1	0.0145	0.0145	0.0145	0.0145	0.0145	0.0145	0.0145
2	0.0145	0.0145	0.0145	0.0145	0.0145	0.0290	0.0145
3	0.0290	0.0145	0.0145	0.0290	0.0145	0.0435	0.0145
4	0.0290	0.0145	0.0145	0.0435	0.0290	0.0435	0.0145
5	0.0290	0.0145	0.0145	0.0435	0.0290	0.0435	0.0145
6	0.0290	0.0290	0.0290	0.0435	0.0435	0.0580	0.0290
8	0.0290	0.0290	0.0290	0.0435	0.0435	0.0580	0.0435
10	0.0290	0.0290	0.0290	0.0435	0.0580	0.0725	0.0435
15	0.0580	0.0290	0.0290	0.0725	0.0870	0.1014	0.0725
20	0.0870	0.0725	0.0725	0.1449	0.1159	0.1449	0.1014
30	0.1884	0.1739	0.2319	0.2319	0.2464	0.2899	0.2319
40	0.3333	0.2609	0.3478	0.3623	0.3333	0.4638	0.3623
50	0.4348	0.3913	0.5362	0.5652	0.5362	0.6812	0.5362

图 10.25 对表 10.7 做了可视化处理，可以看到，从总体上来说，各要素缺省情况下，DSODM 算法的误差都随阈值的增大而变大，但不论哪种情况，起始误差是相同的。相比较而言，相对湿度缺省所引起的误差随阈值的增大变化最小（与上述分析一致），而经向风速的变化最大。

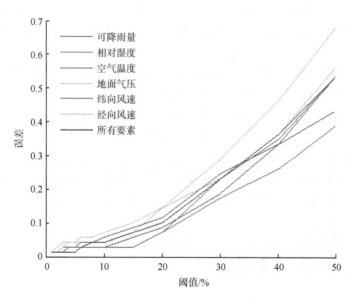

图 10.25　阈值对 DSODM 算法的影响

10.4　面向异常分类时空数据模型的气象数据流异常分类

泛化能力是衡量机器学习能力的重要指标，它展现了数据挖掘算法对新数据的处理能力。现阶段，一种具有高度泛化能力的模型就是集成学习（ensemble learning）或者元算法（meta-algorithm）。集成学习是将众多的基分类器按照权重分配进行综合学习的过程，与传统机器学习方法相比，集成学习具有更强的适应能力和更高的学习效率。AdaBoost 就是集成学习的典型代表，由于它理论基础夯实、预测精度准确和算法编写简单，在很多领域得到了广泛的应用。

虽然 AdaBoost 集成分类具有很好的分类性能，但大多应用于离线数据的分类，对于实时到达的流式数据分类尚未很好地解决。能否对 AdaBoost 算法加以改进应用到气象数据流的处理呢？下面讨论这个问题。

10.4.1　面向异常分类时空数据模型

1. 面向异常分类时空数据模型定义

面向异常分类时空数据模型的定义如下。

Variety_model={GeoEntities，Attributes，Actions，Variety}.

Variety_model：代表面向异常分类时空数据模型。

GeoEntities：代表地理实体，全球气象数据是建立在经纬度格网的基础上，每一个网格单元包含精确的位置信息，因此可以被看作是地理实体。

Attributes：代表属性信息，用来描述地理实体的属性信息，对于网格单元来说，它的属性信息表征天气的各个要素，如空气温度、相对湿度、降水量、风速等。

Actions：代表行为活动，用来描述对地理实体属性的操作活动，本模型所涉及的操作行为有抽取、检测、分类、集成和表达：

（1）抽取，是指从地理实体中提取特定时间段的属性信息，例如从网格单元的属性信息中提取近十年中每一年 6 月 30 日空气温度的值。

（2）检测，是对地理实体的属性分别进行异常性检测，例如通过对网格单元属性进行异常性检测，判定该单元格的天气要素是否存在异常。

（3）训练，是依据异常检测的结果对分类器进行训练，得到满足要求的分类器个数。

（4）集成，是对众多分类器的分类结果进行综合集成，得到更为准确的分类结果。

（5）表达，是将集成得到的分类结果以符号的形式标记在基图上，例如用特定颜色来标记网格单元的分布情况。

Variety：代表分类，用来描述地理实体的属性的异常分类结果。

2. 面向异常分类时空数据模型框架

在面向异常分类时空数据模型的定义基础上，构建该模型的框架，如图 10.26 所示。图中的模型框架可以划分四个主要阶段。

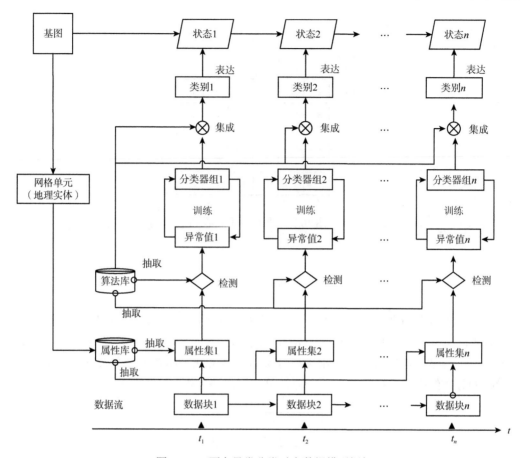

图 10.26　面向异常分类时空数据模型框架

（1）异常检测阶段：该阶段的主要工作是从算法库中抽取相应算法对 t_i 属性数据集进行异常检测，该检测算法是对所有属性从整体上进行检测。

（2）训练阶段：该阶段的主要工作是循环对异常结果进行训练，得到大量分类器。

（3）集成阶段：该阶段的主要工作是将所有分类器组合起来，构成一个集成分类器，然后对异常检测结果重新进行分类，得到最终的分类结果。

（4）分布表达阶段：该阶段的主要工作是将分类结果标识到基图上，用颜色符号区分不同类别。

3. 面向异常分类时空数据模型表达

面向异常分类时空数据模型表达是把地理实体异常进行分类之后用颜色符号标记在基图上的过程。模型的表达分两个阶段，即异常检测和集成分类。异常检测的状态参考图 10.15，用二进制数值{0，1}表示，0 代表正常，1 代表异常。集成分类则是在异常检测状态基础上进行的，也就是在对于异常再次进行异常的等级分类，如图 10.27 所示，该图中 0 依然代表正常，用{1，2，3}来表示异常类别。

1	0	0	3	0	1	1
0	0	0	2	1	2	0
0	2	1	2	0	0	1
0	3	2	1	0	1	1
0	0	1	0	0	2	3
1	0	3	0	0	2	0
1	2	1	0	1	1	0

图 10.27　集成分类表达

10.4.2　数据流的异常分类

　　数据流的异常分类是对天气要素的异常进行分类，这里的异常依然是综合性的异常，因此，我们采用与 10.3 节相同的异常检测算法。在异常值检测完毕后，利用集成分类器对这些异常值进行分类，选用集成分类器的意义在于综合多个分类的"意见"，给出最终的分类结果。数据流异常分类算法的实现思路如图 10.28 所示。

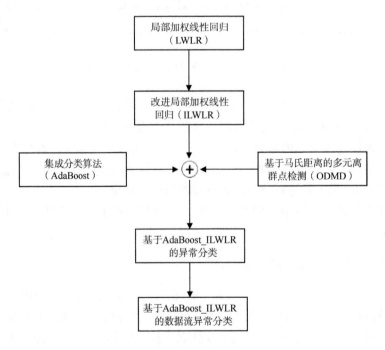

图 10.28　数据流异常分类算法思路

1. AdaBoost 和改进 LWLR 算法

1）AdaBoost 算法

Adaboost 算法的本质是将众多的弱分类器集合起来最终构成一个精度很高的强分类器。AdaBoost 算法是一个迭代过程，在每一次迭代中，它依据上一次的权重矩阵对训练集重新学习，构造一个弱分类器，同时判断每个样本是否正确分类，统计此次分类的错误率，然后再依据这个错误率来重新修正权重矩阵。迭代完成后，将所有生成的弱分类器按照权重矩阵进行组合，得到最终的强分类器。

如上描述，AdaBoost 给每个分类器都分配一个权重值 α，这些 α 是基于每个弱分类器的错误率进行计算的。其中，错误率 ε 的定义如下：

$$\varepsilon = \frac{\text{未正确分类的样本数目}}{\text{所有样本数目}} \tag{10.6}$$

而 α 的计算公式如下：

$$\alpha = \frac{1}{2}\ln\left(\frac{1-\varepsilon}{\varepsilon}\right) \tag{10.7}$$

有了 α 之后，权重向量 $\mathcal{D}$ 进行更新如下：

$$\mathcal{D}_i^{(t+1)} = \frac{\mathcal{D}_i^{(t)}\mathrm{e}^{\pm\alpha}}{\mathrm{Sum}(\mathcal{D})} \tag{10.8}$$

式中，$\pm\alpha$ 由样本的分类正确与否相关，当样本被正确分类，取 $-\alpha$，反之取 α。其伪代码如图 10.29 所示。

算法：　　　AdaBoost

输入：　　　训练集 $D = \{x_1, x_2, \cdots, x_n \mid y_1, y_2, \cdots, y_n\}$
　　　　　　基学习器 $\mathcal{L}$
　　　　　　循环次数 T

过程：
　　　　$\mathcal{D}_1(i) = 1/n$，初始化权重分布，所有样本权重相等
　　　　For $t=1 : T$
　　　　　　$h_t = \mathcal{L}(D, \mathcal{D}_t)$，利用分布 $\mathcal{D}_t$ 对训练集 D 进行学习，构建弱分类器 h_t
　　　　　　$\varepsilon_t = \mathcal{D}_{t,y} I[h_t(x) \neq y]$，计算分类器 h_t 的错误率
　　　　　　If $\varepsilon_t > 0.5$，终止循环
　　　　　　$\alpha_t = \frac{1}{2}\ln\left(\frac{1-\varepsilon_t}{\varepsilon_t}\right)$，计算弱分类器 h_t 的权重
　　　　　　$\mathcal{D}_{t+1}(i) = \frac{\mathcal{D}_t(i)}{Z(t)} \times \begin{cases} \exp(-\alpha_t), & \text{if } h_t(x_i) = y_i \\ \exp(\alpha_t), & \text{if } h_t(x_i) \neq y_i \end{cases}$，更新权重分布
　　　　End
输出：　$H(x) = \mathrm{sign}\left(\sum_{t=1}^{T} \alpha_t h_t(x)\right)$，对所有分类器进行加权组合

图 10.29　AdaBoost 算法

AdaBoost 算法可以概括为以下 3 个步骤。

(1)初始化样本权重：对在训练集内的所有样本平均分配权重，可以认为在没有进行训练的情况下，所有样本享有同等重要性。

(2)训练弱分类器，计算权重：这是一个循环过程，每次循环都会得到一个弱分类器及其权重。弱分类器的训练可以选择任何分类方法作为其元分类器，如 KNN、SVM、DT、NB、LR 等等；权重的计算依赖于所训练的弱分类器的错误率，分类器的错误率越高，其分类权重越低，反之亦然(由式(10.7)可以看出)。也就是说，当弱分类器的分类错误高时，其可信度就会降低，重要性也随之下降。有了分类器的权重，样本权重也要随之更新，当一个样本被错误分类时，它的权重会成指数级递增，反之，当其被正确分类时，它的权重反而会下降。也就是说，出现分类错误的样本，将会被赋予更大的权重，受到更多的重视。

(3)组合弱分类器：众多的弱分类器在叠加其对应的分类权重之后，构成了一个精度很高的强分类器。这种组合的意义在于发挥每一个弱分类器的优势，将众多的优势集合起来形成强分类器。

图 10.29 中，AdaBoost 算法需要输入三个条件参数，训练集 D、基学习器 $\mathcal{L}$ 和循环次数 T，其中，训练集 D 中包含了样本的类别集 y；基学习器 $\mathcal{L}$ 是基础分类方法，本章将在后续中引入局部加权线性回归作为基学习器；循环次数 T 决定了所训练的基学习器的数量。

算法开始后，首先要对所有训练样本赋予相同的权重 $1/n$，然后开始循环构建弱分类器 h_t，理论上会构造 T 个弱分类器，但当弱分类器的错误率大于 0.5 时，循环将会终止。分类器构 h_t 造完之后，就需将分类结果与样本的类别集进行比对，计算其错误率。如果 $\varepsilon_t < 0.5$，则计算该弱分类器 h_t 的权重 α_t，作为分类器集成时的参考。随后对样本的权重 $\mathcal{D}$ 重新进行计算，这一过程实际上是对弱分类器分类错误的更正，之后训练下一个弱分类器。最后将所有训练得到的弱分类器依据权重叠加组合得到最终的集成分类器 H。

2)改进 LWLR 算法

局部加权线性回归(locally weighted linear regression，LWLR)是进行数据拟合的有效算法，它能够消除标准线性回归算法中出现的欠拟合现象。LWLR 通过对数据子集增加权重矩阵来提高数据拟合精度，权重的大小同已知点与待测点之间的距离相关，距离越近，权重越大，反之亦然。LWLR 的回归系数求解为

$$\hat{w} = \left(X^{\mathrm{T}}WX\right)^{-1} X^{\mathrm{T}}Wy \tag{10.9}$$

式中，X 表示样本数据子集，y 表示目标值，W 为权重矩阵。这里所涉及的数据满足高斯分布在 10.1.3 节已有说明，所以选用高斯核作为 LWLR 的核函数如下：

$$w(i, i) = \frac{\left|x^{(i)} - x\right|}{-2k^2} \tag{10.10}$$

式中，k 表示波长参数，决定着权值随距离的下降速率，由用户指定该参数。

LWLR 算法的伪代码如图 10.30 所示，输入参数包括测试数据集 T、训练样本集 D 和高斯核波长 k，它能对样本权重进行调节，使得距离最近点的权重最大。算法开始后，首先初始化权重矩阵为单位矩阵 W 和拟合值 Z（预测值）。然后对训练集 D 进行遍历，计算与测试数据 t_i 下标相同的权重 $w(j, j)$，这样可以得到 t_i 权重矩阵 W。随后计算概测试数据的回归系数 $\hat{w}$ 以及拟合值 $z(i)$。最后，当测试集遍历完毕之后，返回全部拟合值 Z。

算法：　　　LWLR

输入：

测试数据集　$T = (t_1, t_2, \cdots, t_n)$

训练样本集　$D: \left\{ \boldsymbol{X} = (x_1, x_2, \cdots, x_n), c = (c_1, c_2, \cdots, c_n)^{\mathrm{T}} \right\}$

高斯核波长 k

过程：

$W = \mathrm{eye}(n)$，初始化权重矩阵为单位矩阵，与训练样本集大小相等

$Z = \mathrm{zeros}(1, n)$，初始化拟合值

For $i = 1 : n$

　　For $j = 1 : n$

　　　　$w(j, j) = \exp\left(\dfrac{\left| t_i - d(j) \right|}{-2k^2} \right)$，计算权重矩阵 $\boldsymbol{W}$ 的对角值

　　End

　　$\hat{w} = \left(X^{\mathrm{T}} W X \right)^{-1} X^{\mathrm{T}} W c$，计算回归系数

　　$z(i) = t_i \hat{w}$，计算拟合值

End

输出：Z，返回拟合值

图 10.30　局部加权线性回归算法

算法：　　　ILWLR

输入：

测试数据集 $T = (t_1, t_2, \cdots, t_n)$

训练样本集 $D: \{ \boldsymbol{X} = (x_1, x_2, \cdots, x_n), c = (c_1, c_2, \cdots, c_n)^{\mathrm{T}} \}$

权重系数 $\boldsymbol{D}$

高斯核波长 k

过程：

$W = \mathrm{eye}(n)$，初始化权重矩阵为单位矩阵，与训练样本集大小相等

$Z = \mathrm{zeros}(1, n)$，初始化拟合值

For $i = 1 : n$

　　For $j = 1 : n$

　　　　$w(j, j) = \exp\left(\dfrac{\left| t_i - d(j) \right|}{-2k^2} \right)$，计算权重矩阵 $\boldsymbol{W}$ 的对角值

　　End

　　$X' = XD$，给每个样本增加权重

　　$\hat{w} = (X'^{\mathrm{T}} W X')^{-1} X'^{\mathrm{T}} W c$，计算回归系数

　　$z(i) = t_i \hat{w}$，计算拟合值

End

输出：Z，返回拟合值

图 10.31　改进局部加权线性回归算法

在上述 LWLR 算法中，其参数 k 对拟合结果影响较大：k 值较大时，大部分数据会用于训练回归模型，生成曲线过于平缓，会出现欠拟合现象；k 值较小时，只有少部分数据用于训练回归模型，生成曲线过于尖锐，会出现过拟合现象。因此，为了减少波长参数 k 的影响，更好地得到拟合结果，引入另一个参数 $\mathcal{D}$，用来给每一个训练样本增加权重，如 $X' = X\mathcal{D}$

$$\hat{w}' = (X'^{\mathrm{T}}WX')^{-1}X'^{\mathrm{T}}Wy \tag{10.11}$$

该式即为改进局部加权线性回归算法(improved of locally weighted linear regression, ILWLR)，如图 10.31 所示，其过程描述与 LWLR 类似。

2. 基于 AdaBoost_ILWLR 的异常分类

Adaboost 算法的特点是"众人拾柴火焰高"，将众多的弱分类器组合起来，扬长避短，构造出高精度的强分类器，而 ILWLR 是进行预测数值、发现规律的利器。将两者结合起来，得到一个既能预测数值，又能进行准确分类的算法，这就是 AdaBoost_ILWLR 算法(图 10.32)。

算法：　　AdaBoost_ILWLR

输入：　　训练集 $\boldsymbol{D}:\left\{\boldsymbol{d}=(d_1,d_2,\cdots,d_n),\boldsymbol{c}=(c_1,c_2,\cdots,c_n)^{\mathrm{T}}\right\}$

　　　　　循环次数 T
　　　　　高斯核波长 k
　　　　　判别门限 ϵ

过程：
　　$\mathcal{D}_1(i)=1/n$，初始化样本权重分布，所有样本权重相等
　　For $t=1:T$
　　　　$\boldsymbol{h}_t=\mathrm{ILWLR}(\boldsymbol{d},\boldsymbol{D},\mathcal{D}_t,k)$，利用分布 $\mathcal{D}_t$ 对训练集 $\boldsymbol{D}$ 进行局部加权线
　　　　　性回归学习，构成了基学习器 h_t，它返回预测集 p_t
　　　　$y=\mathrm{ODMD}(\boldsymbol{d},\boldsymbol{d},\epsilon)$，对训练集进行离群点检测
　　　　$y'=\mathrm{ODMD}(p_t,p_t,\epsilon)$，对预测集进行离群点检测
　　　　$\varepsilon_t=D_{t,y}I\left[y_t'(x)\neq y\right]$，计算预测集 p_t 的错误率，
　　　　If $\varepsilon_t>0.5$，终止循环
　　　　$\alpha_t=\dfrac{1}{2}\ln\!\left(\dfrac{1-\varepsilon_t}{\varepsilon_t}\right)$，计算弱分类器 h_t 的权重
　　　　$\mathcal{D}_{t+1}(i)=\dfrac{\mathcal{D}_t(i)}{Z(t)}\times\begin{cases}\exp(-\alpha_t),\ \text{if}\ y_t'(x_i)=y_i\\\exp(\alpha_t),\ \text{if}\ y_t'(x_i)\neq y_i\end{cases}$，更新样本权重分布
　　End

输出：　　$H(\boldsymbol{x})=\mathrm{sign}\!\left(\displaystyle\sum_{t=1}^{T}\alpha_t(\mathrm{ODMD}(h_t(\boldsymbol{x})))\right)$，对所有基学习器进行加权组合

图 10.32　AdaBoost_ILWLR 算法

AdaBoost_ILWLR 算法具有以下 3 个特点：

(1)基学习器采用了改进的局部加权线性回归。与传统 LWLR 相比，ILWLR 给训练样本增加了权重，当样本预测值分类错误时，该样本的权重以指数级增加，反之则以指数级衰减。样本权重的更新放在 ILWLR 的外部进行，是因为基学习器返回的是拟合值，

需要经过离群点检测之后才知道其是否正确分类。

(2) 分类结果由离群点检测的结果来决定, 如图 10.17 中的 ODMD 算法。离群点检测包括对训练集和预测集两部分数据的检测, 此后方可进行错误率比较。

(3) 输出结果是经过对基学习器的离群点检测后再加权组合而成, 这样做的目的在于通过用 ODMD 算法对基学习器 h_t 进行离群点检测而直接得到分类结果。

从图中可以看到, 与 AdaBoost 不同的是, AdaBoost_ILWLR 算法采用了 ILWLR 算法作为基学习器, 而且在计算错误率之前需要对训练集与预测集的离群点进行检测。

3. 基于 AdaBoost_ILWLR 的数据流异常分类

接下来将上述静态环境下 AdaBoost_ILWLR 算法推广到对数据流的分类应用中, 提出了基于 AdaBoost_ILWLR 的数据流异常分类方法 (图 10.33)。

算法: DSCAI

输入: 时序样本集 $D = \{d_1, d_2, \cdots, d_t\}$

　　　类别集 $C = \{c_1, c_2, \cdots, c_n\}$

　　　循环次数 T

　　　高斯核波长 k

　　　判别门限 ϵ

过程:

　　$y = \text{zeros}(1, t)$, 初始化分类矩阵

　　$y = \text{AdaBoost\_ILWLR}(D, C, T, k, \epsilon)$

　　While$(t \, ! = t_{\text{stop}})$

　　　　$S = \{s_{t+1}, s_{t+2}, \cdots, s_{t+m}\}$, 到达数据块

　　　　$D' = \{d_{m+1}, \cdots, d_t, S\}$, 构造新的样本集

　　　　$y' = \text{AdaBoost\_ILWLR}(D', C, T, k, \epsilon)$

　　　　$y = \text{Update}(y, y')$

　　　　$t = t + m$, 更新时间起点

　　End

输出: y, 返回分类结果

图 10.33 基于 AdaBoost_ILWLR 的数据流异常分类

算法的输入条件包括时序样本集 D、类别集 C、循环次数 T、高斯核波长 k 及判别门限 ϵ, 其中, 判别门限 ϵ 的确定方法与 10.3 节中的方法一致。算法开始后, 首先初始化分类矩阵 y, 用来保存分类结果, 然后利用 AdaBoost_ILWLR 算法初次计算分类结果。While 循环后, 开始接收数据流, 将到达数据块 S 与原有的时序样本集重新组合 (删除 $d_1 \sim d_m$ 的数据) 成新的样本集 D', 计算新样本集 D' 的分类矩阵 y', 然后利用 Update 方法对分类矩阵 y 进行更新。算法的时间复杂度为 $O(n \times T)$。

10.4.3　气象数据流的异常分类实验

1. 数据准备

实验数据依然采用再分析计划 1 数据集 (表 10.1)。

2. 实验过程

实验之前，我们先对参数进行设定循环次数 $T=10$，高斯核波长 $k=0.5$，判别门限 $\epsilon=5\%$，类别集 $C=\{1, 2, 3\}$。

1) 异常检测

异常检测是针对所有属性的，因此依然选择基于马氏距离的离群点检测方法 (ODMD)，但为了得到比图 10.22 更为明显的效果，我们选择了异常值较多的 6 月 29 日的再分析数据做实验分析。

如图 10.34 所示，图中异常值依然用 1 标出(蓝色)，正常值 0 未标出(红色)，从该图所标注的经纬度位置可以判断，这些异常主要分布在关注区域的西部、东北部和南海地区。

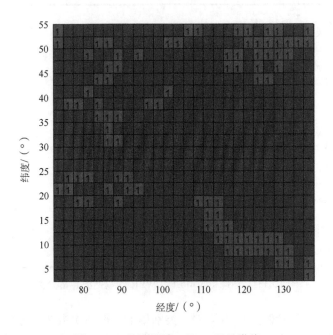

图 10.34　关注区域 6 月 29 日异常值

2) 基分类器训练

在完成异常值检测后，采用改进的局部加权线性回归算法(ILWLR)来训练基分类器。图 10.35 给出了分别经过两次基分类器得到的分类结果(当然按照循环次数会有 10 个基分类器产生，这里只取前两次的循环结果做比较)。

在图 10.35 的分析中，AdaBoost 算法在满足条件 $\epsilon_t>0.5$ 时，循环终止，在该实验中，这两个基分类器的错误率始终没有超过 0.5，所以可以得到 10 个基分类器，表 10.8 给出了这 10 个基分类器的错误率和权重值，可以看到，随着循环次数的增加，分类器的分类错误呈逐渐下降趋势，而分类器的分类权重呈逐渐上升趋势。

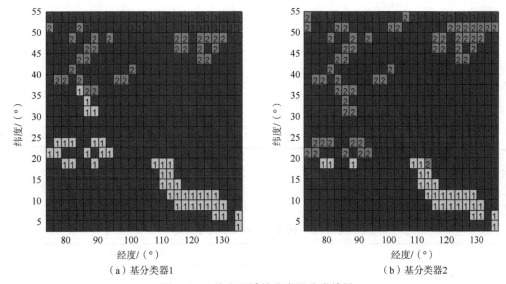

图 10.35　关注区域基分类器分类结果

表 10.8　基分类器分类错误率和权重

分类器	1	2	3	4	5	6	7	8	9	10
错误率	0.163	0.213	0.156	0.141	0.145	0.177	0.164	0.139	0.155	0.139
权重	0.815	0.652	0.841	0.902	0.885	0.768	0.812	0.912	0.845	0.91

3）分类器集成

依据表 10.8 中的权重参数，对上述 10 个基分类器进行组合后得到最终的集成分类结果，如图 10.36 所示。

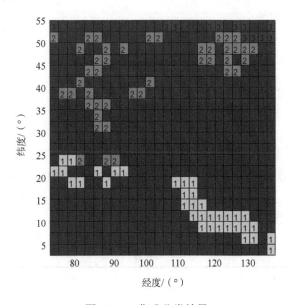

图 10.36　集成分类结果

3. 参数分析

分类结果循环次数 T 和高斯核波长 k 有什么关系？会对实验结果会产生怎样的影响？下面讨论这个问题。

1) 循环次数 T 对错误率的影响

表 10.9 和图 10.37 给出了循环次数对集成分类器整体错误率的影响，可以看出，随着循环次数(分类器数量)的增加，集成分类器的错误率呈下降趋势，并且在初期(分类器较少阶段)错误率下降速度呈直线下降，而在中后期(分类器大幅增多)错误率逐渐趋于平缓。

表 10.9　循环次数对错误率的影响

分类器	1	2	4	8	10	15	20	40	60	100
错误率	0.213	0.177	0.164	0.141	0.139	0.131	0.125	0.113	0.111	0.11

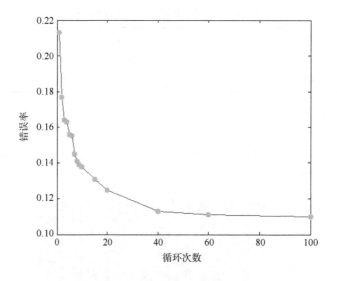

图 10.37　循环次数对错误率的影响

2) 高斯核波长 K 对错误率的影响

表 10.10 和图 10.38 给出了高斯核波长对集成分类器错误率的影响。可以看到，错误率随 k 的变化呈 U 形分布，当 k 越大或越小时，集成分类器的错误率都会大幅增加，当 k 为 0.5 时，分类器的错误率最低。

表 10.10　高斯核波长对错误率的影响

k	0.001	0.01	0.05	0.1	0.3	0.5	0.7	0.9	0.95	0.99	1
错误率	0.213	0.185	0.161	0.149	0.133	0.123	0.141	0.163	0.183	0.215	0.232

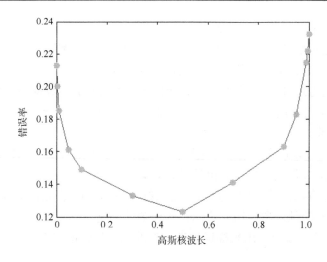

图 10.38　高斯核波长对错误率的影响

10.5　面向异常频繁时空数据模型的气象数据流异常频繁挖掘

频繁模式挖掘(FPM)是数据挖掘中最为广泛和深入的问题之一，也是当前研究的热点问题，前人已经提出了很多频繁模式挖掘算法。但是数据流的实时到达、规模宏大和一次性处理等特点，给挖掘其频繁项带来了新的挑战。天气异常变化是一个复杂的过程，它与天气的主要属性要素的变化密不可分，而属性之间的异常变化也必然存在某种关联，频繁模式挖掘是发现这种关联的有效工具。

10.5.1　面向异常频繁时空数据模型

1. 面向异常频繁时空数据模型定义

面向异常频繁时空数据模型的定义如下：

Frequent_model={GeoEntities，Attributes，Actions，Items}.

Frequent_model：代表面向异常时空数据模型。

GeoEntities：代表地理实体，全球气象数据是建立在经纬度格网的基础上，每一个网格单元包含精确的位置信息，因此可以被看作是地理实体。

Attributes：代表属性信息，用来描述地理实体的属性信息，对于网格单元来说，它的属性信息表征天气的各个要素，如空气温度、相对湿度、降雨量、风速等等。

Actions：代表行为活动，用来描述对地理实体属性的操作活动，本模型所涉及的操作行为有抽取、检测、转换、挖掘和表达。

(1)抽取：是指从地理实体中提取特定时间段的属性信息，例如从网格单元的属性信息中提取近 10 年中每一年 6 月 30 日空气温度值。

(2)检测：是对地理实体的属性分别进行异常性检测，例如通过对网格单元属性进行异常性检测，判定该单元格的天气要素是否存在异常。

(3)转换：是将地理实体属性异常值经组合后转化为事务数据集，例如将网格单元中的空气温度、相对湿度等属性异常检测结果按照时间序列组合，每一个时间点的组合被视为一条事务数据。

(4)挖掘：是对事务数据集进行频繁模式挖掘，获得地理实体的频繁项，例如空气温度和相对湿度组合是经过挖掘后出现最为频繁的组合。

(5)表达：是将挖掘得到的频繁项结果以符号的形式标记在地理实体上，例如用数字来标记网格单元的频繁项，用颜色标识频繁项的频度。

Items：代表频繁项集，用来描述地理实体的属性异常的组合集。

2. 面向异常频繁时空数据模型框架

在面向异常频繁时空数据模型定义的基础上，提出该模型的基本框架(图 10.39)。模型框架划分为 4 个主要阶段。

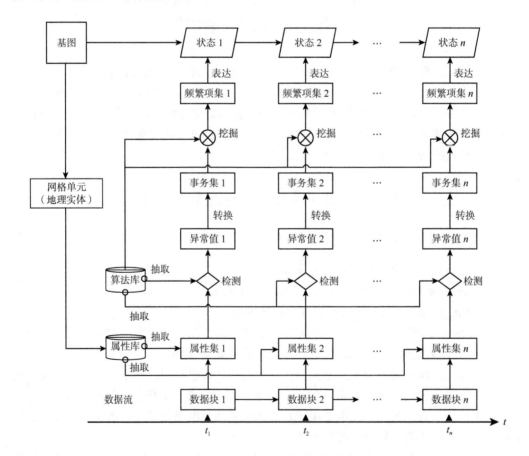

图 10.39　面向异常频繁时空数据模型框架

（1）异常检测阶段：该阶段的主要工作是从算法库中抽取相应算法对 t_i 属性数据集进异常检测，该异常检测方法主要是单个属性的异常检测。

（2）异常转换阶段：该阶段的主要工作是将各属性的异常按时间序列进行组合，然后将这个组合统一转换为事务数据集（表 10.11）。

（3）频繁项挖掘阶段：该阶段的主要工作是利用频繁模式挖掘算法，从事务数据集中挖掘出现频率靠前的频繁项。

（4）状态表达阶段：该阶段的主要工作是将 t_i 时刻频率最高的异常频繁项的挖掘结果用符号标记到基图中，作为该时刻基图的状态。

表 10.11　异常值矩阵 y 转换为事务数据集 T

y	p_1	p_2	…	p_1	
r_1	0	1	…	1	t_1
r_2	1	1	…	0	t_2
⋮	…	…	…	…	⋮
r_n	1	0	…	1	t_n
	I_1	I_2	…	I_1	T

3. 面向异常频繁时空数据模型表达

面向异常频繁的时空数据模型表达是将地理实体的属性异常的最高频繁项和它的频繁度标识到基图上，例如该地理实体包含 3 个天气属性空气温度、相对湿度和风速，如果这 3 个属性出现异常，分别用数字{1，2，3}来代表，用颜色的深浅代表其频繁度，如图 10.40 所示。

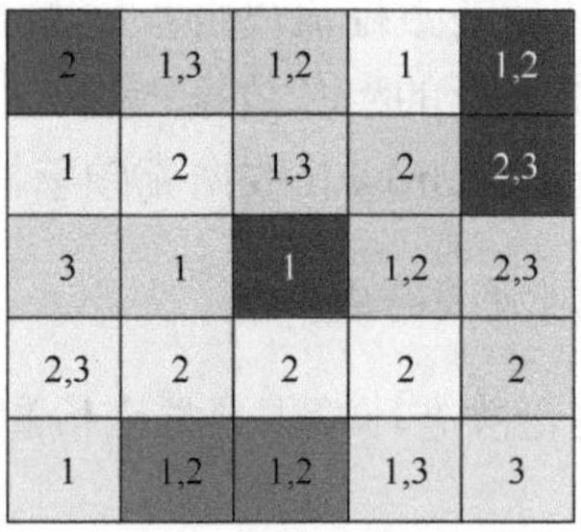

图 10.40　异常频繁的表达

图 10.40 中右上角单元格（地理实体）出现红色的数字组{1，2}，代表空气温度和相对湿度这两个属性同时出现异常，且它们同时出现异常的频度在整个基图中最高。而左上角单元格出现深蓝色数字{2}，代表相对湿度出现了异常，且它的异常频度很低。

同时，可以对整个基图上的频繁项进行统计，给出频繁项的排名报表，如表 10.12 所示。

表 10.12　基图频繁项统计

频繁项	统计
2	7
[1，2]	5
1	5
[1，3]	3
[2，3]	3
3	2

这样，就可以看到整个基图范围内，出现异常最为频繁的属性或属性组，表 10.12 中排名第一的是相对湿度，它在整个基图范围内共出现了 7 次。

10.5.2　数据流的异常频繁挖掘

频繁模式挖掘的对象是事务数据(transaction data)或与事务数据类似的数据，对于再分析数据来说，本身并没有类似的对象，因此，我们首要的目的是要产生事务数据。这里以某一要素是否异常作为事务数据产生的依据，例如，当某天的空气温度出现异常，空气温度这个事务项就标记为 1，否则为 0。空气温度异常问题的本质是离群点问题，与 10.3 节部分离群点检测的目的是一致的，但方法却不一样，这里采用的是一元离群点检测，原因在于这里把单个要素的离群看作是事务项的产生，进而研究要素与要素之间的频繁关系。

数据流频繁模式挖掘算法的实现思路是首先在最大似然估计的基础上，给出在静态数据环境下的基于最大似然估计的离群点检测算法(ODMLE)；然后将其推广至对数据流处理中，提出基于最大似然估计的数据流离群点检测方法(DSODMLE)，该方法的主要目的是为频繁项挖掘提供源源不断的事务数据；最后结合 Top-k 和 FP_Growth 的优点，提出基于最大似然估计的 Top-k-FP_Growth 数据流频繁模式挖掘算法(TFP_MLE)。

1. 基于最大似然估计的数据流离群点检测

按照上述算法思路，分别讨论静态环境下离群点检测和数据流环境离群点检测方法。

1)静态环境下离群点检测

基于最大似然估计的离群点检测算法(ODMLE)伪代码如图 10.41 所示。

算法：	ODMLE
输入：	样本集 $X = \{x_1, x_2, \cdots, x_t \mid p_1, p_2, \cdots, p_l\}$
	离群分类集 $C = \{1, 0\}$
过程：	
	$y = \text{zeros}(t, l)$，初始化离群矩阵
	μ, σ，分别计算样本集 X 的均值和标准差
	For $i = 1 : t$

$$
\text{For } j=1:l
$$

$$
y(i,j)=\begin{cases}1, & \boldsymbol{x}_i(j)\in\left[\mu(j)-3\sigma(j),\ \mu(j)+3\sigma(j)\right]\\ 0,\ \text{else}\end{cases}，\ \text{判断 } \boldsymbol{x}_i(j) \text{ 是否是离群点}
$$

End
End
输出：$\boldsymbol{y},\boldsymbol{\mu},\boldsymbol{\sigma}$ 返回离群矩阵，均值和标准差

图 10.41　基于最大似然估计的离群点检测

图中，$p_1,p_2,\cdots,p_l$ 为样本集 X 的属性集，对 x_i 求离群点本质是对每一个属性求离群点。

2）数据流环境离群点检测

ODMLE 算法仅适合挖掘静态数据库离群点，对于在线数据流挖掘则显得无能为力，因为在数据流环境中，要素样本集在不停变化，其分布情况也会随之改变，因此必须对均值和标准差做出及时调整，基于最大似然估计的数据流离群点检测算法的伪代码如图 10.42 所示。

算法：　DSODMLE
输入：　样本集 $X=\{x_1,x_2,\cdots,x_t\mid p_1,p_2,\cdots,p_l\}$
　　　　数据块 $S=\{s_{t+1},s_{t+2},\cdots,s_{t+m}\mid p_1,p_2,\cdots,p_l\}$
　　　　离群分类集 $C=\{1,\ 0\}$
　　　　X 的均值和标准差 $\boldsymbol{\mu},\boldsymbol{\sigma}$
　　　　前向窗口 k
过程：
　　$\boldsymbol{y}=\text{zeros}(m+k,\ l)$，初始化离群矩阵
　　$S'=\{x_{t-k},\cdots,x_t,S\}$，构造新的数据块
　　For $i=1:k+m$
　　　　For $j=1:l$

$$
y(i,j)=\begin{cases}1, & s_i(j)\in\left[\mu(j)-3\sigma(j),\ \mu(j)+3\sigma(j)\right]\\ 0,\ \text{else}\end{cases}，\ \text{判断 } s_i(j) \text{ 是否是离群点}
$$

　　　　End
　　End
　　$X'=\{x_{m+1},\cdots,x_t,S\}$，构造新的样本集
　　If $y=1$，如果该数据块都为离群点，则重新计算 $\boldsymbol{\mu},\boldsymbol{\sigma}$
　　　　$\boldsymbol{y},\ \boldsymbol{\mu},\ \boldsymbol{\sigma}=\text{ODMLE}(X')$，计算新样本集 X' 离群矩阵
　　End
　　$X=X'$，替换新样本
输出：$X,\boldsymbol{y},\boldsymbol{\mu},\boldsymbol{\sigma}$ 返回新样本集，离群矩阵，均值和标准差

图 10.42　基于最大似然估计的数据流离群点检测

图 10.42 中，几个输入参数 k、m 由用户决定。前向窗口 k 用来标识时间节点 t 之前的数据块的大小，而 m 则是用来标识时间节点 t 之后所到达数据块的大小，k 与 m 存在一定关联，即 $k+m\ll n$，解释为由前向窗口 k 和到达数据块 m 所构造的新的数据块的大小要远远小于样本集的大小。需要注意的是，DSODMLE 算法是一个循环过程，每当数据块到来时，都要按照输入条件开始进行计算，而 μ,σ 两个参数不需要用户输入，由 ODMLE 计算给出。数据块 S 到来时，为了保持数据特征的一致性，将样本集 X 的最后

k 项与数据块 S 组合成新的数据块 S'。新数据块 S' 的离群点保存在离群矩阵 y 中，当 y 全部等于 1 时，表明现有的数据样本可能要进入新的状态，因此，需要对均值和标准差重新进行计算。

2. 基于最大似然估计的 Top-k-FP_Growth 数据流频繁模式挖掘算法

频繁模式算法面临的一个重要问题是所产生的频繁项众多，尤其当挖掘对象为大型数据库时，频繁项的数量是非常惊人的。另外，很多的频繁项具有相同的支持度，这给频繁项结果的选择带来了困扰，而 Top-k 法则是解决这一问题的有效方法。顾名思义，Top-k 法是对频繁模式挖掘产生的所有频繁项依照不同的策略进行排序，然后取排名靠前的 k 个项作为最终的频繁项。

在 FP_Growth 算法的基础上，将增量式学习法和 Top-k 法综合应用到数据流的频繁模式挖掘中。依据离群点检测方法的不同，提出基于最大似然估计的 Top-k-FP_Growth 数据流频繁模式挖掘算法(TFP_MLE)，其伪代码如图 10.43 所示。

算法：	TFP_MLE
输入：	样本集 $X=\{x_1, x_2, \cdots, x_t \mid p_1, p_2, \cdots, p_l\}$
	离群分类集 $C=\{1, 0\}$
过程：	

$\quad$ T，初始化事务数据库
$\quad$ F，初始化频繁项集
$\quad$ y, μ, σ=ODMLE(X, C)，计算样本集 X 的离群矩阵，均值和标准差
$\quad$ $T{\Leftarrow}y$，将离群矩阵转换为事务数据后加入事务数据库
$\quad$ F=FP_Growth(T)，挖掘事务数据库中的频繁项
$\quad$ Top_k=Rank_FI(F, T)，寻找排名最前的 k 个频繁项
$\quad$ While$(t!=t_{stop})$
$\quad\quad$ $S=\{s_{t+1}, s_{t+2}, \cdots, s_{t+m}\}$，数据块到达
$\quad\quad$ X', y', μ', σ'=DSODMLE(X, S, C, μ, σ)，计算到达数据块的离群矩阵
$\quad\quad$ $T{\Leftarrow}y'$，将数据块离群矩阵转换为事务数据后加入事务数据库
$\quad\quad$ F=FP_Growth(T)
$\quad\quad$ Top_k=Rank_FI(F, T)
$\quad\quad$ $X=X', \mu=\mu', \sigma=\sigma'$，更新样本集、均值和标准差
$\quad$ End
输出：Top_k 返回频繁项

图 10.43　基于 TFP_MLE 的数据流频繁模式挖掘

图 10.43 中，TFP_MLE 算法的初始输入是样本集 X 和离群分类集 C，其中 $P=\{p_1, p_2, \cdots, p_l\}$ 为样本集 X 的属性集。离群分类集 C 包含 1 和 0，1 代表某一样本在某一属性维度是离群点，0 则是正常点。离群分类集 C 也同时用来表示单条事务是否发生。过程开始后，首先计算样本集 X 的离群矩阵、均值和标准差，然后将离群矩阵 y 转换为事务数据加入到事务数据库中 T，属性参数 p_i 与项 I_i 是一一对应的，离群矩阵行 r_j(也是第 j 个样本所有属性的离群值)与事务 t_i 一一对应。

初始事务数据库 T 建立起来，就要对其挖掘频繁项，这里采用经典的 FP_Growth 算法。前文提到，使用 FP_Growth 算法会产生大量的频繁项，采用 Rank_FI 方法来寻找排名最靠前的 k 个频繁项，其伪代码如图 10.44 所示。通过排名方法，就可以得到 Top_k 个频繁项，但这只是针对初始样本集 X 的频繁项。While 循环代表数据流增量式挖掘的

开始，当数据流传送结束时 $t=t_{stop}$，循环结束。数据块 S 到达后，再使用 DSODMLE 算法(图 10.42)计算数据块的离群矩阵 y' 以及新样本集 $\boldsymbol{X}'$、均值 μ' 和方差 σ'；然后 y' 转换为事务数据后加入到事务数据库 $\boldsymbol{T}$ 中，重复 FP_Growth 和 Rank_FI，寻找新的 Top_k 频繁项，直到数据流结束。

图 10.44 中，利用 Rank(F) 对频繁项集按支持度排序，并找出所有支持度相同的项，构成频繁项集的多个子集 F_{subs}，接着遍历 F_{subs}，取出单个子集 F_{sub}，该子集中的频繁项的支持度相同。然后采用 OrderByTime 对支持度相同的频繁项按在事务数据库 T 出现的时间顺序排序，形成新的频繁项集 F'_{sub}。如果这时 F'_{sub} 依然存在支持度相同的频繁项，则利用 OrderByNum 对其按近期在事务数据库 T 出现的次数再次进行排序，将排序之后的子集 F''_{sub} 重新加入频繁项中；如果不存在，则直接将先前的排序结果 F'_{sub} 加入频繁项中。最后将经过两次排序之后的频繁项子集 F_{subs} 重新加入频繁项 F 中，并选择排名最前的 k 个频繁项作为最终的结果 Top_k。本算法的时间复杂度为 $O(n^2 \times l)$。

算法：	Rank_FI
输入：	频繁项集 $\boldsymbol{F}$
	事务数据库 $\boldsymbol{T}$
过程：	
	$F\_subs=Rank(F)$，对频繁项集按支持度排序，并找出所有支持度相同的项，构成频繁项集的多个子集
	For $i=1$：size(F_{subs})，遍历上述子集
	$F_{sub}=F_{subs}(i)$
	F'_{sub}=OrderByTime(F_{sub}, T)，对支持度相同的频繁项按在事务数据库出现的时间顺序排序
	If F'_{sub} 依然存在重复项
	F''_{sub}=OrderByNum(F'_{sub}, T)，对支持度相同的频繁项按在事务数据库近期出现的次数排序
	$F_{subs}(i)=F''_{sub}$，将排序之后的子集重新加入频繁项中
	Else
	$F_{subs}(i)=F'_{sub}$，将排序之后的子集重新加入频繁项中
	End
	End
	$F\Leftarrow F_{subs}$，将最终排序之后的子集重新加入频繁项中
	Top_k=Top(F, k)
输出：	Top_k 返回 Top k 个频繁项集

图 10.44　频繁项的 Top_k 排序

10.5.3　气象数据流的异常频繁挖掘实验

1. 数据准备

使用 NCEP 和 NERSC 联合推出的再分析计划 2 数据。比较计划 1 和计划 2，相同的是分辨率、结果输出和文件格式，不同的是：①指出计划 1 中的错误，如 2004 年平均海面压力(MSLP)数据，1982 年的表面温度数据；②更新了物理过程的参数化机制；③提供了更高精度的数据，如土壤湿度、近地表温度、极地地区的冬季降水量、雪覆盖量。

我们选择计划 2 中的等压面数据做分析，其基本特征：

(1)时间覆盖范围，观测时间从 1979-01-01 至 2016-06-30，共计 37 年。

(2)空间覆盖范围，观测范围覆盖全球，90°N～90°S，0°～357.5°E。其中经度是以国际日期变更线为起点。观测点都是以网格划分，间隔为 2.5°×2.5°，全球共 144×73 个网格。

（3）数值类型，观测值为日平均值，将每日观测值累计满月后求平均，因此，该数据每天更新一次（增加一条）。

在计划 2 的等压面数据中，包含了空气温度、位势高度、相对湿度、垂直速度、纬向风速和经向风速等 6 个要素，所以，实验仍选择这几个类型的数据（如表 10.13 所示）作为实验对象，期望以此能够得到有效的异常天气的分析结果。试验中使用日均值数据，期望使用该数据寻找天气变化的规律。

表 10.13　再分析计划 2 数据集

要素	统计	等级	文件名
空气温度	日平均值	17 Pressure Levels	air.1979-2016.nc
位势高度	日平均值	17 Pressure Levels	Hgt.1979-2016.nc
相对湿度	日平均值	17 Pressure Levels	rhum.1979-2016.nc
垂直速度	日平均值	17 Pressure Levels	omega.1979-2016.nc
纬向风速	日平均值	17 Pressure Levels	uwnd.1979-2016.nc
经向风速	日平均值	17 Pressure Levels	vwnd.1979-2016.nc

表 10.13 的数据是全球格网数据，我们关注跨度为 73°40′～135°2′30″E、3°52′～53°33′N 的区域，故需对上述范围数据进行初步筛选。

2. 实验过程

传统频繁模式挖掘的对象是事务数据库，因此，事务数据或类似于事务数据是挖掘前提。将天气要素视为事务项，实验所涉及的六类实验数据视为 6 个事务项（如表 10.14 所示）。当某一地区空气温度出现异常时（检测为离群点），就认为空气温度这个事务项发生，用 1 来表示，否则用 0 表示。而在一条事务数据当中，会存在多个事务项，例如在上述地区，不仅空气温度出现异常，位势高度和相对湿度也异常，可以将该条事务数据表示为 $T = \{I_1, I_2, I_3\}$，为了进一步方便计算机运算，该条事务数据可以进一步简化为 $T = \{1, 2, 3\}$。

表 10.14　要素的项编号

要素	空气温度	位势高度	相对湿度	垂直速度	纬向风速	经向风速
项编号	I_1	I_2	I_3	I_4	I_5	I_6

1）数据抽取

数据抽取的对象是针对已有的气象数据，但它提取的时间要根据当前到来的气象数据块相对应。再分析计划 2 的截止时间为 6 月 30 日，我们以该天的数据作为气象数据流到达数据块，然后从再分析计划数据集中提取 1979 年至 2015 年 6 月 30 日 6 类属性要素的数据。各属性的抽取结果如表 10.15 所示。

表 10.15　属性抽取结果

年份	空气温度/K	位势高度/m	相对湿度/%	垂直速度 /(Pa/s)	纬向风速 /(m/s)	经向风速 /(m/s)
2006	300.27	171.00	76.25	−0.01	−9.74	2.21
2007	300.67	167.00	75.50	−0.01	−5.49	4.04
2008	300.27	176.00	75.25	0.01	−8.83	1.72
2009	300.15	142.00	77.24	0.03	−4.84	3.69
2010	300.60	164.00	77.74	0.04	−9.19	1.92
2011	300.14	148.00	74.26	0.01	−8.69	1.32
2012	300.00	148.00	72.00	−0.01	−4.47	0.32
2013	299.22	157.00	79.49	0.00	−9.89	4.07
2014	300.52	152.00	78.25	0.04	−6.02	2.36
2015	300.05	183.00	75.00	0.02	−8.05	1.09
2016	**300.25**	**160.00**	**74.75**	**−0.01**	**−6.97**	**2.64**

　　该表截取北京地区(115°E，37.5°N)所在网格单元的近 10 年 6 月 30 日的数据，其中 2016 年的数据是从气象数据流中读取。要计算研究区域范围内的异常，则需要读取其所在网格单元当天的所有数据。

2)异常检测与表达

　　下面利用气象数据流的异常检测方法对各属性要素的异常情况进行检测，得到北京地区近 10 年来 6 月 30 日各属性的异常检测结果(表 10.16)。

表 10.16　北京地区各属性异常检测结果

年份	空气温度	位势高度	相对湿度	垂直速度	纬向风速	经向风速
2006	0	1	0	1	1	0
2007	1	0	0	1	0	1
2008	0	1	0	0	1	0
2009	0	1	0	0	0	0
2010	1	0	0	1	1	0
2011	0	0	1	0	0	0
2012	0	0	1	1	0	1
2013	1	0	1	0	1	1
2014	1	0	0	1	0	0
2015	0	1	0	0	0	0
2016	0	0	0	1	0	0

从表 10.16 中可以看到，在各属性要素的异常检测中，只有垂直速度在 2016 年的 6 月 30 日出现了异常。

将异常扩展到整个研究区域，可以得到其 2016 年的 6 月 30 日 6 种属性要素的异常检测结果(图 10.45)。

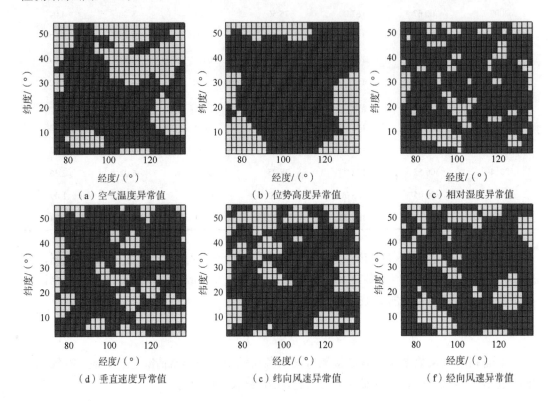

图 10.45　兴趣研究区域范围内各属性异常值

观察图 10.45，根据网格经纬度判断，2016 年的 6 月 30 日，大致在我国北方及东北地区的空气温度普遍出现异常；位势高度在研究范围内未出现异常；相对湿度的异常主要出现在内蒙古辽宁吉林三省交界、北京地区和云南南部等地区；垂直速度异常主要出现在四川盆地、云贵高原和内蒙古高原地区；风速的异常主要出现在我国的西部地区。

3)事务数据集生成

事务数据生成是将基于离群点算法检测到的各属性异常值按照时间序列进行组合，组合后的异常值集便是事务数据集。

参照表 10.11 和表 10.15，将表 10.16 中北京地区 2016 年 6 月 30 日属性异常的转换过程总结如表 10.17 所示。

表 10.17　北京地区事务数据

年份	事务数据	事务 ID
2006	I_2, I_4, I_5	T_1
2007	I_1, I_4, I_6	T_2
2008	I_2, I_5	T_3
2009	I_2	T_4
2010	I_1, I_4, I_5	T_5
2011	I_3	T_6
2012	I_3, I_4, I_6	T_7
2013	I_1, I_3, I_5, I_6	T_8
2014	I_1, I_4	T_9
2015	I_2	T_{10}
2016	I_4	T_{11}

4) 频繁项的挖掘与表达

频繁项的挖掘从关注区域范围内的频繁项挖掘和北京地区的频繁项挖掘两个方面展开。

A. 关注区域范围内的频繁项挖掘

图 10.46 是采用基于 TFP_MLE 的关注区域内 6 月 30 日支持度最高频繁项的统计结果。使用 TFP_MLE 算法对每个点的事务数据进行频繁项挖掘,找到排名靠前的 Top_10 频繁项,为了得到直观显示,只取每个点的最高频繁项加以显示。颜色的深浅代表了该频繁项的支持度大小,颜色偏红代表支持度较大,偏蓝则代表支持度较小。

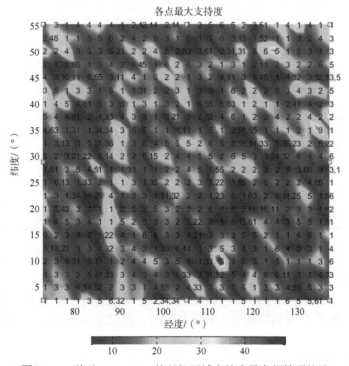

图 10.46　基于 TFP_MLE 的兴趣区域支持度最高频繁项统计

观察图 10.46，关注区域大致覆盖我国范围，其支持度可划分为四个区间。

(1) 以内蒙古和黑龙江交界为代表的第一区间，该点的支持度在[35，40]之间，查表可知，单一要素纬向风速(项编号 5，下同)的在全国范围内支持度最高，也就是说纬向风速在该点比其他要素及要素组有更高的异常率，而如此高的异常率也应该引起我们足够的重视。

(2) 以新疆西部、青西交界为代表的第二区间，这些点的支持度在[25，35]之间。这些点中，以单一要素相对湿度(3)有更多的较高支持度，表明相对湿度在些地区发生异常的概率较高。

(3) 以甘、青、新三省区交界，四川、云南、苏浙交界及河北、辽宁交界为代表的第三区间，这些点的支持度在[15，25]之间。该区间中，位势高度(2)的支持度偏高，也就是说，位势高度在这些地区发生异常的概率偏高。

(4) 其余地区为第四区间，这些点的支持度在[5，15]之间。各属性及要素组的支持度都保持在最小支持度之上，表明这些地区发生异常的概率普遍偏低。

经过纵向统计(单点历史支持度)后，在图 10.46 的基础上，对全国范围内 6 月 30 日支持度最高频繁项进行横向统计(全点最高支持度)，结果如表 10.18 所示。其过程是将相同的频繁项进行合并，累加其支持度，然后按照支持度大小降序排列。观察该表，全国范围内共有 21 个频繁项，单事务项的频繁项占据了排名的前 6 位，并且支持度很高；而大部分双事务项的频繁项支持度与前 6 位的支持度相差一个数量级以上。

表 10.18　基于 TFP_MLE 的全国频繁项累计

序号	频繁项	支持度	序号	频繁项	支持度
1	1	426	11	[6, 5]	84
2	2	345	12	[4, 2]	79
3	[6, 1]	340	13	[6, 3]	73
4	5	329	14	[1, 4]	63
5	3	264	15	[3, 2]	47
6	4	233	16	[6, 2]	39
7	[5, 4]	161	17	[4, 3]	38
8	6	140	18	[4, 6]	37
9	[5, 1]	136	19	[1, 3]	19
10	[3, 5]	97	20	[1, 2]	3

观察表 10.18，6 月 30 日，空气温度依然在全国范围内发生异常的概率最高，位势高度排名第二位，而经向风速与空气温度的组合频繁项支持度排名第三，且支持度非常接近第二名。该表表明，采用 ITFP_G 算法，在全国范围内，单一要素发生异常的情况依然是主要的，组合要素的异常也占有重要位置，例如经向风速与空气温度、纬向风速与垂直速度。

现实情况如何呢？对全国 1951 年以来的气温资料进行分析发现，20 世纪 80 年代、

90 年代至 21 世纪初，我国的平均气温有非常明显的波动：80 年代和 90 年代我国平均气温出现明显下滑趋势，并在 90 年代达到了最低值；随后在 21 世纪初出现了急剧上升状态。气温大幅度波动的结果是我国洪涝灾害、冰冻天气的频发。1998 年的世纪大洪水席卷了大半个中国，全国共有 29 个省份遭受了不同程度的损失，我国随后又在 2008 年、2010 年、2011 年依然受到了洪水的侵袭。与夏季的高温不同，我国北方频繁出现极端低温现象，廖国进等对沈阳 59 年来的低温天气进行研究发现，沈阳在 2009 年、2010 年两年气温明显低于常年观测值，特别是在 2010 年 1 月，温度比以往低 6.9℃，是 1951 年以来第三低值。这些观测资料充分说明，在天气要素中，空气温度最易发生异常，并且最容受到人们的关注，也佐证了我们对天气异常频繁项的挖掘结果。

B. 北京地区频繁项统计

表 10.19 给出了采用 TFP_MLE 算法挖掘北京地区 6 月 30 日各属性异常频繁项的统计结果。可以看出，频繁项个数随最小支持度(min_sup)的递增呈指数级衰减，当支持度大于等于 7 时，只有一个频繁项。这里选择支持度为 3 时，排名前十的频繁项作分析，见表 10.20。该表中没有出现单要素的频繁项，以双要素频繁项为主，也就是说，在北京地区要素与要素异常之间存在一定的关联。支持度最高的有[6, 3]和[6, 4]，对于具有相同支持度的频繁项，这里使用 Rank_F1 按时间和近期出现的次数进行排名。

表 10.19　频繁项与支持度变化关系

最小支持度	1	2	3	4	5	6	7
频繁项个数	57	25	13	7	5	3	1

表 10.20　min_sup=3，Top_10

序号	频繁项	支持度
1	[6, 3]	6
2	[6, 4]	6
3	[1, 4]	5
4	[3, 5]	5
5	[6, 5]	4
6	[2, 5]	4
7	[3, 4]	4
8	[6, 5, 3]	3
9	[6, 4, 3]	3
10	[2, 1]	3

为了更方便地观察要素与要素异常之间的关系，我们对表 10.20 进一步转换，寻找要素与要素之间的支持度关系，结果如表 10.21 所示。从单一要素统计，经向风速(6)出现的次数最多，而且更容易与其他要素共同发生异常，如相对湿度、垂直速度和纬向风速；而位势高度只与空气温度和纬向风速频繁出现，且支持度次数较低。

表 10.21　各属性异常关联度

要素项	空气温度	位势高度	相对湿度	垂直速度	纬向风速	经向风速
空气温度	0	3	0	5	0	0
位势高度	3	0	0	0	4	0
相对湿度	0	0	0	4	5	6
垂直速度	5	0	4	0	0	6
纬向风速	0	4	5	0	0	4
经向风速	0	0	6	6	4	0

　　表 10.21 的实验结果表明，经向风速与相对湿度同时出现异常概率最高，这一点从学者杜钧等对 2012 年 7 月 21 日北京地区特大暴雨异常预测分析中得以验证。在这次暴雨中，空气的相对湿度自然达到了极值，而通过 NCEP CFS 的数据显示，中午 12 时，在 850 hPa 高度，北京地区的风场及经向分量出现了极度异常现象。

10.6　面向属性分布时空数据模型的气象数据流高维聚类

　　高维聚类存在一个众所周知的难题，即所谓"维度灾难"，也就是高维聚类空间被过度参数化，这给数据处理带来了很大的困难。

　　高维聚类研究主要集中在子空间聚类、降维聚类、谱聚类和传统距离聚类等方面。子空间聚类就是将高维数据在维度较低的子空间进行聚类，但同时还保留数据的高维属性，方法有分层抽样集成聚类、光滑子空间聚类、软子空间聚类(SSC)等。降维聚类是将高维空间中的数据点映射到低维空间上进行聚类的过程。降维聚类主要有两种途径，主成分分析(PCA)和特征选择(feature selection)。谱聚类利用谱数据的相似度矩阵降低数据的维度而后再进行聚类，主要方法有基于稀疏表示向量的谱聚类算法、基于稀疏差异度和项目类别区分聚类算法、基于对象组相似度和对象组特征向量聚类、基于排序思想的高维聚类方法等。距离聚类是依据数据点相互之间的距离来聚类的一种方法，如基于 Jaccard 相似性的 MinHash 和基于余弦相似性的 SimHash 方法、基于扩展 k-modes 的高维聚类算法等。

　　数据流的广泛应用使得对数据流聚类越来越受到人们的关注。数据流聚类定义为对实时到达数据的聚类。当前数据流聚类的主要方法有：STREAM、CluStream、D-Stream 和 CLIQUE 等。

　　当前对于数据流的聚类普遍存在效率低下的问题，尤其是面对高维属性的数据流，现有算法依然不能很好地解决。再分析数据是一种基于全球格网的、具有多种属性的数据流，我们提出一种基于格网的数据流高维聚类方法来发现气象数据流中的属性分布特征。

10.6.1　面向属性分布时空数据模型

1. 面向属性分布时空数据模型定义

面向属性分布时空数据模型的定义如下：

Distribution_model={GeoEntities，Attributes，Actions，Distribution}.

Distribution_model：代表面向属性分布时空数据模型。

GeoEntities：代表地理实体，全球气象数据是建立在经纬度格网的基础上，每一个网格单元包含精确的位置信息，因此可以被看作是地理实体。

Attributes：代表属性信息，用来描述地理实体的属性信息，对于网格单元来说，它的属性信息表征天气的各个要素，如空气温度、相对湿度、降雨量、风速等等。

Actions：代表行为活动，用来描述对地理实体属性的操作活动，本模型所涉及的操作行为有抽取、聚类、搜索和表达：

（1）抽取，是指从地理实体中提取特定时间段的属性信息，例如从网格单元的属性信息中提取近 10 年中每一年 6 月 30 日空气温度的值。

（2）聚类，是将所提取的特定时间段地理实体属性信息进行聚类，生成包含众多稠密单元的子空间集，例如对空气温度、相对湿度分别进行基于网格的密度聚类，得到包含稠密单元的空气温度和相对湿度子空间，将这两个子空间加入到子空间集。

（3）搜索，是对子空间集进行自下而上的搜索，得到最高维度的连接单元（聚类簇），也就是地理实体属性的高维分布特征。

（4）表达，是将搜索得到的高维分布特征结果以符号的形式标记在基图上，例如用特定颜色来标记网格单元的分布情况。

Distribution：代表分布，用来描述地理实体的属性的高维分布情况。

2. 面向属性分布时空数据模型框架

基于面向属性分布时空数据模型定义，提出该模型的框架（图 10.47）。模型框架可以划分 3 个主要阶段。

（1）属性聚类阶段：该阶段的主要工作是从算法库中抽取相应算法对 t_i 属性数据分别进行聚类，得到包含稠密单元的各属性子空间，构成子空间集。

（2）高维稠密单元搜索阶段：该阶段的主要工作是按照子空间搜索策略，自下而上的搜索子空间集，得到最高维度的稠密单元（高维聚类簇）。

（3）分布表达阶段：该阶段的主要工作是将高维稠密单元（聚类簇）的分布标识到基图上，用颜色符号区分稠密单元。

3. 面向属性分布时空数据模型表达

面向属性分布时空数据模型表达是把地理实体属性聚类之后的分布用颜色符号标记在基图上的过程。从模型框架中可知，聚类阶段和搜索阶段分别得到了两个结果：

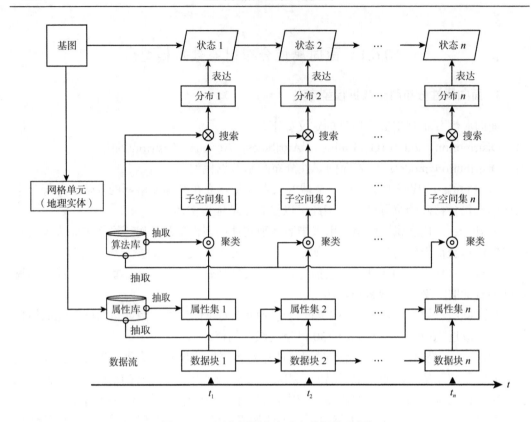

图 10.47 面向属性分布时空数据模型框架

包含稠密单元的子空间和高维聚类簇。图 10.48 和图 10.49 分别给出了这两个结果在基图上标记的情况，可以看到稠密单元与聚类簇都是用编号和颜色加以区分。

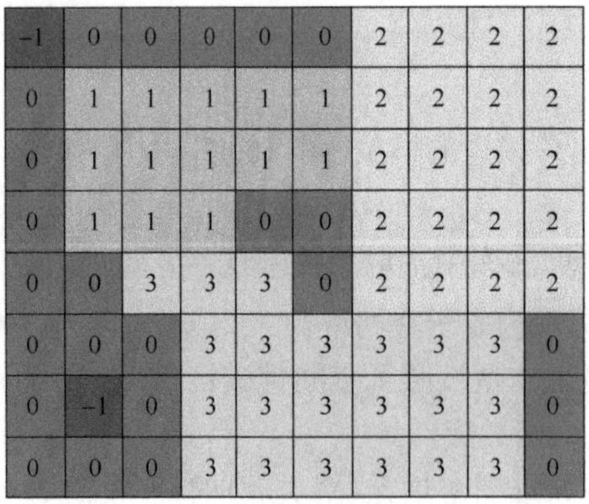

图 10.48 包含稠密单元的子空间 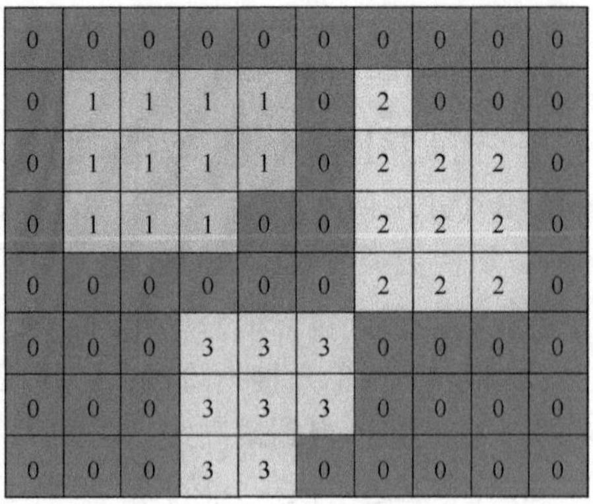　　　　图 10.49 高维聚类簇

需要注意的是，两图中标记 0 的单元都是没有满足聚类条件的点，图中的-1 代表在初次聚类后的子空间存在的离群点，这些离群点在后续的运算中会被清除掉。在经过对子空间集搜索后，得到的 3 个高维聚类簇，如图中标记的{1，2，3}。

10.6.2　数据流的高维聚类

再分析计划数据具有高维属性，以再分析计划 2 为例，它从总体上将数据分为四个大类：等压面数据、高斯网格数据、光谱系数数据和地球表面数据。在等压面数据中，又包含空气温度、位势高度、相对湿度、垂直速度、经向风速和纬向风速等属性分类数据，而每一个属性又有日平均、4 日平均和月平均三级数据，在单一属性如空气温度中，又包含经度、纬度、时间、温度和压力层级 5 个纬度。这决定了对气象数据流的聚类是一个高维聚类问题。

在分析相关高维数据流聚类算法基础上，提出了改进的数据流高维聚类算法的实现思路。借鉴 DBSCAN 算法思想，提出了新的中心扩散的基于网格的密度聚类算法（SCDCG），然后结合 CLIQUE 子空间聚类算法，构成改进的 CLIQUE 高维数据聚类算法（ICLIQUE），最后将该方法拓展到数据流处理中，提出改进的 CLIQUE 数据流高维聚类算法（HDSCIC）。

1. 改进的 CLIQUE 高维数据聚类

改进的 CLIQUE 高维数据聚类算法伪代码如图 10.50 所示。

算法：	**ICLIQUE**
输入：	样本集 $X=\{X_1,\ X_2,\ \cdots,\ X_n \| d_1,\ d_2,\ \cdots,\ d_l\}$
	密度阈值 MinPts
	邻域范围 ϵ
过程：	

$S=\{S_1,\ S_2,\ \cdots,\ S_l\}$，初始化所有子空间
$D=\{D_1,\ D_2,\ \cdots,\ D_l\}\leftarrow X$，将样本集转换为维度集
For i=1：l
　$u=$**SCDCG**$(D_i,\ MinPts,\ \varepsilon)$，对第 i 个维度进行聚类，搜索符合条件的稠密单元
　　$S_i\Leftarrow u$，将所有单元加入对应子空间
End
$S'_1=\{S_1\}$，$S'_{l-1}=\{S_2,\ \cdots,\ S_l\}$，初始划分子空间
$U=$ **Find_Units**$(S',\ S'_{l-1},\ MinPts)$，迭代搜索连接单元
$C=$ **Greedy**(U)，采用贪心算法，去掉重合的连接单元
输出：C 返回聚类结果

图 10.50　ICLIQUE 子空间聚类

图 10.50 是采用改进的 CLIQUE 算法对高维数据进行子空间聚类的过程。首先需要输入包含有 l 维属性的样本集 X 和密度阈值 MinPts。之所以输入密度阈值是因为 ICLIQUE 算法采用基于密度聚类方法，而密度聚类需要给定密度阈值。过程开始后，先初始化所有子空间 S，子空间的个数与样本集 X 属性的个数相同。接着遍历维度集 D，对每个维度 D_i 采用本节提出的中心扩散的基于网格的密度聚类（SCDCG）算法（参见图 10.51）进行聚类得到超过密度阈值的所有稠密单元 u，并将 u 加入到与维度 D_i 对应的子空间 S_i 中。

算法：　　　**SCDCG**

输入：　　　维度集 $Y=\{y_1, y_2, \cdots, y_n\}$，为 $m \times n$ 网格
　　　　　　密度阈值 MinPts
　　　　　　邻域范围 ϵ

过程：
　　　　touched=zeros(m, n)，将网格中所有单元设置为未到达
　　　　class=zeros(m, n)，将网格中所有单元的类别设置为待定点
　　　　c_m, c_n，计算网格的中心点
　　　　no=1，聚类簇编号
　　　　For $i=c_m$: $m-1$，右半边网格网格聚类
　　　　　　For $i=c_n$: $n-1$，右下网格聚类
　　　　　　　　If touched(i, j)=0，如果单元 i, j 未曾到达
　　　　　　　　　　flag=dist$(y_{i, j}$, MinPts, $\varepsilon)$，计算单元 $y_{i, j}$ 是否密度可达
　　　　　　　　　　If flag=−1,
　　　　　　　　　　　　class(i, j)=−1，将 $y_{i, j}$ 的类别设置为离群点
　　　　　　　　　　　　touched(i, j)=1，$y_{i, j}$ 已到达
　　　　　　　　　　Else if flag=1
　　　　　　　　　　　　class$(i-\varepsilon: i+\varepsilon, j-\varepsilon: j+\varepsilon)$=no，将 $y_{i, j}$ 周边所有单元设置为当前类别 no
　　　　　　　　　　　　$y'=y(i-\varepsilon: i+\varepsilon, j-\varepsilon: j+\varepsilon)$，集合 $y_{i, j}$ 周边单元
　　　　　　　　　　　　touched(i, j)=1，$y_{i, j}$ 已到达
　　　　　　　　　　　　While $\sim$isempty(y')
　　　　　　　　　　　　遍历 $y_{i, j}$ 周边的单元，直到无法满足密度可达要求
　　　　　　　　　　　　　　End
　　　　　　　　End
　　　　　　　　no=no+1，簇编号加 1
　　　　　　　　End
　　　　　　End
　　　　　　同理，对右上网格聚类
　　　　End
　　　　同理，对左半边网格聚类
输出：C 返回聚类结果

图 10.51　中心扩散的基于网格的密度聚类算法

　　图 10.51 中，算法首先输入 $m \times n$ 的维度集 Y、密度阈值 MinPts 和邻域范围 ϵ 三个参数，与 DBSCAN 算法不同的是，我们对密度阈值 MinPts 以及领域范围 ϵ 给出了新的定义：

　　(1)密度阈值 MinPts 是指目标对象 $o(i, j)$ 周围单元的层是否都满足邻域范围 ϵ；

　　(2)领域范围 ϵ 是指目标对象 $o(i, j)$ 与周围单元的差值。

　　此时，传统的 DBSCAN 算法中密度可达、待判定点和离群点的计算方法亦有所变化，如图 10.52 所示。需要特别注意的是，SCDCG 算法首先需要确定网格的中心点 $o(i, j)$，然后由中心点逐步向四周搜索(图 10.52(a))。这里假定密度阈值 MinPts=1，邻域范围 ϵ =1，$o(i, j)$=30，计算对象 $o(i, j)$ 与周边 8 个相邻单元差值，当这些差值都在邻域范围 ϵ 内时，则认为该对象是密度可达(图 10.52(b))，用 1 标识；如果只有部分差值在 ϵ 内，则该对象为待判定点(图 10.52(c))，用 0 标识；如果没有任何一个差值在 ϵ 内，则该对象为离群点(图 10.52(d))用−1 标识。

　　SCDCG 过程开始后，首先将网格的所有单元的可达 touched 设置为未到达，所有单元的类别 class 设置为待定点。由上述邻域密度的重新定义，可以推测到，该算法使用从中心扩散的方式进行聚类，而与传统从顶点扩散的方式不同。计算网格的中心点 $o(c_m, c_n)$，然后从中心点开始，按照右下、右上、左下、右下的次序依次开始访问网格单元(图

10.53）。当 $o(c_m, c_n)$ 的周边再没有满足密度可达的单元时，一个聚类簇形成。此时簇编号 no 加 1，寻找下一个未到达点，开始搜索。

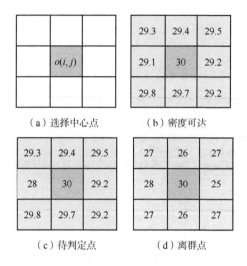

（a）选择中心点　　　　（b）密度可达

（c）待判定点　　　　（d）离群点

图 10.52　SCDCG 参数定义

图 10.53 中，当 o_1 满足密度可达条件时，将其周边 8 个单元设置为到达，同时簇类别设为 1；然后以其右下角单元 o_2 为中心，判断其是否密度可达；满足后继续以 o_2 右下角单元 o_3 为中心搜索，而 o_3 只是部分到达，不满足密度可达条件，本次搜索结束，这样编号为 1 的簇形成。图中 o_4 未与其周边任意一个单元可到达，则判定该单元为离群点。

在完成维度聚类搜索之后，接下来要按照自下而上的思路，在子空间 S 中搜索连接单元，寻找覆盖单元最大区域的簇。将子空间 S 初始划分为两块 S'_1 和 S'_{l-1}，因为维度聚类是自下而上，所以，S'_1 中只包含了 S_1 一个子空间；剩余的子空间被分到 S'_{l-1} 中，用来逐一与 S_1 进行单元连接判断。然后利用 Find_Units（图 10.54）迭代搜索子空间中所有的连接单元集合 U。

0	0	0	0	0	0	0	0	0
0	o_4	0	0	0	0	0	0	0
0	0	0	0	0	0	0	0	0
0	0	0	1	1	1	0	0	0
0	0	0	1	o_1	1	1	0	0
0	0	0	1	1	o_2	1	0	0
0	0	0	0	1	1	o_3	0	0
0	0	0	0	0	0	0	0	0
0	0	0	0	0	0	0	0	0

图 10.53　SCDCG 聚类过程

```
算法：Find_Units
输入：k 维子空间集 S′k
      l-k 维子空间集 S′l-k
      密度阈值 MinPts
过程：
      U，初始化连接单元集
      For j=1：l-k
          Sj←S′l-k，提取第 j 个子空间
          uk=Connected_Units(S′k, Sj, λ)，搜索 S′k 与 Sj 中的连接单元
          If uk=null
              Continue，如果没有交叉单元或交叉单元密度小于阈值则搜索下一个子空间
          Else
              U⇐uk，将连接单元添加到单元集合 U 中
              S′k+1={S′k, Sj}，将子空间 Sj 加入到 S′k，组合成 k+1 维子空间
              S′l-k-1={S′l-k}-{Sj}，从剩余子空间中排除 Sj
              Find_Clusters(S′k+1, S′l-k-1, U, λ)，在 k+1 维子空间 S′k+1 搜索连接单元
          End
      End
输出：U，返回单元集合
```

图 10.54　寻找连接单元

上述得到的连接单元集合 U 中，存在很多相互重叠的连接单元，删除这些重叠单元显得尤为必要。贪心算法是求解阶段性局部最优解的良好方法，在很多问题中，贪心算法不直接产生最佳解决方案，而是采用局部最优解来近似代替全局最优解。因此，CLIQUE算法最后使用贪心算法来优化连接单元，去掉重合的连接单元，得到最终的聚类簇。

寻找连接单元如图 10.54 所示。输入条件有三个：k 维子空间集 $S′_k$、$l-k$ 维子空间集 $S′_{l-k}$ 和密度阈值 MinPts。$S′_k$ 和 $S′_{l-k}$ 符合 $S′_k \cup S′_{l-k}=S$，$S′_k \cap S′_{l-k}=\varnothing$ 且它们会迭代递归的变化而变，其中 $S′_k$ 会随着迭代次数的增加包含更多的子空间，$S′_{l-k}$ 则相反。算法开始后，首先初始化连接单元 U，它将保存每次迭代所产生的连接单元。然后遍历子空间集 $S′_{l-k}$ 中的每个子空间 S_j，采用 Connected_Units 方法搜索 S_j 与 $S′_k$ 是否存在连接单元。为了便于表述，图给出二维空间中的连接单元搜索方法。在子空间 S_x 中存在两个稠密单元 u_a 和 u_b，子空间 S_y 中存在两个稠密单元 u_c 和 u_d，在连接单元集 $\{u_{ac}, u_{ad}, u_{bc}, u_{bd}\}$ 中，只有 u_{ac}, u_{ad} 满足密度阈值为 $\lambda = 6$ 的要求，所以 u_{ac}, u_{ad} 为新的子空间集 $\{S_x, S_y\}$ 的连接单元(图 10.55)。

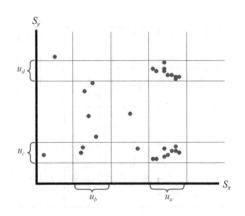

图 10.55　二维空间中的连接单元搜索

连接单元搜索完毕之后，需要对 u_k 做出判断。如果 u_k 为空，说明没有新的连接单元，或者连接单元不满足密度阈值条件。这时，继续循环，选择 S'_{l-k} 中下一个子空间。如果不为空，则将 u_k 加入到连接单元集 U 中，且将子空间 S_j 加入到 S'_k 中，构成新的 $k+1$ 维子空间集 S'_{k+1}，同时需要相应的从 S'_{l-k} 中排除 S_j。

随后，使用 Find_Clusters 方法继续寻找 $k+1$ 维子空间集 S'_{k+1} 与 S'_{l-k-1} 中的连接单元，直到遍历结束。

2. 基于 HDSCIC 的数据流高维聚类

下面将改进的 CLIQUE 算法应用到数据流的聚类当中，解决数据流高维的聚类问题，提出改进的 CLIQUE 数据流高维聚类算法（HDSCIC），其伪代码如图 10.56 所示。

算法：　　　　　HDSCIC
输入：　　　　　样本集 $X = \{x_1,\ x_2,\ \cdots,\ x_t | d_1,\ d_2,\ \cdots,\ d_l\}$
　　　　　　　　密度阈值 MinPts
　　　　　　　　邻域范围 ϵ
过程：
　　　C=ICLIQUE$(X,\ \lambda)$
　　　While $(t !=t_{stop})$
　　　　　$B = \{b_{t+1},\ b_{t+2},\ \cdots,\ b_{t+m}\}$，数据块到达
　　　　　$X' = \{x_{m+1},\ \cdots,\ x_t,\ B\}$
　　　　　C' = ICLIQUE$(X',\ \mathbf{MinPts},\ \epsilon)$
　　　　　C = Update$(C,\ C')$
　　　　　$X = X'$
　　　End
输出：C，返回簇集合

图 10.56　改进的 CLIQUE 数据流高维聚类

图 10.56 是改进的 CLIQUE 高维数据流聚类的实现过程。输入条件包括具有 l 维属性的样本集 X、密度阈值 MinPts 和邻域范围 ϵ。过程开始后，使用 ICLIQUE 对初始样本集 X 和进行聚类，得到初始聚类簇 C。While 循环代表数据流增量式挖掘的开始，当数据流传送结束时 $t=t_{stop}$，循环结束。数据块 B 到达后，将样本集 X 前 m 项删除掉，并与数据块 B 组成新的样本集 X'，这里需要注意的是，样本集 X 中样本的个数 t 要远远大于数据块的大小 m，即 $t \gg m$。然后再对新样本集使用 ICLIQUE 算法进行聚类，得到新的聚类簇 C'。使用 Update 对原始聚类簇进行更新，更新的原则是将簇密度较小且在没有新数据点加入的簇剔除。最后给样本集 X 重新赋值。该算法的时间复杂度为 $O(n^3 \times l)$。

10.6.3　气象数据流的高维聚类实验

1. 数据准备

采用再分析计划 2 数据集（表 10.13）。

2. 实验过程

1）属性聚类与表达

HDSCIC 算法的首要条件是得到各属性（维度）子空间的稠密单元，而得到稠密单元

方法就是 SCDCG 算法。

图 10.57、图 10.58 和图 10.59 分别给出了空气温度、位势高度、相对湿度、垂直速度、纬向风速和经向风速等 6 个要素在各自子空间中的聚类结果。这里需要注意的是，因为各属性的度量单位不同，所以其邻域值 ϵ 也不尽相同，如表 10.22 所示。同时，该表最后一列给出各子空间的稠密单元个数。上述三幅图中的数字分布情况也代表了各稠密单元的分布情况，而未使用数字标识的网格代表不满足密度可达条件的待定点(用 0 表示，浅蓝色)和完全无法到达的离群点(用-1 表示，深蓝色)。

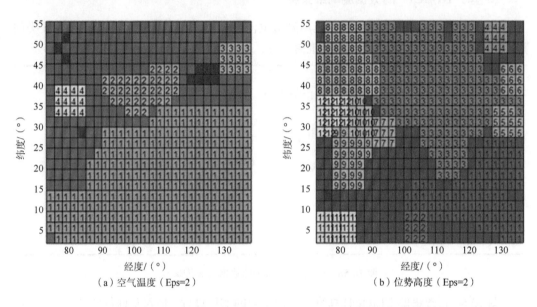

（a）空气温度（Eps=2）　　　　　　　（b）位势高度（Eps=2）

图 10.57　空气温度与位势高度子空间稠密单元

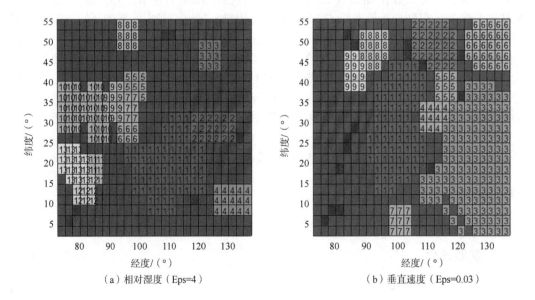

（a）相对湿度（Eps=4）　　　　　　　（b）垂直速度（Eps=0.03）

图 10.58　相对湿度与垂直速度子空间稠密单元

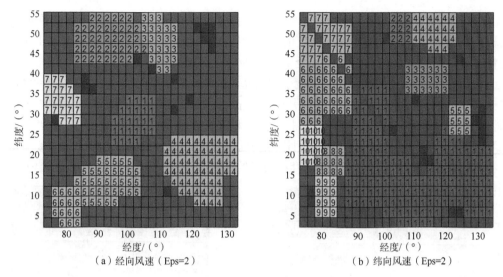

图 10.59　纬向风速与经向风速子空间稠密单元

表 10.22　各属性邻域范围、密度阈值和稠密单元

要素子空间	邻域值 ε	密度阈值 MinPts	稠密单元/个
空气温度(K)	2	1	4
位势高度(m)	2	1	12
相对湿度(%)	4	1	13
垂直速度(Pa/s)	0.03	1	9
纬向风速(m/s)	2	1	7
经向风速(m/s)	2	1	10

2) 稠密单元搜索与表达

得到各子空间的稠密单元后，接下来的主要任务就是使用 ICLIQUE 寻找最高维子空间的聚类簇，这其中的关键步骤是搜索子空间与子空间之间的连接单元。为便于理解，将该搜索过程分为两步：二维子空间搜索和高维子空间搜索。

A. 二维子空间搜索

以空气温度和位势高度为例，分以下几个步骤解析子空间聚类过程(图 10.60)。

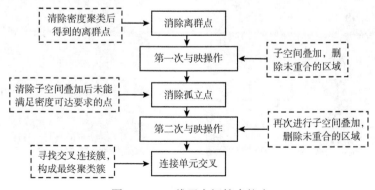

图 10.60　二维子空间搜索策略

（1）消除离群点（图 10.61）。子空间聚类主要是针对子空间中的已有稠密单元，而离群点数量较少，更不满足邻域密度的要求。因此，为便于分析（后续的逻辑操作），首先将各属性子空间中的离群点(–1)全部转换为待定点(0)。

（2）第一次"与"操作。对空气温度子空间 S_x 与位势高度子空间 S_y 逐点进行逻辑"与"，这样只有一个子空间的点为待定点，另外一个子空间相对应的点不论是否为稠密单元点，都将变为待定点(0)。进行逻辑"与"操作后，相互交叠而成的新的子空间 S_{xy} 的"连接单元"用 1 表示，而其他地区用 0 表示(图 10.62)。从图中可以观察到，很多的"连接单元"并不满足稠密单元的密度可达要求，存在很多的孤立点，因此有必要将这些点清除掉。

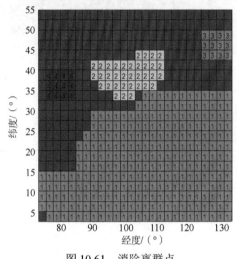

图 10.61　消除离群点　　　　　图 10.62　空气温度与位势高度第一次求'与'操作

（3）清除孤立点。首先使用 S_x 和 S_y 两个子空间分别与新产生的子空间 S_{xy} 进行逐点相乘，得到新空气温度子空间 S'_x 和新位势高度子空间 S'_y（图 10.63），从图中可以看到有很多不完整的稠密单元。此时要求我们对现有两空间 S'_x 和 S'_y 的稠密单元的各点重新检查，是否满足密度可达条件，将不满足条件的点或稠密单元清除，转为待定点，生成检查后的子空间 S''_x 和 S''_y，结果如图 10.64 所示。

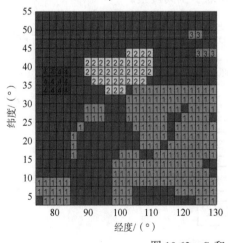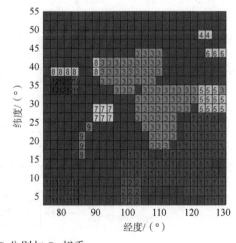

图 10.63　S_x 和 S_y 分别与 S_{xy} 相乘

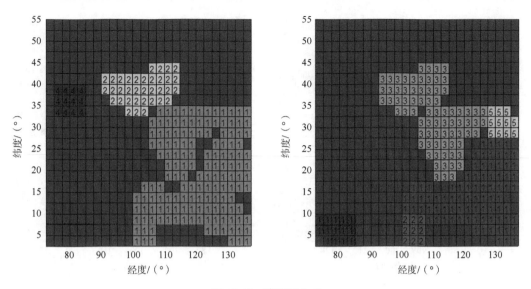

图 10.64 清除孤立点

（4）第二次"与"操作。观察图可以看到，左右两图依然三块区域未完全重叠，因此有必要进行第二次"与"操作，对子空间 S''_x 和 S''_y 求"与"操作，得到新的交叉空间 S'_{xy}，如图 10.65 所示。

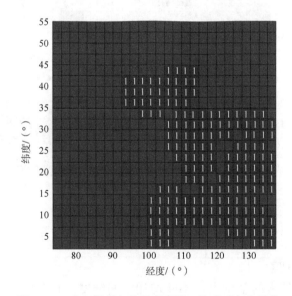

图 10.65 空气温度与位势高度第二次求"与"操作

（5）连接单元交叉，得到最终的稠密单元（聚类簇）。将子空间 S''_x 和 S''_y 与交叉子空间 S'_{xy} 逐点相乘就得到了稠密单元完全相同的空气温度子空间 $\bar{S}_x$ 和位势高度子空间 $\bar{S}_y$，如图 10.66 所示。将 $\bar{S}_x$ 和 $\bar{S}_y$ 中的相互重叠、类别不同的连接单元重新构造为新的稠密单元（聚类簇），如图 10.67 所示，最终共有 5 个聚类结果。

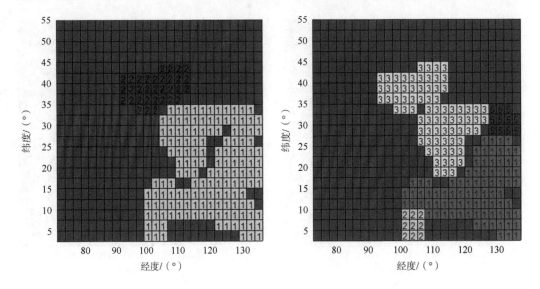

图 10.66　稠密单元完全相同 $\overline{S}_x$ 和 $\overline{S}_y$

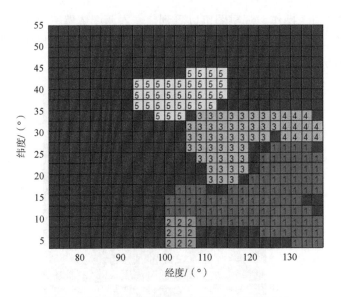

图 10.67　空气温度和位势高度子空间的聚类簇

B. 高维子空间搜索

在二维子空间搜索的基础上，不断增加空间维度，直到维度最高或条件中止。图 10.68 给出了在空气温度和位势高度子空间搜索结果（图 10.67）基础上继续搜索的过程，依次为叠加相对湿度（第三维）、叠加垂直速度（第四维）、叠加纬向风速（第五维）、叠加经向风速（第六维）。可以看到，在搜索到第五维和第六维中，实际上已经没有稠密单元，这里为了演示搜索过程增加了这两个维度。因此在搜索到第四维子空间时，该次搜索已经结束。

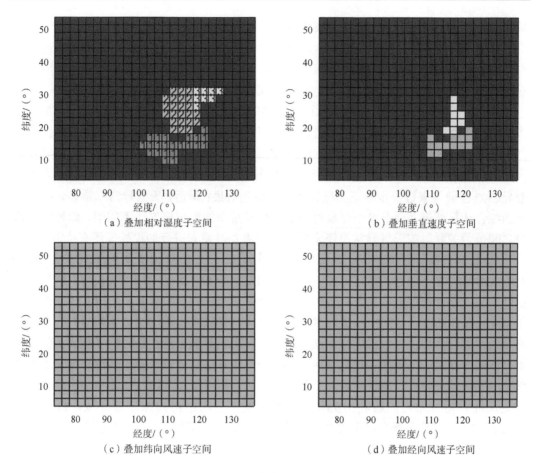

（a）叠加相对湿度子空间　　　　　　　　　　（b）叠加垂直速度子空间

（c）叠加纬向风速子空间　　　　　　　　　　（d）叠加经向风速子空间

图 10.68　高维子空间搜索

3）结果分析与讨论

图 10.68 在搜索到垂直速度子空间时，得到最终的两个聚类簇（稠密单元）。换个角度，这两个聚类簇都包含了四个维度的子空间，空气温度、位势高度、相对湿度和垂直速度，也就是说，天气的这四个属性要素在两个聚类簇上都具有近似相同的值域分布。我们从属性数据提取这两个簇分布范围内的数值得到每一个属性的分布范围（表 10.23），可以看到它们的数值都很相近。

表 10.23　值域分布

簇 ID	空气温度	位势高度	相对湿度	垂直速度
1	[299.62，300.87]	[117，124]	[79.24，80.99]	[0.006，0.008]
2	[298.87，300.22]	[155，167]	[79.49，80.24]	[0.014，0.016]

从图 10.68 中可以看到，子空间聚类叠加到垂直速度时已经结束，此时得到了两个稠密单元。为了验证表 10.23 中的计算结果，选择图 10.68 中的右上子图中黄色矩形区

域作为验证区域。使用 NCEP 的 CFSR 数据集作为验证，选择该数据集中处于验证区域空气温度、位势高度、相对湿度和垂直速度四种数据。结果表明位势高度与垂直速度有明显的区分，而空气温度与相对湿度则不是特别明显。从表 10.23 可知，空气温度与相对湿度的两个聚类簇在值域上存在一定的交叉。

(1) 多元离群点检测方法，依然存在很多的不足，需要进一步完善：首先，加入更多的数据源情况下，对天气异常率进行更为广泛的综合性评定；同时，逐步累积国内天气预报数据，对全国范围内的天气异常率评定给予更为充分的验证；其次，使用其他多元离群点检测方法来发现天气异常率，例如采用评估分类数据中观测集与样本集之间的差异的 χ^2 检验等来进一步验证天气异常率的检测效果；最后，天气异常率是多元离群算法的综合计算结果，至于单个要素对整个天气异常率的比重研究还不明朗，此外要素本身之间是否关联影响天气异常率还未知，是否需要对要素进行加权处理还有待考虑。

(2) 数据流高维聚类是一个具有挑战性的问题。SCDCG 算法和改进的 CLIQUE 算法对输入对象顺序不敏感，并且无须假定任何的数据分布，算法的伸缩性较好，但其过度依赖于输入条件密度阈值和邻域范围两个参数，不合理的参数输入会大幅度降低聚类效果，并且在低纬度子空间中产生较多的稠密单元，导致聚类簇的结果不明显。一是借鉴混合网格划分原理，对数据进行标准化处理，利用相对熵去除冗余属性子空间，然后根据属性的分布情况选择固定或自适应网格划分，该方法具有较好的伸缩性并减少了对邻域范围参数的依赖；二是借鉴局部显著单元思想，利用局部和密度估计和空间统计理论搜索局部数据分布，随后利用贪婪算法发现数据分布中得局部显著区域，最后使用 Single-linkage 算法获得高维聚类结果，该方法能够有效提高聚类结果的质量。

参 考 文 献

艾波, 唐新明, 艾廷华, 等. 2012. 利用透明度进行时空信息可视化[J]. 武汉大学学报(信息科学版), 37(2): 229-232.

艾廷华. 1998. 动态符号与动态地图[J]. 武汉测绘科技大学学报, 23(1): 47-51.

曹锋. 2006. 数据流聚类分析算法[D]. 上海: 复旦大学.

常建龙, 曹锋, 周傲英. 2007. 基于滑动窗口的进化数据流聚类[J]. 软件学报, 18(4): 905-918.

陈虎, 李丽, 李宏伟, 等. 2011. 本体辅助的约束空间关联规则挖掘方法[J]. 测绘科学技术学报, (6): 458-462.

陈建斌. 2009. 高维聚类知识发现关键技术研究及应用[M]. 北京: 电子工业出版社.

陈毓芬. 1995. 时空地图与视觉变量[J]. 解放军测绘学院学报, 12(3): 214-217.

陈泽东. 2018. 基于居民出行特征的北京城市功能区识别与空间交互研究[J]. 地球信息科学学报, 20(3): 291-301.

陈泽强, 陈能成, 杜文英, 等. 2015. 一种洪涝灾害事件信息建模方法[J]. 地球信息科学学报, 17(6): 644-652.

程钢. 2008. 基于OWL的地名本体构建和推理机制研究[D]. 武汉: 武汉大学.

程静, 刘家骏, 高勇, 等. 2016. 基于时间序列聚类方法分析北京出租车出行量的时空特征[J]. 地球信息科学学报, 18(9): 1227-1239.

邓敏, 刘启亮, 李光强. 2010. 采用空间聚类技术探测空间异常[J]. 遥感学报, 14(5): 951-958.

邓敏, 刘启亮, 王佳缪, 等. 2012. 时空聚类分析的普适性方法[J]. 中国科学: 信息科学, 42(1): 111-124.

邓敏, 刘启亮, 李光强, 等. 2011. 空间聚类分析及应用[M]. 北京: 科学出版社.

董林, 舒红, 牛宵. 2013. 利用叠置分析和面积计算实现空间关联规则挖掘[J]. 武汉大学学报(信息科学版), (1): 95-99.

龚玺, 裴韬, 孙嘉, 等. 2011. 时空轨迹聚类方法研究进展[J]. 地理科学进展, 30(5): 522-534.

谷岩岩, 焦利民, 董婷, 等. 2018. 基于多源数据的城市功能区识别及相互作用分析[J]. 武汉大学学报(信息科学版), 48(7): 1-9.

黄茂军. 2006. 地理本体的关键技术及其应用研究[M]. 合肥: 中国科学技术大学出版社.

黄敏, 何中市, 邢欣来, 等. 2011. 一种新的k-means聚类中心选取算法[J]. 计算机工程与应用, 47(35): 132-134.

江南, 聂斌, 曹亚妮. 2009. 动画地图中感知变量初探[J]. 地理信息世界, 7(4): 29-32.

蒋成. 2015. 改进的人工蜂群算法及其应用[D]. 合肥: 安徽大学.

焦利民, 洪晓峰, 刘耀林. 2011. 空间和属性双重约束下的自组织空间聚类研究[J]. 武汉大学学报(信息科学版), 36(7): 862-866.

金圣宇. 2007. 本体在XML关联规则挖掘中的应用研究[D]. 哈尔滨: 哈尔滨工程大学.

李德仁, 王树良, 李德毅. 2019. 空间数据挖掘理论与应用[M]. 北京: 科学出版社.

李光强, 邓敏, 程涛, 朱建军. 2008. 一种基于双重距离的空间聚类方法[J]. 测绘学报, 37(4): 482-488.

李光强, 邓敏, 朱建军. 2008. 基于Voronoi图的空间关联规则挖掘方法研究[J]. 武汉大学学报(信息科学版), 33(12): 1242-1245.

李君婵, 谭红叶, 王风娥. 2012. 中文时间表达式及类型识别[J]. 计算机科学, (S3): 191-194.

李霖, 苗蕾. 2004. 时间动态地图模型[J]. 武汉大学学报(信息科学版), 29(6): 484-487.

李璐, 张国印, 李正文. 2015. 基于 SVM 的主题爬虫技术研究[J]. 计算机科学, 42(2): 118-122.

梁凯强. 2007. 基于本体与概念格的关联规则挖掘[D] 上海: 上海大学.

刘纪平, 栗斌, 石丽红, 等. 2011. 一种本体驱动的地理空间事件相关信息自动检索方法[J]. 测绘学报, 40(4): 502-508.

刘君强, 潘云鹤. 2003. 挖掘空间关联规则的前缀树算法设计与实现[J]. 中国图象图形学报, 8A(4): 118-122.

刘启亮, 邓敏, 石岩, 等. 2011. 一种基于多约束的空间聚类方法[J]. 测绘学报, 40(4): 509-515.

鲁松, 白硕. 2001. 自然语言处理中词语上下文有效范围的定量描述[J]. 计算机学报, 24(7): 742-747.

马雷雷, 李宏伟, 连世伟, 等. 2016. 一种自然灾害事件领域本体建模方法[J]. 地理与地理信息科学, 32(1): 12-17.

马荣华. 2007. GIS 空间关联模式发现[M]. 北京: 科学出版社.

马荣华, 马晓冬, 蒲英霞. 2005. 从 GIS 数据库中挖掘空间关联规则研究[J]. 遥感学报, 9(6): 733-741.

齐观德, 潘遥, 李石坚, 等. 2013. 基于出租车轨迹数据挖掘的乘客候车时间预测[J]. 软件学报, 24(2): 14-23.

孙吉贵, 刘杰, 赵连宇. 2008. 聚类算法研究[J]. 软件学报, 19(1): 48-61.

孙瑞. 2017. 基于轨迹和 POI 数据的热点区域实时预测[D]. 长春: 吉林大学.

孙圣力, 戴东波, 黄震华, 等. 2009. 概率数据流上 Skyline 查询处理算法[J]. 电子学报, 37(2): 285-293.

唐炉亮, 常晓猛, 李清泉. 2010. 出租车经验知识建模与路径规划算法[J]. 测绘学报, 39(4): 404-409.

唐旭日, 陈小荷, 张雪英. 2010. 中文文本的地名解析方法研究[J]. 武汉大学学报(信息科学版), 35(8): 930-935.

王冰. 2014. 基于局部最优解的改进人工蜂群算法[J]. 计算机应用研究, 31(4): 1023-1026.

王飞, 缑锦. 2013. 基于多变异粒子群优化算法的模糊关联规则挖掘[J]. 计算机科学, (05): 217-223.

王劲峰, 葛咏, 李连发, 等. 2014. 地理学时空数据分析方法[J]. 地理学报, 69(9): 1326-1345.

王生生, 杨娟娟, 柴胜. 2014. 基于混沌鲶鱼效应的人工蜂群算法及应用[J]. 电子学报, 42(9): 1731-1737.

王远飞, 何洪林. 2007. 空间数据分析方法[M]. 北京: 科学出版社.

王振峰. 2009. 基于本体的地理事件信息检索[D]. 武汉: 武汉大学.

邬桐, 周雅倩, 黄萱菁, 等. 2010. 自动构建时间基元规则库的中文时间表达式识别[J]. 中文信息学报, 24(4): 3-10.

吴平博, 陈群秀, 马亮. 2006. 基于时空分析的线索性事件的抽取与集成系统研究[J]. 中文信息学报, 20(1): 21-28.

信睿, 艾廷华, 杨伟, 等. 2015. 顾及出租车 OD 点分布密度的空间 Voronoi 剖分算法及 OD 流可视化分析[J]. 地球信息科学学报, 17(10): 1187-1195.

熊伟晴. 2015. 基于位置信息的事件检测[D]. 哈尔滨: 哈尔滨工业大学.

许栋浩, 李宏伟, 张铁映, 等. 2016. 利用改进粒子群算法的关联规则挖掘[J]. 测绘科学, 41(2): 168-172, 139.

薛存金, 周成虎, 苏奋振, 等. 2010. 面向过程的时空数据模型研究[J]. 测绘学报, 39(1): 95-101.

于彦伟, 王沁, 邝俊, 等. 2012. 一种基于密度的空间数据流在线聚类算法[J]. 自动化学报, 38(6): 1051-1059.

余丽, 陆锋, 张恒才. 2015. 网络文本蕴涵地理信息抽取: 研究进展与展望[J]. 地球信息科学学报, 17(2): 127-134.

禹文豪, 艾廷华, 刘鹏程, 等. 2015. 设施 POI 分布热点分析的网络核密度估计方法[J]. 测绘学报, 44(12): 1378-1383.

张雪英, 闾国年, 李伯秋, 等. 2010. 基于规则的中文地址要素解析方法[J]. 地球信息科学学报, 12(1): 9-16.

赵天保, 符淙斌, 柯宗建, 等. 2010. 全球大气再分析资料的研究现状与进展[J]. 地球科学进展, 25(3): 242-254.

赵小强, 张守明. 2010. 基于人工蜂群的模糊聚类算法[J]. 兰州理工大学学报, 36(5): 80-82.

赵一斌, 石心怡, 关志超. 2010. 基于 GIS 支持的出行行为时间、空间及序列特征研究[J]. 中山大学学报(自然科学版), 49(s1): 43-47.

周洋. 2016. 基于出租车数据的城市居民活动空间与网络时空特性研究[D]. 武汉: 武汉大学.

Abraham S, Joseph S. 2016. A coherent rule mining method for incremental datasets based on plausibility [J]. Procedia Technology, 24: 1292-1299.

Agirre E, Rigau G. 1996. Word sense disambiguation using conceptual density[C]//Proceedings of the 16th Conference on Computational Linguistics-Volume 1. Association for Computational Linguistics, 16-22.

Agrawal R, Imieliński T, Swami A. 1993. Mining association rules between sets of items in large databases[C]. ACM SIGMOD Record. ACM, 22(2): 207-216.

Allen J F. 1984. Towards a general theory of action and time[J]. Artificial Intelligence, 23(2): 123-154.

Appice A, Buono P. 2005. Analyzing multi-level spatial association rules through a graph-based visualization[M]. Innovations in Applied Artificial Intelligence. Springer Berlin Heidelberg: 448-458.

Appice A, Guccione P, Malerba D, et al. 2014. Dealing with temporal and spatial correlations to classify outliers in geophysical data streams[J]. Information Sciences, 285(1): 162-180.

Asur S, Parthasarathy S, Ucar D. 2009. An event-based framework for characterizing the evolutionary behavior of interaction graphs[J]. ACM Transactions on Knowledge Discovery from Data(TKDD), 3(4): 16.

Bai L, Liang J, Dang C, et al. 2011. A novel attribute weighting algorithm for clustering high-dimensional categorical data [J]. Pattern Recognition, 44(12): 2843-2861.

Bayardo J, Roberto J, Agrawal R. 1999. Mining the Most Interesting Rules[C]. Proc. ACM SIGKDD. 145-154.

Bembenik R, Ruszczyk A, Protaziuk G. 2014. Discovering Collocation Rules and Spatial Association Rules in Spatial Data with Extended Objects Using Delaunay Diagrams[M]// Rough Sets and Intelligent Systems Paradigms. Springer International Publishing: 293-300.

Bertin J. 1981. Graphics and Graphic Information Processing[M]. Walter de Gruyter.

Bezdek J C, Ehrlich R, Full W. 1984. FCM: The fuzzy C-means clustering algorithm[J]. Computers and Geosciences, 10(2): 191-203.

Bhatnagar V, Kaur S, Chakravarthy S. 2014. Clustering data streams using grid-based synopsis[J]. Knowledge and Information Systems, 41(1): 127-152.

Bibby P, Shepherd J. 2000. GIS, land use, and representation[J]. Environment and Planning B: Planning and Design, 27(4): 583-598.

Birant D, Kut A. 2007. ST-DBSCAN: An algorithm for clustering spatial-temporal data[J]. Data and

Knowledge Engineering, 60(1): 208-221.

Bogorny V, Kuijpers B, Alv Ares, L O. 2008. Reducing uninteresting spatial association rules in geographic databases using background knowledge: a summary of results [J]. International Journal of Geographical Information Science, 22(4): 361-386.

Bouveyron C, Brunet-Saumard C. 2013. Model-based clustering of high-dimensional data: A review [J]. Computational Statistics and Data Analysis, 71(1): 1-27.

Brunsdon C, Corcoran J, Higgs G. 2007. Visualising space and time in crime patterns: A comparison of methods[J]. Computers, Environment and Urban Systems, 31(1): 52-75.

Buscaldi D, Rosso P. 2008. A conceptual density-based approach for the disambiguation of toponyms[J]. International Journal of Geographical Information Science, 22(3): 301-313.

Capelleveen G V, Poel M, Mueller R M, et al. 2016. Outlier detection in healthcare fraud: A case study in the medicaid dental domain [J]. International Journal of Accounting Information Systems, 21: 18-31.

Castro P S, Zhang D, Chen C, et al. 2014. From taxi GPS traces to social and community dynamics: A survey[J]. ACM Computing Surveys, 46(2): 17.

Chandrasekaran S, Cooper O, Deshpande A, et al. 2003. TelegraphCQ: continuous dataflow processing[C]// ACM SIGMOD International Conference on Management of Data, San Diego, California, USA, June. DBLP: 668.

Chen Y, Tu L. 2007. Density-based clustering for real-time stream data[C]// ACM SIGKDD International Conference on Knowledge Discovery and Data Mining. San Jose, California, USA, August. DBLP: 133-142.

Couclelis H. 2009. Ontology, epistemology, teleology: triangulating geographic information science[C]// G. Navratil G. Research Trends in Geographic Information Science. Berlin: Springer, 3-16.

Dunn J C. 1974. A fuzzy relative of the isodata process its use in detecting compact well separated clusters. Cybernatics and Systems, 3: 32-57.

Egenhofer M J, Franzosa R D. 1991. Point-set topological spatial relations[J]. International Journal of Geographical Information System, 5(2): 161-174.

Ehrig M, Maedche A. 2003. Ontology-focused crawling of Web documents[C]//Proceedings of the 2003 ACM Symposium on Applied Computing. ACM, 1174-1178

Erdem A, Gundem T. 2013. M-FDNSCAN: A multicore density-based uncertain data clustering algorithm[J]. Turkish Journal of Electrical Engineering and Computer Sciences, 22(1): 143-154.

Ester M, Kriegel H P, Sander J, et al. 1996. A density-based algorithm for discovering clusters in large spatial databases with noise[C]. KDD, 96(34): 226-231.

Forestiero A, Pizzuti C, Spezzano G. 2013. A single pass algorithm for clustering evolving data streams based on swarm intelligence[J]. Data Mining and Knowledge Discovery, 26(1): 1-26.

Galić Z, Baranović M, Križanović K, et al. 2014. Geospatial data streams: Formal framework and implementation[J]. Data and Knowledge Engineering, 91: 1-16.

Gao S, Janowicz K, Couclelis H. 2017. Extracting urban functional regions from points of interest and human activities on location-based social networks[J]. Transactions in GIS, 21(3): 446-467.

Geng X, Chu X, Zhang Z. 2012. An association rule mining and maintaining approach in dynamic database for aiding product-service system conceptual design[J]. The International Journal of Advanced Manufacturing Technology, 62(1-4): 1-13.

Goodchild M F, Hill L L. 2008. Introduction to digital gazetteer research[J]. International Journal of Geographical Information Science, 22(10): 1039-1044.

Goulet-Langlois G, Koutsopoulos H N, Zhao Z, et al. 2017. Measuring regularity of individual travel patterns[J]. IEEE Transactions on Intelligent Transportation Systems, (99): 1-10.

Grabmeier J, Rudolph A. 2002. Techniques of clustering algorithm in data mining [J]. Data Mining and Knowledge Discovery, (6): 303-360.

Gruber T. 1995. Towards principles for the design of ontologies used for knowledge sharing[J]. International Journal of Human Computer Studie, 43(5/6): 907-928.

Guarino N. 1998. Formal Ontology in Information System[A]. Amsterdam: IOS Press, 3-15.

Guha S, Meyerson A, Mishra N, et al. 2003. Clustering data streams: Theory and practice [J]. IEEE Transactions on Knowledge & Data Engineering, 15(3): 515-528.

Gupta A S, Tarboton D G. 2016. A tool for downscaling weather data from large-grid reanalysis products to finer spatial scales for distributed hydrological applications [J]. Environmental Modelling & Software, 84: 50-69.

Hagerstrand T. 1970. What about people in regional science [J]. Papers in Regional Science. 24(1): 6-21.

Han J, Pei J, Yin Y, et al. 2004. Mining frequent patterns without candidate generation: A frequent-pattern tree approach[J]. Data Mining and Knowledge Discovery, 8(1): 53-87.

Henzinger M R, Raghavan P, Rajagopalan S. 1998. Computing on Data Streams [C]// External Memory Algorithms. American Mathematical Society, 107-118.

Hong T. 1999. Mining association rules from quantitative data[J]. Intelligent Data Analysis, 3(5): 363-376.

Huang X, Ye Y, Xiong L, et al. 2016. Time series k-means: A new k-means type smooth subspace clustering for time series data [J]. Information Sciences, s 367-368: 1-13.

Janowicz K, Raubal M, Kuhn W. 2015. The semantics of similarity in geographic information retrieval[J]. Journal of Spatial Information Science, (2): 29-57.

John F. 2016. Atmospheric Reanalysis: Overview and Comparison Tables [EB/OL]. https: //climated-ataguide. ucar. edu /climate-data/atmospheric-reanalysis-overview-comparison-tables, 7-1.

Jones C B, Abdelmoty A I, Finch D, et al. 2004. The SPIRIT spatial search engine: Architecture, ontologies and spatial indexing[M]//Geographic Information Science. Springer Berlin Heidelberg: 125-139.

Karaboga D, Ozturk C. 2011. A novel clustering approach: Artificial Bee Conoly(ABC) algorithm[J]. Applied Soft Computing, 11: 625-657.

Karypis G, Han H, et al. 1999. CHAMELEON: a hierachical clustering algorithm using dynamic modeling[J]. Computer, 32: 68-75.

Kirkpatrick S, Gelat C D, Vecchi M P. 1983. Optimization by simulated annealing [J]. Science, 220: 671-689.

Kong K K, Hong K S. 2015. Design of coupled strong classifiers in AdaBoost framework and its application to pedestrian detection [J]. Pattern Recognition Letters, 68: 63-69.

Kuang W M, An S, Jiang H F. 2015. Detecting traffic anomalies in urban areas using taxi GPS data [J]. Mathematical Problems in Engineering, 2015: 1-13.

Leidner J L. 2008. Toponym Resolution in Text: Annotation, Evaluation and Applications of Spatial Grounding of Place Names[M]. Universal-Publishers.

Lin W, Alvarez S A, Ruiz C. 2002. Efficient adaptive-support association rule mining for recommender systems[J]. Data Mining and Knowledge Discovery, 6(1): 83-105.

Liu B, Hsu W, Mun L F, et al. 1999. Finding interesting patterns using user expectations[J]. IEEE Trans. Knowledge and Data Eng., 11(6): 817-832.

Liu S, Ni L M, Krishnan R. 2014. Fraud detection from taxis' driving behaviors[J]. IEEE Transactions on Vehicular Technology, 63(1): 464-472.

Liu X, Li M. 2014. Integrated constraint based clustering algorithm for high dimensional data [J]. Neurocomputing, 142(1): 478-485.

Machado I M R, de Alencar R O, de Oliveira Campos Jr R, et al. 2011. An ontological gazetteer and its application for place name disambiguation in text[J]. Journal of the Brazilian Computer Society, 17(4): 267-279.

MacQueen J B. 1967. Some Method for Classification and Analysis of Multivariate Observations. Proceedings of 5th Berkeley Symposium on Mathematical Statistic and Probability[M]. University of California Press, 281-297.

Mahalanobis P C. 1936. On the generalised distance in statistics [C]. Proceedings of the National Institute of Sciences of India, 2(1): 49-55.

Martínez-Ballesteros M, Martínez-Álvarez F, Troncoso A, et al. 2011. An evolutionary algorithm to discover quantitative association rules in multidimensional time series[J]. Soft Computing, 15(10): 2065-2084.

Menczer F, Pant G, Srinivasan P. 2004. Topical web crawlers: Evaluating adaptive algorithms[J]. ACM Transactions on Internet Technology(TOIT), 4(4): 378-419.

Metropolis N, Rosenbluth A W, Rosenbluth M N, et al. 1953. Equation of state calculations by fast computing machines[J]. The Journal of Chemical Physics, 21(6): 1087-1092.

Miller H J, Han J. 2001. Geographic Data Mining and Knowledge Discovery[M]. London: Taylor and Francis.

Mirko B, Spiliopoulou M. 2008. On exploiting the power of time in data mining[J]. ACM Sigkdd Explorations Newsletter, 10(2): 3-11.

Mou N, Li J, Zhang L, et al. 2017. Spatio-Temporal Characteristics of Resident Trip Based on Poi and OD Data of Float CAR in Beijing[J]. ISPRS-International Archives of the Photogrammetry, Remote Sensing and Spatial Information Sciences.

Murry A T, Shyy T K. 2000. Integration attribute and space characteristics in choropleth display and spatial data mining [J]. International Journal of Geographical Information Science, 14(7): 649-667

Nakaya T, Yano K. 2010. Visualising crime clusters in a space-time cube: An exploratory data - analysis approach using space - time kernel density estimation and scan statistics[J]. Transactions in GIS, 14(3): 223-239.

Natarajan R, Shekar B. 2005. A Relatedness-Based Data-Driven Approach to Determination of Interestingness of Association Rules. Proc. 2005 ACM Symp. Applied Computing(SAC)[C]. SantaFe, NewMexico, USA. 551-552.

NG R T, Han J. 1994. Efficient and Effective Clustering Method for Spatial Data Mining[C]. Proceedings of the 20th Internatioanl Conference on Very Large Data Bases. San Francisco: Morgan Kaufmann Publishers Inc, 144-145.

Norwati M, Manijeh J, Mehrdad J. 2009. Expectation maximization clustering algorithm for user modeling in web usage mining systems [J]. European Journal of Scientific Research, 32(4): 467-476.

Olauson J, Bergström H, Bergkvist M, et al. 2016. Restoring the missing high-frequency fluctuations in a wind power model based on reanalysis data [J]. Renewable Energy, 96: 784-791.

Pan G, Qi G, Zhang W, et al. 2013. Trace analysis and mining for smart cities: issues, methods, and applications[J]. IEEE Communications Magazine, 51(6): 120-126.

Pang L X, Chawla S, Liu W, et al. 2013. On detection of emerging anomalous traffic patterns using GPS data[J]. Data & Knowledge Engineering, 87(9): 357-373.

Pei T, Jasra A, et al. 2009. Decode: A new method for discovering clusters of different densities in spatial data [J]. Data Mining and Knowledge Discovery, 18(3): 337-369.

Raymond T N, Han J. 2002. CLARANS: a method for clustering objects for spatial data mining. IEEE Transactions on Knowledge and Data Engineering, 14(5): 1003-1016.

Ren J, Cai B, Hu C. 2011. Clustering over data streams based on grid density and index Tree[J]. Journal of Convergence Information Technology, 6(1): 83-93.

Rezaei A M, Karami A. 2013. Artificial bee colony algorithm for solving multi-objective optimal power problem[J]. International Journal of Electrical Power and Energy Systems, 53: 219-230.

Romsaiyud W. 2013. Detecting emergency events and geo-location awareness from twitter streams[C]//The International Conference on E-Technologies and Business on the Web(EBW2013). The Society of Digital Information and Wireless Communication, 22-27.

Ruiz C, Menasalvas E, Spiliopoulou M. 2009. C-DenStream: Using Domain Knowledge on a Data Stream[C]// Discovery Science, International Conference, Ds 2009, Porto, Portugal, October. DBLP, 287-301.

Salton G, Buckley C. 1987. Term-weighting approaches in automatic text retrieval[J]. Information Processing & Management, 24(5): 513-523.

Samtaney R, Silver D, Zabusky N, et al. 1994. Visualizing features and tracking their evolution[J]. Computer, 27(7): 20-27.

Shekhar S, Chawla S. 2003. Spatial Databases: A Tour[M]. Prentice Hall, Upper Saddle River.

Silva J A, Faria E R, Barros R C, et al. 2014. Data stream clustering: A survey[J]. ACM Computing Surveys, 46(1): 13.

Silverman B W. 1986. Density Estimation for Statistics and Data Analysis[M]. CRC Press.

Sun B, Chen S, Wang J, et al. 2016. A robust multi-class AdaBoost algorithm for mislabeled noisy data [J]. Knowledge-Based Systems, 102: 87-102.

Tung A K H, Hou J, Han J. 2001. Spatial clustering in the presence of obstacles[C]// Proc of Int Conf on Data Engineering(ICDE 01). Heidelberg, Germany. 359-367.

Tversky B, Hemenway. 1984. Object, parts and categories [J]. Journal of Experimental Psychology: General(113), 169-193.

Vapnik V. 1998. Statistical Learning Theory[M]. New York: John Wiley and Sons.

Wang H, Wang Y, Wan S. 2012. A density-based clustering algorithm for uncertain data[C]. IEEE International Conference on Computer Science and Electronics Engineering, 3: 102-105.

Wang W, Stewart K. 2015. Spatiotemporal and semantic information extraction from Web news reports about natural hazards[J]. Computers, Environment and Urban Systems, 50: 30-40.

Wang X, Zhang Y, Chen M, et al. 2010. An evidence-based approach for toponym disambiguation[C] // Geoinformatics, 2010 18th International Conference on IEEE, 1-7.

Wang Y, Guo Q and Li X. 2006. A Kernel Aggregate Clustering Approach for Mixed Data Set and Its

Application in Customer Segmentation [C]. Proceeding of the ICMSE, 121-124.

Weng C, Chen Y. 2010. Mining fuzzy association rules from uncertain data [J]. Knowledge and Information Systems, 23(2): 129-152.

Wu S, Feng X, Zhou W. 2014. Spectral clustering of high-dimensional data exploiting sparse representation vectors [J]. Neurocomputing, 135(C): 229-239.

Xu J, Nyerges T L, Nie G. 2014. Modeling and representation for earthquake emergency response knowledge: perspective for working with geo-ontology[J]. International Journal of Geographical Information Science, 28(1): 185-205.

Yu Y, Cao L, Rundensteiner E A, et al. 2017. Outlier detection over massive-scale trajectory streams[J]. ACM Transactions on Database Systems, 42(2): 10.

Yun U, Lee G. 2016. Sliding window based weighted erasable stream pattern mining for stream data applications [J]. Future Generation Computer Systems, 59(C): 1-20.

Zadeh L A. 1965. Fuzzy sets[J]. Information and Control, 8(3): 338-353.

Zamora J, Mendoza M, Allende H. 2016. Hashing-based clustering in high dimensional data[J]. Expert Systems with Applications, 62: 202-211.

Zhang T, Ramakrishnan R, et al. 1996. BIRCH: an Efficient Data Clustering Method for Very Large Database[C]. ACM-SIGMOD. Montreal Canada: 103-104.

Zhang X, Du S, Wang Q. 2017. Hierarchical semantic cognition for urban functional zones with VHR satellite images and POI data[J]. ISPRS Journal of Photogrammetry & Remote Sensing, 132: 170-184.

Zhao J, Jin P, Zhang Q, et al. 2014. Exploiting location information for web search[J]. Computers in Human Behavior, 30: 378-388.

Zhao Z, Koutsopoulos H N, Zhao J. 2018. Detecting pattern changes in individual travel behavior: A Bayesian approach[J]. Transportation Research Part B Methodological, 112: 73-88.

Zheng X, Liang X, Xu K. 2012. Where to wait for a taxi[C]// Proceedings of the ACM SIGKDD International Workshop on Urban Computing. AMC, 149-156.

Zhou X, Geller J. 2007. Raising to Enhance Rule Mining in Web Marketing with the Use of an Ontology[C]// Data Mining with Ontologies: Implementations, Findings and Frameworks. 18-36.

后　　记

物联网、大数据、5G通信、人工智能时代已经到来，各种新型数据源不断映现，各种新的研究方法层出不穷，探测和挖掘这些数据中隐含的与空间位置和时间相关的特征和规律，是空间数据挖掘的永恒目标，不仅具有学术价值，更具有社会、经济和商业价值。

空间数据被称之为GIS的"血液"，贯穿于地理信息科学与技术全过程，从数据获取与处理、数据存储与管理、数据分析与计算、数据可视化，都是围绕着数据在"打转转"。

空间数据挖掘实质上应当属于数据分析处理范畴，从这个意义上看，已有大量的研究数据的方法，如数据测度、数据分类、数据聚类、时空数据关联、趋势预测等，但是这些似乎还远远不够，尤其是在泛在互联网数据时代，数据时效更加动态，数据类型更加多元，分析挖掘方法更加多样，涉及应用领域更加广泛，这给空间数据分析挖掘领域提出了新的挑战。

多学科交叉融合是一种必然趋势。近年来，空间综合与人文社会科学的紧密联系最具代表性，取得了十分丰富的学术成果和应用成果。当以时空分析见长的GIS与以统计分析见长的人文社会科学相遇时，所碰撞出的火花和溢出效应，已经引起了学术界和企业界的高度关注。

科学研究的基础离不开观察和逻辑推理。观察或洞察数据中隐含的时空特征、时空行为、时空趋势等，需要开展大量样本、数据富集的实验研究，才可能建立科学假说，形成方法论体系，才可能建立基于经验和实验的知识库、规则库，形成推理机制和逻辑，揭示自然界和人类行为现象及规律，进而推进数据治理现代化，迈向空间辅助决策精准化。

离开数据谈论问题、讨论应用是不切实际的。数据资源的重要性是不言而喻的。当今时代，不再会有人忽视数据的战略价值，建立数据资源开发利用的管理组织体系、技术方法体系、应用共享体系是实现数据治理现代化的必然要求。

科学技术进步日新月异，我们经常会惊叹于技术进步带来的巨大改变。深度学习方法的广泛应用、机器智能的飞速发展、脑科学和认知科学的重大突破，为从事空间数据分析挖掘的研究者带来了新的机遇和挑战，空间数据分析和挖掘永远在路上！

编　者
2021年1月12日于郑州